ット
旅客機
進化論

Jet Airliner Technical Analysis

浜田一穂
Kazuho Hamada

※本書では月刊エアライン連載「Jet Airliner Technical Analysis（2010年1月号～2013年12月号）」の内容に最新状況の加筆・修正を行ない、新たな掲載写真とともに再構成した。連載時には取り上げていない737 MAX、A320neo、A380、787、747-8、A350XWBについては新規に書き下ろしている。原稿内容は2021年7月末時点。

目次

序章

～ジェット・エアライナーの発展～

第一世代

ジェット・エンジンを搭載した飛行機は、第二次大戦の開戦直前に初めて空を飛んだ。ドイツのハインケルHe１７８実験機が、ハンス・フォン・オハインが発明し、ハインケル社が製作したＨｅＳ３ターボジェット・エンジン1基（最大推力５０００kgf）を搭載して、１９３９年8月27日に初飛行したのだ。

ジェット・エンジンの実用機が登場したのは大戦も半ばを過ぎてからで、最初に戦闘機に搭載され、爆撃機や偵察機が後に続いた。エアライナーがジェット・エンジンで飛ぶようになるのは戦後しばらくしてからで、貨物輸送機がジェット化するのは１９６０年代になってからだ。

史上最初のジェット・エアライナー、イギリスのデハヴィランドＤＨ１０６コメット１の初就航は１９５２年５月、いまから七十年前のことだ。コメットはすでに四十年も昔に商業運航を終えているし、コメットに数年遅れて登場した初期のジェット・エアライナーも定期運航からはとっくに引退している。

ジェット・エアライナーの2／3世紀近い歴史は、いくつかの世代に分けて考えることが出来よう。

第一世代は１９５０年代に登場して、ジェット・エアライナーを世界に普及させた世代だ。ボーイング７０７、ダグラスＤＣ-8、コンヴェア８８０、シュド・カラヴェルの4機種がこの世代に属する。

ジェット・エアライナーの構造や空気力学上の基本は、第一世代で打ち立てられた。極端な言い方をすれば、ボーイング７８７でもエアバスＡ３８０でも、サイズと重量が大きくなり性能は向上したものの、基本的形態に違いはない。

カラヴェルを除いた3機種は、ターボジェット・エンジンを1基ずつポッドに収容して、主翼からパイロンで吊り下げている。重量物を分散させることで主翼付け根の荷重を減らせるし、エンジンを前方に突き出して搭載することで主翼のフラッター限界を引き上げられる。これらによって構造の軽量化が可能になった。

Heinkel He178 (1939)
U.S. Air Force

707とDC-8は実機完成前から熾烈な販売競争を繰り広げ、ほぼ1年差で相次いで就航したが、最終的に707と準同型の720とを合わせた生産機数は1011機で、DC-8は556機に留まった。プロペラ・エアライナーの時代には、ボーイング社が同級機の販売でダグラス社を上回ったことはなかったのに、ジェット・エアライナー時代に入って逆転した。

両機は同じエンジンでほぼ同じサイズと重量、性能もだいたい互角ではあったが、DC-8の初期型で抵抗過大から速度と航続距離が不足したこと、707の方が顧客の希望に合わせた細かなバリエーションが多かったことなどが販売成績に響いたのか。いずれにしても業界における両社の立場が入れ代わった。

コメットやTu-104はジェット・エアライナー第0世代

リア・マウンテッド・エンジン

707やDC-8に先駆けて、フランスでも第一世代ジェット・エアライナーが飛んでいる。双発のシュド(SNCASE)カラヴェルだ。

カラヴェルが画期的だったのは、最初から中短距離路線向けに開発されたことだ。カラヴェルの開発が始まった1950年代の初めには、区間距離の短い路線にはターボプロップ機の方が適していると言うのが通念だっただけに、ジェット機で参入したフランス政府の先見性は称賛に値する。

シュド・カラヴェルの技術的特徴は、ジェット・エンジンを後部胴体の両側に張り出して搭載したリア・マウンテッド方式にある。リア・マウンテッド方式は、主翼に邪魔物がないので空力設計を最適化出来る代わりに、エンジンの重量をバランス取りに利用できないので、主翼の構造がどうしても重くなる。またエンジンを支える後部胴体の構造も重くなり、全体として自重は大きくなりがちだ。またキャビンが前寄りになるので、乗客や貨物の有無によって重心が前後に大きく変動する。リア・マウンテッド・エンジンは1960年代のジェット・エアライナーの技術的流行となる。

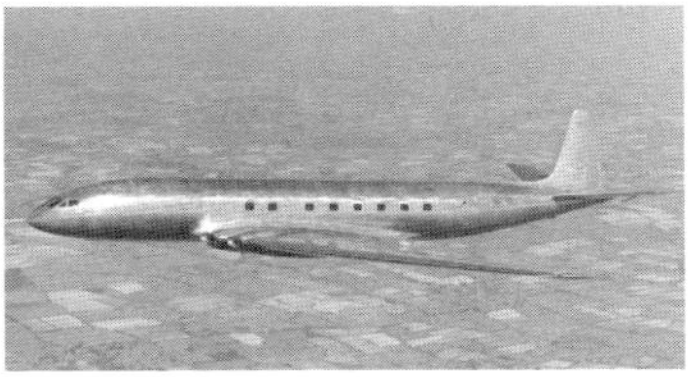

[右]de Havilland
DH106 Comet (1949)
de Havilland
[左]Sud SE.210
Caravelle (1955)
Sud Aviation

ジェット・エアライナーの先駆けとなったコメットや、それに続いたソ連のツポレフTu‐104も、第一世代に分類することが出来ようが、私はむしろこれらは第一世代の露払いに位置付けたい。言ってみればジェット・エアライナー第0世代だ。

コメットとTu‐104の形態は、その後に現れた第一世代とは大きく異なっている。エンジンが主翼の付け根に埋め込まれ、主翼は分厚い。機体の規模も小さく、乗客数は今のリージョナル・ジェット(RJ)よりも少ないくらいだ。

コメットは「悲劇のエアライナー」として知られる。就航して2年以内に巡航中の空中分解事故が連続して、コメットは全機が運航停止となった。

コメットの空中分解の原因は、与圧の繰り返しによる胴体構造の疲労破壊だった。もちろん事前に念入りに与圧試験を行ない、十分な機体寿命を保証していたが、試験の方法に致命的な誤りがあったことが後に判明した。コメットの事故を教訓に、エアライナーの設計や試験の手法は大きく進歩し、安全性は向上した。現在のエアライナーの安全は、コメットとその乗員乗客の尊い犠牲の上に築かれたものであることは決して忘れてはならない。

ターボジェット→ターボファン(第一→第二世代)

第一世代のジェット・エアライナーがターボジェット・エンジンを搭載していたのに対して、1960年代に登場した第二世代のジェット・エアライナーはターボファン・エンジンを載せている。

取り込んだ空気の一部をファンで圧縮し、燃焼室を通さずに噴射するターボファンは、ターボジェットよりも排気が低速(飛行速度に近い)で、その分推進効率が高く(燃費率が良い)騒音が少ない。

高亜音速で巡航するジェット・エアライナーにとってはターボファンは良いことずくめで、1950年代末に実用化するとすぐにジェット・エアライナーに普及した。1960年代以降のジェット・エアライナーはすべてターボファン搭載だし、それ以前の第一世代もターボファンを積んだ型へと進化した。

燃費率の良いターボファン・エンジンへの換装で第一世代のジェット・エアライナーは航続距離を延ばしたが、1960年代に登場したジェット・エアライナーのほとんどは中短距離機だ。707とDC‐8が長距離の国際線を席巻した後、中短距離路線にもジェット化の波が及んだ時代だった。

[右]Boeing 707 (1957)
Boeing
[左]Douglas DC-8 (1958)
Masahiko Takeda

ターボファン双発あるいは三発の中短距離機では、カラヴェルが開拓したリア・マウンテッド・エンジン方式が競って採用された。双発のツポレフTu-134、BAC1-11、ダグラスDC-9、フォッカーF28、三発のデハヴィランド(ホーカー・シドリー)トライデント、ボーイング727、Tu-154などがそれだ。長距離四発機でもヴィッカーズVC10やイリューシンIL-62のようなリア・マウンテッド・エンジンの採用例がある。

1960年代に登場した短距離機で、例外的にリア・マウンテッド・エンジンにしなかったのがボーイング737だ。胴体が太めのせいもあってエンジンを胴体脇に取り付けにくく、かといって地上高が低いのでエンジンを主翼から下げることも出来ない。結果的に選ばれたのは、ポッドに収めたターボファンを(パイロンを介さず)直接に主翼下面に貼り付ける方法だった。

結果論になるが、エンジンを主翼に取り付ける手法を選択した737とエアバスA320シリーズが、中短距離機市場で最後まで生き残っていまなお熾烈な販売競争を繰り広げている。エンジン搭載法だけの問題ではないだろうが、リア・マウンテッド方式のライバル機達は脱落して行った。いまではエンジンのリア・マウンテッドはビジネス・ジェット(ビズジェット)機のカテゴリーにだけ残っている。

当然のように信じられた707/DC-8の次に来る、SSTの時代

SST間奏曲

ところで1960年代に書かれた民間航空技術の解説を読むと、次の世代の長距離国際線用機は「超音速輸送機」(Supersonic transport)、SSTになると当然のように書いてある。

SSTの巡航速度は、亜音速エアライナーの2・5倍から3倍以上になる。それに反比例して飛行時間が短縮されるわけではないにしても、巡航速度向上の魅力は圧倒的だった。プロペラ・エアライナーがジェット・エアライナーに駆逐されたように、707やDC-8の世代は20世紀中にSSTに更新されるというのは、世界のエアラインや航空機会社のコンセンサスであったと言っても良い。

Vickers VC10 (1962)
BAC

SSTの技術的困難や巨額の開発コスト、割高な運航コスト、離着陸時の騒音、ソニックブーム、環境への悪影響などを指摘して、SSTの意義を否定する論者は当時からいたが、業界的には少数意見として否定されていた。

1960年代から70年代にかけて、3機種のSSTが計画された。

●ツポレフTu-144（ソ連）
●BAC／アエロスパシアル・コンコルド（イギリス／フランス共同）
●ボーイング2707（アメリカ）

この3機種に共通しているのは、政府が開発の音頭を取ったことだ。すべてのメーカー（設計局）が国家の下にあるソ連は別として、それまでのほとんどのジェット・エアライナーの開発はメーカー主導で行なわれて来た（国が補助金を出すことはあった）。

ところがSSTでは、英仏両国政府が協議して成立したコンコルド計画はもちろん、アメリカの2707でさえ連邦航空局（FAA）のお声掛りで計画が始まり、開発費の大半を連邦政府が負担した。このことはSSTの開発が、民間企業の負担出来る規模をはるかに超えていることを意味する。SSTは単に速いエアライナーでも国際市場向けの技術製品でもなく、国家の威信そのものだった。

SST計画の顛末はご存じだろう。実機が飛ぶのが一番早かったのはTu-144だったが、開発は難航し、エンジンを換装し空力設計を変更したTu-144Dに計画を切り替えねばならなかった。1973年パリ航空ショーでの衝撃的な墜落事故もあったものの、1975年には試験運航に入るが、ついに本格的な商業運航も量産も行なわれなかった。

アメリカの2707は、技術的迷走（設計変更）を繰り返したあげくに、実機が製作される前の1971年に計画が放棄される。開発費の高騰に加えて、1960年代末からの環境意識の高まりに押されて、議会が開発予算を差し止めたのだ。

アメリカがさっさとSST開発から手を引く中で、イギリスとフランスは粘り強くコンコルドの開発を続け、環境（騒音）問題や第一次石油ショックも乗り越えて、1976年1月にはブリティッシュ・エアウェイズとエールフランスが商業運航に漕ぎ着けた。5月には念願のアメリカ乗り入れも開始された。料金は在来型機のファ

Aérospatiale／BAC Concorde (1969)
Sud Aviation

ースト・クラスよりさらに高額だったが、パリ／ロンドン＝ニューヨーク線だけは黒字だった。

2000年7月、パリのシャルル・ド・ゴール空港を飛び立ったコンコルドが空中火災から墜落、乗員乗客全員死亡の重大事故が起きてさえも、コンコルドは改良後に運航を再開した。しかし赤字運航の体質は改善できず、遂に2003年10月コンコルドは運航を終えた。

コンコルドがまだ飛んでいる内から、次世代のSSTが提唱されて来た。次世代SSTの開発費は一国で負担しきれるものではなさそうなので、アメリカとヨーロッパ、日本、それにソ連（ロシア）の間の共同開発も取り沙汰された。しかし現実には技術提案以上には浮上しない。

ジェット・エアライナーの歴史の中では、SSTは単なる間奏曲に過ぎなかった。航空輸送の主流はいま以上の高速化よりは、大型化快適化、経済性、低騒音低環境負荷、安全性向上へと向かった。

高バイパス比ターボファンの第三世代

亜音速機用のターボファン・エンジンは、バイパス比が高いほど燃料経済性が良くなる。だから新しい世代のターボファンほど、バイパス比は高くなる傾向がある。バイパス比が高いターボファンでは、推力の大部分はファンが発生し、中央のコアは推力よりはファンを駆動するパワーを生み出すための手段になっている。

第二世代ジェット・エアライナーを支えたターボファン、P&W社のJT3DやJT8D、RR社のスペイなどは、いずれもバイパス比が1前後だった。しかし1960年代の後半に登場したP&W JT9D、GE CF6、RR RB211はどれもバイパス比が5～6あって、推力は20トン級だった。この新世代ターボファンを前提に設計されたのが、四発のボーイング747であり、三発のマクドネル・ダグラスDC-10、ロッキードL-1011だ。

この3機種は直径6m前後の太い胴体を持ち、エコノミー・クラスで8～10列の座席を配置していた。この新しく出現した広い客室のエアライナーは、ワイドボディとかツイン・アイル（2本通路）とか呼ばれた。対比から従来の機種はナロウボディとかシングル・アイル（単通路）と呼ばれることになる。

よく知られている話だが、747はSST就航までの繋ぎとして開発された。ボーイング社の将来予測だと、SSTが飛び交うようになれば、亜音速の747には需要が無くなるので、貨物機に改修して生き延びる算段だ

Boeing 747 (1969)
Boeing

った。太い胴体や二階のコクピットも、貨物機としての利便を考えた設計だった。

同じワイドボディとは言っても、DC-10とL-1011は中距離用機で、747より一回り小さいクラスだ。第一世代ジェット・エアライナーでボーイング社の風下に立ったダグラス社(マクドネル・ダグラス社)が、ボーイング社との直接の競争を避けたことが注目される。これ以降エアライナー界におけるマクドネル・ダグラス社の地位は徐々に低下して行き、1997年にはボーイング社に吸収されることになるのである。

新世代の高バイパス比ターボファンは、燃料経済性が優れているだけでなく、信頼性も高かった。初期には重大事故もあったが、それらを乗り越え改良されて比類ない信頼性を手にした。

エンジンの信頼性向上は、ジェット・エアライナーの運用の仕方も変えた。1980年代の半ばまでのターボファン双発のエアライナーの運航では、片方のエンジンが停止しても、残ったエンジンで60分以内に近くの飛行場にたどり着けることが規定されていた。そのため大洋を横断する際には、緊急着陸用に指定された飛行場へ60分の圏内を結んだ航路を飛行することになり、大回りを強いられた。

しかしエンジンの信頼性が向上し、重大な故障がめったに起きないようになると、この規定が過剰ではないかとの声が上がった。国際民間航空機関(ICAO)は「双発機による長距離進出運航」(Extended-range Twin-engine Operational Performance Standards)、ETOPS(イートップス)の規定を見直して、代替飛行場までの片発飛行の時間規定を120分まで延長することにした。これがETOPS-120で、最初にETOPS-120を認定されたのはTWAのボーイング767だった。

実際にはETOPSを認定するのはFAAのような航空当局で、機体とエンジンの組み合わせばかりでなく、個々のエアラインの整備点検の体制や運航実績などを見極めたうえで判断する。

かつては長距離の洋上飛行を行なえるのは四発機だけであったが、ETOPSのおかげで双発機でも長距離の国際線に投入できるようになった。ETOPSで有利な立場を失ったのが三発機で、マクドネル・ダグラス社のMD-11は2000年に生産を終えている(L-1011はETOPS導入以前に撤退)。

四発機も747-8IやA380のような超大型機以外には存在意義がないだろう。新しい世代の高バイパス比ターボファンは、一基でも747デビュー当時のエンジン二基分の推力が出せる。つまり747級のエアライ

[右]McDonnell Douglas DC-10 (1970)
McDonnell Douglas
[左]Lockheed L-1011 (1970)
Lockheed Martin

ナーが双発でも成立しうる。

ETOPSが要求する飛行時間はその後180分、240分、270分と順次延長され、現在ではETOPS370まで登場している。もはや双発機で事実上世界のどこへでも飛べる時代となった。

ゲームチェンジャーの登場で変化を遂げたエアライナーの業界地図

エアバスの台頭

長年のライバルだったダグラス社を吸収して、ボーイング社一人勝ちになったかに見えた世界のジェット・エアライナー市場に、強力な競争相手が立ちはだかった。言うまでもなくエアバス社である。

エアバスは本来はフランスと西ドイツを中心とする西ヨーロッパの航空企業が、エアバスA300と名付けた中距離ジェット・エアライナーを開発生産する構想だった。そのための共同事業体（コンソーシアム）がエアバス・インダストリーで、もともとは会社組織ではなかった。

エアバスも文字通りの「空のバス」、気軽に乗れる中短距離エアライナーを意味した普通名詞で、特定の企業や機種を指してはいなかった。ワイドボディ機と同義に使われることもあり、1960年代の業界ではDC-10やL-1011はおろか747まで「エアバス」と呼ばれていた。

エアバスA300はヨーロッパ内の短距離路線を狙っていて、747はもちろん、DC-10やL-1011とも競合しないクラスだったが、最初は売れ行きが伸びず、事業打ち切りまで噂された。転機となったのは米イースタン・エアラインへの無償リースで、運用実績が評価されてイースタンからまとまった受注があった。石油ショックを切り抜けて世界の航空需要が上向きになったこともあり、A300の販売も1977年ごろから上向きになった。胴体を短縮した発展型A310もローンチした。

ボーイング社がいつごろからエアバスを潜在的なライバルと見做し始めたかは分からないが、767の機体規模はA300を意識して定められたように思える。

Airbus A300（1972）
Airbus

一方エアバスは、A320でボーイング社の737に真っ向から勝負を挑んで来た。A320のクラスの短距離機市場は、1980年代当時には737に加えて、マクドネル・ダグラス社のMD-80シリーズもいたが、A320ファミリー（延長型のA321や縮小型のA319／A318も含む）はMD-80／90を蹴落として、737とこの市場を二分することになる。

A300／A310とA320で中短距離のカテゴリーに手を掛けたエアバスが、次に目指すのはもちろん長距離の大型機だ。ボーイング社の得意分野への進出である。

エアバスはすでに1970年代から、A300と同じ胴体断面で双発及び四発の発展型を検討していた。A300B9と同B11、後にはTA9とTA11と呼ばれた構想だ。1986年になってエアバスはこれをA330、A340として同時開発すると決意する。

ボーイング社とエアバス社は、RJを除いたジェット・エアライナー市場を二分し、ここ数年は受注総数で抜きつ抜かれつを繰り広げている。

エレクトロニクスが主役の第四世代

ジェット・エアライナーの搭載エンジンに着目して、ターボジェットの第一世代、低バイパス比ターボファンの第二世代、高バイパス比ターボファンの第三世代、と分類して来たわけだが、1960年代末に高バイパス比ターボファンが出現して以降は、エンジンに画期的な技術改良はない。

その後のターボファンは燃料経済性や環境対策、信頼性などが格段に進歩したものの、バイパス比そのものは5～6近辺から動かなかった。エンジンのバイパス比で特徴づける限りでは、1970年代以降のジェット・エアライナーは十把一絡げとなる。しかしこの半世紀近くの間に、エアライナーに大きな進歩がなかったわけがない。

1980年代以降のエアライナーの技術的進歩で著しいのはコンピューターと自動化だろう。第一世代のジェット・エアライナーでは、乗員は正副操縦士（キャプテンとコーパイロットあるいはファースト・オフィサー）と航空機関士（フライト・エンジニア）の3人で、長距離路線では航法士も乗り組んで乗員4人体制だったりした（初期のTu-104など無線士を加えた5人だった）。いまの世代のエアライナーだと乗員は正副操縦士だけで、機関士や航法士の役割はコンピューターが果たしている。あの巨大なＡ３８０でさえ2人の乗員で飛ばしている。

正副操縦士だけで大型で複雑なエアライナーを飛ばすことを可能にしているのが、コンピューターと電子飛行計器システム（Electronic Flight Instrument System）だ。従来は航空機関士の仕事だったエンジンや機体システムの監視をコンピューターが行ない、情報を適切に要約してパイロットの前のディスプレイに表示する。

いわゆるグラス・コクピットはスペースシャトル・オービターや軍用機では１９７０年代から採用されていたが、ジェット・エアライナーに取り入れられたのは１９８０年代の半ばからだ。ディスプレイは初期には陰極線管（ＣＲＴ）、いわゆるブラウン管であったが、間もなく液晶ディスプレイ（ＬＣＤ）に変わった。

多くの大小の丸型計器に代わって、数面のディスプレイが配置されたパネルはエアライナーのコクピットの風景を変えたが、コンピューター化はパイロットの操縦感覚も変えた。コンピューターを組み込んだ飛行制御システムは、フライ・バイ・ワイヤ（ＦＢＷ）と呼ばれる。

グラス・コクピット（ＥＦＩＳ）とＦＢＷを特徴とするコンピューター化された機体を、第四世代のジェット・エアライナーと呼ぶことが出来よう。

ＦＢＷシステムでは機体の運動を制御しているのは常にコンピューターで、パイロットはコンピューターに制御パラメーターを指示することで、間接的に機体を操っている。パイロットが機体の姿勢を飛行制御コンピューターに入力するインターフェイスは、ボーイング社は従来と同じ操縦輪（コントロール・ホイールあるいはヨーク）だが、エアバス社では戦闘機のような操縦桿（コントロール・スティック）を採用している。しかも操縦席の両脇に配置されているので、キャプテンは左手でスティックを操作することになる。

ヨークとスティックの違いに見られるように、ボーイング社はそれ以前の世代との繋がりを重視し、エアバス社は新しいシステムの能力を最大限に発揮させるため、あえて繋がりを断ち切ろうとしているかに見える。

１９６０年代まで、ボーイング社のエアライナーは先進的で攻めた設計をし、ダグラス社のエアライナーは保守的で堅実と言う定評があった。ボーイング社はその先進性でジェット・エアライナーに一歩早く進出し、ダグラス社との地位を逆転したのだが、エアバス社に追われる立場になると一転して保守に傾いたことは面白い。業界内のチャンピオンと挑戦者の違いだろうか。

［右］Airbus A320（1987）
Airbus
［左］Boeing 777（1994）
Yohichi Kokubo

Photo de Havilland

第1章

ジェット旅客機の幕開け

de Havilland DH106 Comet 1

ジェット化への第一歩に刻まれた、尊い犠牲と技術的教訓

デハヴィランド DH106コメット

1949年初飛行／1952年初就航／製造機数114機

第二次世界大戦の勝利を確信した英国の先進的航空思想が昇華し、
世界で初めて実用に供されたジェット旅客機。
そして悲惨な空中分解事故を重ねる魔の旅客機として、
短期間で栄光と失墜を残酷なまでに味わい尽くした存在がデハヴィランド・コメットであった。
野心に満ちた歴史的エアライナーは、一体どこでつまづいたのか。
問題はターボジェットの心臓ではなく、胴体の構造にあった。

不幸な事故に泣いた従来型の胴体構造を刷新し、胴体を+5.64mの33.99mに大型化したコメット4（G-APDL）は1958年4月に初飛行。主翼に燃料タンクを増設したことで航続距離も延伸し、同年10月にはBOACのロンドン＝ニューヨーク線に就航した。Masahiko Takeda

De Havilland Comet 4

ジェット時代の彗星

デハヴィランド・コメットの名は、本書でも何度も登場することになる。世界で最初の実用ジェット・エアライナーとしてだ。コメットは最初に造られたジェット・エアライナーではないが、ジェット・エアライナーとしては最初に量産されて、最初にエアラインに就航した。

コメットが現役エアライナーだった頃を知っているのは、もうずいぶんと年配の人になるだろう。昭和25年生まれの私でも、コメットが定期便で飛んでいた時代を覚えてはいるものの、コメットの全盛時代は知らない。

コメットが世界でも最初のジェット・エアライナーとして華々しくデビューした当時を知っている人は、コメットの悲劇も覚えているはずだ。就航開始からわずか2年でコメットは重大事故を連発、運航停止になったのだ。設計を根本的に変更した改良型コメット4が再就役した頃には、すでにボーイング707とダグラスDC-8が登場していた。これら新世代のジェット・エアライナーを前にコメットは競争力を失い、合計して114機しか生産されずに終わっている。

商業的には成功したとはいえないコメットだが、世界で最初の実用ジェット・エアライナーというタイトルは誰にも奪えない。

いまの若い人はコメットの名前を、BAEニムロッド洋上哨戒機の原型としてしか聞いたことが無いかもしれない。ニムロッドとロッキードP-3オライオン、どちらもエアライナーを原型として成功した哨戒機だが、民間機時代に重大事故を連発、エアライナーとしては大成しなかった点が共通している。

ブラバゾン委員会

コメットの歴史は第二次大戦中にまで遡ることが出来る。

1943年といえばナチス・ドイツと日本の勢いが完全に止まり、各戦線で連合軍側の猛反撃が始まった段階だが、イギリスはもう戦勝を確信していた。この年の2月、イギリスは戦争に勝った後に必要になってくる民間エアライナーの長期構想について検討を開始しているのだ。

この構想を検討する委員会は、委員長のブラバゾン男爵(ロード・ブラバゾン)の名を取って、ブラバゾン委員会と呼ばれている。ジョン・モア＝ブラバゾン(1884〜1964年)は1909年イギリスで最初に飛んだパイロットの草分けで、運輸大臣や航空機生産大臣を務めたこともあった。

ブラバゾン委員会が二年間かけてまとめ上げたのは、大戦が終わった後の世界では5種類のエアライナーが必要になるだろうとの予想だった。短距離から長距離までの各機種の中でも、もっとも技術的に進んでいたのがタイプⅣと名付けられた機種で、なんと中長距離路線向けのジェット・エアライナーであった。

De Havilland
Comet 1

オリジンのコメット1は1949年7月27日に進空。写真のBOAC機、G-ALYP「ヨーク・ピーター」は1954年1月10日に地中海上空で空中分解したその機体である。やがて海中から引き揚げられた破片は、破壊の原因を克明に語った。de Havilland

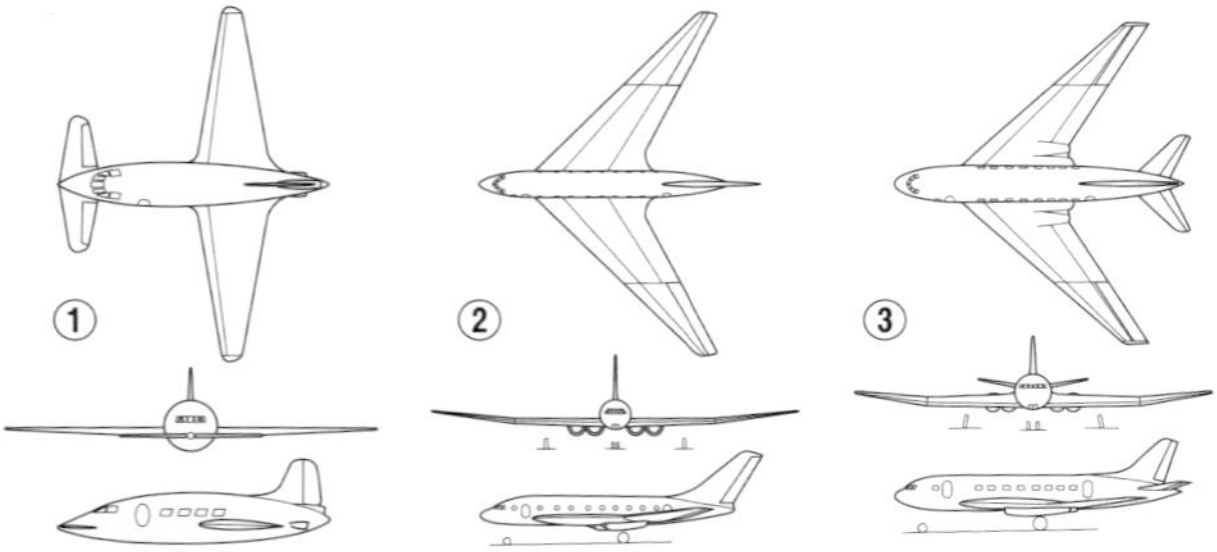

当初の設計案

直線翼の主翼にカナードを組み合わせたブラバゾン委員会による叩き台設計案①に始まり、デハヴィランドに委ねられて以後は無尾翼機形態②から後退角を有する尾翼付き③へと変遷した。

40年代英国の航空常識を投影した 重く、複雑な主翼埋め込み式エンジン

イギリス最初のジェット戦闘機グロスター・ミーティアが初飛行したのが1943年の3月のことだから、この時点でジェット・エアライナーを想像するというのは相当に先進的なことだった。

もっともこの1944年初めの時点で設定されたタイプⅣは、旅客数たったの14人で巡航速度450マイル／時（720㎞／h）、航続距離700〜800マイル（1127〜1287㎞）、総重量3万ポンド（1万3608㎏）というから、現在の目で見ればエアライナーというよりはビジネス・ジェット機クラスの機体だった。さすがのブラバゾン委員会でも、ジェット機なんかに乗りたがる物好き（あるいは金持ち）が1日に何百人もいるとは思わなかったのだろう。

ブラバゾン委員会の叩き台設計案は、紡錘形の胴体に直線翼のカナードと主翼を組み合わせ、3基のジェット・エンジンを後部胴体に埋め込んだものだった。

タイプⅣは1945年の2月、すなわち大戦が終わる数か月前に、デハヴィランド社が開発を担当することが決まった。DH106と名付けられた設計案は、当時デハヴィランド社が高速のジェット機に最適と信じていた無尾翼機形態で、前縁後退角40度の主翼の下面に、4基のターボジェット・エンジンを埋め込んでいる。乗客は24人で、総重量は8万2000ポンド（3万7194㎏）となっていた。

1946年5月には設計案は後退した尾翼付に発展し、供給省（軍民の航空機の開発を統括するイギリス政府の省庁）に提

真円断面の胴体が並ぶデハヴィランド社ファクトリー。人が顔を出す中央の胴体は構造試験用に製作されたもので“TEST FUSE”と記されている。de Havilland

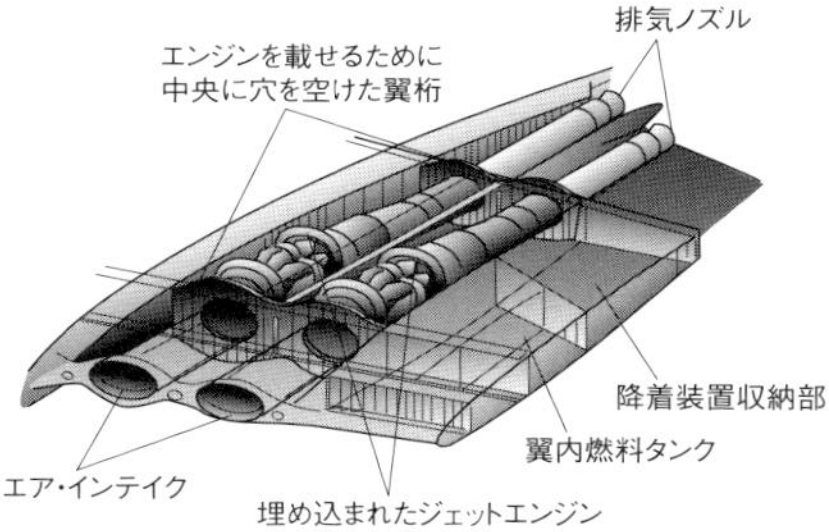

エンジン／主翼構造
主翼の強度、メンテナンス性、降着装置の配置、燃料タンク容積など、多方面でデメリットの多い主翼埋め込み式のエンジン。1950年代以降このスタイルが廃れたのは必然であった。

示された。乗客36人で総重量は9万3000ポンド（4万2184kg）と、設計はかなり拡大している。巡航速度は535マイル／時（861km／h）となっていた。

デハヴィランド社は1946年9月に供給省からDH106の試作契約を受けたが、最終的には主翼の前縁後退角は20度へと減らされ、尾翼には後退角が付かなくなった。巡航速度は505マイル／時（813km／h）に低下したが、離着陸性能や低速時の操縦安定性が改善された。胴体は延長され、離陸総重量は10万ポンド（4万5359kg）に増大した。

エンジンとしてデハヴィランド社では、ロールスロイス社が開発中の軸流式のAJ65（後のエイヴォン）を望んでいたが、当面は自社製の遠心式のゴーストを積むことになった。

奇妙なエンジン

コメットの設計を、現代のジェット・エアライナーを見慣れた目で見ると、なんとも古臭く奇妙に思える。コメットの構造も空力も、ボーイング707以降のジェット・エアライナーの文法からはまったく外れている。

しかし1940年代末の多発ジェット機、特にイギリスのそれの中に置いてみると、コメットはごく常識的な大型多発ジェット機だ。

今の人からして一番不思議なのは、左右の主翼の付け根に2基ずつ埋め込まれたエンジンだろう。主翼の前縁にエア・インテイクが開いていて、後縁からはそれぞれのエンジンの排気ノズルが突き出している。

しかし主翼にエンジンを埋め込むのは当時としては一般的な設計手法で、例えば同時代のイギリスの3V爆撃機、ヴィッカーズ・ヴァリアント、ハンドリー・ペイジ・ヴィクター、アヴロ・ヴァルカンはいずれも主翼内に2基ずつのエンジンを埋め込んでいる。

　流線型のポッドでエンジンを包んで、パイロンで主翼からぶら下げる設計手法は、ボーイング社がB-47爆撃機で広めた。エアライナーではもちろん707が最初だ。

　エンジンをポッドに収めて主翼にぶら下げると、荷重を分散して主翼付け根の曲げモーメントを減らすことになり、構造の軽量化につながる。また重いエンジンを前に突き出すことで主翼のマス・バランスの働きをさせ、主翼のフラッターを予防出来る。

　ポッド式の利点の一つは、エンジンの整備や交換が楽なことだ。コメットの方式だと、エンジンの整備や交換の便宜のため主翼の外板を取り外し式とせねばならず、その部分の外板に構造強度を担わせることが出来なくなる。強度は翼桁だけで負担することになるが、その翼桁もエンジンを載せるために中央に穴を空けた構造にする必要がある。

　コメットのエンジン装備法は降着装置にも影響を与えている。707などの主降着装置は主翼の付け根部分に取り付けられ、車輪は胴体に収納されるようになっている。

　ところがコメットの場合、主翼の付け根にはエンジンが立ち塞がっているので、主降着装置を内側に引き込むことは出来ない。コメットの主降着装置は外側に引き上げられて主翼内に収まるようになっているが、そのためには主翼下面の外板を切り欠く必要があり、構造重量がさらに増大するし、主翼も厚ぼったく抵抗が大きくなる。

　主翼の一番厚い部分をエンジンや主降着装置に占領されているので、翼内燃料タンク容積が小さくなるというのもコメットの方式の欠点だ。

　この他にもいろいろ長所短所はあるが、全体的に言ってコメットのエンジン翼内装備は構造が重く、抵抗が大きくなりがちだ。1950年代以降この方式が廃れて、翼下ポッド装備でなければ胴体後部ポッド装備となったのも当然のことだ。

　コメットの胴体は真円断面で、座席配置は通路を挟んで2列ずつの合計4列だ。707やDC-8に比べたら狭苦しいが、同時代のレシプロ・エアライナーからすれば十分に広い。ただ後には床下貨物室の小ささと、貨物積み卸しの面倒さが欠点になった。

　コメットの初期型の内装を見ていると、いろいろと今のジェット・エアライナーとは違っているので面白い。例えば客室の前方にはラウンジのような向かい合わせの座席が8人分用意されているし、トイレットは紳士用と淑女用が別々になっている。乗員は正副操縦士と航法士、無線士の4人だ。

狂い始めた歯車

　1947年1月には、デハヴィランドDH106は英国海外航空(BOAC)から8機を受注して、実機の製作に移行することになった。

同年12月にはDH106の愛称がコメット（彗星）と正式発表された。デハヴィランド社にとってはこの名は、レシプロ双発の高速レーサーDH88に続いて二回目になる。

DH106コメットの試作1号機は1949年7月27日に初飛行し、同年のファーンボロ航空ショーでいち早く公開された。イギリスとしては得意の絶頂だろう。生産型のコメット1の第1号機（G-ALYP）は、1951年1月に進空した。


1952年の5月2日はコメットにとっても、世界の航空輸送史にとっても、記念すべき日となった。この日BOACに引き渡されたG-ALYPが、初めてロンドン（ヒースロー）＝ヨハネスブルグ間の定期便に就航したのだ。

当時のプロペラ旅客機の巡航速度は500km／hそこそこだから、コメットの巡航速度はその7割増になる。巡航高度も高く飛行時間は約3分の2になり、プロペラの騒音や振動もなく、

コメット4Cを運用したアラブ連合航空（エジプト航空の旧社名）のキャビンイメージは1960年のもの。静謐なキャビンは広さも十分に確保されており、乗客は快適にジェットの旅を楽しむことができた。BAE Systems

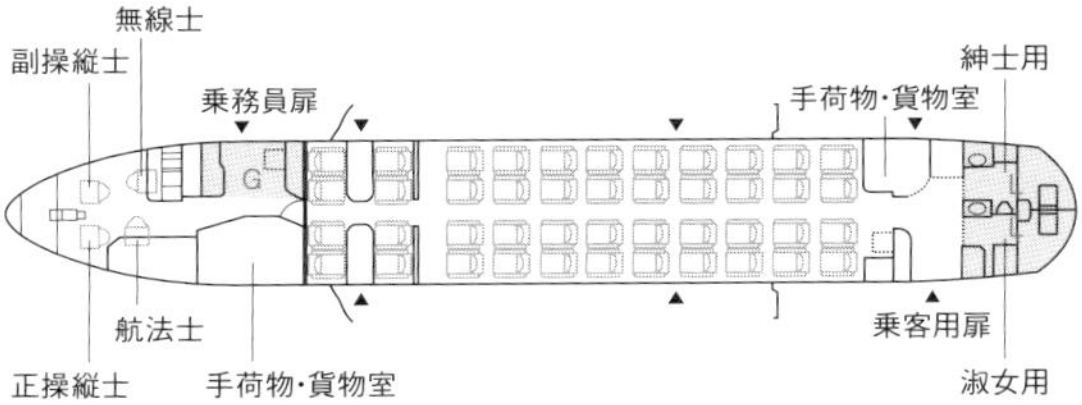

BOACのコメット1座席配置

キャビン前方の向かい合わせ座席や男女別々のラバトリー。コメットの機内レイアウトは現代のそれとは異なる点も多い。

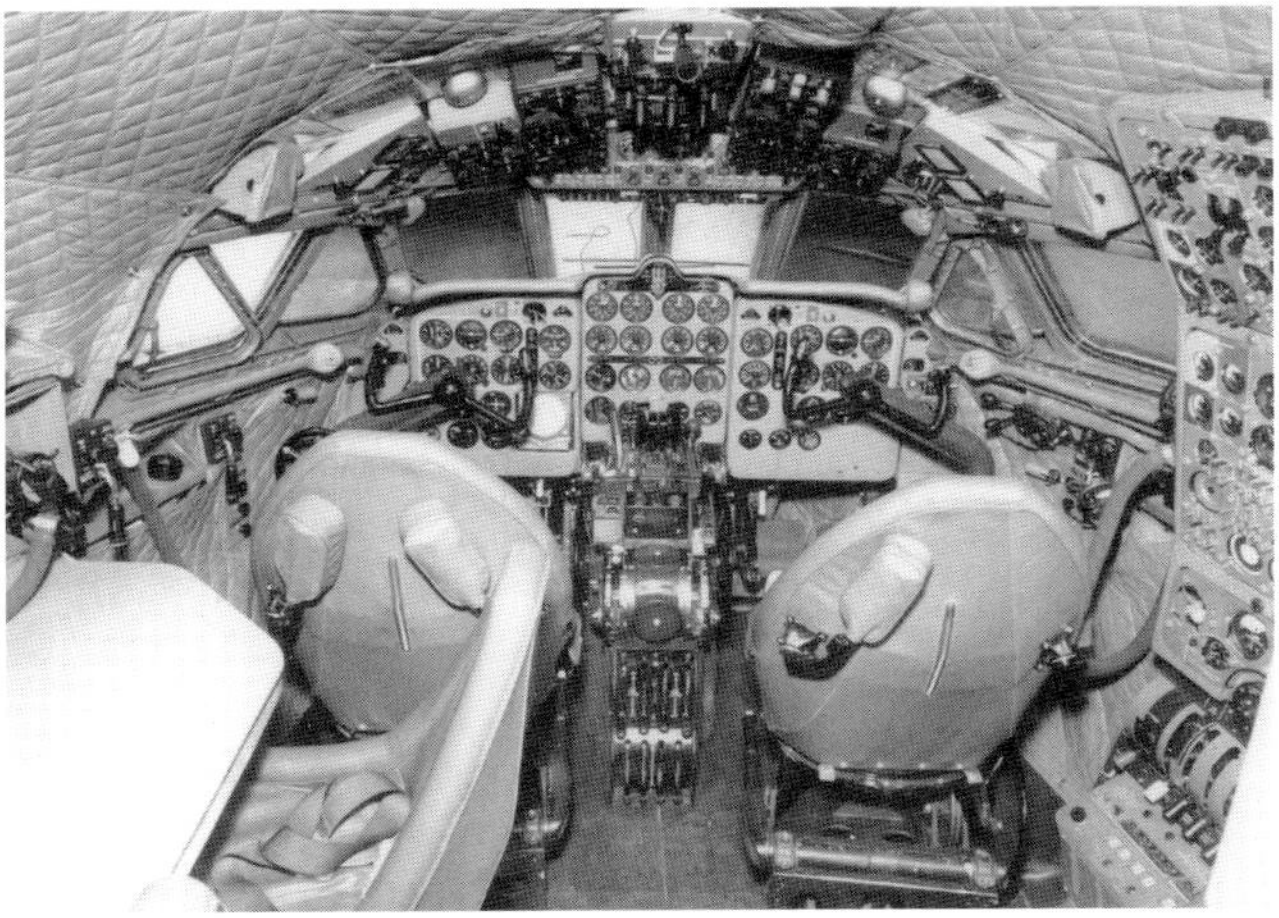
真円胴体の最前方、フライトデッキは正副操縦士に航法士、無線士を加えた4人乗務である。座席の形状が時代を表している。de Havilland

コメットの飛行は快適そのものだった。BOACは発注を追加したし、他のエアラインも競ってコメットを発注した。

しかしコメットの転落は早かった。この年の10月26日、BOACのコメット1（G-ALYZ）がローマのチャンピーノ空港を出発する際、乗員が異常を感じて離陸を断念したが滑走路を外れた。乗員乗客に重傷者はいなかったが、機体はコメット・シリーズ最初の全損となった。

翌1953年3月3日にはカナダ太平洋航空のコメット1Aがカラチ空港の離陸に失敗、乗員乗客全員（11人）が死亡した。

この2件とも原因は直接的にはパイロットのエラーだが、初期のコメットの操縦系統がパイロットの過大な操作を招きやすく、離陸時に引き起こしが過大になると主翼が失速、エンジンの推力も低下するという問題点が後になって指摘されている。

1953年6月25日にはUATのコメット1がダカールで着陸に失敗、全損となった。しかしこれらの事故は迫り来る悲劇の不吉な前奏曲に過ぎなかった。

連鎖する空中分解

1953年5月2日、BOACのコメット1（G-ALYV）がインド上空で嵐の中を飛行中に空中分解し、乗員乗客43人全員が死亡する事故が起きた。インド政府の事故調査では、水平尾翼の桁の折損が直接の原因で、パイロットが乱気流の中で過

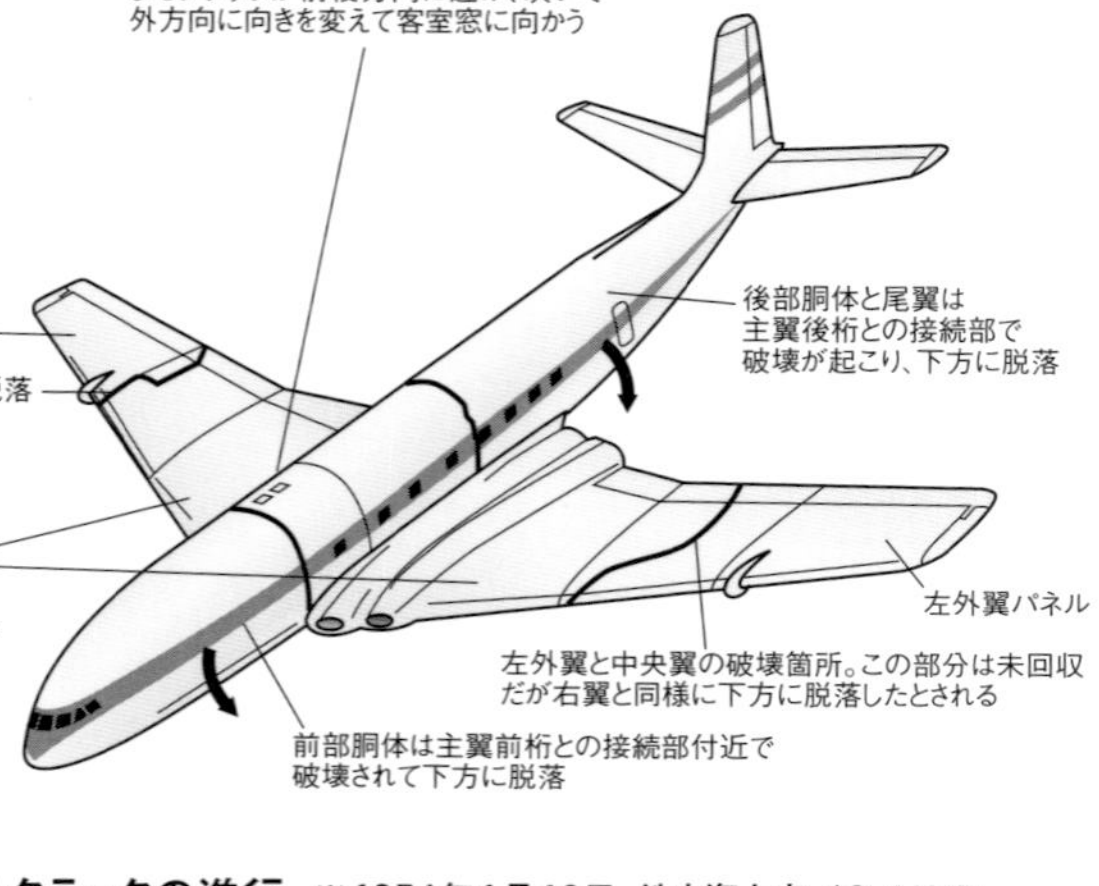
胴体中央部のADFアンテナ窓から発生したクラックが前後方向に進み、次いで外方向に向きを変えて客室窓に向かう
右外翼パネル
右外翼と中央翼はこの破壊箇所で下方に脱落
後部胴体と尾翼は主翼後桁との接続部で破壊が起こり、下方に脱落
エンジンと降着装置を含む主翼中央部。主要構造は引き揚げられなかった
左外翼と中央翼の破壊箇所。この部分は未回収だが右翼と同様に下方に脱落したとされる
前部胴体は主翼前桁との接続部付近で破壊されて下方に脱落

ADFアンテナ窓から始まったクラックの進行 ※1954年1月10日、地中海上空／G-ALYP

地中海から引き揚げられたヨーク・ピーターが語る胴体破壊の進行。上面のADFアンテナ窓の角から発生したクラックが側面のウィンドウに向かって延び、やがて機体を飛散させた。

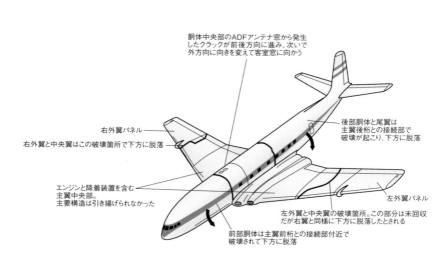

大な操作を行なった可能性が指摘された。

そして１９５４年の１月10日、決定的な事故が起きた。ＢＯＡＣのコメット１（Ｇ-ＡＬＹＰ）がローマを飛び立ってロンドンに向かう途中、地中海のエルバ島上空で消息を絶ったのだ。まもなく海上に破片が散らばっているのが発見され、機体は空中で分解し、乗員乗客35人全員が死亡したと認定された。

ＢＯＡＣは事態を重大視し、ただちにコメット全機の飛行を停止した。しかし点検でも欠陥は見付からず、考えつく限りの安全対策が施された。Ｇ-ＡＬＹＰ（最後の二文字をもじってヨーク・ピーターと呼ばれる）の破片の回収が続いている中、ＢＯＡＣは3月23日には定期飛行を再開した。

そのわずか二週間後の４月８日、南アフリカ航空にチャーターされたＧ-ＡＬＹＹ（ヨーク・ヨーク）が、ローマ空港を飛び立った後ナポリ近くの地中海に空中分解して落下した。コメット全機が再び飛行停止になった。

ヨーク・ピーターの墜落までの全飛行時間は３６８１時間、ヨーク・ヨークは２７０４時間で、ふつうに考えれば破壊が起きるほどの金属疲労が進行しているはずはない。当初は成層圏の低温で機体構造が脆くなる可能性なども疑われた（ちなみに高速で飛ぶので摩擦熱で破壊したというのはとんでもない妄説だ）。また胴体構造に多用された金属接着の信頼性も疑われた。

しかしＢＯＡＣの稼働機から引き抜いたＧ-ＡＬＹＵ（ヨーク・アンクル）の胴体を、王立航空研究所（ファーンボロ）で与圧サイクル試験にかけたところ、合計の飛行時間が９０００時間に達した段階で胴体に大規模な疲労破壊の兆候が現れた。主翼の上の胴体部分の客室窓の角からクラックが進行し始めていた。

同じ頃地中海の海底から引き揚げられたヨーク・ピーターの破片から、胴体中央部分の上面から急速に破壊が始まったことが推測された。胴体中央部の外板がはじけ飛ぶように破壊され、次いで外翼と後部胴体が脱落して、機体はばらばらになって落下した。コメットの胴体中央部の中心線上には、自動方向探知機（ＡＤＦ）のアンテナの窓が構造に開けられている。クラックはＡＤＦアンテナ窓の角から発生して、側面の窓へと延びたと推定された。

１９５４年の11月までに前記のような推論の報告書がまとめ上げられ、コメット１の命運は完全に断たれた。

コメット１のキャビンは内外の差圧が８・２５psi（０・５９９kg／㎠）で設計されている。１回の飛行ごとにこれだけの力が構造にかかり、疲労が少しずつ進行していく。

もちろんコメットの構造は、就航している間には疲労が重大な破壊にまで至らないよう設計され、試験されていたはずだった。胴体の部分試験では1万８０００回の飛行が保証されていた。

しかし後からわかったことだが、コメット１の与圧試験の方法には致命的な誤りがあったのだ。

コメットの構造はまず定格の約2・5倍の圧力をかけて、構造が破壊しないかどうか確かめてから与圧試験を受けた。とこ

ロンドン・ガトウィック空港をプッシュバックされるダン・エアのコメット4（G-APDJ）。偉大なコメット最後のオペレーターとして、1980年まで飛ばし続けた。1970年6月撮影。Graham Dives

ろが実際には最初に過大な力をかけたことで、圧縮残留応力が生じてかえって疲労には強くなってしまったのだ。与圧試験は実際の飛行状態を反映しないことになり、試験から割り出した構造寿命は偽りだった。

コメットの遺訓

コメット1は12機、コメット1Aは10機が生産された。RRエイヴォンを搭載する航続距離延長型のコメット2は1953年8月に進空していたが、もちろんこれも飛行停止になった。胴体を延長したコメット3はパン・アメリカン航空が発注していたが、1954年7月に1号機が進空しただけに終わった。

15機が生産されたコメット2は、問題の胴体構造を根本的に改修して、イギリス空軍用のコメットC2に生まれ変わった。行く当てのない機体を空軍が引き取ったと言っても良いだろう。

それでもデハヴィランド社はコメットを諦めなかった。胴体の構造を根本的に再設計して疲労破壊の可能性を払拭し、エイヴォンを搭載、胴体を5・64mも延長したコメット4で再起を図った。コメット4は74～81席で、当初の乗客数の二倍近い。コメット4はBOACから受注して生産に入り、1958年4月28日に初飛行した。BOACに就航したのは同年9月30日のことだった。

その1か月後には707-120が就航する。1年後には

ＤＣ-8-10も就航する。より高性能で、快適で経済性も高いライバルに、１９４０年代末の基本設計のコメット４が敵うはずもなかった。ＢＯＡＣでさえ７０７を発注して、１９６５年にはコメットの運航を終了することになる。

コメット４／４Ａ／４Ｂ／４Ｃはそれでも合計74機が生産されたが、コメット５以降の型はすべて中止された。最後のコメット４Ｃの２機は実際にはＨＳ８０１ニムロッドの試作機へと転用された。

コメットは商業的には大成しなかったし、技術的にも重大事故を引き起こしたが、現在のエアライナーの安全性はコメットとその乗員乗客の尊い犠牲の上に築かれたものであることを決して忘れてはならない。コメットの事故を教訓に、クラックを生じにくい、万一クラックが発生しても致命的な破壊に至らない構造の設計手法、構造寿命を確実に見積もれる試験方法が確立されたのだ。

コメット１の角の尖った四角い窓と、現代のジェット・エアライナーの角を丸めた窓を見比べるだけでも、コメットの事故以降の設計手法の進歩が見て取れる。クラックが構造の切り欠きの角の部分から発生し発達するというのが、コメット１の事故の貴重な教訓の一つだ。

ところでＢＯＡＣが運航を停止した後も、コメット４はさまざまな中小エアラインで使用され続けた。中でもイギリスのダン・エアは中古のコメットを買い集めて、１９６０年代半ばから70年代の半ばには約50機を運用していた。定期航空でコメットを飛ばしていたのもダン・エアが最後で、１９８０年11月に最後のコメットをリタイアさせている。

筆者が航空評論の道に入ったのは１９７０年代の中頃で、同業の先輩達が「コメットが見たかったらいまのうちにダン・エアに乗っておいたら良い」などと言っていたのを覚えている。しかし筆者はとうとうコメットには乗らずに終わった。

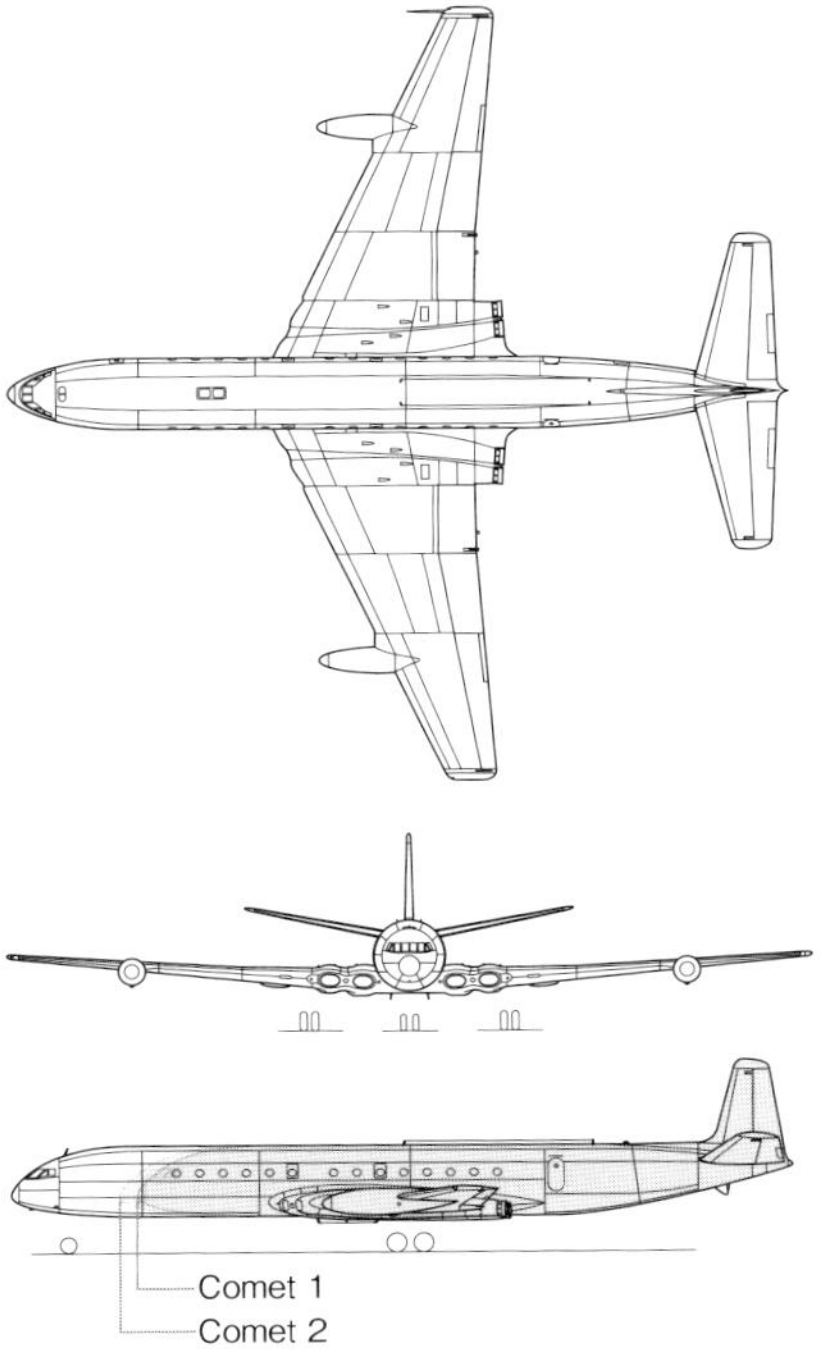

DH106 Comet 4

全幅	35.00m
全長	33.99m
全高	8.99m
主翼面積	197㎡
運航空虚重量	34,200kg
最大離陸重量	73,500kg
巡航速度	846km/h
航続距離	5,190km（ペイロード7,620kg時）

Tupolev Tu-104A

1959年に羽田空港で撮影されたアエロフロートTu-104A。同社の日本線は1967年に二重反転プロペラを持つTu-114により開設されているので、写真は日本就航以前のもの。レニングラード交響楽団を東京公演へと運んできた。
Toyokazu Matsuzaki

史上2番目の実用ジェット旅客機という、唯一の存在価値

ツポレフTu-104 ツポレフTu-124

Tu-104 1955年初飛行／1956年初就航／製造機数 約200機（NATOコード：Camel）

Tu-124 1960年初飛行／1962年初就航／製造機数 約100機（NATOコード：Cookpot）

ツポレフTu-104 "キャメル"は、世界で2番目に実用化されたジェット旅客機という華々しい功績とは裏腹に、この上なく印象が薄く、しかも技術的にもほとんど論じられることがない。Tu-104という存在をこれほどまでに貶めた原因とは、一体何か。たどり着いた事実は、Tu-104ひいては旧ソ連機すべてに共通する、根本的かつ致命的な技術不足だった。

かりそめのジェット

「世界で最初に実用になったジェット・エアライナーは？」と質問されて「デハヴィランド・コメット」と正しく答えられる人でも、「では二番目は？」と問われると答えに詰まる。

ボーイング707？ 外れだ。

正解はツポレフTu-104。旧ソ連のジェット・エアライナーだ。コメットが大事故で就航を一度中断しているのに対して、Tu-104は1956年の初就航から約二十年にわたって飛び続けた。

そのような実績を残したエアライナーなのにもかかわらず、かなりのマニアでも名前がすぐに出て来ないくらいに存在感に乏しいのは、ソ連とチェコスロヴァキアの2か国でしか使われず、西側諸国には馴染みが薄いこともあるが、Tu-104の機体自体が技術的に見るべきものがないせいもあるだろう。

その後のジェット・エアライナーの基本型を確立したボーイング707と比べれば、Tu-104は技術的にも思想的にも大きく見劣りする。身も蓋もなく言ってしまえば、Tu-104はソ連がコメットに対抗し、707の先を越そうとでっち上げた間に合わせのエアライナーに過ぎないのだ。

そうはいっても史上二番目の実用ジェット・エアライナーというタイトル自体は揺らがない。本項ではそのツポレフTu-104と発展型のTu-124を解説しよう。

バジャーという踏み台

アンドレーイ・ニコライェヴィッチ・トゥーポレフ（1888～1972年）は、ソ連の航空技術界の重鎮で、1920年代からANT（彼の姓名の頭文字）の名の、1940年代に入ってからはツポレフ試作設計局（OKB）の名で、数多くの作品を世に問うてきた。

そのツポレフOKBがジェット・エアライナーの開発をソ連共産党中央委員会に働きかけたのは1953年末頃のことだった。すでに西側ではデハヴィランド・コメットの定期便が飛んでいて（初就航1952年5月）、ボーイング社でも四発ジェット・エアライナー（後の707）の計画に着手していた時期だ。

ソ連はジェット・エアライナーの開発で西側に大きく後れを取ったと言って良いが、その理由はジェット爆撃機の計画を優先したことだった。アメリカとの冷戦の最中ではジェット爆撃機の生産と配備が国家的課題であり、それに比べればジェット・エアライナーの優先順位はずっと低かったのだ。軍事を民生より優先する体質はソ連が崩壊するまで変わらなかった。

Tu-104の設計自体が爆撃機からの派生に過ぎなかった。ツポレフOKBが1952年4月に初飛行させた中距離爆撃機（戦域爆撃機）のTu-16〝バジャー〟がTu-104の原型だ。Tu-16

ロシアでもとりわけ航空機産業との所縁が深いウリヤノフスク。この街の民間航空史博物館にはTu-104の展示機があり機内も公開されている。コクピットにはTu-16譲りのガラス張りの航法士席があり、地表を読みながらコースを定める。航法士のアクセスを考慮して、スロットルはセンターではなく両サイドに置いた。
Kotaro Watanabe

西側の常識とは乖離した不可解な旅客機設計

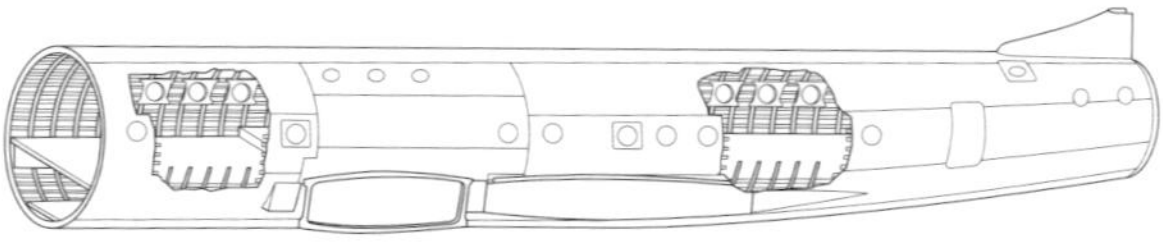

Tu-104の胴体構造図

Tu-104は、直径3.5mの円筒形胴体に直接エンジンを取り付ける構造。翼桁が床下を貫通するため、キャビンがやや高い位置にあるのが特徴だ。

は１９５４年から空軍への配備が始まっている。

　爆撃機から旅客機を派生させたり、その逆に旅客機を爆撃機に転用するといった手法は、１９４０年代まではよく見られたものだった。ドイツ空軍のハインケルHe１１１やフォッケウルフFw２００コンドルは、どちらもルフトハンザの高速旅客機として先に飛んでいる。もっともドイツの場合には旅客機自体が爆撃機開発の隠れ蓑であったが。またイギリスではアヴロ・ランカスターから派生したエアライナーのランカストリアン、アメリカでもコンソリデーテッドB-24から派生した輸送機のC-87などがある。

　しかし大戦後には旅客機と爆撃機の技術的な分化が進んで、西側では爆撃機を転用した旅客機は造られなくなった。この方法で開発された西側の量産旅客機は、ボーイングがB-50（B-29の改良版）の主翼と尾翼を流用して、胴体上半分を拡大して造り上げたモデル３７７ストラトクルーザー（軍用名C-97）が最後だろう。

　もちろんA・N・トゥーポレフ自身も、爆撃機からエアライナーを派生させるのは、ソ連（共産圏）最初のジェット・エアライナーの開発を急ぐ便法に過ぎないと思っていたはずだ。それでもツポレフOKBの提案は共産党中央の支持を得ることができ、１９５４年６月には政府の航空工業省が同OKBに対して旅客機型Tu-16P（後のTu-１０４）の開発を指示した。

　Tu-１０４の試作1号機が初飛行したのは１９５５年６月17

日で、実際には試作機はこの年の初めには一応姿を見せていたようだから、Tu-104の設計と試作機製作は驚くべきスピードで進められたことになる。いくらTu-16の主翼や尾翼、エンジンを流用しているとはいえ、大きな与圧キャビンと組み合わせる作業は並大抵のことではなかったはずだ。もちろん正式の開発承認の前から予備的な設計作業は行なわれていたのだろうが。

Tu-104の試作機は、1955年7月3日にモスクワ上空で行なわれた航空パレードで初公開されている。NATO(北大西洋条約機構)ではこの機体に〝キャメル〟(駱駝)のコードネームを与えた。

設計ナンバーの末尾が4になったのは偶然だろうが、Tu-104以降、ツポレフOKBではエアライナーには末尾4のナンバーを与えることに決めたようだ。ボーイングのジェット・エアライナーの末尾7のようなものである。

常識外れの違和感

Tu-104の機体を解説しようにも、どこからどう取りかかったらよいか迷ってしまう。それほどまでにこの機体は、西側のエアライナーの常識からは外れた設計になっているのだ。

西側のジェット・エアライナーを見慣れた人が、Tu-104を見て最初に感じる違和感はエンジンの数と搭載場所だろう。西側のジェット・エアライナーであれば、エンジンを1基ずつポッドに収めて、主翼の下に吊り下げるか、後部胴体の両脇に取り付けるのが一般的だ。ところがTu-104の場合には2基のエンジンが主翼の付け根部分、胴体の両脇に密着して取り付けられているのだ。このエンジン配置はTu-16から引き継いでいる。

もっともエンジンを主翼付け根に配するのは、1950年代頃の多発ジェット機では珍しいことではなかった。他ならぬコメットが4基のエンジンを主翼付け根に搭載しているし、当時のイギリスのジェット爆撃機には他にも似たような配置のものがある。

しかしボーイングがB-47ストラトジェット爆撃機(1947年12月初飛行)でエンジンのポッド式搭載法を採用して以来、西側では事実上すべての大型ジェット機が追随し、主翼付け根方式は廃れてしまった。

エンジンを主翼に搭載する技術的な利点は、重量物を翼にぶら下げることにより、翼に掛かる荷重を分散させられることだ。もし胴体内にエンジンが収容されていたら(初期の多発ジェット機案にはそのような形態もあった)、エンジンを含む胴体の重さはすべて主翼に掛かって来て、主翼付け根には大きな強度が要求される。しかし重いエンジンが主翼に分散していると、主翼付け根に掛かって来るのは胴体自体の重さだけとなり、付け根の設計もずっと楽になって、結果的により軽量な翼の構造設計が可能になる。

B-47をはじめエンジン主翼搭載の後退翼機では、必ずエン

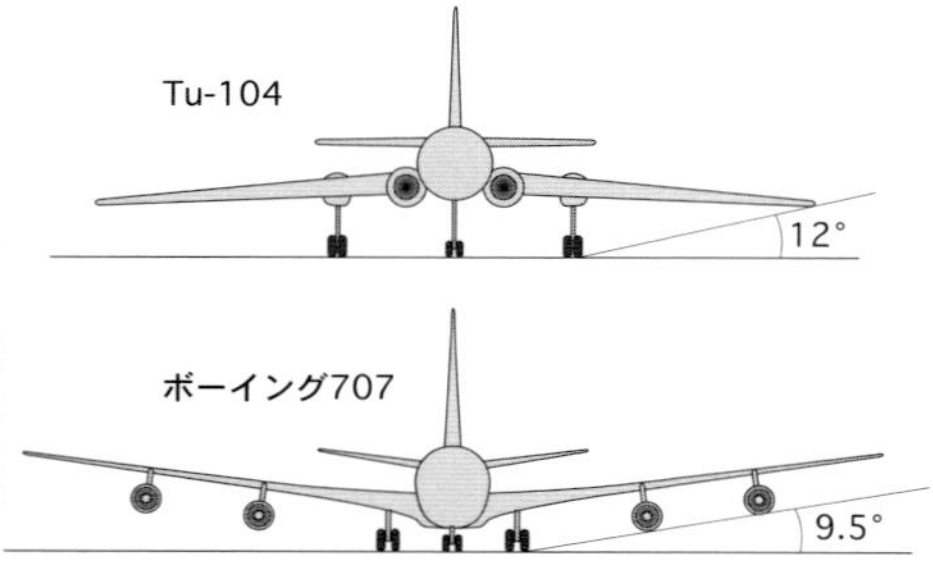

Tu-104とボーイング707の主翼下半角・上半角

離着陸時における翼端の接地を避けるため、主翼に上反角をつけることが常識化していた西側のエアライナー。しかしTu-104では逆に主翼に下半角を設け、上反角効果の打ち消しにこだわった。

ジン・ポッドを主翼よりも前に突き出している。これは機体全体の重心位置の問題もあるが、主翼のフラッターの防止策でもある。

後退翼機が高速になると空気力でねじれて振動（ばたつき）を起こすようになる。これがフラッターだが、翼の重心が前寄りにあった方がフラッターは生じにくい。重量の大きなエンジンは主翼にとっては絶好の重心調整用バラストでもあるわけだ。

Tu-16以来のエンジン主翼付け根搭載は、これらポッド搭載式の利点を捨てているわけだが、では主翼付け根搭載の理由はなんであったのか、あまり積極的な利点は見出しにくく（少なくとも西側の航空工学の常識からすれば）、その一方で少なからぬ欠点がある。

たとえばエンジンの火災や爆発に備えて、胴体との間には頑丈な防火壁を設けねばならない。また客席にはエンジンの騒音や振動が直接に伝わって来ることにもなる。

ただTu-16のＡＭ３（別名ＲＤ-３）ターボジェットはきわめて大きく重いエンジンなので、主翼の下に吊り下げようとしても設計が面倒なのも確かだ。なにしろコメットや７０７が四発なのに、Tu-１０４は双発なのだから、ＡＭ３のパワーと大きさのほどは理解できるだろう。

同じような主翼付け根取り付けでも、実際にはコメットとTu-１０４とではエンジンの位置と主翼構造が根本的に違う。コメットの場合には、主翼付け根の翼桁が円環状（丸が二つだから眼鏡状ともいう）になっていて、翼桁がエア・ダクトとエンジンを抱え込む形になっている。そのためコメットでは主翼付け根の部分の外板は取り外し式になっていて（そうでなければエンジンを交換できない）外板が荷重を担えないので、構造的には非常に不利だ。一方、Tu-１０４ではエンジンは主翼桁よりも後ろにあって、翼桁ではなくて胴体に取り付けられる形になっている。だから主翼外板は付け根まで連続していて、構造的にはコメット方式よりは有利だ。

Tu-１０４の場合ダクトはどうなっているかというと、丸いエア・インテイクから入った空気は上下二つの半円断面のダクトに分かれて、翼付け根を通り抜けてエンジンに導かれる。下側のダクトは翼桁の下側を抜けているが、上側のダクトは翼桁の中を通っている。

Tu-１０４の外形の違和感はまだ続く。エンジンの少し外側の主翼の後縁には大きな流線型の突起がある。この流線型のポッドには主降着装置が収納される。

ボーイング７０７のような低翼のジェット・エアライナーで

は、主降着装置は内側に引き込まれて、主脚柱は主翼の付け根に、車輪は胴体下部に収納されるのが一般的だ。

ところがTu-１０４の場合には、主降着装置は後方に引き込まれる。主脚柱はほぼ水平になるまで後方に引き上げられ、ダブル・ボギーの車輪もくるりとひっくり返って、きれいにポッド内に収まる。

３度の下半角

Tu-１０４の主翼構造は内翼と外翼とが別々に造られて、このポッド部分の外側の分割線で結合されている。内翼の後退角は前縁で41度、１／４翼弦で37度、外翼の後退角は前縁で37度、１／４翼弦で35度となっている。この後退角は同時代のジェット・エアライナーとしては過大で、巡航速度を考えればもう少し小さくても良いところだ。外翼上面には二枚ずつの境界層フェンスがある。

エンジンの搭載法以外にも、Tu-１０４の主翼と７０７やＤＣ-８の主翼には大きな違いがある。それは主翼の上下半角だ。

７０７やＤＣ-８、またそれ以降の西側の低翼のジェット・エアライナー（といっても高翼のジェット・エアライナーは例外だが）の主翼にはかなり大きな上半角が付いている。ところがTu-１０４の主翼には3度の下半角が与えられているのだ。正面図を見比べればその違いは明らかだ。

空気力学からすればTu-１０４の下半角が正しい。航空工学の教科書を見れば、後退角には上半角効果があると必ず書かれている。

上半角効果とは、上半角の付いた機体が飛行中に傾いて横滑りした時に、元の状態に戻す働きのことだ。飛行機が静的に安定を保って飛ぶためには、適切な上半角効果が必要になる。ところが後退角には上半角効果を増強する働きがある。だから後退角の付いた機体に上半角を与えると安定を保つ動きが過大になり、特に低速時にはかえってふらふらと飛ぶ（ダッチ・ロール）ことになってしまう。だから後退角の付いた機体では上半角をゼロ、あるいはむしろ若干の下半角を与えて、後退翼の上半角効果を打ち消すのが定石になっている。

７０７やＤＣ-８の主翼の上半角は実は空力的な理由ではな

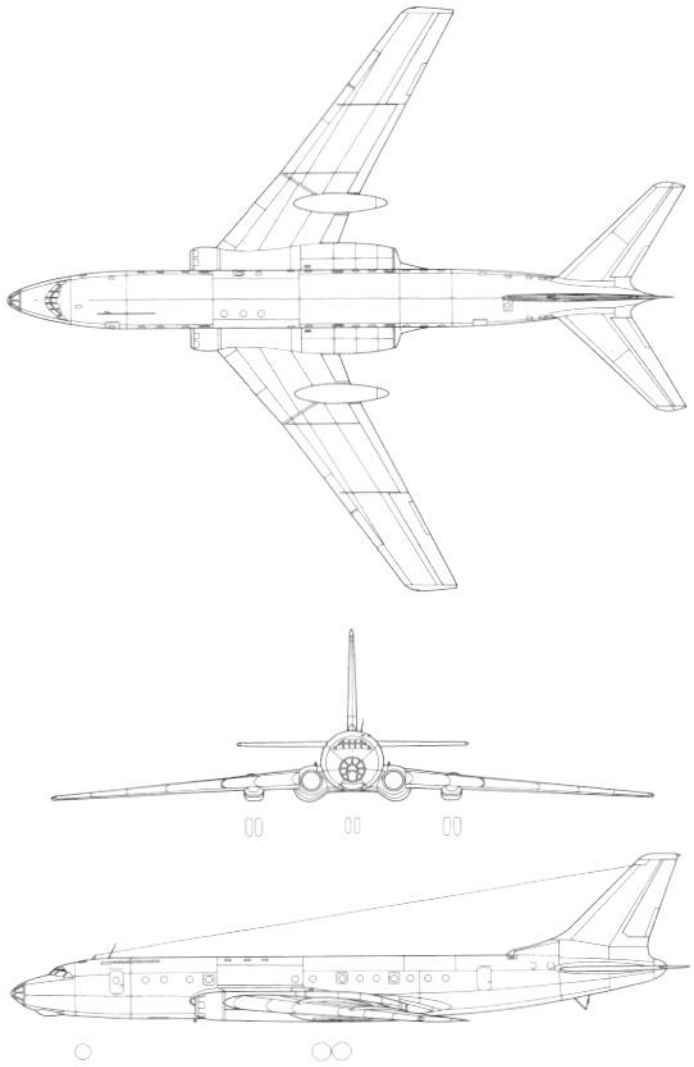

Tu-104A

全幅	34.54m
全長	38.85m
全高	11.90m
主翼面積	174.4㎡
機体重量	41,600kg
最大離陸重量	76,000kg

エプロンに並ぶアエロフロート機はストレッチ仕様のTu-104B。旧ソ連はコメットに続く世界第2の実用ジェット・エアライナーとして、このTu-104をなりふり構わず造り上げたのだ。Aeroflot

い。滑走中に機体が大きく傾いた際にも、翼端が地面に接触しないようにという意外な理由からなのだ。

正面図だけを見ていると、翼端と地表とは十分に離れているし、傾いても主翼端よりも先にエンジン・ポッドが地面にぶつかるように思える。しかし機体を大きく引き起こしていて、なおかつ傾いている時には、後退翼機だと翼端が最初に地面と接触することになる。翼端の接触は離陸時にも起こりうるが、特に着陸時横風に煽られてふらつき、片側の主降着装置だけが接地した際に翼端が一番地面に近付く。

だから西側の低翼後退翼機では、主翼に5～7度程度の上半角を与えるのが普通だ。同じ理由で水平尾翼にも上半角を付けることがある。これは法律的な規定などではなくて、設計者の間の常識といってもいい。ところがソ連の設計者の常識は、西側とは異なっていたようだ。

主翼下半角の結果、Tu-104（やTu-16）に離着陸時の翼端接触事故が多かったのかどうかは分からない。しかしボーイング707の初期型はダッチ・ロールに悩まされて、垂直尾翼増積とヴェントラル・フィン追加で対処している。

Tu-104Aの全幅は34・54m、全長は38・85m、全高は11・9mで、翼面積は174・4㎡になる。自重は4万2900kg、標準総重量は7万8000kg、巡航速度は750～800km／hで、最大ペイロードでの航続距離は2300kmとなっている。

泥臭い機内

同時期の707やDC-8より一回り小さな機体で、旅客数は6～7割程度でしかない。現代の標準からすれば国際線エアライナーというよりも短距離用機になる。

Tu-104の胴体は直径が3・5mの円筒形で、キャビンには4列から6列の座席が配置できる。

Tu-16とTu-104とでは主翼と胴体の位置関係が違う。Tu-16は胴体の中央を主翼桁が貫く中翼配置だが、Tu-104では翼桁はキャビンの下を通っている。もしTu-16と同じ中翼だったら、キャビンが翼桁で前後に分断されていたところだ。もともと中翼機用の主翼と降着装置に、高い位置で胴体を組み合わせたので、Tu-104のキャビンはやや高い位置にある。

操縦席の窓の配置も独特だが、もっと驚くのは大戦中の爆撃機のようなガラス張りの機首だ。ここに航法士が位置し、地表を見ながらコースを定める。この機首はもちろんTu-16譲りだ。

航法士席への通路は正副操縦士の席の間にあり、西側のエアライナーでは両操縦士の中間に置かれているスロットルは、Tu-104では左右に分かれて置かれている。乗員は他に航空機関士と無線士で合計5人になる。

低翼配置とはいえ翼桁の上部はキャビン内にまではみ出していて、キャビンの床の一部が高くなっている。この部分の扱いにはOKBもアエロフロートも困ったようで、ギャレーを配置してみたり特別室のように仕立てたりしている。初期型ではこの部分だけ天井側に丸窓がある。

Tu-104シリーズのキャビン配置には、初期型Tu-104の50席から、Tu-104Vの横6列配置の最大117席まであるが、標準的なのはTu-104Bの横5列100席配置だろう。Tu-104Aは2クラス70席だが、階級のないはずの共産主義国家のエアラインにもファースト・クラスがあった。いずれの配置でもトイレットは最後尾にだけある。キャビンの内装のセンスは、いまからはもちろん当時の西側エアラインから見ても

ウリヤノフスクのTu-104A機内、その後方キャビンから前方を撮る。奥のフロアには翼桁がはみ出した段差が確認でき、使いづらそうである。Kotaro Watanabe

Tu-104A 70席

Tu-104B 100席

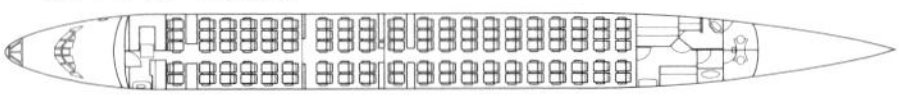

A型の70席レイアウトと、胴体を40.06m（+1.21m）に延長したB型の100席レイアウト。前者のキャビン前方には、標準席よりゆったりとしたファースト・クラスが設けられているのが興味深い。

Tu-104A比で全長が8m以上短縮されたTu-124。ただし胴体は完全新設計で、短胴型という理解は誤りだ。写真はウリヤノフスクの展示機。Kotaro Watanabe

泥臭いものだった。座席はエアライナーというより昔の列車みたいで、頭の上には金属パイプの網棚があったのだ。

これを独創性と呼べるか

Tu-104の西側デビューは衝撃的だった。1956年3月22日、ソ連の政治代表団を乗せてロンドンのヒースロー空港に颯爽と降り立ったのだ。コメットが構造の欠陥による事故を多発して運航を停止していて、707やDC-8はまだ就航しておらず、西側ではジェット・エアライナーが1機も運航していない時期である。この時飛んだのは試作1号機だった。Tu-104がソ連航空産業省の正式な型式証明を取得するのは同年6月になってからで、生産型のアエロフロート初就航は1956年9月15日、第一便はモスクワ＝オムスク＝イルクーツク間の国内線だった。同年10月からは国際線の運航も開始された(東欧のプラハまでだが)。

Tu-104を飛ばしたソ連以外のエアラインは前述のようにチェコスロヴァキアのCSAだけで、1957年からパリやブリュッセルを含む近距離国際線を運航している。

Tu-104はソ連東欧圏でだけ使われたが、ツポレフOKBでは一応輸出も考えてはいた。その証拠に海外では双発が受け入れられないと知ると、四発化したTu-110を開発している。基本形態をそのままに主翼付け根に2基ずつのリューリカ

AL-7ターボジェットを装備したTu-110〝グッカー〟は1957年3月に初飛行したが、4基のAL-7の燃料消費はAM-3双発よりも大きく、航続性能低下が著しいとして開発は打ち切られた。

Tu-104シリーズは約200機が生産されたが、主な生産型は改良型AM-3MエンジンのTu-104Aだ。また胴体を1・2m延長したTu-104Bも約60機生産された。Tu-104VはTu-104Aの機内改装型、Tu-104Dは同じくAM-3M-500に換装した型だ。Tu-104は要人輸送や宇宙飛行士訓練などソ連空軍でも使用された。

Tu-104の弟分といえるのが1960年3月24日に初飛行したTu-124〝クックポット〟だ。Tu-104をコンパクト化したような設計だが、Tu-104の胴体短縮型などではなくて、一回り細身の胴体の新規設計だ。全幅は25・55m、全長は30・58m、翼面積119・37㎡で、自重は22・9t、最大総重量は37・5tになる。座席は横4列の44席が標準で、最大ペイロードでの航続距離は1500㎞だ。いまから見れば三菱スペースジェットM100（旧MRJ70）よりも小さな機体でしかない。

Tu-124のエンジンはソロヴィヨフD-24ターボファン（推力5400kgf）の双発で、ターボファン・エンジンを前提に設計されたジェット・エアライナーとしては世界最初だ。乗員は正副操縦士と航法士の三人になった。

Tu-124は1962年10月にモスクワ＝タリンの短距離線で運航を開始し、アエロフロート、CSA、インターフルク、LSK、インド空軍、イラク航空などで合計約100機が運用された。輸出もされたのだから一応の成功作と呼べるだろうが、数年後にはより洗練された設計のTu-134に置き換えられることになる。

Tu-104とTu-124の設計が西側のジェット・エアライナーと大きく異なっている点に関しては、単にソ連の技術が遅れているからなのか、それともソ連独自の設計思想や技術の産物なのかが、当時西側の航空評論家の間でも話題になっていた。

しかしソ連のエアライナーが後の設計になるにつれて西側の設計に近付いて来ていることを見ても、やはり技術の遅れが主要な原因だったと言ってしまっても良いだろう。軍用機はともかくエアライナーの場合には、経済性や快適性を第一に置けば、自ずと西側のエアライナーに似た形態に落ち着くわけだ。

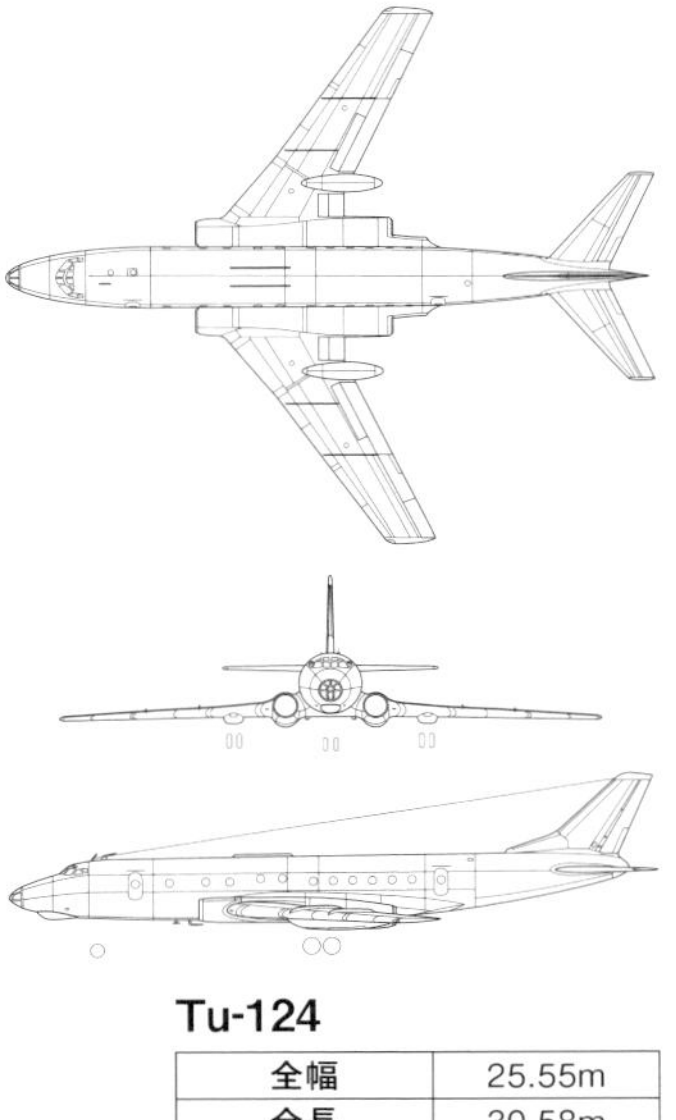

Tu-124

全幅	25.55m
全長	30.58m
全高	8.08m
主翼面積	119.37㎡
最大離陸重要	38,000kg

ジェット旅客機の基本形態を確立したパイオニア

ボーイング707
ボーイング720

707

1957年初飛行／1958年初就航／製造機数857機(試作機の367-80は1954年初飛行)

720

1959年初飛行／1960年初就航／製造機数154機

ボーイング7シリーズの偉大なる先駆者であり、主翼下に四発のエンジンを吊り下げて搭載する長距離ジェット旅客機の標準的スタイルを確立したのが707だ。試作機である367-80 "ダッシュ・エイティ"の誕生から、いまも活躍する軍用の姉妹機KC-135との分岐点、そしてパンナムでの初就航とその後のモデル展開まで、民間航空史の転換点となったエアライナーのプロファイルを解析する。

エア・トゥ・エアで撮られたローンチ・カスタマー、パン・アメリカン航空の707-120（N707PA "Clipper Maria"）。KC-135の民間版と誤解されることも多いが、胴体構造はまったく別物で、主翼も707のほうが大きい。
Pan Am Historical Foundation

翼の下にエンジンを

航空評論家なんて商売をやっていると、飛行機の型を見分けるのも仕事の一つで、なんとかの300と400の区別とか、なんとかのGEエンジン型とP&Wエンジン型の違いとか、やたら細かいところまで気にする必要があったりする。

そんなことばかりしていると専門家や航空マニア以外の一般人の感覚をつい忘れて、新聞で中国のJ-20がF-22そっくりと紹介されたり、テレビにCH-47の写真がオスプレイとして映ったりしたのを見て、愕然としたりする。普通の人にとっては航空機の違いなんてそんな程度のものなのだ。

一般の人だって、四発機と双発機、低翼機と高翼機くらいは区別しているだろうが(たぶん)、ちょっと遠くなったら大きさの違いまで分かるかどうかは怪しいものだ。そうだとすればエアバスA380とボーイング747、A340とイリューシンーL-96とを区別出来ないことになる。

いまでは長距離機でも双発が多くなってきたが、むかしは双発は中短距離向けで、長距離向けは三発あるいは四発と決まっていた。言い換えると、国際線を飛ぶジェット・エアライナーは必ず四発機だった。

そのかつての長距離国際線向けのジェット・エアライナーの標準であった低翼四発機の形態を最初に採用し、確立させたのがボーイング707だ。

世界最初のジェット・エアライナーのデハヴィランド・コメットは、主翼の付け根にエンジンを埋め込んでいた。世界で二番目のツポレフTu-104も、主翼付け根にエンジンを抱えていた。ボーイング707はエンジンをポッドに収めて、主翼からパイロンで吊り下げていたところが新しかった。

もっともこの形式はすでに軍用機では同社のB-47、B-52で試みられて成功したものであったが。ただしB-47もB-52も高翼で、低翼とポッド式エンジンの組み合わせは707が初めてだった。

ダッシュ・エイティ

ボーイングのジェット・エアライナーという"7●7"という機番を持つというのは、それこそ小学生でも知っているだろう。そしてその始まりは言うまでも無く707だ。

ボーイングのジェット・エアライナーの検討案で707のモデル名が初めて登場したのは1951~52年頃のことだ。それまでのモデルが四百番台、五百番台であっただけに、モデル番号が一気に七百番台まで飛び、しかも一桁目と三桁目の数字を合わせてあるのはいかにも作為的で、やはりジェット時代に向けて名前でも人目を引こうとしていたのだろう。

実際707の試作機(デモンストレイター)となった機体は、

社外的には707ではなくて、モデル367-80と呼ばれていた。367はB-29爆撃機の発展型B-50の主翼や尾翼、エンジンを流用し、胴体の上半分を拡大した輸送機兼空中給油機KC-97のモデル名だ。KC-97の民間型はモデル377ストラトクルーザーである。

367-80は通称ダッシュ・エイティと呼ばれることになるが、いずれにしても胴体断面以外KC-97とはまったく関係ない。KC-97はレシプロ・エンジン四発の直線翼機だが、367-80はジェット・エンジン四発の後退翼機だ。ダッシュ・エイティにストラトクルーザーの面影を見るのは難しい。

ボーイング社がモデル367-80と、KC-97を連想させるような名称を付けた理由は想像出来る。367-80はエアライン向けのジェット・エアライナーと空軍向けの空中給油機の両睨みのデモンストレイターで、むしろ後者に重点が置かれていたと考えられるからだ。

エアラインの商談は、例え大手が相手でもいちどに数十機が売れたら万々歳。それに対して空軍の給油機であれば、採用が決まれば一度に百機単位、恐らく数百機の購入になる。それに空軍の給油機はKB-29P以来ボーイング社の独占で(フライング・ブーム自体が同社の発明品)、367-80が採用される可能性も高い。最終的には民間向けの方が数が多くなろうとも、商売という点では空軍向け給油機の方が断然手堅いのだ。

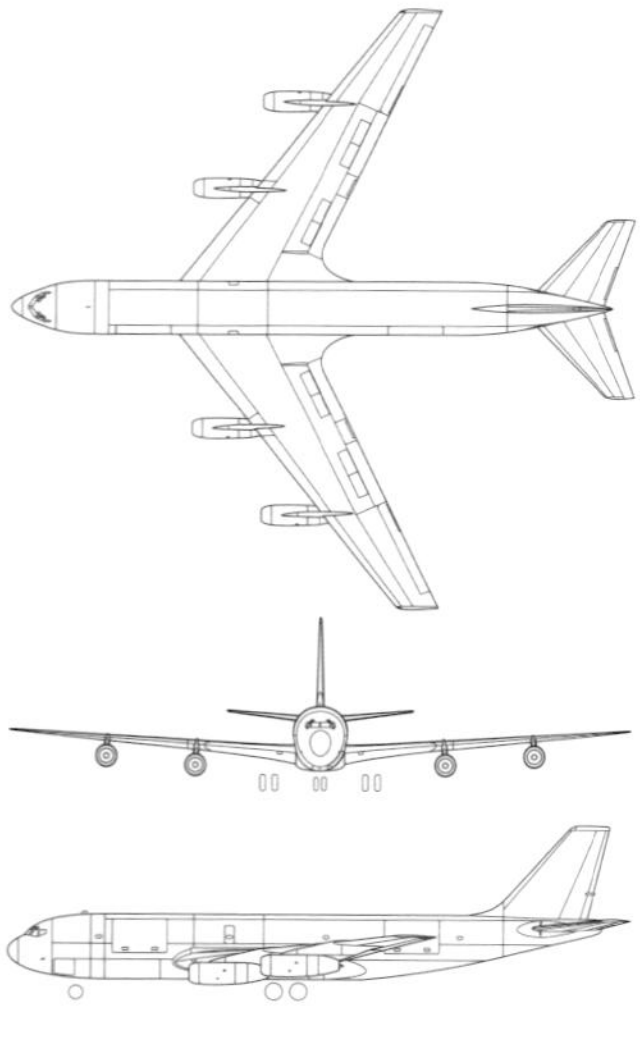

367-80

全幅	39.5m
全長	38.9m
全高	11.6m
主翼面積	223㎡
機体重量	40,356kg
巡航速度	880km/h
航続距離	5,681km

空軍の給油機として

1952年4月、ボーイング社の経営陣はモデル367-80(社内名モデル707-7)を自社費用で試作に移すことを決定する。ダッシュ・エイティの胴体の断面は、大小の円弧を組み合わせた逆ダルマ型で、最大幅は132インチ(3・35m)、高さは164インチ(4・17m)だった。内部には通路を挟んで2列ずつの座席を並べられた。

367-80は1954年5月14日、ボーイング社のレントン工場(ワシントン州)においてロールアウトした。胴体の上半分が黄色で、赤茶色のストライプを描き、N70700の登録

707の原型機として知られるモデル367-80は1954年5月14日にロールアウトした。当時のボーイングが空中給油機として空軍からの大量発注を狙っていたことは、KC-97ストラトフレイターと並べて置かれたこのプレスフォトを見てもわかる。Boeing

ナンバーを持っていた。

滑走試験中に左主脚柱が損傷して修理のため初飛行は遅れたが、7月15日、ダッシュ・エイティは有名なテスト・パイロットのテックス・ジョンスンの手で初飛行に成功する。ジョンスンは後に367-80をボーイング社首脳の見ている前でバレル・ロールさせて見せて名を轟かせる。

タキシーアウトしたボーイング・ハウスカラーの707-120。主翼下にエンジンを抱えるそのスタイルは、現代へと続くジェット・エアライナーの標準となった。
Boeing

1958年10月16日、ワシントン・ナショナル空港で挙行された式典。檀上には時の大統領夫人マミー・アイゼンハウアーとパンナムのファン・トリップ会長が立つ。この10日後、707はニューヨーク発パリ行きで世界初の営業運航に投入された。
Pan Am Historical Foundation

“Star Stream”という愛称を付けたTWA機（N746TW）は、ターボファン・エンジンのJT3Dを搭載した型式の末尾に“B”が付くモデル。従来のJT3Cとは外観から容易に識別できる。Boeing

F-105サンダーチーフに給油中のKC-135ストラトタンカー。現在もアメリカ空軍の主力空中給油機である。707とは胴体構造も主翼のサイズも異なっている。U.S. Air Force

エコノミー・クラスで横6列配置を熱望する顧客の声を反映し、707の胴体断面は原型機の367-80よりも太い。1971年撮影の写真はブラニフ向けに僅か4機だけが製造されたレア機、727-220のようだ。スチュワーデスの制服はエミリオ・プッチが手がけた。clipperarctic

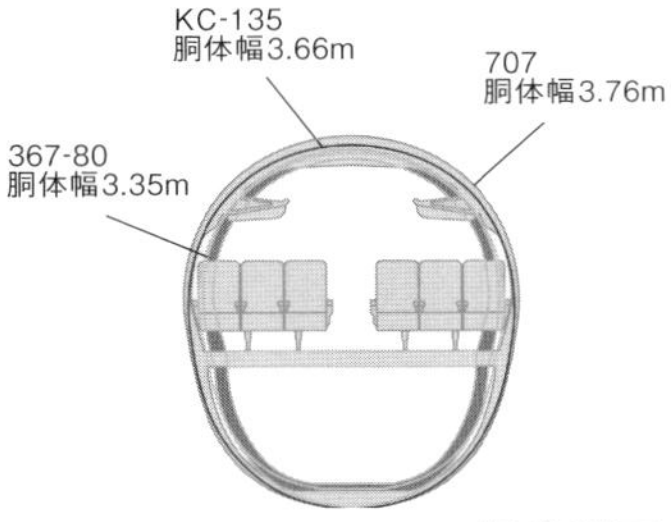

367-80、707、KC-135の胴体断面

姿かたちはよく似ているが、胴体断面を見れば違う航空機であることがわかる。367-80の3.35mよりも一回り大きい3.66mに決まったKC-135の胴体幅だが、707ではさらに3.76mまで拡大した。Boeing

「民間型 707」と「軍用型 KC-135」という誤解 胴体構造には共通性も互換性もない

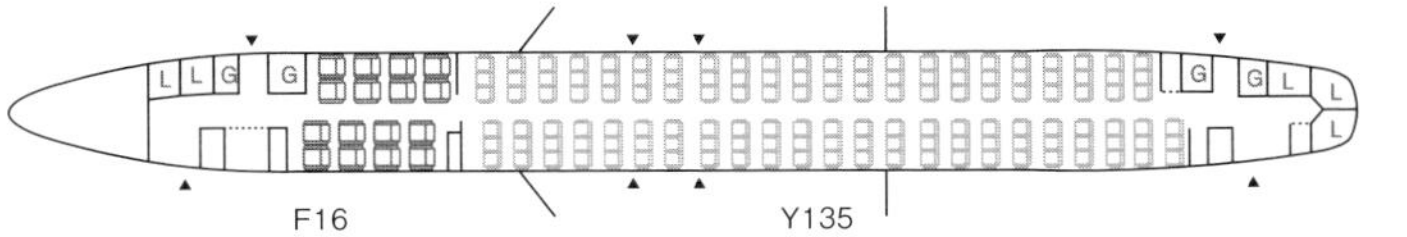

707-320の機内配置

TWAが採用した2クラス計151席（F16・Y135）のコンフィギュレーション。モノクラスでは標準で189席を配置した。

この時の様子は、YouTubeなどに適当な検索語を放り込めば見ることが出来る（"boeing dash 80 barrel roll" 等々）。テックス・ジョンスンが語っているように、このスタントは事前に十分に準備して、危険が無いことを確かめた上の飛行だ。バレル・ロールはきちんと施行される限り、機体に無理なストレスは掛からない（荷重は終始プラス方向）。しかし事前に予告もされていなかったボーイング社の首脳達は、あんぐり開いた口から心臓が飛び出す気がしただろう。

自社のリスクとコストで給油機の原型機を飛ばしたボーイングの賭けは報いられた。空軍は１９５４年８月、３６７-80の軍用型モデル７１７をＫＣ-１３５として採用すると発表したのだ。ＫＣ-１３５の１号機は１９５６年８月31日に進空し、翌年６月から引き渡しが始まった。最終的にはＫＣ-１３５ストラトタンカーと輸送機型Ｃ-１３５ストラトリフター合わせて合計８０３機が生産された。

717のナンバーが、後にマクドネル・ダグラスMD-95を自社の系列に組み入れる際に再使用されたことは知っての通りだ。

よく似た姉妹のように

ボーイング社では、恐らくKC-97／ストラトクルーザーのように軍用型と民間型の構造を共用化しようとしたのだろうが、この目論見は脆くも崩れた。なぜなら空軍とエアラインそれぞれの要望を聞いている内に、両者はどんどん違った機体になっていってしまったからだ。

主翼の翼幅は39・88m、1／4翼弦での後退角35度で、KC-135も707も基本的には違いはない。エンジンはどちらもプラット&ホイットニー（P&W）JT3C（軍用名J57）の系列だ。エンジンをポッドに収めて主翼から斜め下に突き出して搭載するのは、重心を前に持って来てフラッターを予防する効果がある。

またエンジンを主翼に分散して配置すること自体が、コメットのように胴体に主翼の付け根に搭載したり、1960年代に流行するように胴体に搭載するのと比べて、主翼の構造を軽量化出来ることにもなる。

重い物をぶら下げるとかえって主翼の軽量化になるという理屈は納得しにくいかも知れないが、主翼が飛行中には胴体全体の重量を支えていることを思い出してもらいたい。胴体の重さは主翼の付け根に掛かって来る。もし胴体にエンジンが付いていれば、胴体プラスエンジンの重量も付け根に掛かることになる。ところがエンジンが主翼に分散して付いていれば、主翼の付け根には胴体の重さだけが掛かり、エンジンの重さはその場で支えているだけだ。それだけ強度的には楽になるのだ。

707の主翼の操縦翼面の配置は、その後のジェット・エアライナーの手本となった。すなわち内側エンジンの直後に高速用エルロンを配し、翼端近くに全速度域（あるいは低速）用エルロンを配置する。それらの中間にはフラップがあり、フラップの前の主翼上面にスポイラーを並べる。エンジンの真後ろは排気をかぶるのでどうせフラップを付けられないから、高速エルロンには都合が良い。

低速では内外のエルロンとスポイラーが総動員される。音速に近付くと内側のエルロンが若干動くだけだ。これは高速で翼端がねじれてエルロンが効かなくなる、極端な場合には意図した操作と逆の働きをするエルロン・リヴァーサルを防止するためだ。薄翼の翼端にエルロンを配置したB-47がこの問題に悩まされた。

ただ707がその後の世代と違うのは、操縦システムを全て人力としたことだ（一部油圧補助付）。もちろんすでに機力（油圧）システムも実用化してはいたが、ボーイング社技術陣はいまいち信用していなかったのか。

KC-135（717）の胴体は、最終的には367-80よりも

Boeing 707-320

主翼と垂直尾翼、水平尾翼を拡大し、主翼よりも前方で胴体を2m延長した707-320。707の決定版として、多くのエアラインに愛用された（写真はエールフランスのF-BHSB）。大西洋横断が可能となり“インターコンチネンタル”の愛称もついた。Boeing

707主翼デザインの変遷

翼の設計変更とエンジン換装の効能
シリーズ後期型、320シリーズの性能向上

Boeing 707-420

1960年3月にルフトハンザで就航した707-420（D-ABOB）では、動力をロールスロイス・コンウェイ508ターボファンに換装、さらに垂直尾翼の建て増し、ラダーの完全機力化等を施した。Boeing

ノースウェスト航空の720（N721US）。米国内線を想定した短胴の派生型だが、主翼の改修で高速性能を向上するなどコンヴェアへの対抗心を露わにした。Boeing

一回り大きい幅144インチ（3・66m）、高さ166インチ（4・22m）になった。

　ところが民間型707の胴体は、エコノミー6列配置（3列＋3列）を望むエアラインの声に押されて、幅は148インチ（3・76m）、高さは170・5インチ（4・33m）まで拡大した。

　KC-135の胴体と707の胴体は、構造的にはまったく共通点も互換性もない。主翼も707の方が一回り大きく、構造的な共通点はごく少ない。

　KC-135を707の軍用版と説明するのは、だから厳密には間違いということになろう。両者は同じ親（367-80）から生まれた姉妹とでも呼んだ方が良い。姉妹だからよく似てはいるが、一卵性双生児ほどにはそっくりではない。

　ちなみにアメリカ空軍にはKC-135とは別に、要人輸送用のVC-137と言う機体もあって、こちらは707そのままの軍用版だ。だからKC-135とは形が似ていても、設計上の共通点は少ない。707の機体を転用した軍用版にはC-18、E-3セントリー、E-6マーキュリー、E-8ジョイント・スターズ、CT-49など、さまざまな名称と用途の機体がある。

　707の胴体が大型化したのは、一つにはダグラス社のDC-8に対抗するためだ。ダグラス社では1955年6月にDC-8の計画開始を正式に発表している。10月にはパン・アメリカン航空（パンナム）が707を20機、DC-8を25機と、二股掛けたジェット・エアライナーの初発注を行なっている。

　いまでこそボーイング社がエアライナーの世界の王者だが、1950年代当時にはエアライナーの第一人者はダグラス社だったので、後発とはいえダグラスにも十分に勝算はあったはずだ。

今ならば737クラス

　707の生産型の試作1号機（707-120）は1957年12月20日に初飛行し、連邦航空局の型式証明は翌58年9月に下りた。

　コメットが36人から44人乗りでデビューした時代に、百数十人以上を乗せられる707は十分に大きかったが、もちろんいまの基準からすればけっして大きなエアライナーではない。それどころか最初期型は外寸や乗客数、航続性能など、今で言えば７３７-８００あたりとどっこいどっこいの機体でしかない。

国内線用の機体と同程度の性能ということは、初期の７０７はあまり長距離路線には向かなかったということで、実際ＪＴ３Ｄターボファン搭載のＢ型が登場するまでの７０７は大西洋横断路線に投入するにも航続性能が不足気味ではあった。それまではもっぱらアメリカ大陸横断路線で活躍していたのである。

実際７０７の初就航は１９５８年10月26日、パンナムのニューヨーク＝パリ便であったが、途中のニューファウンドランドに給油のため立ち寄らねばならなかった。いまでは考えられないような話だろう。

１９５９年１月25日にはアメリカン・エアライン（ＡＡ）が７０７を国内線に投入、コンチネンタル航空も続いた。

なおパンナムは７０７のローンチ・カスタマーとして導入を派手に宣伝して、これに先立つ10月16日には当時のアイゼンハウアー大統領を招いてワシントンＤＣのナショナル空港で７０７のお披露目式を行ない、同社のファン・トリップ会長の個人ゲスト達を乗せてパリまで飛行した。

前述のようにパンナムはＤＣ-８も発注していて、実際１９６０年にはＤＣ-８-32も就航させているものの、10年で引退させている。当時のパンナムの評価では、機体自体の飛行特性は大きく変わらず、むしろＤＣ-８の方が操縦性は素直なくらいだが、７０７の胴体貨物室容積が大きいことが理由であったという。

決定版７０７-３２０

７０７の最初の生産型は７０７-１２０で、１９６０年までに56機が生産された。７０７-２２０は、高温高地用のパワフルなエンジンを要求したブラニフ航空向けにＪＴ４Ａ（Ｊ75）を積んだ型だが、結局４機が造られただけで終わった（１機は訓練飛行中に墜落）。

７０７-３２０は７０７シリーズの決定版となったが、これにも無印の３２０、３２０Ｂ、３２０Ｃとある。基本の７０７-３２０は、主翼、垂直尾翼、水平尾翼をそれぞれ拡大、胴体を主翼の前で２ｍ延長している。燃料搭載量が増えて航続距離は２６００㎞延長、無着陸の大西洋横断が可能になり、〝インターコンチネンタル〟（大陸間）の愛称を持つ。このシリーズから７０７は真の国際線エアライナーとなったと言えよう。座席数はモノクラスで１８９席になった。

離陸総重量は14万１５２０㎏で、エンジンは推力７１６７kgfのＪＴ４Ａ-４／５あるいは７９３８kgfのＪＴ４Ａ-11だ。

７０７-３２０は１９５８年２月11日に進空、１９５９年８月に初就航して、69機が生産された。

就航時期で12年も違う747と比べると、丸型計器の数からして煩雑な印象が強いコクピット。写真は2013年まで707での旅客便を運航したイラン、サハ航空の707-320Cにて撮影。Shahram Sharifi

707-420は、この320のエンジンをロールスロイス・コンウェイ508（推力7779kgf）に替えた型だ。RRコンウェイはもっとも初期のターボファンで、英国海外航空（ブリティッシュ・エアウェイズの前身であるBOAC）の要望に応じて搭載された。

しかし707-420はエンジンの換装だけではすまなかった。イギリスの航空当局が707の離陸時の片エンジン停止の操縦安定性に疑問を投げかけ、ボーイング社では垂直尾翼を建て増しする、ラダーを完全機力化する（それまでは油圧ブーストのみ）、後部胴体下に安定フィンを増設するといった対策を強いられたのだ。707-420は37機だけ生産され、1960年3月からルフトハンザに就航した。

ボーイング720は、初期の名称が707-020であったように（717-020も示唆された）、707のサブタイプの一つとして扱っても良い程度の違いしかない。単純に言ってしまえばアメリカ国内線専用の707で、主翼の前方で四つ、後方で一つのフレームを抜き、胴体長を合わせて2・54mだけ短縮しているが、ちょっと見ても707-120と区別が付かない。

ただ主翼の空力はかなり手が加えられ、主翼の内側エンジンよりも中側の前縁が延長されて翼型が変わり、後退角も若干増している。また外翼の前縁下側にはクルーガー・フラップが付いた。

これらの空力的改善により720は707-120より高速性能が多少アップしているが、ショート・ホール用の機体で速度性能向上は本末転倒の気がする。ボーイング社はどうやらコンヴェア社のCV880に対抗するつもりであったのだろう。

ターボファン搭載型

707シリーズには707-120B、320Bと、末尾に〝B〟の付いたサブタイプがある。P&W社のJT3D（軍用名TF33）ターボファンを搭載する型で、120BはJT3C搭載型から改造されたが、320Bはすべて新造だ。ターボファンの圧縮空気を排気する二重のカウルでJT3C装備型とは容易に識別出来る。720とも共通する空力的改善に加え、翼端を3ft（0・9m）延長するなどし、離陸総重量は14万

8778kgに増大している。1962年6月に登場して、175機が造られた。

707-320Cは707シリーズ中もっとも多くが生産された型で、707全体の約1／3の355機が生産された。Cは貨客転換型を意味し、前部胴体左側に大きな貨物ドアを持つ。ただし多くのエアラインではこのドアを固定したまま、320Cを旅客専用機として使用した。ボーイング社の末期の生産がほぼ320Cに限られていたとか、エアラインの機材を統一したかったとか、将来貨物機として転売することを考えたとか、いろいろ理由はあったのだろう。

軍用型とか政府専用型とかいろいろな派生が他はあるものの、民間エアライナーとしてのボーイング707の発展は事実上この707-320Cで終わった。ボーイング社ではこれ以降も胴体のストレッチとか、エンジンのCFM56への換装とかさまざまな提案を行なっているが、いずれもエアラインの真摯な関心を引くまでには至らなかった。

DC-8シリーズがストレッチした60シリーズで大成功を収めたのに対して、707がほとんど胴体延長を行なわなかった理由の一つとしては、降着装置の短さが挙げられている。

すなわち胴体（後部胴体）を延長した場合に、脚が短いと離陸時の引き起こしでお尻を滑走路に擦ってしまう。そうしないようにすると引き起こし角が小さくなり、離陸滑走距離が伸びる。もっともボーイング社が707をこれ以上大型化出来なかったおかげで、747への道が開けたとも言えるわけだ。

707シリーズの受注のピークは1960年代の後半で、747が登場する1970年代になると年間の受注は十機台に落ち込む。それでも年に数機ずつの生産が続いていたのだが、1994年に最後の1機を引き渡して遂に三十数年間続いた707の生産が完了した。軍用（ただしKC-135は含まず）や政府向けを加えた総生産数は1011機。

707-320B/720B

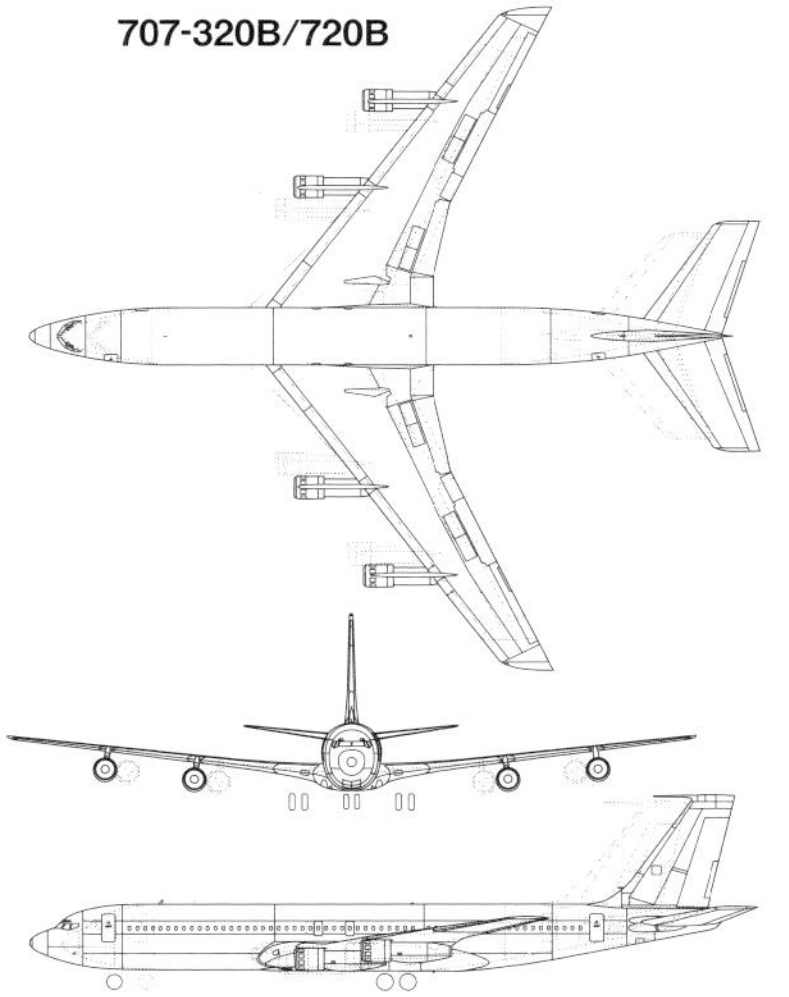

707／720

	707-320B	720
全幅	44.42m	39.87m
全長	46.61m	41.68m
全高	12.93m	12.67
主翼面積	279.64㎡	234.2㎡
基本運航空虚重量	62,771kg	51,204kg
最大離陸重量	148,325kg	106,140kg
最大巡航速度 (at 25,000ft)	966km/h	983km/h
航続距離 (with max payload)	9,915km	6,690km

富士山を眼下に飛行する日本航空DC-8-55（JA8016／しこつ）。1960年から1987年にかけて、日航は計60機にものぼるDC-8を飛ばし愛用し、その美しいフォルムを今なお愛する人は多い。Masahiko Takeda

幕開けたジェットの時代、あふれる名門の熱情と先進性

ダグラスDC-8

1958年初飛行／1959年初就航／製造機数556機

**かつて旅客機メーカーの頂点に君臨したダグラスによる初のジェット・エアライナーDC-8は、
367-80から派生したボーイング707にセールス面で後塵を拝した。
名門ダグラスの苦悩は、この時から始まったと言っていい。
しかしDC-8は決して失敗作などではない。
ついに到来したジェット時代への熱い意気込みがほとばしる、
技術的にも大いに注目するべき名機だ。**

「ダグラス商用機」のブランド

航空機メーカーとしてのダグラスの名前が完全に消滅してから20年以上。いまでは旅客機の名門ダグラス社などと言ってもイメージがわかない人が多いかもしれない。

しかしダグラス社は1921年の創設以来DC(Douglas Commercial)、すなわち「ダグラス商用機」をブランドに世界のエアライナー業界の最大手として君臨して来た。ダグラス社のエアライナーはいつでも時代の最先端というわけではなかったが、堅実で信頼性が高く、エアラインの儲けを生むエアライナーとして定評があった。

いまでこそ大型エアライナーの業界はボーイング社とエアバス社の二強対決となっているが、1960年代までの業界の構図はダグラス社対ボーイング社(ときにロッキード社)だった。挑戦者の側がボーイング社で、常に業界第一位として受けて立つのがダグラス社であった。

ボーイング社のモデル247(1933年初飛行)は他のエアライナーに先駆けて全金属構造の引き込み脚だったし、モデル307ストラトライナー(1938年)はエアライナーとして初めて与圧キャビンを実用化した。モデル377ストラトクルーザー(1947年)は原型のB-29/50の高性能を引き継いでいた。

しかし当時の世界のエアラインの多くが選んだのはダグラス社のDC-3(1935年)であり、DC-4(1942年)であり、DC-6(1946年)であり、DC-7(1953年)であった。ボーイング社のエアライナーの販売は常にダグラス社に及ばなかった。

DCシリーズの初期を除けば、ダグラス社が挑戦者の位置に立ったのはDC-8が初めてであったかもしれない。言うまでも無くボーイング707がライバルだった。DC-8は707より後から計画が始まり、常に707を意識して開発された。そしてDC-8のセールスはボーイング707には及ばなかった。それどころか生産は最終的には二倍近い差を付けられた。

両者の真っ向勝負は次のDC-9対737に続いたが、試合の途中で老舗の名門ダグラス社は戦後派軍用機メーカーのマクドネル社に吸収合併されてしまう。そしてそのマクドネル・ダグラス社も1997年にはボーイング社に吸収合併されてしまい、ダグラスの名は完全に消えた。

こうしてアメリカのジェット・エアライナー業界ではボーイング社の一人勝ちが確定するのだが、その頃にはヨーロッパからエアバス社という強力なライバルが台頭して来ていた。しかしそれはまた別の物語だ。

プロペラからジェットへ

結果的にダグラス社最後のプロペラ機のエアライナーとなっ

試験機も量産用治具で製造したDC-8。サンタ・モニカのファクトリーには、パンナム、トランス・カナダ、ユナイテッドなどのマーキングが並ぶ。
Douglas

大胆かつ先進的な機体設計も、新機軸が主流になれるとは限らない

たDC-7Cは1956年に就航しているが、同社はその何年も前からジェット・エアライナーの計画の検討に着手していた。

ダグラス社には〝DC-8〟と垂直尾翼に描かれた四発ジェット・エアライナーの1953年の完成予想図も残されている。DC-8の形態は決して先行するボーイング707を真似たものではなくて、ダグラス社独自の検討の結果なのだ。

1953〜54年当時の完成予想図には、イースタンやユナイテッドなどのエアライン塗装の他に、アメリカ空軍の軍事航空輸送隊（MATS）やカナダ空軍のマーキングを描いたものもあり、ダグラス社が広範なユーザーを想定していたことが分かる。

しかしダグラス社はジェット・エアライナーの開発には慎重だった。もともと保守的な社風に加えて、予想される巨額の開発費が計画着手をためらわせた。レシプロ（ピストン）エンジンのエアライナーの時代の次にはターボプロップのエアライナー時代が来るとの意見が、当時はエアライン側にも根強くあったのだ。

実際ロッキード社はこの時期にターボプロップのL-188エレクトラの開発に踏み切っているし、大西洋の向こうではブリストル社がブリタニアを開発していた。ダグラス社でもDC-7のレシプロ・エンジンをターボプロップに換えたDC-7Dを検討している。

一方、ボーイング社にためらいはなかった。アメリカ空軍の次期空中給油機（ボーイングKC-97の後継機）の需要を狙って、

主翼後縁内側にフラップをまとめて配置した特徴的なDC-8のリアビュー。外側にはエルロンが同様にまとめて配置されている。
Ryohei Tsugami

ピーキー翼とルーフトップ翼の圧力分布

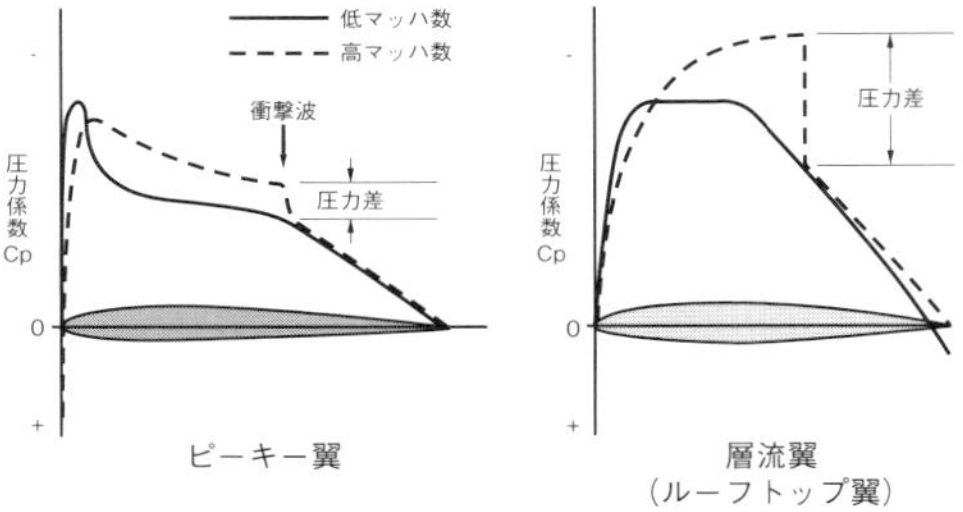

左がDC-8が採用したピーキー翼、右が707が採用したルーフトップ翼。衝撃波が小さいピーキー翼ならば、同じ翼厚、同じ後退角でも高いマッハ数を出すことが可能だ。

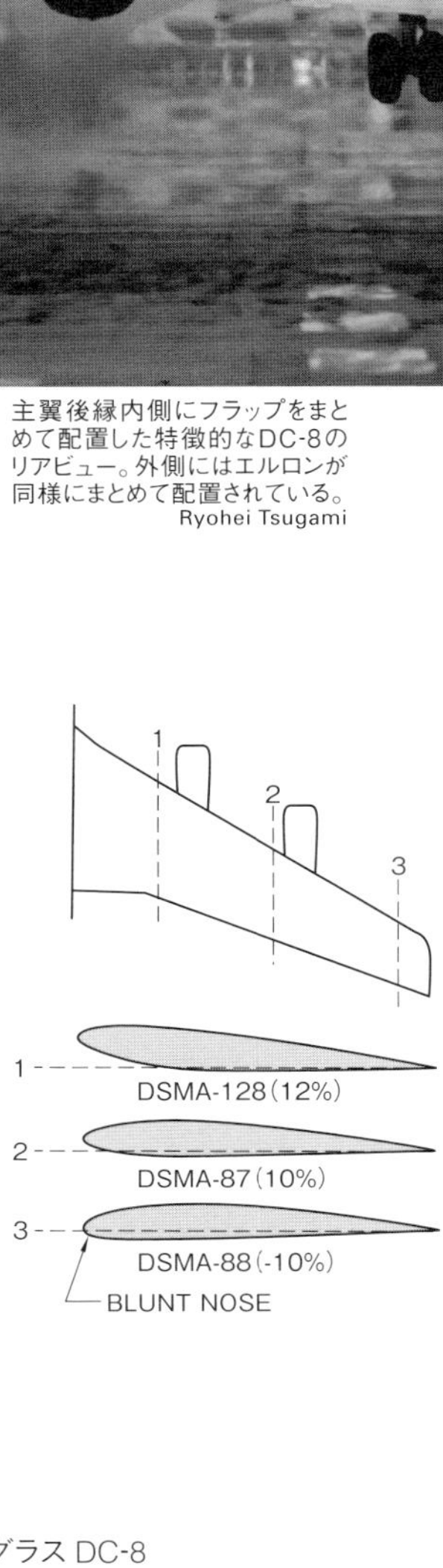

DC-8の翼型

前縁が丸みを帯びたピーキー翼は一見して旧式に見られがちだが、今から見れば先進的な空力設計だった。負圧は前縁でピークに達し、なだらかに低下していく。図は上から翼根→翼端を示す。

1952年5月から自社費用でモデル367-80（通称ダッシュ・エイティー）の試作を開始していた。ダッシュ80は1954年7月に初飛行し、翌8月には空軍がその給油機型をKC-135として発注する。これに力を得たボーイングはダッシュ80の民間エアライナー版707の開発にも着手した。

ボーイング社が見切り発車で707の開発に踏み切ったことで、ダグラス社としてもジェット・エアライナーの開発に乗り出さざるを得なくなった。ダグラス社がDC-8の計画開始を正式に発表したのは1955年の6月で、367-80試作開始からは3年以上も後のことだった。おまけにボーイング社が空軍からの受注で開発費を補填出来たのに対して、ダグラス社は3億ドルに及ぶ開発と生産の準備の費用をすべて自分で調達せねばならなかった。これらがDC-8の採算点を押し上げた。

結果的にはDC-8が1972年に生産を終えた時点では、ダグラス社は計画に投じた費用をすべて回収出来てはおらず、計画全体で五千万ドルの赤字を計上していた。DC-8とDC-9の赤字がダグラス社の経営を圧迫し、1967年のマクドネル社による吸収合併へとつながるのだ。しかし部品やメンテナンスや貨物型への改造などで、最終的にはDC-8計画はマクドネル・ダグラス社に2億ドルの利益をもたらしたことは言っておかねばならない。

707よりも先進的

ダグラスDC-8とボーイング707は、長距離ジェット・エアライナーの基本形態を確立した機体だ。この2機種の前後のジェット・エアライナー、デハヴィランド・コメットやツポレフTu-104、ヴィッカーズVC10の形態と、DC-8や707の形態とを比べてみれば、言っている意味が分かるだろう。エンジンを独立したポッドに収めて低翼の後退翼の下に吊るした形態は、その後の四発（あるいは双発）ジェット・エアライナーへと引き継がれて来ている。

共通する要素の多いDC-8と707だが、もちろん異なる点も少なくない。面白いことには保守的というダグラス社の定評に反して、DC-8の方が空力を始めとして先進的な試みが

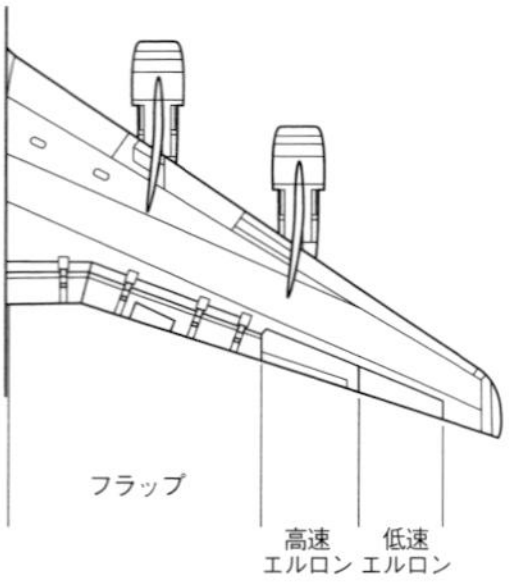

DC-8の舵面配置

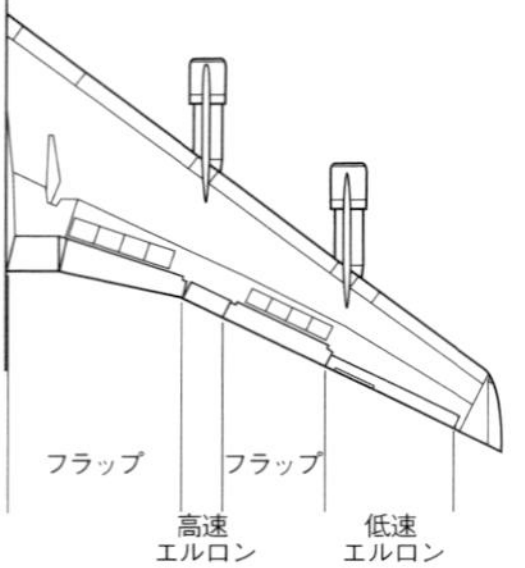

一般的な舵面配置（707）

DC-8と707の舵面配置

フラップとエルロンをまとめて配置したDC-8に対し、707はフラップとエルロンを交互に配置するオーソドックスな舵面を採用している。

販売実績ではライバル707の後塵を拝したDC-8だが、ジェットの新しい空の旅の主役として、世界の多くのエアラインが愛用したことは事実。写真はSASのファースト・クラスで、お待ちかねのディナータイムが始まる頃だ。SAS

多い。ＤＣ-８の方が後から設計に着手したので、それだけ進んだ技術を取り入れられたからでもあるし、ボーイング社にはＢ-47やＢ-52のような技術的出発点があったのに比べて、ダグラス社にとってはＤＣ-８が最初の四発大型ジェット機なので、かえってフリーな発想で設計を進められたということもある。後発のＤＣ-８が７０７を意識して、ことさら新機軸で差別化を図ったせいもあろう。

７０７と比べたＤＣ-８の先進性は、例えば主翼の翼型に現れている。７０７の翼型はいわゆる層流翼で、Ｂ-47以来基本的には変わらない。

翼型の回りの圧力分布を調べると、層流翼では翼上面の負圧が全体として家の屋根のような形になる。そこで層流翼型をルーフトップ（屋根）型とも呼ぶ。

ところがダグラス社がＤＣ-８用に新たに開発した翼型（翼根から翼端へＤＳＭＡ１２８～ＤＳＭＡ87～ＤＳＭＡ88）では、負圧のピークが前縁の直後に来て、そこより後ろ側では負圧はなだらかに低下していく。そこでこのような翼型をピーキー翼型と呼んでいる。

ルーフトップ翼型では、音速に近付くと上面に強い衝撃波が立ち上がって、その後ろでは気流の剥離が起きて抵抗が急増する。ところがピーキー翼型だと、同じくらいの速度でも弱い衝撃波が立ち上がるだけで、抵抗が急増するマッハ数（ＭＤＤ）はルーフトップ翼型よりも高くなる。

だから同じ翼厚、同じ後退角であれば、ピーキー翼型はルーフトップ翼型よりも高いマッハ数を出せることになるが、ＤＣ-８の場合には巡航速度は７０７と同じ程度に抑えて、主翼の後退角を小さくしている。１／４翼弦における主翼の後退角は、７０７の35度に対して、ＤＣ-８は30度でしかない。マッハ０・８～０・９で巡航する長距離ジェット・エアライナーで、ＤＣ-８よりも主翼の後退角が小さい機種は存在しない。この主翼のお陰だろう、ＤＣ-８は中低速を含めて操縦安定性には定評がある。

ピーキー翼型では前縁が丸みを帯びているので、一見すると層流翼型よりも旧式の翼型に感じられる。だからＤＣ-８の主翼の革新性は１９５０年代当時にはあまり注目されなかったが、いまから見ればスーパー・クリティカル翼型につながる先進的な空力設計だったのだ。

ＤＣ-８の先進性はこれだけではない。こちらは登場当時から話題になったが、ＤＣ-８の主翼付け根の翼断面は通常とは逆に下面が膨らんだ、いわゆる逆キャンバーになっている。これは胴体の影響で後退翼の付け根付近では翼上面の等圧線の角度が減ってしまう現象を補正するための手段で、流線に合わせて付け根付近の翼断面と取付角を修正した結果だ。

これらの新機軸を採用したDC-8の主翼だったが、実際に

パイロット2名と航空機関士1名の3人乗務、さらにジャンプシートにも交代のパイロットが着席する日本航空DC-8のフライトデッキ。香港から大阪への飛行中のひとこま。
Yohichi Kokubo

機首左右でひときわ目を引くインテイクはエア・コンディショニング用だ。風防にはワイパーは装備せず、高圧空気を噴射して雨滴を除去した点も特徴的。

飛行テストしてみると見積もりよりも抵抗が過大で、巡航速度は８６９km／h（保証値は９１３km／hプラスマイナス３％）しか出なかったし、航続距離は８％も不足していた。

ダグラス社では就航の前後に翼端を０・４１ｍ延長したり、燃料タンクを増設したり、フラップを１・５度下げて巡航するよう推奨したりと対策に大わらわだった。最終的には１９６１年の通算１４８号機から、主翼前縁を４％延長して翼型を修正（前縁半径を小さ目にする）して、ようやく保証性能を達成出来た。どうやら翼型の遷音速風洞実験データと実際の抵抗との間に食い違いがあったようだ。

非主流のテクノロジー

DC-8の胴体は二重円弧（逆だるま）断面で、キャビンのある上の円弧の直径は１４７インチ（３７４cm）になる。これは７０７の胴体断面よりも１インチ（２・５４cm）だけ小さい。初期の設計案ではどちらの胴体もこれより一回り小さかったのだが、両社が競い合って大型化して、このサイズに落ち着いた。

DC-8はジェット・エアライナーの標準的なパターンが確立される以前の機体なので、いまのジェット・エアライナーに乗り慣れた人が搭乗したら違和感を持つようなところがいくつかある。

例えばいまのエアライナーなら天井側に付いているエアコン

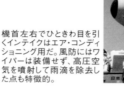

の吹き出し口や読書灯などが、DC-8では座席の背もたれに組み込まれている。酸素マスクも背もたれにあって、万一のキャビンの減圧の際には天井からぶら下がって来るのではなくて、ぽんと目の前に飛び出して来る。

いまのお客がDC-8に乗ったならば、客席窓が大きなことに感激するかもしれない。窓側以外の席からでも外が良く見える長所はあるが、代わりに窓の配置が1フレーム置きになってしまった。そのため座席ピッチによっては窓の無い席が生じてしまいかえって不評だった。現在のジェット・エアライナーでは窓を小さめにして、フレームごとに配置している。

吹き出し口や読書灯の天井設置や小さめの窓を数多く配置するのは、いずれもボーイング社が707で採用したデザインで、結果的にはDC-8のデザインは主流にはならなかった。

もう一つ主流にならなかった技術といえばエア・コンディショニングがある。707の場合キャビンの与圧には、エンジンのコンプレッサーからの抽気(ブリード・エア)を適度に減圧して利用している。DC-8でもエンジンからブリード・エアを引いて来ているが、与圧に用いているのは圧縮した外気だ。高圧空気はエアコンのコンプレッサーを駆動するのに用いる。

DC-8で特徴的な機首の左右のインテイクはこのエアコン用だ。4基のターボコンプレッサーはコクピットの下の部分に収容されている。

エンジンから直接に圧縮空気を導いたりしたら、エンジン内の燃料や潤滑油の匂いがキャビンに入るのではないかと警戒した結果、ダグラス社ではこのような複雑なシステムを採用した。しかし707の方式でも別に乗客から苦情が出るようなことはなく、ダグラス社自身これ以降のエアライナーではブリード・エア自体を減圧して利用している。要するに考え過ぎだったわけだ。

同じようにブリード・エアを利用する面白いシステムにコクピット前面の風防の除雨装置がある。ふつうの機体だったら電動のワイパーを用いるところ、DC-8では高圧空気をガラス面に吹き付けて雨粒を吹き飛ばす。しかし大量の抽気を必要とするので、エンジン推力が低下してしまうという短所があって、DC-8以外のジェット・エアライナーには採用した機体はない。

その後のジェット・エアライナーとは違う設計の流儀は他にもある。今のジェット・エアライナーでは、主翼の内側から順にフラップ、高速用エルロン、フラップ、低速用エルロンと交互に配置する主翼設計が一般的だ。

ところがDC-8の場合、主翼後縁の内側にフラップ、外側にエルロンとまとめて配置している。外翼少し内寄りにあるエルロンは二つに分割されて、スプリングで結合されている。低速では両者は一体で動くが、高速になるとエルロンに掛かる動圧がスプリングの力を超え、結果的には内側エルロンが単独で動く。すなわちエルロンは外側半分が低速専用、内側半分が高速低速兼用ということになる。

ターボジェットのJT4Aを搭載した日本航空導入初期のDC-8-30シリーズ（JA8006／かまくら）。シリーズ50／60シリーズではターボファンのJT3Dを搭載して燃費を向上させた。
Norikatsu Suzuki

またほとんどのジェット・エアライナーでは主翼上面のスポイラーをスピード・ブレーキ（エア・ブレーキ）としても使っているが、DC-8のスポイラーは基本的に着陸滑走時の減速用で、飛行中にはブレーキとしては作動しない（低速飛行中エルロンの補助としては作動させる）。当初の設計では後部胴体にスピード・ブレーキが組み込まれていたが、テストの結果効果が薄いことが分かり、代わりにエンジンのスラスト・リヴァーサーを減速用に飛行中でも作動出来るようにした。

クック・クレイギー法

DC-8はエアラインからの受注を待たず開発に着手したが、１９５５年10月にはパン・アメリカン航空から25機の受注を得ている。もっともパンナムは同じ日に７０７も20機発注している。要するに二股を掛けたわけだ。

ダグラス社ではこれまでエアライナーはカリフォルニア州サンタ・モニカあるいはエル・セガンドの工場で生産してきたが、大型ジェット旅客機にはこれらの工場や付随する飛行場は手狭で、同州ロング・ビーチに持っていた軍用機工場を拡張してDC-8生産に充てることになる。隣の飛行場に長い滑走路も新設された。

ボーイング社が生産型７０７とは随所で設計の異なるデモンストレーター、３６７-80を製作して飛ばしたのに対して、ダグラス社では試験用機を最初から量産用治具で製作した。当時軍用機ではクック・クレイギー法として取り入れられ始めた方式だが、民間の大型機では初めてだろう。設計に自信がなければ出来ないことである。

ダグラスDC-8の1号機（Ｎ８００８Ｄ、通称シップ・ワン）は、１９５８年の5月30日にロング・ビーチで初飛行した。ボーイング３６７-80の初飛行からは4年遅れだが、７０７の試作1号機からは半年遅れでしかない。試験用機（試作機というより先行量産機）はエンジンなど仕様の異なる9機が製作されて１９５９年7月までに進空し、いずれも試験後はエアラインに売却されている。

最初の型DC-8-10は、初飛行から16か月後の１９５９年8月末にＦＡＡ（連邦航空局）の型式証明を取得して、9月15日にデルタ航空とユナイテッド航空で同時に就航した。

ボーイング社が顧客の要望に応じて胴体や主翼の異なるさまざまな型（７２０も実質的には７０７の型の一つ）を繰り出し

堅牢で経済的、カスタマーを裏切らないエアライナー

1966年1月31日にロング・ビーチ工場でロールアウトしたDC-8-61（N8070U）は、3月14日に初飛行。当時のニュースリリースには“World's largest commercial jet airliner”の文字が躍る。Douglas

て来ているのに対して、ダグラス社は一つの胴体一つの主翼で押し通した。DC-8-50までのシリーズの違いは、エアラインごとの内装の違いなどを除けば、搭載エンジンと燃料タンク容量の違いに過ぎない。貨物型はFを付けて呼ばれる（DC-8-55FあるいはDC-8F-55等）。

エンジンは最初ターボジェットであったが、シリーズ40でロールスロイス・コンウェイ、シリーズ50でJT3Dと燃費の優れたターボファンが搭載されるようになり、航続性能が改善された。

ストレッチのお家芸

1960年代になると旅客需要の伸びで、DC-8のキャパシティ不足を指摘する声がエアラインから上がるようになる。そこでダグラス社ではDC-8の胴体のストレッチを計画した。もともとストレッチはダグラス社の得意技だった。DC-4からDC-6、DC-7への進化も、基本的に同じ断面の胴体を延ばして、一回り大きな主翼と組み合わせていったものだ。

DC-8-61通称スーパー61は、DC-8-55の主翼とエンジンに、主翼の前側で6・10m、後ろ側で5・08m延長した胴体を組み合わせた型で、キャビン最後尾の圧力隔壁を半球から平板に変えることで、キャビンは12・4mも長くなっている。客席数は一気に4割も増加した。なお60番台のシリーズからは座席が他のエアライナーと同様のものになって、読書灯やエアコン

50シリーズから派生したサイドカーゴドア装備の貨物型は1964年1月にロールアウト、最初の3機はユナイテッド航空へとデリバリーされた。愛称は"Jet Trader"。Douglas

の吹き出し口や酸素マスクは頭上に移された。1966年3月に初飛行し、翌年1月に引き渡しを開始している。

DC-8-61が客席数を増した中距離型（主にアメリカ国内線用）とすれば、DC-8-62は空力を洗練させた長距離あるいは超長距離型だ。DC-8-62の最大航続距離（ペイロード無し）は地球3分の1周に相当する1万3675kmに達し、西ヨーロッパからアメリカ西海岸へも余裕で直行出来るようになった。

スーパー62の空力的改善は、主翼端の0・91m延長や抵抗の小さいエンジン・ポッド、主翼上面まで回り込まないカットバック・パイロンなどだ。一方胴体の延長は前後合わせても2・03mに留まっている。1966年8月に初飛行して、翌年5月に引き渡しを開始した。

DC-8-63は、スーパー61の長胴とスーパー62の空力を組み合わせた長距離型と思えばよい。スーパー61とほぼ同じペイロードでも航続距離は約1500kmも延びている。離陸重量はDC-8シリーズ中最も大きい。スーパー60シリーズではいちばん多くが生産され、貨物型や貨客型もよく売れた。1967年4月に初飛行して、翌年2月から就航している。

DC-8の70シリーズと呼ばれる型は新規生産ではなく、60シリーズのエンジンを燃費の良いCFM56-2ターボファン（98・5kN）に換装した、リエンジン型だ。1980年代に各型合わせて110機が改修された。航続距離が20%以上も延びただけでなく、離着陸時の騒音も目立って低下した。

DC-8ストレッチ型の好評にボーイング社でも追随しようと考えたが、707は脚柱が短いので、胴体を延長すると離着陸時に尻餅をついてしまい、大きな引き起こしが出来なくなる。結果的にボーイング社では707の乗客数増加型を諦めて、代わりに747の開発へと向かうのだが、仮に707のストレッチ型が可能であったとしたらボーイング社は1960年代後半に超大型ジェット・エアライナーを開発せず、大量輸送時代の到来はもっと後になったかもしれない。

ストレッチ型を造らずとも707の生産総数は857機にもなり、準同型機の720を加えれば1011機にも達した。DC-8の生産は556機に留まった。最後のDC-8(-63)は1972年5月にSASに引き渡された。

DC-8は技術的にも商業的にも失敗ではないが、エアライナー界の王者として君臨していたダグラス社がこれ以降ボーイング社の後塵を拝することになった。チャンピオンと挑戦者が入れ替わったのだ。
ダグラス社にとっての何よりの勲章は、２０１０年時点でも生産機の１／３近くがまだ現役（ほとんど貨物型だが）であったという事実だろう。現役の７０７は生産数の１割にも満たない。ＤＣ-８は堅牢で経済的で使い勝手が良いというダグラス・エアライナーの評判を裏切らない機体だった。

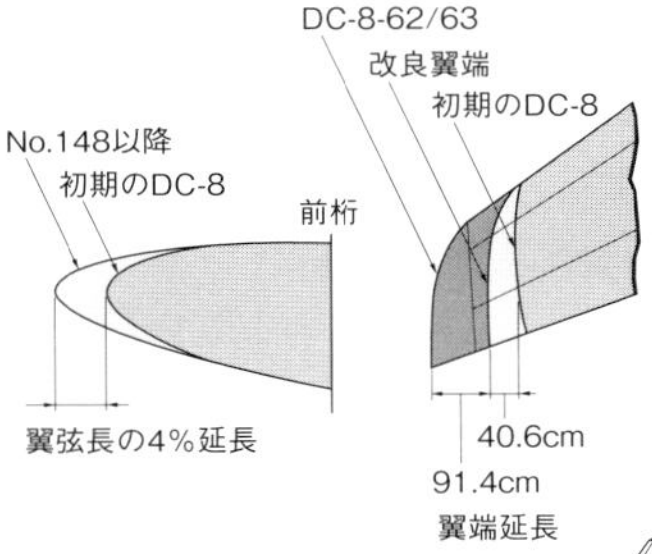

DC-8主翼の変遷

DC-8の主翼は、通算148号機から前縁を延長することで速度性能を改善し、またDC-8-62／-63では翼端を延長することで、さらに空力性能を向上させた。

DC-8-62／-63の比較

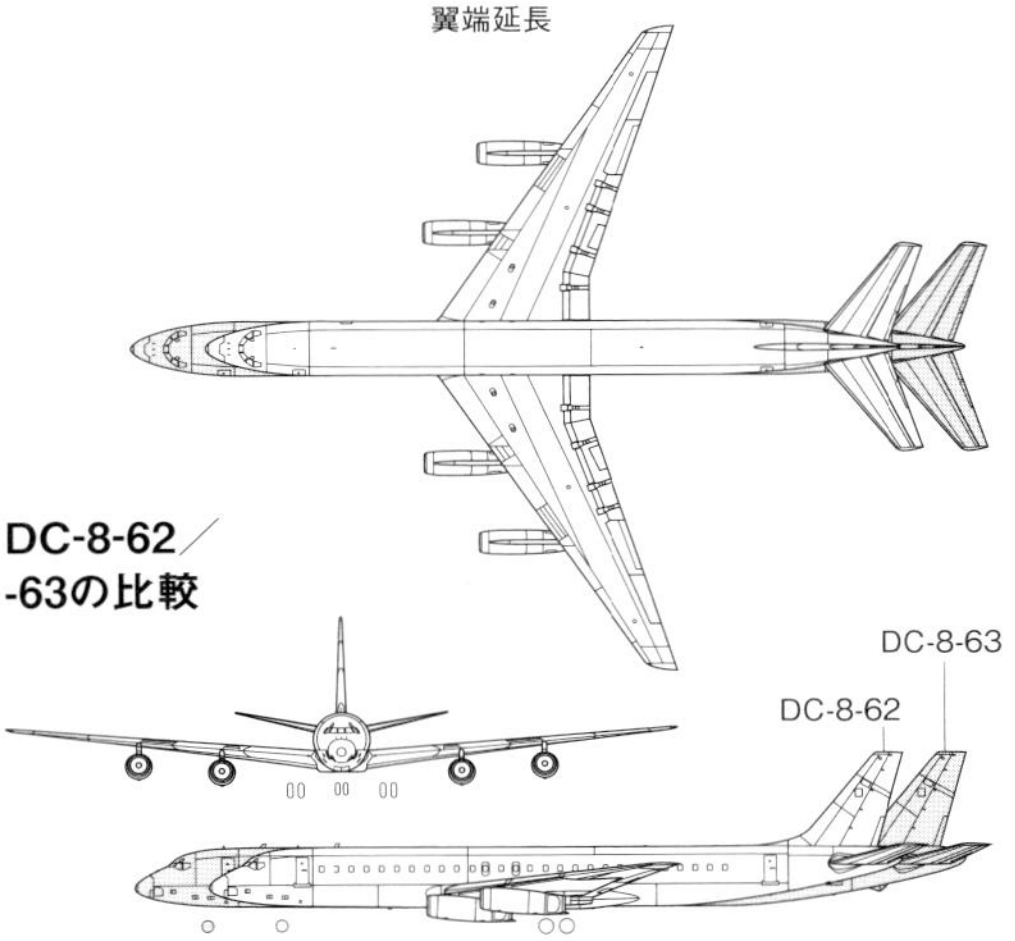

DC-8各モデルの諸元

	DC-8-10	DC-8-20	DC-8-30	DC-8-40	DC-8-50	DC-8-61	DC-8-62	DC-8-63
全幅	43.41m						45.23m	
全長	45.87m					57.12m	47.98m	57.12m
全高	12.91m					12.92m		
翼面積 *147号機までは256.7㎡	266.5㎡					267.9㎡	271.9㎡	
アスペクト比	7.32					7.03	7.52	
キャビン長	31.11m					44.22m	35.08m	44.22m
基本運航重量	55,577kg	57,632kg	60,692kg	60,068kg	60,020kg	67,538kg	64,366kg	69,739kg
ペイロード	15,585kg					30,240kg	21,470kg	30,125kg
最大離陸重量	123,830kg	125,190kg	142,880kg		147,415kg		151,950kg	158,760kg
最大巡航速度	873km/h	932km/h	952km/h	943km/h	933km/h	965km/h		
航続距離 *最大ペイロード時	8,224km	8,610km	9,214km	9,400km	9,205km	6,035km	9,640km	7,400km
エンジン	JT3C-6	JT4A-3	JT4A-11	Conway12	JT3D-3	JT3D-3B		
推力	60.05kN	70.28kN	74.73kN	77.84kN	80.07kN			
乗客数	132-144人（最大179人）					最大251人	最大189人	最大251人

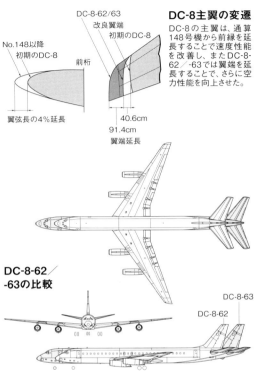

軍用機メーカー謹製、高速ジェット・エアライナー

コンヴェア880
コンヴェア990コロナード

コンヴェア880 1959年初飛行／1960年初就航／製造機数65機
コンヴェア990 1961年初飛行／1962年初就航／製造機数37機

10年にも満たない期間だが、ノーズに鶴丸をあしらった8機のコンヴェア880が、日本の空を飛んでいたことを、若い読者の皆さんはもう知らないかもしれない。ただひたすらスピードにこだわり、ジェット・エアライナーの草創期を駆け抜けたコンヴェア880と、発展型の990。同世代を生きたライバル、ボーイング707やダグラスDC-8とは対照的に、そのセールスは惨憺たる結果で、薄命に終わった。

日本航空が8機導入したコンヴェア880-22Mのうち、JA8027「すみれ（菫）」。1961年9月の初号機デリバリーから1970年10月の完全退役まで、日本での活躍期間は9年という短いものだった。あまり知られていないが、同社のコンヴェア880には「ジェットアロー」なる愛称もあった。Norikatsu Suzuki

Convair 880-22M

消えたメーカー

世界のジェット・エアライナーのメーカーと言えばボーイングとエアバスが二巨頭で、大型エアライナーの分野はこの2社が押さえている。中型以下ではエンブラエルとボンバルディアが大手で、三菱を始め何社かが市場に食い込もうとしている。

しかし時代を遡ると、意外なメーカーがエアライナーを造っていたりする。例えばB-24やB-36などの大型爆撃機や、F-１０２やF-１０６などの超音速迎撃機で知られるコンヴェアだ。コンヴェアはボーイング７０７やダグラスDC-８と同時代に4発のジェット・エアライナーを造っていた。

コンヴェアは、１９２３年にコンソリデイテッド・エアクラフトとして創設され、１９４３年にヴァルティーと合併した。「CONVAIR」は元々は両社の名前を繋いだ(CONsolidated Vultee AIRcraft)の略称だった。１９５３年にはジェネラル・ダイナミックス(GD)の傘下に入るが、航空宇宙部門はGDコンヴェア事業部として独立して活動していた。

コンヴェアはどちらかと言えば軍用機のメーカーだが、１９４０年代から50年代に掛けてはピストン・エンジン双発のコンヴェアライナーのシリーズ(CV-２４０/３４０/４４０/５４０)で、中短距離エアライナー市場ではそこそこの地位にあった。後にはエンジンをターボプロップに換装した型も造られている。

CV-２４０(１９４７年初飛行)は、ダグラスDC-３と同じクラスの双発プロペラ機ながら、三車輪式降着装置や与圧キャビンなど近代的設計を採用し、巡航速度４００km/h台半ばとDC-4よりも高速を誇った。

CV-２４０の発展型がCV-３４０、CV-４４０、CV-５４０で、日本でも全日空が飛ばしていた。

ラスト・コンヴェア

そのコンヴェアが造った4発ジェット・エアライナーが８８０、発展型が９９０だ。しかし両方合わせても売れた機数は二桁。大赤字でGDコンヴェア事業部は民間機市場から撤退、GDが前面に出て来てコンヴェアの商標は使われなくなる。１９９０年代にはGDは航空機生産から完全に手を引いてしまう。

コンヴェアでは、後発の強みを生かして高性能と言うコンヴェアライナーの成功を、ジェット・エアライナーでも再演出来ると考えたようだ。コンヴェア８８０の開発が始まったのは１９５４年で、出だしはボーイング７０７やダグラスDC-８よりも2、3年は遅かった。コンヴェアにジェット・エアライナー開発を働きかけたのは、TWAを支配していた大富豪のハワード・ヒューズであったと言う。ヒューズの意向を容れて仕様が二転三転し、開発着手が遅れた。実際８８０の設計はいか

初飛行をおよそ2か月後に控えた1958年11月、サンディエゴのファクトリーで製造が進むコンヴェア880初号機(N801TW)。ローンチ・カスタマーはハワード・ヒューズ率いるTWAだった。Convair

カスタマーを失望させた期待外れの“最新鋭・高性能機”

にもヒューズ好みの高速機だ。

当初のモデル名は600で、これは巡航速度時速600マイル(966㎞/h)を表していた。その後モデル名は880に変わったが、これまた秒速880フィート(268m/s、966㎞/h)を意味している。つまり最大の売りが高速性能だったのだ。この最大巡航速度はライバル機を時速20マイルから40マイルは上回る。880の公称運用限界マッハ数は0・89で、ライバルより0・01〜0・02高かった。

中距離機市場を狙って

しかしいくらコンヴェアでも、ボーイングとダグラスの大手2社を相手に正面から戦いを挑むほど自信過剰ではなかった。コンヴェア880が狙っていたのは中距離エアライナー市場だったのだ。

この場合の中距離エアライナーとはアメリカ大陸横断が可能な航続性能と考えれば良い。ニューヨーク=サンフランシスコ路線の区間距離は約4140㎞だが、実際の運航では向かい風や代替飛行場への飛行を配慮して、5000㎞弱の航続距離が求められる。ちなみに国際線の大西洋横断だと、最短のニューヨーク=ロンドン路線でも約6400㎞の航続距離が必要になり、ニューヨーク=ローマ路線であれば7800㎞は欲しい。

コンヴェア880(-22)の航続距離は最大ペイロードで4575㎞、ペイロード1万885㎏ならば4630㎞。まさに大陸横断に合わせたエアライナーだ。

ほぼ同じ時期、ロッキードでは中短距離路線向きにターボプロップ4発のL-188エレクトラを開発している。1950年代の後半には、中距離以下の路線には速度は低いが経済的なターボプロップ機が適していると思われていた。コンヴェア880はターボジェットの高速中距離機という、通念に逆らう構想だった。

高性能を達成するためコンヴェアでは出来る限りコンパクトで軽量な機体を造ろうとした。ボーイング707の客室幅が3・54mなのに対して、880は3・25mでしかない。30cm弱の差だが、707やDC-8の6列座席に対して、880には5列（通路を挟んで2列と3列）の座席しか配置出来ない。座席数は単クラスで88〜110席と、707やDC-8の6割以下になる。

コンヴェア880の全幅は36・58m、全長は39・42m、全高は11・0mだ。翼面積は185・8㎡で、アスペクト比は7・2になる。基本運航重量は3万9645kg、最大離陸重量は8万3690kgだ。外寸は707やDC-8よりも数mずつ小さく、総重量は6〜7割でしかない。似たような4発ジェット・エアライナーでも、実は707やDC-8よりも一回り以上小さな機体なのだ。

880のエンジンはジェネラル・エレクトリック（GE）のCJ805だが、これはF-104やF-4に搭載されているJ79ターボジェットの民間版に他ならない。もちろんアフターバーナーは付いていないが、自慢の一軸可変ステーターの複雑な機構は残されている。推力は49・8kN（5080kgf）になる。コンパクトで軽量、推力重量比の高いエンジンとして当時は紹介されていた。

韋駄天の誤算

880の初飛行は1959年1月27日で、ライバルとなるボーイング720より10か月先んじていた。試作機は製作されず、量産治具で製作される初期生産機が飛行試験に充てられた。FAA（米連邦航空局）の要求で配線が増えたが、胴体を切り開くのを嫌って背中に細長い張り出しを設けて余分な配線を収納した。

880の出足は順調で、翌年にはFAAの型式証明を得て5月にデルタ航空（17機購入）の国内線に就航した。

しかし好調だったのはせいぜいこのあたりまでだった。就航してすぐに880-22はさまざまな問題点を露呈した。エンジンの信頼性が低い、離着陸性能不良、操縦性の独特の癖等々。採算性には大きな疑問符が付いた。最大の誤算は高速時の抵抗が見積もりよりも大きく、CJ805の燃費が過大だったせいもあって、最大の売り物の高速巡航が達成出来なかったことだろう。

操縦性に関しては、翼端にエルロンを持たない主翼に一つの原因がある。高速での主翼のねじれ（エルロン・リヴァーサル）を警戒して、内外フラップの中間の小さなエルロンだけとして、代わりに主翼上面にスポイラーを配置した。軍用機ではよくあ

アトランタのデルタ航空ミュージアムが所蔵するコンヴェア880初期生産機のコクピット。デルタには1960年5月15日、ヒューストン＝ニューヨーク線で同機を世界初就航させたという縁がある。Konan Ase

コンヴェア880のエンジンは、F-4ファントムの心臓として戦闘機ではおなじみのJ79を民間機用としたGE製CJ805。高性能エンジンだが、整備性は褒められたものではなかった。
Convair

壮絶に売れなかった
孤高のスピードキング

る方式だが、民間機にはまだ珍しく、パイロットをまごつかせた。ローンチ・カスタマーだったTWAは結局880-22を27機しか買い入れず、他にはノースウェスト航空が4機を購入しただけで、880-22の生産は48機に留まった。

エアラインからの苦情に対して、コンヴェアは改良型の880-22Mを開発して応えた。880-22MではエンジンがCJ805-3から-3Bになり、主翼前縁下側にフラップが増設された。操縦系統も人力から一部機力(油圧)併用になった。燃料タンクを増設して、ペイロード1万885kgでの航続距離は4630kmになった。

しかし改良に手間取ったため880-22Mの引き渡し開始は遅れ、その間に720などライバルが市場を押さえてしまっていた。880-22Mはいくつかのエアラインに1~3機ずつ売れただけだった。

例外的に880-22Mを8機もまとめて購入したのが日本航空で、ライバルのエアラインが最新のジェット・エアライナーを投入して来るのに対抗して、近距離国際線(東南アジア線と南回りヨーロッパ線)用に880Mの採用を決めたのだ。日航はすでに長距離国際専用には1960年からDC-8を就航させていた。

8機の880M(日航での呼び名)には「桜」「松」「楓」「菊」「菖蒲」「柳」「菫」「桔梗」とそれぞれ日本語(ローマ字表記)の固有名が付けられた。日本国内航空も1機を購入したが、後に日航にリースされて「銀座」と名付けられた。

日航の購入価格は、機体単体が３９０万ドル（当時１ドル３６０円なので14億４００万円）、日航向け改修費や装備品などが35万ドル（１億２６００万円）、合計して４２５万ドル（15億３０００万円）と書かれている。ちなみにＤＣ-8（-32）は１機約20億円であったらしい。機体は小さいが値段も安いと言うことで、これも日航の採用の理由の一つであったとされる。

当時の日本の航空雑誌を見ると、最新鋭高性能のジェット・エアライナー登場と言うことで、日航関係者始め期待が大きかったことが伺える。

日航関係者を交えた雑誌の座談会では、８８０Ｍで飛んだ日航の機長が高速での操縦安定性と加速性能の良さを絶賛しているが、反面、着陸時の速度と沈下率が高いことを指摘している。

８８０Ｍは１９６１年の9月25日まず羽田＝千歳線に就航した。日本の国内線にジェット・エアライナーが就航したのはもちろんこれが初めてになる。１９６２年10月からは南回り国際線にも投入された。

しかし日航での８８０Ｍの運用実績は期待外れであったと言う他はない。ＤＣ-8の数がそろった1年後には南回りヨーロッパ線から引っ込められ、もっぱら東南アジア線や国内線に投入された。

行き場を失った８８０Ｍは、日航のジェット・パイロットの訓練機となったが、１９６５年2月には壱岐飛行場で離着陸訓練中に「楓」が墜落して失われた。翌年8月には羽田飛行場で

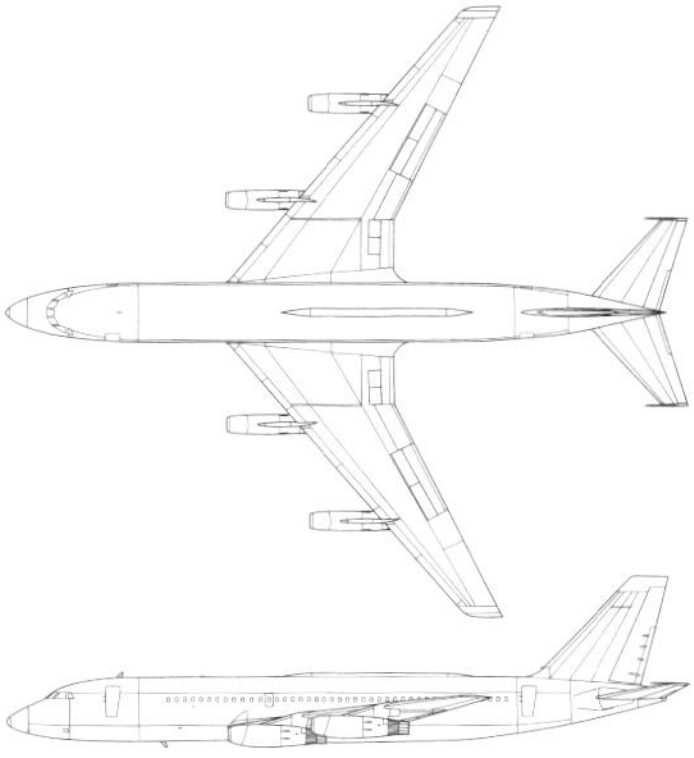

Convair 880-22（カッコ内は-22M）

全幅	36.58m
全長	39.42m
全高	11.00m
翼面積	185.8㎡
翼面荷重	739kg/㎡
基本運航重量	39,645（42,638）kg
最大離陸重量	83,690（87,540）kg

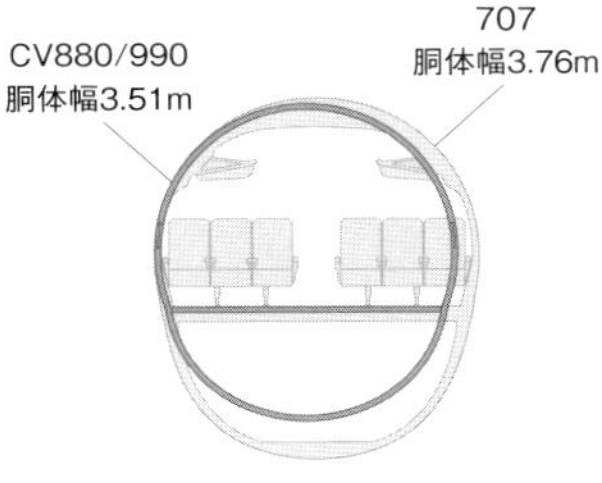

コンヴェア880とボーイング707の胴体断面比較

客室幅はボーイング707の3.54m（胴体幅3.76m）に対し、コンヴェア880では3.25m（胴体幅3.51m）と、両者の機体規模は明らかに異なる。座席レイアウトは707は6列、880は5列。

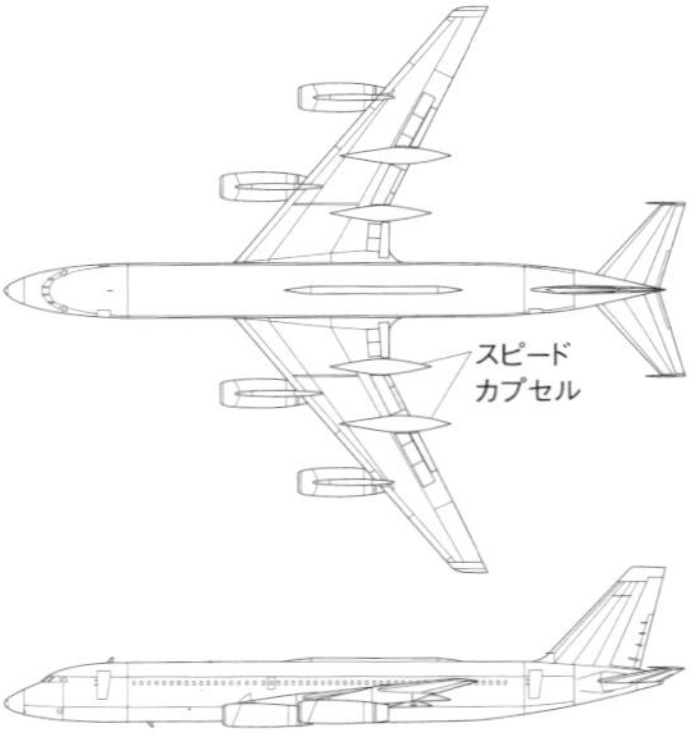

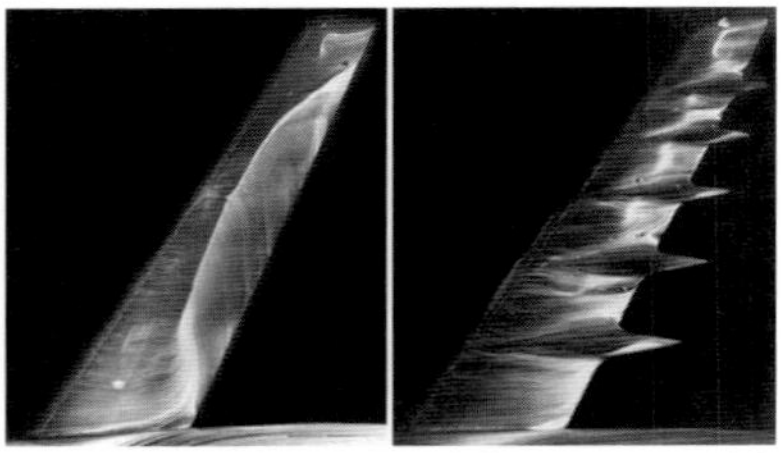

衝撃波はマッハ0.7あたりから次第に大きくなり、航空機の性能や安定性に悪影響を及ぼす。Convair

Convair 990

全幅	36.58m
全長	42.43m
全高	12.04m
翼面積	209㎡
基本運航重量	54,840kg
最大離陸重量	114,760kg

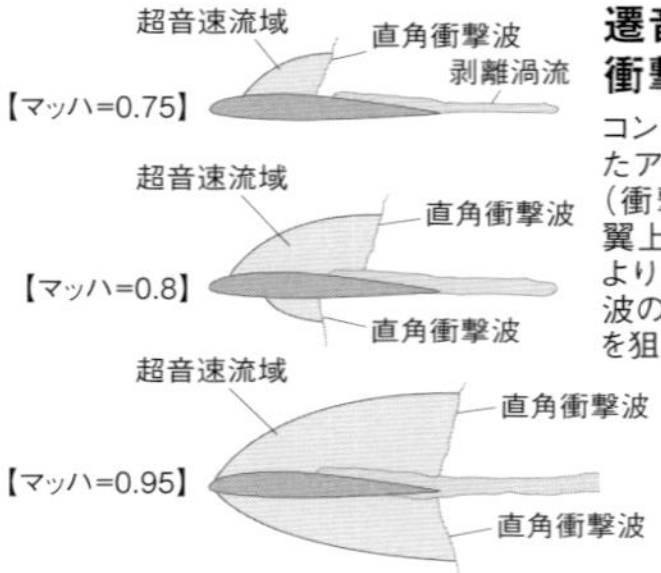

遷音速域での衝撃波の発生

コンヴェア990が採用したアンチショック・ボディ(衝撃波緩和体)は、主翼上面の気流を整えて、より高い速度まで衝撃波の発生を遅らせる効果を狙ったもの。

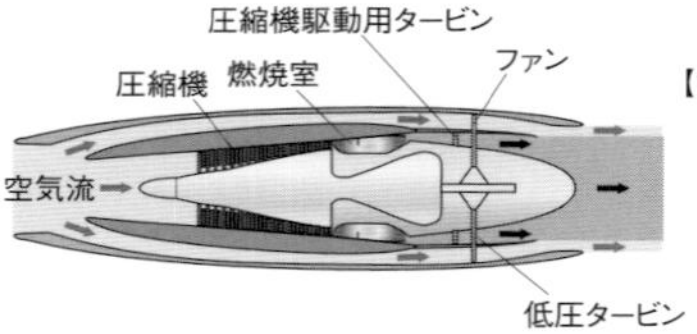

CJ805-23のアフト・ファン構造

「銀座」が離陸失敗して炎上、1969年6月「桔梗」がワシントン州モーゼス・レイクで炎上した。結果的には9機のうち3機が全損事故を起こしている。後の二件は片発停止の離陸訓練中に急激な横滑りから墜ちたもので、880の低速時の操縦安定性に難があると指摘された。

発展型990の新機軸

880の売れ行き不振にもかかわらず、コンヴェアではその設計を基に長距離国際線仕様へと発展させようとした。GEがCJ805をターボファン化したCJ805-23を開発しているので、このエンジンとさらに進んだ空力設計があれば、707とDC-8に挑戦出来ると考えたのだ。勝負に負けたのに、さらに掛け金をつり上げて次の勝負を挑むという、博打打ちがすってんてんになるパターンだ。

狙った最大巡航速度は880よりさらに上のマッハ0・91だが、990の名称は速度とは関係なく(990f/sだったらほぼマッハ1になる)単に語呂で選ばれた。

コンヴェア990は880の胴体を42・43mまでストレッチして、客席を96〜121席へと増やしている。主翼幅は36・58mで同じだが、翼面積を２０９㎡に広げ、後縁を延ばして翼厚比はたったの７％になった。基本運航重量は５万４８４０kg、最大離陸重量は11万４７６０kgで、当時の代表的な国際線用機７０７-３２０Bなどと比べると、まだコンパクトで軽量だし、乗客数も少ない。

ＣＪ８０５-23は初期の低バイパス比亜音速ターボファンだが、同時期のターボファン（Ｐ＆Ｗ ＪＴ３ＤやＲＲコンウェイ）が二軸で、低圧圧縮機の前にファンを配置しているに対して、ＣＪ８０５-23はアフト・ファンと呼ばれる型式を採用した。これは圧縮機駆動用タービンの後ろ側に低圧タービンを配置し、低圧タービンの外周にファンのブレイドを並べた型式だ。つまり低圧タービンは軸を介さずに、直接にファンを回している。

ＣＪ８０５-23は全体が太目のナセルに収められているが、ナセルの先端から入った空気は二手に分かれ、一方はエンジンのコアに吸い込まれて燃焼する。もう一方はコアの外側を流れて後ろの部分でファンによって加速され、ナセルの出口でコアの排気と合流して噴出する。

ＣＪ８０５は一軸なので、他のターボファンのように前にファンを置けなかったのも確かだが、低圧タービンを完全に独立した設計に出来る点は有利である。その代わりにタービンの外周からの燃焼ガス漏れを完全に防ぐのは難しく、燃費が悪化する恐れがある。また高温のタービンと低温のファンのブレイドが隣り合う設計も難しい。ＣＪ８０５-23のようなアフト・ファン形式のターボファンは他にほとんど例がないが、１９８０年代になってからＵＤＦ（Un-Ducted Fan）と言う形で実験されている。

しかし９９０の最大の特徴は、主翼の後縁に並んだ４つの流線型の突起だろう。これはアンチショック・ボディ（衝撃波緩和体）あるいはスピード・カプセルと呼ばれ、９９０の高速性能の秘密であり象徴でもあった。

ここでエリア・ルール（面積法則）について説明しておかねばならない。エリア・ルールとは、音速に近付いた速度域（遷音速）での抵抗急増を緩和する方策として、ＮＡＣＡ（全米航空諮問委員会）の空気力学者リチャード・Ｔ・ホイットコム（２００８年10月に88歳で死去）が１９５０年代の初めに提唱した。

エリア・ルールをものすごく乱暴に要約すれば、遷音速での抵抗は機体の断面積がスムースに変化する方が少なくなる、と言う法則だ。胴体がずんどうの飛行機は、主翼の部分で全体の断面積が急増する。だから主翼の付くあたりで胴体をいったん絞ってやり、主翼の後ろ側で胴体をちょいと太くしてやると、断面積が滑らかに推移するようになる。すると遷音速時の抵抗が見違えるように減少するのだ。このエリア・ルールの恩恵を最初に被った機体が、他ならぬコンヴェアＦ-１０２だ。原型のＹＦ-１０２（１９５３年10月初飛行）はもくろみと違ってどうしても音速を超えられなかったが、エリア・ルールを取り入れて胴体中央部を絞り、後部胴体に張り出しを設けたＹＦ-１０２Ａ（１９５４年12月初飛行）は同じエンジンでマッハ１・２２を出すことが出来た。

しかしエアライナーでは胴体を途中で細くしたり太くしたりすると設計や生産が面倒になる。ただ前部胴体にふくらみを設けるのは単純だが効果的で、これは実際にボーイング７４７で採用された。

コンヴェア９９０の主翼のアンチショック・ボディはエリア・ルールの応用と言われているが、断面積変化をスムースにすると言うよりも、主翼上面の衝撃波の発生を抑える効果を狙っている。

飛行機自体の対気速度が音速に達する前から、主翼には衝撃波が発生し始める。主翼の周囲の空気の流れは、機体の速度よりも速いからだ。マッハ０・７を超えたあたりでまず主翼上面から衝撃波が立ち上がり、やがて下面にも衝撃波が発生する。

９９０のアンチショック・ボディは、主翼上面の気流を整えて、この衝撃波の発生するマッハ数を押し上げる効果があるとされる。衝撃波の発生は抵抗になるから、衝撃波が抑えられれば同じ推力で高速が出せる理屈になる。

しかし、結果的には目標としていたマッハ０・９１の巡航速度は達成出来なかった。コンヴェア９９０の運用上の巡航速度はマッハ０・８９で、ライバルよりマッハ数で０・０１しか優越ではない。

アンチショック・ボディは内部を燃料タンクに利用する一石二鳥の設計であったが、飛行テストで外側のアンチショック・ボディに燃料を入れたら主翼に振動が起きてしまった。燃料搭載量が減り、航続距離が若干短くなった。

コンヴェア９９０は壮絶に売れなかった。９９０は１９６１年１月24日に初飛行したが、ＴＷＡもデルタも発注せず、大手で買ったのはアメリカン航空（20機）とスイス航空（８機）くらい、全部合わせても37機しか生産されなかった。アメリカンが１９６２年３月に運航を開始したが、どこのエアラインも数年後には不経済な９９０の運航を取り止め、機体はあちこちに転売された。

エアライナーの本分

いまから見ればコンヴェア８８０／９９０の失敗の原因を指摘するのは簡単だ。開発段階での予期しなかったトラブルなどもあったが、そもそも出発点からして間違っていたのだ。国内線と近距離国際線に用途を絞ったジェット・エアライナーと言う８８０の発想自体は悪くはない。ボーイングが７２０で追随し、数年後には７２７がベストセラーになる市場だ。

しかし中距離しか飛ばないエアライナーで、マッハ数が小数点以下二桁の性能的優越を誇ってもしようがない。成層圏でのマッハ０・０１は秒速約３ｍ、時速にして約11㎞に過ぎない。

羽田に駐機するガルーダ・インドネシア航空のコンヴェア990コロナード（PK-GJB）。主翼後縁のアンチショック・ボディが目立つ。長距離国際線での使用を睨み、全長が39.42mから42.43mへと延長された。Masahiko Takeda

つまりマッハ0・01速くても、1時間飛んで11km弱しか先行出来ない。あるいは1時間の航程を36秒しか短縮出来ない。長距離国際線でさえ、どうせ途中の天候や空港の混み具合で相殺される程度の差でしかない。

この速度性能を実現するために、コンヴェアは細身の胴体を採用した。おかげで880／990は、キャビンの長さを同じとすれば707やDC-8の6分の5しか乗客を乗せられないエアライナーになった。そんな多くの客席はいらないと考えたのかも知れないが、たとえ国内線でも乗客が多く乗れた方が経済的だ。まして同直径で胴体長を延ばした990が、国際線で707やDC-8に対抗出来るはずはなかった。

結果論かも知れないがエンジンの選択も完全に間違っていた。707やDC-8のプラット&ホイットニーにGEで対抗しようと考えたのだろうが、CJ805は高性能の超音速軍用エンジンだが、エアライナーを亜音速で巡航させるのにはまるで向いていなかった。信頼性に問題があり、整備に手間が掛かった。

コンヴェア880／990のシリーズは、細身の胴体やシャープなライン、独特のアンチショック・ボディ（990）など、707やDC-8にはないかっこよさ、個性を持っていた。しかしエアライナーにとってなにより大事なのは乗客を快適に安全に運び、エアラインを儲けさせることであって、性能でも見てくれでもない。それを忘れた飛行機造りが880／990の商業的失敗、ひいてはコンヴェアの没落を招いたのだった。

Photo:Pan Am Historical Foundation

第2章

高バイパス比ターボファンと旅客機の進化

Boeing 747（Cabin mock up）

英国航空史上、最後の単独開発・長距離エアライナー

ヴィッカーズVC10

1962年初飛行／1964年初就航／製造機数54機

BOAC長距離路線の主役として
四発の動力をリア・マウントした英国製旅客機がVC10だ。
残念ながら、そのセールスは成功作などと呼べる実績ではないが、
米国メーカーの寡占を打破するべく開発された生誕のストーリーや、
ライバルに先行してターボファン・エンジンを選択したその先見性、
そして古典的優美に満ちた飛行姿が、
唯一無二の存在感を抱かせるジェットだった。

ほんの2か月とすこし前に初飛行したばかりのピカピカの新鋭機当時。1962年9月、ファーンボロ航空ショーで初展示される試作1号機（G-ARTA）。ハウスカラーではなくBOACのライブリーをまとう。Graham Dives

最後の純英国産

ヴィッカーズVC10あるいはBAC VC10は、イギリスが単独で開発製作した最後の長距離ジェット・エアライナーだ。エンジンまで含めて国産の、最後の純英国産エアライナーでもある。

VC10はイギリスがデハヴィランド・コメットの次に開発した大型ジェット・エアライナーで、コメットの後継機と言ってももちろん良いのだが、実際にはボーイング707とダグラスDC-8の対抗機と呼んだ方が適切だろう。つまり共産圏を除く世界の長距離ジェット・エアライナー市場が、アメリカ製の二機種に占められるのを阻止しようと参入したのがVC10だ。VC10が奪回しようと目論んだ市場の中には自国のエアラインも含まれていた。

ヴィッカーズVC10の開発史は、1953年に同社がイギリス空軍から受注したV1000輸送機にまでさかのぼる。空軍では1952年に3V戦略爆撃機（ヴィッカーズ・ヴァリアント、アヴロ・ヴァルカン、ハンドリー・ペイジ・ヴィクター）の乗員や支援機材の空輸、空中給油などの任務のための高速輸送機の仕様を提示、3V爆撃機のメーカーがこぞってこれに応じたのだった。3社はすでに自社の爆撃機の胴体を改造した輸送機をそれぞれ検討した経験があり、ヴィッカーズ社も最初はヴァリアント（1951年初飛行）と同じく高翼のVC5を提案しようとした。しかしエアラインに見せても反応が思わしくないことから、ヴィッカーズ社では設計を大幅に変更、低翼で外径3・81mの胴体を持つV1000案を空軍やエアラインに提示した。

3社の高速輸送機案の中から空軍はヴィッカーズV1000案を選び、試作機1機と生産型6機の製作契約を結んだ。ヴィッカーズ社ではV1000の民間型をVC7（V1002）としてエアラインに売り込み、BOAC（英国海外航空）が関心を示した。

永遠のイフ

ヴィッカーズ社としては、空軍が採用して政府予算で開発した機体の民間型をエアライナーとして売り出そうとしたのだろうが（ボーイング社の707がまさにそれだ）、1955年になるとイギリス航空供給省はV1000の契約をキャンセルしてしまう。

かつてのイギリスの植民地も次々に独立、もはや防衛の責務を負わなくても良くなり、3V爆撃機を海外展開するようなこともあまりないと踏んだのだろうか。皮肉なことには、翌年11月のスエズ動乱（第二次中東戦争）ではヴァリアントが地中海のマルタ島に展開、そこからエジプトを爆撃するのだが。

大型エアライナーをすべて自社費用で開発するとなると話が

幻のヴィッカーズ V1000輸送機

英空軍との間で試作機1機、生産型6機の契約が結ばれたV1000。ヴィッカーズは当初、このV1000をベースにエアライナーを開発しようと考えBOACも関心を示したのだが、後に契約はキャンセルされ幻に終わった。

エンジンをランナップする試作1号機（G-ARTA）。世界に先駆けて実用化されたターボファン、RRコンウェイの採用はVC10最大の技術的トピックであった。ただし初期モデルのバイパス比はわずか0.25、現代の高バイパス比エンジンとは比較のしようもない。Vickers-Armstrong

世界初の実用ターボファン RR コンウェイの搭載と、主翼が語るリア・マウンテッドの空力的優位

違う。ヴィッカーズ社ではＶＣ７計画を中止してしまい、ＢＯＡＣは１９５６年に７０７を発注することになる。

ＶＣ７が実際に製作されていたならば、世界のジェット・エアライナー市場はどのようになっていたのかは、航空史の永遠の"if"（もしも）だろう。胴体幅を含むＶＣ７の機体規模は７０７やＤＣ-８に十分に対抗出来たし、いちはやくロールスロイス・コンウェイ・ターボファンを採用するなど、技術的にはそれらよりも進んでいる面もあった。ただエンジンが翼下ポッド装備ではなく、ヴァリアントと同じく翼の付け根に埋め込んでいるのは古臭かった。まあイギリスらしいと言えばそうなのだが。

ＢＯＡＣの要求

ヴィッカーズ社では当面は中距離路線向けの四発ターボプロップ・エアライナー、ヴァンガードの開発に力を注ぐことにしたが（１９５９年初飛行）、その間にも長距離ジェット・エアライナーの検討と市場調査は続けていた。

こうして１９５７年末には、ＢＯＡＣの提示した仕様に即したＶＣ１１００案が提示されたが、翼内埋め込みの代わりに四基のエンジンを後部胴体の両脇に取り付けていたのが最大の特徴だった。リア・マウンテッド・エンジンはフランスのカラヴェル（本書３００ページ）が開拓したが、この形式で四発

の大型ジェット・エアライナーを開発したところはまだどこにもなかった。

１９５８年１月、ＢＯＡＣはヴィッカーズ社に対して、Ｖ１１００を35機（他にオプション10機）仮発注する。これを受けて3月にはＶ１１００計画は具体的な設計作業に移行し、ＶＣ10と呼ばれるようになる。

すでに７０７を注文していた（就航は１９６０年）ＢＯＡＣがなぜＶＣ10も欲しがったかというと、国産品愛用もあるだろうが、７０７がＢＯＡＣの運航していたアフリカ線に向かないという悩みがあった。アフリカは気温が高い上に高地の空港も多く、７０７の離着陸性能では運航に支障が生じる可能性があるのだ。

また当時の７０７の航続性能は北大西洋線やヨーロッパ線ならば十分だが、ＢＯＡＣが強いアフリカ線やアジア・極東線には不足気味でもあった。だからＢＯＡＣでは７０７を上回る離着陸性能と航続性能をＶＣ10に要求した。

ＢＯＡＣの運航条件がどんなものであったかというと、例えば海抜１４９５ｍのローデシアのソールズベリ空港（現在のジンバブエのハラレ）で２６２５ｍの滑走路から気温37℃の日に飛び立って、エジプトのカイロまでの５３００㎞を飛行するといったものだ。ＶＣ10でもさすがに満席では離陸できないが、この条件でも90人の乗客を乗せられる。

あるいはＶＣ10はクアラルンプールの長さ１８９０ｍの滑走路から気温32℃の日に１１７人を乗せて飛び立ち、４４００㎞離れたパキスタンのカラチまで飛ぶことが出来る。どちらも規定のリザーブ燃料まで積んでの運航だ。

クリーンな主翼

ＶＣ10の離着陸性能の武器となるのは、クリーンな主翼と高性能のエンジンだ。コンウェイのバイパス比は、いまの高バイパス比ターボファンに比べればささやかなものではあったが、実用化された最初のターボファン・エンジンであったことを忘れてはならない。

ＶＣ10のコンウェイMk30の推力１万２０６kgf（１００・１kN）は、７０７やＤＣ-８のエンジンを2割ほども上回っている。最大離陸重量15万１９００kgに対する総推力の割合は27％になる。

クリーンな主翼はもちろんエンジンのリア・マウンテッドのおかげで、主翼には気流を妨げるパイロンやポッドなどは一切無く、空力的には最大の効率を発揮出来る。外翼のエルロンを除いて、主翼後縁にはファウラー・フラップが装備されており、前縁には全幅にわたるスラットがある。フラップとエルロンの境には境界層フェンスが立っている。

ＶＣ10がデビューした１９６０年代初期のイギリスの航空雑誌の記事を読むと、主翼の翼型は高亜音速向けに特別に開発されたもので、衝撃波の立ち上がりを遅らせて抵抗を低減云々と十数行にわたって丁寧に解説しているが、これはもちろん英国立物理学研究所のピアシーらによるピーキー翼型の採用を意味している。

いまならば「一種のスーパー・クリティカル翼断面」などと一行で片付けられてしまいそうだが、１９６０年代当時には翼型にこんなキャッチーな呼び名はなかった。主翼の後退角は１／４翼弦で32・5度で、他の同級機よりも若干小さい。これもピーキー翼型のおかげだろう。

操縦翼面はいずれも二つに分かれている。二つずつに分かれたエルロン、ラダー、エレベーターに、それぞれ二重系の電気油圧系統が割り振られているので、万一どちらかの電気油圧系統が完全に機能を停止しても、操縦翼面の片方は動かせることになる。人力の補助系統は存在しない。

先駆けたターボファン

ＶＣ10の胴体は一般的なアルミニウム合金のセミモノコック構造だが、主翼のセンターセクションと結合する四か所の逆Ｕ

ダクスフォード展示機G-ASGCのコクピット。シートやセンターペデスタルに古典的雰囲気が色濃いフライトデッキは、機長、副操縦士、FEの標準的3メン構成である。Mario Serranò

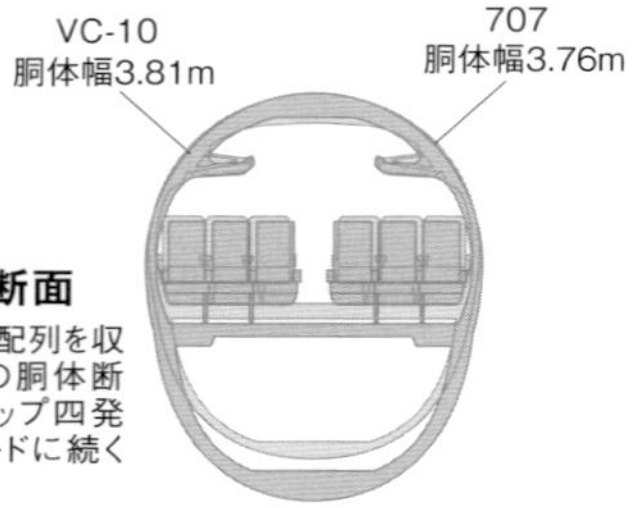

VC10の胴体断面

3列+3列のシート配列を収める外径3.81mの胴体断面は、ターボプロップ四発の前作ヴァンガードに続く二重円弧の形状。

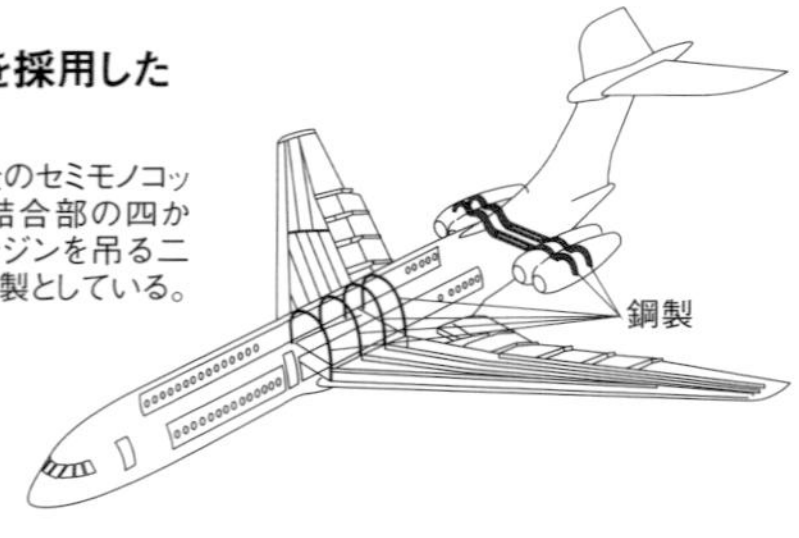

一部に鋼製部位を採用したVC10の構造

胴体はアルミニウム合金のセミモノコックを基本に、主翼との結合部の四か所のフレーム、またエンジンを吊る二本のアウトリガーのみ鋼製としている。

BOAC機ファイナル・アセンブリーの光景。決して悪い飛行機ではなかったがセールスは低調、14機の軍用型を含めてもわずか54機しか生産されなかった。BAE Systems

字形の胴体フレームだけは鋼が用いられている。また左右のエンジンを吊り下げる二本のアウトリガーも鋼製だ。

　胴体断面は前述のように外径3・81mの二重円弧（逆ダルマ型）だ。707やDC-8と同じくらいで、通路を挟んで3列3列の座席を配置出来る。

　ヴィッカーズ社ではすでに前作ヴァンガードで二重円弧断面を採用している。ヴィッカーズ社では製造コスト低減のため、VC10の胴体をヴァンガードの胴体用の治具で製作することとまで考えていたが、実際には新規設計の胴体になった。

　VC10のエンジンRB80コンウェイは、1940年代の末に開発がスタートした2軸のターボファンだ。初期型のバイパス比はわずか0・25だから、いまの基準ではターボファンではなくて、一部空気流をバイパスさせているターボジェットと呼ばれてしまうかも知れない。

　しかしアメリカに先駆けてターボファンを開発し実用化した点ではイギリスの着想は大したものであったし、実際に燃費率も同時代の民間用ターボジェットに比べて優れていた。コンウェイは主にイギリス及びその影響の強い国々向けとして、707（-420）やDC-8（-40）にも積まれている。スーパーVC10の搭載するコンウェイMk540ではバイパス比は0・65にまで増大しており、推力も2割以上アップして10t級になっている。

　ロッキードL-1011トライスターの項（128ページ）で、RR社がRB211ターボファンのファンを強化複合繊維（商品名ハイフィル）で造ろうとして大失敗したエピソードを書いているが、実はRR社ではRB211開発に先立つ1960年代末にコンウェイにハイフィル製のファンを付けて、実際にBOACで運航して試験している。しかし直径の小さいコンウェイと、高バイパス比のRB211とでは勝手が違ったようだ。

　先行する707やDC-8を参考にしたせいか、ヴィッカーズ社の社風なのか、VC10はイギリス機によくあるように変なところにだけ新機軸を採用したり、やけに空力に凝ったりするようなところもなく、リア・マウンテッド・エンジン方式を採用している以外は素直な設計の印象がある。

伸びない販売

　VC10の試作1号機（登録記号G-ARTA）は、1962年の4月15日にヴィッカーズ社のブルックランズ工場でロールアウトした。1号機は同年6月29日、ジョック・ブライスとブライアン・トラブショウの操縦で初飛行した。

　本格的な設計開始から4年強で初飛行だから、早いとは言えないにしても、当時のイギリスの大型機としては開発はスムーズに進んだ方と言えるだろう。テストも比較的順調で、生産仕様機（V1101）の1号機も同年11月8日にはトラブショウの手で進空した。B・トラブショウはしばらく後でコンコルドの主任テスト・パイロットとして世界的に有名になる。

イギリス航空当局の型式証明を取得したのは1964年4月23日のことで、4月29日にはロンドン＝ラゴス路線に就航している。

VC10（V1100）の初飛行以前から、発展型のV1151通称スーパーVC10の開発が進んでおり、受注と生産の主力もこちらになりそうだった。スーパーVC10との対比で、それ以前のモデルはスタンダードVC10とも呼ばれる。

VC10の快適性を紹介する当時のBAパンフレットから。胴体幅3.8mのVC10に対して6m超を誇る747を「だだっぴろくて人間がウズをまいているよう」と評し、「（VC10は）かえって小じんまりと落ちつく」と攻める。
Yoshiki Soga archive

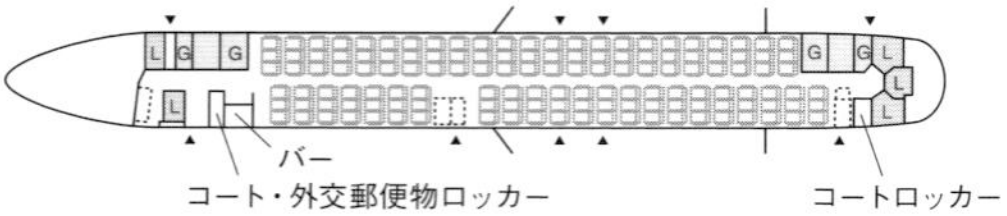

スタンダードVC10の座席配置

標準的135名仕様のコンフィギュレーション。バーも備わる。


スーパーVC10は、VC10の胴体を3・96mストレッチした長胴型で、客席数はスタンダードVC10の109席（2クラス）から最大151席に対して、スーパーVC10は139席から174席に増えている。離陸総重量はスタンダードが14万1525kg、スーパーが15万1960kgになる。

スーパーVC10の試作機（V1150）は1964年5月7日トラブショウの手で初飛行した。スーパーVC10の初就航は1965年4月1日で、ロンドン＝ニューヨーク＝サンフランシスコ路線だった。

なおヴィッカーズ・アームストロング社の航空機部門は、1960年にイギリス国内の主要航空機メーカーと合同して、ブリティッシュ・エアクラフト社（BAC）となっている。ヴィッカーズの名は1965年までブランドとしては存続していたが、それ以降はすべての製品がBACの名で呼ばれることになった。だからヴィッカーズVC10も正確には1965年以降はBAC VC10となる。

BOACがいちはやくVC10を35機発注したことは先に書いたが、この注文は何度か変更されて、最終的にBOACはスタンダードVC10を12機買い入れ、スーパーVC10（V1151）は17機を購入した。合計して29機で、最終的にはオプション抜きの発注数にも満たなかった。これは一つには707と比べた場合の、VC10シリーズの経済性に疑問が提示されたからだ。

この時期、BOACは極度の業績不振で政治問題にまでなり、

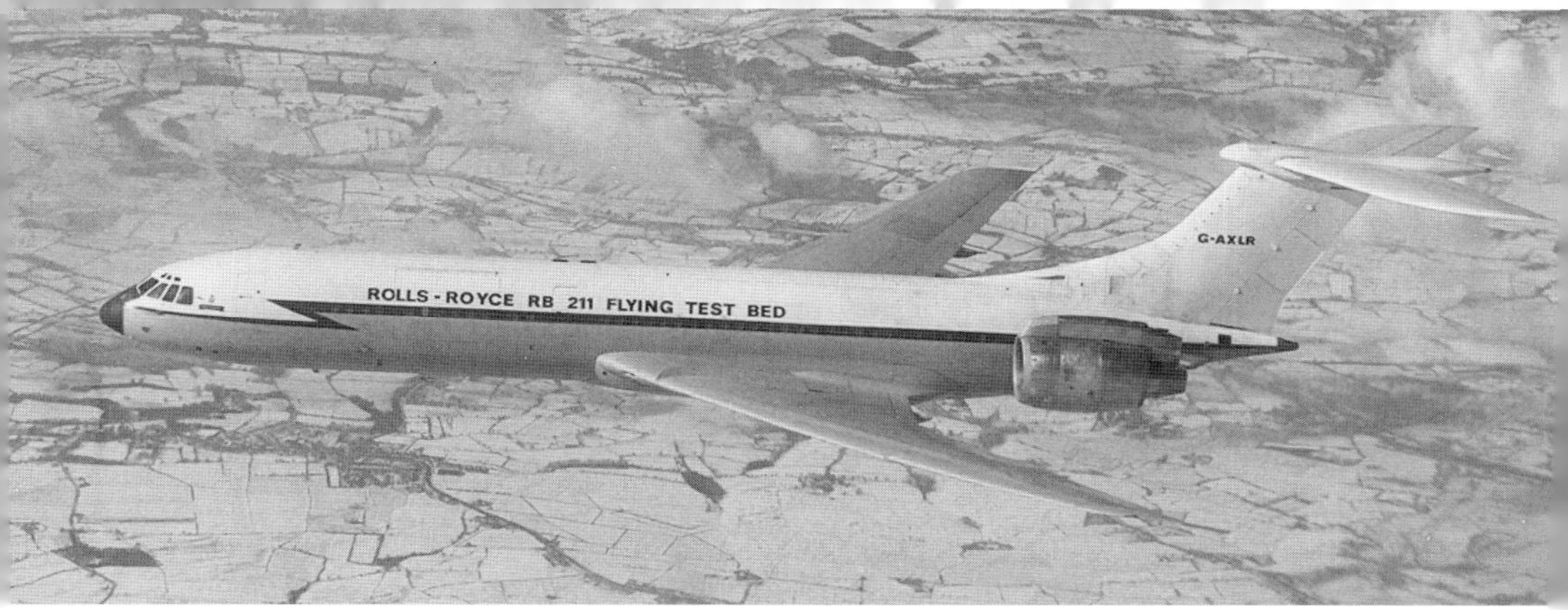

VC10は、後にトライスターで実用化される高バイパス比ターボファンRB211のフライング・テストベッドとしても活用され、1970年3月6日、G-AXLRがRB211双発による初飛行を成功させた。Rolls Royce

707、DC-8を前に決定打を欠いたVC10の実力は市場の評価を得られず

会長と社長が辞任する事態にもなっていた。BOACの赤字の要因の一つにVC10が挙げられたことも販売の足を引っ張った。

BOAC以外のユーザーというと、ブリティッシュ・ユナイテッド・エアウェイズ（BUA）がスタンダードVC10を4機購入し、アフリカのイースト・アフリカン・エアウェイズ、ガーナ・エアウェイズ、ナイジェリア・エアウェイズ、中東のミドル・イースト・エアラインズ、ガルフ・エアなどがVC10シリーズを使用したことがあるが、いずれも少数機に留まった。結局のところVC10はイギリスと縁が深く、高地あるいは高温の空港を拠点とするような限られたエアラインにしか売れなかった。

シリーズの生産はスタンダードが18機、スーパーが22機で、合計40機でしかない。707やDC-8の生産機数とは一桁ある

Super VC10

全幅	44.55m
全長	52.32m （スタンダードVC10は48.36m）
全高	12.04m
主翼面積	272.4㎡
最大離陸重量	151,950kg
最大巡航速度	935km/h
航続距離	11,470km

Vickers Super VC10

1964年5月7日、ブライアン・トラブショウの手で初飛行を果たした胴体延長型のスーパーVC10初号機（G-ASGA）。翌年4月からはBOACの大西洋路線に就航する。BAC

いは二桁違う。VC10シリーズの生産は1970年で完了した。

1970年代に入ってエアライナーの騒音規制がうるさくなると、コンウェイを搭載するVC10シリーズの処遇が問題となる。BOACはブリティッシュ・エアウェイズ（BA）となっていたが、40機にも満たないVC10シリーズのためにBACでもRRでもハッシュ・キットを開発するわけには行かないし、BAでも改修費など出せない。結局、就航から十年かそこらの1970年代半ばには、VC10シリーズは主要路線からの引退に追い込まれた。

空軍による救済

VC10が売れずに泣き言を言うBACの救済に立ち上がったのがイギリス空軍だった。要するに政府予算でのBAC援助だ。空軍はVC10を輸送機（C）あるいは空中給油機（K）として採用することになり、合計14機がC1として生産される（後にC1Kに改修）。

イギリス空軍の制式名は「愛称+用途記号+通し番号」で、例えばイギリス空軍のC-130の場合にはハーキュリーズC1といった具合になるのだが、VC10にはなぜか愛称が与えられず、制式名はVC10 C1となっている。せっかくだからヴィッカーズ社の伝統に則ったVで始まる単語の愛称でも付けてやれば良かったのに、と個人的には思うのだが。

クリーンな主翼の操縦翼面は前縁は全幅にわたるスラット、後縁はファウラー・フラップと外翼部のエルロンで構成。写真のG-ASGMは後に英空軍へと売却されてVC10 K4となった。Toshihiko Watanabe

さらにイギリス空軍では、元ＢＯＡＣやイースト・アフリカンのＶＣ10とスーパーＶＣ10を買い上げて改造し、それぞれＶＣ10 Ｋ２、同Ｋ３／４として就役させた。

こうしてイギリス空軍への高速支援輸送機の提案で始まったＶＣ10の計画は、結局は空軍の支援機で終わったことになる。イギリス空軍のＶＣ10は、２０１３年９月退役した。

ヴィッカーズＶＣ10とスーパーＶＣ10は悪い飛行機ではないし、当初の狙い通りアフリカ・中東路線では７０７やＤＣ-８を上回る適合性を示したが、なにせ登場時期が遅過ぎた。すでにＢＯＡＣを含めて世界中の主要エアラインが７０７かＤＣ-８を飛ばしている時期に、性能や経済性で決定的な優位のないＶＣ10シリーズが割り込む余地は無かった。もしヴィッカーズ社がＢＯＡＣやイギリス空軍の国産機愛用を期待してＶＣ10シリーズを開発したのだとしたら、国際化の時代に甘かったとしか言いようがない。

筆者の好みからすればＶＣ10のスタイルは好きだし、どの角度でも古典主義的な優美さがある。特に後方斜め下から見上げて広角気味で撮った写真などは、数あるジェット・エアライナーの中でももっとも美しい飛行姿の一つではないかとすら思っているのだが。

しかしエアライナーは美しいから売れるというものではない。ちょうど良い時期に就航して、信頼性が高く安全で、エアラインを儲けさせるかどうかが、ほとんどすべてなのだ。

タキシーライトを灯してモスクワ・シェレメチェボ空港内をゆくRA-86565は、1970年代以降の生産型であるIL-62M。搭載エンジンをバイパス比2.42のD-30KUへと換装したことで、燃費と航続性能を向上させた。Konan Ase

攻撃機設計の名手が造りあげた、優美なる長距離ジェット

イリューシンIL-62

1963年初飛行／1967年初就航／製造機数292機（NATOコード：Classic）

クラシック・ジェットライナーとしての美しさと、後部胴体に4基の動力を配置した個性。英国製のライバルVC10の模倣などと揶揄されることもしばしばだが、祖国ソ連と共産主義諸国にロングホール路線のジェット化をもたらしたその機体こそIL-62だった。その存在価値は視角的な洗練度以上に強力だ。

Shahram Sharifi

アーリヤー・エア（イラン）のIL-62Mタラップ上段から見る、4基のエンジンがまとめられた特徴的リアエンド。

古典的な美

イリューシンＩＬ-62のＮＡＴＯコードネーム（通報名）は〝クラシック〟だ。たしかにＩＬ-62にはクラシックな（古典的な）エアライナーとしての美しさがある。

それまでのソ連のエアライナー、例えばツポレフTu-１０４のような無骨さはほとんど見られない。Tu-１０４〝キャメル〟は知ってのとおり戦域爆撃機のTu-16〝バジャー〟を無理矢理エアライナーに仕立て直した機体だが、ＩＬ-62は最初からエアライナーとして設計されている。一言で言えばＩＬ-62は軍用機臭くない。ソ連でも軍事航空のおこぼれではなく、ようやく民間航空専用の機体が造られるようになったわけだ。

しかし相変わらずソ連らしいのは、この機体がヴィッカーズＶＣ10とそっくりというところか。ＩＬ-62の初飛行が１９６３年の9月、一方ＶＣ10の初飛行は１９６２年の6月だから、ＩＬ-62の方がコピー呼ばわりされても仕方がないところがある。

ＩＬ-62よりほぼ十年遅れて登場し、これまたソ連機らしくないラインと評判になったツポレフTu-１５４にしても、ボーイング７２７に見掛けがよく似た機体だった。従来のソ連機のラインを離れると、結局は西側の代表機のコピーみたいになってしまうのだろうか。

ただＶＣ10が軍用を含めても54機しか造られなかったのに対して、ＩＬ-62は改良型も加えれば２９２機が生産されている。本家本元争いは別として、生産機数ではＩＬ-62が明らかに勝っている。

ＶＣ10がボーイング７０７やダグラスＤＣ-8よりも十年近く後になって登場し、遅れて来たエアライナーと言われているのに対して、ＩＬ-62はソ連で初めて造られた本格的な長距離国際線用ジェット・エアライナーだ。ＩＬ-62までソ連では、長距離国際線にターボプロップのツポレフTu-１１４を投入して来ていたのだ。

なぜターボプロップかといえば、１９６０年代までソ連では燃費の良いエアライナー用ジェット・エンジンが造れなかったからで、ＩＬ-62が成功したのはクズネツォフＮＫ-８ターボファン（ＩＬ-62Ｍはソロヴィヨフ D-30ＫＵターボファン）のお陰とも言える。

ＶＣ10が（西側諸国において）遅れて来たエアライナーだったとすれば、ＩＬ-62はソ連（及び東側諸国）にとっては待ちわびていたエアライナーだったのだろう。三百機弱という生産数はその反映だ。

パイロットから設計者へ

セルゲーイ・ヴラジーミロヴィッチ・イリューシン（１８９４〜１９７７年）は第一次大戦前にロシア陸軍のパイ

Ilyushin IL-62

1971年、羽田空港からモスクワへと発つアエロフロート・ソヴィエト航空のCCCP-86651。胴体後部に4発の心臓をまとめた特有のフォルムは、それまでのソ連機とは一線を画す優美なもの。Toshihiko Watanabe

ソ連独自の設計思想に芽生えた国際標準的エアライナーへの憧れ

ロットとなり、ロシア革命（1917年）後は赤軍に参加した。軍の下でジューコフスキー工科大学へ行き、卒業後はA・N・ツポレフの助手を務めたりして設計技術を磨き、テスト・パイロットや航空産業省の高級官僚を務めた後、1935年からは自身の名の付いた試作設計局（OKB）での活動に入った。

イリューシンOKBの名を高めたのは単発の地上攻撃機IL-2で、シュトゥルモヴィーク（Штурмовик）という本来は「襲撃機」を意味する普通名詞が、この機体の固有名詞と誤解されるまでになる。

IL-2以降、地上攻撃機や軽爆撃機がイリューシンOKBの得意分野となったが、もう一つの専門がリスノフLi-2（ダグラスDC-3のライセンス生産版）後継の双発レシプロ輸送機IL-12に始まる軍民の輸送機だ。こちらの方面では1957年には4発ターボプロップのIL-18エアライナーが初飛行している。

余談だが、S・V・イリューシンの息子のヴラジーミル・セルゲイヴィッチ・イリューシンは、スホーイ設計局専属のテスト・パイロットを経て、同設計局の副主任設計者となった。父と同じ道を進んだわけだ。

英国製VC10の影響

父のセルゲーイ・V・イリューシンがジェット・エアライナ

ーは先輩のA・N・ツポレフの専門と思って領域を侵さないよう心掛けていたのか、それとも自身もジェット・エアライナーへの進出を狙いながら果たせないでいたのか、あるいは燃費の優れたジェット・エンジンが登場するのを満を持して待っていたのかは分からないが、IL-62となるエアライナーの構想は1960年2月に政府に提案されて、同年6月までに承認されたようだ。

ヴィッカーズ社では少し早く1958年にはVC10の本格開発に移っており、航空雑誌には当時完成想像図も公表されていたので、イリューシンがVC10の形態を参考にしなかったとも思えない。もちろんIL-62はVC10の単純コピーではないが、だからと言ってVC10の影響がまったくないとも考えにくいのだ。

IL-62のエンジンのリア・マウンテッド方式は、前項でも述べたようにエンジン部分が重くなるほど全体のバランスが苦しくなる。エンジンと重量バランスを取るためにキャビンを前寄りにせざるを得なくなり、乗客や貨物を乗せているのといないのとで重心位置が大きく変動するようになるのだ。

そんなこともあって四発機でリア・マウンテッド・エンジンの機体は多くはないが、1950年代後半から60年代初期にはこの形態が一種の技術的流行でもあり、先行する707やDC-8との差別化を図る意味合いもあったのか、VC10やIL-62は四発機にも関わらずあえてリア・マウンテッド方式を選んだ。もちろん当時のソ連は、この方式がシュド・カラヴェルの後追いだとは一言も言わなかった。

IL-62は全幅43・2m(VC10は44・55m)、全長53・12m(48・36m)、翼面積279・6㎡(264・9㎡)、自重69・4トン(6万3278kg)、総重量162トン(15万1900kg)になる。括弧内のVC10と比べると、全幅をのぞいて若干大きく重い。

西欧流の進化

IL-62の試作機は、リューリカAL-7ターボジェットを搭載していたが、あくまでもつなぎのエンジンで、イリューシンの考えていた本命エンジンはクズネツォフ設計局の新設計のターボファン、NK-8だったと思われる。NK-8のバイパス比は約1になる。

ニコライ・D・クズネツォフの設計局はもともとは大出力ターボプロップ・エンジンが専門であったが(Tu-114のNK-12など)、ターボプロップの将来性に不安を覚えたのだろう、この頃にはターボファンのみならずロケット・エンジンにまで進出を図っている。

IL-62の胴体断面は二重円弧(逆だるま)型で、幅は3・75m、高さは4・1mになる。ボーイング707の胴体幅が3・76mだから、胴体幅が707を意識して設定されたのは間違いない。もっとも707以降に登場した長距離エアライナ

可動部を持たないIL-62の主翼前縁。しかし、翼端側の失速防止を目的としたドッグ・トゥース（段差）が与えられている。写真はシェレメチェボ空港にモニュメントとして残るCCCP-86492のもの。Konan Ase

西側機に近づいたかに見えるIL-62のコクピットだが、操縦系統はあくまでも人力操舵。油圧に頼らないソ連流の設計哲学を貫く。Shahram Sharifi

ーは、DC-8を始めすべてが７０７を意識して開発されたのだが。

IL-62のインテリアは、Tu-１０４などに比べれば格段にモダンで西欧的だ。機内は通路を挟んで3列+3列（ファースト・クラスならば2列+2列）の配置になる。乗客数はシングル・クラスにすれば１９８人になるが、通常は2あるいは3クラス混合で、１２８人から１４４人にしている。

二重円弧の胴体断面は、ソ連のジェット・エアライナーとしては初めてだ。胴体断面ばかりでなく、窓の大きさや間隔、またフェイルセイフ構造、与圧などの面でも西欧流が採用されている。ソ連の旅客機も国際市場を意識して、国際基準に合わせなければならなくなったということかもしれない。

もっと画期的だったのは機首にガラス張りの航法士席がないことで、西側のエアライナーと同じく機首の先端には気象レーダーが収まっている。ツポレフ設計局との思想の違いと言うよりも、ソ連の空港や航空路の設備もようやくこの頃から充実し始めたというところなのだろうか。その証拠にガラス張り機首がトレードマークのようになっていたツポレフ設計局のエアライナーまでも、１９６０年代からは徐々に西欧流になって行くのだ。もっともIL-62の乗員が正副操縦士に機関士、航法士、無線士と5人もいるのはまだ西側に比べて遅れている（VC10は乗員4人）。

一方西側の流儀とは大きく違ったのは操縦系統で、IL-62の三舵はすべて人力操舵なのだ。もっとも７０７も初期の型は全人力操縦だった。これだけの大きな機体を人力だけで動かす、それも適正な操舵力や良好な操縦感覚を確保した上でというのはなんとも大変だと思うが、イリューシンはそれほどまでに油圧系統を信用していなかったのだろうか。

西側とちょっと違うのが主翼の空力設計だ。前縁の途中に目

イランの首都テヘランからペルシャ湾上のリゾート、キーシュ島に向かうアーリヤー・エア機内。IL-62では西欧や米国機に近い先進的なキャビンを手に入れていた。Shahram Sharifi

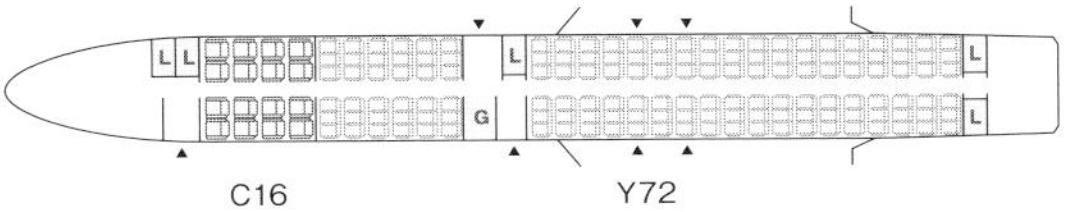

IL-62Mの座席配置

座席配置は3列+3列が基本。イラストは北朝鮮の高麗航空の座席配置で、前方には2列+2列のビジネス・クラスを備えている。

立った段差があるが、これはドッグ・トゥース（犬歯状前縁）といって、翼端側の失速を防止する意味がある。ＩＬ-62に限ったことではなく、大小を問わずソ連の後退翼機にはこの手の気流を整えるデバイスがごてごて取り付けられていることが多い。ＩＬ-62の前縁には可動部分はない。

主翼の後退角は25％翼弦で35度で、後縁内舷側には二分割されたフラップが、外舷側には三分割されたエルロンがある。外舷フラップの前には2枚ずつのスポイラーがある。

エルロンは相互にトーションバー・スプリングで結合されており、高速域では外側のエルロンは空力的に動きを制約されることになる。これによって高速エルロンと低速エルロンをわざわざ設けずに済んでいる。

水平尾翼はT字配置で、水平安定板は取付角可変式だ。ラダーは二分割されている。

主降着装置はふつうのダブル・ボギーだが、ＶＣ10に比べるとやや前寄り（主翼の平均空力翼弦に対して）の位置にある。そのお陰で離陸滑走中の引き起こしに要する力が少なくて済み、水平尾翼をやや小型化出来た。

その代わりにキャビンが空のときには重心が主降着装置よりも後ろに寄ってしまい、機体が尻餅を突く恐れがある。そこで空荷の際にはエンジンに挟まれた後部胴体から、二つの小さな車輪の付いた細い脚柱を垂直に延ばすようになっている。この四本目の脚は目立たないし、図面でも書いて無かったりするので、知らない人も多いだろう。

もう一つ面白いのは機尾に軍用機のようなドラグシュートを備えていることで、たぶん凍結した滑走路で止まりきれないと思ったときに作動させるのだろう。生産型ではカスケイド型のスラスト・リヴァーサーが両外側エンジン（1番と4番）にだけ付いている。

遅れた就航

ＩＬ-62の試作1号機（登録記号ＣＣＣＰ-06156）は、

両外側エンジンに装備するカスケイド型のスラスト・リヴァーサーを展開して羽田空港に着陸したCCCP-86471。主翼後縁から2分割されたフラップが下がる。Masahiko Takeda

ディープ・ストールの恐怖を封じた空力的手段によるソ連的解決策

AL-7PB（推力7500kgf）を搭載して、1963年1月2日にモスクワ近郊ジュコーフスキー飛行場にて初飛行した。数々の世界記録を樹立してソ連邦英雄授賞二回のヴラジーミル・K・コッキナキがIL-62の初飛行のテスト・パイロットを務めた。IL-2の原型を初飛行させたのもこのコッキナキだ。

1号機は試験期間中の1965年2月25日にエンジンの故障で離陸時に墜落事故を起こして、搭乗者8人が死亡している。試作2号機（06153）はNK-8（9500kgf）を搭載して、1964年4月24日に飛んでいる。

政府がIL-62の生産を承認したのは1964年2月のことだが、実際にアエロフロートの受領試験が完了したのは1967年8月だ。ライバルのVC10の方は半年早い1962年6月に初飛行して、2年後の1964年4月にはBOACに就航している。IL-62の生産はカザンの工場で行なわれた。

NK-8の開発の遅れもあったにしろ、なんで初飛行から初就航まで4年以上も掛かったのか正確なところは分からないが、T尾翼のリア・マウンテッド・エンジン機に特有のディープ・ストール問題への対処が一つの理由であったようだ。

ディープ・ストールとは、大迎え角で水平尾翼が主翼とエンジンの乱流の中に入ってしまって効きを失い、失速から回復出来なくなるという現象で、BACワン・イレヴン（111）の1963年10月の墜落事故で大きくクローズアップされた。この当時リア・マウンテッド・エンジンのジェット・エアライナーはどれもディープ・ストール対策に追われている。

ソ連側の資料でも、ＩＬ-62がこの時期ディープ・ストール対策で苦労したことは十分に窺える。ＩＬ-62の場合には、翼中央部前縁のドッグ・トゥースをディープ・ストール対策としている。つまりドッグ・トゥースの発生する渦流により外翼の失速が防止されると、大迎え角でも外翼の揚力が確保される。外翼は重心よりも後ろ側にあるので、機体のお尻を持ち上げる(頭を下げさせる)ことになり、ディープ・ストールに陥らないというわけだ。ＩＬ-62は迎え角が25度から45度でも失速から回復出来るとしている。自動システムなどに頼らず、空力的手段だけで対処しようというのは、ある意味ソ連らしい設計手法だ。

初期の試験の成果を取り入れて改良された3号機(０６１７６)は１９６５年5月に飛んでいる。3号機では主翼付け根部分で乱れた気流のエンジンへの吸入を避けるために、エンジン取付角が3度頭上げに変更されている。またダッチ・ロール防止のヨー・ダンパーが操縦系統に加えられた。

生産仕様が最終的に確立したのは13号機(８６６７３)になってのことで、エンジンは推力を1万５００kgfに増強したＮＫ-8-4(ＮＫ-84とも書く)になり、非常脱出口などがＩＣＡＯ規格に適合するようになった。13号機は１９６８年5月14日に進空している。

改良型〝M〟

東側とか共産圏とか非同盟諸国とかの言葉が意味を失ってからもう三十年近くになるが、ＩＬ-62はその共産系諸国や一部の非同盟諸国に売れた。

それらの国々は、従来のソ連製ジェット・エアライナーでは性能や信頼性や経済性やデザイン・センスに大きな不満があったし、だからといって西側のエアライナーを購入してソ連に悪く思われたくはない。自分達の手の届くまずまずの国際線級ジェット・エアライナーが登場してほっとしたのではなかったか。案外アエロフロートだって同じ気持ちであったかもしれない。

無印のＩＬ-62は97機が生産されて、30機が輸出されている。ソ連エアライナーの良きユーザーであるチェコスロヴァキアのＣＳＡが１９６９年末に最初の購入エアラインになり、東ドイツ、ポーランドなどの東欧圏も続いた。アエロフロートと日本航空(ＪＡＬ)との共同運航でＩＬ-62はモスクワ線を飛んだので、日本人にもおなじみになった。

しかし１９７０年にはＩＬ-62Ｍの生産が承認されて、１９７２年からの並行期間を経て生産はＩＬ-62Ｍに移行した。Ｍはロシア語の改良(Modifitserovanniy)の頭文字で、ＩＬ-62改と言ったところか。ＩＬ-62Ｍの試作機(８６６７３)は１９６９年3月5日に初飛行している。

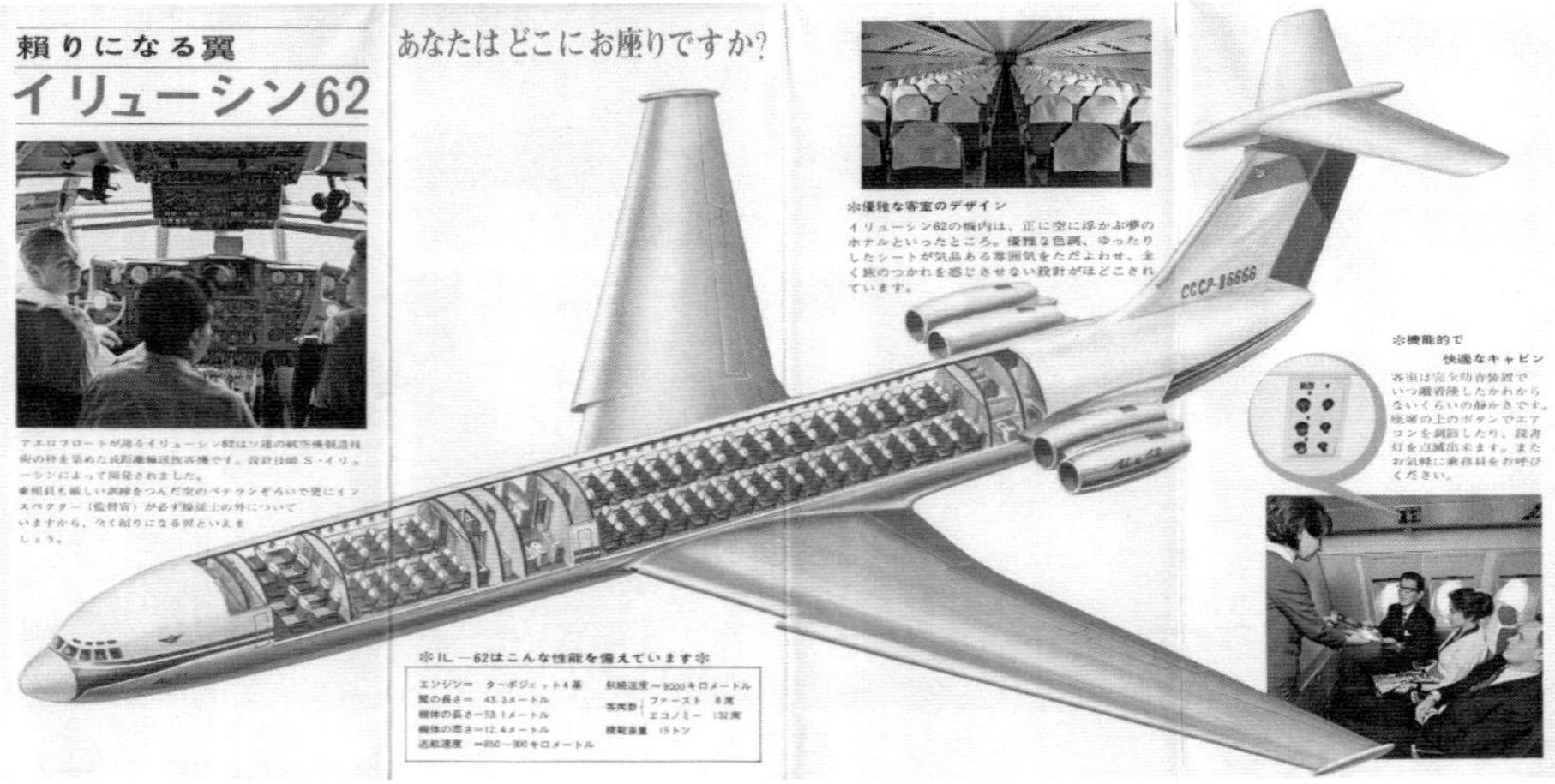

アエロフロートの日本向けパンフレットには、カットアウェイとともに「ソ連の航空機製造技術の粋を集めた長距離輸送旅客機」、「正に空飛ぶ夢のホテル」といった言葉がならぶ。自慢の新鋭機だったのだ。Yoshiki Soga archive

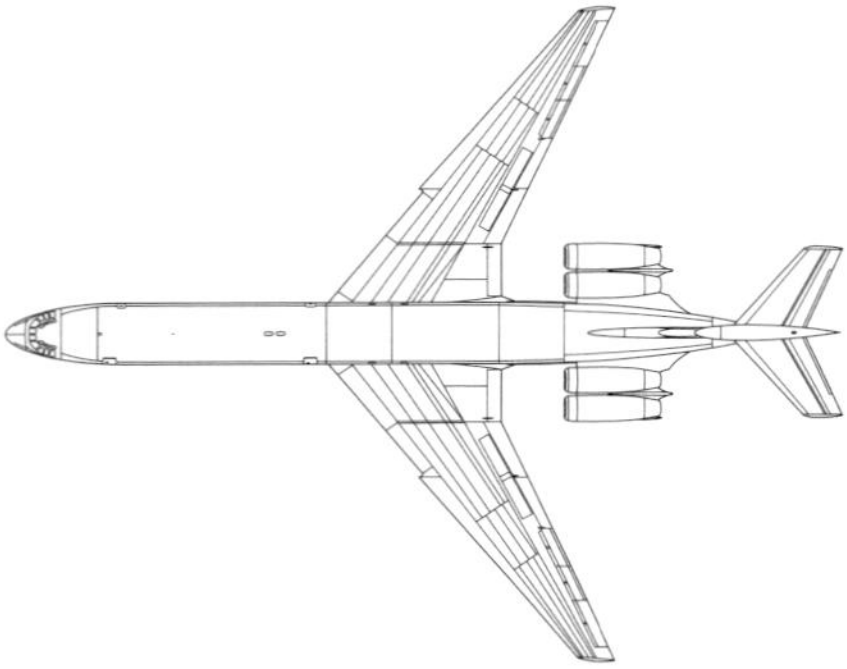

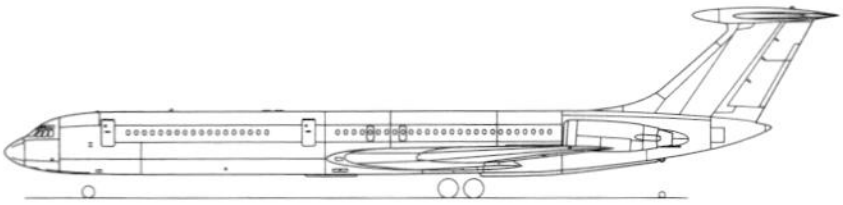

IL-62M

全幅	43.20m
全長	53.12m
全高	12.35m
主翼面積	279.55㎡
最大離陸重量	165,000kg
巡航速度	820-900km/h
航続距離	5,400nm

IL-62Mの最大の違いは、NK-84に換えてソロヴィヨフD-30KUターボファンを搭載していることだ。両者の差は設計局の違いというよりも、ターボファンの世代の違いといって良いだろう。D-30KUのバイパス比はNK-8の二倍以上の2・42もあり、それだけ燃費率が良好だ。推力は1万1000kgfと大きくなっているのに騒音も低い。もちろん前世代のターボファンと比べての話で、現在のバイパス比が6～8以上のターボファンと比べると燃料を食うしうるさいのだが。

IL-62の航続距離が、ペイロード6トンで9000kmであったのに対して、IL-62Mはペイロード10トンで航続距離1万kmとなった。ペイロード23トン時の航続距離がIL-62では6700kmであったのに対して、IL-62Mでは8040kmにもなっている。

シェーネフェルト空港に駐機する旧東独、インターフルクのIL-62M。このほかLOTやTAROM、CSAなど東側諸国の各社が愛用した。胴体尾部の棒は駐機時の尻もちを防止する車輪付きの脚。Hitomi Tanigawa

ＩＬ-62Ｍのその他の改良では、スポイラーを飛行中にも使えるようにしてエルロンの補助として操縦性を改善したとか、水平安定板の取付角可変範囲を拡大したとか、垂直尾翼内に燃料タンク（５０００リットル）を増設したことなどが目立つ。垂直尾翼タンクは燃料搭載量の増大以上に、飛行中に重心位置を調節して最適のバランスで飛べるようにしたことで、航続距離延長に寄与しただろう。

ＩＬ-62Ｍは生産開始後もけっこう大きな改良が成され、１９７８年以降には強度の高い主翼構造が導入されて、最大離陸重量が１６７トンまで増大している。胴体の延長はないが、機内配置の変更で客席部分が２ｍ長くなっている。

ＩＬ-62シリーズは合わせて三百機近くが生産されて、東側陣営のベストセラーのジェット・エアライナーとなった。性能や信頼性は国際水準に達していたし、使っていたエアラインでもおおむね好評だったようだ。

なにを隠そう、筆者が初めて乗ったジェット・エアライナーがモスクワ行きのアエロフロートのＩＬ-62Ｍだった。内装は古めかしい上にかなり傷んでいた。機内食にはかっちかちのアイスクリームが付いて来た。機体固有の問題だったのかＩＬ-62Ｍの与圧システムの欠陥なのか、降下では耳がどうかなるかと思うくらいに痛んだ。いまとなっては懐かしい思い出ではあるが、ＩＬ-62に関して外観の古典的美しさ以外、あまり良い印象は残っていない。

1969年2月9日、初飛行の空を飛ぶ初号機“City of Everett”。チェイスにはボーイング社有機のカナディア・セイバー（N8686F）がついた。今日まで続く巨人機伝説の始まりである。Boeing

747で構築された高速かつ大量輸送の技術論

ボーイング747

1969年初飛行／1970年初就航／製造機数1,563機（2021年7月末時点）

エアライナー史に名を残すマスターピースたちを、航空技術的視点から徹底的に分析する本書が、とりわけ手厚く語るべき存在と言えるのがボーイング747だ。
長距離国際線とてツイン・ジェットへのシフトが急速に進んだ今日、
747へ向けられた眼差しは厳しい。
しかし航空の歴史上、人類と空との距離をこれほどまで縮めた航空機は、
747以外あり得ない。偉業を支えたジャンボなテクノロジー、その真実を掘り下げる。

人類史を変えた存在

数あるエアライナーの中から歴史に残る機体を選ぶとしたら、何になるだろうか？

古い機体であれば、ダグラスDC-3は疑いもなく歴史に残る名機だ。またジェット時代であればボーイング707は絶対に外せない。デハヴィランド・コメットはジェット・エアライナーのパイオニアだし、ボーイング737は最も多く生産され、使われているジェット旅客機だ。

しかしあえて一機種を選ぶのであれば、私はボーイング747を挙げたい。

DC-3や707や737が航空史に残る名機だとしたら、747は人類史を変えたエアライナーと言えるのではないか。

〝ジャンボ・ジェット〟ことボーイング747が人類にもたらしたのは、高速で安価な大量輸送であり、飛行機旅行（海外旅行）の大衆化であり、人類の大量移動時代だ。コメットや707はジェット化により旅客輸送の速度を引き上げたが、一般大衆にはまだまだ空の旅は縁遠かった。しかしそれまでの旅客機より格段に大きな747が出現し、大量輸送によって乗客一人あたりの費用が大幅に引き下げられたことで、庶民にも飛行機旅行がぐっと身近なものになった。海外に修学旅行に行けるような時代というのは、747が切り拓いた大量輸送抜きには考えられない。世界をより緊密に結び付け、グローバリゼーションの時代を導いたエアライナー。それがボーイング747だ。

もちろん747が運んだのは人間ばかりではない。747の貨物輸送型（や貨客混載型）は、従来の貨物機には載らなかったような大型貨物や大重量貨物を、海を越えて大量に運んだ。

大きさこそが革新

しかし世界史的な意義から離れて技術面に目を向けると、コメットや707が商用旅客機としていち早くジェット・エンジンを採用した航空技術上の革新があるのに対して、一見すると747にはどこと言って目新しいところがない。

747は四発で後退翼の低翼機だが、こう言ってしまえば707となんら変わりはない。約1・3倍に拡大した707。それが747だ。

仮に707と747の平面図を、両者の見掛けの大きさが同じになるように縮尺を変えて示したら、航空機に特に興味のない一般の人には、どちらが707でどちらが747か区別が付かないのではないか？　しかしたとえば727と747であったら、誰でも違いが分かるだろう。前者は3発、後者は4発。エンジンの数からして違う。747は単に707を拡大しただけで、サイズ以外は技術的にはなんら新味のない飛行機に思えて来る。しかし747の革新性は大きさそのものにあるのだ。

747完成前にボーイングが発表していた747のキャビン・モックアップ。747の登場によりワイドボディという概念が生まれ、飛行機旅行が庶民の手に届くものとなった。初期のアッパー・デッキはラウンジとしても供された。Boeing

超音速時代までの繋ぎが一転して国際線の女王に君臨

二乗三乗則の呪縛

百余年に及ぶ航空の歴史には、巨人機と呼ばれる飛行機がいくつも登場している。それぞれの時代において飛び抜けて大きい故にそう呼ばれるのだが、成功を収めた巨人機はごく少ない。その理由は、飛行機の大型化の前に二乗三乗則が立ちはだかっているからだ。

ある飛行機をそっくりそのままの形で、外寸を2倍に拡大したとしよう。すると面積は縦掛ける横だから、翼面積も表面積も2の二乗倍、すなわち4倍になる。さらに厚みなどもすべて2倍になっているので、重量は2の三乗倍で8倍になる。すると翼面荷重は元の機体の2倍になってしまう。これが二乗三乗則で、面積は相似比の二乗倍、体積と重量は相似比の三乗倍になるという法則だ。

この二乗三乗則はエンジンにも適用される。ジェット・エンジンの推力は、単純に考えれば吸入する空気量に比例するが、吸気口の面積は相似比の二乗に比例するので、推力も二乗でしか増加しない。すなわち機体を2倍にすると、推力荷重は半分になってしまう。

もちろん現実の飛行機の設計は、設計図を拡大コピーして済むような簡単なものではない。飛行機の外寸を2倍にしても、外板や桁まで2倍の厚さにする必要はない。すなわち構造重量は単純に8倍にはならない。しかし飛行機を無造作に大型化すれば重量過大、翼面荷重過大、エンジン出力過小で低性能の機体になりがちであることは納得出来るだろう。

実際、歴史上の巨人機の大半が鈍重の烙印を押されてものにならなかった。B-36など実用になった巨人機もいくつか存在するが、どれもが軍用機だ。軍用機であれば不経済を承知で飛ばすこともあるし、金に糸目を付けずに滑走路を延長したりすることもあるだろうが、民間機になると、エアラインに損をさせたり、空港当局に過剰な設備投資を強要することなど出来はしない。並外れた大型民間機が成功しなかった理由だ。

ところがボーイング７４７は、ジャンボ・ジェットの呼び名をもらった巨人機でありながら、世界中のエアラインが採用する大成功作となった。その秘密はどこにあったのだろうか？

秘密の一つは７４７の高翼面荷重だ。総重量は７０７の2・5倍もあるのに、翼面積は約1・8倍しか大きくなっていない。機体の規模は拡大したが、翼はそれに比例して大きくなってはいないのだ。だから翼面荷重は７０７の５００kg／㎡台半ばに対して、７４７では７００kg／㎡台にもなっている。

もちろん単純に翼面荷重を大きくすれば、離着陸速度がひどく速い、民間では使いにくい旅客機となってしまう。そうならないように、ボーイングは７４７の主翼に手の込んだ高揚力装置を組み込んだ。後縁には大面積のトリプル・スロッテッド・フラップ、前縁の内側にはクルーガー・フラップ、同じく外側には手の込んだリンクで展開される可変キャンバー・フラップという組みあわせだ。これによって７４７の主翼の最大揚力係数（ＣＬｍａｘ）は2・45（７０７は2・2）に達している。

７４７の大きな総重量は他の面でも設計に影響を与えている。例えば降着装置。７４７が出現した時、降着装置を見て驚いた。飛行機の主脚は2本が相場なのに、７４７はなんと主脚が4本もあったのだ。車輪は1本に4つずつだから、主降着装置だけで16、前脚も入れれば全部で18になる。こんな手の込んだ降着装置は、それまでの飛行機には見られなかった。

脚柱が5本もあるせいだけではないが（降着装置の重量は飛行機の構造重量のかなりの比率を占める）、７４７は設計段階で自重の増加に苦しめられた。ボーイングの技術陣の奮闘にもかかわらず、最終的に自重は設計開始時の目標を2・5トンほど上回り、性能を若干低下させた。

７４７は構造材料の面ではそれ以前の民間輸送機と同じくアルミニウム合金（ジュラルミン）主体で、特に新素材は用いられてはいない。ボロンやカーボンの複合材料が軍用機に取り入れられるのはもう少し後のことで、民間機が複合材料を本格的に導入するまでにはまだ相当間があった。

はじまりは敗者連合

ボーイング７４７がアメリカ空軍の次期輸送機・重兵站シス

ノーズの貨物扉を開いた747-200F。このノーズカーゴドアの設置を考慮した結果がコクピットを二階に置く747の特徴的なプロポーションを生んだ。Lufthansa

テム（Cargo Experimental Heavy Logistics System）計画から生まれたことはすでにあちこちに書かれている。

このCX-HLSは、1964年にアメリカ空軍が仕様を示した超大型戦略輸送機で、主力戦車を含む大型で大重量（最大ペイロード82トン以上）の貨物を搭載出来るジェット輸送機を求めていた。

CX-HLS計画はボーイング、ダグラス、ロッキードによる3社の競争設計となり、1965年9月にロッキード社の提案がC-5ギャラクシーとして採用された。エンジンにはジェネラル・エレクトリック（GE）社のTF39ターボファンが決まった。

ボーイング747は、CX-HLSに敗れた同社の設計を旅客機に転用したようにも書かれることがあるが、これは一種の言葉の綾だ。ボーイングのCX-HLS案と747の間には共通の部品や構造はなにひとつ存在しない。

CX-HLSは、軍用輸送機であるから大型大重量貨物の搭載が第一で、人間を乗せることはあまり考えてはいない。車両の自走進入が可能なように貨物室の床面は低く、主翼は高翼配置となった。ボーイング、ロッキード、ダグラス3社のCX-HLS設計案はよく似ていて、違いと言えば尾翼配置（ボーイング案では水平尾翼は胴体に付く）とコクピット回りくらいのものだ。

すなわち、ボーイングではCX-HLSの設計案をそのまま旅客機に仕立て直したのではなく、ＣＸ-ＨＬＳ計画で培った超大型機の設計技術を応用して、ほぼ同規模の超大型旅客機をあらたに設計したのだ。

　同じくＣＸ-ＨＬＳ用エンジンの設計競争でＧＥ社に敗れたプラット＆ホイットニー（Ｐ＆Ｗ）社でも、大バイパス比ターボファン技術の民間エンジンへの転用を考えていた。ボーイング747はＰ＆Ｗ社のＪＴ9Ｄターボファンを標準装備して登場したが（後からＧＥ社とロールスロイス社も同規模のターボファンを開発して747に載せる）、当初の747はＣＸ-ＨＬＳ計画の敗者連合であったわけだ。

　考えようによっては、空軍の予算で次世代の民間輸送機の機体とエンジンの基礎研究をやらせてやったことにもなる。アメリカの政府は民間航空機の開発に直接資金援助することはまずないが、こうした形で、国防省やＮＡＳＡが間接的に民間企業を援助する。

　ＣＸ-ＨＬＳ案で予習した超大型機の技術を駆使してボーイ

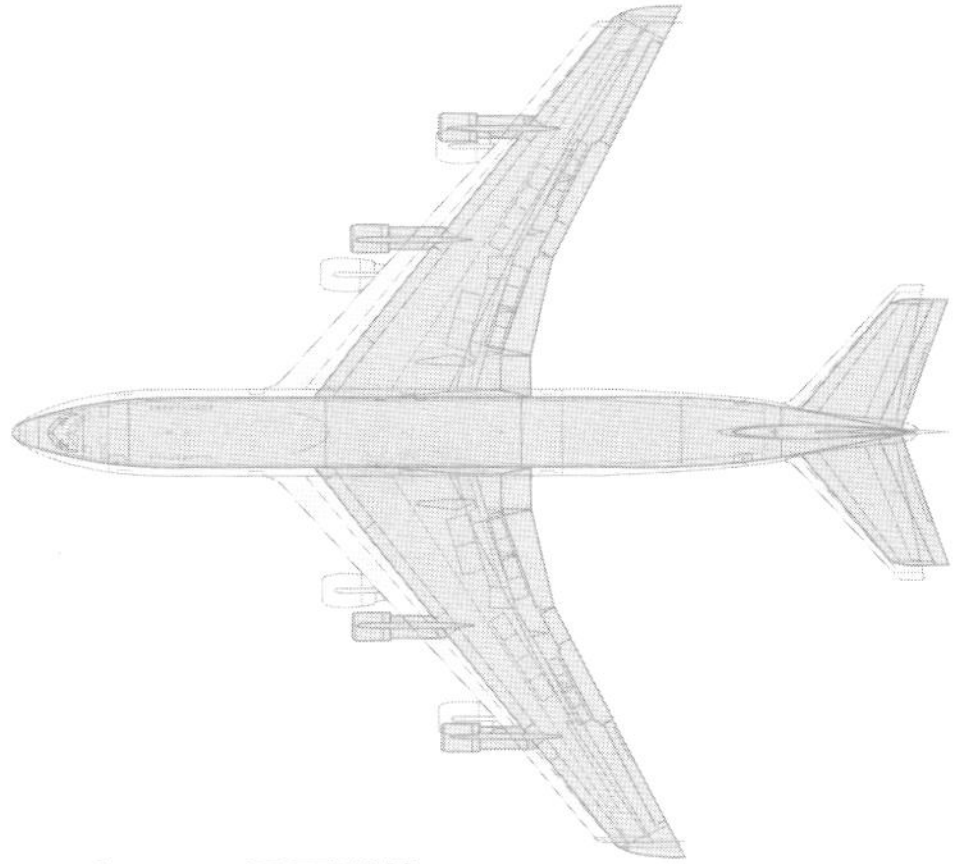

747と707の平面形状

前作707からは1.3倍も大型化した747だが、両機のサイズを揃えて平面図を重ねて見ると、その形状は近似していることがわかる。

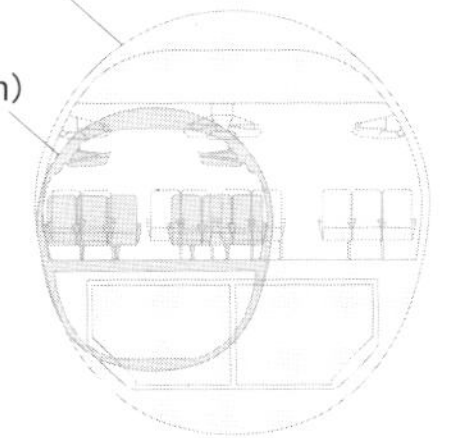

747と707の胴体断面比較

1本の通路を挟んで6席が並ぶ707と、2本の通路を挟み9席が並ぶ747の胴体。747の開発では、単一円断面のこの形状に至るまで、数々の試行錯誤があった。

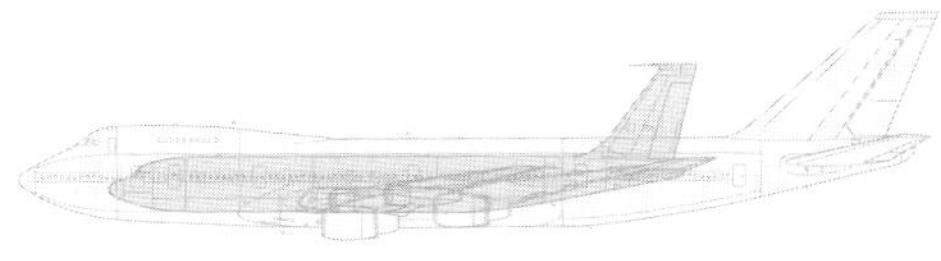

747-200Bと707-320Bの比較

	747-200B	707-320B	比
全幅	59.64m	44.42m	1.34
全長	70.66m	46.6m	1.54
翼面積	511㎡	280㎡	1.83
翼面荷重	739kg/㎡	540kg/㎡	1.37
自重	174,000kg	66,406kg	2.6
離陸総重量	377,842kg	151,320kg	2.5
エンジン推力	209kN	80kN	2.6
乗客	422人	189人	2.2

ングが設計した747だが、二乗三乗則の呪縛から完全には逃れられなかった。総重量に占める自重の割合を見れば、707の44%に対して、747は46%になっている。747の方が構造重量の占める比率が大きいのだ。

二乗三乗則の呪縛は、CX-HLSで勝ち残ったC-5にも降りかかった。C-5の場合には無理な構造重量低減で、主翼の疲労寿命が極端に短いという問題が就役後に発覚している。

大バイパス比の功績

前述のような呪縛があるにも関わらず、ボーイング747やC-5が成功作になれたのは、燃料消費の少ない大バイパス比のターボファン・エンジンが実用化したお陰だ。同じ距離を飛ぶのに必要な燃料の搭載量が少なければ総重量を引き下げられ

1967年頃の747コンセプト案のひとつ。ボーイングがCX-HLSで得た技術を747開発に応用したことは事実だが、実際には共通の部品も、共通の構造も、一切存在しない。Konan Ase

747に限らず、超大型機開発の壁として立ちはだかるのが二乗三乗則。外寸は2倍、しかし面積は4倍、体積は8倍に膨れ上がる。

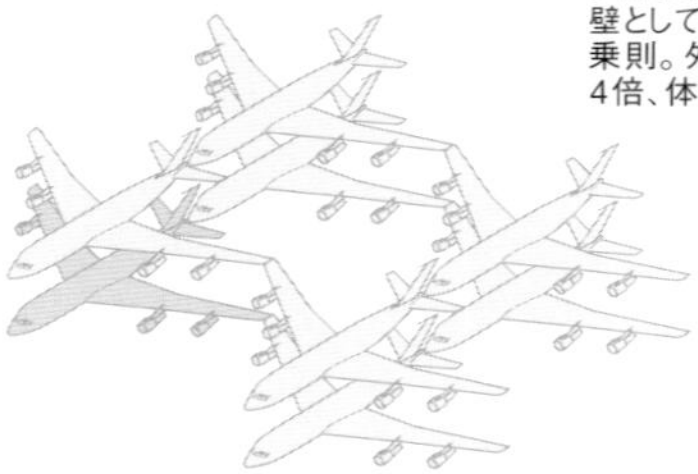

2倍に拡大した場合に体積は8倍になる

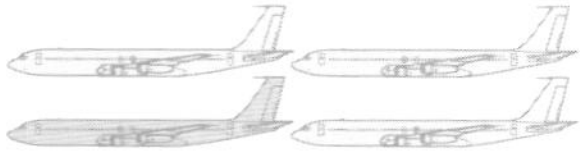

2倍に拡大した場合に面積は4倍になる

二乗三乗則の概念

ボーイング747の系譜（在来型）

短胴・長距離モデルのSPや日本の国内線向けSR、アッパー・デッキを延長した300型など747はやがて大規模なファミリーを形成していった。

強力なハイリフト・デバイスの機構

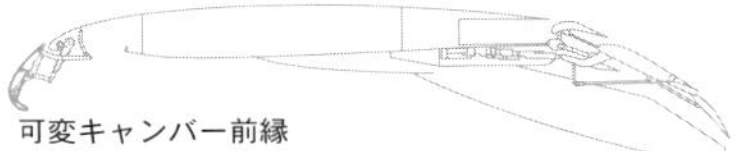

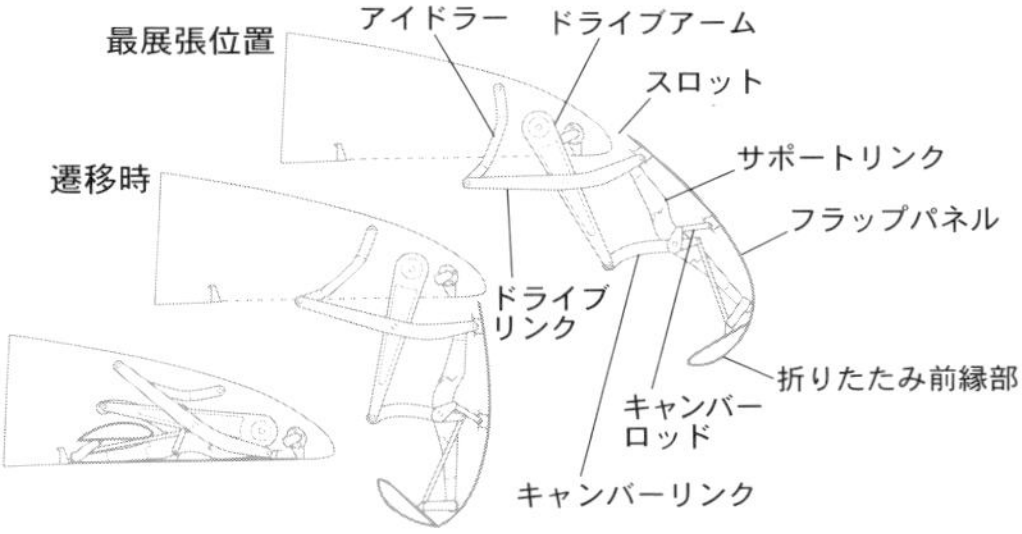

747の高翼面荷重を支える主翼後縁のトリプル・スロッテッド・フラップと、前縁のクルーガー・フラップおよび可変キャンバー・フラップ。非常に手の込んだシステムが与えられている。また同様に力が入れられたのは降着装置。特に主脚は4本もあり、前脚と合わせて18もの車輪を持つ。Yohichi Kokubo

る。言い換えれば総重量に対する燃料の割合を小さくし、ペイロードを大きく出来る。

747やC-5が実際よりも十年以上前に設計されていたとしたら、推力数十kN級のエンジンを10基くらい搭載しなければ飛ばせなかったことだろう。しかし10基ものエンジンを積めば、エンジン重量だけでも相当なものになるし、当時のターボジェットでは燃料消費も大きく、まるでエンジンと燃料を運ぶための輸送機になってしまったことだろう。

JT9DやTF39のような大バイパス比ターボファンは、本体(コア)よりはるかに直径の大きなファンを回して、大量の空気をゆっくり噴き出すことで大きな推力を生み出す。これによって燃費が従来より2割以上も向上したばかりでなく、騒音も格段に減少した。747やC-5のような超大型機は、大バイパス比のターボファンが実用化した1960年代末になって初めて現実のものとなった。

ボーイング747の登場以降、旅客機はワイドボディとナロウボディの2種類に分類し直されることになった。胴体の幅が3m台で、中央の1本の通路(アイル)を挟んで左右に4〜6人分の座席が並ぶのがナロウボディ。胴体幅が6m前後で、通路が2本あり、横に8〜10の座席が並ぶのがワイドボディだ。後にはセミ・ワイドボディという分類も登場した。

747のワイドな胴体は当然CX-HLSの技術の応用なわけだが、この形に決定するまで、ボーイングの技術陣はずいぶ

全長を短縮し垂直尾翼も拡大した少数派の747SP。最重要顧客パン・アメリカン航空による、ニューヨーク＝東京直行便の要求に応える形で誕生した。Pan Am Historical Foundation

んと悩んだ。胴体の形が747最大の設計上の難問であり、また成功の鍵であったとも言える。

747の胴体は円断面だが、技術陣は最初、2つあるいは3つの円弧を重ねた、だるま型胴体断面で、総二階建て客室の機体を考えていた。しかし総二階建てだと上階の乗客の緊急脱出が困難になるという問題点があり、また大型貨物搭載なども考えて、直径6・49mの単一円断面の胴体が採用されることになる。この胴体のキャビンには、幅8ft（2・44m）のコンテナを横に並べて搭載することが出来る。

実はボーイング社が、747の設計当時に構想していた将来のエアラインの主力旅客機は747ではなかった。同社が並行して開発していた超音速旅客機（ＳＳＴ）のボーイング2707こそが、1980年代以降の国際旅客輸送の本命になるはずだった。747は2707より数年早く就航するが、2707が行き渡った後には亜音速の747を選ぶ旅客もおらず、747はもっぱら貨物輸送に回されることになるだろうというのがボーイング社の予測だったのだ。

だから747は、最初の段階から将来の貨物輸送機への転用を考慮して設計されている。747独特の、こぶのようにコクピットが上に飛び出した機首の形状は、機首に大きな跳ね上げ式の貨物扉を設けて、貨物室に正面からまっすぐに大型貨物を積み込めるよう考え出された。

しかし巡航速度マッハ2・7を目指したボーイング2707

SSTは、1971年に計画中止となる。SSTの時代は到来せず、SSTまでの繋ぎであったはずの747が40年以上にわたって国際線の女王として君臨することになるのだ。

止まらない進化

ワイドボディという旅客機の新しい概念を確立した747だが、感心するのは初飛行から現在まで、構造や外形には大きな手を加えることなく50年やって来たことだ。エンジンが変わり、内部配置が変わり、総重量が増加しても、胴体や主翼の構造に変化はない。それだけ当初の狙いが正しかったと言えるし、また747が新しいスタンダードとなり、世界のエアラインや空港がすべてこの機体に合わせるようになったのだとも言える。

747の珍しい派生型が超長距離型の747SP（Special Performance）だが、いまではほとんど存在すら忘れ去られている。SPは747-100の胴体を14・4mも短縮した型で、逆に垂直尾翼は大きくなっているので、他の747シリーズとは異なる独特のプロポーションをしている。

距離が長い割に旅客数の少ない路線向けに開発され、またDC-10やトライスターに対抗する狙いもあった。しかし707を中短距離型とした720のようにはうまく行かず、わずか45機しか売れなかった。747系列の異端児であり、シリーズ中唯一の失敗作と言えないでもない。

SPを除けば外形に初めて変化があったのが747-300で、SUD（Stretched Upper Deck）の呼び名通りにコクピット後方のふくらみが後ろに延長されて、二階の客室が拡大されている。機体の表面積は増えたが、断面積変化がエリア・ルールに適っていたため、高亜音速の巡航時の抵抗はかえって減少した。以後の747はこのSUD胴体が標準になる。

次の747-400では初めて（SPを除く）主翼に手が加えられた。翼幅が1・8m延長されて、翼端にウィングレットが立ったのだ。また機内ではコクピットが機械式から電子式（グラス・コクピット）に変わり、航空機関士のいない運航乗員2人制へと進化した。

747-400の登場で、それ以前の3人乗務の747はクラシックと呼ばれて区別されるようになった。1989年に就航した400は細かい改良を重ねながら現在まで生産されており、747シリーズ中、もっとも多く売れた型となった。

ただ、さすがに登場から20年以上にもなると747-400も古さが目立ち、またエアバスA380という新鋭機も現れた。ボーイング社ではいろいろな747の改良型の構想を発表してはエアラインの気を惹き、エアバス社を牽制していたが、とうとう2005年になって747-8の開発に着手した。747-8については章を改めて述べる。

※ボーイング747の進化については次ページからの「The Evolution of 747（前編・後編）」、528ページの「747-8」でも解説する。

かつて日本航空が訓練施設を置いた米国ワシントン州モーゼス・レイクでの747-200B（JA8127）。中央翼内の燃料タンク増設によりロングレンジ性能を高めた200型で、747はついに長距離機材としての地位を確立した。1985年7月の撮影。Konan Ase

民間航空史の主役をSSTから奪った、成功への進化論

The Evolution of 747〈前編〉

747-100 1969年初飛行／1970年初就航／製造機数205機（SR含む）
747-200 1970年初飛行／1971年初就航／製造機数393機（200F、200C含む）
747SP 1975年初飛行／1976年初就航／製造機数45機

ボーイング747の全体像については前項で取り上げたが、その後の壮大な進化のあゆみまでを網羅するには紙数が足りなかった。そこで本項と次項では2回に分けて、開発時点ではSST就航までの“つなぎ”として位置づけられていた亜音速のこの超大型機がいかにして成功を遂げたのか、その技術的トピックをたどっていきたいと思う。

目論見違い

ボーイング社の７４７は、前項でも取り上げている。そのときには７４７のような超大型旅客機の技術的困難と、空の大量輸送時代の意義について詳しく解説し、７４７が〝ジャンボ・ジェット〟の愛称で親しまれるようになって以降の発展型については簡単に触れただけであった。今度は二回に分けて７４７シリーズの現在までの発展の歴史をたどってみよう。

それにしても７４７を計画したときには、ボーイング社自身もこれほど長くこれほどたくさん売れて売れて、こんなにいろんな発達型が作られ続けるとは思ってもいなかったろう。メーカーは７４７が新鋭機としてもてはやされる期間は、１９７０年代の数年間と見ていたのだ。

以前の回でも書いたが、実は７４７の計画当時（１９６０年代半ば）にボーイング社が想定していた将来の航空輸送の主役は７４７ではなかった。それは自社のＳＳＴ（超音速旅客機）２７０７のはずだったのだ。ボーイング２７０７のことは２８６ページに書いている。

１９７０年代の末になればＳＳＴが国際線の花形に躍り出て、遅くて時間のかかる亜音速便に乗る旅客は激減するだろうとボーイング社は見ていた。７４７は図体を持て余し、貨物機にでも転用して生き延びる他はなくなる。７４７の最大の特徴である機首の大きな「こぶ」あるいはふくらみは、機首から貨物を搭載出来るよう、コクピットを上に追い上げた結果だ。

しかし時代は経済性や環境との調和に疑問のあるＳＳＴの開発を許さず、２７０７計画は１９７１年に中止される。

スピードより経済性

速度を追求していたのは２７０７ばかりではなかった。７４７も従来のジェット・エアライナーより速く、最大運用限界をマッハ０・９２に取っている。７４７の主翼の後退角(25%翼弦)は、どの亜音速ジェット・エアライナーよりも大きな37・5度だ。

しかし７４７が就航して間もなく二度の石油ショックの大波が航空輸送界を襲い、エアラインはスピード競争よりも経済的な巡航を選択するようになる。エンジンの性能が予測を下回ったこともあって、７４７の実際の巡航速度はマッハ０・８４になった。石油ショックが過ぎ去ってもかつてのスピード競争は復活しなかった。

仮にボーイング社が水晶玉を覗いて、１９７０年代以降の世界の情勢と航空輸送業界の趨勢を全て知っていたとしたら、７４７はどのような機体になったであろうか？ 恐らく現在の７４７とは相当に違った設計になっていただろう。

貨物型に転用可能という前提を外すと、二階のコクピットは

1974年5月、ポーラー・ルートを翔け抜けて羽田空港に到着したスカンジナヴィア航空の747-200B（当時は747Bと呼ばれた）。コペンハーゲンから駆け付けた10名のチボリガードがクルーたちを迎える。SAS

初期には計画通りの性能を発揮できずに航続距離の不足に悩んだが、747実用化の立役者であるJT9Dエンジン（パンナムのスチュワーデスとともに）。200型からはCF6、RB211を加え選択制となった。Pan Am Historical Foundation

満席の乗客を乗せ、1万1千キロを翔け抜ける名誉を挽回した747-200への進化

もはや必然ではなくなる。そうなると機首はもっと単純に７７７のような形になっていたのではないか。

またマッハ０・８台半ばでの巡航ならば７４７の主翼後退角は過大で、35度かもっと少なくても良いだろう。後退角が小さくなれば主翼の構造重量軽減にもなる。エンジンなどは変わらず、結果的には四発でちょっと規模の大きな７７７といった機体になりそうだ。

もっとも本当に１９７０年代の情勢を見通すことが出来たならば、７４７があの時期にあの規模で実現したかどうかも分からない。１９７０年代には石油ショックや経済の落ち込みで航空旅客の延びは止まり、７４７を導入したエアラインはどこも過剰なキャパシティに悩むことになったからだ。１９７０年代の需要に合わせて設計していたならば、それこそＡ３４０クラスの機体となっていたかも知れない。あるいは三発になっていたかも知れない（実際１９７０年前後にはやや小振りで三発の発展型も検討されていた）。

重量過大に陥る

話を現実のボーイング７４７に戻すと、７４７はデビューした時には自重が設計開始時の見積もりをかなり上回っていた。重量過大は超大型機の陥りやすい落とし穴だが、それを十分承知の上で構造設計を進めた７４７でも、やはりこの問題を完全

に回避することは出来なかった。
７４７は設計開始時には離陸総重量２８１トンで計画されていた。その後に総重量は３０９トンまで引き上げられたが、詳細設計が進むと自重の１割に相当する約15トンの自重過大が発生した。設計を見直したものの自重を見積もり以内に収めることが出来ず、総重量を３２２トンまで増やすことになる。これに対応してエンジンの推力もアップすることになり、当初のＪＴ９Ｄ-１（推力１万８５９７kgf）からＪＴ９Ｄ-３（１万９７３１kgf）に変えられた。

プラット&ホイットニーＪＴ９Ｄターボファンは７４７への搭載を前提に開発され、その時点では７４７専用のエンジンだったが、一般にエンジンの開発には機体以上の期間を必要とする。就航の時点でＪＴ９Ｄはまだ開発不十分で計画通りの性能を出すことが出来ず、燃料消費が見積もりよりも多かった。

離陸総重量を増しても、運用自重の増大をすべてはカバー出来なかった。初期の７４７は計画通りのペイロードと燃料を一緒に搭載することが出来ず、エアラインはペイロードを減らして飛ばすか、燃料を減らして運用するかの選択を迫られた。

燃料搭載量が減り、燃料消費が多ければ、航続距離は当然短くなる。距離の長い太平洋線では特に大きな問題で、初期の７４７は満席にすると羽田からホノルルへ飛べないと言われた。最初期の７４７は長距離機というよりは、中～長距離機とでも呼んだ方が良いジェット・エアライナーだった。

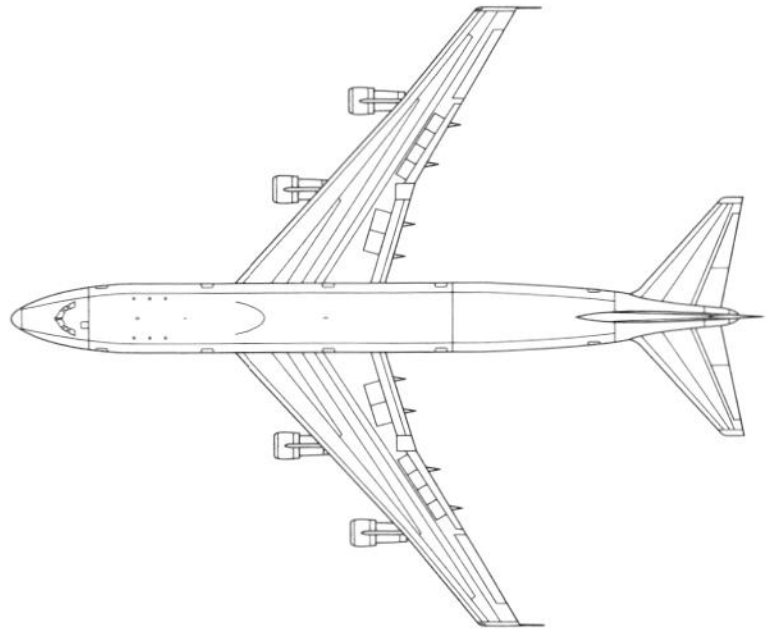

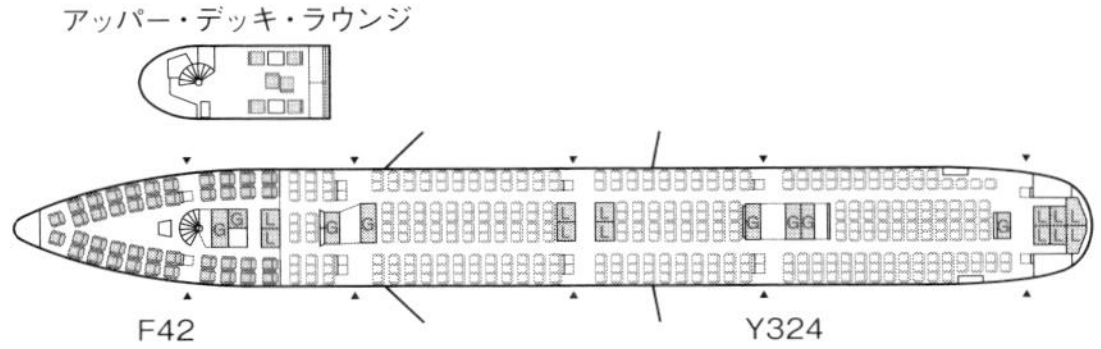

747-100の機内配置

1970年当時、日本航空の747-100。メイン・デッキはファースト42席とエコノミー324席（計366席）、アッパー・デッキはラウンジに充てられた。

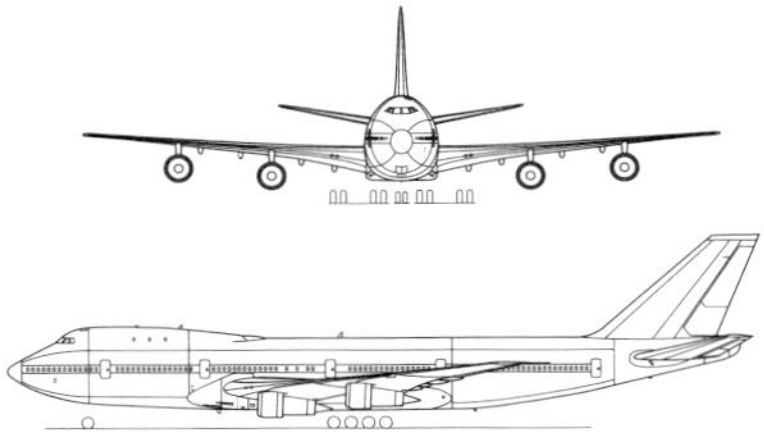

747-100／200B

全幅	59.64m
全長	70.66m
全高	19.33m
主翼面積	511.0㎡
最大離陸重量	322,050kg／351,530kg
最大巡航速度	Mach 0.84
航続距離	8,330km（with 442PAX、T-O weight 340,190kg） 9,630km（with 442PAX、T-O weight 365,140kg）

７４７の計画が発表された当時には、エアライン側でもこれだけの座席数を埋めるだけの需要を確保出来るかどうか自信が無く、大半は大キャパシティよりは長距離性能を買って発注したようなものであったので、この性能はエアラインの期待を裏切るものであった。

もちろんボーイング社も矢継ぎ早に改良の手を打って来た。まずは離陸総重量のさらなる増大で、構造を部分的に強化して燃料搭載量を増やし、総重量を３３３・３トンまで引き上げた７４７-１００Aを発表した。

ところが初期型も簡単な改造で１００A仕様に出来るため、結果的にはすでに生産された機体全てが１００Aへと改修された。そうなるとわざわざ区別した呼び名を付ける必要も無く、この仕様が７４７-１００として標準化されることになる。

さらに後には構造を強化し、燃料搭載量を増やして、最大離陸重量を３４０トンまで引き上げた７４７-１００Bが生まれている。最終的に７４７-１００シリーズは合計２０５機が生産された。

この７４７-１００のバリエーションと考えても良いのが７４７SR（Short Range）だ。その名のように短距離用機として開発された、ずばり言えば日本専用の７４７だ。１～２時間の距離に５００席級のジェット・エアライナーを毎日何便も飛ばす国は日本くらいしかない。

実際７４７SRは日本航空と全日空の２社以外には採用したエアラインはない。生産は両社分合わせても29機に過ぎないが、もともと発展型とはいっても仕様の変更に近いところがあり、SRで採用された装備の中にはその後の他の発展型に取り入れられたものもある。

７４７SRの最大の変更は、離着陸回数（サイクル）の増加に対応した構造の強化で、各部を合わせて約１・４トン補強、４万２０００飛行時間、２万４６００サイクルを保証している。一方巡航高度がやや低い国内線に合わせて、キャビンの与圧の差圧を８・９psiから６・９psiへと引き下げている。これも構造強化とともに疲労の減少に繋がる。機内は通路を挟んで３列＋４列＋３列の合計10列のモノクラスで、７４７シリーズ中でも一番座席数が多かった。

女王の座

７４７-２００シリーズは１００で失われた性能、あるいはボーイング社の評判を取り戻すための型だ。２００で７４７は国際長距離線の女王の座を確かなものにしたと言える。

７４７-２００Bの１号機は１９７０年10月11日に進空して、翌年１月からKLMで初就航している。

ちなみに７４７-２００の当初の名称は７４７Bで、７４７-１００が７４７Aだった。しかし貨物型などバリエーションが増えてABCによる型の区別では不十分になり、三桁の数字と

国内線の多頻度運航に耐える構造強化が施され、わずか29機のみが製造された短距離仕様機。モヒカン塗装、全日空747SR（JA8133）のカッタウェイ。結果的に日本専用となった747SRはシリーズ最大規模の座席数を備えた。
Yoshiki Soga archive

成田からハワイ島コナへと飛行中の日本航空747在来型。航空機関士の仕事が残る三名乗務で、丸型計器で構成したオリジナルのコクピットは、アッパー・デッキを延伸した300型の時代まで使用された。Hisami Ito

アルファベットを組み合わせた分類に変わった。ＩＣＡＯコードだと７４７‐１００シリーズがＢ７４１、７４７‐２００シリーズがＢ７４２になる。

７４７は計画スタートの１９６６年に八十機を超える受注を集めたものの、それ以降は必ずしも売れ行き好調とは言えなかった。１９７０年代の半ばあたりまで毎年の受注数はだいたい20～30機で推移している。

売れ行きが上向きになったのは１９７７～78年頃からで、ようやくブレイクイーブン（採算分岐点）の受注四百機を突破した。この時期の売り上げに７４７‐２００シリーズが大いに貢献した。７４７‐２００の各型は、１９９１年までに合計して３９３機生産されている（軍用型4機を含む）。

詳しくは次項で説明するが、機首に跳ね上げ式の貨物扉を持つ貨物型（Ｆ）、貨客転換型（Ｃ）、貨客混載型（ＭあるいはＣＯＭＢＩ）といった貨物型のバリエーションが初めて生産されたのも２００シリーズからだ。

７４７‐２００Ｂも、基本構造や外形は１００と変わりない。アッパー・デッキ部分の窓は左右10ずつになっているが、１００でもこの仕様

長距離路線の直行化を開拓したものの、製造機数は45機と希少。胴体を14.4m短縮し、客席を従来型の7割に抑えた747SPは1976年に就航した。操縦安定性を高めるため、垂直および水平の尾翼をそれぞれ1.52m延長するなど、改修の箇所は多岐にわたる。

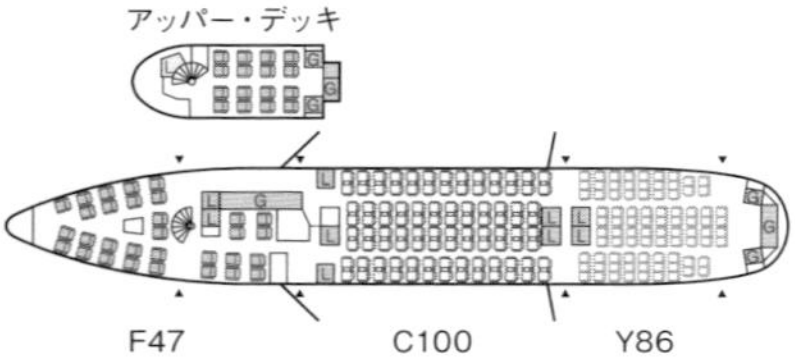

747SPの機内配置

パンナムが飛ばした3クラス仕様の747SP。47席のファースト、86席のエコノミーのほか、「クリッパー・クラス」の名でビジネス100席（計233席）を備えた。

パンナムの野心に応えた希少な短胴型SP
―スペシャル・パフォーマンス―

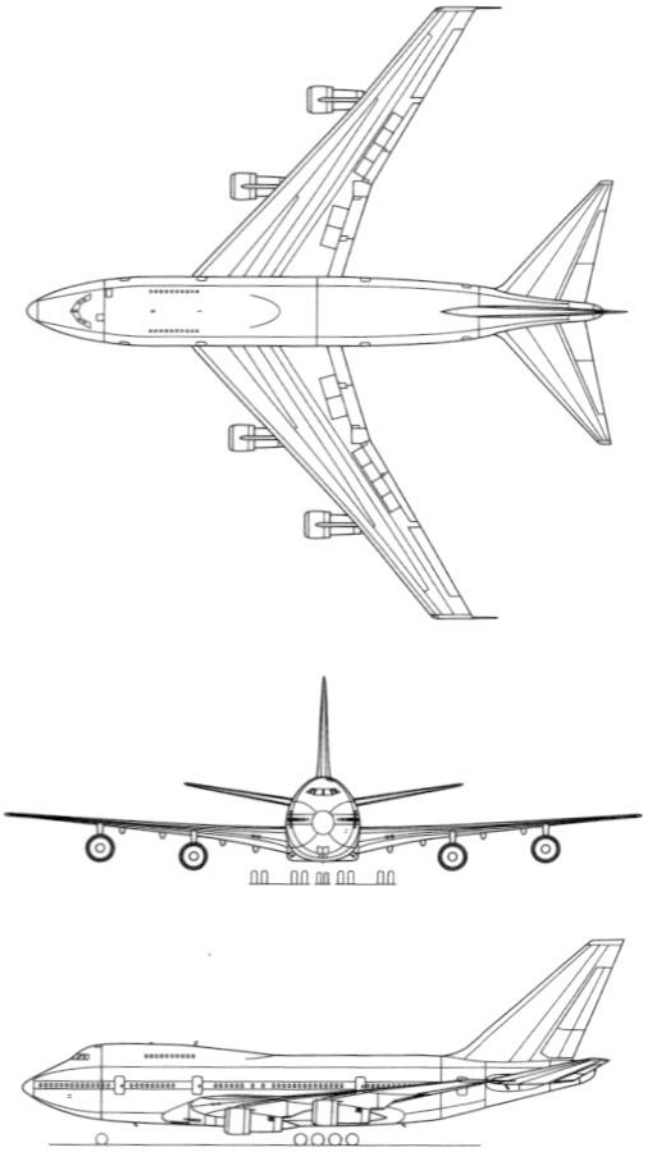

747SP

全幅	59.64m
全長	56.31m
全高	19.94m
主翼面積	511.0㎡
最大離陸重量	285,763kg
最大巡航速度	Mach 0.92
航続距離	9,915㎞ (with 321PAX、299,371kg AUW)

があるから識別にはならない。

ただ外観からは分からない部分で構造が強化され、中央翼内に燃料タンクが増設されている。離陸総重量は351トンまで増加した。初期型の200Bのエンジンは水噴射で離昇推力を増強したJT9D-7Wだったが、後にはJT9D-7R4G2やCF6-50E2、RB211-524D4なども搭載出来るようになった。

747が三社のエンジンを選択出来るようになったのは200Bからだ。CF6はDC-10の、RB211はL-1011のエンジンだから、それらを保有しているエアラインならばエンジンを共通化出来て便利だ。GE社製エンジンは1972年から、RR社製エンジンはブリティッシュ・エアウェイズの注文で1975年から搭載されるようになった。

747-200Bにおける満席での航続距離は初期型でも5000nm（9260㎞）以上で、エンジンの燃費率が向上した後期生産型では6000nm（1万1100km）に達する。これならば押しも押されもせぬ長距離機だ。

パンナムが求めた特別性能

747のシリーズは、最新の747-8に至るまでは胴体をストレッチもせず、アッパー・デッキの延長や主翼端延長だけで能力を向上させて来た。

外形の変化が比較的少ない747のバリエーションの中で、唯一異彩を放っているのが747SP（Special Performance）だ。747SPは胴体短縮型、すなわち寸詰まりの747だ。

747SPは1973年にパンナムとイラン航空が共同で提示した仕様に基づいて開発された（当時のイランは帝政で親米国家だった）。この二つのエアラインの共通点は、非常に距離が長い直行ルートをいくつも持っていることだった。

地球の周囲は約4万kmだから、その半分の2万km（1万800nm）の航続距離があれば、地球上の任意の点からどこにでも無着陸で飛べる計算になる。しかし世界の主要都市間の距離を考えれば、現実的にはだいたい6000nmから7000nm（1万3000km）の航続距離を確保出来るならば、たいていの都市間に直行便を飛ばせるようになる。SPが狙ったのはこのクラスの性能だった。当時は長距離の直行便は一般的ではなく、航続性能のために乗客数を減らしても構わなかった。

747SPは胴体を14・4m短縮しているが、標準型から単純に平行部分をすっぽ抜いて済ませるわけにはいかなかった。原型747からそのまま流用出来たのはコクピットのふくらみを含む前部胴体だけで、後部はあっちを抜きこっちを外し、ここは軽量化してといった具合で、さまざまな部分に手を加えた継ぎ接ぎになった。また主翼も桁間部は共通だが、総重量の削減で高揚力装置が簡略になり、後縁部分はそっくり変更されている。

胴体が短くなれば、尾翼の重心からのモーメント・アームも小さくなる。良好な操縦安定性を確保するためには尾翼面積を増さねばならない。水平尾翼は翼端が1・52mずつ延長されて面積が増え、垂直尾翼も上に1・52m建て増しされた。しかし全高があまり高くなると従来の格納庫に収まらないので、後部胴体を1度下向きにして全高を多少引き下げている。またラダーはあらたにダブル・ヒンジになった。もちろんこれだけの設計変更があれば、構造の解析や風洞実験など基本からやり直さねばならなくなる。キャビンの大幅な短縮で、747SPの乗客数は標準型の7割強に減った。

747SPは1975年7月4日に初飛行して、翌年3月から引き渡しを開始している。SPは二つのローンチ・カスタマーの他にもブラニフ、中華航空、南アフリカ航空、カンタス、サウジアラビア航空などが採用したが、どれもが小口の発注で、言い出しっぺのパンナムでさえ10機を購入したに留まった。

長距離直行便用機というあらたな需要を切り開きはしたが、

７４７ＳＰ自体の生産は45機で終わり、７４７の各シリーズの中ではＳＲに次いで生産数が少ない。大々的に設計を変更し開発費を投じてこの数では、７４７ＳＰは成功したとは言えないだろう。

７４７ＳＰの誤算とも言えるのは、登場した後にターボファン・エンジンの燃費率が一段と向上して（また燃料搭載量も増えて）、標準型の７４７でも６０００〜７０００nm級の航続性能が得られるようになったことだ。そうなると大は小を兼ねるで、わざわざ一回り小さいＳＰを買うより、標準型の７４７を買っておいた方が他の路線にも転用出来るし、将来の需要増にも対応出来る。

昔からエアライナーの胴体延長（ストレッチ）は成功するが、逆の胴体短縮（シュリンク）は大成しないと言い伝えられて来た。最近ではエアバスＡ３１９のような成功例もあるが、７４７ＳＰの場合にはこの格言を身を以て証明した感がある。

ボーイングが「特別性能」（ＳＰ）を謳い、「長距離」などと名付けなかったのは、この短縮型の胴体を基にDC-10やL-１０１１に対抗する中距離型を造ろうとしたからではないかとも思うが、具体的な計画にもならなかった。

７４７ＳＰの平面図を見るとなにかおかしな感じがする。ふつうこの種のジェット・エアライナーは全幅よりも全長が長く、７４７も全長の方が11ｍ近くも長い。ところがＳＰは翼幅をそのままに全長を大きく短縮したので、全幅の方が全長よりも３・３ｍも大きくなった。だからいやに翼が大きい印象を受けるわけだ。

また横から見ても、いやにずんぐりした胴体に大きな垂直尾翼がぴんと立っていて、なんともアンバランスな感じがするが、これはこれで可愛いと思う人もいるだろう。

７４７ＳＰの胴体短縮の思わぬ副産物は高速巡航時の抵抗減少だ。機体の表面積が減ったせいもあろうが、機首のふくらみ（こぶ）が主翼に近付いてエリア・ルール上も有利になった。

屋根裏の特等席

ところで７４７の外形上の最大の特徴である機首の「こぶ」（英語だとhump）だが、いわゆる二階席あるいはアッパー・デッキはコクピット後方の空力的整形の部分を利用しただけで、最初から客席を意図したものではなかった。

ボーイング社では最初は二階には離着陸時に客を入れるつもりはなかった。二階は天井が低く壁が迫っていて、窮屈で乗客に圧迫感があり、屋根裏部屋に押し込むのかと客から文句が出るのを恐れたのかも知れない。また二階席からの非常脱出の困難を懸念したためでもあった。

当初の機内配置では、二階は長距離の巡航中に乗客が上がって来てくつろぐラウンジになっていた。だから初期の生産型は、二階部分には間隔を空けて三つずつの窓しかない。

飛行中にくつろげるラウンジがあると聞いて、これこそキャビン容積に余裕のある現代の超大型機ならではの発想、と思う人も居るかも知れないが、実際にはむしろ旧来の発想を引き摺っていたとも考えられる。

戦前のプロペラ・エアライナーの時代には、機内にラウンジや喫煙室、ゆっくり体を伸ばして眠りたい旅客のための寝室などがあるのは珍しくなかった。それこそツェッペリン飛行船にはラウンジにグランドピアノまで備えられていて、専属のピアニストの生演奏を飛行中に楽しめた。ボーイング社のエアライナーでも、１９５０年代の３７７ストラトクルーザーにはラウンジと寝室が標準になっていた。

むかしは空の旅は金持ちの専有物で、ホテルなみの設備で豪華でゆったりした旅が当たり前と考えられていたのだ。出来るだけ大量の旅客を詰め込んで、出来るだけ速く効率良く運ぼうという発想こそが、戦後の大衆社会の産物であると言えよう。そう考えると７４７初期型のラウンジはストラトクルーザー時代の遺物、エアバスＡ３８０の機内設備は戦前への回帰とも言えよう。

ところが７４７が就航してみると、この二階にも客席を設けたいというエアラインが出てきた。少しでもたくさんの客を乗せたいと言うこともあるが、メインのキャビンから隔離された二階席が快適だとして、ここに乗ることを望む客が現れて来たのだ。たしかに二階に上がってしまえばトイレに往復する客がしょっちゅう通路を通ったり、食事時にトレイが頭越しにやりとりされたりする煩わしさもない。屋根裏部屋どころか、むしろ大きな旅館の静かな離れか別館のようなものだ。

懸念された非常脱出も解決の目処が付いて、二階は特別席となった。二階席が設けられるようになってからは、窓が左右10ずつに増えており、初期に生産された機体でも窓を増設したものがある。アッパー・デッキを拡大した発展型を含めて、二階席は自由度が大きく、エアラインによって内装や座席配置はさまざまだ。

（上）1970年代初頭、スカンジナヴィア航空のアッパー・デッキ・ラウンジ。隔離されたこの空間を好む乗客は多かったが、やがて輸送力の価値が勝ると、この空間も通常の客席に充てられる。SAS　（下）ニューヨークから東京へと飛行中のパンナム機、747SPのアッパー・デッキ。ファースト・クラスの仕様で、ちょうど食後のコーヒー・サービスへと差し掛かった。
Pan Am Historical Foundation

旅客から貨物まで、あらゆる長距離路線の決定版へ

The Evolution of 747〈後編〉

747-300 1982年初飛行／1983年初就航／製造機数81機（300M含む）
747-400 1988年初飛行／1989年初就航／製造機数522機（400D、400M含む）
747-400F 1993年初飛行／1993年初就航／製造機数126機
747-400ER 2002年初飛行／2002年初就航／製造機数46機（400ERF含む）

前項では性能低下に悩まされた初期の747が、
その200型でついに所期のポテンシャルに達し、国際線の女王の座についた。
しかし、その後も747はさらなる近代化とキャパシティ向上の道程をたどり、
2021年現在も最新型が製造中の超ロングセラーへと進化していく。
とりわけ1988年初飛行の747-400はデジタル化により二名乗務化を果たし、
ジャンボジェットの決定版として、世界のエアラインと旅客から高い支持を集めたのであった。

1988年4月29日に初飛行した第二世代747-400。コクピットはついに二名乗務へと移行し、丸型の計器が埋め尽くした計器盤もデジタルに一新、CRT5面の近代的グラス・コクピットへと生まれ変わった。Boeing

貨物型と貨客転換型

　前項でも述べたように、ボーイング747はもともとは将来は貨物輸送用に転換することを前提とした設計だった。そうなると貨物型こそが747の本来の姿、と言えないでもない。

　また別の意味からも、747の源流は貨物輸送機だと言える。アメリカ空軍の「次期輸送機・重補給システム」(CX-HLS)でロッキードC-5に敗れたボーイング社が、その技術を応用して造り上げた巨人機が747だからだ。

　しかし皮肉なことには、747の貨物型は最初はさっぱり売れなかった。エアラインとしては、このような巨大な貨物機の需要がどれくらいあるのか見極めかねていたのだろう。もちろん初期型のペイロード減少という問題もあった。実際747-100の純貨物型は生産されてはいない。

　貨物を搭載する747には、旅客型以上に多くのバリエーションがある。まず一番基本となるのは後ろにF(Freighter)が付く純貨物型で、1972年にルフトハンザで就航した747-200Fが最初になる。F型の最大の特徴は、機首が開いて上に跳ね上げられ、大きな口から貨物をストレートに搭載出来ることだ。機首からの貨物搭載はもともとCX-HLSの要求にあって、747の機首貨物扉(Nose Cargo Door =NCD)はその設計手法を応用している。


　もちろんF型では重い貨物搭載に合わせて床面が強化されており、貨物のコンテナやパレットを移動・固定するための設備が備えられている。キャビン側面の窓は塞がれている(しかし窓を残した貨物型もある)。二階には貨物の付き添い人のための座席があるが、二階への階段は貨物の積み卸しの際には上に引き上げられる。

　F型が貨物専用であるのに対して、貨物型と旅客型のどちらとしても使えるのがC型だ。機体構造は基本的にF型と同じだが(もちろん窓はある)、座席やギャレー、トイレなどを組み込んで旅客型にも、それらを取っ払って貨物型にも使える。Cはカーゴではなく、「転換」(Convertible)の頭文字だ。

　C型はチャーター専門会社などには特に便利な型で、旅行シーズンには旅客型として使い、そうでないときには貨物を運んだり出来る。その代わりに旅客型としても貨物型としても余分な重量を抱えていることになり、経済性では専用型には敵わない。

　さっき747-100Fは生産されなかったと言ったが、旅客型から後で改造された100Fや100Cは存在する。また747-200Fの他に200Cも新規に造られている。旅客型から改造された貨物型をSF(Special Freighter)として、最初から貨物専用機として製作されたFとは区別することもある。

　F型やC型で機首が開くのは便利なのだが、747のコクピットは二階とは言っても実際には中二階のような場所にあり、機首部分の天井が低くなっている。そのおかげでNCDの開口

日本貨物航空のかつての主力機、747-200Fの機内。床面にはローラーが埋め込まれ、パワー・ドライブ・ユニットにより貨物を移動できる。機首貨物扉（NCD）は長尺の貨物搭載には適しているものの、アッパーデッキの存在により天井高が制限される（高さ2.49m）。そのため丈のある搭載物は高さ3.12mの側面貨物扉（SCD）から搭載する。Konan Ase

部の高さは２・４９ｍしかなく、貨物室の高さを有効活用出来ないきらいがあった。

側面貨物扉

そこで丈が特に高い貨物の搭載のため考えられたのが、後部胴体左側面の側面貨物扉（Side Cargo Door=SCD）だ。跳ね上げ式のＳＣＤは開口部の高さが３・１２ｍもあるので、貨物室の天井一杯の大きな貨物でも搭載出来る。

ただＳＣＤは前後が３・４０ｍしかなく、貨物の頭を突っ込んで機内で方向転換させるテクニックを使ったとしても、あまり長い貨物は搭載出来ない。長尺貨物の搭載はやはりＮＣＤの独壇場だ。ＮＣＤだと長さが40ft（12・２ｍ）のコンテナまで運び込める。ＳＣＤでは20ftコンテナ（実際の長さは６・０６ｍ）が限界だ。

さらに７４７は後退翼機だから、主翼端を大きく回り込むようにしなければ車両はＳＣＤにアクセス出来ない。なんでもっと接近しやすい機体前部に貨物扉を設けなかったのかと疑問に思うかも知れないが、コクピットの問題があるので前部胴体には高さのある貨物扉を付けられなかったのだろう。またＮＣＤのある機体では、二つの開口部が接近しすぎて構造上弱くなりそうな問題も考えられる。ＳＣＤは構造上も後部胴体にしか設けられなかった。

一口に貨物専用のＦ型と言っても、ＮＣＤのみの初期の型、ＳＣＤのみの型、ＮＣＤとＳＣＤ双方を持つ型と三種類の仕様があることになる。もちろんそれぞれ構造重量が異なり、エンジンの違いもあるので、こまかな仕様の違いは無数と言ってもいい。

その中から例を挙げると、ＪＴ９Ｄ-７Ａ装備の７４７-１００ＳＦの構造上許される最大ペイロードは９万４５７４kgで、ＪＴ９Ｄ-７Ｑ装備の２００ＳＦでは同じく10万５９１４kg、同エンジンの２００Ｆだと11万１２５０kgとなっている。ペイロードだけで１００トンを優に超える民間輸送機など、７４７の出現以前には考えられもしなかった。

Ｃ型が貨物型と旅客型の転換型なのに対して、貨物と旅客を一緒に乗せられる貨客混載がコンビと呼ばれる型だ。数字の後にＭあるいはＣＯＭＢＩを付けて区別されるが、構造的には

ＳＣＤを持ちＮＣＤの無い貨物型と言える。

７４７以前にも貨客混載の輸送機はあったが、貨物を機体の前部に搭載するのが通例だった。これは事故の際にも貨物が客室になだれ込んでこないための配慮だった。

ところがコンビではＳＣＤのある後部を貨物搭載に充てる。そこで前の客室と後ろの貨物室との間はバルクヘッドで仕切られ、貨物もがっちりと機体に固定されていて、万一の重大事故でも貨物が転がり出さないよう丈夫なネットが張られている。

コンビの内装はふつうの旅客型と基本的に同じで、機内の前側２／３から半分のスペースを旅客用としている。もちろん客席からはバルクヘッドに遮られて、後ろの貨物室は見えない。この機体が貨客混載であるのを知らずに乗り込んだ客は、「なんだ。外から見たよりも機内はあんがい狭いんだな」くらいにしか思わないかも知れない。

二階客室の増築

前回も書いたように、７４７は当初は計画していた能力を発揮出来ず、７４７-２００の登場でようやく意図していた姿になったと言える。そうだとすれば、本当の意味で７４７の発展型と呼べるのは次の７４７-３００以降ということになる。

実際それ以前の型ではエンジンや離陸総重量の違いなど、言ってみれば仕様の差でしかなかったところ、７４７-３００ではは初めて外形が変化した。前部胴体上部のコクピットの後ろの部分、アッパー・デッキが延長されたのだ。いまの若い人は７４７-３００以降の型を見慣れているから、ハンプ（前部胴体のこぶ）の短い２００以前の形の方に逆に違和感をおぼえるかも知れない。

当初こんなに大きなエアライナーの座席が埋まるものか懸念されていた７４７だが、登場から十年でようやくエアライン業界にも定着、キャパシティの増大を求める声も聞こえるようになって来た。

ボーイング社では胴体のストレッチや、アッパー・デッキを後部胴体まで延長する全面二階建て化なども検討したが、１９８０年６月にローンチされたのは胴体長は変えずに、アッパー・デッキだけを７・１１ｍ延長した無難な発展型だった。それでもアッパー・デッキの収容能力は30〜40人近く増大する。

この発展型は当初７４７ＳＵＤ（Stretched Upper Deck）、続いて７４７ＥＵＤ（Extended Upper Deck）と仮称されていたが、最終的には７４７-３００の形式名が付いた。７４７-３００の１号機は１９８２年10月５日に進空し、翌年３月28日にスイスエアに初めて納入された。

７４７-１００／２００ではアッパー・デッキはメイン・デッキの延長のような扱いで、緊急脱出もメイン・デッキの脱出口を使うことになっていたが、ＳＵＤではアッパー・デッキの中央左右に専用の緊急脱出口が設けられた。この脱出口からは

機体の全長を変えることなくアッパー・デッキのみ7.11mストレッチした747-300は、1982年9月21日にロールアウト。初号機はスイスエア向けのHB-IGCであった。延長された二階部分には、左右に緊急脱出口が設けられた。Boeing

スリー・マン・クルー踏襲の747-300 超大型機、二名乗務への迷い

合わせて１１０人までが脱出出来る。またアッパー・デッキにもトイレットやギャレーが設けられた。アッパー・デッキは本館（メイン・デッキ）に対する別館のようになり、ビジネス・クラスなどに利用されるようになった。

７４７-３００は自重が４トンほど増大しているものの、離陸総重量は変わらず、飛行性能も２００より低下していない。エンジンをＰ＆Ｗ　ＪＴ９Ｄ-７Ｒ４Ｇ２、ＧＥ　ＣＦ６-８０Ｃ２Ｂ１、ＲＲ　ＲＢ２１１-５２４Ｄ４の三つから選べるのも２００と同じだ。

７４７-３００シリーズは合計81機が生産された。貨客混載の３００Ｍ（ＣＯＭＢＩ）が21機で、約１／４を占めている。最終の３００は１９９０年９月に引き渡された。

ところでボーイング社が７４７ＳＵＤ（ＥＵＤ）といった呼び方をしていたのは、すでに生産された７４７-１００／２００も改造でアッパー・デッキを延長する余地があったからでもあった。しかしボーイング社の呼びかけにもかかわらず、この改造を注文して来たのはＫＬＭとＵＴＡの二社だけだった。アッパー・デッキの改造は、７４７の前部胴体の上側だけを切り離して、新しい延長部分を被せることで行なわれる。ＫＬＭでは後に改造機を貨物型へと再改造したので、貨物機仕様のＳＵＤが誕生した。

既生産機の改造ではないが、７４７-１００仕様のＳＵＤが２機だけ新規に造られている。日本航空向けのＳＲで、それ以

前のＳＲ同様にＪＴ９Ｄ-７Ａを搭載している。しかし追加の４機のＳＲは７４７-３００を高サイクル向けに強化した仕様になり、７４７-３００ＳＲと呼ばれ区別されるようになった。

７４７のＳＵＤはエアライナーに適用されたエリア・ルールの好例となっている。延長されたアッパー・デッキが、胴体と主翼の断面積の段差をうまく埋める形になったおかげで、遷音速域での抵抗が減少した。実際７４７-２００までの巡航速度マッハ０・８４に対して、７４７-３００の巡航速度はマッハ０・８５とわずかだが高くなっている。

７４７ＳＰの場合にはエリア・ルール適合は思わぬ副産物であったが、７４７-３００の場合にはもちろん最初からこのような効果も期待してのアッパー・デッキ延長だった。

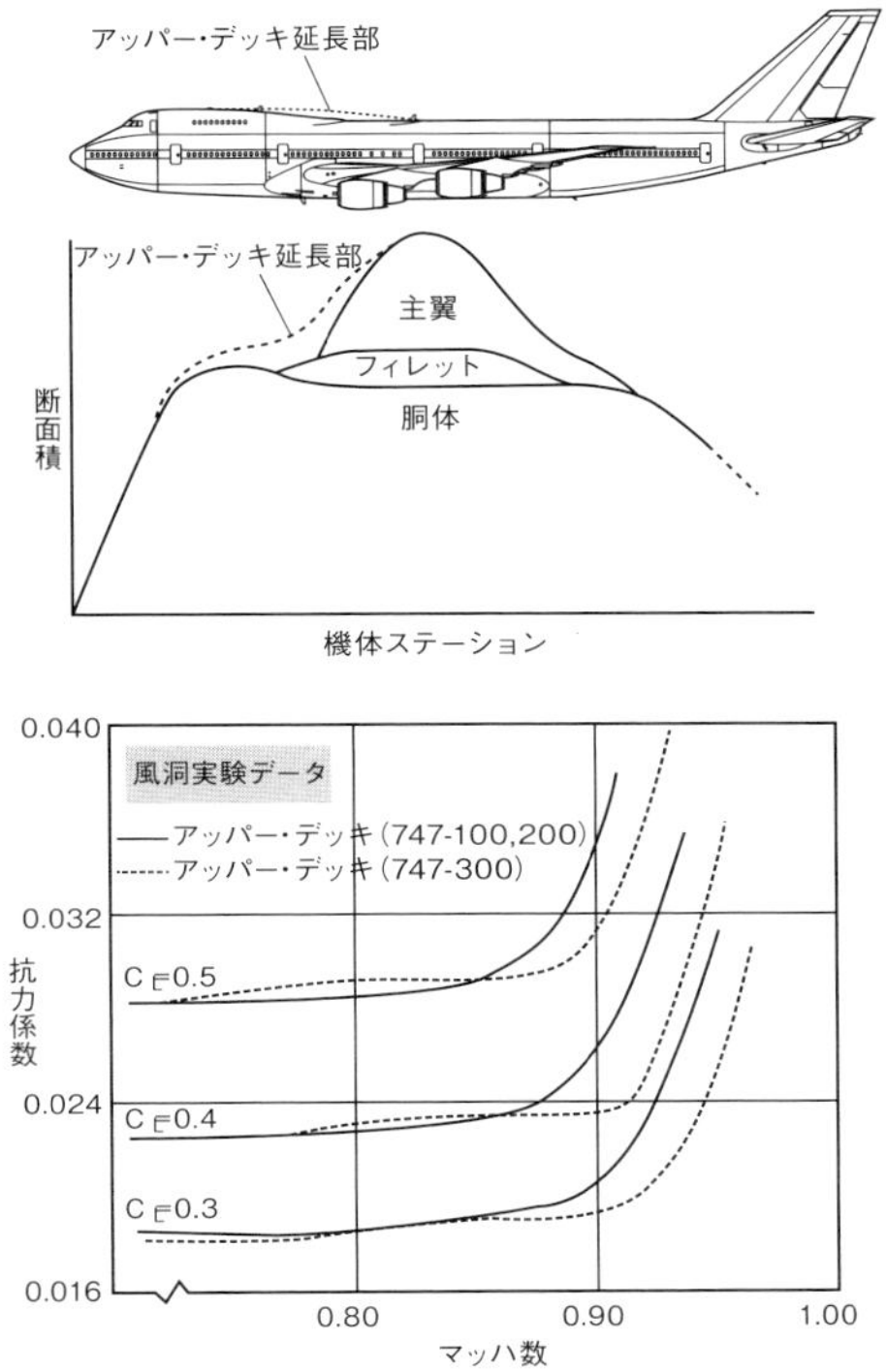

エリア・ルールに適合した747アッパー・デッキの延長

遷音速飛行時の抵抗は、機体全体の断面積変化が滑らである方が小さいというエリア・ルールの法則。747ではアッパー・デッキ延長によってよりエリア・ルールに適合した断面積変化（グラフ上）となり、抗力が急増するマッハ数も高まった（グラフ下）。

第二世代ダッシュ４００

７４７-３００の生産数が二桁の少数に終わったのは、次に登場した７４７-４００が決定版となり、１９９０年代以降こちらに生産が切り替えられたからであった。７４７-４００は１９８８年４月29日に進空し、１９８９年1月に引き渡しを開始した。

７４７-３００までは正副操縦士とフライト・エンジニア（航空機関士）の三人の運航乗員が必要であったのに対し、７４７-４００は自動化を進めて正副操縦士だけのツー・マン・クルーで運航出来るようになった。それだけ人件費を抑えられるわけで、これ一つでもエアラインが３００でなく４００を選ぶ十分な理由だろう。

ボーイング社ではすでに１９８０年代の初めには、７５７と７６７の兄弟機でグラス・コクピットとツー・マン・クルーを導入している。だから７４７-３００着手の時点ですでに必要な技術は手にしていたわけだが、３００でツー・マン・クルーを採用しなかったのは、やはり７４７ほど大型の四発機をたった二人の乗員で飛ばすことに抵抗があったからだろう。エアラインや乗員組合の抵抗でもあり、ボーイング社自身のためらいでもあった。

１９８５年10月に計画がローンチされた７４７-４００のコクピットは、当時としても画期的と言うほどではない。７５７／７６７のテクノロジーの延長線上にあり、同時期のエアバス機のコクピットよりは保守的だ。それまでの７４７を使っていたエアライン（パイロット）にも違和感を持たれないよう気を使ったのかもしれない。例えばエアバスはスティック（操縦桿）を採用したのに、ボーイングでは従来と同じヨークを用いる。

正副パイロットの前に2面ずつ、中央にも2面の計6面が配置された角形ディスプレイはＬＣ（液晶）ではなくＣＲＴ（陰極線管）だが、これは当時の技術としてはごく一般的だ（もちろん７５７／７６７もＣＲＴ）。

主翼の空力的改良

７４７-４００では、７４７ＳＰを除けば初めて主翼が空力的構造的に改良された。翼端のウィングレットがそれ以前の型との最大の識別点になっている。

ウィングレットは、主翼端から立ち上がった小さな翼面で、誘導抗力を減らして巡航性能を改善する効果がある。７４７-４００は大型のエアライナーとしては初めてウィングレットを設計時から組み込んだ。

７４７-４００のウィングレットは従来の翼端に直に取り付けられたのではなくて、延長した翼端の先に取り付けられている。７４７-４００の翼幅（ウィングレット含む）は64・4ｍで、３００以前の主翼よりも４・８ｍ大きくなっている。主翼面積は49・０㎡拡大され、アスペクト比は６・９６から７・４１になった。

７４７-４００の主翼本体も外形上の違いはないものの、主構造（トーション・ボックス）に新しい種類のアルミニウム合金を用いるなどして、従来よりも約２７００kgの軽量化が図られた。ウィングレット他には複合材料が取り入れられている。また主車輪のブレーキには従来のスチールに代わって、カーボン・ディスクが採用された。

７４７-４００は長距離専用型７４７ＳＰを凌ぐ航続性能を有するが、これはウィングレットなどの空力的改善、燃料搭載量増大、エンジンの燃費率向上などの相乗効果と見るべきだろう。

７４７-４００では水平尾翼内にも燃料タンクを新設している。エンジンはＰＷ４０６２、ＣＦ６-80Ｃ２Ｂ５Ｆ、ＲＢ２１１-５２４Ｈの三種類のターボファンを選択出来る。

７４７-４００シリーズでは貨物型（Ｆ）や貨客混載型（Ｍコンビ）も造られたが、７４７-４００Ｆだけは２００以前のアッパー・デッキを延長していない胴体を持つ。Ｆ型のアッパー・デッキは貨物の監督や付き添いの人のためなので、60人も70人もの座席は必要なく、その分構造重量を減らす（ペイロードを増

香港啓徳空港に着陸した日本航空747-400（JA8081）。300型と同じ延長されたアッパー・デッキを持つが、翼端渦軽減のため高さ1.8mのウィングレットを装備し、目に見えて洗練度が増した。これにより従来、主翼端にあったHFアンテナは垂直尾翼の前縁へと移設。

747-400における翼端の革新、誘導抗力を減ずるウィングレットの装備

747-400Dの翼端

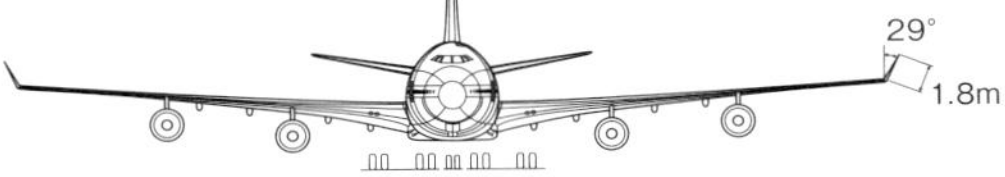

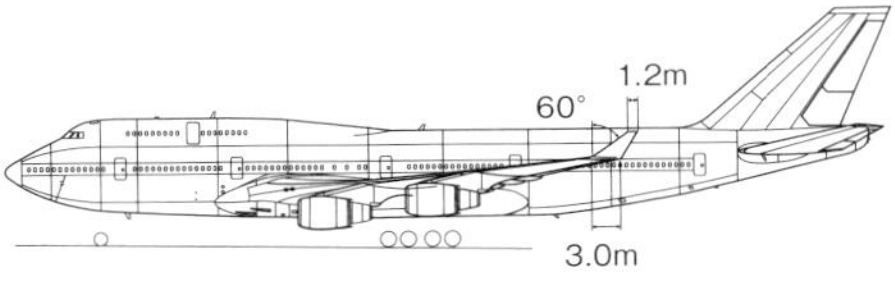

747-400

同じ747-400の系譜でも、雪の新千歳を発つ日本の国内線向けに構造強化された747-400Dはウィングレットを装備しない。しかし主翼端が延長されていて、従来型の主翼とは異なる。Hisami Ito

747-400

全幅	64.44m
全長	70.67m
全高	18.77m（最大離陸重量時）
主翼面積	541.16㎡
最大離陸重量	396,895kg
最大巡航速度	Mach 0.85
航続距離	13,445km

スキポールにて出発準備を進める747-400は、PBBから乗客、SCDから貨物を同時搭載中のM型（貨客混載）。とりわけKLMオランダ航空はこのM型を愛用したカスタマーとして知られる。
Charlie Furusho

やす）方が良いとの考えだろう。

　クラシック747の場合と同様に、日本の二つの大手エアライン向けに400でも短距離専用型が開発されたが、従来のSRではなくて747-400D（Domestic 国内線）と称される。構造強化など改良点は以前のSRと同じだ。

　747-400Dはツー・クラスでも568席、シングル・クラスだと660席と、最も座席数の多いジャンボジェットとなっている。A380が登場するまで世界で最も多くの人が乗れるエアライナーだった。

　高々度長距離巡航はしないので、747-400Dではシリーズの特徴のウィングレットを取り付けていない。だからと言って300までの型と同じ主翼ではなく、翼端をほんの少しだけ継ぎ足している。この翼端は構造的には他の400と同じで、ウィングレット付加の改造も可能な設計になっている。

消えた発展型

　747の100／200／300をクラシック747とか747クラシックスとか呼ぶこともあるが、747SPを含む300までの型の生産数は合計724機で、このうち200が393機と54%を占めている。747-400の引き渡し総数は694機だから、単独でそれ以前の型の総計と同じくらいの受注を集めたことになる。

　747-400がベストセラーになったボーイング社だが、この後は一転して迷いの時期に入る。ヒット作の後に悩むのは航空業界だけに限られたことではないが、747-400の次の開発の手をどう打つのか、エアバス社の動向も横目に見つつ考えあぐんだ。

　前回でも述べたように、航続距離が6000～7000nmあれば、ほとんどの大都市間に直行便を運航させられる。747-400の航続性能はすでにこの水準に達しており、これ以上の長距離型開発の必要はないだろう。

　となると次の開発はより客席数の多い型となるが、胴体をストレッチするか、それともアッパー・デッキをさらに延長するか、思い切って総二階建てにするか、選択はいろいろ考えられる。さらに主翼にはどの程度手を加えるのかも検討せねばならない。

　ボーイング社では1996年半ばに747-500X、600X、700Xと仮称した発展型を提案して、エアラインの反応を探っている。500Xは胴体を5.49m延長して462席（3クラス）とした型、600Xはさらに8.81m

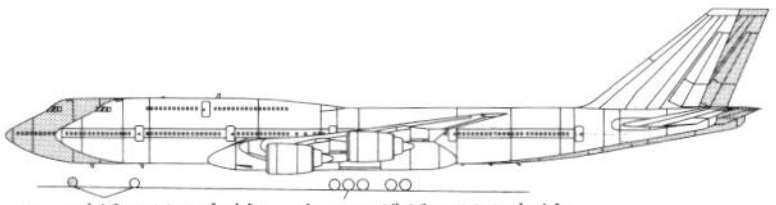

発展型747-500Xと600X

747-400の発展型として提案された胴体長+5.49mの500Xと、+14.3mの600X（シルエット）。

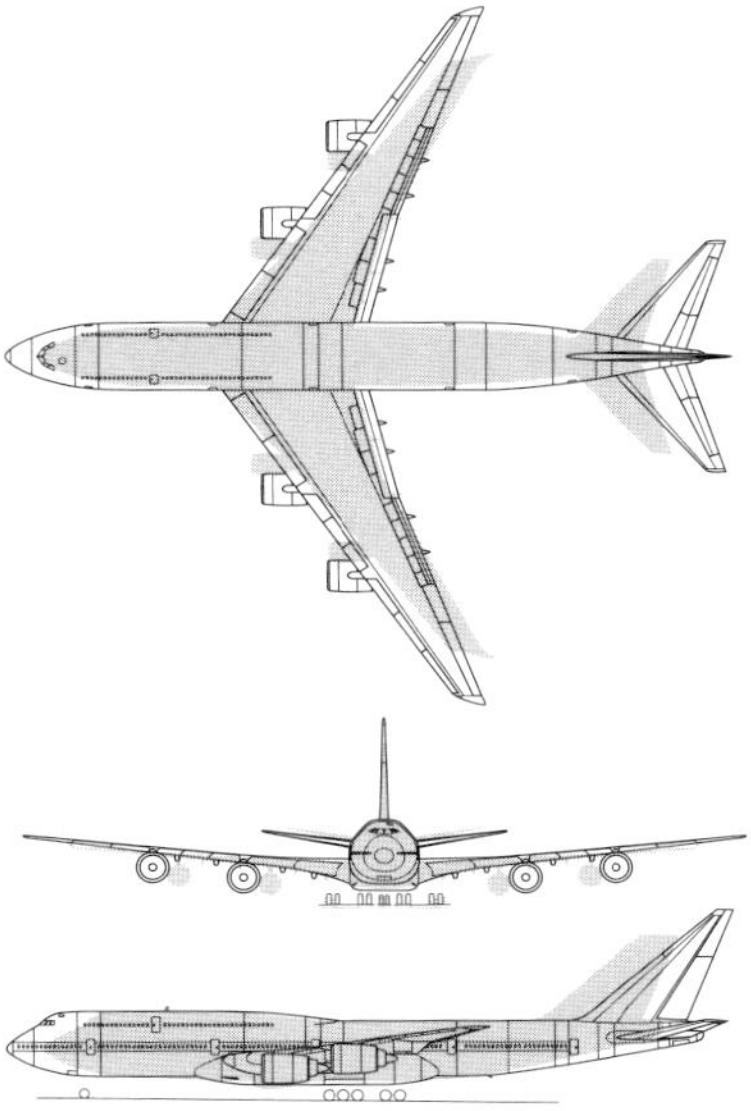

三面図で比べる747-400と700X

さらに胴体の幅も約1.5m拡大した650席級の747-700X。ぜひ実機を見てみたかったが、500X、600X同様にエアラインからの反応は冷たいものだった。

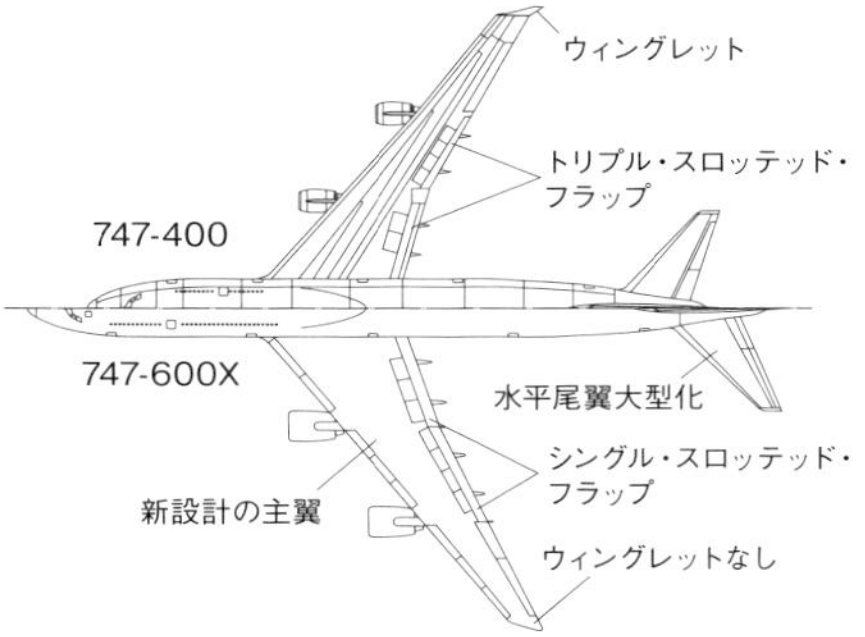

上面図で比べる747-400と600X

大型化に際して新設計された主翼。ウィングレットはなくなり、747誕生以来のトリプル・スロッテッド・フラップはシングルに改められた。併せて水平尾翼を大型化した点も新しい。

（400よりも14・3m）延長して548席（同）とする型で、主翼も完全に新設計になる。700Xでは胴体も新設計で、幅が約1・5m拡げられ、650席級になる。

しかしエアラインの反応は思いのほか冷たく、ボーイング社では1997年1月これら三つの構想の「凍結」を発表、いま以上の大型機は必要とされないような主張を展開した。このあたりはエアバス社のA3XX（後にA380）への牽制も混じっていて、ボーイング社の真意も測りがたいところがある。

ボーイング社がこれらの代わりのように同年末に発表したのが747総重量増大型（Increased Gross Weight）だ。747-400の長距離性能をさらに向上させた型で、カンタスの受注を得て747-400ER（Extended Range）として実現した。2002年7月に進空したが、カンタス以外からの発注はなく、結局6機造られただけに終わった。最大の特徴は前部胴体床下の貨物室の一部を潰して1個あるいは2個の燃料タンクを組み込めるようにしていることだ。構造も強化されて、IGWの呼び名の通り最大離陸重量は41万2770kgに増大している。ERは400シリーズ最長となる、最大離陸重量で7670nm（1万4205km）の航続距離を誇る。ERに対応した貨物型が747-400ERFで、最大離陸重量をERと同じ値まで増大させている。

しかしボーイング社が迷っているうちにA380の計画が進展し、対抗策を打ち出さざるを得なくなった。そこで登場したのが747X案で、747-400XQLR (Quiet Long Range)、747アドヴァンスドと変遷、最終的に747-8シリーズにつながるわけだ。

ユニークな改造機3種類

【SCA――シャトル運搬機】

ボーイング747のバージョンの中で、特異な地位を占めているのがSCA (Shuttle Carrier Aircraft) とLCF (Large Cargo Freighter)、そしてABL (AirBorne Laser) だ。SCAとLCFは新造ではなく、中古の747から改造されたが、ABLは新造機を改造した。

SCAはNASA (米航空宇宙局) のスペースシャトル・オービターを空輸するために改造された747で、オービターを背中に載せて飛んでいる姿で記憶される。スペースシャトル計画が終了したので、SCAも全米各地の展示場所にオービターを空輸する任務を最後に引退し、自身も展示物となった。

SCAは2機あったが、どちらも中古の747を改造して造られた。1機目はアメリカン航空向けに1970年に生産された747-123 (旧登録記号N9668) で、1974年にNASAが購入し、ボーイング社の手で改造された。胴体内は客席を撤去し (ファースト・クラス席は残された)、オービターを載せられるよう内部構造が強化され、背中には三か所の取り付けポイントが設けられた。オービターの乱流を避けるため、水平尾翼の両端に長方形の垂直尾翼が新たに取り付けられた。SCAは1976年にオービター・エンタープライズを載せてデビューした。

SCAにはNASAの登録記号N905NAが与えられたが、塗装はアメリカン当時のままの銀地に青白赤 (もちろんアメリカ国旗の色) のストライプだった。1983年になってSCAは白地に青のストライプと言う、NASAの標準塗装に塗り替えられた。

SCAの2号機は元日本航空の747-100SR (JA8117) の改造で、チャレンジャー爆発事故 (1986年) 後の1988年に購入された。改造の仕様は1号機と同じで、N911NAの登録記号が与えられた。

N905NAは現在NASAのジョンソン宇宙センター (テキサス州ヒューストン) のビジター・センターで、モックアップのオービターを背中に載せた形で展示されている。N911NAはカリフォルニア州パームデイルに置かれている。

【LCF――ラージ・カーゴ・フレイター】

LCFはボーイング社の787の胴体や主翼などの大型コンポーネントの空輸用に改造した747で、世界に分散した787の生産体制から必然的に生まれた。787のドリームラ

ディスカバリー号を搭載して離陸するシャトル運搬機（N905NA）は、2機が改修されたうち元アメリカン航空の747-100（N9668）。水平尾翼の両端に垂直尾翼が増設されている。NASA

米国、イタリアそして日本の三か国に跨る787ドリームライナーのコンポーネント輸送にあたっては、専用の輸送機として747LCFドリームリフターが4機用意された。写真は中部国際空港で搭載中の三菱重工製の主翼。胴体バレルも飲み込む貨物室の容積は1,840㎥。

イナーに対応して、LCFにはドリームリフターの愛称がある。

LCFの設計作業はボーイング社傘下の世界数か所の設計グループによって行なわれ、改造を実施したのは台湾のエヴァーグリーン（長榮）グループの長榮航太科技だった。747の胴体は機首を残して完全に取り去られ、代わりに一回り太い（直径8・38m）窓のない胴体が組み込まれた。尾部は尾翼ごと左舷側にスウィングして、大きな貨物もストレートに搭載出来る。ぶっとい図体の割には巡航速度はマッハ0・82（878km／h）で、けっこう速い。フル・ペイロードでの航続距離は7800kmになる。

LCFの1号機は、中国国際航空の747-4J6（旧登録記号B-2464）から改造されて、2006年9月9日に台湾の台北桃園国際空港で初飛行した。試験は9月からシアトルのボーイング・フィールドで行なわれ、N747BCとしてアメリカにて登録。2007年から運用に入った。

LCFは全部で4機が製作された。2号機（N780BA）は元中華航空の747-409（B-18272）で、2007年2月に進空した。3号機（N249BA）も元中華航空の機体（B-18271）で、2008年7月に進空している。4号機（N718BA）は元マレーシア航空の747-4H6（9M-MPA）で、2010年1月に進空した。中部国際空港に飛来して、日本で組み立てた大型コンポーネントを搭載して飛び立って行く姿は、地元ではすっかりおなじみになっている。

【ABL――エアボーン・レーザー】

ABLは弾道ミサイル防衛（BMD）用レーザーの空中プラットフォームで、他のBMDシステムが弾道ミサイル飛翔の中間段階あるいは終末段階での迎撃を意図しているのに対して、ABLではミサイルが発射されて間もなく、まだロケットを噴かしているブースト段階での撃墜を狙っている。そのためABLは敵のミサイル基地から数百km離れた、敵国領空外の成層圏で滞空しながら待機する。

ABLの機体にはYAL-1Aの名称がある。AL（Airborne Laser）はこの機体だけの任務記号（本来の軍用機命名規則にはない）で、Yは実用試験機を意味する接頭記号である。YAL-1の母体となったのは貨物型の747-400Fだ。

ABLの中心になるのは、化学酸素沃素レーザー（Chemical Oxygen Iodine Laser=COIL）と呼ばれるメガワット級の赤外線レーザーで、747Fの胴体の中は六基のCOILのモジュールと光学系がみっちり詰まっている。COILは水酸化カリウム（KOH）と過酸化水素（H_2O_2）、塩素（Cl）を混合して化学反応させ、そこに沃素ガス（I_2）を吹き込んで励起状態にする。高温の混合ガスをノズルから高速で噴射すると断熱膨張で温度が低下し、エネルギーが波長のそろった光（レーザー）として放射される。

747の機首からはレーザーの旋回タレットが突き出していて、COILモジュールからのレーザーを収束させて、目標の

幾つかの軍用派生型を持つ747の中でも、唯一、攻撃能力を持つタイプが弾道ミサイル迎撃のためのYAL-1。ノーズの旋回タレットからレーザーを照射して、敵ミサイルを破壊する。U.S. Air Force

弾道ミサイルに向け照射する。攻撃に先立って目標に低出力レーザーが照射され、その反射から途中の大気のゆらぎを検知し、反射鏡の形状を修正する適応光学系が組み込まれている。3〜5秒間COILの照射を続けられれば、ミサイルの構造を熱で劣化させて破壊できる。

YAL-1の1号機（シリアル・ナンバー00-0001）は2002年7月18日に、COILを搭載せずに初飛行した。しかしこれ以降計画は遅々として進展せず、六基のCOILモジュールがすべて搭載されたのは2008年2月になった。

地上で試験と調整が繰り返され、YAL-1はいつになっても空中でレーザーを発振できなかった。度重なるスケジュール遅延と開発予算超過に、次第に計画への不信が増して行った。

国防省は2010年度国防予算から、YAL-1Aの2号機（00-0002）の予算を削除した。2011年12月にはABL計画の打ち切りが最終的に決まり、YAL-1は2014年9月に解体されてしまった。ABL計画に投じられた予算は50億ドル以上と言われる。

最初で最後、ワイドボディ時代の先駆的ジェット

ロッキード L-1011トライスター

1970年初飛行／1972年初就航／製造機数250機

そのセールス実績がダグラスDC-10の後塵を拝し、ロッキードに25億ドルもの巨額の損失をもたらした当事者である。それでも、わずか250機が送り出されたに過ぎないこのトライ・ジェットが今も強烈なインパクトとともに記憶されているのは、意欲的技術でワイドボディ黎明期を翔け抜けたからに違いない。

Lockheed L-1011-1

全日空モヒカンルックのL-1011トライスター（JA8503）。日航で飛んだライバルDC-10と同様、日本人にもなじみ深い三発機だ。全日空のトライスターはトリトンブルー移行後も1995年末まで飛んだ。Masahiko Takeda

十年ぶりの自信作

ロッキード社のジェット・エアライナーを取り上げるのは初めてだが、これが最後になる。なぜならロッキード社（現在はロッキード・マーティン社）はトライスター以外のジェット・エアライナーを造ったことが無く、この先エアライナーに手を出す可能性もまず無いからだ。

ロッキード社は、プロペラ機の時代にはエアライナー市場の一角を占めていた。シェアが大きかったわけではないし、大小フルラインのエアライナーをそろえていたわけでもないが、しかし戦前のモデル10エレクトラ（初代）は双発の高速エアライナーとして名を馳せたし、戦後の四発のコンステレーション（愛称はコニー）やスーパー・コンステレーション（スーパー・コニー）は流麗なスタイルで人気があった。

しかし1957年に初飛行したターボプロップのL-188エレクトラ（二代目）は、プロペラ振動に起因する大事故を起こし、対策に追われている間に時代はジェット・エアライナーへと転換していた。L-188は1961年までに170機が生産されたが、ロッキード社としては5500万ドルの赤字だった。

L-188の生産終了後、ロッキード社は超音速旅客機（SST）に力を注ぎ、実際アメリカ連邦航空局（FAA）のSST計画で同社のL-2000案は最後までボーイング社と争った。マッハ3級のA-12偵察機（SR-71の原型）を飛ばしている実績を背景にロッキード社には自信があったろうが、1966年末にFAAはボーイング2707を選定した。

L-1011トライスターは、ロッキード社がほぼ十年ぶりに送り出したエアライナーであり、同社としては初めてのジェット・エアライナーであった。

しかしL-1011の生産機数は期待を下回る250機（試作機1機を含む）で、同社に赤字を残し結果的にロッキード社の最後のエアライナーとなってしまった。トライスターの生産は1984年で終了した。

トライスターのライバルは知ってのとおりマクドネル・ダグラス社のDC-10で、両者は登場時期から始まって機体の大きさ、客席数、エンジン、性能、基本形に至るまできわめて似通っている。最大の違いは中央エンジンの配置だが、これについては後でまた述べる。

DC-10シリーズの生産は、軍用型を除いても386機に達しているので、セールスにおいては明らかにマクドネル・ダグラス社が勝利した。

はじまりは双発機

長距離線のコニーのシリーズの次が国内線向けのL-188であったように、ロッキード社はエアライナーの特定のセクタ

チェイスのF-86セイバーを従えて飛ぶプロトタイプ（N1011）。複合材料「ハイフィル」からチタンへと素材を改めたRB211エンジンを搭載し、1970年9月1日にロールアウト、同11月17日に進空した。Lockheed

エレクトラやコンステレーションといったプロペラ機を手掛けてきたロッキードにとって、最初（で最後）のジェット旅客機計画がトライスター。1967年のプレスリリースには同社会長のダニエル・J・ホートンがモデルプレーンとともに写る。Lockheed

仇となったRR製RB211の先進思想 炭素繊維複合材、さらにはチタンの素材問題が推力不足と燃費悪化を招いた

ーを得意とするメーカーではない。これから有望そうな市場を狙って開発する感じだ。

1960年代の半ばにおいて有望市場はなんと言っても中短距離の大型エアライナーであった。大量輸送で低コストを目指したこのカテゴリーを、ヨーロッパでは「エアバス」と呼んでいたが、アメリカのメーカーはこの呼び名を嫌った。ヨーロッパとは違ってアメリカでは、混み合っているとかもっぱら低所得層が乗るものだとか、バスにはあまり良いイメージがない。

西ヨーロッパ諸国の「エアバス」を求める動きはやがて一つにまとまり、エアバスA300に結実する。A300は、トライスターやDC-10とは結果的には競合しないクラスのエアライナーになったものの、出発点はほぼ同じところであったわけだ。

ロッキード社がCL-1011の計画名で中短距離ジェット・エアライナーの検討を開始したのは1966年の初めのことで、この時点では大バイパス比ターボファン双発のやや小さめの機体を考えていた。大バイパス比のターボファンは、ジェネラル・エレクトリック（GE）社、プラット&ホイットニー（P&W）社、ロールスロイス（RR）社が競うように開発に入っていたので、エンジンの選択に悩むほどだった。

もしこのままで計画が進んでいたら、CL-1011はDC-10ではなくて、A300のライバルとなっていたかも知れない。そのダグラス社は当時D966の計画名で、後のDC-10の検討を始めていた。

三つ星のトライスター

SST競争に敗れると、ロッキード社はCL-1011計画の検討に技術陣の総力を振り向ける。直径6m弱の真円断面という胴体はこの段階で決定し、双発と並列して三発案も登場した。

1967年6月末には、長めの距離の路線にも適合できるとの理由で三発案が採用された。L-1011-365と名付けた案がエアライン各社に示されたが、後のL-1011よりも若干小さく航続距離も短い。エンジンも決まってはいなかった。

少し遅れてダグラス社もDC-10を発表、これに対抗するようにロッキード社も規模をやや拡大したL-1011-385案を示した。

1968年2月、DC-10がアメリカン・エアラインからの50機受注を公表すると、ロッキード社も3月末イースタンから50機、TWAから44機、イギリスのエアライナー・ホールディング社(リース会社)から50機の合計144機という大量受注を得て、4月1日付でL-1011のゴーアヘッドを発表した。その直後にもデルタから12機、ノースイーストから4機の受注があった。ゴーアヘッド時にRR製のRB211ターボファンの採用も発表された。

L-1011があえてイギリス製のエンジンを採用したのは、複合材料製ファンを持つ3軸ターボファンという先進的な設計と高性能がロッキード社の体質に合っていたことが理由と思われる。またブリティッシュ・エアウェイズを初めとするイギリス系エアラインへの売り込みを有利にする計算もあったろう。DC-10はGEのCF6を選んでいた。

L-1011(テン・イレヴン)の愛称トライスターは「三つの」(Tri-)「星」(Star)を意味する造語で、もちろんエンジンの数に由来し、星や星座に因んだ愛称を付けるというロッキード社の伝統にも適っている。

撤退へと続く経営危機

トライスターの試作機は1969年の8月から製作を開始したが、実はこの頃には計画に大変な災難が降り掛かっていた。RB211ターボファンが深刻な技術的問題に直面し、それどころかRR社自体が倒産の危機に直面していたのだ。

RB211は、ファン、低圧圧縮機、高圧圧縮機の三つの駆動軸を持つターボファンだ。ファンと低圧圧縮機の駆動軸を共用する普通の2軸ターボファンよりも複雑だが、それぞれの駆動軸を最適の回転数で回せるので効率が良く、タービンの段数が少なくて済む。これに加えてRB211ではファンを当時登場したばかりの炭素繊維複合材料(商品名ハイフィル)で製作することで軽量化を図っていた。

ところがRB211の試作エンジンを鳥衝突試験に掛けてみ

ると、ハイフィル製ファンが衝撃でばらばらに砕けてしまった。解決の目処は立たず、ＲＲ社ではやむなく設計を変更してハイフィルをチタン合金に替えることにした。これによる重量増加に加えて、ＲＢ２１１は保証性能よりも推力不足で燃費も悪く、ＲＲ社は対策に追われた。ロッキード社への引き渡し期限を守るため開発費は高騰し、１９７０年夏にはＲＲ社の倒産も公然と話題に上るようになった。

それでもチタン製ファンを持つＲＢ２１１を搭載したトライスターは１９７０年の９月１日にはロールアウトして、同年11月17日には初飛行している。

このＲＲ社の危機に引き摺られるように、１９７１年春にはロッキード社の方も経営危機に陥る。空軍のＣ-５ギャラクシー輸送機の開発費上昇や陸軍のＡＨ-56シャイアン攻撃ヘリコプター計画の中止などが響いた。トライスターの開発も大幅に減速し、従業員の半数がレイオフされる状態だった。

こうして大西洋を挟んで名門の航空関連企業が連鎖倒産するところだったが、さすがに国家安全保障に直結する分野だけに、両国の政府が介入した。

まず１９７１年１月イギリス政府がＲＲ社の航空エンジン部門を買い取って国有化することで、伝統あるＲＲのブランドは存続することができた。

当時日本ではＲＲが高級車ばかり造っていて赤字に陥ったかのような誤解があったが、この時切り離された自動車部門は黒字で、民営のまま存続した。倒産の原因はひとえに航空エンジン部門にあった。新会社となったＲＲ（１９７１）社は、ＲＲ社とブリストル社でジェット・エンジン開発に長い経験を有するサー・スタンリー・フッカー博士を引退から呼び戻して開発の指揮を執らせ、１９７２年４月までにＲＢ２１１の型式認証を取らせることに成功した。その代わりにエンジンの価格は当初の契約よりも38％も値上げされた。

ロッキード社の方も１９７１年５月には連邦政府が２億５０００万ドルの融資を保証したことで、なんとか倒産を免れた。１９７１年秋にはトライスターの開発も元の軌道に戻ったものの、型式証明取得は当初の予定よりも５か月も遅くなってしまった。トライスターは１９７２年４月に型式証明を取得することができたが、ＤＣ-10はすでに前年８月に就航していた。

結局この一連の騒動がトライスターの信頼感を低下させて、売り上げを低迷させる大きな原因となったように思える。トライスターの受注は１９７２年秋まで途絶えてしまい、その間にＤＣ-10が長距離型を中心に売り上げを伸ばした。また熟練工の解雇などでトライスターの生産の立ち上がりも遅れ、初期の生産機にはトラブルも多かった。

トライスターの１９７５年末までの引き渡し数１３７機に対して、ＤＣ-10は２１２機で大きな差が付いた。結果的にはトライスターの受注総数のほぼ６割以上がゴーアヘッド前後のもので、生産開始後に受注が伸び悩んだことが分かる。

2本の通路を挟んで8列仕様の快適なキャビン・イメージ。プレスリリースではIN-FLIGHT LIVING ROOMと表現していた。前方にはワイドボディ時代の象徴的な装備としてスクリーンを配した。Lockheed

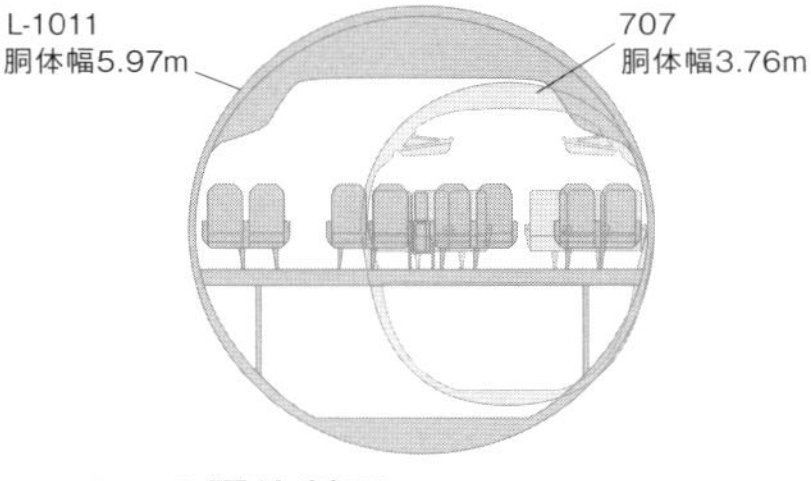

L-1011の胴体断面

幅5.97mの真円断面を採用したトライスター。外板を厚くすることで側面部分の縦通材を廃し、5.77mのキャビン幅を確保している。

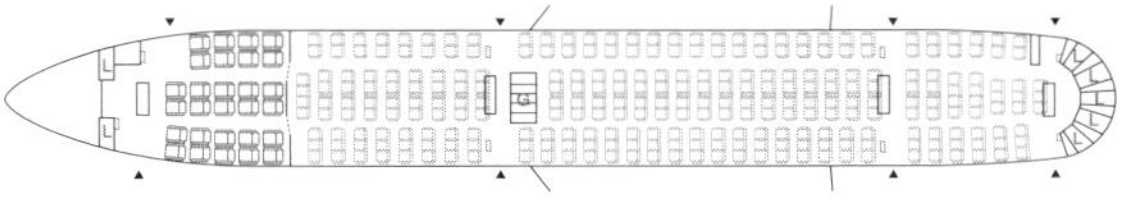

全日空L-1011の座席配置

最前方のファースト・クラス28席と、エコノミー・クラス278席の計306席仕様。オール・エコノミーなら345席を設けられるが、さらにハイ・デンシティな400席仕様を採用する航空会社もあった。

細身のワイドボディ

L-1011トライスターは、ボーイング747やDC-10と並んで、通路二本のワイドボディの時代を築いたエアライナーだ。

トライスターの胴体は外径が235インチ（5・97m）で、747の256インチ（6・49m）よりも0・5mほど小さい。

キャビンには、全コーチ（C）クラスで通路を挟んで2列+4列+2列の合計8列が配置でき、その場合客席数は244席になる。エコノミー（Y）クラスだと通路を挟んで2列+4列+3列で全9列で、客席数は345席だ。一番詰め込んだのはイギリスのコートラインで、横10列（3列+4列+3列）で全400席としていた。

DC-10の胴体直径は237インチ（6・02m）で、トライ

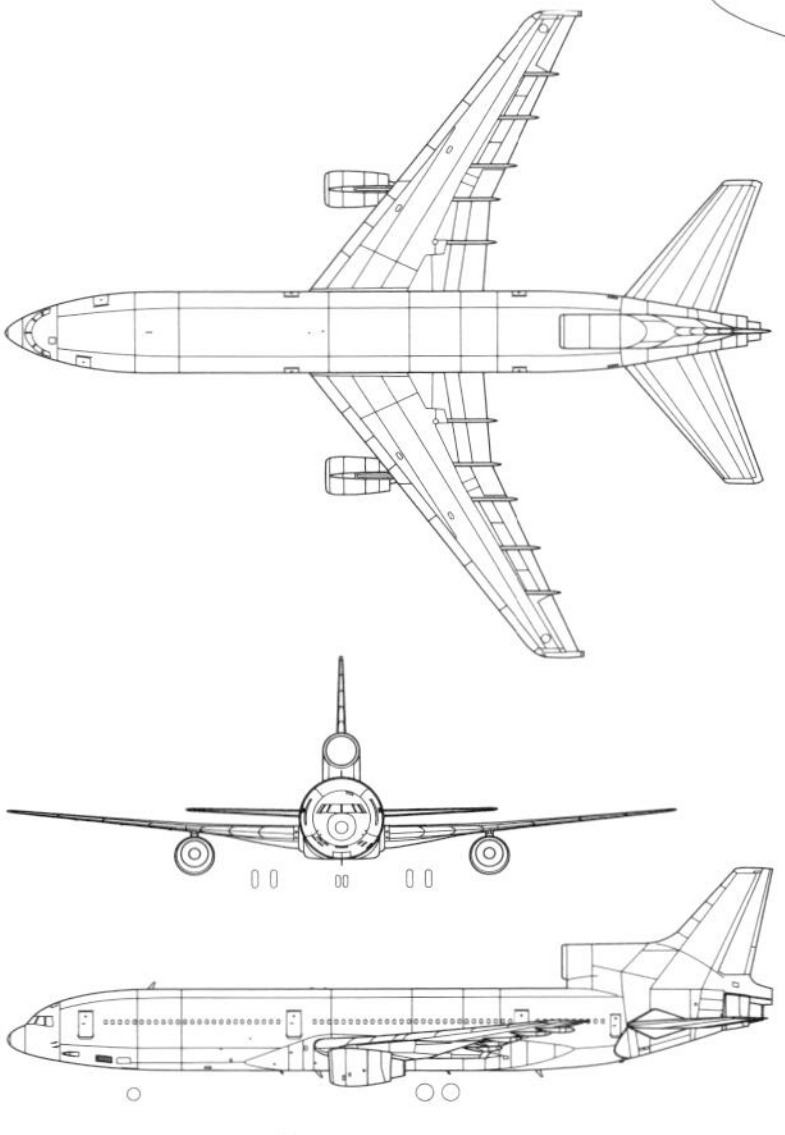

L-1011-1

全幅	47.34m
全長	54.15m
全高	16.87m
主翼面積	320.0㎡
最大離陸重量	195,050kg
最大速度	Mach 0.9
航続距離	7,189km

スターよりもわずかに大きいが、トライスターには胴体外径の差を解消する秘策がある。胴体構造の側面の部分だけ縦通材を省略しているのだ。フレームの高さも減らしており、その代わりに外板を厚くして荷重を受けている。座席の横の部分だけ縦通材が無くなるので、内部をそれだけ広く使えるというわけだ。キャビン幅は227インチ（5・77m）になる。

DC-10も同じだが、トライスターではギャレーを床下に設けて、キャビンをすべて客席に充てている。床下貨物室にはLD-3コンテナが合計16個収容できる。

トライスターの主翼は、25%翼弦の後退角35度でアスペクト比6・95になる。いま同じクラスのジェット・エアライナーを設計したならば、後退角はもっと小さめ、アスペクト比はもう少し大きめになるだろう。トライスターの翼幅は707やDC-8のそれに合わせて決められた。

主翼の前縁には全幅にわたるスラットが、後縁には二段ファウラー・フラップがある。フラップと交互に配置されたエルロンは、ジェット・エアライナーには珍しく低速用高速用の区別無く、内舷と外舷のエルロンがすべての速度域で作動する。

主翼の上面には片翼6枚ずつのスポイラーがあるが、このスポイラーは一般的なロール制御とスピード・ブレーキ、着陸滑走距離の短縮（グラウンド・スポイラー）の三つの機能の他に、直接揚力制御（Direct Lift Control）にも用いられる。

通常の機体ではエレベーターでピッチを変え、主翼の迎え角を変化させて揚力を制御するのだが、トライスターの場合には機体の姿勢を変えずにスポイラーを上げ下げして揚力を減少させることができる。DLC機能はもっぱら着陸進入時の降下角を調整するのに用いるが、利用しないパイロットもいるようだ。

トライスターの水平尾翼は、この種の大型エアライナーには珍しく、全体が動くオール・フライング式になっている。

スマートなエンジン

先にも述べたように、同じ狙いのDC-10と比べてトライスターの最大の相違点は中央（№2）エンジンの搭載位置にある。垂直尾翼を串刺しにするようなDC-10のエンジン配置に対して、トライスターはスマートにエンジンを胴体尾端に収めて、垂直尾翼の前のエア・インテイクからS字ダクトで空気を導いている。この配置で一番心配になるのは吸入空気の乱れだが、トライスターのダクトの曲がりは727などに比べても緩やかで、気流の不均衡はほとんど無いという。このエンジン配置の一つの利点は、後部胴体をスムーズなラインでまとめて抵抗を減らし、また胴体の後ろまでキャビンとして利用できることだ。

№1と№3のエンジンは主翼からパイロンで吊り下げているが、DC-10と見比べると分かるように、エンジンの搭載位置はかなり外側寄りになっている。これはむしろDC-10が内側寄りと言うべきかも知れない。DC-10の中央エンジンの配置

コロンボから成田に到着したエアランカのトライスター（4R-ULB）が少し短く見えたとしても、決して目の錯覚ではない。胴体延長型が造られなかったトライスターだが、L-1011-500では逆に短縮することでロングレンジ化を図った。
Yohichi Kokubo

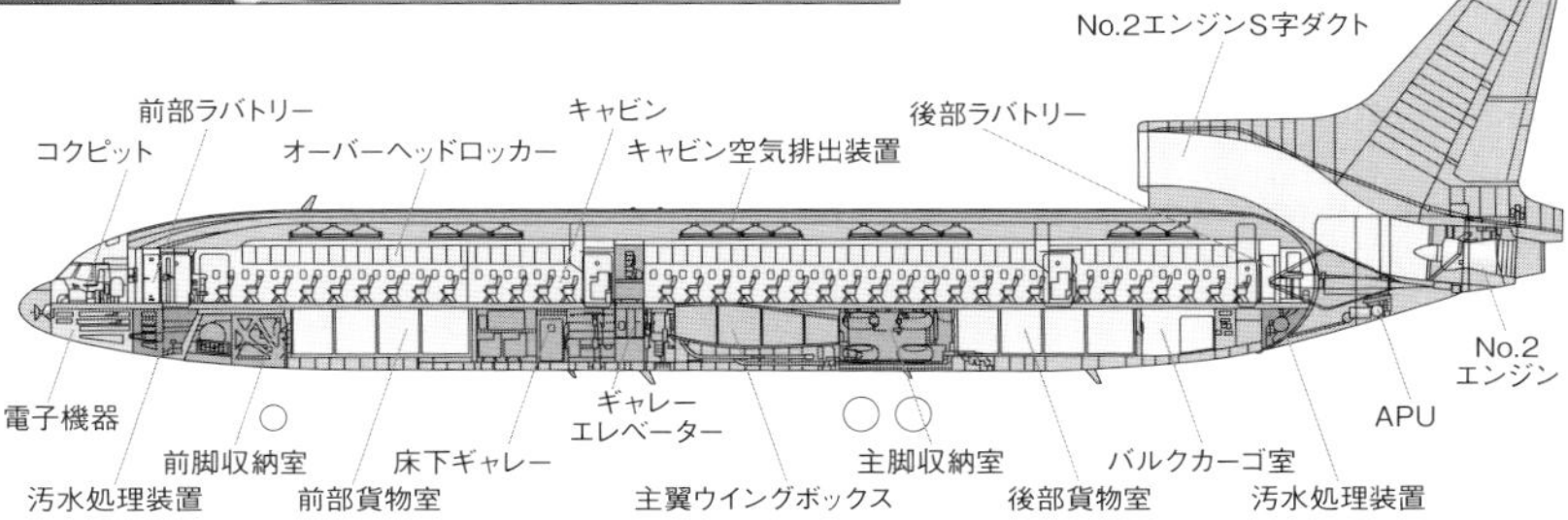

緩やかなS字ダクトで空気を導く洗練されたエンジン配置の妙

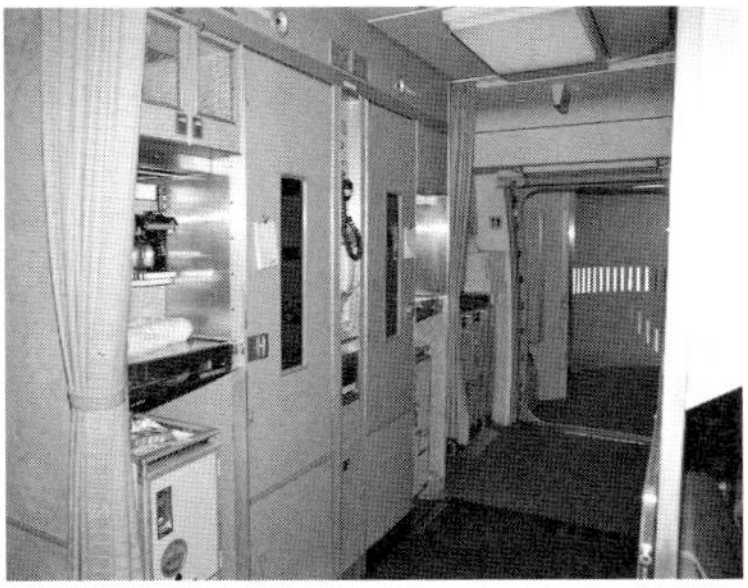

懐かしい全日空トライスターの機内、キャビン中央付近にある扉は床下ギャレーにアクセスするためのエレベーター2基のもの。
Airline

全日空トライスターのフライトデッキ。もちろん正副操縦士にFEを加えた三人乗務である。Luke H.Ozawa

だとラダーを大きく取ることができず、片側の翼エンジン停止時の制御に不安が生じる。片発停止時のモーメントを小さくするため、翼エンジンはあまり胴体から離せないのだ。トライスターの配置であればこのような不安はなく、翼エンジンを胴体から十分に離してキャビンの騒音を低下させることができた。

トライスターの外観の印象を左右する物にアクリルの曲面で構成されたコクピットの窓がある。DC-10ではコクピット窓が平板でやや無骨な印象を与えるのに対して、トライスターの機首のラインはスムーズで、おでこが広いイメージがある。全日空の白地に青いストライプの昔の塗装が「モヒカン」と呼ば

羽田空港に着陸するキャセイ機（VR-HHW）の主翼後縁には二段ファウラー・フラップ。このほかフラップと交互に高速低速の区別がないエルロンを有するほか、主翼上面のスポイラーは直接揚力制御（DLC）にも供される。オール・フライングの水平尾翼も大型エアライナーでは珍しい。Masahiko Takeda

れたが、トライスターのおでこがこの塗装で一層強調される。

長距離・短胴化の進化

トライスターは生涯にわたってストレッチ（長胴化）による乗客収容力拡大を行なわなかった珍しいジェット・エアライナーだ。ストレッチはプロペラ・エアライナー時代から一般的な手法になっているが、ロッキード社がこれを行なわなかったのはもちろん会社のポリシーなどではなくて、ストレッチ型を造る経営上の余裕すらなかったということだろう。

実際にトライスターの生産型は、後述する５００を除いては最小限の改良に留まっている。エンジンも５００以外はＲＢ２１１-22（推力１８６・８kN）で変わらない。

トライスターの初期の生産型はL-１０１１-１と呼ばれる。最大離陸重量は43万ポンド（19万５０４４kg）だ。L-１０１１のうちで最も生産数が多く、１６３機が造られた。

中央翼に燃料タンクを増設して燃料搭載量を増やし、降着装置などを補強して最大離陸重量を46万６０００ポンド（21万１３７３kg）まで引き上げた型がL-１０１１-１００で、１９７４年春に発表され、生産１１０号機以降に反映された。しかし１００はキャセイやサウディア、ガルフなど長距離路線を抱えるエアラインから合計13機しか受注していない。

１９７７年５月に登場したL-１０１１-２００ではエンジン

を強化型のＲＢ２１１-５２４（推力２２２・４kN）に換えている。最大離陸重量などは１００と変わらず、24機が生産された。サウディアなどは１００をこの仕様に改修しており、ロッキード社とＲＲ社に余力があれば１００ではなくこちらを最初に開発すべきであったのかも知れない。

　このエンジンを搭載して、離陸重量と燃料搭載量をさらに引き上げた長距離型としてL-１０１１-２５０が提案されたが、デルタが保有する初期の生産型（１）のうち６機をこの仕様に改修したのみで、新規の生産は行なわれなかった。トライスターはワイドボディ機の長距離化の波に乗り遅れてしまい、これがＤＣ-10との売り上げの差になった。

　トライスターはストレッチを行なわなかった代わりに、シュリンク（短胴化）を一回行なっている。L-１０１１-５００がそれで、乗客数が若干少ない長距離型という、「長く細い」ルート向けの機体だ。胴体を主翼の前で２・５４ｍ、後ろで１・５８ｍ短縮し、全長は他の型の54・１５ｍに対して50・０４ｍ、最大離陸重量は51万ポンド（23万１３３１kg）となっている。ギャレーを床上に持って来たこともあり、乗客数はシングル・クラスで３３０人、トリプル・クラスで２３４人になった。航続距離は満席で約１万km級と、トライスター・ファミリーで最も長い。

　一方で主翼端が延長されて、翼幅は50・０９ｍになった。主翼を延長すれば翼付け根に掛かる上向きの力は大きくなり、通常ならば構造強化が必要だが、ロッキード社はＡＣＳ（Active Control System）と呼ぶ新技術を導入してそれまでの構造で乗り切った。ＡＣＳは翼端の揚力を減らして翼の曲げモーメントを引き下げる技術で、翼端に装備された加速度計が翼端を持ち上げるような揚力増大を感知すると、すかさず左右の外舷エルロンが上がって揚力を減ずる。ＡＣＳはまた突風による突き上げを減らすのにも役だっている。

　L-１０１１-５００はブリティッシュ・エアウェイズの要望で開発されて、１９７８年10月18日に初飛行している。最終的には50機が造られ、トライスター全生産数の１／５を占めることになる。ＢＡに引き渡されたL-１０１１-５００の一部は後にイギリス空軍に買い上げられて、空中給油機／輸送機に改造された。

　トライスターではL-１０１１の４００とか６００とかの改良型も提案されたが実現しなかった。貨物型の開発も中止された（後にかなりの数が改造業者の手で貨物型に転換しているが）。１９８５年に２５０機目を引き渡したところで生産は終わり、ロッキード社はエアライナーから手を引くことになる。

　トライスター計画は同社に25億ドルの損失をもたらした。

　トライスターは日本では全日空（ＡＮＡ）の使用機として、そして「ロッキード事件」の疑惑のエアライナーとしてもっぱら記憶されている。疑獄とエアライナーとしての評価は関係がないのだが、なにかダーティーなイメージが付いてしまったのはトライスターにとっても不幸だった。ＡＮＡはトライスターを21機保有していたが、１９９５年末までに全機が退役した。

DC-10誕生のきっかけを作ったアメリカン航空。AAは1,850nm（3,426km）を直行できる250席級の機材を求め、ダグラスとロッキードが応じた。1968年2月15日、AAは25機（+オプション25機）のDC-10-10をオーダーする。
American Airlines

顧客優先、保守堅実という設計思想の体現

マクドネル・ダグラス DC-10

1970年初飛行／1971年初就航／製造機数446機（KC-10×60機を含む）

2005年まで日本航空でも現役で飛んでいたマクドネル・ダグラスDC-10。この三発ワイドボディ・ライナーが登場した時代を回顧すれば、形状も性能も類似するライバル、ロッキードL-1011トライスターの存在があった。しかし両機の技術的成り立ちを比較したとき、保守堅実のダグラスと技術優先のロッキード、その設計思想には異なる社風が確かに見て取れるのだ。

そっくりのライバル

DC-10とL-1011は同じ市場を狙って同じ時期に開発されて、規模も性能もほとんど等しいジェット・エアライナーとなった。形態もまたよく似ている。

軍用機で同じ要求に基づいて開発された機体でも、メーカーが違えば形もいろいろになる。これほど似通った形と大きさ、性能のエアライナーが同時期にデビューすることもそう多くはない。

例えばDC-9とボーイング737は1960～70年代には格好のライバルであったが、両者の形態は大きく異なっている。ボーイング727とホーカー・シドリー・トライデントは、前者が後者を真似したと揶揄されるくらいに形態が似通っているが、機体の規模は実際にはかなり違っている。

DC-10とL-1011の形態の類似を強調すると、エンジン配置はどうなのだとの疑問が出そうだ。言うまでも無く、DC-10とL-1011の最大の相違は中央エンジンの搭載法にある。胴体の中にエンジンを埋め込み、S字ダクトで空気を導くL-1011と、垂直尾翼をエンジン・ナセルで串刺しにしたようなDC-10とでは、見た目の印象からして相当違う。

一見するとマクドネル・ダグラス社のDC-10の設計の方が大胆不敵で、ロッキード社のL-1011の方が無難にも見える。しかし両社の技術的気風の一般的な理解では、ダグラス社は保守的で堅実、ロッキード社は意欲的で先進的だ。ダグラス社は顧客優先、ロッキード社は技術優先と言っても良いかもしれない。

ダグラス社とロッキード社は、プロペラ・エアライナーの時代からのライバルだった。売れ行きではダグラス社が常に上を行っていたが、ロッキード社のエアライナーの性能や流麗なスタイルはいつも話題になった。

堅実で鳴るダグラス社が、なぜ垂直尾翼の下にエンジンを付けるという大胆な設計を採ったのか。見た目に反して、実際にはこれが同社の保守性堅実性の表れであることをあとで説明しよう。

CX-HLSの経験

マクドネル・ダグラスDC-10とロッキードL-1011、それにボーイング747の三つのワイドボディ・エアライナーは、1964年4月、アメリカ空軍が各社に提示したCX-HLS（次期輸送機・重兵站システム）の要求が大元にある。

CX-HLSは、12万5000lb(56・7トン)を8000マイル（1万2875km）運べて、短距離であれば最大25万0000lb（141・7トン）を搭載出来る超大型輸送機の構想だった。

この要求に対してボーイング、ダグラス、ロッキードの三社がほぼ同じ形態の四発高翼機を提案、ロッキード社の案が1965年9月に採用されてC-5ギャラクシーとなった。エンジンにはジェネラル・エレクトリック(GE)社のTF39ターボファンが採用された。

CX-HLS計画によって、三社は空軍の予算で超大型輸送機設計の貴重な経験を得ることが出来た。またGE社とプラット&ホイットニー社にとっては、5〜8という大きなバイパス比の推力20t級ターボファンの設計経験が得られた。

このCX-HLSの提案の経験から747が生まれたことはすでに本書でも明らかにしているが、ダグラス社とロッキード社でも同じ時期にCX-HLSの経験を活用しようとした。ただし両社が狙ったのは747のような国際線ではなく、アメリカの国内線(大陸横断)だった。

大手のアメリカン・エアライン(AA)が、1966年3月に新しい国内線用ジェット・エアライナーを航空機メーカーに要望している。250席級の双発機で、基本の区間距離がシカゴ=西海岸間に相当する1850nm(3426km)と、DC-10よりはむしろエアバスA300に近いクラスのエアライナーをAAは求めていた。

AAの要望に対して、ダグラス社では最初D-966と名付けた双発案で応じようとした。D-966には両翼下にエンジンを吊り下げる通常尾翼案と、リア・マウントにしたT尾翼案とがあった。どちらの案でも胴体は太く、2本の通路を持つワイドボディ機であった。

AAに続いてトランス・ワールド航空(TWA)、イースタン航空、ユナイテッド航空などの大手も似通った要望をメーカーに伝えて来た。もっともTWAが東西海岸直結の2400nm(4445km)の航続距離を望むなど、各社の考えている次期国内線機材には微妙な違いがあった。

メーカーとエアラインは協議を重ねたが、1967年半ば頃にはAAが当初考えていたよりもやや大型で、20トン級ターボファン三発のワイドボディ機というコンセンサスがまとまって来た。ロッキード社では最初からAAの要望よりも若干大きめの双発型CL-1011を提案しており、これが三発のL-1011へと発展した。一方ダグラス社でも機体規模を拡大して、1967年末頃にはDC-10の名で三発型の設計案がまとまった。

ダグラス社は1967年4月末にマクドネル社と合併しているので、これ以降はマクドネル・ダグラス社のダグラス航空機事業部となっている。実はダグラス社は資金繰りに窮していて、1968年中の破綻も噂されるくらいの厳しい状況であったので、もしマクドネル社との合併が破談になっていたらDC-10の開発どころではなかったろう。

きっかけを作ったAAは、1968年2月15日にDC-10を25機発注(別にオプション25機)した。そのひと月半後にはイースタンやTWAからの受注を得て、L-1011の計画が正

すでに翼胴の結合が完了した新造機が並ぶロングビーチ工場のファイナル・アセンブリ―ライン。1979年のプレスリリースより。McDonnell Douglas

頭上を翔け抜けるコンチネンタル機。35度の後退角を持つ主翼は、ラガーディアの駐機スポットを意識して機体規模の割には小さい翼幅47.35m。前縁にはスラット、後縁には内側・外側のダブル・スロッテッド・フラップと、その中間に全速度エルロン、翼端側に低速エルロンを持つ。Masahiko Takeda

S字ダクトによる気流の屈曲を嫌った垂直尾翼付け根のNo.2エンジン

式にローンチした。マクドネル・ダグラス社はユナイテッドからも30機（オプション30機）の受注を得て、４月25日正式にDC-10をローンチした。

ＤＣ-10の個性

ロッキード社がＬ-１０１１のエンジンにイギリス製のロールスロイスＲＢ２１１を選んだのに対して、マクドネル・ダグラス社ではＧＥ社のＣＦ６を採用した。ＣＦ６はＴＦ39の民間型ではなく、新規に設計されたエンジンだが、技術的には共通性が大きい大バイパス比のターボファンだ。

ＤＣ-10は後にＰ＆Ｗ社のＪＴ９Ｄも積むようになるが、Ｌ-１０１１は終生ＲＢ２１１だけなので、両機にはエンジンの点では共通点がない。なお７４７はこの三社の三種類のターボファンの全てを積むようになった。

他の二社にとって大バイパス比の大型ターボファンを実際に開発するのが初めてであったのに対して、ＧＥ社にとってはＣＦ６が大バイパス比ターボファンの二作目であったせいもあり、最初から安定した性能を発揮することが出来た。

対照的にＲＲ社のＲＢ２１１は野心的に過ぎて開発をしくじり、Ｌ-１０１１の就航を遅らせた。それどころかＲＲ社の倒産に引き摺られてロッキード社まで倒れるところだった。またＰ＆Ｗ社のＪＴ９Ｄも初期には計画通りの性能を発揮出来ず、

(右) 鹿児島空港を出発するJA8533。日本航空は20機のDC-10-40を導入し、1976年から2005年までおよそ30年間飛ばした。エンジンはCF6ではなくJT9Dを搭載。Masahiko Takeda

(下)ドンムアンから成田空港に到着したタイ国際航空のHS-TMBは、最大離陸重量を33%増したDC-10-30だ。主脚・前脚に加えて、胴体中央部にもギアが増設されている。Hisami Ito

747の足を引っ張った。

このCF6の搭載法が、DC-10の最大の特徴であり、L-1011との最大の相違点だ。全体としては堅実で保守的なDC-10の個性と言っても良いだろう。

DC-10が三発に決まった時、設計者が最も頭を悩ましたのは、中央エンジンの配置であったろう。二番エンジンを胴体後部に搭載することは当然だが、エンジンを胴体内に収めて、胴体上面のエア・インテイクから空気を導くかどうかは判断が分かれる。

すでにボーイング727やHSトライデントといった胴体内搭載の成功例があるではないかと思うかも知れないが、これら

DC-10-30

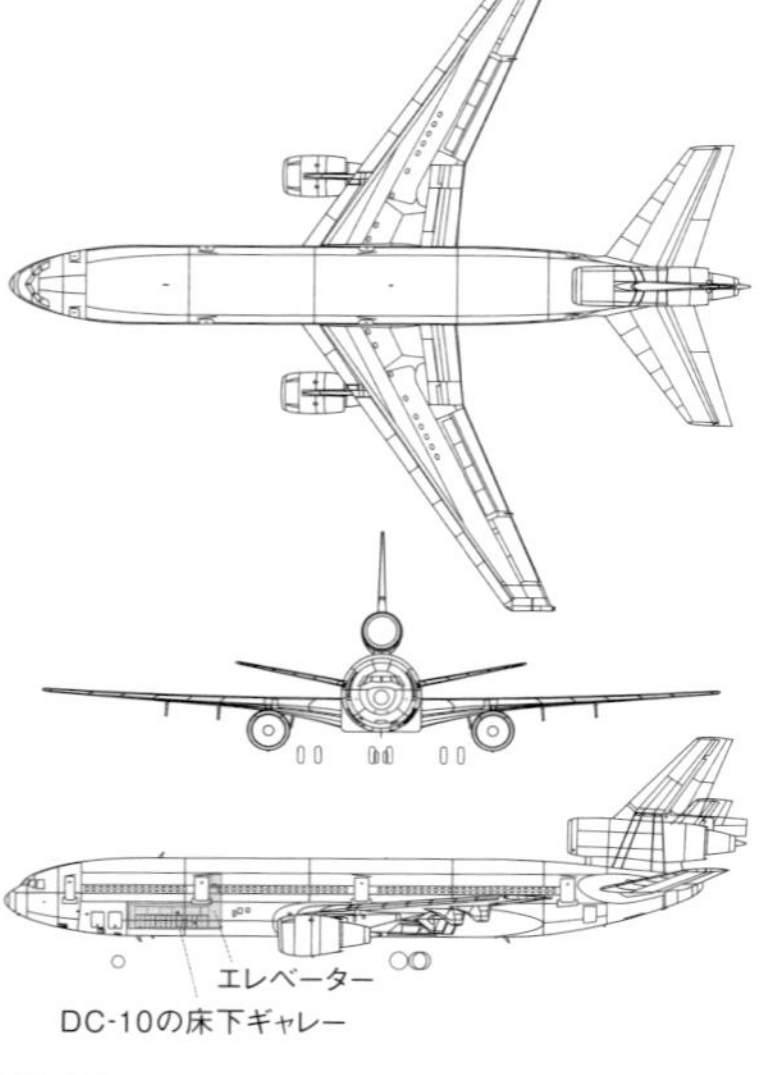

DC-10

	-10	-30
全幅	47.35m	50.39
全長	55.30m	55.50m
全高	17.7m	
主翼面積	358.7㎡	367.7㎡
最大離陸重量	206,385kg	259,450kg～263,085kg
最大巡航速度 (at 30,000ft)	925km/h	908km/h
航続距離 (with max payload)	4,355km	7,413km

の搭載エンジンはバイパス比が1前後で直径も小さい。しかしＤＣ-10のＣＦ６はバイパス比が約5で、直径は２・５ｍ以上と胴体の半分近くにもなる。一般的に言えば、直径が大きくバイパス比が大きなターボファンの方が吸入空気の乱れに弱くなる。

ジェット・エンジンのエア・インテイクやダクトの直径は、亜音速機ではエンジンそのものの最大径とおおざっぱに等しいから、直径２・５ｍ前後のインテイクとエア・ダクトが必要になる。ダクトを無理に屈曲させれば、内部で気流が剥がれてエンジンに悪影響を与えたりする恐れがある。

ロッキード社ではそれでもエンジンを胴体内に収めて、緩やかなＳ字形に曲がったダクトで空気を導く設計を採用した。一方マクドネル・ダグラス社では、エンジンを胴体の上、垂直尾翼の付け根に搭載する設計を選んだ。垂直尾翼の桁を円環形にして、エンジンを垂直尾翼付け根に抱え込むやり方だ。ＤＣ-10の搭載法であれば、気流はストレートにエンジンに流入するので、エンジンが異常を起こしたり推力が低下したりする可能性はない。

ＤＣ-10の配置の利点の一つは、中央エンジンの取り付けが翼下エンジンとほぼ同じなので、エンジンの補機やスラスト・リヴァーサーを共用化出来ることだ。補用部品や予備エンジンの数を減らして合理化出来る。このあたりもユーザー（エアライン）を大事にするダグラス社らしいとも言えそうだ。

一方ＤＣ-10の中央エンジン搭載法の欠点もある。格納庫の出入りを考えれば、エンジンの上にふつうの大きさの垂直尾翼を立てるわけには行かないから、垂直尾翼本体の大きさ（面積）は小さくならざるを得ない。特に割を食うのはラダー（方向舵）で、側面図をＬ-１０１１と比較すれば分かるが、ＤＣ-10のラダーは明らかに小さい。そのためラダーを縦に二分割（ダブル・ヒンジ）にして、舵角を大きく取れるようにしているが、ラダーの働く支点が高くなるのでロールを連成する欠点が生じる。

ラダーの効きは、左右どちらかのエンジンが停止した場合の最小操縦速度（Ｖｍｃａ）に関係する。最小操縦速度が大きくなり過ぎないように、ＤＣ-10の左右のエンジンはＬ-１０１１よりも２ｍほど内側に取り付けられているが、その分キャビンの騒音は大きいはずだ。

新時代の幕開け

ボーイング７４７は新時代のジェット・エアライナーの嚆矢《こうし》と呼ばれ、実際ワイドボディ・エアライナーの走りではあるのだが、しかし必ずしもすべてが新しかったわけでもない。むしろ７４７にはそれ以前のエアライナーの技術的集大成と言った面があり、ＤＣ-10とＬ-１０１１、それにエアバスＡ３００から、ジェット・エアライナーの新世代が始まったとも言える。

例えば１９６９年のＦＡＡ（米連邦航空局）の基準（ＦＡＲ）

36の騒音基準に設計開始時から対応していたエアライナーは、DC-10とL-１０１１が最初になる。７４７の場合には、途中でＦＡＲ36に合わせる設計変更が必要になった。

ＤＣ-10とL-１０１１が生まれるきっかけとなったＡＡの当初の要求の中には、ニューヨークのラガーディア空港（狭いので有名）のスポットを利用出来ることとの一条があった。おかげでＤＣ-10の翼幅は47・３４ｍと、機体の規模に比べても小さめになっている。アスペクト比も６・８とかなり小さい。

面白いことには、L-１０１１と翼幅はぴったり一致する。全高はＤＣ-10の方が０・５５ｍ高い。

ＤＣ-10の主翼は後退角が35度で、翼型はいまで言うピーキー翼型を用いている。ＤＣ-８の当時から、ダグラス社は遷音速翼型の研究を重ねて来ていた。主翼の前縁にはスラットが、後縁にはダブル・スロッテッド・フラップがあり、中間に全速度エルロン、翼端側には低速エルロンがある。

ＤＣ-10の胴体の外径は６・０２ｍで、７４７より０・５ｍほど小さい。L-１０１１よりは０・０５ｍほど大きいが、L-１０１１は胴体側壁の縦通材を廃止して室内幅を拡げている。

エコノミーの座席配列は、二本の通路を挟んで、３列＋４列＋３列の計10列もあれば、２列＋５列＋２列の計９列もある。客席数はモノクラスの最大で３８０席だが、標準的なのは２クラスで２５０席から２７０席だ。

ＤＣ-10での新しい試みは、ギャレーを胴体中央部の床下に設けたことだ。ギャレーは２台のリフトで上のキャビンと結ばれている。ただし床下ギャレーは使いにくいと客室乗務員には不評であったようで、床下の貨物搭載量が小さくなることもあって、ギャレーを床上に移した仕様を注文したエアラインも多かった。

ＤＣ-10にはなんとなく鼻ぺちゃな印象があるが、これは太い胴体から機首先端までを急激に絞ってあるからだ。この時代の標準として、運航乗員はフライト・エンジニアを含めた三人で、胴体が太くてもコクピットの幅は従来のＤＣ-８などと変わらない。コクピットの窓をすべて平面ガラスにしているのが堅実なダグラス社らしさで、７４７やL-１０１１は当時ようやく実用になった曲面ガラスを用いている。

発展と事故

ＤＣ-10は１９７０年の７月にロールアウトして、同年８月29日に初飛行した。計画ゴーアヘッドではL-１０１１に先行を許したが、初飛行は２か月以上も早かった。そしてＤＣ-10の初就航は１９７１年８月のＡＡだったので、L-１０１１に８か月も差を付けていた。

言うまでも無くＲＢ２１１の遅れがL-１０１１の開発スケジュールに決定的に響いた。ＣＦ６を選んだのは正解だったと言えよう。受注もスタート時点ではL-１０１１に差を付けら

ワイドボディ機らしい広大な客室幅を2列+5列+2列で構成したルフトハンザ機エコノミー・クラスのキャビン。
Lufthansa

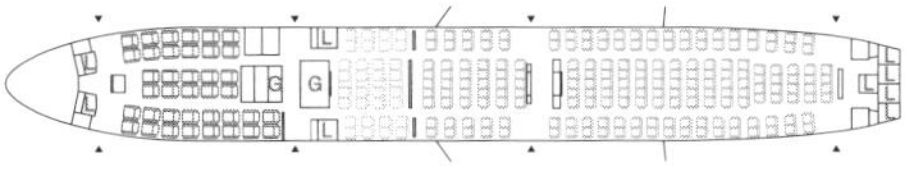

DC-10の座席配置

ファースト38席、ビジネス32席、エコノミー189席の計259席仕様のアメリカン航空キャビン。エコノミーは2列+5列+2列の配置（JALも同じ）だが、3列+4列+3列を選択した航空会社もある。

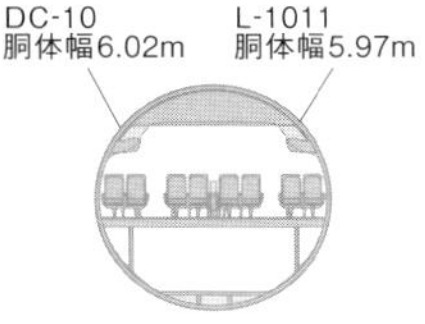

DC-10の胴体断面

L-1011比で0.05m大きいDC-10の胴体断面。747と比べればおよそ0.5m小さい。

3件の事故が貶めたDC-10の評判 しかし、それらは機体自身の欠陥ではない

DC-10のギャレーは胴体中央部の床下に設けられ、2台のリフトでアクセスした。しかし使い勝手の悪さや貨物搭載量の制約など、あまり評判はよくなかった。
McDonnell Douglas

飛行試験中のフライト・コンパートメント。コクピット幅は旧来のDC-8サイズを踏襲、窓も当時最新の曲面ガラスではなく、あえて平面を採用している点もダグラスらしい保守堅実思想。McDonnell Douglas

れていたが、初就航の時点ではオプションを含めれば223機にまで増えていた。

DC-10で最初に量産された仕様は国内線専用型で、DC-10-10と呼ばれる。航続距離はフル・ペイロードで2350nm（4352km）になる。DC-10-10は1981年までに130機生産された。

DC-10-20はJT9Dを搭載した航続距離延長型だが、CF6を搭載するDC-10-30と結果的に同仕様になったので、DC-10-40と改名されている。

そのDC-10-30は、中央翼に燃料タンクを増設して燃料搭載量を69%も増量、フル・ペイロードでの航続距離を5500nm

（1万186km）まで延ばした型だ。エンジンも推力を増強したCF6-50C（2万3133kgf）になっている。

DC-10-30では最大離陸重量が57万2000lb（259453kg）と、10よりも33%も増大したので、中部胴体に車輪が二つ付いた三本目の主脚を取り付けている。同時に翼端も合わせて3・05m延長されている。

（上）DC-10のエンジン搭載には欠点もあり、垂直尾翼の面積は必然的に小さく、ラダーも明らかに小さい。写真は1972年、羽田空港に駐機するノースウェストのDC-10-40（N143US）。
Toshihiko Watanabe

（左）1980年代前半にイタリアとブラジルが共同開発したジェット攻撃機、AMXのコンポーネントをヴァリグのDC-10-30Fが飲み込む。DC-10ではこうした純貨物型のほか、旅客型から改修された貨物機も多数。
AMX International

DC-10-30は国際線を運航するヨーロッパ系のエアラインに人気で、貨物型を含めて206機が生産された。DC-10-40は実質的には30のエンジンをJT9D-59A（2万4040kgf）に替えた型だ。

DC-10の貨物型には、貨客転換のCF（Convertible Freighter）と、最初から貨物型のFあるいはAFとがある。

DC-10は1970年代にいくつかのセンセーショナルな事故を起こして、危険なエアライナーとのイメージが大衆やマスメディアの間に付着した感がある。しかしシリーズ全体を通じて、また就役期間を通しての事故統計を見れば、DC-10が同世代の他のジェット・エアライナーと比べても特に事故が多いわけでもないことが分かる。また重大事故のいくつかは明らかに機体自体が原因で起きたものではない。

DC-10の有名な事故としては、1973年11月3日のナショナル航空27便の乗客吸い出され事故、1974年3月3日のトルコ航空（THY）981便パリ近郊での墜落事故、1979年5月25日AA191便シカゴ・オヘア空港墜落事故、1989年7月19日ユナイテッド航空232便スー・シティ空港墜落事故などがある。

ナショナル27とユナイテッド232は、どちらもエンジンのファン・ディスクの破損と飛散が発端だった。THY981は無理矢理閉じた貨物ドアが上昇中に飛散、貨物室が急減圧して床が抜け、床下を通っていた操縦系統まで破壊したものだった。この事故をきっかけに、急減圧でも床の上下の圧力を等しくする空気抜き穴が規定されるようになった。AA191は、規定にない搭載法で傷付いたエンジン取り付け部が離陸直後に破壊して第一エンジンがもぎ取れ、墜落したものだった。

筆者からすると、どれも機体の設計自体に致命的な欠陥があったとは言えない事故なのだが、世間ではDC-10は危険とのイメージを持った。

三発機の苦戦

一連の事故がDC-10の売れ行きにどれくらい影響を与えたのか、あるいは与えなかったのかは分からない。

現実にDC-10の売れ行きが1980年代になって行き詰まりを見せたのは確かで、アメリカ空軍が空中給油機兼輸送機として1977年にKC-10エクステンダーを採用しなかったならば、DC-10の生産はもっと早く終わっていたかもしれない。結局DC-10の生産は1988年で終了し、総生産数は民間型だけで386機、軍用のKC-10エクステンダーを加えても446機だった。

DC-10は生産数ではL-1011に勝ったが、747やA300を下回った。双発で経済的なA300/A310、四発で長距離を飛べる747に挟まれて、DC-10とL-1011は三発故に苦戦したと言えるかも知れない。

1990年代以降第一線から退いたDC-10は、多くが貨物型に改造された。「旅客用よりも貨物用の方が向いている」という、DC-10にとっては嬉しくないだろう評価もあるくらいだ。貨物機に改修されたDC-10は、機首左側面に幅3・7m、高さ2・6mの貨物ドアを取り付け、機体各所を強化している。貨物搭載能力は、DC-10-10改修機で約65トン(航続距離約2000nm)、-30改修機で約82トン(3700nm)になる。

貨物航空のフェデックスなどは、一時はDC-10-10/30の貨物型を70機以上も保有していて、2021年現在も十数機を飛ばしている。他にも2、3の会社が不定期にDC-10を運航している。

このフェデックスの保有機を含む現役のDC-10の多くが、ボーイング社の手で改修されてMD-10と呼ばれる仕様になっている。MD-10の最大の特徴はコクピットを大幅に電子化して、フライト・エンジニア無しのツー・マン・クルーで運航を可能にしたことだ。この世代のジェット・エアライナーの弱点の一つが直接運航費に占める人件費だから、ツー・マン化で寿命はだいぶ延びただろう。

DC-10は中距離型の-10と長距離型-30/40の二種類しか造られず、胴体延長型は開発されなかった。DC-10の長胴発展型はMD-11という別のシリーズになった。

1990年1月10日に初飛行したプロトタイプ初号機N111MD。拠点のカリフォルニア州ロングビーチから、アリゾナ州ユマへ至るフライトで、新鋭機の操縦性、機動性を確認した。胴体尾端はDC-10のコーン型から縦方向に平たい形状へと変更されている。McDonnell Douglas

デジタル化で結実した起死回生、DC-10発展型への挑戦

マクドネル・ダグラス MD-11

1990年初飛行／1990年初就航／製造機数200機

**ツー・マン・クルーの近代的コクピットや、
いち早く採用した主翼端のウィングレットを見れば、従来機との新旧は明白だ。
目論見ほどには売れなかった三発エアライナーDC-10を、
最新の航空技術で進化させようというマクドネル・ダグラスの計画は、
当初まずまずの成果を収めた。しかしその勢いは持続せず、このMD-11の不振こそが
ボーイング社によるMD吸収合併の引き金を引いたことは航空史に刻まれた事実だ。**

「ダグラス商用機」との決別

マクドネル・ダグラスMD-11はDC-10の発展型だ。DCは「ダグラス商用機」(Douglas Commercial)の頭文字で、1933年初飛行のDC-1に始まる。しかし1967年にダグラス社はマクドネル社に吸収合併されて、DCシリーズはDC-10で終わりを告げた。

MD-11のMDがマクドネル・ダグラスの頭文字であることは言うまでも無い。マクドネル(ダグラス)社としては、MD-12、MD-13(は縁起が悪いと飛ばしたかも知れないが)と、MDを付けたエアライナーのシリーズを続ける気であったろう。オランダのフォッカー社との共同開発機はMDF-100として売り出すつもりだった。

しかし現実にはMDのシリーズは、DC-10から発展したMD-11と、DC-9から発展したMD-80／90シリーズとが造られただけで、完全な新型機はこの名称では開発されることなく終わった。

マクドネル・ダグラス社の経営は1990年代には行き詰まり、新規の開発力を失う。1997年にはボーイング社に吸収され、マクドネル・ダグラスの社名は完全に消滅するのだ。

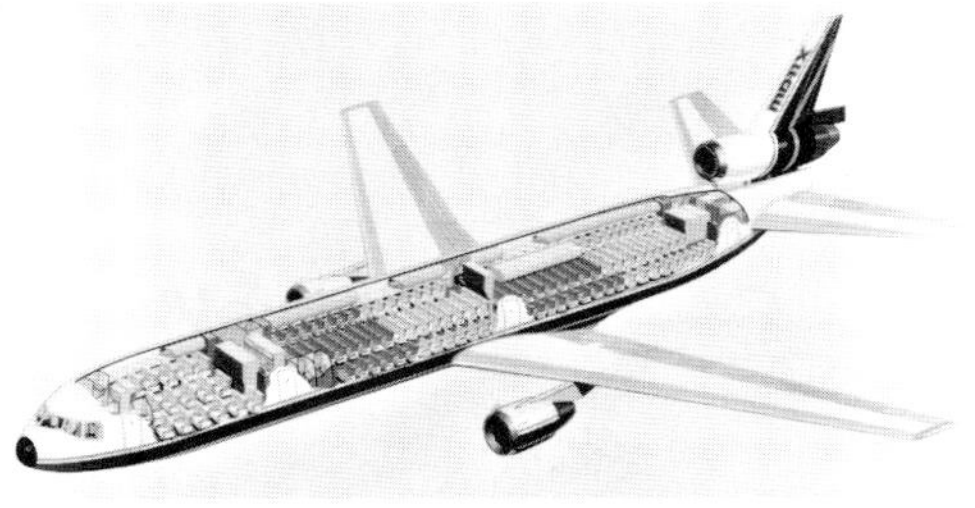

1983年にMD-100のネーミングで検討されたDC-10発展型は、翌84年からMD-11Xと称するようになった。上は1985年のパリ・エアショー直前にリリースされたMD-11Xのキャビン・カッタウェイ。主翼端にウィングレットは描かれていない。McDonnell Douglas

正面パネルに6台のCRTディスプレイが並ぶフライトデッキは、DC-10からの進化を如実にあらわす。保守的と評されるダグラス・エアライナーの系譜にあって、二人乗務化は大きな決断だったはずだ。McDonnell Douglas

雌伏の80年代前半

DC-10は1971年に初就航して、ライバルのロッキードL-1011トライスターを上回る販売実績を示したが、1970年代の末には早くも売れ行きは減速してきた。

1977年にはアメリカ空軍がDC-10-30CFをベースにした空中給油兼輸送型のKC-10Aエクステンダーを60機発注しているが、これは当時でもDC-10とマクドネル・ダグラス社の救済策などと評された措置で、KC-10を受注しなければDC-10の生産は1980年代の前半にも終了していたかも知れない。

実際には軍民合わせて最後のDC-10(通算446機目)、ナ

A340や767との比較が興味深い、2列+3列+2列のキャビン・モックアップ。ルーミーなキャビン、頭上荷物収納スペースの余裕を強くアピールしていた。
McDonnell Douglas

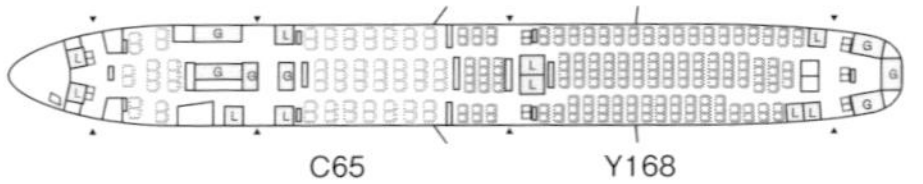

MD-11の座席配置
2004年10月12日に退役した日本航空MD-11のキャビン・コンフィギュレーション。ビジネス65席、エコノミー168席の計233席。

保守・堅実ダグラスの決断 ウィングレットと二名乗務化の革新

イジェリア航空向けのDC-10-30は1988年の12月に完成して、1989年7月に引き渡された。すでにMD-11の生産が始まっていた。

マクドネル・ダグラス社では、1970年代の末にはDC-10の発展型の構想を各エアラインに持ちかけている。ダグラス社ではDC-8の胴体大幅ストレッチで大成功を収めた実績があり、DC-10でも同じ手法が模索された。DC-10スーパー60と仮称された型がそうで、DC-10-61は胴体を40ft(12・2m)ストレッチした390席のアメリカ国内線型、DC-10-62では胴体延長を26・7ft(8・14m)に留める代わりに両翼端を7ft(2・13m)ずつ延長、350席で5000nm(9260km)の航続距離を可能にする。DC-10-63は、-61の長胴と-62の延長翼を組み合わせた型だ。

しかし1979年のイラン革命に始まる第二次石油危機と世界的不況、エアライン需要の伸び悩みに加えて、1970年代に連発したDC-10の重大事故が足を引っ張った。DC-10の60シリーズは計画倒れに終わった。

1980年代の前半はマクドネル・ダグラス社にとっては雌伏の時代であったと言えよう。この時期にマクドネル・ダグラス社は将来に繋がる基礎的実験に勤しんでいる。

マクドネル・ダグラス社ではNASA(米航空宇宙局)と共同で、DC-10の翼端にウィングレットを装着する実験を1981年の8月から10月にかけて実施している。コンチネンタル航空のDC-10-10の1機に、高さ約3・2mのウィングレットが取り付けられ、49回151時間飛行して性能、フラッター、安定操縦性、荷重の4点が調査された。

1983年の半ばにはマクドネル・ダグラス社はMD-100と名付けたDC-10の発展型の開発をスタートする寸前まで行った。

MD-100(もちろんMDF-100とは全く無関係)は、DC-10の前部胴体を2mほど短縮して270席とし、翼端にはウィングレットを装備、エンジンには燃費に優れたプラット&ホイットニー(P&W)社のPW4000かジェネラル・エレクトリック(GE)社のCF6-80C2を搭載する。しかしエアラインの反応はいま一つで、MD-100もローンチには至らなかった。

パリでのMD-11X

1983年頃にはDC-10の生産は事実上貨物型とKC-10(これも貨物型には違いない)に限られてしまったが、それでもマクドネル・ダグラス社はDC-10の将来を見限らなかった。

1984年になってマクドネル・ダグラス社はMD-11Xと名付けたDC-10の発展型をまたもエアラインに提示する。これは二つの設計案からなり、MD-11X-10はDC-10-30のエンジンをPW4000もしくはCF6-80C2に更新し、航続距離を1万2000km級にまで延ばした型、MD-11X-20は胴体を延長して330席級とする代わりに航続距離は1万1000km級に抑えた型だった。

景気が上向きになってきたこともあってエアラインの反応も良く、MD-11X案は1985年7月のパリ航空ショーに持ち出される。航続距離8850kmと1万2800kmの二つのMD-11Xの型が提示されたが、胴体の延長はどちらも6・78mで、331席から337席だった。

この年の暮れに向けてエアラインとの話し合いはさらに進められ、Xが落とされて次期エアライナーの名称はMD-11となった。胴体延長は当面18ft7in(5・66m)とされ、それ以上のストレッチは将来の型(仮称MD-11アドヴァンスド)に残された。

ローンチ・カスタマーの破綻

MD-11のローンチ・カスタマーとなったのはブリティッシュ・カレドニアン・エアライン(BCal)だった。日本ではまったく馴染みがないが、スコットランドに発してチャーター会社として勢力を伸ばし、ロンドンのガトウィック空港を拠点に大々的に国際定期便へと進出しようとしていたエアラインだった。

カレドニアとはスコットランドの古名に他ならない。日本を

MD-11は製造時からウィングレットを標準装着した初めての新型エアライナーだ。これを取り付けることによってDC-10比で2.5%の燃費節減を実現したとされ、視覚的にもMD-11の近代的イメージに寄与する。
McDonnell Douglas

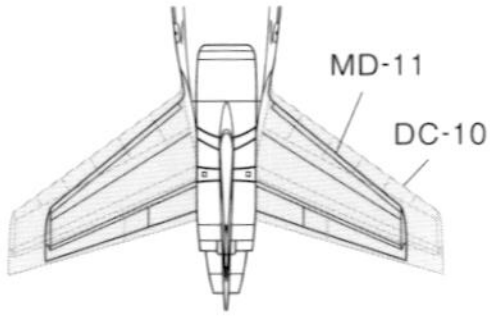

マイナス30%小型化された水平尾翼

DC-10よりも面積が30%小型化されたMD-11の水平尾翼。内部に燃料タンクを設けることで、燃料移動による巡航中の重心位置調整が可能になった。AIRLINE

「大和」と呼ぶようなものか。最初にBCalの9機の確定発注を得て、MD-11は1986年12月30日にローンチされた。

MD-11の初飛行は1989年3月と予定されていたが、実際には製造上のトラブルなどから1号機が飛んだのは1990年の1月10日になった。試験は5機で行なわれたが、3号機がP&W社のPW4460装備で、残りの機体はGE社のCF6-80C2D1F装備だった。ロールスロイス社もMD-11開発を機会にトレント650を載せようと画策したが、どこからも発注が無く諦めた。

皮肉なことには、ローンチ・カスタマーとなったブリティッシュ・カレドニアンは、MD-11の完成を待たずに経営破綻してしまい、1988年4月にはブリティッシュ・エアウェイズ(BA)に吸収されてしまう。発注から一年半も経っていないのに、ローンチ・カスタマーが実機の納入までに消滅してしまう事態も珍しい。

BCalのMD-11の発注はキャンセルされたが、他にもアリタリア、フィンエアー、大韓航空、SAS、スイス航空、タイ国際航空や三井物産(リース向け)などからの受注を集めており、MD-11の先行きには影響はなかった。

BCal破綻後マクドネル・ダグラス社ではフィンエアーをローンチ・カスタマーと呼んでおり、MD-11は最初にフィンエアーに納入された。ヨーロッパの統一型式証明が1990年の10月に、またアメリカ連邦航空局の型式証明が11月に下りた後、同年12月7日最初のMD-11がフィンエアーに引き渡されて、12月20日から商業運航を開始した。

複合材料製の主翼端

MD-11を簡単に言ってしまえば、胴体を延長し、キャビンの内装を新しくし、空力を全般的に改善し、各部の構造を新材料で軽量化し、エンジンを燃費の優れた最新世代に更新し、コクピットを電子化してツー・マン・クルーとしたDC-10だ。

MD-11の胴体断面はDC-10と同一で外径6.02m、エコノミー・クラスで3列＋4列＋3列の計10列あるいは2列＋5列＋2列の計9列を配置している。

MD-11の胴体は、DC-10-30に対して主翼の前で100in（2・54m）、主翼の後ろで123in（3・12m）、合計して223in（5・66m）延長している。これによってミックスの3クラスでも298席、2クラスでは323席、モノクラスだと410席の配置が可能になった。

胴体延長で床下貨物室も長くなり、LD-3コンテナが全部で32個も収容出来るようになった。これは747-400のLD-3搭載数よりも多い。

DC-10とL-1011は、ラガーディア空港（ニューヨーク）の狭いスポットも利用出来るという要求に合わせて設計され、おかげで両機とも翼幅は47・35mでしかない。DC-10の主翼のアスペクト比は6・8で、長距離巡航向きではない。

マクドネル・ダグラス社はしかしMD-11開発にあたっては、DC-10との共用性を重視して、長距離巡航向けに主翼を延長はしなかった。代わりに採用した切り札が、NASAラングリー研究センターのリチャード・T・ホイットコムが提案していたウィングレットだったのだ。

ウィングレットは翼端渦をコントロールすることによって誘導抗力を減らす仕掛けで、うまくすれば燃料消費を3％から6％減少させる効果があると宣伝された。MD-11の場合には、DC-10と比較した燃料節減の2・5％がウィングレットの効果であるとされた。

MD-11のウィングレットは、1981年にDC-10で試験されたものと形状は同じで（DC-10のは一時的だったので材質は異なる）、翼端を大きく上に折り曲げた形になっているが、前縁側に小さな下向きの張り出しがあるのが特徴になっている。上部ウィングレットの後縁と下部ウィングレット全体は複合材料で作られている。ジェット・エアライナーに後付けではなく、生産時からウィングレットが取り付けられたのはMD-11が最初になる。

小さい水平尾翼

主翼の平面形には手が付けられなかったが、主翼の断面には若干手が加えられて、後縁のキャンバーが大きくされ、スーパー・クリティカル翼断面に近付いている。フラップやエルロン、翼胴フェアリングなどには複合材料が用いられている。

MD-11の空力的改良でいちばん目に付くのは水平尾翼の縮小だろう。DC-10の水平尾翼にたいして面積で30％縮小され、重量では約860kg減少した。これによって水平尾翼の抵抗も2・75％減少したが、水平安定板内に7570リットルの燃料タンクを新たに設けることにより、巡航中の重心の前後移動を調節出来るようになった効果も大きい。すなわち主翼内タンクの燃料消費による重心位置の移動を、水平安定板内の燃料を移動させることで補償して、重心位置を最適化してトリム抗力を低減するのだ。

水平尾翼以外の空力的改善では胴体尾端の形状変化が目に付く。同じ時期のMD-87などと同じで、コーン形から縦に尖った鑿《のみ》のような形状になり、ボートテイル抵抗低減が図られた。

MD-11の技術革新の中でもいちばん大きなステップはコクピットの自動化とツー・マン・クルー化であったのではないか。いまでこそグラス・コクピットもツー・マン・クルーも常識と化しているが、保守的なダグラスとしては思い切った決断であったはずだ。当時の欧米の航空雑誌のMD-11の解説記事を見ても、コクピット紹介に割くスペースが断然多い。

MD-11のインストルメント・パネルは、8in(20・3cm)の矩形多機能ディスプレイを横に6台配置している。1980年代の設計なので液晶ではなくCRT(陰極線管、要するにブラウン管)ディスプレイだ。

航続距離の延長

MD-11には標準の純旅客型(しばしばMD-11Pと表記される)の他にも、いくつかの型がある。最初に登場したMD-11Pは生産数もいちばん多く、131機が造られたが、MD-11C(Combi)はアリタリアの注文に応じて5機が造られただけだ。DC-10のコンビ同様の貨客混載可能な型で、181人から290人の乗客を乗せつつ、胴体後部に貨物パレット10枚を搭載出来る。

MD-11CF(Convertible Freighter)はマーティン・エアの求めに応じて製造された貨客転換型で、マーティンとワールド・エアウェイズ向けに合わせて6機が造られた。

従来のDC-10にはもともと旅客機よりも貨物機に向いているという、ダグラスにとっては必ずしも喜ばしくはなさそうな評価があり、実際DC-10が旅客機として国際的な競争力を失った後には世界各地の改造業者の手で貨物ドアを取り付けたり床を補強したりの改修工事が行なわれて、多くの機体が貨物専用機としての第二の人生を送ることになった。

MD-11も、不本意かも知れないがこの評価を引き継いでいて、実際の生産数の1/3近くが貨物型あるいは貨客型だ。第一線を退いた後に貨物型に改装された機体はさらに多い。

MD-11F(Freighter)は最初から貨物専用に生産された型で、53機が造られた。最初から最後まで造られたのもこの型だ。

胴体前部左側面に3・6m×2・6mの大きさの貨物ドア(MD-11CFのそれと同じ大きさ)を持ち、床上貨物室の容積は440㎥になる。最大ペイロードは9万786kgで、88×125in(2・24×3・18m)あるいは96×125in(2・44×3・18m)のパレット26枚を収容出来る。フェデックス(22機)とルフトハンザ・カーゴ(14機)の発注が半分以上を占め、MD-11シリーズ全体の最終生産機もルフトハンザ・カ

MD-11は2021年現在も現役機が少なからず活躍中だが、その全機が貨物型に改修されている。サイドカーゴドアを開放するFedEx機、N523FEも例外ではなくかつてはデルタ航空の旅客型であった。関西国際空港にて。
Charlie Furusho

生産機数の多くがフレイターに転身
払拭できなかった“貨物向き”の評判

ーゴ向けのMD-11Fで、2001年2月22日に引き渡されている。

各型の最大離陸重量はMD-11Pが60万2500lb（27万3288kg）、MD-11CとFが61万lb（27万6690kg）、MD-11CFが62万5000lb（28万3494kg）となっている。

不名誉なエピソード

MD-11にとっては不名誉なエピソードがある。1991年の8月にシンガポール航空（SIA）から20機の発注を取り消されたのだ。

SIAではPW4460を搭載するMD-11を発注していたが、この機体の性能が同エアラインの契約条件を満たさないことが判明、契約キャンセルとなった。SIAは代わりにエアバス社にA340-300を発注した。

SIAではMD-11にシンガポール＝パリ直行便の航続性能を求めていたが、このルートは最短距離（大圏コース）でも1万2352kmもある上に向かい風も強く、SIAの要求するリザーヴなどの条件も厳しかった。もともとMD-11にとっては航続性能の上限ぎりぎりであったが、実際には性能計算がやや楽観的であったことと、PW4460エンジンの初期生産型が当初掲げた性能に達しなかったことから、MD-11の航続距離はシンガポール＝パリ便には555km足りなかった。

マクドネル・ダグラス社では補助燃料タンク増設などの改良を提案したが（GEのエンジンはさらに燃費が悪く、エンジン換装は論外）、SIA側は当初の契約通りの履行を要求、マクドネル・ダグラス側も契約破棄を了承する他はなかった。

性能の見積もり間違いや初期型の性能低下はエアライナーでもしばしば見られることで、本書でもボーイング747の例などなんどか書いた覚えがある。SIAの場合には、たまたまパリ便というドル箱路線だったので問題が大きくなったのかもしれないが、日本のエアラインであればどういった解決に至ったであろうか。

SIAとの契約問題とは別にマクドネル・ダグラス社ではMD-11の航続距離延長型の開発を進めていて、MD-11ER（Extended Range）として1994年に発表した。これは前部貨物室の一部を潰して1万1000リットル入りの燃料タンクを設け、航続距離を7240nm（1万3410km）まで延ばしたもので、ガルーダ・インドネシア航空（3機）とワールド・エアウェイズ（2機）向けに生産された。最大離陸重量は63万500lb（28万5988kg）に増大している。

貨物輸送の活躍

シンガポール航空との騒動あるいは航続性能不足がどの程度影響したのかは分からないが、MD-11シリーズの売れ行きは最初の勢いを維持出来なかった。1994年以降、年毎の引き渡し数は十機台となり、売れ行きが回復することはなかった。

貨物型（MD-11F）以外の発展型の発注が一桁に留まったのも痛かったのではないか。開発費をかけても、一桁の売り上げでは回収出来ない。

鳴り物入りで採用した小さな水平尾翼にも疑問が呈された。いくつかの事故に関連して、固有安定性が低いのではないかという疑念がだされ、離着陸時の重心が後ろ過ぎて安定マージンが小さいのではないかという指摘がなされた。DC-10以来の危険な旅客機、事故の多い旅客機というイメージは払拭出来なかった。

マクドネル・ダグラス社ではMD-11の改良型や発展型をさかんに提案するが、しだいにアドバルーン的な構想が多くなってくる。ユーザーの方も同社の経営状態に不安を抱き、真剣に取り合わないようになる。1992年にはMD-12の計画名で、二階建てで400～500席級の四発エアライナーを提案したが、55億ドルに上ると見られる開発費をマクドネル・ダグラス社が捻出出来る見込みは元から無かった。

社運を賭けたMD-11の売れ行き不振でマクドネル・ダグラス社の経営は大きく傾き、ついには1997年8月ボーイング社の軍門に下ることになる。マクドネル社とダグラス社の合併から30年後のことだった。

ボーイング社では当初MD-11の生産を、貨物型に限って継続すると表明していた。しかし市場はメーカーの後ろ盾を失ったエアライナーに非情で、MD-11Fの受注は途絶えた。ボーイング社は1998年にMD-11シリーズの生産打ち切りを決定した。

MD-11の最後の旅客型は1998年4月にサベナ航空に引き渡され、最後の2機のMD-11Fは2001年の1月と2月にルフトハンザ・カーゴに引き渡された。MD-11シリーズの生産総数はきっかり200機になる。

2021年半ばの時点で、MD-11は生産数の6割に相当する約120機がまだ現役で飛んでいる。ただし旅客型として生産されたものも含めて、すべて貨物機として飛んでいる。最後の旅客定期便を飛ばしたのはKLMで、2014年10月に最終便を飛ばした。

現在MD-11を運航しているのは貨物専用エアラインのみで、フェデックスが59機と最大勢力だ。これに次ぐのがUPSの42機で、ウェスタン・グローバルの16機が続く。

DC-10/MD-11のシリーズは貨物輸送に向いているとの評判は定着しているようだが、これは必ずしも不名誉とは言えないだろう。

各機に日本の希少な鳥類のニックネームを与えて“J-Bird”の愛称で10機を主に国際線に投入した日本航空だが、活躍期間は1994年から2004年までの短命機であった。写真はJA8582「タンチョウ」。Hisami Ito

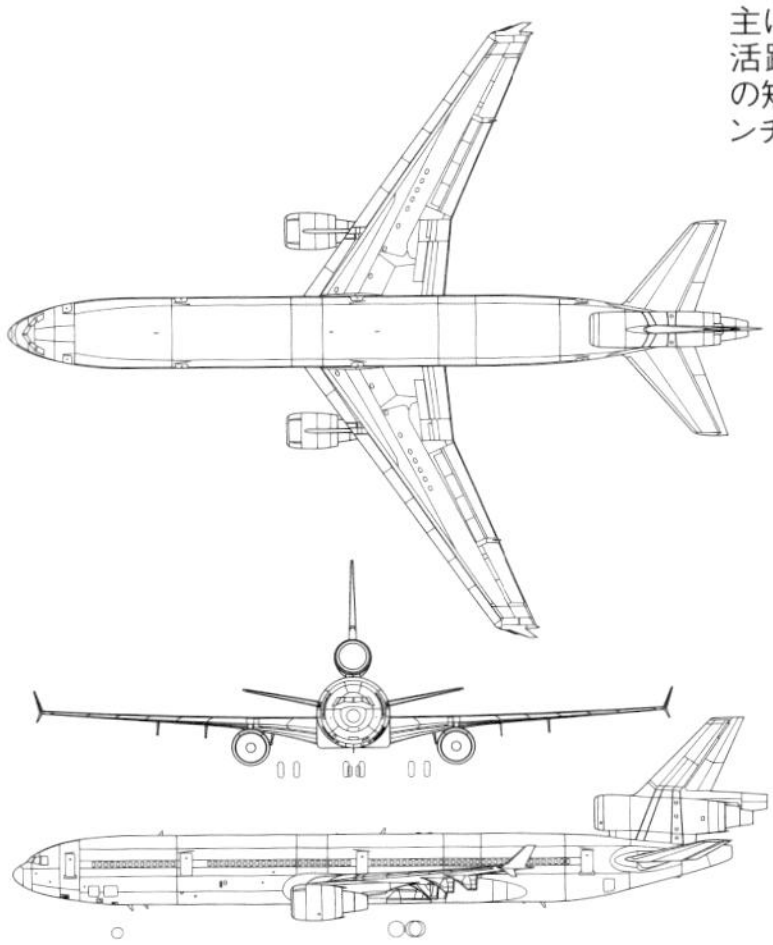

MD-11

全幅	51.64m
全長	61.16m
全高	17.58m
主翼面積	338.91㎡
最大離陸重量	273,314kg
最大速度 (at 31,000ft)	945km/h
設計航続距離 (298 PAX/3class)	12,633kg

1974年5月10日、初めてA300B2（F-BVGA）の受領したエールフランスのクルーとの記念に。AFの希望によりA300B（B1）よりも胴体長は2.65m延長された。Airbus

「エアバス」構想が火をつけた欧州航空技術のプライド

エアバスA300

1972年初飛行／1974年初就航／製造機数249機（B2／B4）

1960年代当時、民間機市場で劣勢に立つヨーロッパの名門たちが燃えた、「アメリカに負けないジェット・エアライナーを造る」という気概。決して容易ではないその野望を達するべく西欧諸国が進んだのは、国境を越えて団結し、新世代の中短距離機を開発する政治主導の協同作戦であった。そして生まれたエアバスは、その端緒をなすA300を技術的優位性で米国勢に比肩するエアライナーへと育て上げ、現代へと続く成功の礎を築いた。

いまや二大勢力

世界の大型エアライナーの市場は、いまではボーイング対エアバスの二強対立の構図になっている。ここ数年両社の受注機数は拮抗している。

しかしそのエアバスとて最初からボーイング社の有力対抗馬だったわけではない。創設から何年かは売れ行きが奮わず、事業の存続すら危ぶまれた時期があったのだ。

それに発足当時のエアバスのライバルはボーイング社だけではなかった。名門と言われたダグラス(マクドネル・ダグラス)社やロッキード社も1970年代にはジェット・エアライナーを製造していた。しかし前者はボーイング社に吸収されてしまい、後者はエアライナーから完全に手を引いて、結果的にボーイング社とエアバス社だけが大型エアライナー業界に残った。両社の勢力図が変化することはあっても、第三勢力がこの業界でボーイングやエアバスと並び立つようになる光景はちょっと想像出来ない。

エアバスが株式会社の"Airbus S.A.S."となったのは今世紀になってからのことで、それ以前は独立した企業ではなく、西ヨーロッパの主要航空機メーカーの共同事業体(コンソーシアム)"Airbus Industrie"の時代が長かった。フランス法人なので社名は「エアバス」と英語読みせずに、フランス語で「エールビュス(アンデュストリ)」と読むのが本来かもしれない。

いまでこそエアバスは長距離国際線用エアライナーまで生産しているが、設立からしばらくは中短距離エアライナー専門だった。A300やA310を造っていたころのエアバスのライバルはダグラスのDC-10やロッキードのL-1011であって、ボーイング社は直接のライバルではなかった。エアバスがボーイングの市場に切り込んだのは、737と真正面から競合するA320を造ったときだ。

そのエアバス社の基礎を作ったA300を取り上げる。

団結心のめばえ

1960年代半ばころの航空雑誌を改めて読むと、面白いことにはダグラス社やロッキード社の「エアバス」構想が紹介されている。

つまり当時には「エアバス」はまだ企業名でも特定の機種の名でもなく、「短距離専用の大型エアライナー」と言う意味の普通名詞でしかなかったのだ。記事によってはボーイングの超大型エアライナー構想(もちろん後の747)までもエアバスの仲間とされている。どちらかと言えば当時の「エアバス」は今のワイドボディに相当する。

そんな各国のエアバス構想の中でも有力視されていたのは、例えばフランスのシュド社とダッソー社共同のガリオン計画で

シュド/ダッソー・ガリオン
250人前後を運ぶワイドボディ機として構想されていた。

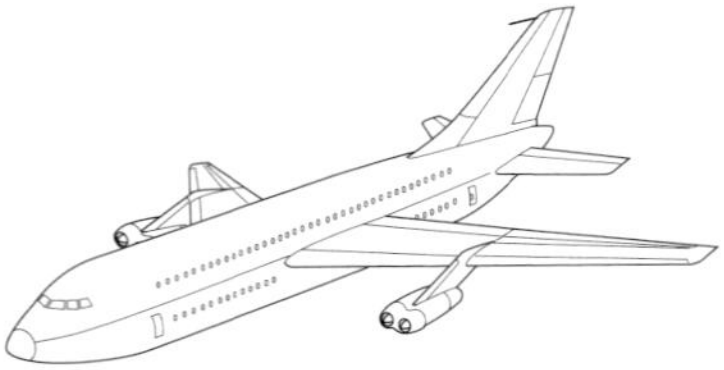

ブレゲー Br124
2階建てキャビンを持つ個性派だが、実用性については疑問視された。

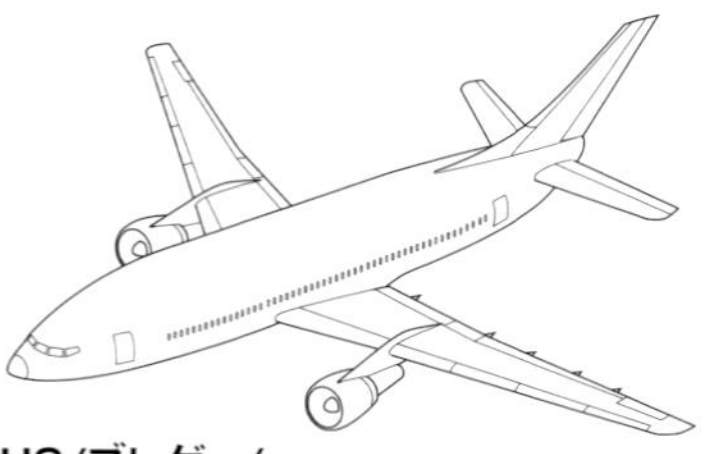

HS/ブレゲー/ノール HBN100
ガリオンにも似た設計の英仏共同開発の構想。

あり、ブレゲー社のBr１２４計画であり、イギリスのホーカー・シドリー（ＨＳ）社とフランスのブレゲー社、ノール社共同のＨＢＮ１００計画だった。

ガリオンは真円断面で、２本の通路（アイルズ）を挟んだ３+３+３列配置２４１～２６９席のワイドボディで、大バイパス比ターボファン２基を主翼下に吊り下げている。全幅42ｍ、全長45ｍで、最大離陸重量は95トンとなっていた。ＨＢＮ１００もこれとよく似た外形の双発機だった。

ブレゲーBr１２４は二重円弧断面二階建てキャビンの双発（エンジンによっては四発も）で２４０～２６４席、全幅40ｍ、全長45ｍ、最大離陸重量95・３トンだった。

他にノール社が２５０席で最大離陸重量95トンのノール６００を提案していたが、４基のターボファンを扁平な胴体の後端に並べて、水平尾翼はデルタのT配置という個性的な形態だった。

こうして見てもノール６００はともかく、残りの３案の間には根本的な相違はない。西ヨーロッパの近距離国際線や国内線に合わせた２５０席前後、総重量百トン弱の双発機で、やや浅い後退翼に大バイパス比ターボファンを吊り下げている。目立った違いと言えばBr１２４のキャビンが二階建てなことだが、この型式の実用性については最初から疑問が呈されていた。

アメリカの大手メーカーが送り出そうとしていたエアライナーに、フランスやイギリスのメーカーが単独で勝負を挑んでも勝ち目はなく、お互い狭い市場を食い合う結果になることは最初から誰の目にも明らかだった。だからシュド／ダッソーのように複数メーカーの共同開発が話し合われ、ＨＢＮのような国境を越えた提携も模索されたのだが、それでもまだアメリカの大手に比べれば規模が小さい。国の経済力や人口、そして航空工業の実力からすれば、フランスとイギリスにドイツ（当時は西ドイツ）を加えた西ヨーロッパ三強の航空工業が総力を挙げて手を組んでも、ようやくアメリカと対抗出来るかどうかだと思われていた。

政治が主導した計画

１９６５年頃にはこの３か国の航空機企業、エアライン、それに政府を中心に、西ヨーロッパ大同団結のエアライナー開発への気運が盛り上がって来た。１９６７年には英仏独３か国の政府がエアライナー共同開発に基本的に合意した。

このようにエアバスの開発は終始政治側がリードし、政府間の取り決めを企業側が具体化する形で進んだ。同じような政治主導のエアライナー開発はすでに英仏共同のコンコルドで試されていた。

機体設計の方でも、仏シュド社と英ＨＳ社にドイッチュ・エアブス・グループ（ドイツのベルコウ、ドルニエ、ハンブルガー、メッサーシュミット、ＶＦＷの合同）を加えた３か国連合技術陣が、ＨＢＮ１００を叩き台として３００席級の双発短距離機を共同開発する線でまとまってきた。１９６７年４月にはこのエアライナーはＡ３００と仮称されることになった。Ａはエアバス、３００は３００席級を意味する。この時点ではまだ「エアバス」は企業名でも事業名でもない。

先に見たようにヨーロッパのメーカーが考えていたのは二百数十席で総重量１００トン以下の短距離機だったが、Ａ３００では経済性と市場性を求めて機体規模は１２０トン台まで拡大された。狭いヨーロッパ（路線の長さでもエアラインの所要機数でも）の市場だけでなく、広い世界を目指そうとしたのだ。

当時考えられていた胴体直径はボーイング７４７とほぼ同じ６・４ｍで、エンジンも同じＪＴ９Ｄ（推力１９６kN）とされていたが、ロールスロイス（ＲＲ）社が提案していたＲＢ２０７（２１１kN）もイギリス側に配慮して搭載可能とされた。ジャンボと同じ胴体径で３００席だと、７４７ＳＰのようにずんぐりした機体になったろう。

１９６７年の９月には仏独英３か国政府が合意文書を取り交わした。その内容は、このようなものだった。

①機体の開発費総額は１・４億ポンドで、分担は英仏が37・5％ずつ、独が25％。
②エンジンはＲＢ２０７で、開発費総額は六千万ポンド。分担は英75％、仏独12・5％ずつ。
③機体設計はシュドをリーダーに、ＨＳ、ドイッチュ・エアブスが協力。
④販売のために３か国で共同会社設立。
⑤英国欧州航空（ＢＥＡ）、エールフランス、ルフトハンザから合計75機の受注を得られた時点で正式ゴーアヘッド。
⑥初飛行は１９７１年３月。型式証明取得は１９７２年11月。初就航は１９７３年春をそれぞれ予定。

ところが設計が進むうちに、ダグラスとロッキードの中短距離機に対抗して、A300の設計案は次第に肥大化していった。最大離陸重量は140トン級にもなり、開発費見積もりも2・1億ポンドにまで上昇した。当然機体単価も高くなる。

仏独英3か国のエアラインはこの設計案を忌避し、計画がゴーアヘッドしない間にダグラスがDC-10、ロッキードがL-1011の計画をスタートさせてしまった。A300計画は大幅に出遅れた。

肥大化からの回帰

3か国合同の技術陣は改めて初心に返り、250席級で離陸総重量125トンの双発機を模索することになる。この機体はA300Bと仮称され、エンジンは747やDC-10、L-1011向けに開発がスタートしていたJT9D、CF6、RB211のどれでも搭載可能とした。しかしエアライン側の反応はいまひとつだった。

そんなこんなでゴーアヘッドが遅れているうちに、イギリス側の熱意が冷めてくる。イギリスの経済は当時停滞しており、政府は支出を出来る限り切り詰めようとしていた。A300BのエンジンがRRの独占とはならず、機体設計もフランス主導で、計画に参加し続けるメリットが減少したと考えたイギリス政府は、1969年4月、エアバス開発の取り決めからの脱退を表明した。イギリス政府はエアバス事業は潰れると思ったのかもしれない。

しかし最初からエアバスに乗り気だったHS社は別で、国の代表としてではなく、一企業としてA300B計画参加を継続する意志を表明した。A300Bの主翼設計はHSが担当することになる。

一方、仏独政府はイギリス抜きでも計画を進める構えで、1969年5月のパリ航空ショーの期間中にA300Bの客室モックアップの中で両国の民間航空担当大臣が計画の正式ゴーアヘッドの調印式を行なった。この時点ではまだ受注は1機もない。

1970年の12月には計画参加企業の合同事業体としてのエアバス・インダストリーがフランスのトゥールーズに設立された。中心メンバーはフランス国営アエロスパシアル社（シュド社の後身）とドイッチュ・エアブス（出資比率それぞれ47・9%ずつ）で、1年後にはスペインのCASA社（4・2%）も加わった。HS社とオランダのフォッカー社が出資無しの協力会社として計画に参加する。各国政府の開発資金分担比率は企業とは異なり、仏独が44・6%ずつ、オランダが6・6%、スペインが4・2%となっている。

寄り合い所帯技術陣にもかかわらずA300Bの機体設計はスムーズに進行したが、エールフランスが乗客数をもっと多くと設計に注文を付けて来た。そこでA300B1に加えて、胴体を2・65m延長したA300B2を造ることになり、エールフランスが1971年11月、最初の発注者（オプション含め16機）となった。

A300の全体のとりまとめと機首の設計はアエロスパシアル社が、主翼はHS社が、胴体と尾翼はドイッチュ・エアブス社が担当した。最終組み立てはトゥールーズで行なうが、組み上がった機体はハンブルクまで飛んで、そこで艤装を行なうようになっている。

このように機体をいくつかに分割して各国のメーカーが各コンポーネントの設計から生産までを一貫して担当、出来上がったコンポーネントを1か所に集めて最終組み立てを行なうという手法はボーイング777や787でも見られるが、民間機で本格的に採用したのはエアバスが最初だろう。各国メーカーの寄り集まりのエアバスでは、これ以外の生産方式は採れなかったと言って良い。

かさばる主翼や胴体を空輸するため、エアバスではスーパー・グッピーという胴体の異様に太い特殊輸送機（ボーイング・ストラトクルーザーの大改造機）を利用した。

A300B1の試作1号機は1972年の9月28日にトゥールーズの工場からロールアウト、10月28日には初飛行した。1973年6月28日に進空した3号機はA300B2仕様になり、これが生産型の基本になった。

飛行試験は順調で、1974年3月には英独の航空当局から型式証明を取得することが出来た。

リア・ローディング翼型の妙

企業として全く実績のないエアバスがアメリカのエアライナーの独占を切り崩す戦略は、最新技術の投入で性能面での優位を目指すことだった。特に最大のライバルのダグラス（マクドネル・ダグラス）社が技術面では保守的との定評があるので、エアバスは先進技術で差別化を図った。

複数の場所で造られたコンポーネントを一か所に集めて組み立てるという製造方式は、今でこそ一般的だが、当時は画期的なものだった。写真はトゥールーズのA300最終組み立てライン。Airbus

1969年のパリ航空ショーでは、展示されたA300Bのキャビン・モックアップ内にて仏独政府担当大臣による調印式が行なわれ、計画が正式にゴーアヘッドした。Airbus

エアバスの切り札は主翼の空力設計で、これはイギリスのHS社のお手柄だった。A300の主翼は25%翼弦で28度と後退角が割と少なめで、翼厚比は10・5%とやや厚めである。これは短距離機なので想定する巡航速度がマッハ0・83と低目なこともあるが、当時最新のリア・ローディング翼型を採用した成果でもある。

高亜音速での翼の周囲の衝撃波の立ち上がりについてはコンヴェア880／990の項でも解説したが、抵抗の元だから出来る限り衝撃波は抑えたい。コンヴェア880やボーイング707の時代に採用されていた層流翼型では、翼正面の圧力分布が低マッハ数で屋根のような形になるため、ルーフトップ翼型と呼ばれる。

A300が採用したリア・ローディング翼型は、前縁が割と丸みを帯び、上面は平らに近く、後縁の下側がややえぐれているという特徴がある。A300が採用した翼型は翼正面の圧力変化が少なく強い衝撃波が立ち上がらない(高亜音速時の抵抗が少ない)。この翼型では揚力を翼の後半部分で稼いでいるのでリア・ローディングの名がある。

リア・ローディング翼型の特性は、実は1968年にNASA(米航空宇宙局)が発表したスーパー・クリティカル翼型と基本的に同じだ。しかしイギリス(HS社)はNASAとは独立にこの翼型に到達したとして、決してスーパー・クリティカル翼型の一種とは認めていない。

衝撃波発生を遅らせる翼型を採用した場合、後退角と翼厚比が同じであればより高い速度を出せることになるが、前述のようにエアバスでは高い巡航速度は不要として、代わりに後退角を減らし翼厚比を大きくする道を選んだ。その分、構造重量が減少し、翼内の燃料搭載量が増える。

主翼の構造は、桁を付け根から翼端まで通さず、エンジンの外側で分割して直線的な構造を別個に製作して繋いでいる。継手が要るので構造重量では不利だが、複雑な三次元成形で一体の桁を造る技術が当時のヨーロッパの航空産業にはまだなかったのだろう。

A300の高揚力装置はかなり手が込んでいて、後縁は内外エルロンを除いて(翼幅の84%)、後縁折れ曲がり(タブ付)ファウラー・フラップがある。前縁には付け根を除いてスラットがあって、最初期生産型のA300B1-100を除く型には付け根の下面にクルーガー・フラップが付く。

胴体の径については747と同じ6・4mから始まり、5・94m、5・54mと設計は変遷したが、最終的には外径5・64mで落ち着いた。その後のエアバスA310、A330／A340の胴体の基本ともなった、歴史的な決定である。

DC-10の胴体外径が6・02m、L-1011のそれが5・97mだから、1970年前後に登場したワイドボディ・エアライナーの中ではA300が一番胴体が細い。

この胴体径は必要な客席数だけでなく、床下貨物室の容量を確保する必要からも決定された。Ａ３００はＬＤ-３規格のコンテナを前部貨物室に12、後部貨物室に８の合計20搭載出来る。ＤＣ-10でもＬＤ-３コンテナが全部で24だから、貨物搭載能力ではＡ３００もほとんど遜色ないことになる。これ以上胴体を細くするとＬＤ-３を２つ並べて搭載出来ないので、搭載量が大幅に減ってしまう。

オルリー発トゥールーズへ飛行中のエールアンテール機内。細めの胴体幅を採用し、なおかつ床下貨物室に配慮したことでフロアが高くなり、窓側席は頭部付近の側壁が近い。2+4+2の8列配置が基本。Konan Ase

胴体はライバルであるDC-10やL-1011よりもスリムだが、外径5.64mという数値は、キャビンはもちろん床下貨物室に配慮して決定されたもので、床下にLD-3を2つ並べて搭載できる。写真はミュンヘンのドイツ博物館に展示されているA300Bの輪切り。Konan Ase

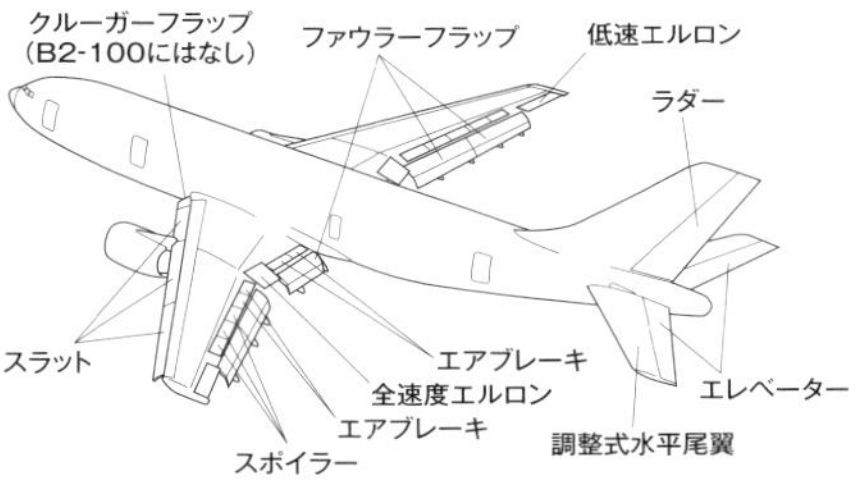

A300の操縦翼面

複雑な高揚力装置が与えられたA300の操縦翼面。なお主翼の桁は、付け根から翼端まで貫通しておらず、エンジン外側部分で分割して製造されている。

操縦系統はオーソドックスなシステムにスリー・マン・クルーという設計。後に近代化を進めたA300-600が登場し、フライト・エンジニアが廃された。Airbus

1972年10月28日、トゥールーズで初飛行したA300Bの初号機。それは西ヨーロッパ大同団結の成果が、初めて大空へと飛びたった記念すべき瞬間であった。Airbus

細めの胴体で床下貨物室を最大限に大きく取ったために、キャビンの床面が押し上げられた。キャビン側壁の傾きが大きく、窓際の席の頭上に側壁が迫って来る感じがする。標準仕様は通路を挟んで2+4+2の8列配置で、34インチ（86・4㎝）ピッチだと269席から281席（ギャレー配置によって異なる）になる。3+3+3列30インチ（76・2㎝）ピッチで詰め込めるだけ詰め込むと336席になる。

胴体の構造には特に変わったところもなく、主翼も含めて一次構造には複合材料はまったく使われてはいない。1960年代末の基本設計だから当然だが、それでも主翼後縁の一部や垂直尾翼前縁などの二次構造には複合材が使われている。

エアバスと言えば、いち早くフライ・バイ・ワイヤを採用するなど先鋭的なシステム設計というイメージがあるが、A300の頃にはまだ常識的な設計思想で操縦システムは従来の機械（機力）式、計器も機械電気式、クルーも正副パイロットにフライト・エンジニアを加えたスリー・マン・クルーだ。

不況をくぐり抜けて

エアバスにとって最悪の時期は1976〜77年頃であったろう。A300にとって不運だったのは、ちょうど就航の頃に石油ショックが起きて世界の航空輸送需要が激減、エアラインが新型機の発注を手控えるようになったことだ。

Ａ３００の受注は１９７４年頃から一向に増えず、もうエアバスは駄目ではないかとまで評された。トゥールーズ工場での生産は１９７７年には月産１機にまで落ち込んだ。事業の存続のためにはアメリカ市場に食い込むことがぜひとも必要だと認識したエアバスは、売り込みのため１９７３年９月から南北アメリカ周回を企画した。

この時期から世界のエアラインの景気は上向きに転じ、Ａ３００は１９７７年の後半だけで30機以上の受注（オプション含む）を集める。

日本の東亜国内航空も１９８１年からＡ３００Ｂ２を就航させたが、同機のデモフライト用塗装をエアバスに申し出て譲り受けて、尾翼にＴＤＡと大きく描き入れて飛ばした。

Ａ３００が売れ出すと、ちゃっかりしたもので一度は離脱したイギリスもエアバス事業への参加を申し入れて来た。フランスの反発もあったが、結局１９７９年からイギリス政府は計画に20・０％参加することになり、仏独の参加はそれぞれ34・６％（メーカー出資は37・９％）ずつに縮小された。オランダ政府もこの時から６・６％を分担する正式のパートナーとなった（フォッカーの出資は無し）。ＨＳ社はこの時点ではブリティッシュ・エアロスペース（ＢＡｅ）社となっている。

なおＣＦ６装備で出発したＡ３００は、その後ＪＴ９ＤやＰＷ４０００も搭載出来るようになったものの、とうとうＲＲのターボファンは載ることがなかった。

Ａ３００シリーズは２００７年を以て生産を完了したが、総数５６１機を販売するヒット作となった。引き渡しのピークは１９８０〜82年だが、その後もコンスタントに売れ続けた。

それにしても、もしフランスと西ドイツの政府が１９７５〜76年頃の売れ行きの停滞を見て出資を引き上げていたら、エアバスはどうなっていただろうか？政府の後押し無しの事業存続はまず考えられず、エアバス計画はＡ３００が30機ほど売れただけの惨憺たる失敗として歴史に残り、現在の隆盛はなかったことだろう。「継続は力」などとも言うが、エアバス計画は辛抱すべき時に辛抱すると大きな報いが得られると言う教訓なのかもしれない。

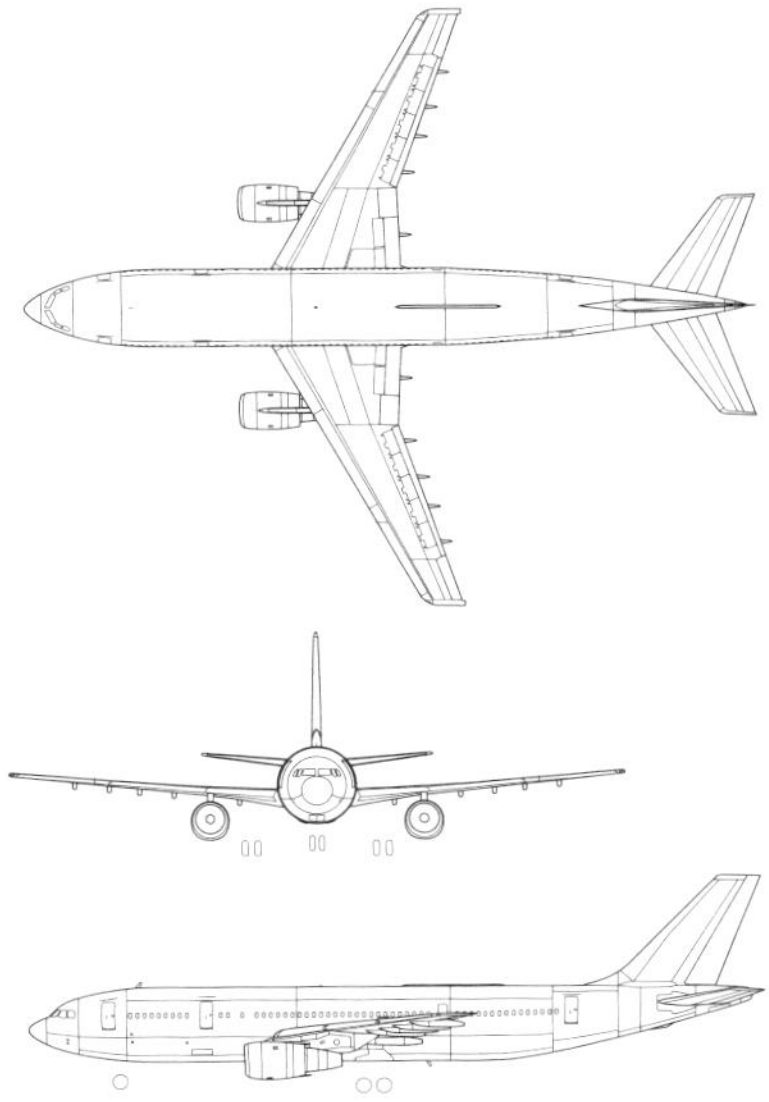

A300B2

全幅	44.84m
全長	53.6m
全高	16.5m
主翼面積	260.0㎡
機体重量	77,062kg
最大離陸重量	137,000kg

シャルル・ド・ゴール空港に着陸するアエロフロートA310-300。日本では決して派手な印象のない同機だが、A300の意欲的弟分としてエアバス社の繁栄に果たした功績は計り知れない。Konan Ase

単純なる派生型ではない、2マン・クルーの衝撃

エアバスA310 エアバスA300-600

A310 1982年初飛行／1983年初就航／製造機数255機

A300-600 1983年初飛行／1984年初就航／製造機数312機

**前項では、エアバス・ヒストリーの幕開けを担ったA300について解説した。
今回はそこから生まれた胴体短縮型A310、
そしてその開発過程で得たテクノロジーを本家A300へとフィードバックした、
A300-600Rを取り上げようと思う。
しかしこの両機をただの派生型と侮ってはいけない。
A300というエアバス隆盛の種を、これほど逞しく芽生えさせたのも、
ワイドボディ機における2マン・クルー化の先陣を切ったのも、他ならぬ彼らなのだから。**

A310という商売の必然

前項に書いた話と重複するが、エアバス社の転機は1977年であったろう。それまで低迷していたA300の売り上げがこの時期から急に上向きになり、1976年末までの受注総数が56機(オプション含む)であったのに対して、1977年の一年間だけでも40機を受注したのだ。待望のアメリカ進出も成り、A300の販売はようやく軌道に乗った。

もっとも赤字体質が解消したわけではなく、計画参加国政府の有形無形の支援がなければエアバス社は成り立たなかったかも知れないが、ともかく西ヨーロッパ共同のエアライナー開発が事業として存続していける見通しが立ったのが1977年だった。

A300が売れ出すと、エアバス社ではその発展型を考え出すようになる。自動車など他の工業製品でもそうだが、商品がたったの一種類では商売のうま味が少ない。顧客がもっと大きいエアライナー、あるいはもっとこじんまりとしたエアライナーが欲しいのだがと言った際に、さっと別の機種を示せればもっと収益も上がるだろう。

A300シリーズで実際に生産したのは胴体をちょっとだけ延ばしたA300B2と航続距離延長型のA300B4、それに貨客転換型のA300C4の三つの型だけであったが、エアバスではこの他にもさまざまな発展型を考えてはいた。純粋な貨物型や胴体をさらにストレッチした型、逆に胴体短縮型、四発長距離型、空中給油型などだ。

このうちストレッチした双発型(B9あるいはTA9)と四発型(B11あるいはTA11)の長距離機構想は、後になってA330とA340という形で実現する。そして胴体短縮型のA300B10案はA310の名で実施に移されることになる。

ここで「ちょっと待て。A300には600という型もあったじゃないか」と言う人がいるかもしれない。しかしA300-600はA300B2/4からの発展型というよりも、A310で開拓したテクノロジーをA300にフィードバックした型と見た方が良いのだ。だからA310を先に解説することにする。

200席でも遠くまで

A300の売れ行きが上向くとすぐにエアバス社では次に開発する発展型についての市場調査を開始したが、その結論はA300よりも一回り小さい座席数200席強で、航続距離の長いエアライナーというものだった。エアバスではこの市場に対応するため、A300の胴体を短縮した型を開発することを決意する。

エアライナーのストレッチ(胴体延長)ならば成功例には事欠かない。ダグラス社は特にストレッチが得意技で、プロペ

成田を発ちモスクワへと飛行中のアエロフロートA310のコクピット。デジタル化が大きく進んだA310では、航空機関士を廃した2マン・クルーとなり、ワイドボディ旅客機初の二人乗務を可能とした。Konan Ase

A310の胴体(上は最前部、下は主翼付け根の中央部)は、五つの部位にわたって短縮が行なわれ、胴体長はA300比マイナス6.69m。胴体断面はA300と同じである。Airbus

ハイテク・イメージを焼き付けた異例の胴体短縮型

ラ・エアライナーではDC-4からDC-6、DC-7の例があり、ジェット・エアライナー時代になってもDC-8、DC-9がなんども大胆なストレッチを行ない、最終生産型は最初の型とはほとんど別のクラスになっている。

その一方でエアライナーの胴体短縮といえばボーイング７４７ＳＰがあるが、成功したとは言い難い。そこそこ売れはしたものの、いまから見ればわざわざ生産しなくとも良かった改良型のように思える。

胴体延長型にはストレッチ型という言い方があるのに、短縮型にはそのような一般的な呼び名がない。シュリンク型などとも呼ばれたが一般化はしなかった。この事実そのものが、胴体の短縮はあまり広く用いられる技法ではないことを示している。しかしエアバス社はＡ３００とＡ３２０でそれを行ない、どちらも成功させている。

エアライナーをストレッチして乗客数を増やすと、一般には乗客一人あたりの運航費が低下し、経済性が向上する。もちろん主翼とかが変わらなければ、総重量が増えた分だけ全般的な性能、とりわけ離着陸性能が低下する。滑走路の長さが十分ではない飛行場ではストレッチ型が運用出来なくなったりする。

その逆に胴体を短縮したエアライナーを造ると、重量が軽い分性能はもちろん向上するものの、乗客あたりの運航費が増えて不経済になる。もともとエアライナーは運用条件に合わせて最適の性能を狙って設計しているので、それ以上に飛行性能が向上してもあまりメリットはない。強いて言えばそれまでの型では運用出来なかった狭い飛行場、高地や熱帯にあって性能が発揮出来なかった飛行場でも使えるようになるメリットがある。

そうでなければ構造重量が減った分を燃料搭載に振り向けて、乗客数が少ない長距離路線専用機とすることだ。747SPはこれを狙った。

前項でも書いたように、エアバスが当初開発を目論んでいたエアライナーは300席級で、A300の名称自体300席を意味している。しかし西ヨーロッパ内の需要やトライスター、DC-10などとの競合を考えて、実際に造られたのは250席級のA300B案になった。しかしそれをさらに縮小して200席級を開発するとなると、250席級でもまだ大き過ぎたのだろうか?

これは単純には言えない問題だろう。エアバスに限らず、1960年代の世界のエアラインの需要予測では倍々ゲームのような旅客の伸びがずっと続くと見ていた。しかし実際には1973年の石油ショックなどをきっかけに世界は不況に突入して、ジェット・エアライナー就航以来の右肩上がりの需要も急減速してしまったのだ。1970年代前半に登場したワイドボディ・エアライナーは、多かれ少なかれこの需要の読み違いの影響を受けている。もし1960年代に予測されたような一本調子の旅客需要の伸びが続いていたならば、A300の当初案でも大き過ぎるとは言われなかったかもしれない。

オール新設計の主翼

A310はA300の胴体を切り縮めただけの単純な発展型ではない。主翼と水平尾翼を再設計して最適化し、システムを近代化し、複合材料の使用比率を向上させるなど、A300からは1/3世代くらいは進歩したエアライナーだ。A300とは別のシリーズ名なのも、名前だけの違いではない。

A310の胴体は、A300のそれから合計五か所で短縮している。キャビンでは四か所から11フレームが抜かれ、特に大きく縮められたのが前部胴体部分だ。キャビンの短縮で乗客数は標準の2クラス配置では220席、モノクラスのハイデンシティ配置（3+3+3列、29~30ピッチ）では279席となった。床下の貨物室も当然短くなり、LD-3コンテナの搭載数は14個（A300は20個）になった。

胴体の違いはこれだけではない。A300の後部胴体は、尖った尾端に向けてゆるやかに絞り込まれていて、エアバスのスタイリング上の特徴となっていた。アメリカのエアライナーの場合は後部胴体をもっと急激に絞り込むし、また胴体後端も丸くまとめていることが多い。

A300の後部胴体をヨーロッパ的優雅さと評価する人もいるが、その一方で空力的にはあそこまでゆるやかな曲線にする必要はないとの指摘もあった。

完全新設計のA310主翼。トラック・フェアリングの数がひとつ少なくなり、外翼部はやや細長い。高揚力装置は、前縁にスラットと付け根のみクルーガー・フラップ、後縁にファウラー・フラップ。翼端の矢尻型のフェンスの有無は200型と300型の識別点で、つまり写真のビーマン機は300型である。Airbus

絞り込みが緩やかだと、胴体長に対するキャビンの比率が小さくなる。これは特に胴体長が短い小型機では不利になる。そこでA310ではキャビンの後ろ側でも胴体を2フレーム抜いて、絞り込みをわずかだがきつくしている。

A300と比べるとA310の胴体は6・69m短くなった。また水平尾翼も新設計で、翼幅で4%、面積では8%小さくなっている。A310の主翼は完全に新設計になった。

◆翼幅…44・84m(A300)/43・9m(A310)
◆翼面積…260・0㎡(A300)/219・0㎡(A310)
◆アスペクト比…7・73(A300)/8・80(A310)
◆25%翼弦後退角…28度(A300)/28度(A310)

A300の主翼断面は当時としては最新のリア・ローディング翼型を採用していたが、A310の主翼ではその考えをさらに一歩進め、巡航時の衝撃波の発生位置は一段と後方になり、翼断面の後半で発生する揚力が一層大きくなっている。A310の翼型は、高亜音速の領域を除いては、揚力係数(CL)がA300の翼型を上回っている。

主翼の平面形は基本的に変わらないものの、外翼が見るからに細長くなっているし、主翼下のトラック・フェアリングがA300の五つからA310では四つになっているのも目に付く。A310の高揚力装置は、前縁はスラットとクルーガー・フラップ(付け根部分のみ)、後縁はファウラー・フラップ(内側はダブル)で、A300よりも簡略化されている。また翼端側にあった低速専用エルロンは廃止した。

しかしA310で最も画期的だったのは2マン・クルーの採用であったろう。自動化とディスプレイの集約で航空機関士を廃止し、正副パイロット二人だけの運航を前提とした設計は、ワイドボディのエアライナーではA310が最初になる。コクピットの自動化電子化ではボーイング社の方がやや及び腰で、先進技術を果敢に採用するエアバス、保守的なボーイングという定評が生まれた。

A310の2マン・クルーに至る過渡的な乗員配置として、

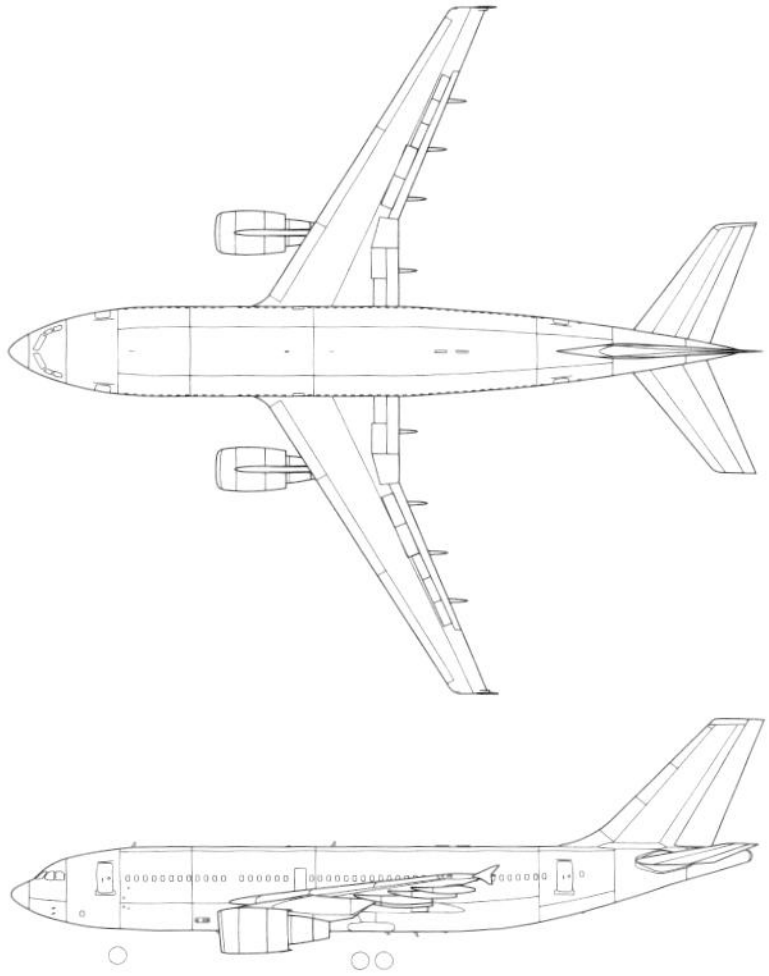

A310-300

全幅	43.89m
全長	46.66m
全高	15.80m
主翼面積	219.0㎡
機体重量	71,840kg
最大離陸重量	164,000kg

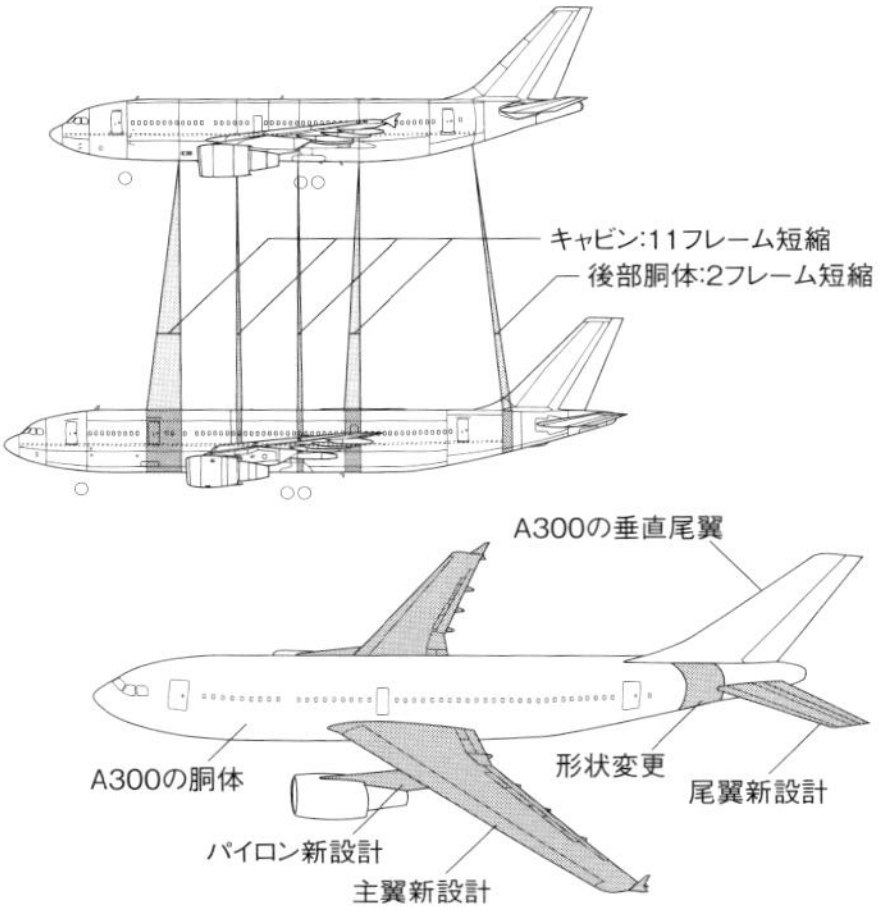

A300からA310への変更点

A300を単に短縮したかに見えるA310だが、フレームの短縮はもちろん、尾翼、主翼、胴体後部形状などを新たに設計し直している。

Ａ３００に途中から採用されたＦＦＣＣ（Forward Facing Crew Cockpit）があった。従来の機関士にあたる三人目の乗員を前向きに座らせ、正副パイロットの補助をさせるという発想だが、これでも当時は乗員組合から猛反対された。現在では５５５人乗りのＡ３８０でさえ、たった二人のパイロットで飛ばしていることを誰も気にもとめない。

Ａ３１０のエンジンは、ルフトハンザがジェネラル・エレクトリック社のＣＦ６-80Ａ1を、スイスエアがプラット&ホイットニー社のＪＴ９Ｄ-７Ｒ４Ｂ1を選定したが、その後にＰ&Ｗ社のＰＷ４０００シリーズ（ＰＷ４１５２／４１５６Ａ）が加わっている。どれも大バイパス比のターボファンで、推力は５万２０００lb（２万３５８７kgf、２３１kN）〜５万９０００lb（２万６７６２kgf、２６２kN）級だ。

Ａ３１０は負けてない

エアバス社がＡ３１０の開発を正式に決定したのは１９７８年の7月6日のことだった。Ａ３００の開発がスタートした時点では受注はエールフランスだけで、ほとんど見切り発車の開発開始だったが、Ａ３１０では計画正式ゴーアヘッドの時点ですでにルフトハンザから50機、スイスエアから20機という十分な数のまとまった確定受注があった。これもＡ３００で築いた実績のお陰だ。

Ａ３１０の１号機（Ａ３００から数えて同社の１６２機目）がロールアウトしたのは１９８２年２月のことで、同年４月３日に初飛行している。初期生産の５機が試験に充てられたが、これらはいずれもスイスエアとルフトハンザに引き渡され、１９８３年３月に就航を開始している。

Ａ３１０の競合機ボーイング７６７が正式にローンチしたのが１９７８年の７月14日と一週間ほどしか違わず、初飛行は１９８１年９月26日、就航開始も１９８２年９月と若干７６７が先行している。Ａ３００には直接の競合機がなかったが、Ａ３１０でエアバス社は業界の巨人ボーイング社に真っ向から勝負を挑んだわけだ。現在まで続くエアバスvsボーイングの戦いの始まりである。

Ａ３１０シリーズは１９８０年代を通じてコンスタントに年に20機前後が売れ続けたが、１９９０年代になると売れ行きはがたりと落ちた。１９９３年に22機を引き渡したのを最後に、１９９４年以降は年に２機ずつ納入とスローダウンした生産が続き、１９９８年に最後の１機を引き渡したのを最後にＡ３１０の生産は打ち切られた。総生産数は２５５機になる。

７６７が千機を超える受注を集め、生産がまだ続いているのを見ると、あたかもＡ３１０が競争に負けたようでもあるが、エアバス社からすればＡ３００-６００や後継のＡ３３０とも合わせて見てくれと言いたいところだろう。

Ａ３１０シリーズは最初１００と２００の二つの型が提示されていた。Ａ３１０-１００は航続距離３０００km級でヨーロッパ内やアメリカ合衆国内の路線用、Ａ３１０-２００は航続距離５０００km級でアメリカ大陸横断も可能だった。しかし実際に受注したのはＡ３１０-２００ばかりで、１００は造られずに終わっている。

より長距離へのシフト

Ａ３００が計画された頃には大陸間の長距離路線は三発以上のエアライナーの独壇場で、双発機は近距離路線という使い分けがあったが、エンジンの信頼性向上で１９８０年代の半ばからは双発で洋上飛行を行なう条件であるＥＴＯＰＳが導入されるようになった。すなわちエアバスの機種構成も、当初考えていたよりも長距離寄りにシフトして行くことになる。

Ａ３１０-３００はＥＴＯＰＳ時代の双発長距離機として１９８３年に開発が始まり、１号機は１９８５年７月８日に初飛行している。

航続距離延長には燃料タンクの増設が必要になるが、Ａ３１０-３００では主翼の桁間のインテグラル・タンクの他に、中央翼（胴体内）も燃料タンクとして利用することにした。さらには水平安定板の桁間にも燃料タンクを設けている。Ａ３１０-２００の燃料搭載量が５万４９２０kgなのに対して、３００の燃料は最大で６万８２７０kg（24％増加）になる。

Airbus A300-600R

在来型のA300B2および航続距離延長型のB4に続いて、後部胴体や尾翼、2マン・クルーのコクピットなど、いたる所にA310で培ったノウハウが投入された600型も導入した日本エアシステム。同社が使用したのはA300-600Rと呼ばれる燃料搭載量増加型である。高松空港にて。Toshihiko Watanabe

水平安定板タンクの容量は大きくはないが、燃料を移動可能なバラストとして利用することで重心をコントロールし、トリム抗力を最小限に抑えることが可能になる。その結果巡航時の揚抗比(L/D)が向上して、水平安定板に搭載した燃料の量以上の航続距離延長効果があった。燃料をトリム調整に利用する手法はコンコルドで開拓されたものだ。

A310-300の最大離陸重量は16万4000kgで、200よりも22トンほども重い。航続距離は9000km級で、大西洋横断はもちろんのこと、太平洋横断路線にも投入出来る。

A300が設計された当時には、グラスファイバー補強プラスチック以外の複合材料はやっと戦闘機などに取り入れられ始めた頃で、民間機には適用されてはいなかった。しかし1970年代末にはカーボンファイバー補強プラスチック(CFRP)などが民間機でも普及し始めており、A310-200では二次構造材として複合材料を一部に用いている。

A310-300ではさらに複合材料を一次構造にまで適用した点が新しい。垂直安定板の主構造がCFRPになり、複合材料の使用は全部で6・2トンにも達している。

もう一つのA310-300の新技術は主翼端の矢尻のような形のフェンスだ。ウィングレットと同じく翼端渦を制御してL/Dを向上させる働きがあるが、スーパー・クリティカル翼型同様エアバスではNASAの名称を使いたがらず、ウィングチップ・フェンスと呼んでいる。

セカンド・ジェネレーション

Ａ３００からＡ３１０-２００が派生し、それがさらに発展してＡ３１０-３００となった。Ａ３１０の技術をＡ３００に適用して誕生したのがＡ３００-６００で、言わばＡ３００の第二世代だ。Ａ３００-６００というのは通称で、正式の機種名はＡ３００Ｂ４-６００になる。Ａ３００-６００の初飛行は１９８３年７月８日で、就航開始は翌年の３月からだった。

Ａ３００-６００は全長はＢ２／Ｂ４と変わらないものの、絞りのきついＡ３１０の後部胴体と取り替えることにより、キャビンの長さを延ばしている。床下の貨物室も長くなり、ＬＤ-３コンテナが22個搭載出来るようになった（Ｂ２／Ｂ４は20個）。後部胴体だけでなく尾翼もＡ３１０-３００からの移植で、垂直尾翼は複合材料製、水平尾翼は一回り小さくなった。

キャビンの延長でＡ３００-６００の乗客数は、２クラス配置で２６７席、９列30ピッチのモノクラス配置では３５５席となった。非常脱出口で規定される最大乗客数は３７５席になる。

コクピットはＡ３１０-３００とほぼ共用化され、完全な２マン・クルーとなった。Ａ３００-６００とＡ３１０とは同じタイプ・レイティングで操縦出来るようになっている。乗員が二人になったことで直接運航費が引き下げられて、Ａ３００-６００は乗客一人あたりの運航費が最も低いエアライナーとのタイトルを得ることになる。

経済性には燃費率の向上したエンジンも貢献している。Ａ３００-６００のエンジンはＪＴ９Ｄ-７Ｒ４Ｈ１、ＣＦ６-８０Ｃ２Ａ１、ＣＦ６-８０Ｃ２Ａ５、ＰＷ４１５６／４１５８などから選べる。

主翼は基本構造こそＡ３００Ｂ２／Ｂ４と違いはないが、Ａ３１０にならって翼端側のエルロンが廃止されて、内翼エルロンとスポイラーで横操縦するようになった。またフラップもＡ３１０と同じように単純化された。ウィングチップ・フェンスも標準化されている。このような機構の簡素化や複合材料の使用もあって、座席数が増えているにもかかわらず、運用自重はＡ３００Ｂ４よりも６００kgほど減少している。

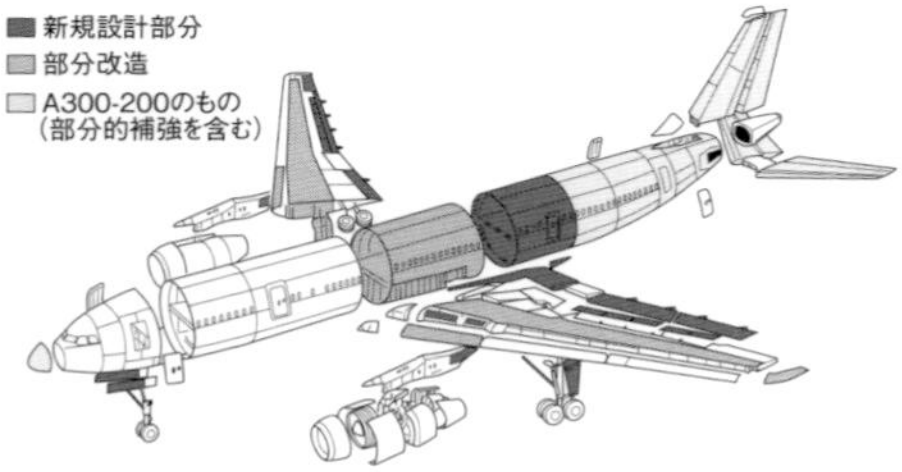

A300B4からA300-600Rへの変更点

A310で得た技術をA300にフィードバックしたA300-600。それだけに在来型A300からの変更点は少なくない。図は航続距離延長型の-600Rなので、水平尾翼にも燃料タンクが増設されている。

A300-600

全幅	44.84m
全長	54.08m
全高	16.53m
主翼面積	260.0㎡
機体重量	79,210kg
最大離陸重量	165,000kg

「ベルーガ」の愛称で知られるA300-600ST。機首(コクピットの上)は跳ね上げ式の貨物扉になっている。写真は1994年、トゥールーズで行なわれたA300-600ST初号機ロールアウトの模様。Airbus

A300-600Rは燃料搭載量を増やした長距離型で、A310-300同様に水平尾翼も燃料タンクに利用している。最大離陸重量はA300-600よりも5000kg増えて17万kgになった。満席の時の航続距離で比べると、A300-600の6800kmに対して、600Rは7400kmとなっている。

変わり種はA300-600ST(Super Transporter)で、「ベルーガ(白イルカ)」の愛称の方がよく知られているだろう。老朽化したスーパー・グッピーに代わり、エアバスの主翼や胴体を載せて各地の工場間を飛び回る規格外貨物専用輸送機だ。A300-600の胴体下半分や主翼を流用し、大きく膨らんだ上部胴体を載せている。跳ね上げ式の機首の貨物扉からストレートに貨物を運び込めるよう、操縦席部分は胴体の下側に移されている。

A300-600STは5機が製作された。1号機(F-GSTA)は1994年9月13日に初飛行して、1年後に運航を開始している。2号機(F-GSTB)は1996年4月に戦列に加わり、3号機(F-GSTC)は1997年5月、4号機(F-GSTD)は1998年12月と、毎年1機ずつ増えていった。最終の5号機(F-GSTF)は2001年1月に加わった。

ベルーガは系列会社のエアバス・トランスポート・インターナショナルが保有し、運航している。主な仕事はもちろんエアバスのコンポーネントの工場間輸送だが、他にも規格外貨物の輸送に活躍している。1999年4月にはドラクロワの高さ259cm幅325cmの大きな油絵「民衆を導く自由の女神」を、パリから東京まで(2か所経由)20時間かけて運んでいる。

2018年7月19日には新型のベルーガXL(A330-743L)の1号機が飛んだ。原型はA330で、従来のベルーガを30%上回る輸送力がある。ベルーガXLは2020年1月にATIのフリートに加わったが、従来のベルーガもまだ機体寿命を残しているので、当面は交替ではなく戦力増強になる。ベルーガXLは全部で6機製作される予定で、2023年末までには全機就航することになっている。

A300-600を含めたエアバスA300シリーズの生産は2007年まで続いた。1972年のA300B1の初飛行から数えれば35年間、エアバス社を支え続けたわけだ。さすがに1990年代半ば以降は売れ行きも鈍ったものの、それでも毎年10機前後を生産し続けた。最後の引き渡し機はフェデックス社向けの貨物機仕様A300-600Fで、2007年の4月18日に進空して、7月12日に引き渡されている。A300シリーズの生産総数は561機になる。

757はセミ・ワイドボディの767と共通の技術が投入され誕生した。近接するキャパシティの需要に応えることで、結果として姉妹は共存共栄を果たす。Boeing

767との同時並行開発、727の常識を突破したナロウボディ

ボーイング757

1982年初飛行／1983年初就航／製造機数1,050機

ボーイング757は、ここ日本では決して目立つ旅客機でなかったことは確かだ。しかし世界では違う。欧米では有力キャリアーが愛用してきた、セールス実績が千機を超えるボーイング自慢の成功作として認知されている。その開発史は727シリーズの進化系としてスタートしたが、三発から双発機への変遷において、特に水平尾翼の配置はシアトルのエンジニアたちを大いに悩ませる決断であった。

知名度の格差

ボーイング７５７と言えば、世界的には人気も知名度も高いのに、日本では一般にあまり知られていないエアライナーの代表株だろう。人気のほどは本がどの程度出ているかで判断できる。英語圏に限っても、７５７を単独で扱った解説書や写真集がいくつもあるが、日本では７６７が導入された前後に一緒に（しかもメインは７６７で７５７はおまけ）雑誌の特集になったくらいで、７５７単独の本は一つもないはずだ。

日本における７５７の扱いは、四半世紀近くにわたり生産されたベストセラー機とは思えない。そもそもボーイング７５７がそんなにも売れたエアライナーだとは、日本ではマニア以外ほとんど知らないだろう。７５７の最終生産数は１０５０機で、７６７は２０１３年になってようやく７５７の引き渡し機数を抜いた。

日本で７５７の人気や知名度が低い理由は簡単だ。日本のエアラインがどこも採用していない。日本に乗り入れている大手のエアラインも、日本路線にはほとんど投入していない。つまり日本にいる限りは乗ったり、目にしたりする機会が少ないエアライナーなのだ。

しかし欧米だと事情が違う。大手ではアメリカン、ブリティッシュ・エアウェイズ（ＢＡ）、コンチネンタル、デルタ、ノースウェスト、ＴＷＡ、ユナイテッド、ＵＳエアウェイズといったところがのきなみ７５７を使用した。いまでも世界中で六百機以上が現役で飛んでいる。

２０２１年半ば現在も飛んでいる六百数十機の半数は貨物型の７５７-２００Ｆだ。フェデックスが１１９機を運用し、他にもＵＰＳが75機、ＤＨＬ系列が合計36機を飛ばしている。旅客型はデルタの１２７機、ユナイテッドの61機が多いところだ。

それではなぜ７５７は日本に馴染みがないかと言えば、大手のエアラインは７５７を主にアメリカ国内線や大西洋線に投入したからだ。太平洋を越える直行便に投入するのには、７５７のサイズや航続性能はちょっと不足だ。

もっとも逆に日本ではレアなエアライナーだけに、日本のマニアには７５７は人気の高い機種でもあるようだ。日本にいては出会う機会も少ないから、たまにチャーター便などで日本の空港に飛来した機体を目撃すると、なんか得したような気になる。

出発点、７２７-３００

それにしてもボーイング７５７が７２７の改良型として出発した事実は、どの程度知られているのだろうか？ ７２７-１００、７２７-２００と成長してきたシリーズの究極の発展型が７５７で、そもそもの始まりは７２７-３００の構想だったのだ。

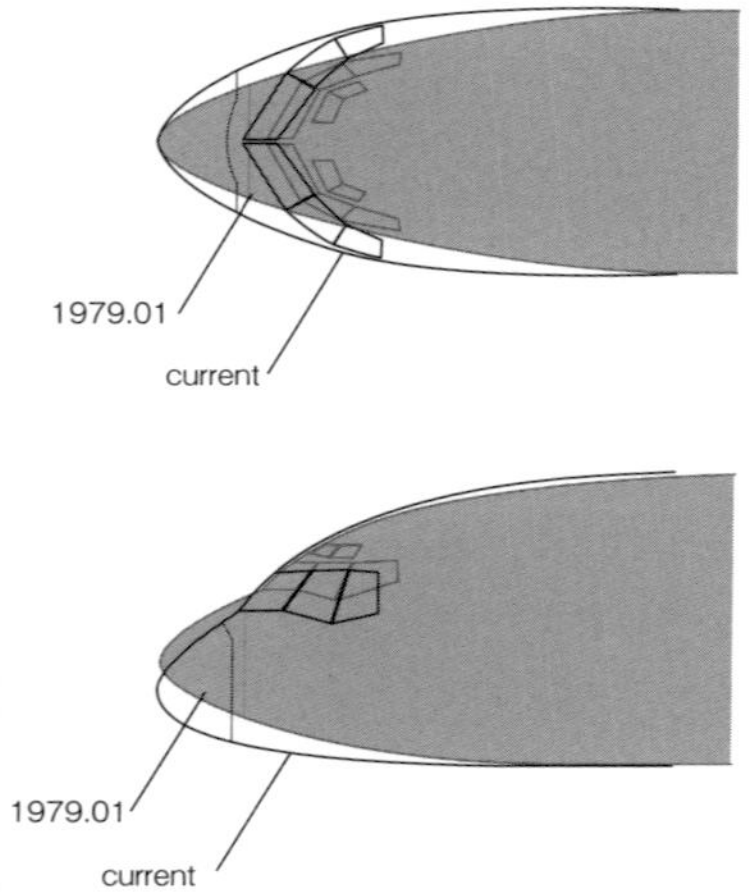

757開発における機首形状の変化

707から継承するやや上向きの形状を捨てて、767との共通性を多分に意識した下向きのノーズが与えられたポリッシュドスキンが輝くアメリカン航空機のノーズ。ボリューム感も増している。Boeing

悟った727発展型の限界点 あらたに「7N7」として 次世代のナロウボディ像を模索

初めて聞いた人はさぞかし戸惑うことだろう。727の特徴的なT尾翼もないし、主翼の形もまるきり違う。顔付き（機首）も727の尖っていてちょっと上に向いた鼻先とは対照的に、丸くて下がり気味の鼻をしている。

だいいち727は尾部にエンジンを集めた三発機なのに、757は主翼にエンジンを吊した双発機ではないか。三発機をどう改良すれば双発機になるのか？

ボーイング社としても、757がこんなに727と違ってしまったのは予想外であったかもしれない。当初の狙いは、727のコンポーネントを最大限利用して開発の期間とコストを節約した、お買い得な発展型のはずだったからだ。しかし最終的には757は、3列＋3列の座席配置くらいしか、727から受け継いだものはない。

ボーイング社が727の改良型の検討に着手したのは1973〜74年のことで、1975年6月のパリ航空ショーには仮称727-300のモデルが出品されている。727-300は200の胴体を6m延長し、エンジンをJT8D-217へと換装する順当な発展型だった。

当時は第一次石油ショックの余波が残っていた時期で、旅客需要は伸び悩み、燃料代は高騰していた。JT8Dのバイパス比を若干大きくしただけのJT8D-217では、最新世代の大バイパス比ターボファンに比べると、燃費率も騒音も見劣りする。727-300は魅力に乏しく、エアラインの購買意欲をそそらなかった。

当時ボーイング社では７２７-３００とはまったく別に、イタリアのアエリタリア社とエアライナーの共同開発の道を探っていた。１９７２年頃には米伊協同の「静粛な短距離機」(Quiet Short Haul) 構想が発表されたが、今ひとつエアラインの受けが悪かった。そこで改めて７Ｘ７の名で、次世代の二百席級エアライナーを模索することになった。

これに対して７２７の発展型の構想は７Ｎ７と仮称されることになる。Ｎはナロウボディの頭文字で、この機体が７２７と同じ胴体断面を持つことを示している。７Ｎ７は７Ｘ７よりも少しだけ下の、１６０～１８０席のクラスを狙うことになる。

言うまでも無いが７Ｎ７が後の７５７で、７Ｘ７が７６７になる。この二つのクラスのエアライナーは、共通の技術を用いつつ並行して開発されたのだ。

双発という必然

似通ったクラスのエアライナーを2機種同時に開発し生産し販売するのは、ボーイング社の強力な資金力や技術力を示すものではあるが、案外ボーイング社も迷っていたのではないかと筆者は思う。

ヴェトナム戦争後の景気の落ち込みや石油ショック、超音速旅客機（ＳＳＴ）計画の中止、環境問題、航空旅行の大衆化など、これまでのエアライナーの世界では考えられなかったような出来事が１９６０年代末から70年代前半に次々に起きて、ボーイング社でもエアライナーの将来像を掴みかねていたのではないだろうか。７Ｎ７と７Ｘ７を一つに絞れなかったのもある意味で迷いだし、個々の機体設計でも迷っていた。

自社の７４７がワイドボディ・エアライナーという新しいジャンルを切り開いたものの、二百席以下のクラスとなるとワイドボディでは寸詰まり過ぎて成立しなくなる。しかし、それ

ボーイング7シリーズに初期のグラス・コクピット時代を告げたコクピットも、767との共通性を強く意識した設計。なお、写真の二人はボーイング社のテスト・パイロットだ。
Boeing

キャビンは727同様、3列+3列の座席配置。当初、160席級の100と180～200席級の200が開発されていたが、オーダーは200のみに集中している。Charlie Furusho

では従来の通路を挟んで3列ずつの胴体断面（ナロウボディ）で良いのか？　ワイドボディに慣れてしまった乗客が狭苦しく感じるのではないか？

　この問いから767の2本通路7列座席のセミ・ワイドボディが生まれるのだが、ボーイング社は7N7でも従来より直径が6インチ（152㎜）だけ大きな胴体を採用することを検討した。しかしこの胴体ではワイドボディ機に対して優位もない上に、抵抗や構造重量は大きくなる。7N7は結局はボーイング707以来の単通路6列座席配置に戻った。

　ボーイング757の設計に決定的な影響を及ぼしたのは、少し前に登場していた新しい大バイパスのターボファン・エンジンの世代だった。

　ターボファン自体は1950年代の末には実用化しているが、当時のターボファンのバイパス比は1以下でしかない。727のJT8Dにしても、出現当時は経済的なエンジンとして持て囃されたが、やはりバイパス比はほぼ1だ。

　ところがボーイング747に合わせて1960年代末に登場したJT9DやCF6、RB211といったターボファンはバイパス比が5〜6もあって、燃費率がきわめて良かった。その上これらのエンジンは信頼性も高かった。

　ボーイング社が727で三発を採用した理由は本書の320ページから解説しているが、簡単に言ってしまえば双発の経済性と四発の安全性を兼ね備えたのが三発だった。ところがエンジンの推力と燃費率が向上し、信頼性まで高くなって来ると、わざわざ三発にせずに双発でも経済的で安全なエアライナーが成立しうるようになる。

　7N7の設計案はずいぶんと変遷したが、双発という点では最初から一貫している。そして大直径のターボファンの双発となると、エンジンの置き場所は主翼の下以外には考えにくい。

T尾翼との決別

　7N7の形態で最後まで決まらなかったのは尾翼配置だった。1978年頃の案では727に似たT尾翼になっているが、これは別に727の尾翼を単純に踏襲したものではない。だいいち727の垂直尾翼は付け根に中央エンジンへのエア・インテイクとダクトを埋め込んでいて、そのままでは双発機の尾翼にはならない。

　T尾翼の利点は、水平尾翼を後退した垂直尾翼の上に載せているので、水平尾翼を重心から遠く配置できることだ。水平尾翼面積と重心からの距離で決まるテイル・ヴォリューム（尾翼容量）を一定とすれば、水平尾翼が重心から遠いほど面積を少なくすることができる。

　水平尾翼を小さくできれば、水平尾翼が発生する抵抗も小さくなる。抵抗が小さければ燃料の消費も少なくなる。実際ボーイング社の風洞実験では、T尾翼の7N7は通常配置よりも

1978年時点の757案。双発化されたエンジンこそ主翼下に移動しているものの、727-300計画に端を発する757の生い立ちがT尾翼に現れている。Boeing

３％燃費が良くなるはずだった。石油ショックを経験したエアライン業界にとっては、３％は魅力的な数字だ。同じ理由で７Ｘ７でも最後までT尾翼案が有力だった。

最終的には７Ｘ７が通常配置の尾翼を採用し、７Ｎ７もそれに倣ったが、大きな理由は機体の全長を短くできることだったようだ。これは機体の地上での取り扱い、特に狭いスポットへの駐機や地上旋回などに大きくモノをいう。

例えば７５７は７２７-２００とほぼ同じ全長だが（約０・６ｍだけ長い）、胴体は７２７-２００よりもずっと長く、キャビンは７５７の方が８・２ｍも長い。もちろん７５７のキャビンが７２７よりも長いのは、胴体後部にエンジンとダクトとエアステアを抱えていないせいもある。

７Ｎ７がT尾翼を捨てたのは１９７９年に入ってからのことで、７５７計画が正式にスタートする数日前のことだ。最終的な設計を見ると、T尾翼案よりも水平尾翼幅が４割も大きくなっている。

同じく最終的に７５７の見かけを大きく変えたのが機首の設計変更で、７２７譲り（と言うことは７０７以来）の機首のラインから、７６７とできる限り共通化した機首へと変わった。先に述べた鼻先の上がり下がりもさることながら、コクピットの幅の違いが大きい。共通化されたのは外観だけでなく、コクピット内も両者同じ構成とされた。

７５７は７６７と並んで、エアライナーのグラス・コクピット化の先駆けなわけだが、これについては767の回で解説しよう。

ボーイング757の設計に大きな影響を与えたのはイースタンとBAで、この2社がローンチ・カスタマーとなった。両社は1978年8月の時点で、それぞれ21機と19機の発注の意向を明らかにしていた。これに対して767はユナイテッドがローンチ・カスタマーだったが、同エアラインも後には757を発注している。

当時のイースタンの社長は、アポロ8の船長として月を回った元宇宙飛行士（退役空軍大佐）フランク・ボーマンだった。回想の中でいかにもボーマンらしく直裁に、「ボーイングに行って『おい、新しい飛行機が必要なんだ』と言ったんだよ」と語っている。

757（7N7）と767（7X7）の計画は、1979年の5月に同時に正式ローンチされた。ボーイング社ほどの大企業でも、このクラスのエアライナーを2機種並行開発するのは異例のことで、設計エンジニアが足りるのだろうか、生産施設や工員が間に合うのだろうかなどと当時は心配された。

もっとも生産に関しては両機は完全に場所を分けている。

757の製造は727や737同様にレントンで行なわれた。767は747のラインが設けられるエヴァレットで製造され、姉妹機ながらその故郷は別々とされた。Boeing

パワーソースは二社からRB211（上）もしくはPW2000の選択。先行したのは英国製の前者で、ボーイング史上、米国製ではない動力でローンチした旅客機は757と後に誕生する787のみ。

757が707や727、737を生産したワシントン州レントンの工場で造られるのに対して、767は747と同じ同州エヴァレット工場で生産されるからだ。つまりボーイング社はナロウボディ機とワイドボディ機の生産工場を完全に分離したのだ。

イースタンもBAもエンジンにはロールスロイスRB211-535Cを指定したので、757はボーイング社のエアライナーとしては初めてアメリカ製以外のエンジンを搭載してローンチされた機体となった。

これに対してはプラット&ホイットニー社も、JT9Dから進化したPW2000シリーズを提示し、デルタの発注を得た。当然ジェネラル・エレクトリック社でもCF6系列を提示したのだが、早い段階で大口の受注が得られず(CF6-32を選択すると引き渡しが7か月遅くなるとされた)、757からは手を引いている。

後退角25度

757の主翼を727のそれと比較すると、約二十年の空力技術の進歩あるいはエアライナーの空力についての考え方の変化が見て取れる。まず主翼の翼型は、727はそれ以前からの層流翼型だが、757(と767)は最新だったスーパー・クリティカル翼型を採用し、高マッハ数での衝撃波の影響を抑えることができた。そのため757は主翼の後退角を25度(727は35度)に留めることができた。

757の主翼幅は38・05m(727は32・92m)で、翼面積は185・25㎡(同157・9㎡)、アスペクト比は7・8(7・5)だ。727はエアライナー史上最も手の込んだ高揚力装置を備えるが、757では後退角を減らし翼面積を増やしたお陰で、高揚力装置は前縁スラットとダブル・スロッテッド・フラップで済んでいる。

機体構造に関しては、基本は従来通りのアルミニウム合金だが、強度を担わない二次構造には大量に複合材料が用いられている。ラダー、エレベーター、エルロン、フラップ、スポイラー、エンジン・カウリングなどがグラファイト(カーボン)・エポキシ複合材料で、主翼後縁パネル、前脚室ドア、フラップ支持フェアリングなどにはグラファイト/ケヴラー・エポキシ複合材料が、また主翼前縁下面パネルや尾翼端などにはケヴラー・エポキシ複合材料が使用された。

利益を生む旅客機

ボーイング757の1号機は1982年の1月13日にレントンでロールアウトし、同年2月19日に初飛行した。

ちなみに並行して開発されていた767は、1981年9月に初飛行している。757が遅れたのではなく、全くの新規設計だけに開発に手間が掛かりそうな７６７を先行させたと見るべきだろう。

イースタンに最初の機体が引き渡されたのは１９８２年の12月で、翌年の１月１日から商業運航を開始している。ＢＡも2月には運航を開始した。

７５７の売れ行きは最初は大きな波があり、数十機が売れた翌年には2機しか売れないといったばらつきがあった。７５７がよく売れ始めたのは１９８０年代の末になってからで、１９８８年には１４８機を売り上げ、１９８９年には最高の１６６機を記録している。その後も年に数十機がコンスタントに売れ続け、２００１年まで受注が続いた。

７６７との同時開発ではクラスの近い両機がお互いの市場を食い合うのではないかとも心配されたのだが、実際にはそのような事態は起こらず、７５７と７６７はエアライナー市場でうまく棲み分けたようだ。７５７が一番売れた１９８９年は、７６７にとっても最良の年だった。

また意外なことには、新規設計の７６７と７２７から発展した７５７のエアライナーとしての魅力のスパンにも違いはなく、７５７が売れなくなってきた２０００年代には７６７もまた売れ行きが鈍っている。生産がすでに終わっている７５７を上回る受注を、７６７が確保できたのは２０１０年代のことだ。

７５７計画では、最初は１６０席級の７５７-１００と、１８０～２００席級の７５７-２００とが提示されていた。ところがエアライナーはどこも７５７-２００の方を発注し、１００には見向きもしない。ボーイング社では７５７-２００を標準として、１００の開発を打ち切った。実際には１６０席級の中短距離機の需要は、７３７-３００以降の型が埋めることになる。

だから１９９０年代半ばまで７５７は単一の型しか存在しなかったのだが、１９９６年半ばになってようやくボーイングは発展型７５７-３００開発の意図を明らかにする。

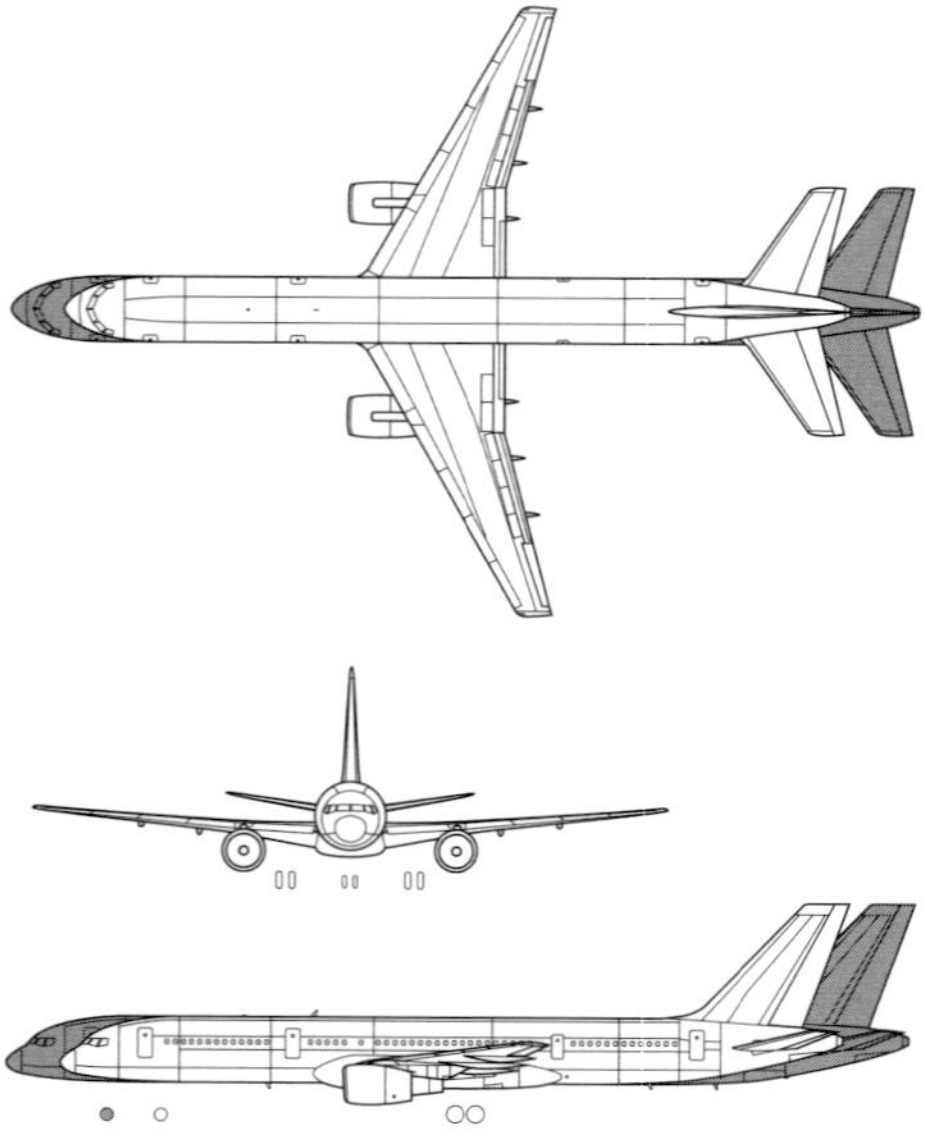

757-200／-300

全幅	38.05m
全長	47.32m／54.43m
全高	13.56m
主翼面積	185.25㎡
運航空虚重量	57,180kg／64,590kg
最大離陸重量	113,395kg／22,470kg
最大運航速度	Mach 0.86
航続距離	7,079km／6,056km

わずか55機の生産に留まった757-300。胴体は7.11mストレッチされ収容客数はモノクラス標準で289席に発展した。写真のコンドル機のように、後にウィングレットを装着した機体もある。Charlie Furusho

７５７-３００は胴体を７・１１m延長した型で、乗客数は１クラスで２８９席、２クラスで２４３席が標準になる。離陸重量は約８トン増えた。キャビンは７３７の最新仕様に合わせて近代化された。

７５７-３００の１号機は１９９８年８月２日に初飛行した。７５７-３００のローンチ・カスタマーとなったのはドイツのコンドル航空で、初就航もコンドルで１９９９年３月のことだった。

７５７-３００の開発が必要だったかどうかは首を傾げるところだ。もともとチャーター・エアライン向けとして開発したようなものではあるが、ノースウェスト、アメリカン、コンチネンタル以外の大手は発注せず、総受注数は55機に留まった。つまり１０５０機の７５７シリーズのうち、９９５機までが７５７-２００（貨物型や軍用型含む）だったことになる。

ボーイング７５７シリーズの最終機は中国の上海航空向けで、２００４年の10月28日にレントン工場で完成、翌年４月に引き渡されている。

最終的には７２７からはずいぶんと離れてしまったが、お買い得で経済的なエアライナーというボーイング社の当初の狙いは見事に達成されている。７５７-２００の単価は１８００万ドルで、ほぼ同じ客席数の７６７-１００よりも２割も安い。直接運航費（ＤＯＣ）もそれだけ低く、エアラインにとっては利益の出るエアライナーだと言える。

胴体のサイズこそ違えど、同時開発により誕生した767と757。同じ形状で揃えたコクピット・ウィンドウが姉妹の関係性を物語っている。Boeing

外径5.03m、セミ・ワイドボディという挑戦の胴体

ボーイング767

1981年初飛行／1982年初就航／製造機数1,223機（2021年7月末時点）

操縦席のツー・マン・クルー化を強力に推進し、
また双発機の信頼性を一段と強固なものにしたボーイング767の功績。
しかし一方でセミ・ワイドボディなる狭小な胴体直径を採用し、
キャビンやカーゴルームの運用に制約があると批判を受けたことも事実だ。
ドリームライナー以後も製造が続く偉大なベストセラーの功罪を、あらためて検証する。

超ベストセラー

エアライナーは何機くらい売れたらベストセラーと呼ばれるようになるのだろうか？　かつてのDC-3など総生産が1万機を超えている（ただし、ほとんどが軍用輸送機としての生産）。

DC-3は例外としても、生産と販売が千機の大台に乗ったら、現代においては文句無い大ヒット作と呼べるだろう。実際生産が四桁に達したジェット・エアライナーはそう多くない。ボーイング707、727、737、747、ダグラスDC-9シリーズ（MD-80／90含めて）、エアバスA320ファミリー（A318／A319／A321含む）、それにこの767と757くらいのものだろう。

ボーイング767は1982年に引き渡しを開始して、二十年弱で千機の大台に乗せた。生産が二十年も続くこと自体が、現代のジェット・エアライナーではそうはない。さすがに近年は売れ行きも鈍ったとは言え、まだボーイング社の受注残は民間向けだけで四十機以上ある（2021年7月末現在）。

さらに2011年にはアメリカ空軍の空中給油機として767を母体としたKC-46が採用されたので、軍用型だけでも百数十機以上の生産が期待されている。767系列の生産は2020年代も続くことになろう。

ボーイング757の項で書いたように、757と767は同時に並行して開発された。いわば兄弟機（姉妹機）だ。旅客数や総重量、エンジンからすれば両者はほぼ同じクラスと言える。

757がまだ7N7の開発コードで呼ばれていたとき、767は7X7と呼ばれていた。両機はコクピットなどのシステムを共通化していて、実際パイロットは単一のライセンスでどちらも操縦出来る。

しかしボーイング社の製品の中で、あるいはジェット・エアライナーの歴史の中での757と767の位置付けはかなり異なっているのではないか。ちょっと図式的に言えば、757は707に始まるナロウボディ（7N7のNはその頭文字）のジェット・エアライナーの掉尾を飾る機体であるのに対して、767は新しい世代のジェット・エアライナーの先駆けと言うことが出来る。747はどうかと言えば、実はワイドボディを創始した機体ではあるものの、むしろ前の世代に属すると私は見ている。

ただ先頭ランナーであるが故に、767の革新性はその後の世代と比べていまひとつ明白ではない。別段新しい空力概念を採用しているわけでもないし、システムが際立って目新しいわけでもない。767の中ではコクピットが一番革新的だったのだろうが、それもエアバスの新世代のジェット・エアライナーほどには画期的ではない。

また767のエアラインでの評価も微妙だ。キャビンの利用効率が悪いとか、床下貨物室にLD-3コンテナが一列しか入

ライバルよりも大きな主翼面積を持つ767の上面形。シンプルな高揚力装置は内翼後縁がダブル、外翼後縁がシングルのスロッテッド・フラップで、前縁には全幅にわたるスラットを装備する。Boeing

当初は767（7X7）と757（7N7）に加え、7X7の三発機仕様の三機種が同時開発されていた。イラストは7X7の三発機モデルで、うち二発のエンジンを主翼下に搭載する1975年頃の案。Boeing

“Extended Range”で767が開拓した双発機による長距離洋上飛行

らないとか、いろいろ文句も言われる。千機以上も売れているのだから悪い機体のはずはないのだが、なにか中途半端感が付きまとうのだ。

実際767が鳴り物入りで切り開いたセミ・ワイドボディというジャンルには、ボーイング社自身を含めてどこのメーカーも追随しなかった。2本通路（ツイン・アイルズ）のジェット・エアライナーの中で、767の胴体外径は最小（5・03m）だ。いまではセミ・ワイドボディの語は767専用のようになってしまっている。

エアバスへの対抗心

767の歴史的な意味にはもう一つ、ボーイング社が初めてエアバス社に対抗して開発したジェット・エアライナーということがあるだろう。

ボーイング社のエアライナー市場におけるライバルは長い間ダグラス社だった。長距離ジェット・エアライナー市場では707をDC-8が追いかけ、短距離市場では逆にDC-9が737に先行した。しかしワイドボディ市場ではダグラス社は747の対抗機を作らず、別のカテゴリーのDC-10を開発した。これ以降ボーイング社とダグラス社は同じ市場でぶつかることはなかった。

ダグラス社と入れ替わるように国際エアライナー市場に参入

して来たのがエアバス社だが、A３００だけではボーイング社もライバルが現れたとの危機感は持たなかったろう。しょせん一発屋かニッチ狙いくらいに見ていたのか、ヨーロッパ各国の政府が寄ってたかって支えてやらなければ自立出来ない企業と思っていたかも知れない。しかしA３００は１９７０年代末から急に売り上げを伸ばし、エアバス社では発展型のA３１０の開発も発表した。

７６７はA３００／A３１０シリーズ、特にA３１０とほぼ同じ座席数、離陸総重量で、エンジンも同じだ。両者の大きな違いは主翼にあるが、それについては後で説明する。

ボーイング社では７４７を送り出した後の１９７０年代の初頭、イタリアのアエリタリア社と共同でSTOL（短距離離着陸）の１００～１５０席級短距離ジェット・エアライナーを研究した。しかしSTOL旅客機の市場は狭く、両社の共同計画は打ち切られる。

その代わりとして１９７２年頃に登場したのが７X７計画で、当時の構想ではエンジンを主翼の上に搭載する双発機だった。エンジンの主翼上面搭載を、ボーイングは空軍向けの試作輸送機YC-14で試みているが、YC-14の場合にはエンジン排気を主翼上面に流して揚力を増大させるSTOLが目的だった。一方７X７のエンジン搭載法では、エンジンの騒音を主翼が遮って地上に届かせないメリットが強調されていた。

ボーイング社では７X７の計画を進めるにあたって、すでに関係のあったアエリタリア社の他に、日本のメーカーにも声を掛けた。日本の航空機メーカーは１９６０年代後半からYS-11の次の民間エアライナー計画、通称Y-Xを合同して開発しようとしていたのだが、日本単独では技術的にもセールス的にも無理との結論が出て、ボーイング社の計画に参加することになったのだ。最新の７８７まで通じる国際共同開発、共同生産の方法論はこの時に始まった。

日本が７６７計画参加を決めた直後に起きたのが、１９７３年10月の第四次中東戦争をきっかけとする第一次オイル・ショック（石油危機）と世界規模の不況だ。航空燃料が二倍から三倍にも値上がりしたのに旅客は減って、エアラインにとっては踏んだり蹴ったりだった。エアライン側に新型機導入の余裕が無くなったので、新しいエアライナーの開発はどこも減速された。

１９７５年にボーイング社が改めて公表した７X７案では、エンジンが翼下吊り下げに変わっていた。この方が翼上搭載よりも抵抗が少なく燃料消費が少ないとの触れ込みで、石油ショックを境に航空業界の合い言葉が「環境（低騒音）」から「経済性（低燃費）」へと変化したことをうかがわせる。

７５７の時にも述べたように、この当時ボーイング社では７２７の発展型（当時の名称は７２７-３００B）を検討していたが、１９７６年半ばには７X７と同じエンジン、同じ空力形態で、胴体の直径だけが異なる兄弟機へと７N７の設計は収束して行く。

双発機の可能性

ボーイング社では1978年2月に757（7N7）、767（7X7）、777の三機種同時開発を発表した。この「777」はいまのこの名の双発機とは違って、767と同じ胴体直径で三発の中距離機と想定されていた。

この時点では三機種ともにT尾翼を採用していたが、同年7月ユナイテッド・エアライン（UA）の受注を得て正式に767計画をゴーアヘッドさせたときには、通常尾翼の設計に変わっていた。実際にはメーカー側もエアライン側も最後の最後までどちらの形態にするか迷い、最初の発表にはT尾翼の模型が登場したくらいだ。

エンジンにはプラット&ホイットニー（P&W）社製のJT9D-7R4と、ジェネラル・エレクトリック（GE）社製のCF6-80のどちらかを選択出来た。ロールスロイス社のRB211-542も提示されていたのだが、実際には767にこのエンジンを選定したエアラインはなかった。

一方、三発型の仮称777の方はアメリカン・エアライン（AA）と交渉していたが、開発資金もさることながら設計技術者の不足が懸念されて、ボーイング社としても次第に三機種同時開発に乗り気でなくなっていた。AA側が767の航続距離延長版の200に興味を示したことで、セミ・ワイドボディ三発の777案は消滅した。三発だと新エンジンを開発せねばならないことも（既存エンジンの縮小型だとしても）及び腰の理由だった。当初提示されていた180席の767-100もエアラインの関心が薄いので取り止めになり、1978年の暮れまでにはUA、AA、デルタの大手三社が210席級で中長距離型の767-200を発注することになる。

767はワシントン州エヴァレットの工場で、747と隣り合って生産される。試作1号機（N767BA）はJT9Dを搭載して、1981年8月4日にロールアウトした。同飛行場で初飛行したのは9月26日のことだ。

テスト飛行はJT9D搭載の4機とCF6搭載の2機で進められて、1982年7月末には連邦航空局（FAA）の型式証明を取得した。初就航はユナイテッドで同年9月8日になる。試験中も就航初期にも大きなトラブルはなく、順調な出だしだった。

767が双発を採用した当時のFAAの規則では、双発機は片エンジンが故障しても90分以内に飛行場にたどり着けるルートを飛ぶことを義務付けていた。これが双発機の長距離洋上飛行を制約していた。

しかしエンジンの信頼性が目立って向上し、飛行中にエンジン1基が停止する確率が低くなったことを反映して、FAAは双発機の洋上飛行の規則を見直した。ETOPS（Extended-range Twin-engine Operational Performance Standards）がそ

セミ・ワイドボディという独自の立ち位置を体現する客室（TWA仕様）。2+3+2という座席配列について、ボーイングは乗客の87%が窓際もしくは通路側に着座できる快適性を主張した。Boeing

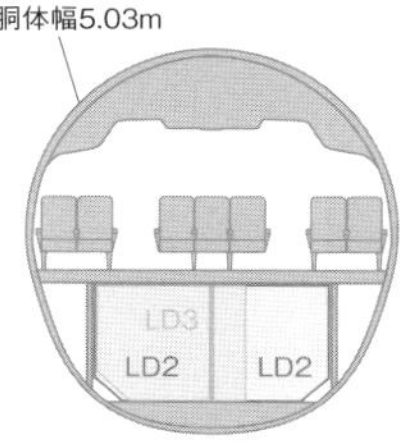

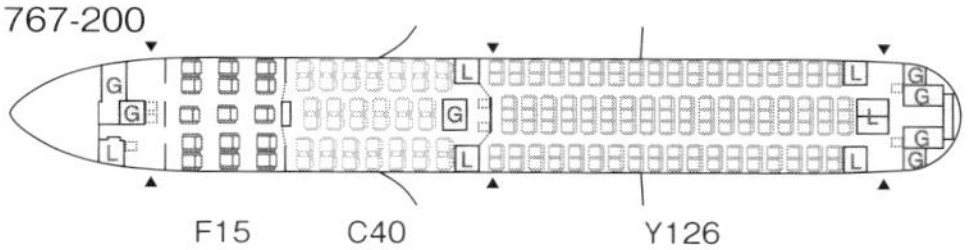

767の胴体

図らずも767の専売特許となったセミ・ワイドボディ（外径5.03m）の胴体断面。床下のカーゴスペースにLD-3コンテナが1列しか収納できないのが欠点。エコノミー・クラスの座席配列は2-3-2となる。

双通路機材の下限 767の評価を分けた胴体断面

れで、１９８５年には片発飛行の時間が１２０分まで延長され、１９８９年にはさらに１８０分まで延長された。これなら双発の７６７も堂々と大洋の真ん中を飛ぶことが出来る。７６７は双発機の長距離運航の可能性を切り開いた機体と言えよう。

７６７-１００は提案だけで終わったが、７６７には２００の他に３００と４００の二つの型がある。７６７-３００は１９８３年に日本航空（ＪＡＬ）の注文で開発が始まった、胴体を６・４３ｍストレッチした型で、１９８６年１月に進空している。客席数は２クラスで２６９人になる。７６７-３００自体は１０４機の生産に終わったが、燃料タンクを増設した長距離型の３００ＥＲ（Extended Range）は五百数十機が生産されて、全７６７の過半を占めている。

７６７-４００ＥＲはシリーズ最終型で、胴体をさらに６・４３ｍ延長（全長は61・４ｍになった）、主翼幅も合わせて４・３６ｍ延長している。翼面積は２９０・７㎡になった。客席数は２クラスで３０４人になる。

ちなみに前述のＫＣ-46は胴体の短い７６７-２００ＥＲをベースにしている。各型合わせた受注の推移を見ると、１９８０年代末から90年代にかけてよく売れているが、その後も売れ行きが停滞したかと思うとまた売れ始めるといった繰り返しで、息の長いロングセラーといった感がある。引き渡しは２０１１年で合計千機の大台に乗ったが、受注合計は２０２１年７月末で１５１０機に達している。

日本航空のオーダーでローンチした767-300では胴体を6.43m延長。1986年1月に初飛行、同年10月に日航で初めて路線就航を果たした。2021年の今も主力機として活躍する。Boeing

セミ・ワイドの功罪

ボーイング767の形態はある意味平凡だ。大バイパス比のターボファン・エンジンを後退翼の下に吊り下げて、尾翼は通常配置。T尾翼でもリア・マウンテッド・エンジンでもない。

逆に言えばこれが1980年代以降のジェット・エアライナーのスタンダードな形態であって、実際767以降に登場した中距離以上のエアライナーの違いは双発か四発かでしかない。これ以降エアライナーの個性あるいはメーカーの設計思想の違いは、もっぱら胴体の断面と構造材料に現れて来るようになる。A380でさえ二階建ての胴体断面と四発であることを除けば、基本の形態は767と変わらない。

そうなると胴体断面の選定がエアライナーの重要な評価の対象となるが、ボーイング社は先に述べたように767で外径198インチ(5・03m)という新しい胴体断面を提示した。2本通路というワイドボディの要件を備えながらも、横7列座席(2列+3列+2列)ということでセミ・ワイドボディと称される。

ライバルのA300／A310は、外径5・64mの胴体に2+4(2・2)+2で8列の座席を配置している。これでも747やDC-10の胴体直径よりは小さく、一般にワイドボディの下限とされる。

767-300ではサイドカーゴドアを持つフレイターも登場、キックオフ・カスタマーは貨物輸送大手のUPSであった。このほか767では旅客型からの改修機（BCFやBDSF）も多い。
Boeing

エアライナーの胴体直径を決めるのは、利便性と構造重量、空気抵抗の兼ね合いだ。抵抗の点では細めの胴体の方が有利だが、乗客にとっては広々とした客席は魅力だ。しかしあまりに大きすぎて、トイレに行くのに何人もの人の膝をまたがねばならないのも困る。

767でボーイング社は、座席の87%（6／7）が通路際か窓際だ、との奇妙な宣伝を行なった。通路から隔てられている座席は、横7列の内で両窓側と中央の三席だけで、エアラインとしては通路際から席を埋めていって、定員の6割弱までは乗客に不便な思いをさせないで済む。客席の87%が埋まる以前にエアラインとしては採算は取れているので、中央の座席は繁盛期のための補助席とでも見たら良いのか。そう考えると、ものすごくぜいたくな6列座席機（補助席付き）だ。

逆に言えば767の胴体断面は乗客を詰め込む効率が悪いことになる。まあエアライン側にとって効率が良くても、ジャンボのエコノミーに詰め込まれる乗客にとって空の旅は楽ではないが。ボーイング社では、767でも2+4+2の座席配置が可能と語ったが、実際にこの配置を採用したエアラインはごく少ない（2クラスで283席になる）。

767の胴体断面でもっと大きな問題は床下貨物室が狭いので、LD-3コンテナが単列でしか収まらないということだ。他のワイドボディ機の床下貨物室であればLD-3が2列に搭載出来るのだが。これに対してボーイング社は、LD-3よりも幅の狭いLD-2コンテナであれば2列で搭載出来ると主張したが、エアラインにとっては他の機体では使うことのない規格のコンテナを用意することになり歓迎出来ない。

守りのボーイング

767とA310の諸元を比較したとき、一番違いが目立つのは翼面積だ。公称主翼面積（後縁の張り出しも含む）は、A310の219㎡に対して、767は283㎡と29%も大きい。最大離陸重量はほぼ同等なので、翼面荷重はA310の六百kg／㎡台に対して767は四百kg／㎡台と大きな差がある。ボーイング社は767では飛行場での取り回しを重視して、翼幅で現用機を上回らないことを意図していた。そのためアスペクト比は小さめになり、公称翼面積では7・9に過ぎない。後退角は31・5度になる。

767の大翼面積は将来のストレッチと重量増大を見込んだ

1999年10月に初飛行した最長モデル、767-400ERでは胴体をさらに6.43m延長した。同じく延伸した主翼の先端部分は後退角が付けられている。製造機数わずか38機だけのレア機。Boeing

ものとも言えるし、また三発型との共通性を考えたものとも見られるが、ボーイング社の設計思想の転換にも注目しないわけには行かない。727で高翼面荷重とトリプル・スロッテッド・フラップを実用化したボーイング社ではあったが、757／767以降はむしろ翼面荷重を低めに取り、高揚力装置を簡略化する傾向がある。767の高揚力装置は内翼後縁はダブル、外翼後縁はシングルのスロッテッド・フラップと、前縁全幅にわたるスラットだけで、727や747に比べればずっと簡略だ。

ボーイング767は、フライト・エンジニアを乗せずに正副パイロットだけで運航するツー・マン・クルーの大型機の走りだ。同時に主要計器を電子ディスプレイに置き換えた、いわゆる「グラス・コクピット」の先駆けでもあった。もちろんこの二つは関連している。コンピューターを駆使した高度な自動化と集約されたディスプレイがあってこそ、二人の乗員だけで全てに対応（非常事態を含む）出来るのだ。

ツー・マン・クルーに関しては当初エアライン側にも疑念があり（当然ながら乗員組合は猛反対した）、アメリカ大統領指名の特別委員会で検討されたくらいだった。委員会は1981年7月、すなわち767の初飛行直前にツー・マン・クルーに問題なしとの結論を出している。ボーイング社では一応スリーマン・クルー仕様機も提示したが、アンセットを除いてはツー・マン・クルー仕様を発注した。

コクピットの計器板にはCRT（陰極線管）ディスプレイが

六つ並ぶ。液晶ディスプレイ（ＬＣＤ）ではないのかと思うかも知れないが、１９７０年代末当時にはまだＣＲＴ（要するにブラウン管だ）の方が信頼性やコストなどの面で優位にあった。１９９９年に飛んだ７６７-４００ＥＲになって、ようやくＣＲＴがＬＣＤに替わった。

　操縦系統は従来通りの機力式で、フライ・バイ・ワイヤ（ＦＢＷ）ではない。構造も従来通りのアルミニウム合金主体で、複合材料はスポイラーやフェアリングなど一部に留まっている。

　７６７とＡ３００／Ａ３１０の時点ではまだボーイング社とエアバス社の設計思想の差は顕著ではなかったが、その後の両社の考え方は次第に差が開いて行く。ＦＢＷやサイド・スティックなど積極的に先進技術を取り込んで行くエアバス社に対して、ボーイング社は従来の機種からの移行も考えて、一つ一つ新技術を取り入れて行く感じだ。

　かつてのダグラス社との競争では、大胆で先進的なボーイング社と堅実で保守的なダグラス社という対比があったのだが、相手がエアバス社に替わったらむしろボーイング社の方が保守的に見えるのは面白い。この頃からエアバス社が攻め（挑戦者）に出て、ボーイング社が守りに回る図式が出来てくる。その意味からも７６７は一つの転換点のエアライナーかもしれない。

KC-135後継の米空軍空中給油機として選定されたKC-46A。ベース機は767-200ERを貨物化した767-2Cで、2021年7月末の時点で米空軍から98機、さらに航空自衛隊から4機を受注している。767の製造は終わらない。Boeing

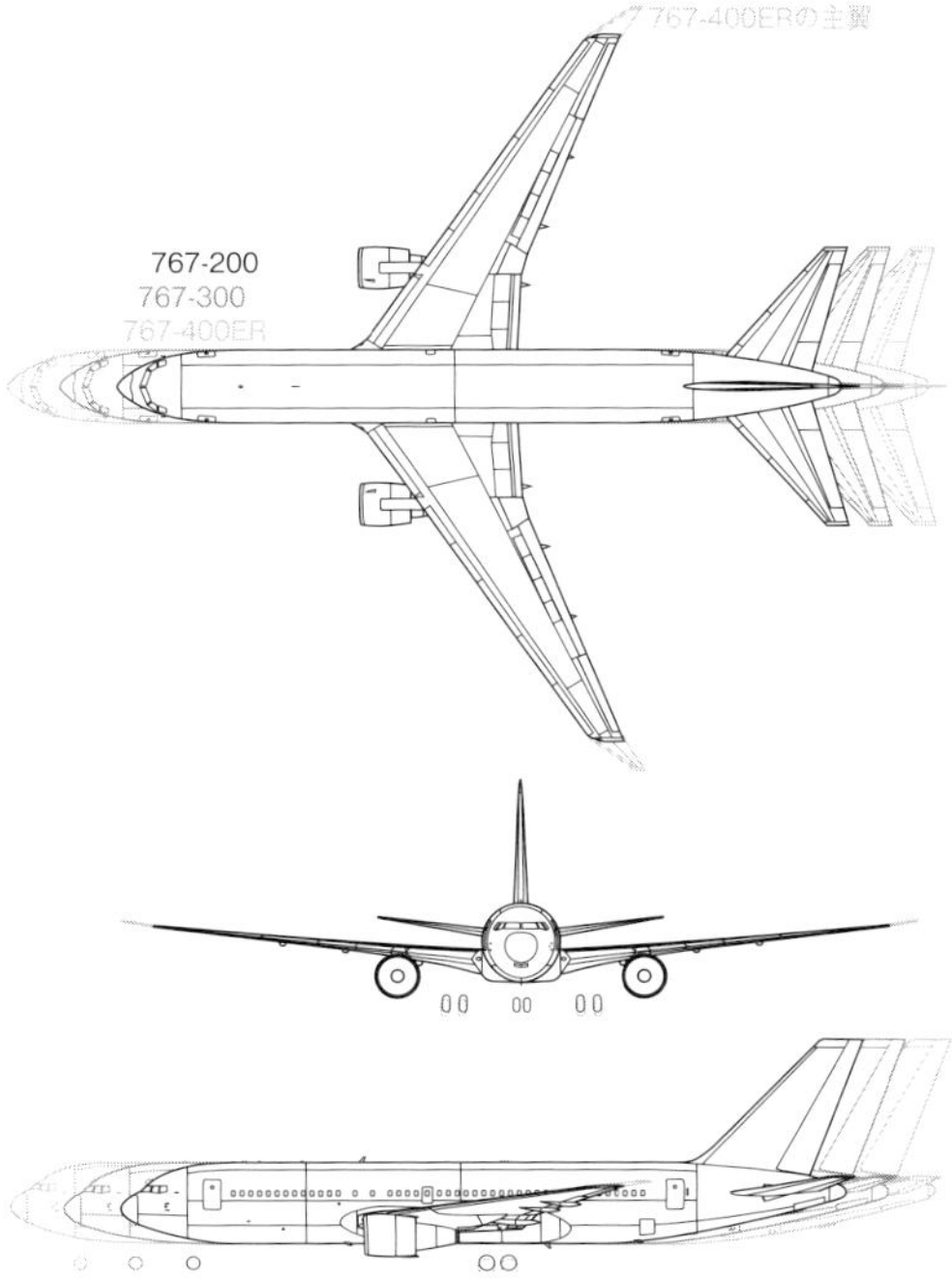

767

	-200	-300	-400ER
全幅	47.57m		51.92m
全長	48.51m	54.94m	61.37m
全高	15.85m		
主翼面積	283.3㎡		290.7㎡
最大離陸重量	136,080kg	156,490kg	204,120kg
最大速度	Mach 0.8		
航続距離	5,963km	7,445km	10,415km

中距離から長距離までカバーし、エアバス製品群に新たなる時代の到来を告げたA340。巨人機A380登場以前のフラッグシップに君臨した。Airbus

前例のない四発機・双発機、同時開発の克服

エアバスA340／A330〈前編〉

A340-200／300 1991年初飛行／1993年初就航／製造機数246機
A340-500／600 2001年初飛行／2002年初就航／製造機数131機
A330-200／300 1992年初飛行／1994年初就航／製造機数1,455機（A330-200F含む）
A330neo 2017年初飛行／2018年初就航／製造機数63機（2021年7月末時点）

ボーイング社同様、各種サイズのジェット旅客機をフルラインナップする現代のエアバス社。その存在感をとりわけ大きなものとしたのは1987年に進空した短距離路線機、A320の成功であった。その次に彼らが送り出したのが、アメリカ勢が市場を独占する中・長距離機のカテゴリー。しかも四発機と双発機を同時開発しようとするその試みは、単にエンジン基数の差異にとどまらず、主翼の構造からして難題を克服する挑戦となった。

希望のツイン・アイル構想

現代のエアバス社は、100席級のA220から500席級のA380までのエアライナーを取りそろえたジェット・エアライナーのフルライン・メーカーだ。

しかしエアバス社の始まりを考えれば、A300の300席級(機名の由来)一機種しか手駒が無く、それすらもなかなか売り上げが伸びずに存亡の危機に立たされたこともあった。

やがてA300シリーズが安定した売れ行きを示すようになり、新規に開発した短距離機のA320も市場に定着して、いよいよエアバス社はフルライン・メーカーへの野心を露わにするようになる。すなわちA300よりも大きく、中長距離を飛べるエアライナーの開発である。

実はA320を開発するよりも前に、エアバス社はA300B(当時の呼び名)の発展型として中長距離型を考えていた。9種類検討された中で実際に開発にまで至ったのはB10と仮称されていた胴体短縮型だけで、これがA310となった。

この仮称A300B10と同時期に検討されていた中に、A300B9と同B11があった。B9はA300Bの主翼に延長した胴体を組み合わせた双発の中距離機、B11は短めの胴体と新設計の主翼を組み合わせた四発の長距離機で、前者はDC-10やL-1011を下から脅かそうとし、後者は707やDC-8の機種更新を狙っていた。しかし当時のエアバス社ではA300Bとこれらを並行して開発出来るだけの資金も技術者も足りず、計画は無期限に先送りにされた。

1980年代に入って、B9とB11の構想はそれぞれTA9とTA11と名を変えて、再び国際市場に問いかけられた。TAとは「2本通路」(Twin Aisle)の頭文字だ。ちなみに"aisle"は"アイル"と読む。要するにワイドボディの意味なのだが、エアバス社としてはボーイング社が広めたこの言葉を使いたくなかったのだろう。

1982年のファーンボロ航空ショーでは、TA9とTA11、それに新たにTA12の構想が発表された。TA9はA300より8・5m長い胴体を有し326〜410席の双発、TA11はそれよりも短く220席の四発、TA12はTA11と同じく220席の双発で長距離型だった。

しかし第二次の石油ショックと景気後退でエアライナーの市場が縮小している折りで、新規の開発には時期が悪かった。エアバス社はまたしてもワイドボディ機の新規開発を先送りすることになる。

時代のキーワードは低燃費と思ったのか、エアバス社は可変キャンバー翼を1985年に提案する。動翼をコンピューター制御して、速度や高度、重量に応じた最適の翼断面形を常に選択するという技術だが、効果はあるとしても複雑過ぎるとしてエアラインには受け入れられなかった。

双発と四発の姉妹

１９８６年１月、エアバス社の経営会議は、ＴＡ９とＴＡ11をそれぞれＡ３３０とＡ３４０として計画ゴーアヘッドすることを決定した。

エアバス社は双発のＡ３３０と四発のＡ３４０を、最初から姉妹機として開発した。考えてみればこれはとても奇異な出来事だ。Ａ３３０とＡ３４０の胴体断面は同一（Ａ３００と共通）で、胴体の長さも同じだった。尾翼は同一、主翼もエンジンの取付部などを除いては構造的にも同じ。コクピットは、スロットルの本数など以外完全に共通になっている。

航空技術史上で、双発機と四発機が同時並行的に開発された例はちょっと思い出せない。双発機をベースに四発機が造られた例でさえ、アヴロ・マンチェスターからランカスターなどごく少数しかない。むしろフォッカーＦ.ⅦからＦ.Ⅶ／３ｍのように、単発機から双発機や三発機が生まれた例を探す方が早いかもしれない。

当たり前の話だが、四発機から二つのエンジンを外せば双発機になるわけではない。それだと合計推力が半分になってしまう。

では代わりに推力が二倍のエンジンを載せれば良いかと言えばそうでもない。離陸時の一発停止の条件は、四発機でも双発機でも同じに適用されるからだ。つまり離陸滑走中にエンジン１基が停止した場合、四発機ならば無事なエンジンは３基だが、双発機だと１基しか残らない。

ひどく単純に言えば、離陸と上昇を継続するのに必要な推力をＴとしたら、双発機の場合には１基のエンジンの最大推力がＴでなければいけないが、４発機であれば３基の合計した推力がＴであれば良いことになる。

すなわち四発機のエンジン１基の推力は１／３Ｔで、４基の合計推力は４／３Ｔとなる。これに対して双発機の合計推力は２Ｔだ。過度に単純化した話ではあるが、離陸重量など他の条件が同等であれば、双発機の方が四発機よりも大きな合計推力が必要となることが分かるだろう。

実際Ａ３３０-３００とＡ３４０-３００とを比較した場合、最大離陸重量はほぼ同じであるにもかかわらず、エンジン推力はＡ３３０では７万lb（３万１７５１kgf）が２基なのに対して、Ａ３４０では３万１０００lb（１万４０６１kgf）のＣＦＭ56が４基で、合計推力はＡ３３０が十数％大きくなっている。

開発開始の時点ではＣＦＭ56の推力はもっと低く、２万５０００lb（１万１３４０kgf）の水準だった。これだと合計推力はＡ３３０が40％増しとなる。

Ａ３４０は設計段階では、米英独日伊の五か国共同によるインターナショナル・エアロ・エンジンズ（ＩＡＥ）社のＶ２５００スーパーファンをスタンダードのエンジンとして提示していた。

1982年の英国ファーンボロ航空ショーで公表された新型機構想。左は四発機のTA11、右は双発機のTA12で、ともに220席級のプラン。TAとはTwin Aisleを意味する。Airbus

中長距離で躍進を狙った フルライン・メーカーへの布石

欧州合同による多国籍企業エアバスの慣例に従い、フランス、ドイツ、イギリス、スペインの各国で分担して製造されたA340。写真は1990年10月、サン＝ナゼール（仏）からスーパー・グッピーでトゥールーズへと運ばれてきた地上試験機の中央部胴体。Airbus

スーパーファンの構想は１９８６年７月にＩＡＥ社から発表されていた。

スーパーファンの壁

スーパーファンは、Ｖ２５００のホット・セクションを流用しつつ、減速ギアを介して大径のファンを駆動、２０：１の大バイパス比を可能にして、燃費率を従来より15〜20％も向上させるという画期的なターボファンだ。いま話題になっているギアード・ターボファンを四半世紀も前に実現しようとしていた。

1990年7月、ハンブルクのファクトリーに並ぶA340初号機の前部胴体。前後にひしめくのは断面形を踏襲したA300とA310の前部胴体である。Airbus

幸いにもＡ３４０は、Ａ３３０と共通の主翼と降着装置で大型エンジンでも搭載出来る設計になっていたので、大径のスーパーファンでも問題なく受け入れられた。

しかしＡ３４０がゴーアヘッドした段階では、スーパーファンは試験エンジンなど存在せず、モックアップすらまだ造られてはおらず、まったくの紙の上、いやコンピューターのモニター上でしか存在しないエンジンだった。

開発が始まったばかりの画期的エンジンを前提に発注することを懸念する意見もあったが、ルフトハンザ、ノースウェストなどの大手エアラインがスーパーファンに飛び付いた。なにしろ燃費が15～20％も改善すれば、単純計算で航続距離７０００nmだった機体が、８０５０nmから８４００nmまで延長されるのだ。

しかし恐れていたとおりスーパーファンの開発は間もなく壁に突き当たる。低圧系やギアボックス、可変ピッチ・ブレイドなどさまざまな問題が指摘されたし、国際共同開発の弊害というか責任の押し付け合いの気配も見られた。１９８７年４月、ＩＡＥ社はスーパーファン構想の「無期限延期」（実質的には打ち切り）を発表する。

ＩＡＥスーパーファンが挫折したあと、エアバス社はＣＦＭインターナショナル社のＣＦＭ56-5Ｃをスタンダードに採用した。

一方双発のＡ３３０の方は、エアバス社のエアライナーとして初めて大手三社のエンジンを最初から選べるようになっていた。

ジェネラル・エレクトリック社のＣＦ６-80はＡ３００からの持ち越しだが、トレント７００シリーズのロールスロイス（ＲＲ）社と、ＰＷ４０００シリーズのプラット＆ホイットニー（Ｐ＆Ｗ）社は、エアバス社にとっては初めてのラインナップになる。もっともどちらの会社もＩＡＥ社に参加していたので、実質的にはすでにＡ３２０開発の段階で付き合いがあったのではあるが。

共通の主翼構造

エンジンの推力よりも大きな問題は主翼の構造だ。多発機のエンジンは単に主翼からぶら下がっているだけではなくて、重量物を分散させることで主翼の構造に楽をさせている。理論的には、双発機の主翼構造は四発機よりも付け根の強度を高くせざるを得ず、その分重くなる。ちなみに胴体にエンジンを取り付けたリア・マウンテッド・エンジン機では、さらに主翼構造は重くなる。

Ａ３３０は基本的に中央翼（胴内翼）に燃料を搭載しない設計であったが、長距離機のＡ３４０では最初から胴体内にも約30トンの燃料を搭載出来る設計になっていた。Ａ３４０の主翼の付け根には、その分だけＡ３３０よりも大きな曲げモーメン

四発機のA340と同時並行で開発された双発機A330。胴体断面も胴体長も同一、さらには主翼構造もコクピットも、エンジン基数にかかわる差異を除き姉妹共通である。エア・トゥ・エアの広報写真はエアバス構成国のひとつであるドイツ、LTUインターナショナル機を写した一枚。Airbus

トが掛かることになるが、四発のＡ３４０では外翼にもエンジンをぶら下げることで主翼の曲げモーメントを低減している。差し引きすれば主翼に要求される強度はほぼ同じになり、Ａ３４０とＡ３３０の主翼の構造はエンジンの取付部を除いて事実上共通に出来た。もちろんコンピューターを用いた精密な強度計算と空力設計が実用化されて初めて可能になったことである。エアバス社によれば、Ａ３３０とＡ３４０の主翼の曲げモーメントの違いはわずか１・５％に収まっていると言う。

Ａ３３０／Ａ３４０の主翼は、構造的には四発のＡ３４０の主翼が基本になっているが、空力的にも長距離向きの設計になっている。他のエアバス同様に主翼の空力設計はブリティッシュ・エアロスペース社ハットフィールド部門（旧ホーカー・シドリー系）が担当した。

Ａ３３０／Ａ３４０の主翼幅は60・３ｍ、翼面積は３６１・６㎡、アスペクト比は10・０６になる。ボーイング７４７-２００とほぼ同じ翼幅なのに、翼面積は２／３だと言えば、いかにすらりとしたアスペクト比の大きな翼かが分かるだろう（７４７-２００の主翼のアスペクト比は６・９５）。１／４翼弦の後退角は30度で、これは７４７の40度はもちろんのこと、ＭＤ-11の36度に比べてもかなり小さい。

平面形はすらりとしているものの、断面形は実はけっこう分厚い。Ａ３３０／Ａ３４０の主翼の平均翼厚比は12・８％もある。例えばＭＤ-11の主翼の平均翼厚比は８～９％だが、こっ

当初公開されたA340のキャビン・イメージ。エアバス社が誇るフラッグシップ機として、ロングフライトにおけるモダンでゆとりあるキャビンをアピールした。Airbus

A300から継承した幅5.64mの胴体断面、そして2+4+2配列のエコノミー・クラス。ワイドボディ機最小の胴体径だが、床下貨物室にはLD-3コンテナを2列並べて搭載できる。また床下には乗務員休憩室を設けることも可能だ。Airbus

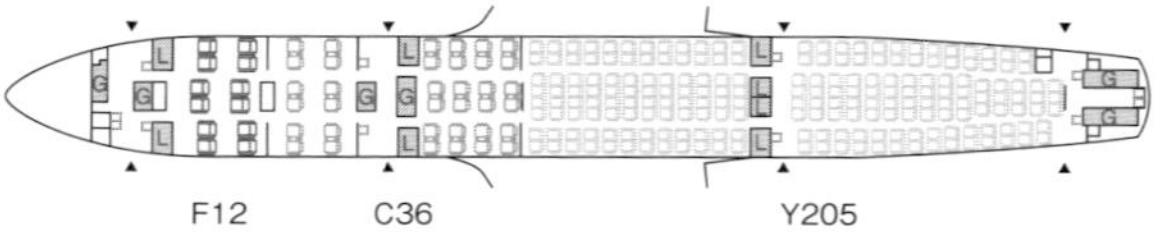

A330-200の機内配置

胴体長の短いA330-200のファースト12席、ビジネス36席、エコノミー205席の計253席仕様。2+4+2という配置は、より胴体の広い777などに見られる3+3+3（あるいは3+4+3）配置に比べて、どの席に座っても乗客が出入りしやすいのが美点。

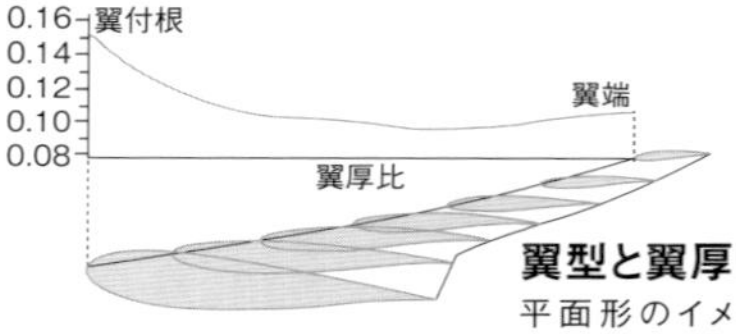

翼型と翼厚比

平面形のイメージとは異なり、A330／A340の主翼断面は厚い。平均翼厚比は12.8%。翼型は連続的に変化している。

開発当初、国際共同によるV2500スーパーファン・エンジンの搭載を想定したA340だが、1987年4月にIAE社がスーパーファンの「無期限延期」を表明したことで、CFM56装備へと方針を転換した経緯がある。Konan Ase

A300の「歴史的決定」を踏襲した 直径5・64m 最小の胴体断面

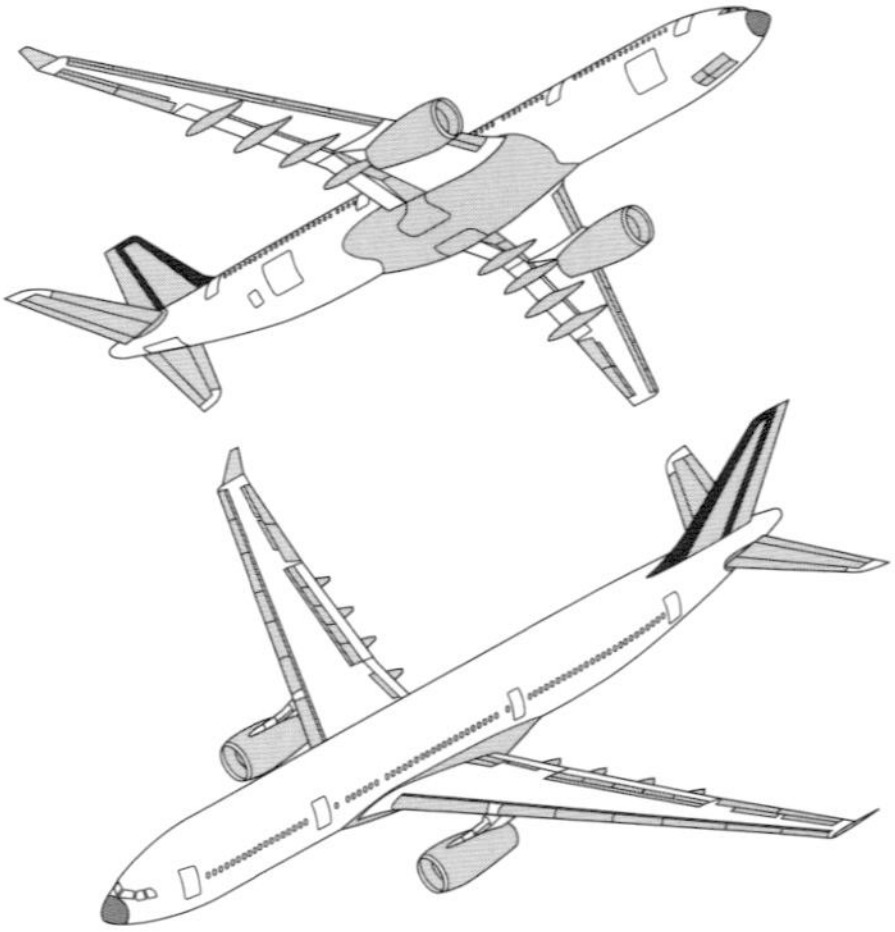

複合材料の使用

主翼の動翼部、尾翼、エンジンカウル、翼胴フェアリングに複合材料を使用したA330／A340。構造重量の1割を複合材料が占める。

カーボン繊維強化プラスチック（CFRP）

ガラス繊維強化プラスチック（GFRP）

アラミド繊維強化プラスチック（AFRP）
※機首レドーム

ちの方がむしろ常識的な値だ。Ａ３３０／Ａ３４０の主翼は付け根では翼弦の15％以上の厚みがあり、一番薄い部分でも10％をちょっと切るくらいある。

Ａ３３０／Ａ３４０の主翼はコンピューター設計で翼型、翼厚比、取付角などを厳密にコントロールして設計されている。翼型は連続的に変化し、外翼でははっきりリア・ローディング型になっている。

主翼構造は基本的には従来のアルミニウム合金製だが、重量比にして13％はカーボンなどの複合材料が用いられている。動翼やフラップ・トラック・フェアリングなどが主な適用箇所だ。

Ａ３３０／Ａ３４０の主翼が従来のジェット・エアライナーと違うのはエルロンの配置だ。ボーイング７０７以来ジェット・エアライナーは後縁の内側寄り（内外のフラップの中間）に全速度域用（高速用）エルロンを設け、翼端側に低速用エルロンを配置するのが一般的だった。これは高亜音速で翼端のエルロンを使うと、主翼がねじれてエルロン・リヴァーサルという現象を起こし、操縦性の低下から時には致命的な事態に陥るからである。

ところがＡ３３０／Ａ３４０の主翼では、付け根側はすべてフラップに充てられ、エルロンは翼端側にしかない。外側内側二つに分かれているものの、特に低速用高速用と呼ばれているわけでもない。これまでの高速エアライナーの常識から外れている。エルロンは上下25度の範囲内で動く。

以前からこの種の機体のロール制御はエルロンとフライト・スポイラーの両方によって行なわれていたのだが、恐らくＡ３３０／Ａ３４０では従来以上にスポイラーの役割が増し、エルロンは特に高速域においては主翼の剛性に配慮しつつ慎重に動かされているのではないだろうか。フライ・バイ・ワイヤの時代ならではの配置と言えよう。

Ａ３３０／Ａ３４０は主翼端にウィングレットを持っている。後付けではなくウィングレットを持ったジェット・エアライナーとしてはＭＤ-11に次ぐが、ＭＤ-11は主翼を含

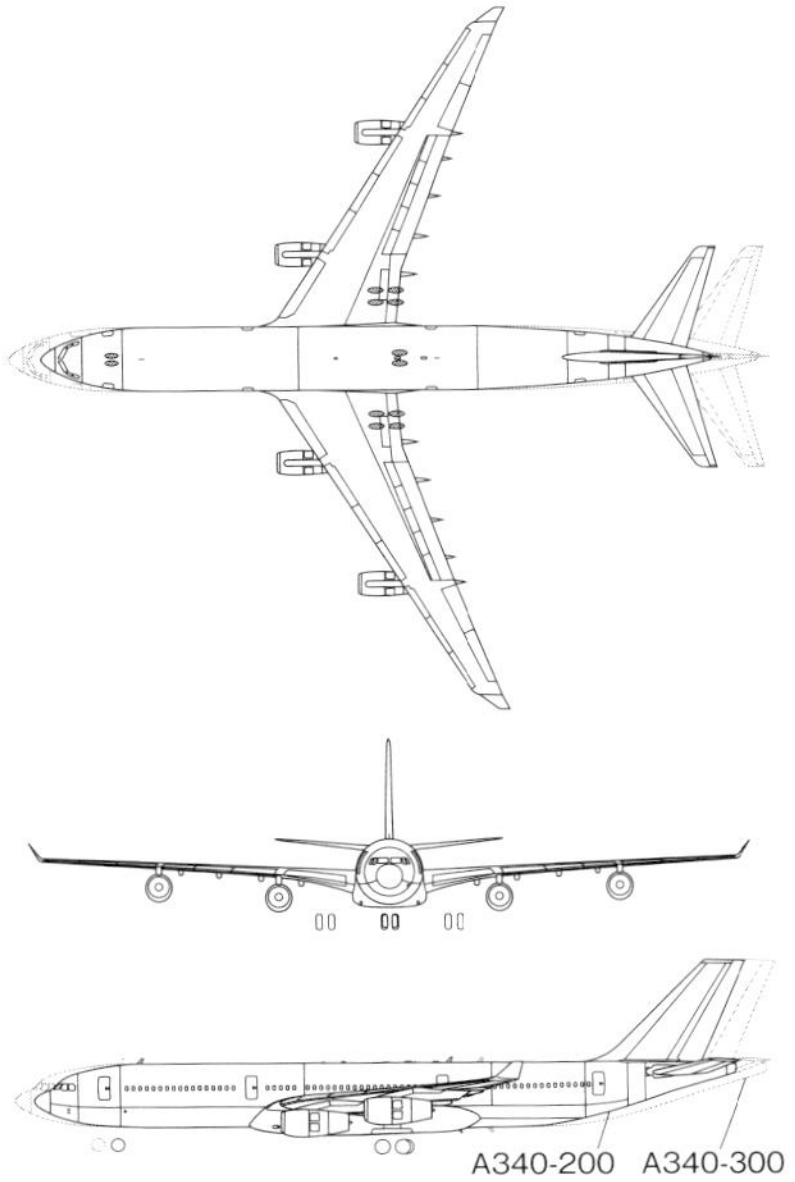

A340

	-200	-300
全幅	60.30m	
全長	59.39m	63.69m
全高	16.80m	16.99m
主翼面積	361.60㎡	
最大離陸重量	275,000kg	276,500kg
最大運用速度	Mach 0.86	
航続距離	12,400km	13,500km

主翼幅は60.3m、翼面積361.6㎡、アスペクト比は10.06。後縁の内側寄り（内外のフラップの間）に高速用、翼端側に低速用という従来機のエルロン配置とは異なり、A330／A340では、主翼の内側はすべてフラップ、エルロンは翼端側のみに配置した。Akira Fukazawa

めてDC-10の発展型だから、完全な新規開発で設計時からウィングレットを組み込んでいたのはA330／A340が最初と言えるかもしれない。

ワイドボディ最小

A330とA340の胴体断面はA300譲りだ。外径が5.64mの真円で、A300の項（158ページ）でこの胴体断面の設定を「歴史的な決定」と書いたが、エアバス社の最初の製品として設定した胴体断面が、現在もなお生産され続けているわけだ。

この胴体径は747（6.49m）はもちろんのこと、DC-10／MD-11（6.02m）、L-1011（5.97m）よりも小さく、エアバス社の言うツイン・アイル（2本通路）の胴体では767の次に細い。767の胴体（2列＋3列＋2列の7列配置）は一般にセミ・ワイドボディに分類されるので、A330／A340の胴体径はいわゆるワイドボディ機としては最小ということになる。

それでもこの胴体には通路を挟んで2列＋4列＋2列の合計8列の座席を配置出来るし、床下貨物室にはLD-3規格のコンテナを左右に並べて搭載することが出来る。ファースト・クラスは2列ずつの計6列配置、ビジネス・クラスは2列＋3列＋2列の7列配置になる。機内配置によって座席数は変わるが、ぎゅう詰めにすればＡ３４０-３００で４４０人乗りになる。

　面白いのはキャビンの床下に設けられる乗務員の休憩室で、主降着装置取り付け位置のすぐ後方に設置可能となっている。

　Ａ３３０／Ａ３４０の垂直尾翼は、基本的にはＡ３１０及びＡ３００-６００と同一のカーボン複合材料（ＣＦＲＰ）製だ。若干の補強がされている部分はあるが、生産治具はそれらと同一だ。

　Ａ３３０／Ａ３４０では複合材料の使用比率は構造重量の10%に達している。複合材料は尾翼の他には主翼の動翼、エンジンのカウリング、翼胴フェアリングなどに用いられている。

　水平尾翼はＡ３３０／Ａ３４０専用に新設計され、取付角可変の水平安定板とエレベーターよりなる。安定板の可動範囲はプラス2度、マイナス14度、エレベーターの可動範囲はプラス15度、マイナス30度だ。水平安定板もＣＦＲＰ製だ。

　水平安定板の内部は燃料タンクになっているが、これは燃料搭載量を増すためではなくて、いわゆるトリム・タンクになっている。

　巡航中に主翼や胴体内の燃料を消費して重心位置が前後に移動すると、主翼の空力中心との関係が変化して、トリムを保つのに水平安定板の角度を変えてやらねばならなくなる。長距離の巡航ではそれによる抵抗（トリム抗力）も無視は出来ない。

　そこで重心から遠く離れた水平尾翼に燃料を移送したり、逆に尾翼から燃料を抜き出したりすることで、機体全体の重心を前後に移動させることが出来る。コンピューターで重心位置を計算して燃料を移送すれば、トリム抗力を最小に保つことが出来るのだ。

　エンジンと主翼を除いた、Ａ３３０とＡ３４０の大きな違いは主降着装置だ。これは両者の最大離陸重量の差を反映している。

　Ａ３３０の主降着装置は４輪ボギーで、内側に引き込まれる。Ａ３４０（-２００／３００）の場合にはこれに加えて、胴体中央部から２輪ボギーの降着装置が１本生えていて、後方に引き込まれる。

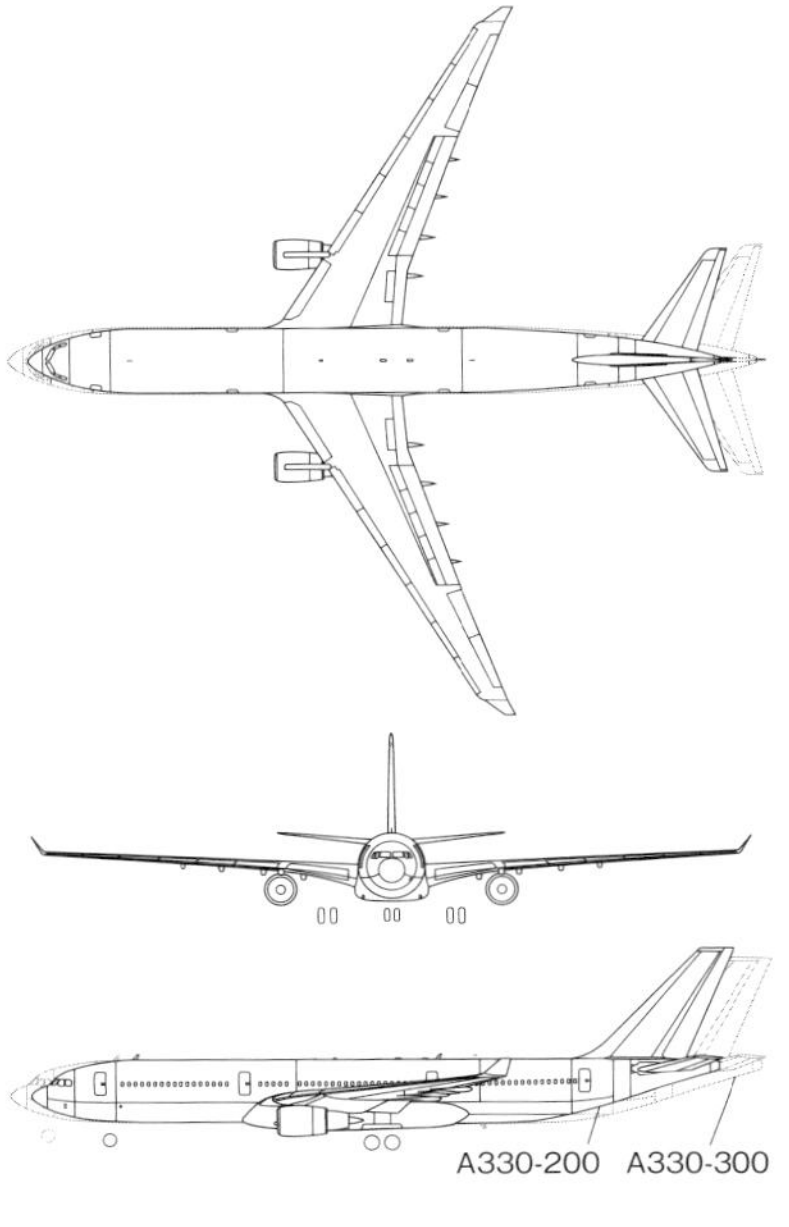

A330

	-200	-300
全幅	60.30m	
全長	58.82m	63.66m
全高	17.39m	16.79m
主翼面積	361.60㎡	
最大離陸重量	242,000kg	
最大運用速度	Mach 0.86	
航続距離	13,450km	11,750km

姉妹機の近縁性と、両機異なるバリアントの進化

エアバスA340／A330〈後編〉

高度に共通化された両機種だが、
その後のバリエーションはそれぞれ特徴的に展開し、
四発のA340ではさらなる大型化／超長距離化へ、
一方双発のA330では貨物型
そして次世代モデルのA330neoへと歩みを進めた。

エアバス社有のA340-300テスト機（F-WWAI）のコクピット。正副操縦士の正面に主飛行ディスプレイ（PFD）と航法ディスプレイ（ND）、中央に二面の電子中央機体モニター（ECAM）をレイアウトした。A330とはスロットルレバーの本数のみが異なる。Airbus

変わらない操縦席

A330とA340とは、同時期に並行して開発され、構造やシステムのほとんどが共通する姉妹機、と前編でも強調したが、両者の近縁性をもっとも実感出来るのはコクピットと飛行制御システムを見た時かも知れない。

A330とA340のコクピットは、中央コンソール（ペデスタル）のスロットルレバーの本数を除いて、事実上同一だ。コクピットの配置はA320のそれを踏襲している。

これが従来のアナログ計器の時代であったならば、エンジン関連の丸い計器が四列並ぶか、二列並ぶかといった外観上の違いもあったのだが、A330／A340はEFIS（電子飛行計器システム）、いわゆるグラス・コクピットの世代のエアライナーだ。四発と双発で表示のソフトウェア的な差異はあるが、EFISそのものの配置は両者違いがない。

A330／A340のコクピットには、角形の液晶ディスプレイ（LCD）が6面配置されている。正副操縦士の正面に2面ずつ、中央に縦2面だ。パイロットの正面のLCDは一つが主飛行ディスプレイ（PFD）、もう一つが航法ディスプレイ（ND）だ。

中央の二つのLCDは電子中央機体モニター（ECAM）で、エンジンや油圧、電気等々のシステムのデータが表示される。6面のディスプレイは、3台のディスプレイ・マネジメント・コンピューターによって制御されている。

A330／A340の操縦系統（FCS）も、エアバス社がA320で開拓したシステムの発展形と言える。特徴的なサイドスティックもA320ですでに実績がある。

フライ・バイ・ワイヤ（FBW）のFCSを有するA330／A340においては、スティックとラダーペダルは機体の動翼を操作して操縦するものではなくて、飛行制御コンピューターにパイロットが意図する機動のデータを送り込むシステムと考えた方が良い。飛行制御コンピューターは動翼を操作して機体を機動させるが、パイロットの意志は直接には反映されない。コンピューターは機体に掛かる荷重や速度が限界を超えないよう計算した上で、動翼に信号を送る。

例えばパイロットがスティックを力一杯傾けて機体を急旋回させようとしても、機体は67度以上はバンクしない。むかしボーイング707の原型機367-80（ダッシュ・エイティ）でくるりとバレル・ロールを演じて見せた豪傑テスト・パイロットがいたが、A340だったらいくら頑張ってもバレル・ロールは実行出来ない。

同様にピッチに関しても制約がある。パイロットがスティックを一杯に押して機体を急降下させても、速度がVmo（最大運用限界マッハ数）を15ノット超過したら、自動的に上げ舵になって速度が低下する。逆にスティックを一杯に引いても、機体

Airbus A340-300

1991年10月25日、A340-300初号機（F-WWAI）の初飛行シーン。米国製の大型機とは雰囲気の異なるスラリと伸びた外観は特徴的だ。チェイスには仏独共同開発の高等練習機、アルファジェットが付いた。Airbus

乗客数、MTOW、航続性能の要求に応える中・長距離機として高めた商品力

の迎え角（アルファ）はクリーン時で13度、フラップ下げで19度のアルファ・マックス以上にはならないよう制約されている。

Ａ３４０の飛行制御コンピューターは5台搭載されているが、このうち3台がプライマリー（ＦＣＰＣ）、2台がセカンダリー（ＦＣＳＣ）となっていて、別々のハードウェアとソフトウエアを持っている。言うまでも無くコンピューターのハードあるいはソフトの固有の欠陥から、機体が飛行困難に陥るのを防ぐためだ。

エンジンの数とそれに伴う非常時の対処法以外、Ａ３３０とＡ３４０の操縦操作に根本的な違いはないので、相互乗員資格（ＣＣＱ=Cross Crew Qualification）が認められている。すなわちどちらかの操縦資格を有するパイロットは、ごく簡単な訓練だけでもう一方の操縦資格を得ることが出来る。

それどころかエアバス社では、基本的に同じコクピット配置のＡ３２０シリーズからＡ３３０、Ａ３４０さらには超大型のＡ３８０まで、ＣＣＱを可能にしている。

開発先行したＡ３４０

ともに姉妹機として並行して設計されたエアバスＡ３３０とＡ３４０だが、エアバス社では開発と試作機の製作では四発のＡ３４０を先に進めた。

Ａ３４０の1号機（-３００仕様）の構造がトゥールーズ（フ

ランス）の工場で完成したのは１９９１年の３月のことだったが、この時点ではＡ３３０試作機はまだ影も形もなかった。完成したＡ３４０の機体構造は組立棟からシステムズ・テスト棟へと移された。

Ａ３４０の１号機（登録記号Ｆ-ＷＷＡＩ）が正式に完成披露されたのは１９９１年10月４日のことで、トゥールーズには六千人近い招待客や記者が集まった。その数日前にはチェスター（イギリス）のブリティッシュ・エアロスペース（ＢＡｅ）社の工場から双発のＡ３３０の主翼構造がトゥールーズに運び込まれていて、試作機の製作がようやく開始されている。

Ａ３４０の初飛行は１９９１年10月25日だった。試験飛行はＡ３４０-３００仕様４機と２００仕様２機とで行なわれたが、１９９３年４月の２万９０００ft（８８３９ｍ）からの緩降下試験で、予想外の問題点が発見された。外翼のバフェッティングがひどく、降下制限マッハ数（ＭＤ）のマッハ０・９３に到達出来なかったのだ。原因は外側エンジンのパイロン側面からの気流の剥がれで、主翼のねじれ変形が予想よりも大きいことが振動に輪を掛けていた。コンピューターを多用した空力設計と構造設計にもまだ見落としがあったのだ。

最終的にこの問題は主翼構造の設計修正で解決されることになるが、それまでの生産機ではパイロン付近の主翼下面に亀の甲羅のような突起を設けて、気流を修正することになった。

このような見込み違いはあったものの、Ａ３４０-２００／３００のヨーロッパ統一型式証明機関（ＪＡＡ）による型式証明は１９９２年12月に得られた。米連邦航空局（ＦＡＡ）の型式証明は１９９３年の５月末に得られた。

独仏でのデビュー

最初の量産仕様のＡ３４０-２００は、１９９２年12月７日に進空して、翌年２月２日、正式にルフトハンザに引き渡された。ルフトハンザのＡ３４０は、３月15日にフランクフルト＝ニューアーク線で初就航した。

１９９３年３月29日には、エールフランスにＡ３４０-３００が初めて引き渡された。この機体はエアバス社の生産機として１０００機目にあたる。エールフランスは３月29日にＡ３４０をパリ＝ワシントンＤＣ線で初就航させた。

Ａ３４０に遅れること丸一年、１９９２年10月14日にはＡ３３０の１号機（-３００仕様／Ｆ-ＷＷＫＡ）がトゥールーズでロールアウトし、11月２日に初飛行した。３機の試作機で試験が行なわれたが、いずれもＣＦ６を搭載していた。

Ａ３３０-３００は１９９３年10月に、初めてＪＡＡとＦＡＡの型式証明を同時に取得した。先にも書いたように、Ａ３４０の場合にはＪＡＡの証明の方がＦＡＡよりも半年近く先行していた。

ＰＷ４１６８エンジンを搭載するＡ３３０の進空は１９９３

年10月のことで、トレント７００搭載機の進空は１９９４年１月だった。

Ａ３３０の初就航はフランスのエール・アンテールで、同社は１９９３年12月末に初めてＡ３３０-３００を引き渡され、同社１９９４年１月17日にパリ（オルリー）＝マルセイユ線に投入した。同社は国内線専門で、路線は陸上のみであった。

双発のＡ３３０を初めて洋上路線で運航したのはアイルランドのエア・リンガスで、１９９４年５月からＣＦ６搭載機をダブリン＝ニューヨーク線に飛ばした。

１９９４年の６月30日、Ａ３３０／Ａ３４０シリーズで最初の大事故が起きた。トゥールーズで片発停止試験飛行中のＰＷ４０００搭載Ａ３３０-３００（Ｆ-ＷＷＫＨ）が墜落し、乗っていた７人全員が死亡したのだ。

Ａ３４０ファミリー

Ａ３４０のシリーズにはＡ３４０-２００／３００と、後から登場したＡ３４０-５００／６００の四つの型がある。Ａ３４０-１００と４００は存在しない。

Ａ３４０-５００／６００は後から説明するとして、最初に開発されたＡ３４０-２００とＡ３４０-３００は、主翼は翼幅60・３ｍ、翼面積３６１・６㎡。エンジンも同じものが付けられ、目立った違いは全長（胴体長）しかない。

Ａ３４０-２００は全長が59・３９ｍ、Ａ３４０-３００の全長はそれより４・３ｍほど長い63・６９ｍだ。また全高もＡ３４０-２００は16・８０ｍ、３００は16・９９ｍと若干相違する。

座席数は、モノクラスで一杯に詰め込めばＡ３４０-３００では４４０席、Ａ３４０-２００でも４２０席にはなるが、現実的には前者では２９５人（３クラス）から３３５人（２クラス）、後者だと２４０人から３００人といったところになる。

Ａ３４０（Ａ３３０もまったく同じ）のキャビンの幅は５・28ｍで、ファースト・クラスでは通路を挟んで２列ずつの合計６列、ビジネス・クラスでは２列＋３列＋２列の合計７列、ツーリスト（エコノミー）クラスでは２列＋４列＋２列の合計８列となる。みっちり詰め込むチャーター・クラスでは３列＋３列＋３列の合計９列も可能だ。

Ａ３４０-２００／３００のエンジンは、ＣＦＭインターナショナル社によるＣＦＭ56-５Ｃ（推力１万４０６１kgf〜１万５４２２kgf）だ。最大航続距離はＡ３４０-２００では７４５０nmから８０００nm、３００では６７００nmになる。

１９９５年に登場した３００の最大離陸重量（ＭＴＯＷ）増大型、通称Ａ３４０-３００ＥあるいはＡ３４０-３００Ｘでは、最大航続距離は７４００nmまで向上している。

ややこしいことには、２０００年にエアバス社が提示した増強型（Enhanced）もＡ３４０-３００Ｅと呼ばれることがある。Ａ３４０-５００／６００の改良点が取り入れられて、エンジ

双発のA330でも、より長い航続距離を求める顧客の要望からA330-200（F-WWKJ）がラインナップに追加された。胴体尾部から火花を散らす写真は、1998年1月に行なわれたミニマム・アンスティック速度試験のワンシーン。Airbus

四発のA340-200（F-WWBA）は、300型よりも胴体がおよそ4.3m短い。A340の開発では当初から200型、300型を同時に手掛けた。Airbus

ンはCFM56-5C4／Pになっている。

A330ファミリー

初めから二つの型が生産されたA340に対して、双発型は最初はA330-300一種類しかなかった。A330-200は後から登場し、胴体を短縮して燃料搭載を増やしている。

A330シリーズのエンジンは、ジェネラル・エレクトリック（GE）社のCF6-80E（3万2658kgf）、プラット&ホイットニー（P&W）社のPW4000（3万1751kgf）、ロールスロイス（RR）社のトレント700（3万2250kgf）の三種のいずれかになる。エアバス社のジェット・エアライナーで、大手三社のターボファンが選択出来るようになったのはA330が最初だ。

A330-300の最大ペイロードでの航続距離は5400nmから5700nmになる。エアバス社としては、これ以上の長距離性能はA340と競合するから不必要と考えていたことだろう。

しかしエアラインは双発でより長大な航続距離を求めた。エアバス社では1995年11月に胴体を短くし、燃料搭載量を増やしたA330-200の開発を決定した。

A330-200の胴体は、A340-200のそれよりさらに2フレーム分だけ短い。モーメント・アームが短くなった分、垂直尾翼が嵩上げされて、全高は17・39mになった（A330-

A330-200Fの派生型としては、エアバス社の製造工程におけるコンポーネント輸送を担うベルーガXLが6機製造される。A350XWBの主翼2枚を同時に輸送可能で、2020年1月9日に初号機が就役した。Airbus

香港貨運航空のA330-200F（B-LNY）。胴体左側面に貨物扉を設けたほか、前脚柱の取り付け位置を下げて駐機姿勢を水平化した結果、機首下に特徴的な張り出しが生まれた。Yohichi Kokubo

300は16・79m）。航続距離は6400～6600nmになった。

A330-200の1号機（エンジンはCF6-80E1）は、1997年8月13日に初飛行している。CF6を搭載するA330-200は1998年3月に、JAA、FAA、カナダ運輸省の型式証明を同時に取得した。同年4月にはカナダのチャーター専門会社カナダ3000に最初のA330-200が引き渡されている（機体の保有はリース会社のILFC）。

貨物・軍用への派生

A340には貨物型は存在しないが（改造の提案はある）、A330には200Fという新規生産の貨物専用型がある。前部胴体の左側面に幅3・69mの貨物ドアを設けるが、最大の特徴は機首下面のブリスター（張り出し）あるいはバルジだ。

エアバス社の他の機種でもそうだが、A330／A340シリーズは前降着装置がやや短くて、地上では意図的に前のめり

737 AEW&C（E-7A）に対して、フライング・ブームで空中給油するオーストラリア空軍のA330 MRTT（KC-30A）。機体のベースとなったのは短胴型のA330-200だ。Airbus

の姿勢になっている。これは旅客型では特に障害にはならないが、貨物型では積み込んだ貨物を後ろに移動させるのに大きな力を必要とすることになる。

そこでＡ３３０-２００Ｆでは、前脚柱の長さを変えずに、取り付け位置だけを一段下に変更した。それで胴体は地上で水平を保つことが出来るようになったが、引き込んでも前降着装置がはみ出してしまうので、それを覆うように張り出しを設けることにした。これがＡ３３０-２００Ｆのブリスターの由来だ。

Ａ３３０-２００Ｆは、貨物65トンを搭載して４０００nm、70トンならば３２００nmの航続距離を有する。

さらにエアバス社は２０１２年２月のシンガポール航空ショーで、Ａ３３０の貨物型への改装計画の開始を発表した。改装作業を実施するのはシンガポールのＳＴエアロスペース社で、エアバス社（45％）とＳＴエアロスペース社（55％）共同出資のエルベ・フルックツォイクヴェルケ社がマーケティングする。

改装機の呼び名はＡ３３０Ｐ２Ｆ（Passenger to Freighter）となる。Ａ３３０-３００Ｐ２Ｆは62トンのペイロードを搭載して３６５０nm以上飛べる。Ａ３３０-２００Ｐ２Ｆだと61トン、４２５０nmになる。最初のＡ３３０-３００Ｐ２Ｆは２０１７年12月にＤＨＬ社に引き渡された。

貨物専用ではないが、空中給油機と兼用の軍用輸送機型がＡ３３０ＭＲＴＴ（Multi-Role Transport and Tanker）だ。Ａ３３０-２００を母体に、両翼下にプローブ&ドローグ方式の給油システムを吊り下げる。イギリス空軍（空軍名ヴォイジャーKC2／3）、オーストラリア空軍、サウジアラビア空軍などに採用されている。

A330のフライング・ブーム方式の給油型は、KC-45の名で2008年にアメリカ空軍に採用されたが、ボーイング社の猛反対で採用が白紙撤回された経緯がある。

胴体延長・長距離型

1996年の半ば頃から、エアバス社はA340の胴体延長長距離型について、エアラインに打診し始めた。エアバスにA340第二世代の開発を決意させたのは、双発ながら優れた航続性能を発揮するボーイング777シリーズの登場であった（777の初就航は1995年）。

エアバス社は1997年6月のパリ航空ショーにおいて、正式にA340の胴体延長型の開発を発表した。開発されるのはA340-500と同600の二つの型とされた。

A340-600の1号機（F-WWCA）は2001年3月23日にトゥールーズでロールアウトし、4月23日に初飛行した。A340-500の1号機（F-WWTE）は同年10月3日にロールアウトし、2002年2月11日に初飛行した。

A340-500と600は改良型の主翼を持ち、エンジンは開発にも限界が見えたCFM56（基本設計は1960年代末）から、新しいRRトレント500シリーズに転換している。A340-500のエンジンは推力2万4040kgfのトレント553、A340-600は2万5401kgfのトレント556だ。

A340-500／600の主翼は、従来のA340の主翼構造の前桁と前縁の間に、新たな構造を差し挟んでいる。この構造は、付け根では胴体フレーム三つ分に相当する厚みで、翼端に向かってテーパーしている。そのため新しい主翼では、1／4翼弦の後退角がそれまでの30度から、31・1度に増大している。

新しい主翼では翼端側が1・6mずつ延長されているので、A340-500／600の翼幅は63・45mになった。翼面積は439・4㎡に拡大し、アスペクト比は9・16に減少した。後退角増大と翼厚比減少で、A340-500／600の巡航速度はマッハ0・83へとわずかに向上している。

A340-500／600では尾翼も新しくなった。垂直尾翼は弦長が10％拡大され、高さも1m延長された。水平尾翼も拡大されている。

主翼拡大に伴う中央部の3フレーム1・6mに加えて、A340-500では胴体が前部で1フレーム0・53m、後部では2フレーム1・07mだけ延長されている。全長は67・93mになった。

A340-600では前部胴体が11フレーム5・87m、後部胴体も6フレーム3・20m延長されている。これによってA340-600の全長は75・36mとなり、747-8が登場

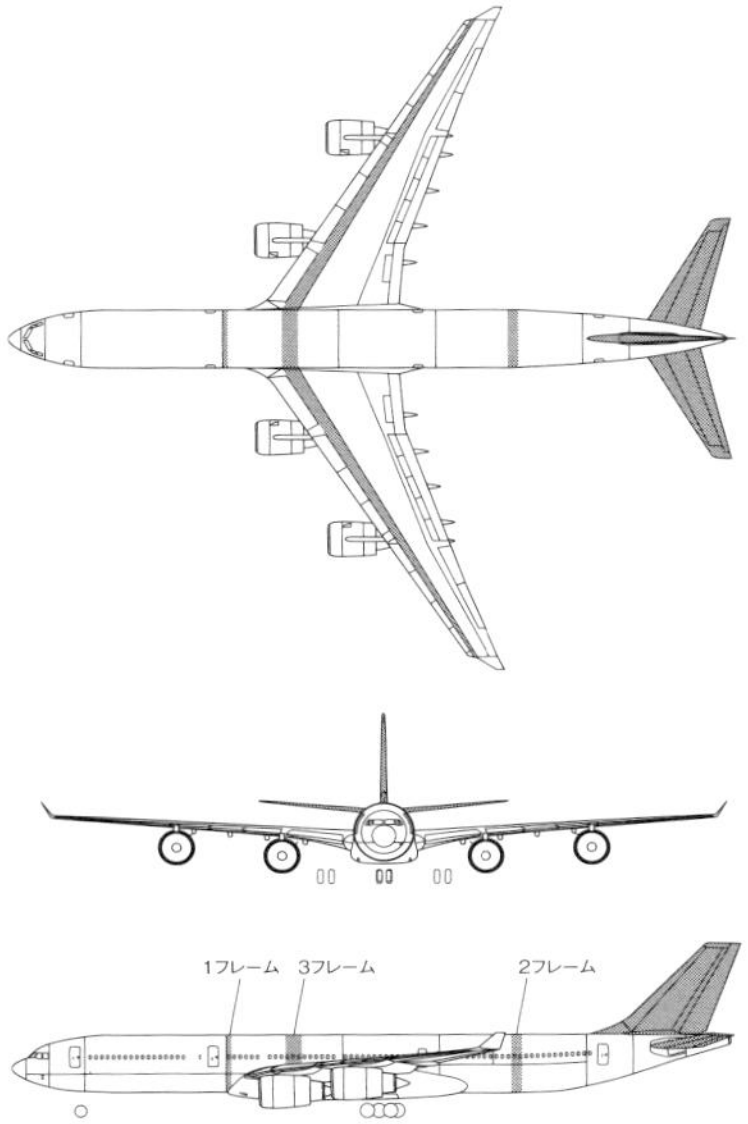

超長距離型A340-500（9V-SGD）の代表的カスタマーであったシンガポール航空。所要時間19時間という東海岸ニューアークへの直行便を開設し、その航続性能を存分に活用した。Charlie Furusho

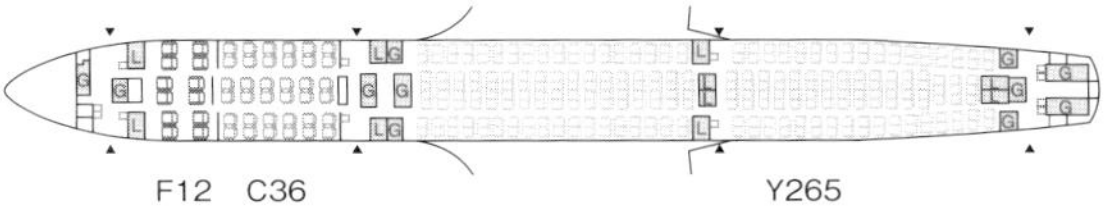

A340-500の機内配置

メーカー推奨のファースト12席、ビジネス36席、エコノミー265席（計313席）のコンフィギュレーション。2クラスでは359席が標準となる。

A340-500

全幅	63.45m
全長	67.93m
全高	17.53m
主翼面積	439.4㎡
最大離陸重量	380,000kg
最大運用速度	Mach 0.86
航続距離	16,670km

胴体長と航続距離のさらなる延伸 A340第二世代のプロファイル

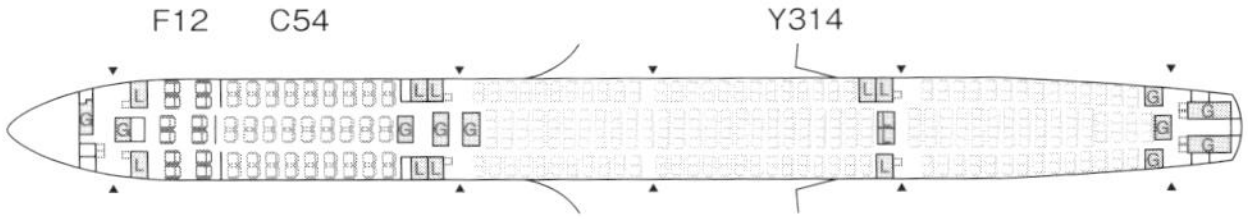

A340-600の機内配置

ファースト12席、ビジネス54席、エコノミー314席（計380席）のメーカー推奨コンフィギュレーション。2クラスでは419席が標準となる。

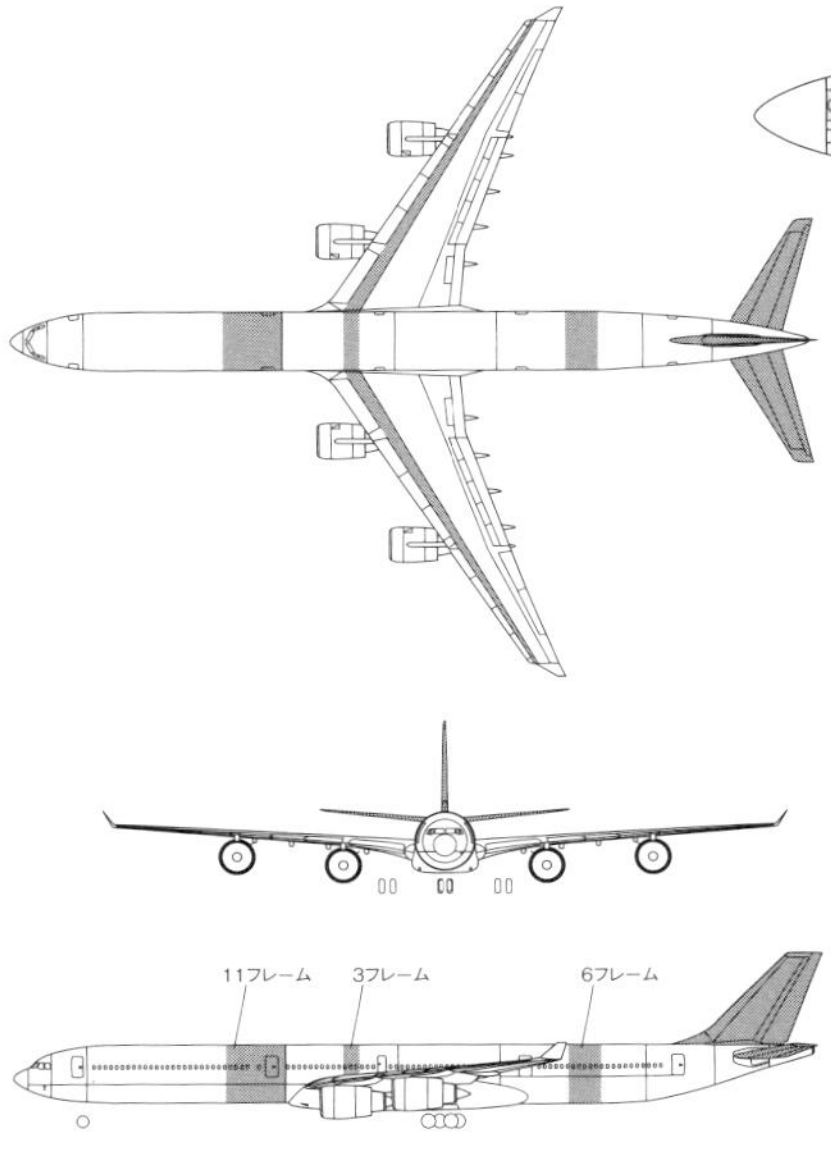

A340-600

全幅	63.45m
全長	75.36m
全高	17.93m
主翼面積	439.4㎡
最大離陸重量	380,000kg
最大運用速度	Mach 0.86
航続距離	14,450km

A340-500とともに新設計の翼が与えられた超長胴型のA340-600（F-WWCA）。ボーイング747-8が登場するまで胴体最長の記録を保持した。搭載エンジンもRRトレント500シリーズへと刷新されている。写真は塗装工程前の2000年12月の撮影。Airbus

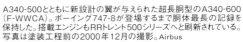

A330-900

ファースト・オペレーターのTAPを始め、従来A330を愛用してきたカスタマーを中心に需要を取り込むA330neo。ボーイング787-8／9と対抗している。Airbus

A330はやがてRRトレント7000エンジンを搭載するneo（New Engine Option）へと進化し、従来の300型は900に、200型は800へと移行した。主翼端デバイスにも、A350XWB譲りの新形状が与えられている。Airbus

するまでは、もっとも長い飛行機（全長最大）のタイトルを保持していた。

Ａ３４０-５００／６００のＭＴＯＷは最大で３８０トンになる。重量増大に対応するため中央の主降着装置が従来の二車輪から、四車輪に変更された。

座席数はＡ３４０-５００では最大で３７５席、通常は３５９席（２クラス）から３１３席（３クラス）になる。Ａ３４０-６００では最大５２０席で、通常は４１９席から３８０席になる。

最大の売り物の長距離航続性能だが、Ａ３４０-６００では航続距離は７７５０nmから７９００nmになる。Ａ３４０-５００では８６７０nmから９０００nmになり、ロンドンから豪パースまでひとっ飛びで行けることになった（ただし逆回りだと無着陸は無理）。

四発長距離機の終焉

満を持して開発された第二世代のＡ３４０-５００と６００

だが、エアバス社が期待したほどには市場に受け入れられなかった。

Ａ３４０-６００のエアラインへの引き渡しは２００２年に始まったが、２０１０年までに97機を生産したに終わった。Ａ３４０-５００の引き渡しは２００４年に始まって、２０１２年までに34機を引き渡した。Ａ３４０の第二世代の生産は合計して１３１機に留まった。

第一世代のＡ３４０-２００の生産は１９９８年までに28機で終了し、Ａ３４０-３００も２００８年までに２１８機で事実上終わっている。Ａ３４０シリーズ全体の生産数は２０１２年までに３７７機で、後から登場した７７７の１／４ほどでしかない。

Ａ３３０／Ａ３４０が開発された時点では、中長距離は双発機、長距離と超長距離は四発機といった棲み分けがまだ常識であったが、７７７の出現でこの区分は崩れたと言えるだろう。ターボファン・エンジンの大推力化と燃費率の向上、高い信頼性が、双発機による超長距離路線を可能とした。

２０１１年の11月、エアバス社はＡ３４０の生産打ち切りを発表した。最後に引き渡された（最後の生産機ではない）２機のＡ３４０-５００は、インドのキングフィッシャー航空用に生産されたものの、同社の経営不振で引き取られずにあった機体だ。２０１２年11月になって、イギリスのＡＪＷキャピタル・パートナーズ社に引き取られた。

Ａ３３０にもｎｅｏ

Ａ３２０ｎｅｏの登場と対応するように、Ａ３３０もｎｅｏ（New Engine Option）へと発展した。Ａ３３０の新エンジンはＲＲトレント７０００で、ファンを大型化してバイパス比を10に拡大、全圧縮比を50にまで引き上げて、燃費率を11％向上させている。

新世代のＡ３３０ｎｅｏは、Ａ３３０-８００およびＡ３３０-９００と名付けられた。Ａ３３０-８００は胴体長は２００と変わりないものの、機内配置を変えて座席を６席増やしている（最大４０６席）。主翼端にはＡ３５０ＸＷＢと似た新形状のウィングレットが付与され、翼幅が３・７ｍ大きくなった。航続距離は８１５０㎚に延びている。

Ａ３３０-９００は３００と胴体長が同じで、こちらは10席増えている（最大４４０席）。航続距離は７２００㎚になる。

新世代Ａ３３０の一番手として飛んだのはＡ３３０-９００の方で、２０１７年10月19日に初飛行している。２０１８年９月26日には欧州の型式証明を取得して、同年11月26日にポルトガルのＴＡＰに引き渡された。つづくＡ３３０-８００も２０１８年11月６日に初飛行し、２０２０年２月13日に欧州と米国それぞれの型式証明取得を発表、同年10月29日にクウェート・エアウェイズへの引き渡し開始が発表されている。

双発・大型機という現代のフラッグシップ像の構築

ボーイング777

1994年初飛行／1995年初就航／製造機数1,667機（2021年7月末時点）

747の減勢傾向が顕著化した2000年代以降、
多くの航空会社で“双発時代のフラッグシップ機”と位置付けられた777。
就航以来の運航実績を見れば、もっとも安全性の高い旅客機として信頼も厚い。
その後は自社の787や欧州のA350XWBなど、より洗練の度合いを高めた
双発ワイドボディ機が出現して777も一世代前の印象を強めたが、
2020年1月には後継発展型の777Xが初飛行。
次世代のボーイング社モデルレンジの頂点で、777の時代は新たな局面を迎える。

1994年4月9日にロールアウトした初号機N7771。会場の背景にはカスタマー各社のアイコンが映し出され、中央にはANAのロゴも。777はANA、JAL、JASの本邦大手3社がともに導入を決めた（3社揃って同機種を導入したのはJDA時代の727以来）。Boeing

Boeing 777-200

767Xとして

ボーイング777が、もともとは767の発展型として計画が始まり、当初の計画名が767Xであったことは、いまではほとんど忘れ去られている。

ボーイング社がエアラインに767X計画を提示したのは1986年のことで、767の胴体を延長して客席数を増やし、主翼も拡大した機体だった。クラスとしては従来の767と747の中間に位置付けられる。初期の提案の中には、767の胴体後半だけを二階建てとした、下半身メタボのような奇妙な代物もあった。

1980年代の半ばといえば、エアバス社がA330／A340の開発に乗り出し、マクドネル・ダグラス社がMD-11の開発に踏み切るなど、三百〜四百席級の長距離エアライナーに対する期待が一気に高まった時期だった。ボーイング社も対抗しなければ、市場を奪われてしまう。

しかし767Xはエアラインの支持を得られなかった。以前にも書いたが、どうも767の胴体断面はエアラインの受けが悪かったようだ。乗客の充填効率（?）が悪いし、床下貨物室が幅狭く、LD-3コンテナが単列でしか収まらないというのが大きく評価を下げたように思える。胴体の外径が6m前後のワイドボディ機に対して、767は外径198インチ（5・03m）で、ボーイング社ではセミ・ワイドボディという用語まで考案したが、自社も含めてこの胴体断面を継承した機体はなかった。

従来の空港スポットに収まる翼幅を求めたアメリカン航空。その解決策として、まるで空母艦上機のような主翼折り畳み機構が提案され、ボーイングは1995年に特許を取得。当時のカッタウェイ図にもその機構が確認できる。Boeing

主翼折り畳み機構

ボーイング社が767のセミ・ワイドボディを捨て、まったく新しい胴体の新ジェット・エアライナーの開発へと方向転換を決めたのは、1988年の10月頃のことだった。同年のクリスマス頃までには大まかな設計案がまとまった。

この時点では機名はまだ決定してはいないが、767の次の新規開発計画である以上777（トリプル・セブン）以外には有り得ない。

777の設計に際して、ボーイング社ではユーザーとなるエ

当初の767X計画では767の操縦席を踏襲する予定だったコクピットだが、エアライン各社は777に、より新しい操縦空間を求めた。Boeing

電子化された飛行制御システム
ボーイングはじめてのFBW導入

アラインの意見を積極的に取り入れようとした。これまでのエアライナーの設計でも、暫定設計案をエアライン側に示して意見を求め、要望に合わせて設計を修正するようなことはごく普通に行なわれていた。しかし正式に設計の過程に潜在ユーザーを組み込み、しかも各エアライン個別ではなく、集団として意見を求めるようなことは初めてだった。

ボーイングが声を掛けたのは当時のエアライン業界の大手で、指導的立場にあった8社であった。アメリカからはアメリカン航空（ＡＡ）、デルタ航空、ユナイテッド航空、イギリスからブリティッシュ・エアウェイズ（ＢＡ）、オーストラリアからカンタス航空、香港からキャセイ・パシフィック航空、そして日本からも全日空（ＡＮＡ）と日本航空（ＪＡＬ）が選ばれた。

各エアラインの代表者を招いた会議は、１９９０年の1月に第一回が開かれた。3月までの会合で、７４７と同じくらいの胴体径で標準３２５席という７７７の概要が定まった。

７７７の翼幅を特に気にしていたのがＡＡだった。ＡＡでは従来のスポットに問題なく収まる翼幅を要求、長距離巡航に適したアスペクト比の大きな主翼を採用したいボーイング社を悩ませた。

ＡＡの要求に対してボーイング技術陣が打ち出した秘策が主翼端の折り畳みであった。ちょうど艦上機のように、着陸したら翼端より６・５ｍ内側の部分で翼を90度上に折り曲げる。これで翼幅が13ｍ縮まり、従来と同じ狭いスポットにも滑り込め

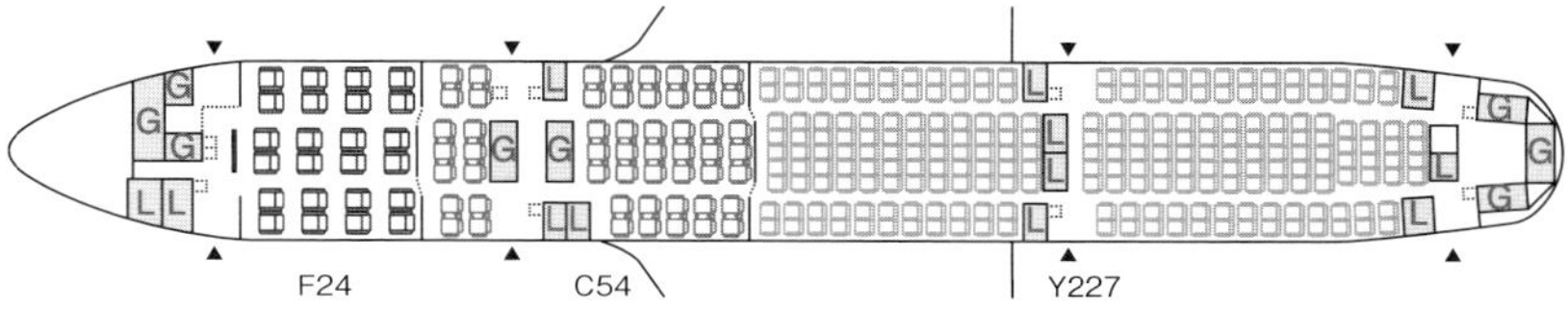

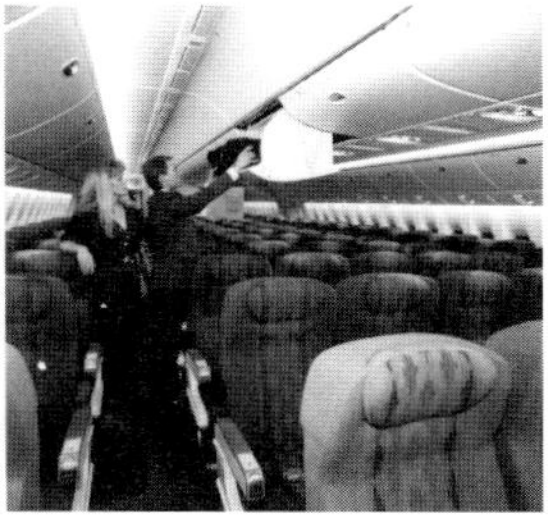

777-200の機内配置

6.20m径の胴体が生み出すゆとりのキャビンをアピールする広報フォト。ボーイング推奨によるファースト24席、ビジネス54席、エコノミー227席の計305席仕様。

Boeing

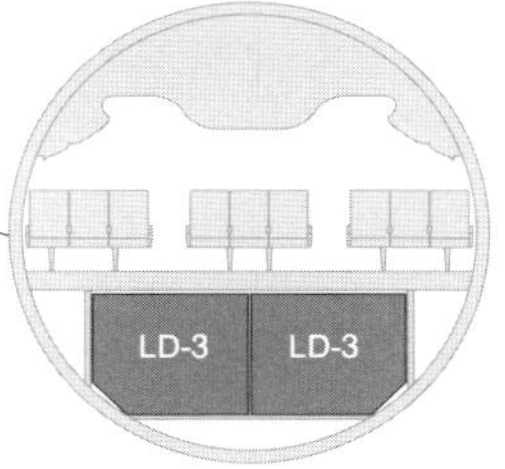

直径6.20mの胴体断面

客室は横9列配置を基本に、最大10列のレイアウトも可能。セミ・ワイドボディの767では不可能だった床下貨物室のLD-3コンテナ並列搭載も、もちろん可能とされている。

るはずであった。翼端折り畳みは技術的オプションとしてエアライン側に提示された。

しかし他のエアラインはＡＡに賛同しなかった。折り畳み構造で自重が増すし、整備の手間も増える。離陸の前に主翼がちゃんと展張しているのをいちいち確かめるのも面倒だ。

結果的にはどこのエアラインも（ＡＡさえも！）翼端折り畳みのオプションを注文せず、７７７は他機と同じ固定翼の構造で生産された。

７７７の主翼は１／４翼弦の後退角が31・６度で、７４７の37・５度よりはだいぶ小さいが、スーパー・クリティカル翼断面の採用でマッハ０・８３での高亜音速巡航を可能としている。実際この主翼の高速性能は見積もりを上回り、マッハ０・８４での経済的な巡航も可能であった。

いまでは当初の７７７の設計が翼端折り畳みを前提としていたことすら話題にはならない。しかし翼幅と空港スポットの関係は解消されたわけでもなく、発展型の７７７Ｘでは翼端折り畳みが正式に採用されている。

フライ・バイ・ワイヤ

７７７の胴体については、外径が２４４in（６・２０ｍ）の真円断面とすることが決まった。この数値は７６７の胴体よりも外径が１・１７ｍも大きいばかりでなく、エアバスＡ３３０／

A340(5・64m)やDC-10／MD-11(6・02m)よりも大きい。しかし747の256in(6・49m)よりは12in(0・3m)だけ細い。

777の客室の通路は2本で、エコノミー・クラスであれば2列+5列+2列の合計9列、あるいは一杯に詰め込んで3列+4列+3列の合計10列となる。ビジネス・クラスだと2列+3列+2列の7列、ファースト・クラスだと2列+2列+2列の6列だ。床下貨物室にはLD-3が2列に並ぶ。

エアラインの意向を取り入れてコクピットも大きく変わった。最初ボーイング社では767Xの計画名通り、767と基本的に同じコクピットを採用するつもりだった。むしろコクピットの共用化が売りになると思っていたのだ。

しかし、コクピットと飛行制御システムの電子化で時代は急速に動いていた。エアラインは767のコクピットを古臭いと断じ、より新しいシステムを要求した。幸い747-400という成功例があり、777のコクピットのアーキテクチャーは、747-400のそれの延長線上に構築されることになった。

767の多機能ディスプレイがCRT(陰極線管)だったのに対して、777ではフラットな液晶ディスプレイ(LCD)となった。6面の大型矩形LCDを中心に、バックアップの飛行計器までが小型のLCDに表示される。

777はボーイング社としては初めてフライ・バイ・ワイヤ(FBW)の飛行制御系統を持つ。しかしエアバス社のFBW系統とは異なり、操縦システムは従来の形態を踏襲しており、パイロットの正面には見慣れたコントロール・ヨークがある。

777のFBWは3台のプライマリー・フライト・コンピューター(PFC)を並置した三重系で、作動モードにはフライト・エンヴェロープ・プロテクションを加えたノーマルと、プロテクション等を排除したセカンダリーがある。さらにPFCを通さずに直接に舵面にアナログ信号を送るダイレクト・モードがある。

777は複合材料がエアライナーに取り入れられ始めた時期の設計で、ボーイング社のやや保守的な設計方針もあって、複合材料の使用率は案外低い。複合材料が用いられている主な部位は垂直・水平両尾翼、フラップ、エルロン、翼胴フェアリング、脚扉、客室床ビーム、エンジン・カウリングなどで、構造重量の9%を複合材料が占める。

全面CAD設計

777はボーイング社が初めて全面的にCAD(Computer Aided Design)で設計したエアライナーだ。設計には3次元CAD設計ソフトウェアであるCATIAが用いられた。CATIAはフランスのダッソー社の製品で、1981年に最初のバージョン(v1)が売り出されている。

ボーイング社は1984年にCATIAv3を採用し、自らア

777-200の初飛行は1994年6月12日。写真は初飛行後の同年10月、エドワーズ空軍基地における約2週間のテストプログラム中のひとコマで、滑走路面と擦れる尾部を積層オーク材の厚材で保護して最小離陸速度テストに臨んだ。Boeing

ユナイテッド航空での運航開始（1995年6月7日）に先駆けて、5月30日にはFAAによるETOPS認可の授与式が挙行された。これにより777はデビュー時点でのETOPS-180獲得を実現。記念すべき運航初便はワシントンDC＝ロンドン線であった。
Boeing

ドオン・プログラムとしてＥＰＩＣ(Electronic Preassembly Integration on CATIA)を開発している。同社は７７７の設計陣に合計２２００台のコンピューター端末を配布し、通信回線を通じて8台のＩＢＭメインフレーマーに接続させた。

ＣＡＤの利点の一つは、膨大な数(７７７の場合部品点数は約25万点にもなるという)の部品を、実際に製作する前に干渉のチェックが可能であることだ。これまでだと複雑な形状で、混み合って配置された部品同士の干渉を図面上でチェックすることは難しく、試作部品を組み上げてみて初めて問題が発覚、部品を造り直すといったことも日常的にあった。しかしＣＡＤではコンピューターの画面上で三次元のフィットチェックが可能で、手が届きやすいかどうかといった整備性の検討まで事前に出来る。

７７７では機体を胴体、主翼、尾翼などに分割した上で、さらに主翼後縁内側フラップ、外側フラップといった具合に、約２４０に設計を分割して行なった。そしてそれぞれにＤＢＴ(Design Build Team)を割り当てた。それぞれのＤＢＴには空力や構造設計、材料などの技術者だけでなく、治工具設計、製造技術、カスタマー・サービス、品質保証などの専門家も加わっていた。

これまでのエアライナーの開発では、試作機(飛行試験機)の製作段階が始まってもなお、細部の設計作業が続いているのが常態だった。たとえば７６７計画の場合、設計がほぼ完了し図

当初はIGW（Increased Gross Weight）と呼称された航続距離延長型の777-200ERは1997年2月、ブリティッシュ・エアウェイズで初就航した。このER以上の航続距離を期待する顧客に向けては、777-200LRワールドライナーがあり、2006年3月にパキスタン国際航空で初就航している。Boeing

面の90％が引き渡されたのは、試作機が完成する直前であった。

ところが777計画の場合には、CADによる図面段階で十分な検討が進められたため、試作機の製作開始から間もなく90％詳細図面出図を迎えている。それだけ完成度が高い状態で試作機が送り出されたわけだ。

日本企業が21％参加

777は国際的な分業体制で生産されることでも画期的であった。これまでもボーイング社の機体も含めて、アメリカのジェット・エアライナーのコンポーネントの製造、ときには設計までがアメリカ以外の企業で行なわれることはあった。初期の例としては、ダグラスDC-9がコンポーネント生産企業を計画のリスク・シェアリング・パートナーとし、デハヴィランド・カナダ社に主翼と尾翼という重要部分の生産を任せている。もともとが国際共同計画のエアバスでは、機体の各部分を計画参加国が分担して生産し、最終的に一か所に集めて組み立てるという生産方式が最初から前提となっていた。

ボーイング社でも1970年代に伊アエリタリア社との共同開発を模索したり、日本の三重工を計画に加えることを考えたり紆余曲折の末に、767計画に日本企業が全体として15％参加することとなった。

777計画では日本企業の参加は21％にもなった。777の開発費が総額5千億円相当と言われるから、日本側は約1千億円を負担した計算になる。

777計画に日本から参加したのは三菱重工業、川崎重工業、富士重工業の三重工に日本飛行機、新明和工業の5社だった。日本からは250人前後の技術者がシアトルに派遣された。

各社の分担は三菱が後部胴体、尾部胴体、乗降ドア、バルク貨物ドアで、日本側参加の約42%、川崎が前部胴体、中央部胴体、中胴下部構造、貨物ドア、圧力隔壁で約28%、富士が中央翼、主脚ドア、翼胴フェアリングで約19%、日飛が翼桁間リブで6%弱、新明和が翼胴フェアリングパネル後半、ドア部品で約5%となっている。

なお他の部位で外注に出されたのはラダー（ホーカー・デハヴィランド社）とエレベーター（エアロスペース・テクノロジーズ・オブ・オーストラリア社）くらいで、日本企業の関与の深さが際立っている。

ETOPSの拡張

1994年の4月9日、777の試作1号機、PW4084エンジン搭載のWA001が、エヴァレット（ワシントン州）に増設された新工場からロールアウトした。WA001は6月12日に初飛行した。

ボーイング社が特に狙っていたのは、路線就航と同時にETOPS（名称はExtended-range Twin-engine Operational Performance Standardsの略）クリアランスを獲得することであった。従来であればETOPSはエアラインでの運用実績を見た上で許可される。しかしボーイング社とエンジンのメーカーは、エンジンの試験を十二分に重ねることによって、運航開始前にETOPSの実績を得ようとした。ETOPSは1988年にはFAA（アメリカ連邦航空局）によってそれまでの120分から180分（ETOPS-180）へと延長されている。

777は大手の3種の大バイパス比ターボファンのいずれかを搭載する設計となっていた。

◆プラット&ホイットニー（P&W）PW4000
◆ジェネラル・エレクトリック（GE）GE90
◆ロールスロイス トレント800

いずれもファン直径が2・5mから3・1mにもなり、推力は1基で35トンから42トンにもなる。初期の747が載せていたターボファンの二倍近い推力で、747に迫るサイズの777をたったの2基で支える。

開発がいちばん進んでいたのはP&WのPW4084で、地上静止試験はもちろんのこと、1993年6月からは747の2番エンジンをPW4084に換装した試験機で空中試験も開始した。やや遅れてGE90、トレント800の空中試験も始ま

1997年10月16日、オリンピック山脈上空をゆく長胴型777-300（N5014K）の初飛行シーン。777-200と比べて全長は10.1mストレッチされ、ついにジャンボを超えた。初就航は1998年5月のキャセイ・パシフィック航空。Boeing

っている。

1995年の4月19日、777はアメリカ（FAA）とヨーロッパ（JAA）の型式証明を同時に取得した。同年5月15日にはユナイテッドに最初の777-200が納入された。同じ5月15日にはFAAからPW4084装備機のETOPS-180の認可が下り、初めて就航に先駆けてETOPSを達成したエアライナーとなった。ユナイテッドがワシントンDC（ダレス）＝ロンドン（ヒースロー）路線に777-200を初就航させたのは6月7日のことだ。

1995年11月12日には、GE90-77B装備の777がBAに納入された。BAがRRではなくGE製エンジンの機体を注文したのは注目に値する。RRのトレント877を搭載する777を最初に受領したのはタイ国際航空で、1996年3月31日のことだ。どちらのエンジンの搭載機も、路線就航までにETOPS-180を獲得している。

長胴型と長距離型

777には200と長胴型の300のシリーズがあるが（短胴の100は提案のみ）、実際にはさらにそれぞれに航続距離延長型がある。777-200シリーズには貨物機の777F（Freighter）もある。

777-200シリーズは全長63・73m、全幅60・93mで、

2009年には貨物型777Fが就航。747FあるいはMD-11Fからのリプレース需要を集めて、フレイター市場の主流派としての地盤を固めている。747Fのようなノーズカーゴドアは持たないが、サイドカーゴドアの幅は747Fよりも約25cm拡大した。Akira Fukazawa

客席数はモノクラスで４１８席から４４０席、2クラスで３７５席から４００席（どちらもファースト・クラス30席）、３クラスで３０５席（ファースト24席、ビジネス54席）から３２８席（同24席と61席）となる。

７７７-３００シリーズでは全長が73・８６ｍまで延長されていて、モノクラスだと客席数は５００席から５５０席（10列30inピッチ）になる。２クラスだと４５１席（ファースト40席）から４７９席（同44席）、また3クラスでは３６８席（ファースト30席、ビジネス84席）から３９４席（同30席と80席）になる。日本の国内線ではＡＮＡもＪＡＬも五百席以上で運航している。

前述したように７７７の胴体断面は、床下貨物室に７４７と同じＬＤ-３コンテナを背中合わせに２列搭載出来る。７７７-２００だと床下貨物室には主翼の前側に18個、主翼の後ろに14個の合計32個のＬＤ-３を搭載出来る。長胴の３００の場合には前に24個、後ろに20個の44個を搭載する。

長胴型７７７の開発は、１９９５年６月のパリ航空ショーで発表された。７７７-３００は１９９７年９月８日にロールアウトして、同年10月16日に初飛行した。ＦＡＡとＪＡＡの型式証明同時取得は１９９８年５月で、その月のうちにキャセイ・パシフィックに就航した。

１９９６年に登場した７７７-２００ＥＲ（Extended Range）は、燃料容量を増やして離陸総重量を増大させ、それに対応してエンジンも推力を向上させた型で、最大ペイロードの航続距離は７７２５nmに延びた。

７７７-２００ＬＲ（Longer Range）はさらに燃料搭載量と総重量を増した型で、航続距離は９３８０nmに達する。双発機としては史上最長の航続距離となり、ボーイング社では特にこの型を「ワールドライナー」と呼んでいる。

７７７-２００ＬＲでは翼端が延長されて斜めにカットされたようになり（レイクド・ウィングチップ）、翼幅は64・８０ｍとなった。７７７-３００ＥＲも同じ延長された翼端を持つ。航続距離は７９３０nmになる。

７７７はこれまでに１６００機以上が生産されたが、ともに長距離型の２００ＥＲが四百機以上、３００ＥＲが八百機以上、貨物型の７７７Ｆが二百機以上の受注を集めている以外は、どの型も二桁から百機台前半の受注に留まっている。現在の受注残もすべてが７７７-３００ＥＲと７７７Ｆだ。

進化形の777X

777Xはシリーズ最新の発達型で、787で実用化された技術を取り入れ、主翼の設計が全面的に変更されている。エンジンも新しくなり、現在の777よりも燃料消費が10%減る。

777Xは計画検討時の仮称、あるいは発達型計画全体を指す名称で、個々の型は777-8及び777-9と呼ぶ。ボーイング社は2010年頃から777の発達型の検討を開始しており、2013年には同社重役会も777-8LXと9LXの計画を承認した。2013年9月にルフトハンザが777-9を34機発注して、ローンチ・カスタマーとなった。

777Xの主翼は全複合材料製で、従来型777の主翼よりもアスペクト比が高く、後退角は小さい。翼幅は71・76mで、従来の777の長距離型よりもさらに7m長い。しかしボーイング社では艦上機みたいに両翼端を上に折り曲げる仕組みを採用して、地上での翼幅を65m以内に収めている。

新しい777Xの主翼は、ボーイング社のエヴァレット新工場で生産され、翼端部分だけはセントルイス工場で製造される。生産拠点を世界各地に広げ、生産管理や労組対策に頭を悩ました787計画の反省だろうか、777Xでは主要部分の生産はしっかりボーイング社自身が押さえている。中央翼（キャリースルー）部分はスバル（元の富士重）が製作する。

777Xが採用したエンジンはGEのGE9X-105B1Aで、推力は470kNになる。3・4mの大径ファンを持ちバイパス比は10：1、全圧縮比は60：1にもなる。ロールスロイスのRB3025（トレント発展型）やP&WのPW1000G発展型も売り込まれたが、いまのところGE9Xしか搭載していない。

777Xの胴体は、外径は6・20mで従来型と同じだが、壁を薄くしている。キャビン幅は5・97mに広がり、楽に合計10席配置が可能になった。

全長は777-8が69・79mで、2クラスでは384席になる。777-9の全長は76・73mで、2クラスで426席、3クラスでも349席となる。最大離陸重量はどちらも35万1534kgで、航続距離は-8が1万6170km、-9は1万3500kmになる。

ボーイング社では777-9の1号機のロールアウトを2019年3月13日（737MAXの事故を受け式典は中止）、初飛行を2020年1月25日に実施した。2023年半ばから後半にルフトハンザへの引き渡しを開始する計画とされる（2021年8月時点）。

777Xシリーズは2021年7月末時点で350機を超える確定受注がある。2014年7月にエミレーツが777-8を35機、777-9を115機を発注して最大のカスタマーとなった（その後、一部の発注を787-9に変更の方針と発表）。ANAも777-9を20機発注している。

2020年1月25日に初飛行した777X。777-300ERと比較して10%の燃費向上を謳う専用のGE9Xエンジンはファン直径3.39mに拡大、また空港での取り回しを考慮して主翼端の3.4mにわたり折り畳み機構を採用。1995年取得の特許がついに実用化を見た。
Boeing

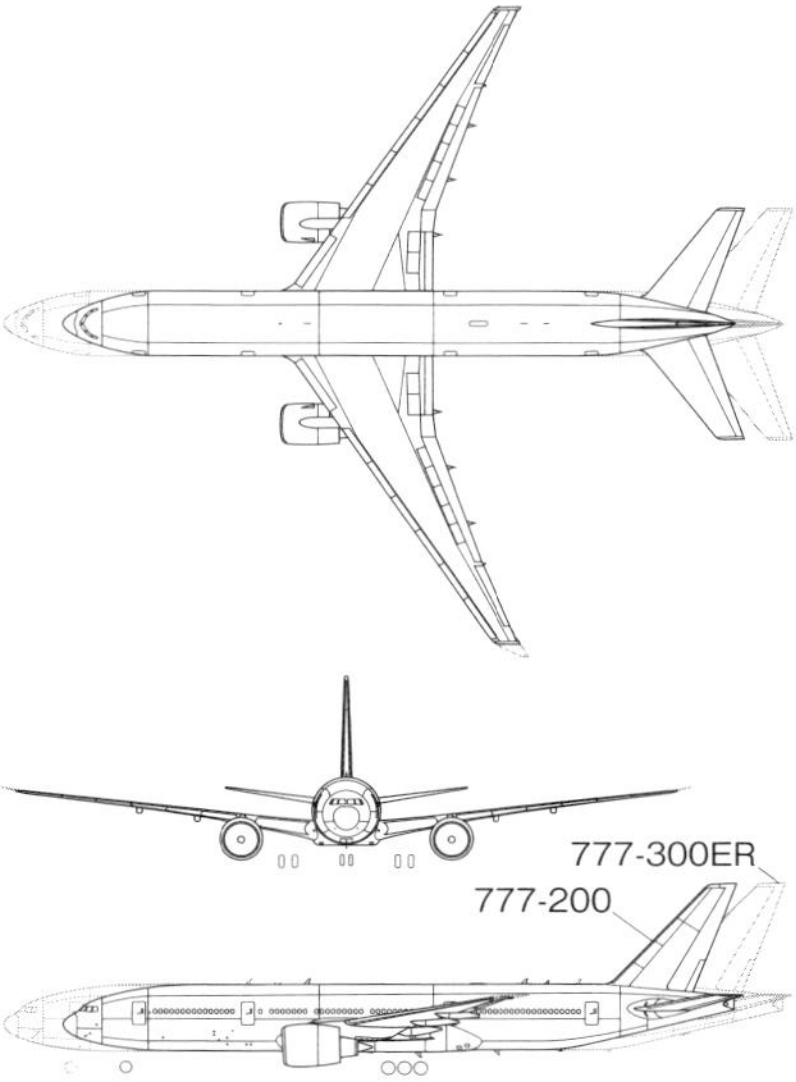

747-400の後継機として長距離国際線の主力となった777-300ER。世界最大・最強推力を誇るGE90-115Bエンジンは、そのファン直径（3.25m）が737（3.76m）の胴体幅にも迫る。主翼端のレイクド・ウィングチップは777-200LR、777Fでも採用。Akira Fukazawa

777

	-200	-200ER	-200LR	-300	-300ER	777-8	777-9
全幅	60.93m		64.80m	60.93m	64.80m	71.76m（折り畳み時64.82m）	
全長	63.73m			73.86m		69.79m	76.73m
全高	18.75m		18.85m	18.49m	18.57m	19.53m	
主翼面積	427.8㎡		—	427.8㎡	—	—	
最大離陸重量	247,205kg	297,555kg	347,815kg	299,370kg	351,535kg	351,534kg	
最大運用速度	Mach 0.84			Mach 0.84		Mach 0.84	
設計航続距離	9,648km	14,195km	16,945km	11,028km	14,593km	16,170km	13,500km

双発機のロングレンジ化を推進した発展史 さらに、777Xという進化形へ

エアバス計画に触発されたソ連初のワイドボディ

イリューシンIL-86

1976年初飛行／1980年初就航／製造機数106機（NATOコード：Camber）

旧ソヴィエト連邦における大量空輸の時代、
その先鋒として送りだされたのがIL-86だ。
ソ連初のワイドボディ機であり、西側で一般化していた
翼下ポッド方式のエンジン配置を採り入れるなど、
イリューシンOKBらしい洗練性も感じさせた。
しかし、製造終了から僅か20年で民間で飛ぶ機体は皆無に。
IL-86を短命・希少な存在に貶めたのはエンジン性能の限界だった。

水煙をあげて、雨のモスクワ・ドモジェドボ空港に降りたシベリア航空のRA-86108。胴体の下方を見ればIL-86の特徴である3本の主脚柱が確認できる。Alexander Mishin

Ilyushin IL-86

ソ連のエアバス

ＩＬ-86はイリューシン試作設計局（ＯＫＢ）が、ＩＬ-62の次に世に問うた四発ジェット・エアライナーだ。

いかにもロシア的（スラブ的）と言うか、やや無骨で野暮ったい（特に１９６０年代までは）ツポレフＯＫＢのエアライナーに比べて、イリューシンＯＫＢの機体は最初から西欧的な意味で洗練されている。

例えばソ連のジェット・エアライナーで、ボーイング７０７に始まるジェット・エンジンをポッドに収めて翼下に吊り下げる搭載方式を採用したのは、イリューシンＩＬ-86が初めてだ。

イリューシンＩＬ-86はずばり旧ソ連の「エアバス」だ。「エアバス」が１９６０年代の半ばには機種名でも企業名でもなく、「短距離専用の大型エアライナー」という意味の普通名詞であったことは、本書１５８ページのエアバスＡ３００の項で書いたことがある。

Ａ３００ばかりでなくＬ-１０１１もＤＣ-10も当初は「エアバス」とひとくくりに呼ばれていたのだが、ＩＬ-86もその意味での「エアバス」として生まれた。

実際１９６０年代末のソ連では、「エアバス」を直訳しただけの「アエロブス」（aerobus）なる用語がこの種の短距離大型エアライナーの意味で使われてさえいた。ちなみにロシア語では乗合自動車は「アフトーブス」（avtobus）と言う。

当時「エアバス」と呼ばれていたエアライナーに共通する特徴は、客室に二本の通路がある（ツイン・アイルズ）ワイドボディという点で、ＩＬ-86はソ連で最初のワイドボディ・エアライナーだ。

ただ機体の規模からすれば、ＩＬ-86はＡ３００の対抗機種というよりは、むしろソ連版のＬ-１０１１ないしＤＣ-10といったところかも知れない。

それにしてもＡ３００は双発、Ｌ-１０１１やＤＣ-10は三発なのに、なぜＩＬ-86は四発になるのか。そこに旧ソ連のジェット・エアライナー開発の大きな問題点あるいは悩みがあった。

荷物を持って床下から

イリューシン試作設計局（ＯＫＢ-２４０）のＩＬ-86の最初の構想は、１９７１年5月にモスクワ近郊ヴヌコヴォ空港で開催された民間航空展で初めて公表されている。

〝Ил-86〟と機首に描かれた模型が二つ展示されたのだが、一つはリア・マウンテッド・エンジンのワイドボディ四発機で、言ってみれば太ったＩＬ-62、もう一つはワイドボディの７０７のような翼下エンジン装備の四発機であった。

特徴的なのはどちらの案でも搭乗口がワイドボディの床下部分にあったことだった。すなわち通常のワイドボディ機であれ

シェレメチェボ空港に駐機するアエロフロートのIL-86。6.08mの胴体外径は欧米の同級機と比べても太く、その外観はボリューミィな逞しさに溢れる。NATOコードは“Camber”。Konan Ase

ソ連の空港事情を反映した乗降手段と、運命を決めた“小”バイパス比ターボファン・エンジンの劣等

ば貨物室に充てている客席の下の階に乗客用のエアステアがあり、ステアを上がった機内に手荷物の預入場所がある。客室は上半分だけで、いわゆる二階建てキャビンではないが、乗客の乗降は階下からしか出来ない。

乗客は徒歩で、あるいはバスで機体の脇まで行って、手荷物を持ったままステアを上がって機体に乗り込み、手荷物を適当な棚に押し込む。そして機内の階段を上がって上の階の客室へと行くようになっている。目的地に着いたら反対に、客室から階下に降りて手荷物を取り出し、ステアで機外に出る。

チェックインの時に手荷物を預けるのが一般的な航空輸送だから違和感を感じるが、例えばこれが長距離列車やフェリーであれば珍しい方式でもない。よく乗降口の脇あたりに手荷物置

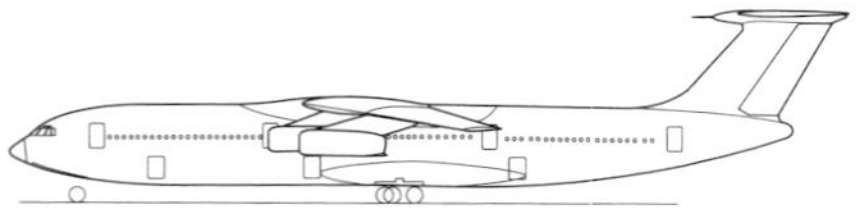
高翼四発T尾翼案

リア・マウンテッド・エンジン案

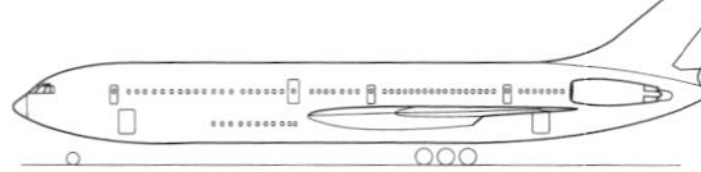
リア・マウンテッド・エンジン、ダブルデッキ、短胴案

高翼からリア・マウンテッドまで、IL-86の計画案

まるで軍用輸送機のような高翼四発T尾翼案から、IL-62のスタイルを継承したリア・マウンテッド案。IL-86最大の個性と言える床下搭乗口は、全てのプランで採用されていた。

き場が設けられているだろう。もちろん預け入れ荷物が比較的少ない国内線だから通用するが、大きなスーツケースを持ち込む長距離国際線だったらちょっと無理がある。

イリューシン設計局では、前記の二つの案の前にもＩＬ-76軍用輸送機を太胴化したような高翼四発Ｔ尾翼のアエロブスも検討していたが、この段階ですでに階下の搭乗口が登場していた。

実際のＩＬ-86は、１９７１年に展示されていた模型ともずいぶんと違った機体になったが、この階下から入って手荷物を置いてから客室に上がるという搭乗方式は生産型にも採用されている。

この独特の乗降方式は、１９６０〜70年代当時のソ連の地方空港の貧弱な施設に対応して考え出された。当時の地方空港にはボーディング・ブリッジなどなく、乗客は寒風吹きすさぶ中でも歩いて機体まで行き、タラップを登って搭乗せねばならなかった。もちろんコンピューターやバーコードを使った手荷物処理システムなどもない。

そのあたりの事情は分かっているから、イリューシン設計局のＩＬ-86案を見て西側の評論家も意味不明とは言わなかったが、果たしてこの方式でうまくいくのかどうかとは危ぶんだ。

例え三か所にエアステアを設けるとしても、多いときにはステアあたり百人にもなる乗客をスムーズにさばけるのか？　乗るときはまだしも、乗客が降りる際の階下の混乱や手荷物の取り違え、置き引きなどの対策は十分か？　といったことだ。

またすべてスムーズにいったとしても、床下貨物室の容積が小さくなる問題は残る。

エンジン技術の遅れ

ＩＬ-86のエンジンはクズネツォフＮＫ-86だ。本来このエンジンの名称はＮＫ-8-6で、ＮＫ-8シリーズの中の-6型であった（6番目の型という意味ではない）。しかし機種名のＩＬ-86と合わせて、いつのまにかＮＫ-86と書くようになっていた。

ＮＫ-8といえば前作ＩＬ-62にも搭載されていたターボファンで、１９６０年代初期のエンジンだ。言ってみれば西側のＪＴ８Ｄあたりと同世代の初期の小バイパス比ターボファンで、バイパス比は1を少し上回るくらいでしかない。

ターボファン・エンジンは１９６０年代の後半に大発達を遂げ、西側ではプラット&ホイットニーＪＴ９Ｄ、ジェネラル・エレクトリックＣＦ６、ロールスロイスＲＢ２１１の三つが競い合うようにジェット・エアライナーの世界に登場した。

これら三つのターボファンはいずれも5〜6のバイパス比を持ち、亜音速巡航時の燃費率（sfc）がその前の世代よりも格段に向上している上に、騒音も相当に低い。１９７０年代に相次いで登場したワイドボディ・エアライナーの成功は、これらの大バイパス比ターボファンが決定的要因だった。

大バイパス比のターボファンの理論的優越はもちろんソ連で

も分かっており、その方向に向けて開発もしていたが、技術力の限界があったようだ。大バイパス比のターボファンは単に大きなファンを作ればよいというだけでなく(もちろん大きなファンを軽量に作ること自体が大変な技術を要するが)、そのファンを駆動するタービンや圧縮機などにも高いレベルの冶金や工作技術が要求される。軍用のエンジンならば、例えば寿命が短くなるのを承知で高性能を目指すといったやり方もありなのかもしれないが、経済性や信頼性を重視する民生用エンジンではソ連流の強引な手法は通用しない。

西側の大バイパス比ターボファンに匹敵するソ連の最初のエンジンは、プログレス(イフチェンコ/ロタリョフ)D-18Tだろう。このバイパス比約6の三軸ターボファンが試運転を始めるのが1980年、アントノフAn-124に搭載されて初飛行するのが1982年だ。An-124に相当するアメリカのロッキードC-5ギャラクシーの初飛行は1968年だから、ソ連における大バイパス比ターボファンの開発は実に14年も遅れていたことになる。

ソ連側では切羽詰まってイギリスからRB211を購入することまで考えたようだ。しかしイギリス側としても見本として少数を売ってコピーされるのでは割が合わず、大量購入を求め、結局交渉は決裂した。

IL-86が本来想定していたエンジンはNK-86ではなく、ソロヴィヨフD-30KUであったようだ。D-30のバイパス比は2・4で、西側の大バイパス比ターボファンには遠く及ばないものの、NK-8シリーズよりは一世代新しい。しかしIL-86の就航予定時期までにD-30が所定の性能を出せる見込みがなく、やむなくNK-86の搭載が決まった。IL-86はスタート地点からして西側に二歩も三歩も遅れていた。

ソ連側の資料では、当時ソ連では燃料価格が安かったから燃費の大小は問題にならないと負け惜しみを書いているが、それは社会主義体制では経済性は軽視されると言っているだけのように聞こえる。

燃費率が悪ければ、同じ燃料搭載量で飛べる距離は短くなる。実際IL-86はその図体の割に航続距離が短いことが悩みとなるのだ。

3本の主脚柱

IL-86がD-30ではなくNK-86の四発でいくと決定したのが1975年の3月のことで、すでにA300もL-1011もDC-10も就役して何年も経っていた。

最終的に選ばれた形態は平凡なもので、高翼案もリア・マウンテッド・エンジン案も廃され、翼下ポッド方式のエンジン搭載となった。なお旧ソ連の旅客機でこのエンジン搭載方式を採用したのはIL-86が初めてになる。

IL-86の胴体外径は6・08mで、A300/A310より

も0・44m大きく、DC-10よりも0・06m、L-1011よりも0・11m大きい。当時のジェット・エアライナーとしてはボーイング747に次ぐ胴体の太さだった。この直径ならば、二本の通路を3列ずつ合計9列の座席を挟んで余裕を持って配置出来る。この胴体径は床下貨物室に十分な容積を確保するため選ばれたようにも思える。

IL-86の客室は隔壁はないものの、前部（110席）、中央部（141席）、後部（99席）と三つに分割されている。それぞれに対応して階下に搭乗口と手荷物コンパートメント、階段がある。前部区画は前脚の直後に、中央区画は主翼の直後に、後部区画は最後部の左側面にエアステアがある。客室には非常口となる大きな出入り口が左右合わせて八か所設けられているが、普段の乗降には用いない。

合計した客席数はモノクラスで350席になる。前部に6列

サンクトペテルブルクからノボシビルスクへ向かうプルコボ航空のRA-86092機内。3+3+3列のシート配置が3+2+3列へと移行してゆく、後部キャビン中央付近を捉えた写真だ。床下とメイン・デッキをつなぐステアは飛行中は閉ざされている。Sam Chui

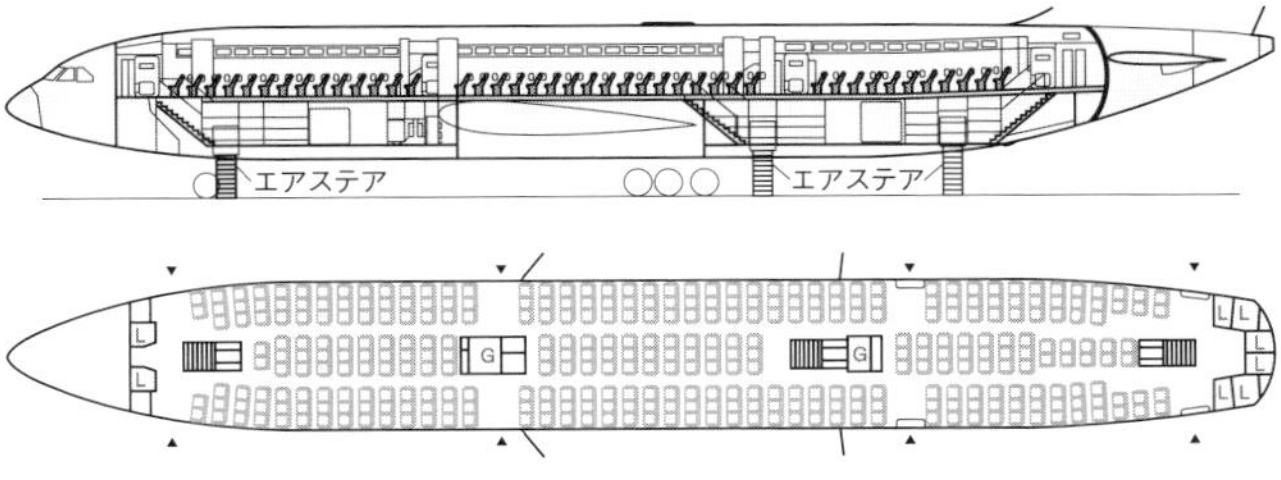

IL-86の機内断面とコンフィギュレーション

前、中央、後部の3つにエリア分けされたキャビンは、それぞれに床下への階段が設けられ、さらにはエアステアで機外へとつながる。シートは3+3+3列のレイアウトで、モノクラス350席を収容する。

のファースト・クラスを配したミックスト・クラスでは合計234席となる。

ＩＬ-86ではソ連のエアライナーとしては初めて、西側と共通規格の貨物コンテナ（ＵＬＤ）が搭載可能となった。ソ連名をＡＢＫ-1・5というコンテナは、西側のワイドボディ機でもっとも多く使われているＬＤ-3と実質的に同規格で、床下貨物室に二列で搭載出来る。もっとも前述のように階段や手荷物置き場でスペースを取られているので、コンテナを収容出来る床下貨物室の部分はごく少ない。階下の手荷物室を廃した仕様では、16個のＬＤ-3を収容出来ることになっている。

ＩＬ-86の主翼は後退角（1／4翼弦）35度で、上反角は6・8度になる。高揚力装置は前縁のスラットと後縁のダブル・スロッテッド・フラップで、エルロンは二分割されて外翼にだけ装備している。

短距離機にしては35度の後退角は大きめだ。西側ではこの頃からいわゆるスーパー・クリティカル翼型の思想が取り入れられて、衝撃波発生を遅らせる翼断面を採用する代わりに後退角を少なめにする空力設計が流行して来ていたが、ソ連ではまだその水準にまで達していなかったように思える。

ＩＬ-86の特徴として、主脚柱が3本あることが挙げられよう。左右の2本は通常のように内側に引き上げられる一方、中央の主脚は前方に引き込まれる。各脚柱には4輪のボギー・タイアが付いているので、主輪の総数は12個になる。

ＤＣ-10でも離陸重量の大きな長距離型が主脚柱を3本に増設しているが、短距離路線専用のＩＬ-86が主脚柱3本なのは、ソ連国内のあまり舗装の厚くない滑走路の使用を前提としているからだろう。乗降口とも合わせて、1970〜80年代当時のソ連の地方空港の設備のほどが推測出来る。

ＩＬ-86の運航乗員は正副操縦士と航空機関士で、二人乗務の型は開発されなかった。コクピットは広々とし、従来のソ連機のようなごちゃごちゃした感じもなく、同時代の西側の機体と比べてそう見劣りもしない。このあたりがツポレフ設計局などとは違う、イリューシン設計局のセンスなのだろう。

希望の星は輝かず

ＩＬ-86の試作1号機（登録記号ＣＣＣＰ-86000）は、イリューシン設計局の試作工房のあるモスクワ中央ホディンカ飛行場で1976年12月に完成して、12月22日に初飛行した。1号機はホディンカからそのままモスクワ近郊のジューコフスキィ飛行場に飛び、テスト飛行は同飛行場を拠点に行なわれた。

試作1号機は1977年6月までにはメーカーとしての試験の初期段階を完了し、同じ月にパリ航空ショーにも出品、1978年10月までにはメーカー試験は完了した。1号機は次のパリ航空ショー（1979年）にも参加している。

ソ連の航空工業の特異な生産システムについては以前にも述

夜のモスクワ・ブヌコヴォ空港に到着したアトラント・ソユーズのRA-86125。ボーディング・ブリッジには接続せず、乗客たちは床下デッキのステップを降りる。旧ソ連の貧弱な空港設備を考慮した独創の設計だ。Alexander Mishin

製造機数に露見した「停滞の時代」ブレジネフ政権下の象徴的ジェット

べたことがあったかも知れないが、試作設計局（ＯＫＢ）は設計と試作、初期のテストしか担当せず、その段階で国家（航空工業省）が設計を買い上げ、以後の生産と改良は国営の工場に割り振られる。

ＩＬ-86の場合、生産を担当することになったのはヴォロネジの第64工場だった。ヴォロネジ製の最初のＩＬ-86が試作２号機（ＣＣＣＰ-８６００１）で、１９７７年10月24日に進空した。生産仕様１号機（通算３号機）は１９７９年３月２日に飛んでいる。

IL-86の成功を阻害したクズネツォフNK-86エンジン。西側のジェットは高バイパス比のターボファンで発展を遂げたが、当時の旧ソ連ではエンジン開発の技術力が圧倒的に不足していたのだ。
Alexander Mishin

アトラント・ソユーズRA-86138のフライト・デッキ。3マン・クルー機なので後方にはフライト・エンジニア席を配置するが、窮屈さはない。インストゥルメント・パネルはこの時代の標準的なものでアナログ計器とスイッチが並ぶ。ウィンドウ上部から垂れるのは、ロール式のサンバイザー。
Alexander Mishin

ソ連ではIL-86を１９８０年7〜8月のモスクワ・オリンピックまでに鳴り物入りで就航させるつもりだったようだ。しかし実際には民間航空省による認証試験の開始が１９７９年４月になり、認証試験が完全に終了したのは１９８０年の９月のことだった。型式認証が下りたのは１９８０年の12月24日で、オリンピックには約半年遅かった。

その後もIL-86の生産の立ち上がりは遅かった。生産上の問題もあったし、ソ連の国内航空近代化の鍵を握るエアライナーのはずが、あまり歓迎されていない節も見受けられた。機材の乏しい飛行場でも使用可能なように設計されたはずのIL-86ではあったが、当時の国内線の空港ではこれでもまだぜいたく過ぎ複雑過ぎるところがあったようだ。

生産に関しては、IL-86の機体の半分近くをポーランドのPZL（ペゼテル）社に下請け生産させる構想もあった。ボーイング社などが国際的に共同生産の輪を広げているときに、ソ連でも似たような試みがあったわけだ。

これにはポーランド側も大いに乗り気だったようだが、実際には尾翼や動翼など機体の16％程度を生産するに留まった。１９８０年に独立自主管理労働組合「連帯」が結成されて、ポーランドで反ソ的反社会主義的傾向が強まったことで、ソ連が警戒したこともあろう。

IL-86は結局１９９１年までに合わせて１０６機が造られただけに留まった。この数には地上静止試験機１機と軍用型４機を含んでいる。中国への3機を除いては旧共産圏諸国への輸出も実現しなかった。ソ連の民間航空に大量輸送時代をもたらすはずのアエロブスは、自身が大量生産されることもなく終わった。

１９９１年末にソ連が崩壊した後、人々はいまさらのようにかつてのL・I・ブレジネフ政権時代の後半を「停滞の時代」と呼ぶようになった。社会主義の限界と欺瞞があからさまになり、生産性は上がらず、官僚システムは硬直化していった時代だった。技術開発はなかなか進まず、新規なことを始めるよりも今までどおりを惰性で続ける方が楽と皆が考えるような時代

離陸するタタルスタン航空のRA-86142。高揚力装置は前縁にスラット、後縁にはダブル・スロッテッド・フラップと外翼部のエルロンを組み合わせた。
Alexander Mishin

だった。

イリューシンIL-86はこの停滞の時代を象徴するようなジェット・エアライナーとなってしまった。鍵を握る大バイパス比ターボファンの国産化の見通しが立たず、輸入も出来ないのでは、最初から西側のワイドボディ・エアライナーと互角の機体が開発出来るはずはない。それでも紆余曲折の末に計画は強行され、不経済不効率なエアライナーとして就航することになった。

同時期のA300やDC-10でまだ飛んでいる機体があるのに、約100機造られた民間型のIL-86はもうどこにも飛んではいない。イリューシン設計局の罪ではないが、これが1980年代のソ連のジェット・エアライナー開発の実力だった。

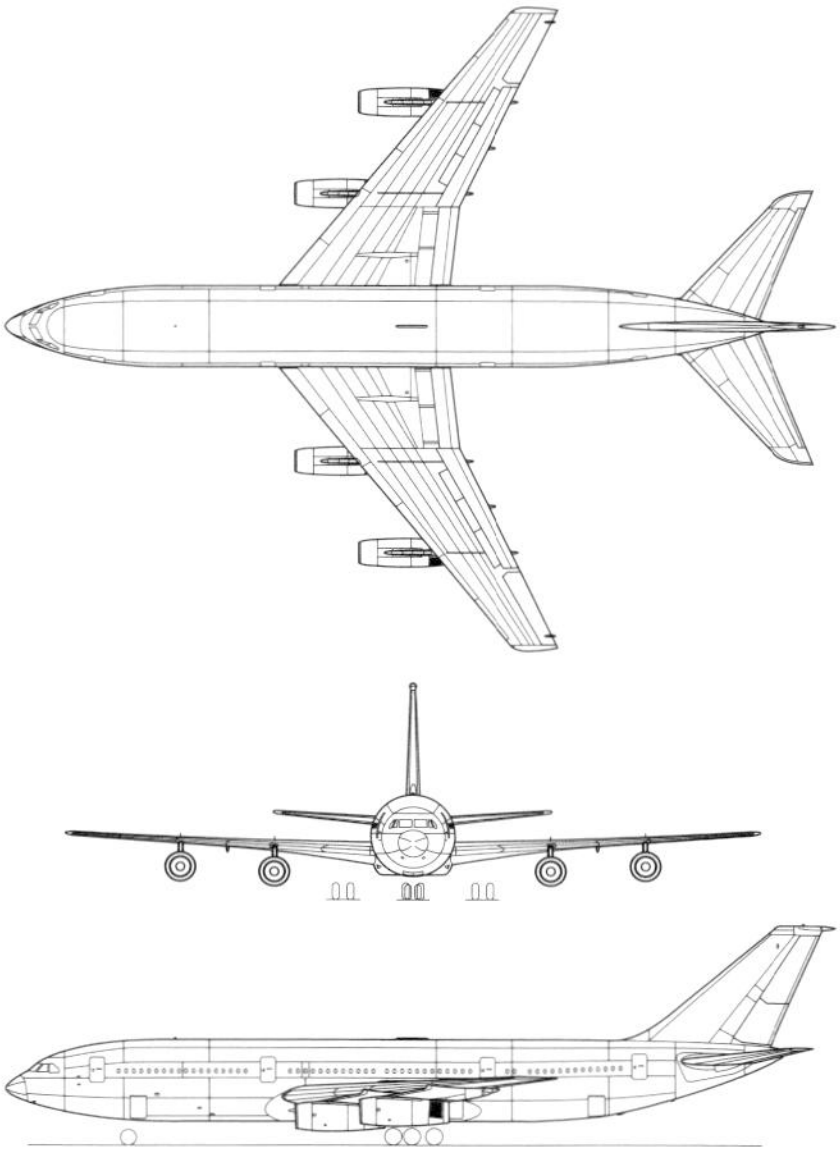

IL-86

全幅	48.06m
全長	59.54m
全高	15.81m
主翼面積	320㎡
最大離陸重量	190,000～208,000kg
巡航速度	900～950km/h
航続距離	4,600km

1994年正月、成田空港への定期便で初来日したアエロフロート・ロシア航空のIL-96（RA-96008）。フラッグ・キャリアーの同社でさえ運航機数は6機のみ、その終焉は突然に訪れ、2014年に完全退役した。Yohichi Kokubo

ソヴィエト航空技術の集大成、最後のソ連機

イリューシンIL-96

1988年初飛行／1993年初就航／製造機数32機（2021年8月時点）

性能不足とりわけ航続距離の著しい不足を指摘された前作IL-86の発展型として、ソヴィエト連邦崩壊の前後に初飛行・初就航したIL-96。つまり「最後のソ連機」にあたる。確かに航続性能は高まったが同じ時期、同規模の欧米機が高度な自動化を進め、また双発で飛べる効率性を身に付けていたの対し、このIL-96は三名乗務・四発機の従来方式を踏襲。ソ連崩壊後のロシアにおけるフラッグシップ機として、異質の存在感を放った。

ソ連からロシアへ

イリューシンＩＬ-96は、ソヴィエト連邦社会主義共和国（ソ連）が消滅して、ロシア連邦が出現する時期に開発されたジェット・エアライナーだ。

ＩＬ-96の試作１号機は１９８８年９月に初飛行している。ＩＬ-96が初就航したのは１９９３年７月のことだ。ちょうどその中間の１９９１年12月にソ連が消滅して、独立国家共同体（ＣＩＳ）を名乗る十幾つかの国々が誕生した。

ＣＩＳの中でも最大勢力がロシア連邦で、モスクワ市を本拠地とするイリューシン試作設計局（ＯＫＢ）は自動的にロシアの企業となった。現在の名称は「セルゲーイ・ヴァシーリェヴィッチ・イリューシン記念航空複合体公共株式会社」だ。なお創業者のＳ・Ｖ・イリューシンは１９７７年に世を去っている。

ＩＬ-96は、ソ連最初のワイドボディ・エアライナーであるＩＬ-86の発展型だ。胴体の断面は同じままで全長をやや短縮し、主翼は全く新しく設計している。ＩＬ-86の最大の問題点はエンジンが古い世代だったところだが、ＩＬ-96ではエンジンも新設計になった。

もっとも西側であったら双発機になっていたところ、ＩＬ-96は相変わらずの四発機で、その点ではまだ西側に追い付いてはいない。

イリューシンＯＫＢでは１９７０年代の末、つまりＩＬ-86が就航する以前に、その発展型としてＩＬ-96と名付けた設計案を検討している。ＩＬ-96はクズネツォフＮＫ-56ターボファン（最大推力１万８０００kgf）の四発で、新設計の主翼を持っていた。このＩＬ-96案は製作寸前まで行ったものの、計画は中止された。

ＩＬ-96の計画は、１９８０年代初めになって復活した。ＩＬ-86からの発展型という基本構想に変わりはないが、エンジンがパーヴェル・Ａ・ソロヴィヨフの設計局のＤ-90ターボファンになった。ソロヴィヨフ設計局は、ソ連崩壊後はアヴィアドヴィガーテリ社となっている。

アヴィアドヴィガーテリＤ-90は２軸のターボファンで、バイパス比は４〜５になる。当初の計画では最大推力は１万３５００kgfであったが、イリューシンＯＫＢの求めで１万６０００kgf級にまで拡大された。生産までに名称はＰＳ-90と改称された。

Ｔｕ-２０４という事情

いっそＰＳ-90の推力が１基25トン級でもあれば、ＩＬ-96は双発機として成立したであろう。そうすればＩＬ-96はロシア版Ａ３００となっていたはずだ。

モスクワ・シェレメチェボ空港で出発を待つアエロフロート機。IL-86ではキャビン床下のデッキに設置されたエアステアを使い乗降したが、IL-96では一般的なドア乗降に改められている。Konan Ase

IL-96の機体構成を決定づけた、客席数210名のナロウボディ双発機Tu-204と共用のPS-90Aエンジン。Alexander Mishin

しかしソ連には事情があった。ＰＳ-90はＩＬ-96だけでなく、ツポレフ設計局の新エアライナーTu-２０４のエンジンとしても期待されていたのだ。Tu-２０４は当初D-90の三発機として設計され、D-90（ＰＳ-90）の推力が強化されたので双発に設計変更された事情がある。もしもＰＳ-90が20トン級のエンジンになったら、Tu-２０４は根本から設計を変更せねばならず、別のクラスのエアライナーとなってしまう。

西側の大手エンジン・メーカーであれば、それぞれの機体に相応しい規模のエンジンの開発を申し出るところだろうが、ソ連の航空行政はそこまで柔軟ではない。

16トン級のターボファンでは、しかし想定していた四発機にはまだ推力不足だった。イリューシン設計局では、エンジンに合わせてＩＬ-96の規模を縮小せざるを得なかった。ＩＬ-96はＩＬ-86よりも胴体を５ｍ短縮して、三百席級となった。

また胴体短縮でテイル・アームが短くなったので、ヨー安定性の低下を補償するために、ＩＬ-96の垂直尾翼はＩＬ-86よりも増積された。短めの胴体にぴんと立った垂直尾翼という、ＩＬ-96の特徴的なスタイルがここで決まった。水平尾翼はＩＬ-86と共通だった。

ＩＬ-96の主翼は１／４翼弦の後退角が30度で（ＩＬ-86は35度）、翼面積は３５０㎡になる。アスペクト比は10・３で、ＩＬ-86の７・７よりもだいぶ大きくなった。翼断面はスーパー・クリティカル翼型と言っても良いし、翼端にはウィングレットも立つなど、西欧の最新の空力設計に近付いた。

普通の乗降口から

IL-96の胴体断面はIL-86と同じで、外径が6・08mの真円断面だ。これはA300に始まるエアバス社のワイドボディ断面（外径5・64m）よりも大きく、DC-10／MD-11（6・02m）も上回っている。ただしボーイング777（6・20m）よりは若干細い。

キャビンの幅は5・70mで、2本の通路を挟んで、ツーリスト（エコノミー）クラスであれば3列ずつの合計9列が配置出来る。ビジネス・クラスは2列+4列+2列の合計8列、またファースト・クラスは2列ずつの合計6列だ。エコノミーのみの客席数は300席、2クラスだと標準は263席、3クラスでは237席になる。

IL-86では乗客の出入りするドア（エアステア付き）がキャビンの床下に設けられていて、乗客は床下貨物室に手荷物を預けて、階段で上の客室へと登っていた。

この特異な乗降方式はIL-96には継承されず、出入り口は普通に客室のレベルに設けられた。床下はふつうのエアライナーと同様、貨物室に充てられている（貨物室容積が小さいのがIL-86の欠点の一つだった）。床下には他のワイドボディ機同様にLD-3コンテナ（ソ連での規格名はABK-1・5）が二つずつ背中合わせに搭載出来る。前部貨物室にはLD-3が6個、後部貨物室には10個で、合わせて16個のLD-3コンテナを搭載出来る。

アナログ三重FBW

IL-96は、エアライナーの世代としては西側のボーイング767やエアバスA310あたりに相当することになろうか？すなわちグラス・コクピット（EFIS）やフライ・バイ・ワイヤ（FBW）など、システムの自動化・コンピューター化が導入された第一世代のエアライナーだ。そうであるとすれば、ソ連のエアライナー開発は西側に十年ほど遅れていたことになる。

IL-96の飛行制御システムは、アナログの三重FBWだ。デジタルではないのにはちょっと驚くが、ソ連のデジタル・コンピューターでは演算速度が遅すぎたのか？信頼性の問題があったのか？

ついでに言えば、PS-90エンジンの制御はフル・オーソリティの2チャンネルのデジタル方式（FADEC）だ。

IL-96のコクピットは6面のカラー・ディスプレイが並び電子計器（EFIS）化されたものだが、液晶ディスプレイではなくてまだ陰極線管（CRT）だ。また西欧のエアライナー

モスクワからドバイへ向かうアエロフロート機（RA-96015）の機内。エコノミー・クラスは3列ずつの横9列配置で、写真奥の最後部のみ中央列が2列に縮小する。オーバーヘッドビンは左右両側のみに設置。
Airline

IL-96は床下にもギャレーがあり、カートなどはここに収納される。搭載のミールは2基のエレベーターを使用してメイン・デッキへと上げられ、キャビンのギャレーで盛り付けをした後、乗客へサービスされる。
Konan Ase

では、コクピットのEFIS化すなわち自動化、省力化で、2マン・クルー化と一体になっているが、IL-96はまだ旧来の航空機関士が乗った3マン・クルーだ。ソ連のエアライナーから航法士や無線士が姿を消すまでにだいぶ時間がかかったが、航空機関士はついにソ連の時代にはいなくならなかった。

実現した長距離飛行

IL-96の試作1号機、登録記号CCCP-96000、製造番号0101は、1988年の9月28日に、モスクワ市内の中央飛行場でイリューシンOKBの主任テスト・パイロットであるスタニスラフ・G・ブリズニュークの手で初飛行した。

中央飛行場・通称ホディンカはモスクワ市の北側にあり、日本ではどちらかと言うとソ連空軍の戦闘機を並べた展示場として知られていよう。私も二回訪れたことがある。

この飛行場を囲むように、アエロフロートの本部やイリューシン、ミコヤン、スホーイ、ヤコヴレフなどのOKBが置かれていた。ただし飛行場自体は1990年代には使われなくなっていたようだ。IL-96も中央飛行場で初飛行したものの、試験飛行はモスクワ市郊外のジュコーフスキィ飛行場で行なわれたと思われる。

以前にも書いたが、ソ連時代には航空機の開発と生産はまったく別の組織で行なわれていて、OKB（試作設計局）の役割

液晶ではなくCRTの6面ディスプレイが並ぶフライトデッキ。同時期すでに欧米旅客機では二名乗務が主流化していたが、IL-96は航空機関士が同乗する三名乗務を踏襲している。センターペデスタル、オーバーヘッドパネル、さらには正面計器盤中央部までが、基本的に航空機関士によって操作されるという。Konan Ase

アナログの飛行制御を残した航空機関士同乗の3マン・コクピット

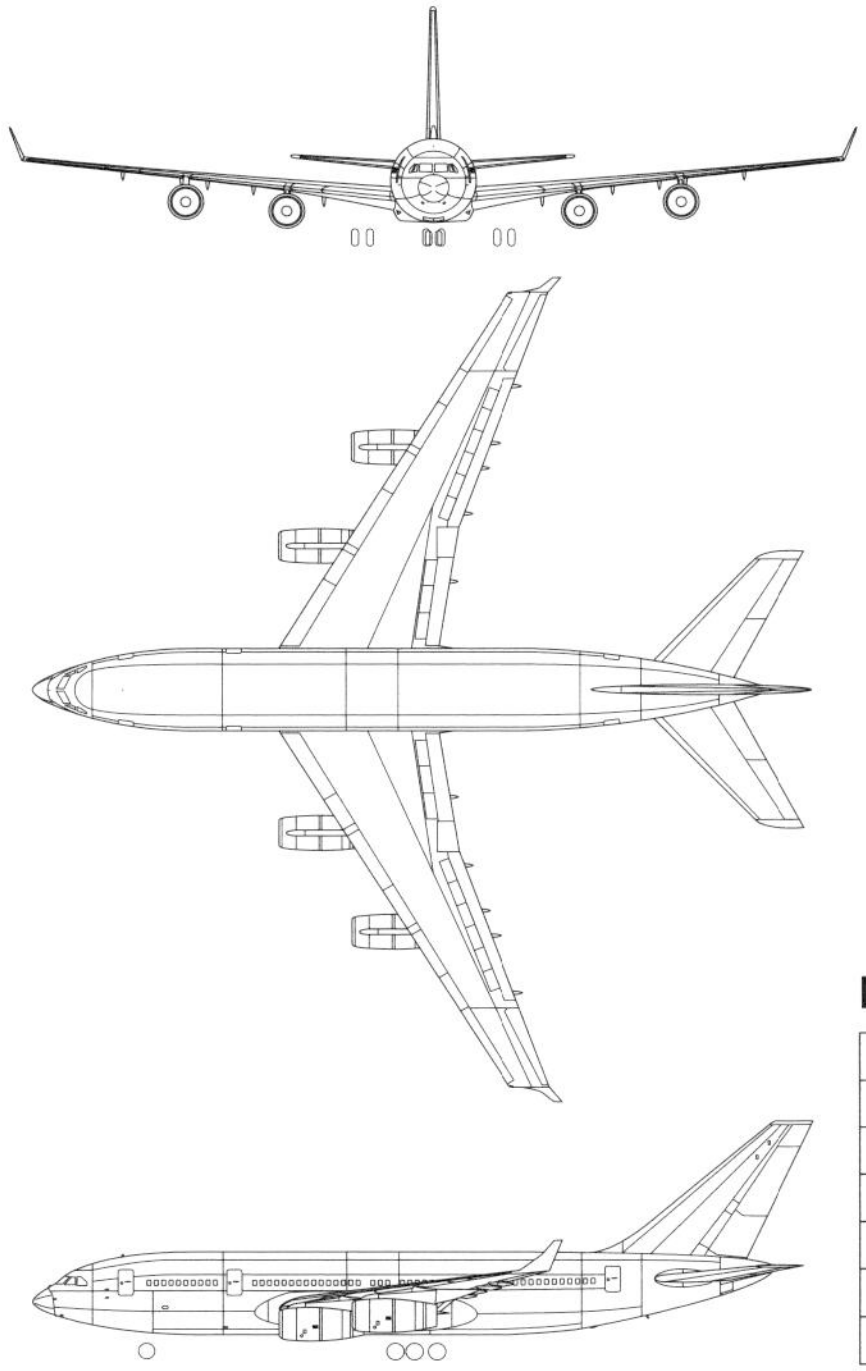

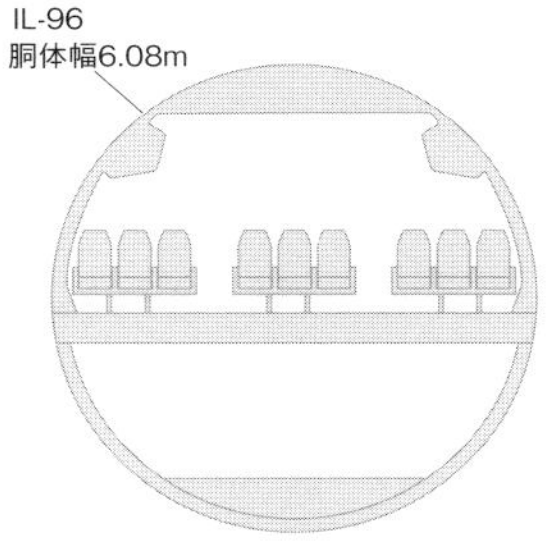

IL-96の胴体断面

IL-86から継承した直径6.08mの真円断面は、DC-10／MD-11よりも太く777よりはやや細い。床下貨物室にはLD-3コンテナを2列搭載できる。

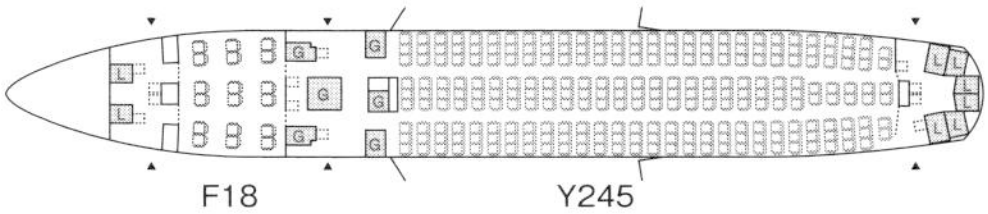

IL-96の機内配置

メーカー推奨2クラス263席（18席+245席）のシートマップ。ギャレーは中央やや前方にまとめて配置され、床下ギャレーへのエレベーターもこの場所にある。なおアエロフロートは282席（12席+270席）、クバーナは262席（18席+244席）の仕様。

IL-96-300

全幅	60.105m
全長	55.345m
全高	17.55m
主翼面積	350.00㎡
最大離陸重量	240,000kg
巡航速度	860km/h（33,000〜40,000ft）
航続距離	11,000km

はその名の通り試作と設計に留まる。開発が一段落すれば、航空工業省がOKBから設計を引き上げて（買い上げて）、生産工場に引き渡す。ただ生産工場は、たいていの場合には特定のOKBの機体を継続して生産するので、両者の間には実質的な結び付きは存在する。

IL-96の生産工場として指定されたのは、ヴォロネージ市の第64工場だった。この工場はIL-86の生産も担当していたから、胴体の生産治具などはそのまま流用されただろう。実際試作2号機（CCCP-96001、製造番号0103）はヴォロネージ工場で製作されて、工場に併設された飛行場で1989年11月11日に進空している。この2号機は1990年の2月に、シンガポール（チャンギ）の航空ショーにまで遠征している。

1990年7月9日には、生産仕様IL-96-300の1号機CCCP-96002（製造番号74393201001）がヴォロネージで進空した。生産型を名乗りながらも、実際には3号機くらいまでは2機の試作機とともに、試験飛行に充当されたと思われる。

生産型2号機は1991年の11月21～22日に、モスクワ＝ペトロパブロフスク・カムチャツキー間を往復する、1万4800kmの周回飛行を行なっている。また生産型3号機も、同年6月9日にはモスクワを出発して、北極越えでアラスカ州アンカレッジ、オレゴン州ポートランドを訪問している。55年前にヴァレリー・P・チカロフの乗ったツポレフANT-25が同じルートでアメリカを訪問したのを記念しての遠征だ。生産3号機は同年10月のオーストラリアの航空ショーにも参加している。

なんども敢行された長距離遠征飛行を見ても、イリューシンOKB（とヴォロネージ工場）がIL-96で一番アピールしたかったのは、IL-86よりも向上した航続力であったと思える。

ロシア政府専用機

IL-96-300の試験機は合わせて1769回、3100時間の試験飛行を実施したが、IL-96-300がソ連の航空当局から型式証明を受けることはなかった。型式証明取得の直前にソ連が崩壊、型式証明は1992年12月に新生ロシアとCISの航空当局から交付された。

実際IL-96-300の型式証明のナンバーは「R-1」だった。登録記号は数字が同じままで、CCCPがPA（キリール文字を英語アルファベットにするとRA）になった。

ソ連時代であれば、IL-96はアエロフロートの主力機となっていたかも知れない。しかし現実にはアエロフロートは渋々6機のIL-96-300を引き取っただけだった。成功作とは呼べないIL-86でさえ三桁の生産数を記録したのに、IL-96の現在までの生産数は、試作機を入れても32機でしかない。IL-96の生産と引き渡しの記録を見ても、年に1機か2機、一番

ロシア政府が運用するうち7機は有事の際の指揮機能を持つ特別仕様機IL-96-300PUである。写真手前の300PU（RA-96016）は、胴体背面にHF通信用のアンテナを装備している。Alexander Mishin

2019年のモスクワ国際航空宇宙ショーにプーチン大統領を乗せて飛来したIL-96-300PU（RA-96022）。まるでIL-86時代のような専用装備のエアステアが視認できる。Kotaro Watanabe

2020年代に復活を遂げるか。エンジン換装と胴体延長をめぐる模索

多かった1994年でさえ3機しか造られてはおらず、ほとんど手作りとでも言うか、工場のラインを遊ばせているようにしか見えない。

筆者はソ連崩壊の直後にロシアを訪れているが、モスクワの空港にさっそくアエロフロート塗装のエアバスA310がいることに驚かされた。アエロフロートさえ好きで国産機を使用していたわけではなく、可能であれば経済的で信頼性の高い外国機を使いたくて仕方がなかったのだ。イリューシンやツポレフのエアライナーは西側機との比較で優れていたから採用されていたわけではなくて、国策として押し付けられていただけだった。

IL-96を最も多く保有してきたのはアエロフロートではなくて、ロシア政府となっている。たとえ経済性などに問題があるとしても、国産機があるにもかかわらず、政府首脳が外国機に乗るわけにはいかない。

政府専用のIL-96-300は、ライト・グレイの地に白青赤（ロシア国旗の色）のストライプを入れ、赤文字で大きく“РОССИЯ”（ロシヤ）と側面に描いている。垂直尾翼にはロシア国旗が描かれ、ウィングレットにも三色のストライプが入る。

ロシア政府所有機のうち、7機（RA-96012とRA-96016および下二桁16・20・21・22・24・25）はIL-96-300PUと呼ばれる特別仕様機になっているようだ。PU（Пункт Управления／Punkt Upravlenya）はロシア語で「指揮所」を

意味する。「（空飛ぶ）コマンド・ポスト」とでも言ったところだろう。ＩＬ-96-300ＰＵは、核戦争の指揮を含む高度の通信機能を有する。また機体の背面には短波（ＨＦ）通信用のアンテナが組み込まれている。

ＰＵがプーチン（Putin）大統領の姓の短縮形との珍説もあるようだが、実際にはＩＬ-96-300ＰＵが採用されたのはヴラジーミル・Ｖ・プーチンが権力を握る前、ロシア初代大統領のボリス・Ｎ・イェリツィンの時代だ。

21世紀に入ってから納入された2機目のＩＬ-96-300ＰＵ（製造番号7439321010）からは、左側面下部の前後乗降口にエアステアが組み込まれている。このエアステア付きドアはＩＬ-86の乗降口を移植したもので、よく見るとドア周囲に補強が行なわれている。

面白い話があって、この7439321010は最初ＲＡ-96013として登録されたが、末尾の〝13〟を気にする者が居たために、ＲＡ-96016に登録が変更されたという。ＲＡ-96013は7439322013へと回され、ドモジェドヴォ航空の機体となった。

米国製エンジンの計画

ＩＬ-96-300の胴体がＩＬ-86のそれを短縮したものであることは書いたが、その胴体を延長して四百席級に拡大した型がＩＬ-96-400だ。エンジンは推力向上型のアヴィアドヴィガーテリＰＳ-90Ａ1（1万7400kgf）だ。

胴体が主翼の前で6・05ｍ、後ろで3・3ｍ延長され、最大離陸重量が250ｔから265ｔへとアップしているが、主翼などはＩＬ-96-300と同一のものだ。最大ペイロードの航続距離は、ＩＬ-96-300の1万1500kmから1万kmへと短くなっている。

客席数は、1クラスで最大436席、2クラスでは386席、3クラスでは315席となる。貨物室には合計32個のＬＤ-3コンテナを収納出来る。

ＩＬ-96-400にはキューバのクバーナ航空が興味を示したとのニュースもあったが、いまのところ量産されたとの情報はなく、ロシア空軍および連邦保安庁が各1機を運用するのみである。

ＩＬ-96はロシア政府やアエロフロート以外にも、ドモジェドヴォ航空やクラスエアなどいくつかのエアラインに購入されているが、輸出はクバーナ航空に4機のＩＬ-96-300が売れただけに留まっている。これがソ連の全盛期であれば、東側陣営のエアラインはこぞってＩＬ-96を採用したことであろう。

ＩＬ-96が売れないのはどう考えても国産エンジンが悪い。イリューシン社ではそう思ったのか、西側の最新ターボファンを搭載する改良型を計画した。機体は基本的に胴体延長型のＩＬ-96-400と同じだが、プラット＆ホイットニー社のＰＷ

IL-96Mの試作機RA-96000（IL-96の試作1号機から改修）。胴体を9.35m延長するIL-96-400をベースにPW2337エンジンを組み合わせる計画だったが、量産には至らなかった。2001年のモスクワ国際航空宇宙ショー（MAKS）にて。Toshihiko Watanabe

長胴型計画は、新たにIL-96-400Mの名で復活が模索されている。2023年就航予定とのアナウンスだが、エンジンはかつて計画されたPS-90A1のままで、果たして現代の民間機市場で需要があるのかは不明だ。写真は2021年春に公開された初号機製造の進捗。UAC

2337（1万6783kgf）を搭載する。アヴィオニクスもロックウェル・コリンズ社製を導入する。

この型はIL-96Mと名付けられ、純貨物型はIL-96Tと呼ばれる。IL-96Tは前部胴体左側面に幅4・85mの貨物ドアを設けている。最大ペイロードの92トンでは5200km、40トンでは1万2500kmの航続距離を有する。

しかしIL-96M／Tの計画は実現していない。ロシア側の政治的混乱、イリューシン社の資金難、それにライバルを増やしたくないボーイング社の横槍、単純ではない原因があるのだろうが、ともかくアメリカ製エンジンを付けたIL-96は試作機RA-96101（貨物型仕様）が1997年4月26日に初飛行して、同年11月には仮の型式証明まで取得したものの、生産には至っていない。それどころか、その唯一のIL-96Tも、2003年にはPS-90A1ターボファンに換装されて、アトラント・ソユーズ社に売却されてしまった。

IL-96は政治に翻弄されたエアライナーと言えるだろう。なんども言うように、もしソ連が崩壊せずに冷戦時代が存続していたら、IL-96はいまごろは東側の主力機として生産されていたかも知れない。

しかし現実のIL-96の不振を単なる不運とも言えないだろう。仮にIL-96が百機以上も生産され、東側諸国で使われていたとしても、それは政治的な選択の結果であって、機体の優劣とは別の次元で決まったことであろうからだ。

Photo:Airbus

第3章

夢の超音速旅客機 ―SST―

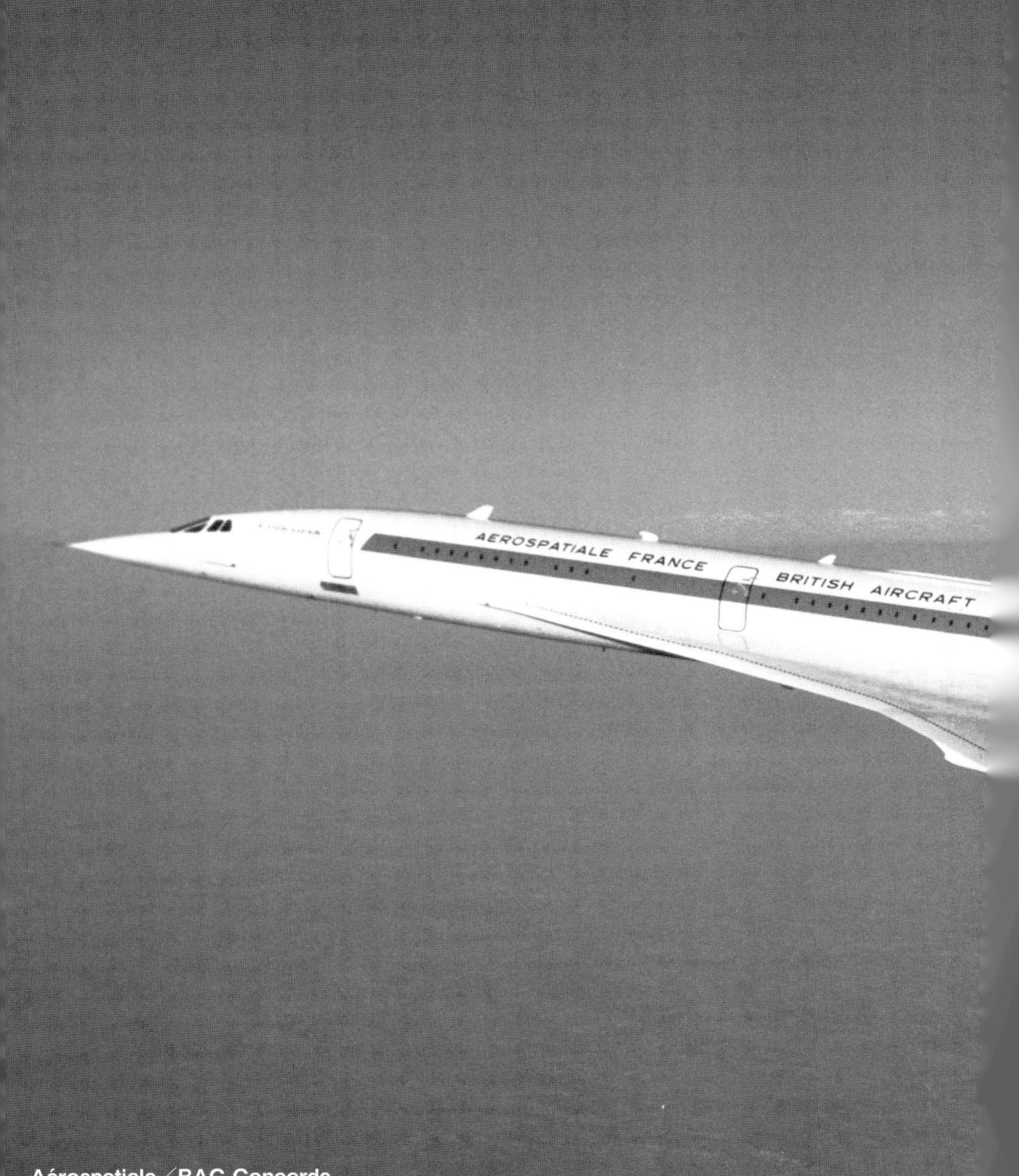

Aérospatiale／BAC Concorde

高亜音速エアライナーの次に来るはずの、SSTの時代

アエロスパシアル／ブリティッシュ・エアロスペース コンコルド〈前編〉

1969年初飛行／1976年初就航／製造機数20機（うち生産型は16機）

いまでは航空史に刻まれた伝説的存在のコンコルドだが、共同で開発を担った英仏のフラッグ・キャリアーだけが就航させ、試作まで合わせてもその生産数は20機でしかなかった。超音速輸送時代の幕開けを信じて生まれたコンコルド史の前編、まずはヨーロッパが協同したSST実用化への夢から初飛行までを辿ろう。

シュド社のトゥールーズ工場で完成した試作1号機（F-WTSS／001）。ヴァイザーとともに可動するノーズは離着陸時の視界を確保するための機構。現在はパリ郊外、ルブールジェのミュージアムで展示機として余生をおくる。
Aérospatiale

Aérospatiale/BAe Concorde（001）

怪鳥コンコルド

飛行機には詳しくないし興味もない一般人でも、ジャンボ・ジェットとコンコルドの名前くらいは知っているという時代が長く続いたのだが、最近の若者はジャンボはともかく、コンコルドについてはどの程度知っているのだろうか?

　コンコルドの衝撃的な墜落事故が２０００年、コンコルドが運航を終了したのが２００３年だ。いまの若い人が航空ファンになる以前に、コンコルドはすでに歴史の中の存在になっていたのかも知れない。

　１９７２年、コンコルドが初めてデモンストレイションで日本に飛んで来た時にはその特徴的な形態、特に着陸時の異様な姿から「怪鳥」の渾名が付き、それこそ小学生でも「かいちょーコンコルド」と口にしていたものだ。

　コンコルドはその後１９８０年代から90年代にかけて４回来日したが、日本に定期便で入って来ることはとうとうなかった。

　世界のほとんどの空港でコンコルドは珍しいお客に過ぎず、マニアや外来者にはともかく、日本も含めてどこでも地元住民からは歓迎されない客であった。「コンコルドを見た」と言えば話の種になるが、こんなものが毎日頭の上を飛んだらうるさくてしょうがない。それがたいていの人のコンコルドへの気持ちであったろう。

コンコルドが世界のエアラインからも空港からも受け入れられないで、結局16機しか生産されずに、就航から27年目で引退せざるを得なかったのも納得出来るところだ。

　超音速旅客機（Super Sonic Transport）、ＳＳＴという用語を定着させたコンコルドだが、あるいは最後のＳＳＴで終わるかも知れない。次世代のＳＳＴの構想は、それこそコンコルドの就航以前から話題にはなっていたし、日本を含む世界各国の研究機関や大学、メーカーなどがずっと検討して来ている。どんな技術が可能か、どうすれば社会に受け入れられるかもあらかた研究された。次期ＳＳＴ計画の準備は整っているものの、いっこうに実施されそうもない。そのまま永遠の検討課題となってしまいそうな気配が濃厚だ。

音速の向こう側の世界

　高亜音速で巡航するジェット・エアライナー、ボーイング７０７やダグラスＤＣ-８が世界の空を席巻した１９５０年代末、次の世代のエアライナーはマッハ２以上のＳＳＴだ、というのは世界の航空機メーカーやエアラインの共通了解のようになっていた。マッハ０・８〜０・９の巡航速度の後に、マッハ０・９９や１・２で巡航するエアライナーというのは航空工学的にあり得ず、巡航速度は必ずマッハ２以上でなければならなかった。

1967年12月にロールアウトした試作1号機だったが、初飛行は1969年3月2日と、機体完成から時間を要した。写真はその初飛行当日の記録で、チェイスプレーンとしてフランス空軍のミーティアが付いた。Sud Aviation

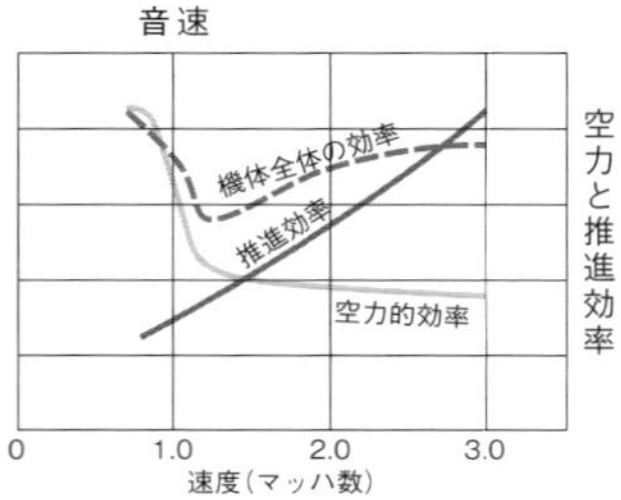

機体の空力と推進(エンジン)の効率

横軸が速度、縦軸が空力と推進の各効率を指す。マッハ1手前から空力的効率は低下し、その後ほぼ一定水準に落ち着くが、推進効率は速度の増加と比例して高まり続ける。機体全体としては、空力的効率が低下するマッハ1を超えたあたりの落ち込みが激しく、その後マッハ2を超えると次第に落ち着くことがわかる。

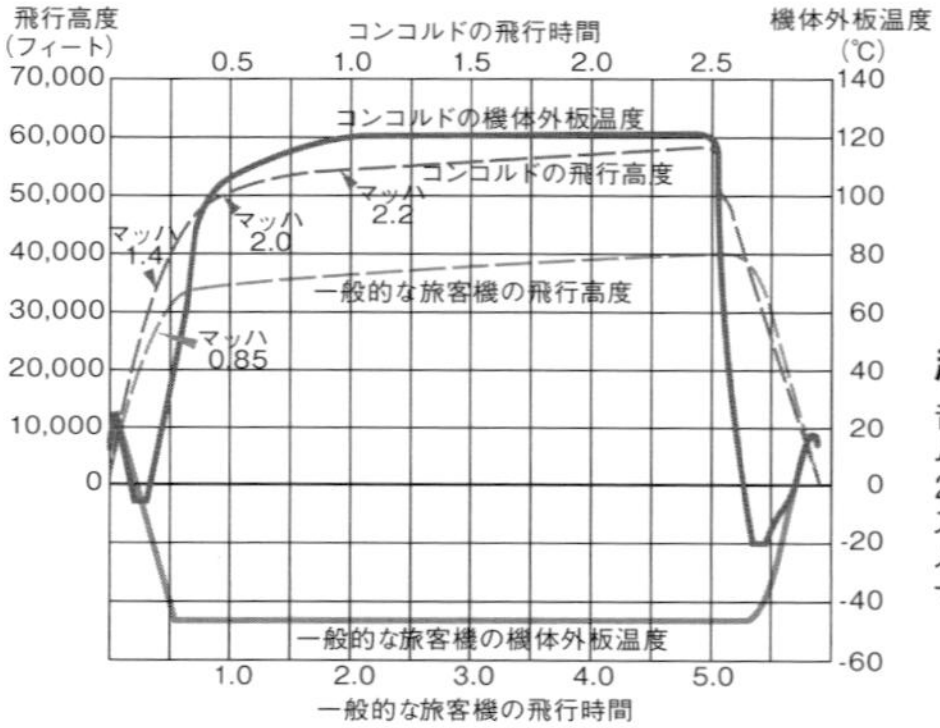

超音速機コンコルドの機体外板温度

音の壁の次に悩まされるのが高熱だ。アルミニウム合金構造の限界が120度程度だから、マッハ2.2が限界の速度であることがわかる。それでもノーズ部分や主翼の前縁部分など、直接に空気がぶつかる場所の温度は120度を上回る。下図はマッハ2.2飛行時。

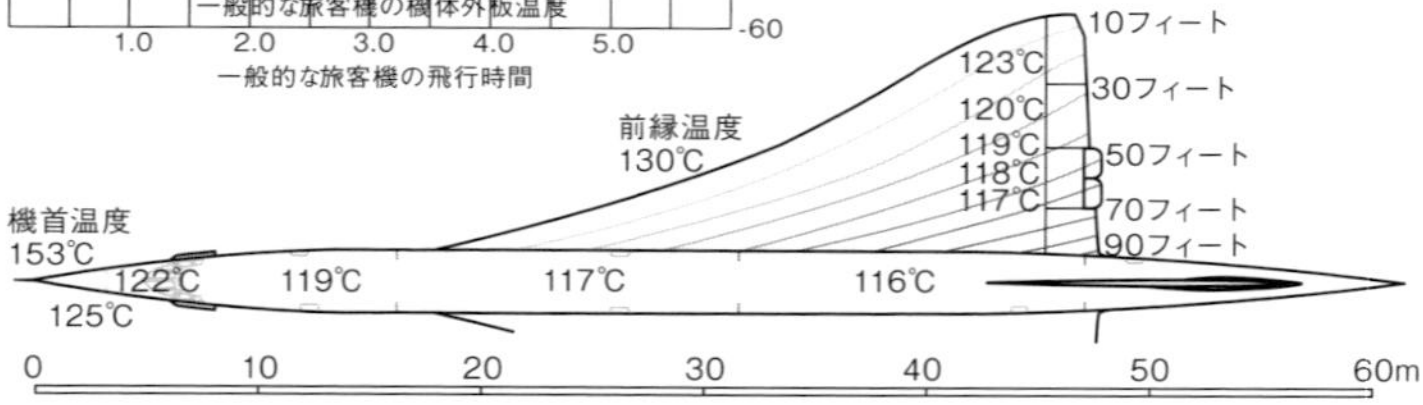

英仏のSST案

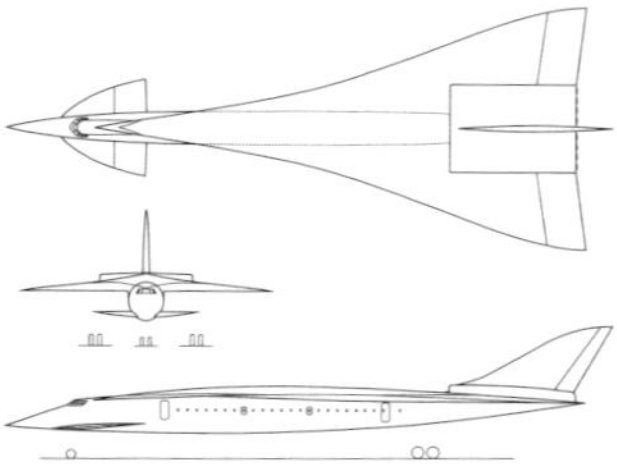

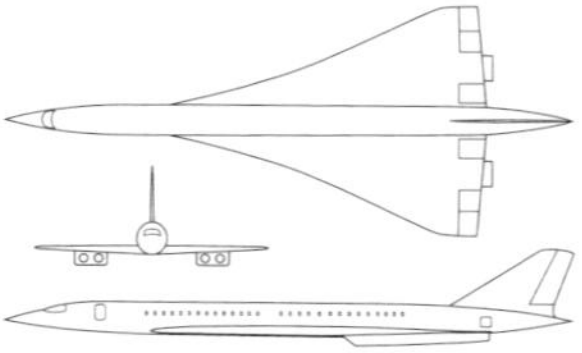

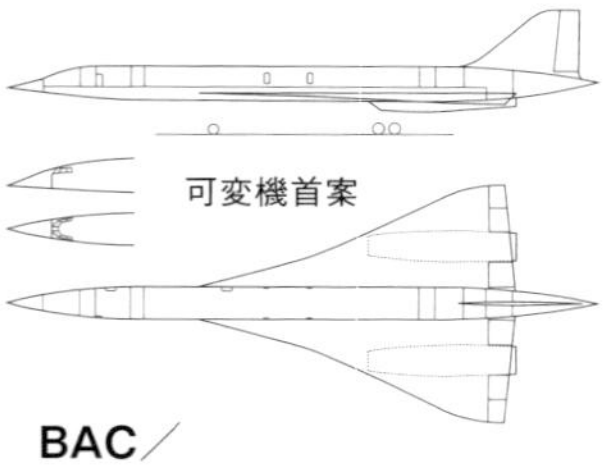

Bristol Type 198

後にBACに参加したブリストル社のSSTプラン・タイプ198。高翼のウイングと、こちらは低い位置に設けられたカナードが特徴だ。

Sud Super Caravelle

コンコルドの意匠に近づいたシュド社のシュペル・カラヴェル。BACもタイプ223を開発し、パリ・ショーに出展された両社のモデルは酷似していた。

BAC／Sud Long-Range SST

1962年1月に登場したBACとSud共同開発によるSSTプラン。英仏の協力は、SSTの開発における必然であった一方、政治的にも文化的にも異なる両国だから苦難も多かった。

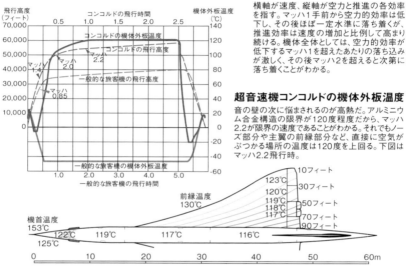

それは音速の前後の領域、遷音速で機体の抵抗が急増し、操縦安定性にも悪い影響があるからだ。いわゆる音の壁だ。

707やDC-9の巡航速度が平坦な道とすれば、遷音速は凸凹の上り坂のようなもので、この速度域にわざわざ留まるようなものではない。しかしこの坂道を登り切れば、坂の上には平坦な道が待っている。それがマッハ2以上というわけだ。

グラフの横軸に速度(マッハ数)、縦軸に機体の空力と推進(エンジン)の効率を取ると、空力的な効率は音速を超える少し前から低下し始めて、マッハ1・5あたりからはほぼ一定水準に落ち着く。一方推進効率の方は、音速を超える超えないにかかわらず、速度が上がればほぼ一直線に増大して行く。両者を掛け合わせた機体全体の効率は、だから音速を超えたあたりでいったんは落ち込んで、それからは次第に上昇して行く。マッハ2・5くらいから上で機体の全効率は横ばいになる。

だから理想を言えばマッハ2・5からマッハ3くらいの速度がSSTには最適で、実際アメリカの未完のSST、ボーイング2707はずばりこの速度域を狙っていた。

しかし音の壁の向こうには熱の壁がある。高速で機体にぶつかる空気の断熱圧縮で高熱が発生し、機体の構造が加熱される。従来のアルミニウム合金構造は温度が120度以上になると強度が低下して使い物にならなくなる。速度域にしてマッハ2・2くらいから上では、チタニウムやステンレススチールといった高価な材料を用いねばならなくなる。

逆に言えば従来のアルミニウム合金構造を主体とする限りでは、巡航速度の上限はマッハ2・2と決まってしまう。新しい領域構造(材料)技術に挑戦してマッハ2・5以上の効率の良い領域を狙うか、巡航速度をマッハ2・2以下に抑えて効率低下を忍ぶ代わりにアルミニウム合金構造の利点を取るか、SSTは二つに一つの選択になる。言うまでも無く前者を選んだのがアメリカの2707(マッハ2・7級の707を意味すると言われた)、後者がコンコルドだ。

実はSSTの本格的検討に着手したのは、アメリカよりもイギリス、フランスのメーカーの方が早かった。ボーイング社とダグラス社が707とDC-8の開発でしのぎを削っている時に、英仏はすでに次世代のエアライナーに目を向けていた。

イギリスにしてみれば、コメットでせっかくジェット・エアライナー時代の先陣を切ったのに、事故多発で休止している間にアメリカに市場を奪われてしまったので、SSTで逆転しようとしていた。フランスにしてみれば、亜音速ジェット・エアライナーではカラヴェルでニッチ市場を掴んだだけであったので、次世代エアライナーではぜひ主導権を取りたいところであった。

英仏協同の必然

イギリスとフランス、互いに独立してSSTの研究を進めて

コンコルドが搭載した心臓、オリンパス593ターボジェット・エンジン。左右主翼下にそれぞれに2基ずつ搭載し、戦闘機のように排気を再燃焼するアフターバーナーを備えている。
Rolls-Royce

BAC側の製造拠点フィルトン工場で組み立てられる試作2号機（G-BSST／002）。英国製の初号機で、現在はヨービルトンの英国海軍航空隊博物館に展示されている。
BAC

1969年4月9日、21分間のファーストフライトを終えてグロスタシャー州、RAFフェアフォードに着陸した試作2号機。試作機は尾部にドラグシュートを備えていた。
BAC

1961年6月、パリで明かされた英仏相似のSST設計ヴィジョン

いたにもかかわらず、その目指すところは驚くほど似ていた。いま言ったような航空工学の原則を踏まえれば、狙い所は決まって来る。

さらに両国の超音速空気力学の研究の成果も同じで、前縁が緩やかにカーブしたデルタ翼が最適と期せずして一致した。このような翼平面形はオージー・デルタと呼ばれる。

イギリスでは１９５６年11月に官民合同の委員会を設けて、ＳＳＴの研究に着手している。ブリストル社、ホーカー・シドリー社などが個別に研究を進めていたが、１９６０年には国策でブリストル社、イングリッシュ・エレクトリック社、ヴィッカーズ社などが合同してブリティッシュ・エアクラフト社（ＢＡＣ）が誕生、ＳＳＴ研究の中心となった。ブリストル・シドリー（ＢＳ）社のオリンパス・ターボジェット四発で離陸重量１１８トン、乗客１１０名のＢＡＣ２２３案がこの陣容でまとまった。

一方フランスでは、ダッソー社、ブレゲー社、シュド社などがそれぞれＳＳＴの研究を行なっていたが、１９６１年までにはシュド社のシュペル・カラヴェル案が最有力となって来ていた。シュペル・カラヴェルと名乗っているが短距離エアライナーのカラヴェルとは技術的にはなんの関係もなく、単に世界的に広まったカラヴェルの名に便乗したネーミングだ。シュペル・カラヴェル案はオリンパスの四発で１００人乗り、離陸重量91トンであった。

1961年6月のパリ航空ショーには、BACの223とシュド社のシュペル・カラヴェルそれぞれのモデルが出品されたが、素人はもちろんのこと専門のジャーナリストでさえも、違いを指摘するのが困難なほどにモデルは似通っていた。どちらもオージー・デルタの無尾翼機で細長く尖った胴体を持ち、オリンパス・エンジンを二基ずつまとめて主翼の下に取り付け、巡航速度はマッハ2・2であった。

同じ狙い、同じクラス、同じエンジンのSSTを二つの国が別々に開発して、お互い潰し合うのは誰が考えても得策ではない。イギリスとフランスがSSTの共同開発に取り組んだのは、技術的、商業的には必然であったろう。どちらの国が共同開発を先に唱えたとかいったこともなく、メーカー同士がなんとなく歩み寄って話し合いは始まった。

プライドの先にある協調

しかし英仏の共同開発は、政治的文化的にも容易であったとは言えない。言語も異なり、経済的にはライバルで、なんどか戦火を交えたことさえある国同士だ。簡単に手を結べるはずはなかった。だいたい設計に用いる単位からして、フランスはメートル法発祥の地だから当然メートル法で、イギリスは伝統のヤード・ポンド法だった。

それにどちらの国も、共同開発の主導権は自分が握りたいと思った。どちらの国も自国の技術には誇りがあった。平等対等は理想かも知れないが、具体的な物や金を前にしたら理想を唱えているわけには行かない。

1961年6月、初めてBACとシュド社の話し合いが持たれ、企業レベルでの交渉が始まった。同年11月にはBSオリンパスの計画に、フランスのSNECMA社が参加する合意が成立した。12月末にはイギリスのピーター・ソーニクロフト航空相とフランスのロベール・ビュロン運輸相が会談し、両国の政府レベルの協議も始まった。

1962年1月には、共同開発SSTの仕様でBAC社とシュド社の合意が成立した。同年10月には概念設計がほぼ出来上がり、11月29日ロンドンで両国政府代表がSST共同開発に関する合意文書に署名した。

実は両国の交渉で最後まで揉めたのが、共同計画の名称(機名)だった。「協調」「調和」を意味する単語を機名にすることでは比較的早く合意が成立したのだが、問題は単語の綴りだった。英語では〝concord〟、フランス語では〝concorde〟で、語尾が異なっているのだ。

〝e〟一文字くらいどうでもいいではないかと他国人は言うのだろうが、自国の言語・文化に誇りを持つ国同士だ。綴りが違えば別の言葉になってしまう。この問題は実に5年間も決着が付かず、その間自国の文書でイギリス側は〝concord〟、フランス側は〝concorde〟と書く家庭内別居状態が続いた。「協調」を意味する単語の〝e〟一つで計画が分裂しかねない、皮肉な事態だった。

最終的にはイギリス側が譲って〝concorde〟を正式の綴りとすることで問題は収まった。英語であれば語尾の〝e〟があっても同じに発音できるが、フランス語で〝e〟が欠けたら発音が変わってしまう。どちらかにそろえるとなると、実質的な影響のないイギリス側が折れるしかなかったのだ。

この解決策が発表されたのは１９６７年の12月11日、コンコルドの試作1号機のロールアウトの式典の際で、イギリス代表のトニー・ベン技術相が「語尾の〝e〟は〝Excellence, England, Europe, Entente〟の〝E〟だ」と如何にもな政治的発言をして、本来の英語とは異なる綴りを擁護している。

だから英語では〝concorde〟と書いても、〝concord〟と同じに「コンコード」と読んでいる。英語では「コンコルド」という読みはない。

面白いことには、主に英語で情報が入って来るからだろう。当時の日本の航空雑誌では「コンコード」と英語読みが主流だった。ある老舗の月刊航空専門誌を調べてみたら、１９７１年の2月号まで一貫して「コンコード」で、3月号から「コンコルド」表記に切り替わっている。恐らくマスメディアの表記に合わせたのだろう。だからコンコルドの初来日の際には一般誌も専門誌も歩調を揃えていて、「怪鳥コンコルド」の呼び名が誕生したのだ。

高騰する開発費

ベン技術相は後でこっそり「〝e〟は〝Escalation〟」と付け加えたとの話がある。実際開発が本格化するにつれて、世論は開発費のエスカレートぶりに目を剥くことになる

１９６２年11月のＳＳＴ共同開発合意調印の席では、共同計画のコストは1億５０００万ポンドから1億７０００万ポンドと発表された。両国はこれを平等に半分ずつ負担する。

ところが英ポンドの下落のせいもあるが、１９６６年には開発費総額の予測は最大で4億５０００万ポンドへと上昇し、試作機が飛行試験中の１９６９年になると7億３０００万ポンド、１９７０年には8億２５００万ポンド、１９７２年には10億７０００万ポンドへと急騰した。当初見積もりの7倍だ。

開発費のあまりの上昇に、イギリス側は一時真剣に計画からの撤退を考えた。１９６４年10月の総選挙で労働党が久しぶりに政権の座に就くと、コンコルド計画からの撤退を発表したのだ。しかしフランスに説得されて、翌年１月には計画参加の継続を正式表明する。しかしこれ以降は計画に及び腰のイギリスと、なにかにつけコンコルドをヨーロッパ（あるいはフランス）の先進技術の象徴としてもり立てようと積極的なフランス、という対比が引退まで続く。

コンコルドの機体の設計も当初より大きくなった。共同開発

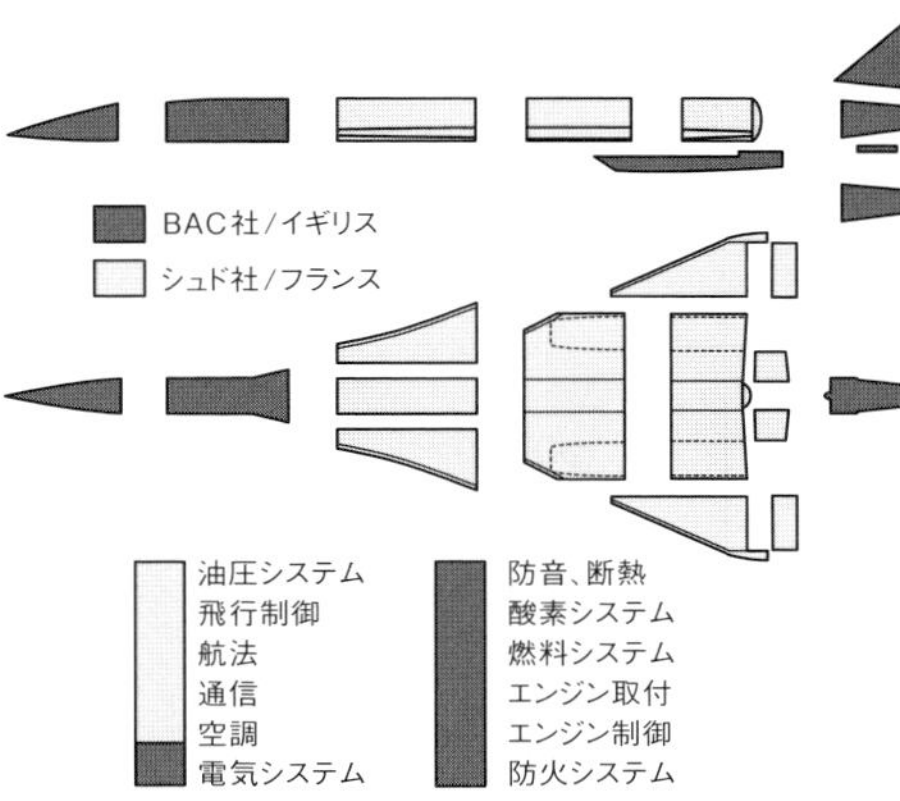

仏60：英40の生産分担

英仏50:50を狙った計画参加の分担だが、エンジン開発でイギリスRRの比率が高まったことで、生産では60:40でフランスに偏った分担が決められた。なお最終組み立てのラインはそれぞれの国に設けられる。

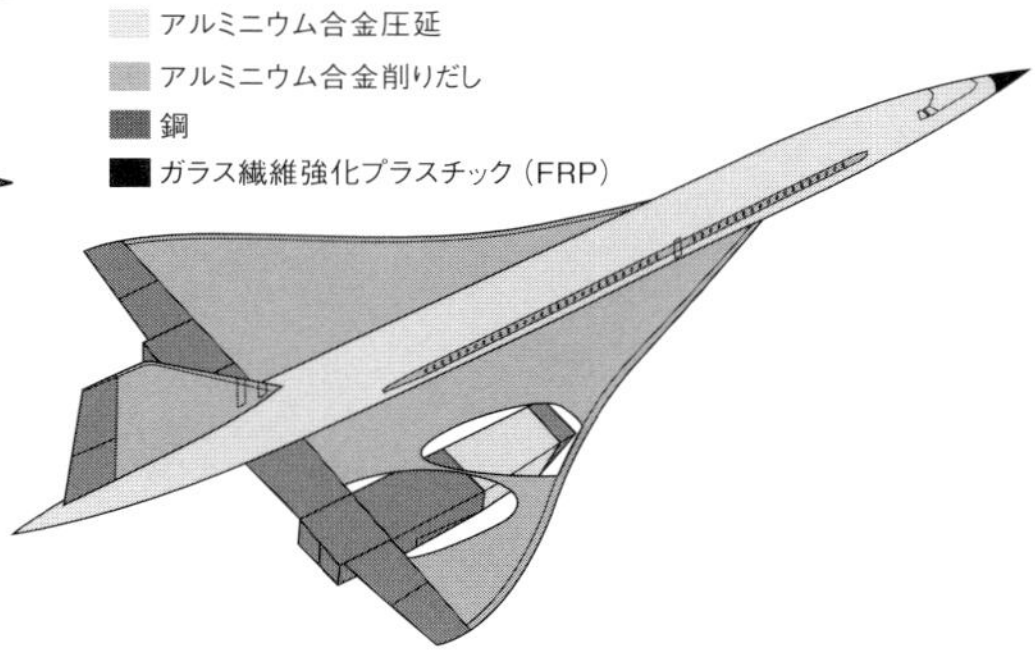

コンコルドを構成するマテリアル

速度の上限がマッハ2.2であることの理由、アルミニウム合金を主にしたコンコルドのマテリアル。

当初計画の7倍に増大した開発費、英側は一時、本気で計画脱退を考えた

に合意した時点では、イギリス側が大西洋横断可能な長距離機を主張、フランス側が一回り小さい中距離機を主張して、結局同一サイズで燃料タンク容量の異なる二機種を同時開発することになっていた。しかしヨーロッパ内で超音速機を飛ばすのは無理な話で、１９６４年の時点で当初考えていたよりもやや大きめ、総重量１６７トンの長距離型一つに設計は絞られた。シュペル・カラヴェル案からは8割以上も拡大されたことになる。シュペル・カラヴェルは１００席級、ＢＡＣ２２３は１１０席級であったが、コンコルドの試作機は１１８席になった。最終的には量産型はさらに機体が拡大されて１２８席に、総重量は１７５トンにもなっている。

機体の大型化に伴い、マッハ２・２を目指していた巡航速度はマッハ２・０２に引き下げられることになる。構造強度の余裕が減ったので、巡航中に構造に掛かる温度負荷を引き下げねばならなかったのだ。

コンコルドの設計で難しかったのは技術的問題もさることながら、英仏両国の計画参加を完全に平等にすることだった。つまり機体とエンジンの開発と製造の工数を完全に50：50にスプリットするわけだが、それぞれに得手不得手があるので、機械的に両国に振り分けるわけには行かない。

特にエンジンに関しては、BS社のオリンパス・ターボジェットを母体に開発することが決まっているので、フランス側（ＳＮＥＣＭＡ）の参加の余地は少なくならざるを得ない。し

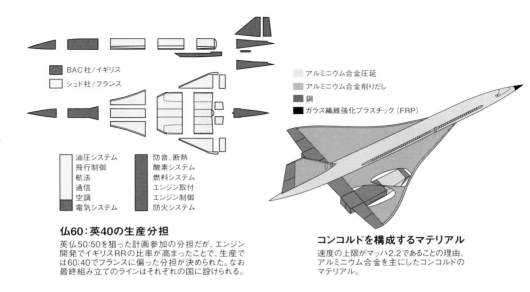

かし今から対等の立場で新エンジンを開発したら、開発の期間も費用も非現実的になる。

結局エンジンの参加比率でイギリス優勢を認める代わりに、機体の生産分担をフランス60％、イギリス40％と割り振ることで、全体としての均等を確保することとなった。具体的には機体構造では、イギリス側が前部胴体と後部胴体、垂直安定板とラダー、エンジン・ナセルを担当し、フランス側が残りの胴体と主翼を担当することとなった。システム面では、イギリス側が電気、燃料、酸素、防火システムなどを、フランス側が油圧、飛行制御、航法、通信、空調などを担当する。そして最終組み立てラインはそれぞれの国に設けられる。

とりあえず唾をつけて

コンコルドの開発が決まったら、フラッグ・キャリアーであるBOAC（英国海外航空）とエールフランスの採用は最初から決まっていたようなものだった。両社は1963年6月とりあえずそれぞれ8機のコンコルドを発注した。問題は他の国からどれだけ受注が得られるかだ。

意外だったのはパン・アメリカン航空が同じ日に、オプションではあるが6機（後に2機追加）を発注したことだった。この時点ではアメリカのSST開発は正式のものとはなっていないが、いずれ政府主導でコンコルドを上回る規模と性能のSSTが開発されることは予想がついていた。

パンナムに続いてコンチネンタル、アメリカン、TWA、イースタン、ユナイテッドといったアメリカの大手エアラインが相次いでコンコルドを発注した。カンタス、ルフトハンザ、サベナ、エア・カナダなどの有力エアラインも続き、日本航空も3機のオプションを入れた。

1967年半ばにはコンコルドの受注総数は74機に達していた。もっともそのほとんどがいつでも解約できるオプションで、とりあえず唾をつけておいたという以上のものではなかったが。

1966年4月にはシュド社側のトゥールーズ工場で試作1号機（001）の製作が開始され、8月にはBAC側のフィルトン工場でも試作2号機（002）の組み立てが始まった。

001（登録記号F-WTSS）は前述のように1967年12月には完成して披露されたが、それから初飛行までも長かった。試験や手直しが続いて、地上滑走を開始したのが1968年8月になっていた。9月になって002（G-BSST）もロールアウトした。

この年の12月31日にはツポレフTu-144が初飛行に成功、最初のSSTのタイトルはソ連に奪われた。もっともTu-144の方も問題は山積みで、1968年が終わる前に無理して飛ばしたのが真相だった。Tu-144の試作1号機に〝68001〟の登録ナンバーを与えてしまった以上、1968年中に飛ばさなければ面目丸潰れであったからだ。

コンコルド001は、1969年の3月2日にトゥールーズ飛行場で初飛行した。4月9日にはフェアフォード飛行場で002も進空した。飛行試験は2機の試作機（原型機）と2機の前生産型（01〜02）、それに量産型機（1〜2）の合計6機で行なわれた。

001は1969年10月に初めて音速を突破し、翌年11月にはマッハ2・0に到達した。1975年10月10日、コンコルドはフランス航空局の型式証明を取得、まもなくイギリス、アメリカの証明も得た。

コンコルドの開発が進む間にも、英仏の航空産業の再編成が行なわれている。イギリスでは、BAC社がホーカー・シドリー社と合同して、1977年にブリティッシュ・エアロスペース（BAe）社となった。フランスでは、シュド社とノール社が1970年に合併してアエロスパシアル社になった。エンジンの分野でも、BS社は1966年にロールスロイス（RR）社に吸収された。

こうしてブリストル・シドリー社のエンジンを積むBACとシュド社のエアライナーは、就航する頃にはRR社のエンジンを積むBAe社とアエロスパシアル社のエアライナーとなっていた。

2名のパイロットそして航空機関士によるクルー編成は通常の3マン・クルー機と変わらないが、その尖った機体形状から想像する通り、計器類が埋め尽くすフライトデッキはタイトだ。しかし、軍民の航空史を通じて世界で初めてFBWを採用した新鋭機でもあった。Konan Ase

AF機のキャビンとクルー。広くないが、大西洋を3時間ほどで横断するのだからこれで良いのか。それでもAF、BAともに機内ではファースト・クラスのサービスで、超音速で飛ぶ乗客達をもてなしていたのだ。Konan Ase

象徴的路線のロンドン＝ニューヨーク線を飛び、いまJFKに到着したBA機。形態はノーズ上げ、ヴァイザー下げ。前方視界確保の必要性から前生産型以降は機首形状が改められた。Hisami Ito

羽ばたいた、オージー・デルタと可変式ノーズの怪鳥

アエロスパシアル／ブリティッシュ・エアロスペース コンコルド〈後編〉

航空大国である仏英が、ともに自国の技術の威信をかけて生み出した実用SSTが“怪鳥”コンコルドであったことは、就航以前の開発ストーリーで綴った前編にて語った。ここからの後編ではその機体に投入された技術的深層、そして華々しいデビューから波乱に満ちたリタイアまで、駆け抜けた生涯についてを記録していく。

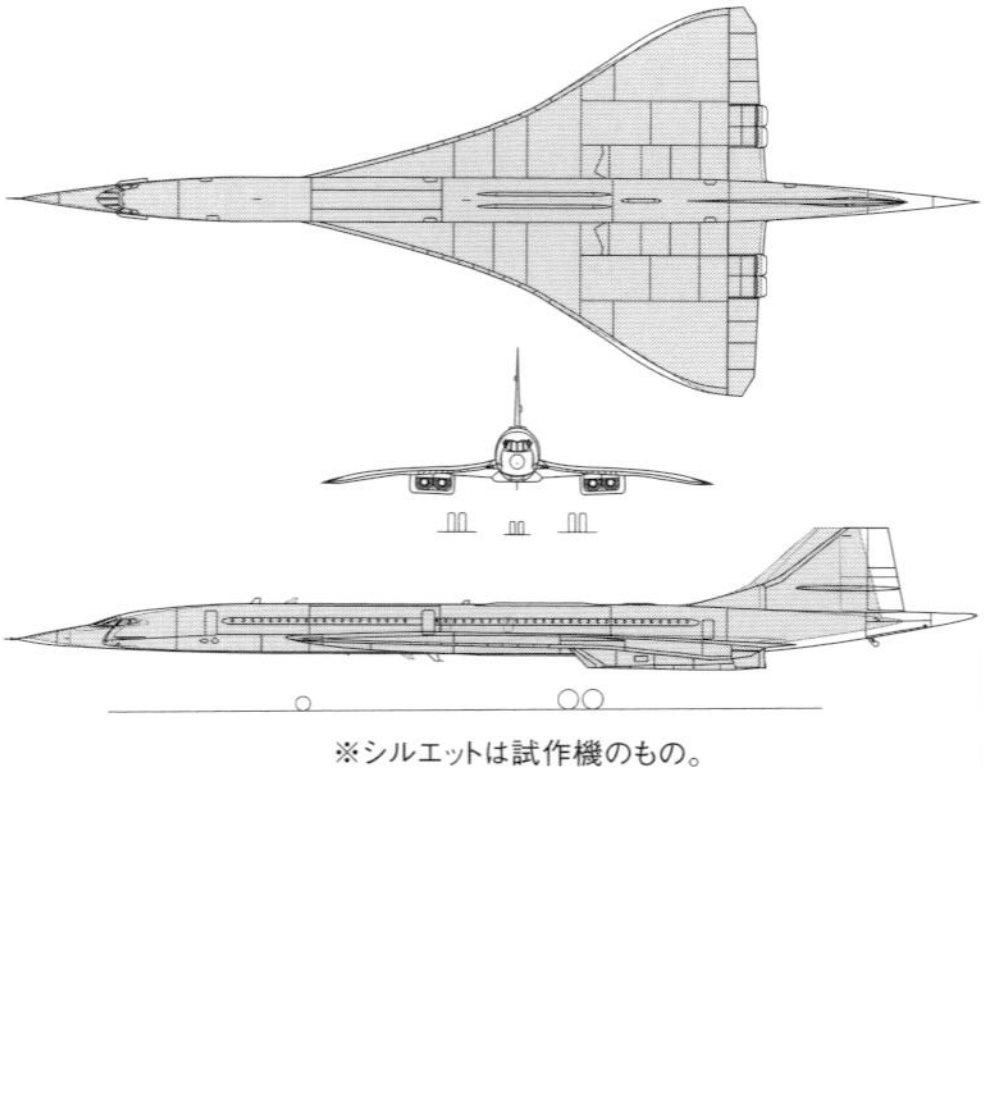
※シルエットは試作機のもの。

Concorde

全幅	25.56m
全長	62.10m
全高	11.40m
主翼面積	358.25㎡
運用自重	78,700kg
最大離陸重量	185,065kg
巡航速度	Mach 2.02
航続距離（Mach 2.02巡航、最大ペイロード）	6,230km

デルタ翼前縁のカーブ

仏アエロスパシアル／英ブリティッシュ・エアロスペース（ＢＡｅ）コンコルドは無尾翼のデルタ翼機だ。デルタ翼とは言っても三角定規のような直線で構成されたデルタではなく、主翼の前縁は緩やかにカーブしている。付け根側は後退角が大きく、中央部では後退角を減じ、翼端側でまた後退角が大きくなるコンコルドのような前縁を持つデルタ翼を、オージー・デルタ(ogee deltaまたはogival delta)と呼ぶ。ダブル・デルタ翼の後退角変化を緩やかにし、翼端を丸めた形と思っても良いかもしれない。

オージー・デルタの平面形は、超音速における抗力減少と低速における操縦安定性を両立させる主翼の形として、早い段階から英仏がそれぞれに探求して来た。マッハ２級のＳＳＴを目指すのであれば、この平面形以外にはないとまで、両国とも考えているようだった。

前縁後退角の大きなデルタ翼は最大揚力係数（ＣＬｍａｘ）が低いと思われがちだが、必ずしもそうではない。オージー・デルタの場合、迎え角が大きくなると尖った前縁のすぐ後ろに剥離渦が発生して、これが翼上面の負圧を生んで揚力アップになる。デルタ翼は直線翼よりも大きな迎え角でも失速しない。

ただ渦揚力を利用するためにはかなり大きな迎え角を取らねばならず、これがコンコルドの「怪鳥」のあだ名の由来となった。首を伸ばし翼を広げたような着陸姿勢に繋がる。また剥離渦によって揚力ばかりでなく抗力も増すので、それに対抗するためエンジンを噴かさねばならず、着陸時の大きな騒音の原因になった。

折れる、怪鳥のくちばし

コンコルドが鳥めいた印象を与えるもう一つの原因は、着陸時に下に折れ曲がる機首だろう。まるで鳥のくちばしのようだ。

コンコルドはデルタ翼機特有の大迎え角で、離着陸時には鼻先が邪魔で操縦席から前方が見えなくなる。そこで風防よりも前の機首を垂れ下がらせて、前下方視界を得ているのだ。イギリスは１９５０年代の半ばにフェアリー・デルタ（ＦＤ２）でこの折り曲げ機首を実験している。

正確には操縦席の風防を覆うスライド式のヴァイザーと呼ばれる部分と、下に12・5度まで折れ曲がる（試作機では17・5度）ノーズの二つの可動部からなる。ノーズをヴァイザーごと一杯に下げるのはタキシング中と進入／着陸時で、離陸時にはノーズを5度曲げてヴァイザーを下げ、前方視界を得ている。上昇と亜音速巡航中にはノーズは上げ、ヴァイザーだけ下げる。超音速飛行中にはもちろんヴァイザーも上げている。

コンコルドの試作機では、機首がやや短く、ノーズからヴァ

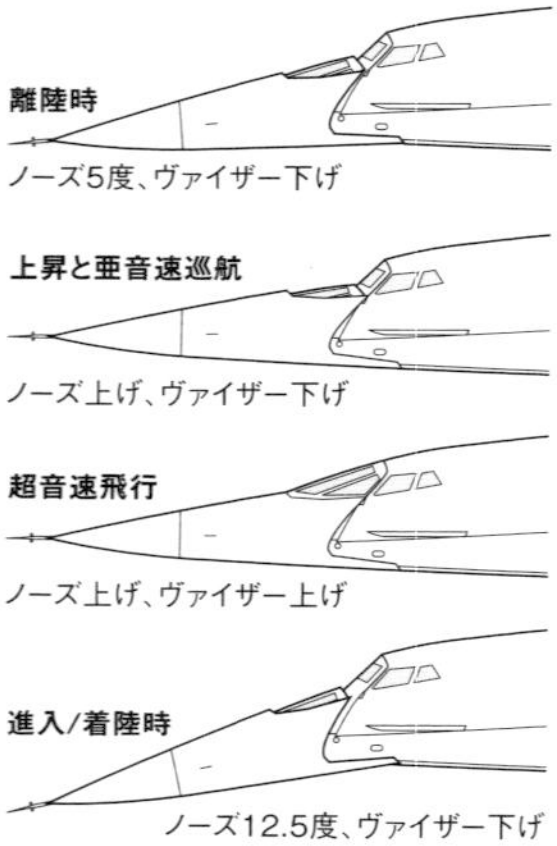

各飛行状態における ノーズとヴァイザーの ポジション

大迎え角時の視界確保を目的に、風防を覆うスライド式のヴァイザーとともにノーズが折れ曲がる。進入や着陸時の最大角度は12.5度（試作機では17.5度まで可動した）。

イザー、コクピット上部に掛けては滑らかな曲線で結ばれていた。ヴァイザーには小さな窓しか付いておらず、超音速飛行中の前方視界はペリスコープで得る設計だった。当時の技術では超音速飛行中の百度以上の熱に曝されても大丈夫な大面積のガラスが得られなかったからだ。

しかし直接の前方視界皆無にはパイロットや航空当局から文句が出て、幸い耐熱ガラスの技術の進歩もあって、前生産型からは透明ヴァイザー（ノーズとの間に段差がある）が採用されている。

コンコルドの乗員は正副操縦士とフライト・エンジニアで、設計当時の大型長距離機としては標準的なものだ。機首が細いのでコクピットはひどくタイトだ。コントロール・ヨークは「羊の角」に例えられる独特の形をしている。

コンコルドには、英仏それぞれが製作した２機の試作機（No.００１～００２）と２機の前生産型（No.１０１～１０２）、それに生産型16機（No.２０１～２１６）があり、それぞれ仕様が異なっている。

生産型とは言っても、No.２０１と２０２は追加の開発に充てられ、エアラインに納入されたのはNo.２０３以降の14機だ。ブリティッシュ・エアウェイズ（BA）とエールフランス（AF）が7機ずつ引き取った。試作機まで含め全20機造られたコンコルドは、英仏が仲良く10機ずつ民間登録している。最終生産機No.２１６（BA向け）は１９７９年４月に飛んでいる。

巡航速度マッハ２・０２

コンコルドの試作機と生産型の違いは機首以外にもいくつかあって、前生産型からは前部胴体が若干延長されて全長が長くなり、生産型ではテイルコーンも尖ってさらに全長が延びた。生産型の全長は、試作機よりも２・６ｍ長くなっている。テイルコーン下部には、尾部が滑走路にすれるのを防ぐ引き込み式の小さな車輪がある。

1972年7月のヒースロー、極東方面へのセールスツアーから帰国時の試作2号機のG-BSST（002）。短いノーズの試作機のヴァイザーには小さな窓しか備わらず、超音速飛行中の前方視界は限られていた。Graham Dives

アフターバーナーで燃焼するターボジェットの心臓 オリンパス593

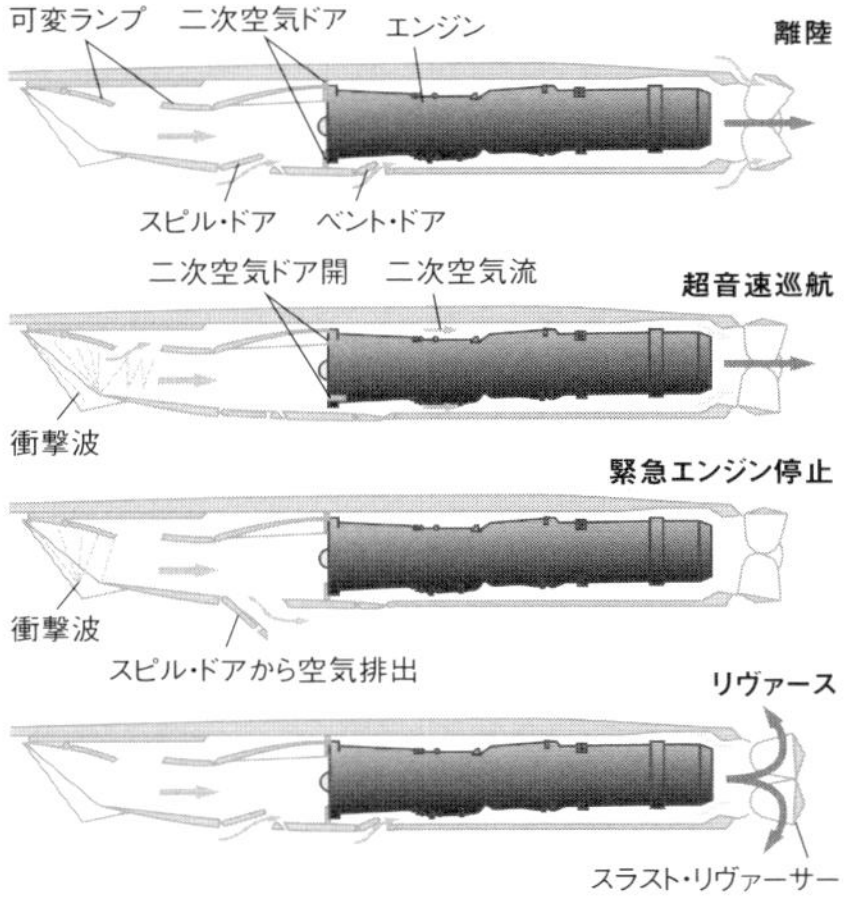

オリンパス・エンジンの空気流

エアインテイクからノズルへ向かうオリンパス593内部の空気流。超音速巡航時にはノズル上面のランプと呼ばれる斜板が動き、複数の衝撃波を発生させて圧力を生み出す。巡航時は二次空気ドアが開きエアーがバイパスされる。

ノズル後端のバケット型スラスト・リヴァーサーは、これを閉じることでエンジンの排気を前方へと向けて着陸時の制動力とする。主翼後縁には左右3枚ずつのエレヴォン。Konan Ase

F-15やF-14と同形式の二次元型エアインテイク。超音速飛行時には、全推力のうち63%をこのインテイク部分で発生させている。Konan Ase

また生産型の主翼では前縁に手が加えられ、外翼の翼断面にはキャンバーと捻り下げが加えられている。これは主翼の前後方向、左右方向の揚力分布を最適化するためだ。

これらの変化に伴い重量も増大していて、試作機の自重6万1972kg、総重量14万7870kgに対して、生産型はそれぞれ7万2348kg、16万6468kgとなっている。

重量増加で構造に対する負担が増したため、コンコルドは設計時の目標巡航速度マッハ2・2では強度不足が心配された。巡航速度を多少減らして空力加熱を和らげることで、構造強度の低下を抑えることになった。その結果コンコルドの巡航速度はマッハ2・02になってしまったが、ライバルがいないので最速エアライナーには変わりない。巡航高度におけるマッハ2・02は2124km/hに相当する。

コンコルドの胴体は、超音速での抵抗を減らすため細く長く、キャビン長は生産型で35・04mあるものの、キャビンの幅は2・63mしかない。これに2列+2列の座席を配置するが、通路が幅0・43mしかなく、天井高は長身の人だとつかえそうな1・96mだ。3～4時間の旅だから機内を歩き回ったりせずに大人しく座っていろということかも知れない。

生産型では前部胴体が伸びただけでなく、キャビン後部の圧力隔壁も後方にずらされているので、キャビンは試作機よりも長くなっている。試作機が118席なのに対して、生産型は132席になる(ともにピッチ0・86mモノクラス)。0・81mピッチであれば144人までは詰め込める。

コンコルドのエンジンは、ロールスロイス/SNECMAオリンパス593 Mk610で、民間機には珍しいアフターバーナー付のターボジェットだ。SSTのエンジンにはターボジェットとターボファンどちらが適するかは設計当時にも議論になっていたが、コンコルドとボーイング2707はともにターボジェットを選んだ。しかしなにかとコンコルドと対比されるツポレフTu-144はアフターバーナー付ターボファンを採用している。ただしコンコルドでも離陸と上昇、遷音速域での加速ではアフターバーナーを使用するが、超音速巡航中にはアフターバーナーを切っている。

オリンパスは2軸のターボジェットで、推力はドライで1万4220kgf(139・5kN)、アフターバーナー使用時で1万7260kgf(169・3kN)になる。総圧縮比は15・5と、いまの大バイパス比ターボファンと比べたら低いものの、当時としては屈指の大推力高性能エンジンだった。

コンコルドではエンジンは二基ずつまとめて箱形のナセルに収め、主翼の下に貼り付けている。ノズル部分が主翼の後縁に突き出ていて、後端にはバケット型のスラスト・リヴァーサーがある。

ナセル前部のエアインテイクは、F-14やF-15のそれと同形式の二次元型で、上面にあるランプ(斜板)の角度を調節して複数の衝撃波を発生させ、圧力を回復している。超音速巡航時

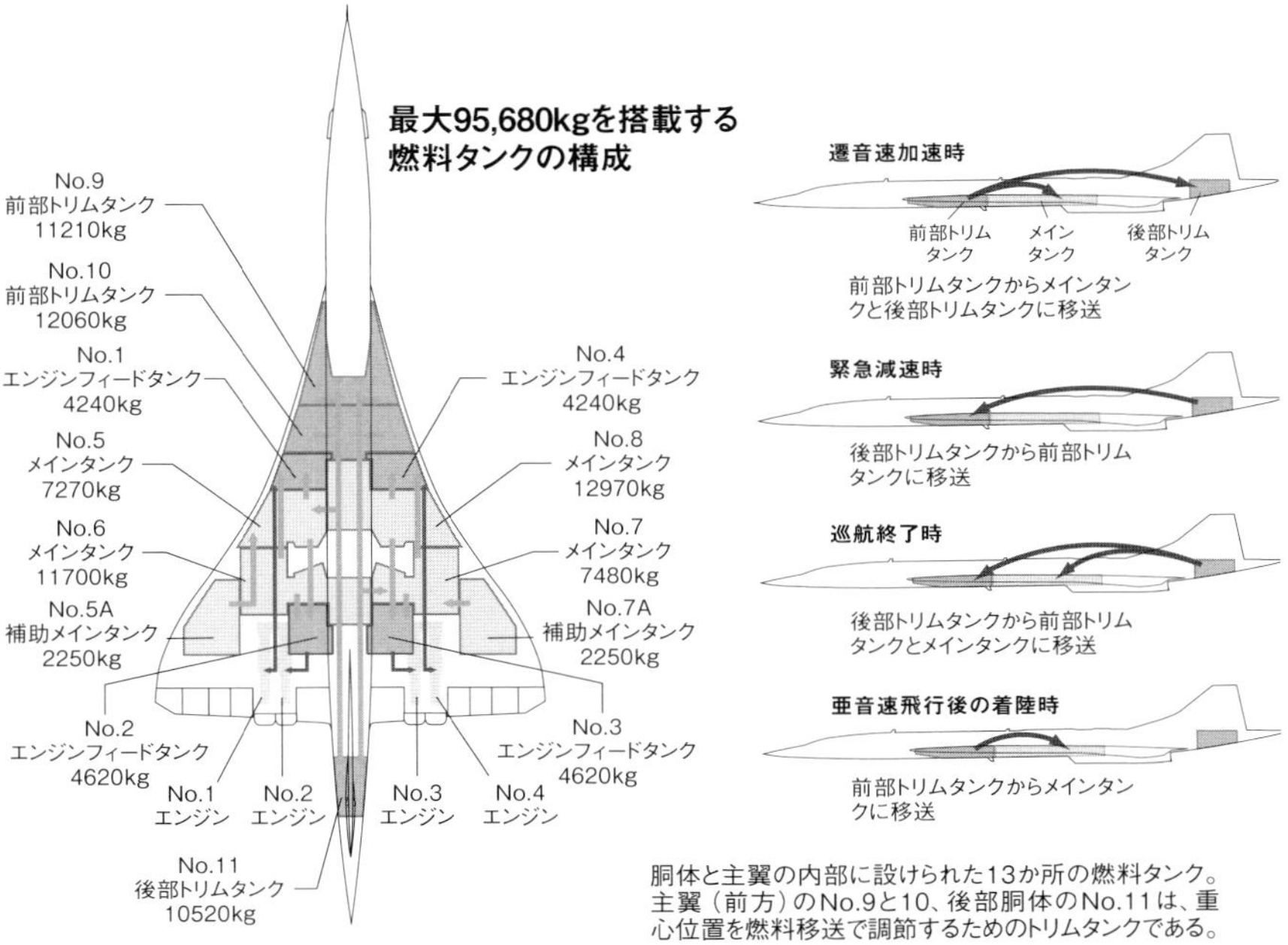

胴体と主翼の内部に設けられた13か所の燃料タンク。主翼（前方）のNo.9と10、後部胴体のNo.11は、重心位置を燃料移送で調節するためのトリムタンクである。

の推力の63%がこのインテイク部で発生すると知れば、インテイク設計の重要性も理解出来るだろう。

コンコルドは最大で９万５６８０kgの燃料を搭載し、燃料タンクは胴体内と主翼内の13か所に設けられている。しかし前部胴体と主翼前縁に掛けての№９と10、後部胴体の№11の燃料タンクは、飛行中に重心位置を調整するトリムタンクとして用いられる。

デルタ翼の空力中心は、亜音速では空力平均翼弦（ＭＡＣ）のだいたい45%あたりの位置にあるが、超音速では50%くらいまで後退する。コンコルドの場合は基準翼弦の約６%くらい空力中心が前後移動する。

これでも直線翼よりは空力中心の移動が少ないのだが、重心との位置関係が変動すると操縦安定性に影響を及ぼしたり、エレヴォンでトリムを取るための抵抗が増えたりして都合が悪い。そこで空力中心が前後に移動するのに合わせて、燃料を前後に移送して重心位置を変えるのがトリムタンクの役割だ。

燃料移送プログラムはかなり複雑で、遷音速での加速時には空力中心の後方移動に応じて燃料を前部タンクから後部タンクに移し、巡航の終わりでは再び後部タンクから前部タンクに燃料を移送、そして着陸時には前部タンクから中央のタンクへと燃料を移す。

見落とされがちなことだが、コンコルドはフライ・バイ・ワイヤ（ＦＢＷ）の操縦システムを持つ軍民を問わず最初の実用

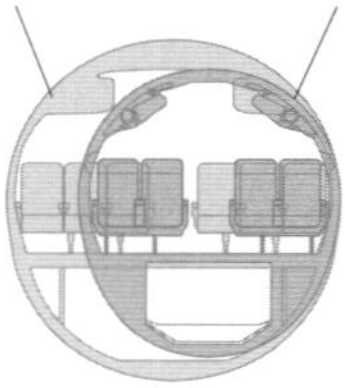

胴体幅2.88mの断面
737と比較しても圧倒的に細いコンコルドの胴体。通路の幅はわずか0.43m、天井高は1.96mしかない。

全長が2.6m伸びた生産型では、テイルコーンも尖った先端の形状に変わった。尾翼の下には機首上げ時の接触に備えて格納式の小さな車輪を装備。British Airways

コンコルドの座席配置
AF、BAともにファースト・クラス100席（シートピッチは94cm）の機内は、運用最後の頃のもの。最大では144席まで設置可能とされた。

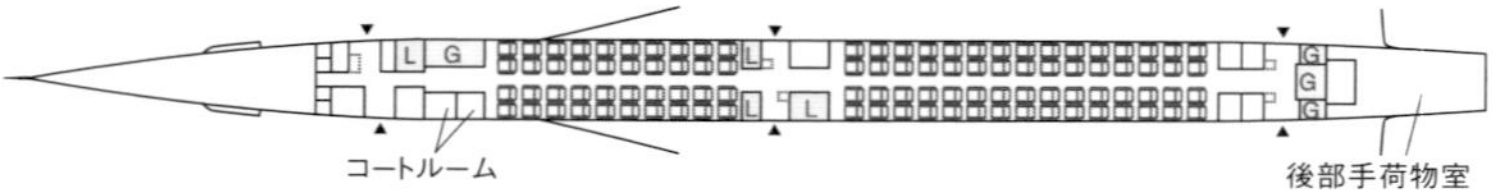

超音速運航の行く手を阻んだ コスト、社会、環境との協調

機になる。もちろん1960年代の設計だからアナログ方式のFBWで、メカニカルのバックアップ系統を備えている。同様にエンジンのコントロールも電子式だ。

コンコルドの操縦翼面は主翼後縁の3枚ずつのエレヴォンと、上下2枚に別れたラダーだけで、いずれも4000psi（281kg／cm²）の油圧系統で作動する。高圧油圧系統の採用でも軍用機に先駆けている。

憧れから懐疑へ

1970年代の半ばまでの間にコンコルドを取り巻く世界の情勢は大きく変わっていた。

アメリカは国を挙げてSSTの開発に取り組んでおきながら、1971年には計画を完全に放棄していたし、世界的に環境運動が高まりを見せていた。直近では第一次の石油ショックがあり、省エネルギーが合い言葉となっていた。

英仏の国家的威信を賭けてスタートしたSST開発計画ではあったが、コンコルドが就航する頃には世界の人々の目は冷ややかなものになっていた。SSTは人類の科学技術の頂点から、騒音公害を撒き散らしエネルギー資源を無駄に消費する、現代文明の横暴と行き詰まりの象徴へと変わっていた。ジャンボ・ジェット（ボーイング747）で経済的かつ快適な旅に慣れてしまった旅客には、コンコルドは狭苦しくて料金ばかり高い無

用のエアライナーに思えた。

パン・アメリカン（パンナム）を筆頭に、コンコルドには百機近い注文があったが、大部分は拘束のないオプション契約で、実際に就航する頃にはどこのエアラインも購入する気をすっかり無くしていた。英仏のフラッグ・キャリアーであるブリティッシュ・エアウェイズとエールフランスだけはコンコルドを買って飛ばすと思われたが、実際のところこの両社でさえコンコルドの導入がペイするかどうかは確信が持てなかったろう。鳴り物入りで開発が始まったのに、これほど懐疑的な目で見られた新型旅客機の就航もなかった。

それどころか世界の民間航空当局が騒音を理由にコンコルドの就航に難色を示す中で、コンコルドを受け入れてくれる空港があるかどうかさえ怪しかった。ロンドンのヒースローとパリのシャルル・ド・ゴール（CDG）の両空港は、開発国の方針としてもコンコルドを受け入れるが、そこからどこへ飛べば良いのか？

コンコルドの航続性能からして太平洋線は飛ばせないし、ソニックブームがあるから陸上を長距離飛ぶ路線も難しい。合理的に考えれば英仏とアメリカを結ぶ北大西洋線くらいしかペイしそうな路線はない。この路線であれば時は金なりの忙しいビジネス客や物好きな富裕層の客も多く、高額の超音速割増料金を取っても乗客を確保出来そうであった。パリ＝ニューヨーク間は亜音速エアライナーでは7時間半かかるが、コンコルドだと3時間40分ほどで結ぶことが出来る。

商業運航開始

コンコルドが商業飛行を開始した日は１９７６年の1月21日で、意外なことにはBAがロンドン＝バーレーン、AFがパリ＝リオデジャネイロと、ドル箱のはずの北大西洋線ではなかった。ニューヨーク市とニュージャージー州の当局がコンコルドの通過を拒否したからだった。

両エアラインのコンコルドはこの日の11時40分に同時に離陸して、BA機はフランス上空を亜音速飛行、アドリア海に入ってから超音速に加速して、シリア・サウジアラビア上空も超音速で飛び抜けて、15時20分にバーレーンに着陸した。AF機はすぐに大西洋に出て超音速飛行、アフリカ大陸西岸のダカールに14時24分着陸、給油して15時45分に離陸して、19時５分にリオデジャネイロに到着した。

コンコルドのアメリカ乗り入れが認められたのは１９７６年5月のことで、5月24日それぞれの首都からワシントンDCのダレス空港へと最初の定期便が飛んだ。ニューヨークのJFK空港への乗り入れは環境団体の抵抗にあって遅れ、１９７７年の11月22日からになった。

実際のところワシントン便は利用者が少なく赤字で、一時は運航を取り止めたくらいだった。NY便は利用率もまあまあで

（もっとも当初の目論見より便数は大幅に減らされたが）黒字だった。

コンコルドはその後北米のダラスやマイアミやメキシコシティ、南米のカラカスやブリッジタウン、アジアではシンガポールにまで路線を伸ばしたものの、いずれも赤字運航で数年で打ち切られている。最後まで残ったのは結局ＮＹ便だけだった。ＮＹにはいろんなエアラインが乗り入れているから、乗り継ぎに便利なことが大きかったのだろう。

コンコルドを購入したのはＢＡとＡＦのみだが、運航したのは２社だけではない。ワシントンＤＣ＝ダラスはブラニフ航空との共同運航の形を取ったし、ロンドン＝バーレーン＝シンガポールはＢＡとシンガポール航空が共同で運航した。後者は機体の右側がＢＡ、左側がシンガポールの塗装で飛んだ。だから「シンガポール航空のコンコルド」で探しても、左側面の写真しか出ては来ない。

炎上墜落、不運な事故

定期便こそロンドン、パリとＮＹ間以外は振るわなかったが、コンコルドのチャーター便は人気であったし、乗り入れていない空港にコンコルドが訪れるとどこでも見物人や報道陣が詰めかけた。コンコルドを見たことや、コンコルドに一度乗ったことは話題になるが、コンコルドが頭の上を朝晩通過するのは御免だ、というのが世界の雰囲気だった。２０００年の夏までにコンコルドは世界の２５９か所に立ち寄った。

２０００年の7月25日、パリのＣＤＧ空港を飛び立った直後に炎上墜落し、機上の１０９人と地上の４人を死なせたコンコルドもチャーター便だった（ＡＦ４５９０便）。ドイツの船会社が企画したツアーで、パリからＮＹへ飛び、クルーズ船で中南米を回ることになっていた。乗客はほとんどがドイツ人だった。

このコンコルドはＡＦの２０３号機（Ｆ-ＢＴＳＣ）、すなわち生産型３号機で、エアラインに売られて運航している最古参の機体だった。１９７５年１月に初飛行し、墜落までで１万１９８９時間飛んでいる。現役最年長ではあったが累計飛行時間は最長ではなく、ＢＡの２１０号機（Ｇ-ＢＯＡＤ）など飛行時間が最終的に２万３３９７時間に達している。

事故の原因や経過についてはあちこちで詳しく書かれているが、簡単に言えば２０３号機は滑走中に滑走路に落ちていた金属片を左主脚の車輪で引っ掛け、跳ね上がった金属片が左翼下面に当たって燃料タンクが破れた。漏れ出た燃料が滑走を続ける間に引火、機体は炎を引きながら離陸はしたものの、エンジンが相次いで停止して、飛行場近くのホテルに墜落した（地上の犠牲者４人はホテルのレストランの客）。

いろいろな見方があるだろうが、この事故はコンコルドの機体固有の欠陥が原因とは言えない。滑走路上の金属片を踏めば降着装置が損傷したりエンジンが故障したりして、他の機種でも致命的な事故になりうる。コンコルドにとっては、そして犠牲者にとっては不幸な偶然であったと言う他はない。

コンコルドの命運は尽きたとたいていの人が思ったが、しかしBAとAF、そしてメーカーのBAeとアエロスパシアル社は執念でコンコルドの復権を図った。四十年前に国家の威信を賭けてSSTの英仏共同開発計画をスタートさせた人達はもうとっくに引退していたが、彼等の精神が乗り移ったかのようであった。

可能な限りの対策を施した上で、コンコルドは事故から1年3か月後の2001年10月22日、BAがNY便の運航を再開した。AFも同月29日から運航を再開した。

2003年10月24日、BAコンコルドのラストシーン。JFKから最後に到着したG-BOAGから、パイロットがユニオンジャックを掲げた。British Airways

しかしこの運航再開は、消える前のろうそくの最後のきらめきだった。コンコルドを維持し続けるコストは増大するばかりで、コンコルドの運航が商売にならないことはとっくに分かっていたのだ。9・11同時多発テロ後の航空旅客の落ち込みがさらに足を引っ張った。2003年5月31日、AFがコンコルドの運航を停止し、10月24日にはBAも最終便を飛ばした。

コンコルド計画の推移を見て来ると、1960年代半ばにイギリスが計画からの撤退を一時表明して以降、技術面はともかく政治面では常にフランスが計画を引っ張り、イギリスが渋々追従しているような印象があったが、事故後の運航に関してはイギリスの方が熱心に見えるのは面白い。粘り強く諦めないイギリス人と、熱しやすいが移り気なフランス人の国民性の差かも知れない。

コンコルドが1976年に商業運航を開始して以来、パリでの不運な事故まで約四半世紀にわたって、事故らしい事故もなく安全に運航されて来たのは事実だ。機数が少なく、虎の子として慎重に運用されて来たにしろ、これは誇っても良いことだろう。

最大の問題は安全性よりも経済性であって、SSTは巨額の開発費に見合うほど売れないし、例え超音速割増料金を取って運航したとしても、黒字になる路線はきわめて限られている。それがコンコルドの教訓だろう。もちろんソニックブームなど環境への影響も無視は出来ない。

コンコルド以降もSSTの技術を開拓している国は日本も含めていくつもあり、国際共同開発が話題になることはあるが、現実に開発計画が立ち上がったことはない。計画の具体的な話し合いすらも無い。SSTは航空エンジニアの見果てぬ夢に終わっている。

1973年6月のパリ・エアショーでフライトを披露する「製品004」の2号機、CCCP-77102。会期中の6月3日、デモンストレイション中にルブールジェ近くに墜落し、乗員6人と地上の8人が巻き添えとなり死亡した。その後、現場には慰霊の碑がたてられている。Toyokazu Matsuzaki

西側よりも早く、史上最初に飛んだ超音速旅客機という史実

ツポレフTu-144

1968年（大晦日）初飛行／1975年初就航（旅客輸送は1977年から）
製造機数16機（NATOコード：Charger）

超音速旅客機（SST）と言えば英仏共同開発のコンコルドが筆頭だが、ほぼ時を同じくしてソヴィエト連邦でもSSTが誕生していた。旧西側諸国で“コンコルドスキー”と揶揄される Tu-144（NATOコード：Charger）である。しかし、Tu-144はコンコルドの単純コピーとは明らかに異なる。コンコルドよりも幾分大型の機体規模、あるいはカナード翼やターボファン・エンジンの採用から見ても、そこにはソ連独自によるSSTの設計思想があったはずだ。

形ばかりの商業運航

ツポレフTu-144は旧ソ連の超音速旅客機（SST）で、英仏共同開発のコンコルドに先駆けて初飛行した。すなわち世界で最初に飛んだSSTということになる。

Tu-144は1968年の大晦日に駆け込み初飛行し、コンコルドは翌年の3月2日に初飛行した。たった2か月とは言え、Tu-144が先行した。

Tu-144は商業運航の開始でもコンコルドに先んじたかったようだが、これは果たせなかった。Tu-144は1975年12月にモスクワと中央アジアのアルマアタ（現在のカザフスタン共和国アルマトイ）間で試験運航を開始したが、これは郵便と貨物を運ぶだけで、乗客は乗せていなかった。

乗客を乗せたTu-144の国内線運航はその2年後の1977年11月に同じ路線で始まったが、コンコルドはすでに前年の5月にはロンドンとパリから大西洋を越えてワシントンDCへ定期便を飛ばすようになっていた。1977年11月にはニューヨーク便の運航も始まっている。明らかにコンコルドの勝ちだ。

コンコルドが2000年にパリの空港で炎上墜落事故を起こした後も執念で商業運航を続けたのに対して、Tu-144は形ばかりの商業運航を短期間実施しただけで引っ込んでしまった。

ただTu-144は二度墜落事故を起こしているが、コンコルドとは違って、乗客を乗せた便ではない。まあ商業運航の回数が圧倒的に少なかったと言ってしまえばそれまでだが。ロシア側の資料を見てさえ信頼性はかなり低かったようで、商業便で事故を起こさなかったのは幸運でもあったのだろう。

コンコルドという刺激

ソ連のSSTに関しては、V・M・ミャシーシチェフの設計局やS・V・イリューシンの設計局がすでに1950年代に超音速のエアライナーを提案していたようだが、真剣な検討が始まったのはやはり西欧でSSTの開発計画が具体化してからのようだ。特に英仏共同のSST開発構想（後のコンコルド）はソ連政府を刺激し、独自のSST計画へと向かわせた。

ソ連の共産党中央委員会と閣僚会議（内閣）が共同でSSTの開発を正式に決定したのは1963年の7月のことになる。すでに英BAC社と仏シュド社とは1962年の1月にはSSTの共同開発で基本的合意に達し、同年11月末には両国政府の間でSST共同開発に関する合意文書が取り交わされている。ソ連側がいくらTu-144はコンコルドのコピーではないと強調してみても、計画の着想がコンコルドにあったことは否定出来ないだろう。

そのソ連版SSTの要求仕様は、

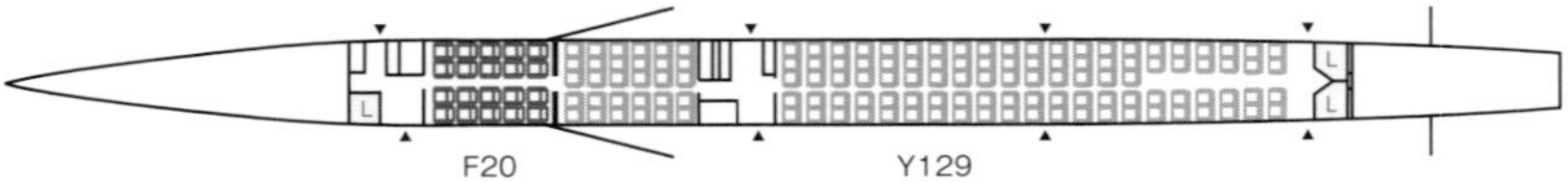

アエロフロート機の機内配置

安全のしおりから再現した、ファースト20席、エコノミー129席の機内配置。資料によってはファースト12席、エコノミー140席と記すものもあり、いくつかの仕様があったようだ。

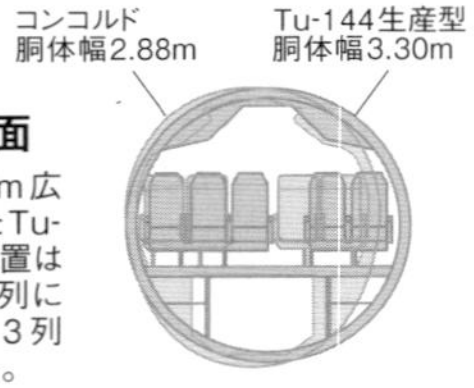

Tu-144胴体断面

コンコルドより0.42m広い胴体幅を採用したTu-144生産型。座席配置はコンコルドの2列+2列に対してTu-144では3列+2列が可能となった。

モスクワ近郊のモニノ空軍中央博物館に展示される「製品004」の機内に、コンコルドほどの窮屈さはない。このCCCP-77106は、1975年12月26日に初の郵便・貨物輸送便としてモスクワ=アルマアタ間を飛んだ。Konstantin Tyurpeko

【巡航速度】2300〜2700㎞／h
【座席数】80〜100席
【航続距離】120〜130トンの標準離陸重量で4000〜4500㎞。乗客30〜50人で外部燃料タンク付では6000〜6500㎞

ロシア語のSSTに相当する語はSPS(Sverkhzvukovoy Passazhirskiy Samolyot)で、逐語訳すると「超音速・旅客・飛行機」になる。

SPSの開発はアンドレーイ・ニコライェヴィッチ・トゥーポレフの試作設計局(OKB-156)が担当することが最初から決まっていた。実際には正式決定までに根回しと予備研究がかなり進んでいたのだろう。

すでにTu-134までの開発が決まっていたので、SPS(SST)の名称はTu-144になる。Tu-144計画の総指揮を執ったのはA・N・トゥーポレフの息子のアレクセーイ・A・トゥーポレフ(1972年には父の死でOKB-156の総責任者に任命される)だった。

コンコルドスキーの実像

Tu-144は最終的にコンコルドとよく似た平面形で、コンコルドスキーなどとも西側からは呼ばれたが、ツポレフOKB

の記録を見る限り、主翼を大面積のデルタとすることは早い段階から決まっていたようだ。カナード付のアイディアもあったが、検討されたのは大部分が無尾翼のダブル・デルタだ。垂直尾翼を二枚とするか、大きな一枚にするかは最後まで迷ったようだ。

大きな差異があるのがエンジン配置で、四基のエンジンをまとめて後部胴体に配置するか、二基ずつ束ねて主翼下に置くか、判断に迷っていた節がある。XB-70がそうした如く、空力的にはすべてのエンジンをまとめて胴体下に置いた方が良いが、万一のエンジン火災や爆発でキャビンに被害が及ぶ恐れがある。SSTは超高空を巡航するので、キャビンの気密が破れたら大変なことになる。

コンコルドはターボジェットのブリストル・シドリー・オリンパスをエンジンに選んだが、Tu-144のエンジンはアフターバーナー付のクズネツォフNK-144ターボファンだった。ターボファンは吸入空気の乱れに弱く、気流を安定させるために長い吸気ダクトが必要になる。必然的にエンジン・ナセルは長大になり、コンコルドのような位置に配置するのは難しい。

1965年のパリ航空ショーで初めてモデルが公表されたTu-144のナセル形状は、西側のアナリストの首をひねらせるものだった。胴体下面に二つの二次元型インテイクが配置され、中間に前降着装置があるが、インテイクの後方では隙間は次第に浅く狭くなり、やがて完全にふさがって左右のナセルが一体化する。後方から見れば四基のNK-144が胴体下面に並んでいる。前脚は後方に引き上げられてインテイクの間に引き込まれ、主脚は主翼内に収められる。

Tu-144が西側ジャーナリストからコンコルドスキーなる不名誉な称号を賜ったのもこの1965年のパリ航空ショーにおいてだが、もちろんTu-144はコンコルドの単純コピーではない。そもそも機体の規模からして違い、Tu-144の方が若干だが大きい。

いま言ったエンジンとナセルの配置も顕著な違いだが、胴体の直径も違っていて、Tu-144の胴体の方がコンコルドよりもやや太い。おかげでコンコルドは通路を挟んで2列+2列の4列配置しか出来ないが、Tu-144では2列+3列で5列配置が可能になっている。

またコンコルドの主翼平面形が、オージー・デルタといって前縁が微妙なS字カーブを描いているのに対して、Tu-144の主翼は平面形に関しては単純なダブル・デルタで、前縁は二本の直線の組み合わせからなっている。

ソ連の航空界には水平尾翼付のデルタ翼には豊富な経験があるものの、単純なデルタ翼の経験はほとんど無い。そのためMiG-21を大改造してダブル・デルタ翼を付けたMiG-21I通称〝アナログ〟(相似)が先行して製作された。MiG-21Iは1968年4月18日に初飛行した。テスト結果をTu-144の設計に取り入れるには遅過ぎたが、Tu-144のテスト・パイロットの慣熟訓練などに用いられた。

大晦日の初飛行

Tu-144の原型機（登録記号CCCP-68001）は1968年の10月に完成し、モスクワ郊外のジュコーフスキィ飛行場に運び込まれた。地上テストとタキシング・テストの後、機体は12月20日には初飛行出来る態勢になったが、天候悪化で飛行はなんどか延期された。

実際には初飛行は1968年の最後の日になり、新年の世界のニュースを賑わした。初飛行は37分間で、MiG-21Iがチェイスを務めた。

CCCP-68001は1969年の6月1日には初めて音速を突破し、1970年12月12日には最大速度のマッハ2・35にまで到達した。1971年5月末から6月初めのパリ航空ショーにも参加して、初めてコンコルドと見えた。

しかしTu-144原型はこれを花道に国際舞台から姿を消す。NK-144ターボファン（アフターバーナー推力1万7500kgf）の燃費が想像以上に悪く、超音速での航続距離が2920kmしかない上に、エンジンを胴体下面にまとめて装備したために、後部胴体に与える振動と熱の影響がひどかったのだ。

改善は二段階に分けて行なわれることになった。まずは空力面を中心に改良した型を造り、改良型NK-144Aエンジンを搭載して進空させる。その間にまったく新しい低燃費エンジンを開発して、本命の量産型に搭載する。

改良型の開発は1968年中には始まり、1971年始めには試作1号機が完成した。CCCP-77101と記された1号機（製造番号10011）は、1971年6月1日に進空した。

Tu-144の名称について混乱があるので少し詳しく説明すると、1機だけ造られた原型機（CCCP-68001）も、その次の改良版も、どちらもTu-144の名で呼ばれている。後者はTu-144生産型、あるいはTu-144無印（sans suffix）などとも呼ばれるが、あえて原型と区別する場合に本書ではツポレフOKB内の呼び名から「製品004」（izdeliye 004）とする。原型機のCCCP-68001は「製品044」（izdeliye 044）である。

「量産型」（Seriyniy）の頭文字から、製品004がTu-144Sと呼ばれることもあるが、これは正式の呼び方ではないようだ。

後に登場するエンジンを換装した型はTu-144Dと呼ばれるが、Dは「長距離」（Dalniy）すなわち航続距離延長を意味している。製品名は004D（izdeliye 004D）になる。

個々の機体を区別するものとしては、登録記号（CCCP-XXXX）の他に製造番号（5桁）がある。ただし必ずしも連番ではないし、製作順でもない。

Tupolev Tu-144（製品044）

1972年4月、独ハノーバーでのエアショー（ILAベルリン・エアショーの前身）に参加したTu-144原型機「製品044」のCCCP-68001。機首に引き込み式カナードを装備しないのは、生産型との大きな識別点である。Ralf Manteufel

引き込み式カナード

要するに名称としてはTu-144とTu-144Dの二種類、型の区別としては製品044と004、004Dの三種類があることになる。名称は同じTu-144でも、製品044（Tu-144原型）と製品004（Tu-144生産型）とは、構造的空力的に全く別の飛行機と断じても良い。

製品004の最大の改良点は言うまでも無く引き込み式のカナードの装備だ。ダッソーのミラージュ戦闘機の改良型試作機（ミラン）に同様の引き込み式カナードの例があり、ツポレフOKBもそれにヒントを得たのかとも思えるが、量産を意図したエアライナーへの装備は他に例を見ない。

カナードは細長い短冊形で、コクピット後方の胴体上面に重なるようにして折りたたまれる。展張されると15度の下反角を持ち、前縁と後縁からそれぞれスラットとフラップを展開する。

コンコルドやTu-144原型、またミラージュIIIのような無尾翼デルタ機の場合、離着陸の際には主翼の後縁のエレヴォンを上げにして、機首上げのモーメントを生ぜしめる。主翼の迎え角を大きく取って出来る限り大きな揚力を発生させるが、後縁のエレヴォンが上がっているので揚力をロスしている。

エレヴォンを下げ位置にしてフラップのように使えば、主翼全体の揚力係数はずっと大きくなるが、エレヴォン以外で機首

シンプルに二本の直線から前縁を構成するダブル・デルタ翼。その主翼下のエンジン・ナセルはコンコルドに比べて長大かつ存在感を主張するものだ。写真はジュコーフスキィ保存機のTu-144Dで、この製品004D、CCCP-77115がシリーズの最終号機である。Toshiharu Suzusaki

離着陸時に効果を発揮する 機首上げモーメント発生のための 製品004の引き込み式カナード

カナードの効果

エレヴォンを上げて機首上げのモーメントを得る原型機の「製品044」に対し、生産型の「製品004」ではエレヴォンではなくカナードを展張して機首上げモーメントを発生させる。これによりエレヴォンを下げて、フラップのように使い揚力係数を高めた。

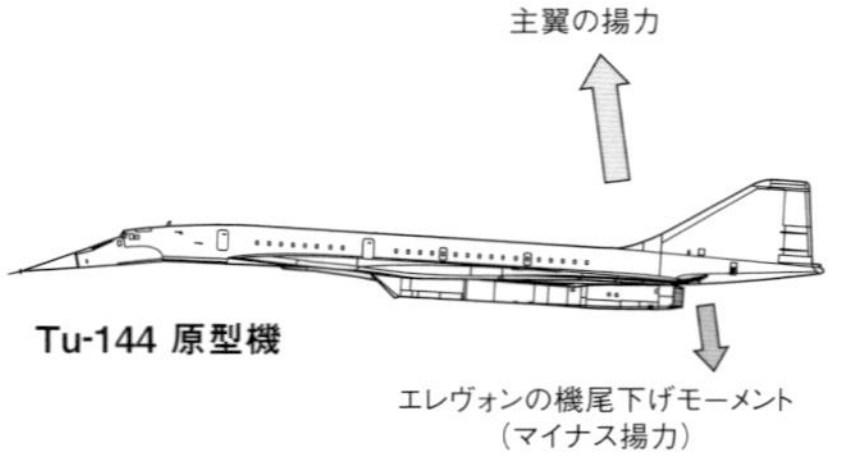

Tu-144 原型機

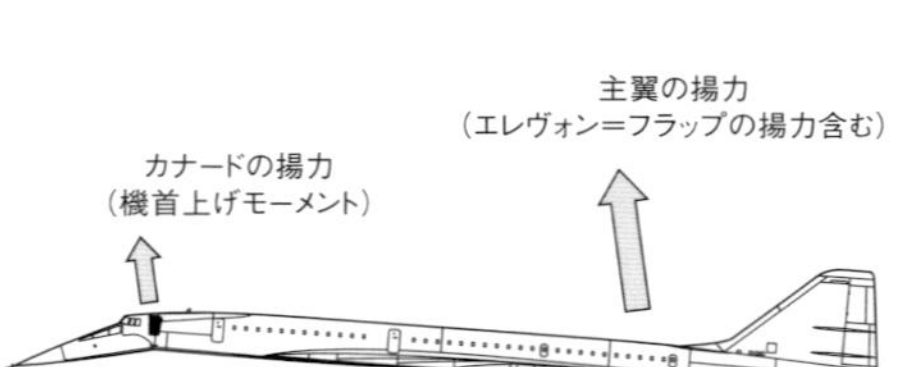

Tu-144 生産型

Toshiharu Suzusaki

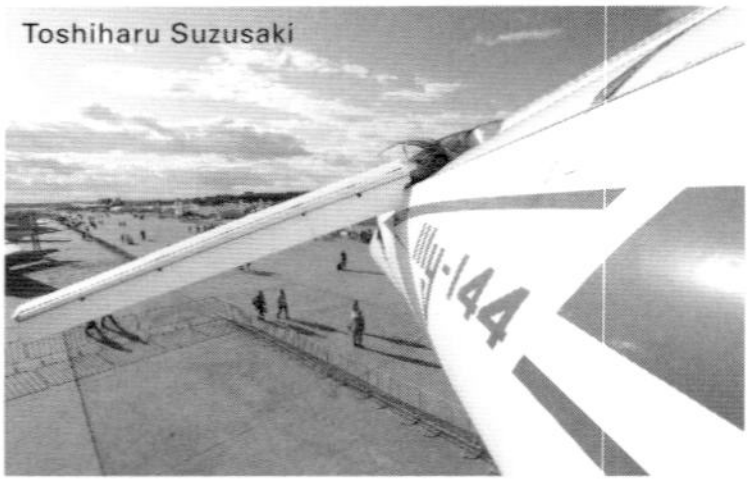

Toyokazu Matsuzaki

生産型「製品004」の引き込み式カナードは細長い短冊形で、前縁にスラット、後縁にフラップを組み込む。展張状態の下反角は15度になる。

上げモーメントを発生させねばならない。それが製品００４のカナードの唯一の役割だ。

だからカナードは離着陸時以外には不要で、抵抗にならないよう機首上面に重ねて収納されている。カナードの可動機構に加えて、機首を引っ張り上げるのだから胴体の構造も強化されているはずで、構造重量の増加もかなりあるのだろうが、そのデメリットを凌ぐほどのメリットがカナードにあるということだろう。

カナード以外の製品００４の変化といえばエンジン配置が目に付く。エンジン・ナセルは完全に二つに分けられて、主翼の下に少し左右に離して取り付けられている。それでもナセルはコンコルドよりずっと長く、内側寄りだ。エンジンはクズネツォフＮＫ-１４４Ａ（ＡＢ推力２万kgf）だ。

前脚は前方引き込みになり、主脚はそれぞれのエンジン・ナセルの中、二本のダクトの中間に引き込まれるようになった。

パリでの悲劇

製品００４の最初の機体（登録記号ＣＣＣＰ-７７１０１、製造番号１００１１）はテスト用で、ソ連側では前生産型とも呼んでいる。

製品００４の生産はＣＣＣＰ-７７１０２（１００１２）から始まり、１９７２年３月20日に進空した。前生産型の試験結果から生産仕様では翼面積がさらに拡大されて、離陸重量は１９５トンまで増大した。

この製品００４の２号機は１９７３年のパリ航空ショーにも出品されるが、そこで計画史上最悪の事故が起きる。６月３日デモンストレイション飛行中のTu-１４４が空中分解してルブールジェ飛行場の近くに墜落、乗員６人全員と地上の８人が死亡したのだ。

事故の原因についてはソ連とフランスが合同で調査したが、いまにいたるも明確な結論が示されてはいない。フランス空軍のミラージュⅢが不用意に接近し、驚いて回避しようとしたTu-１４４が無理な機動をしたのが事故の発端とも言われているが、Tu-１４４の乗員の一人が映画カメラを操作中で、落としたカメラが操縦桿に挟まって操縦操作を困難にしたなどとも言われている。なお死亡した機長は、ＣＣＣＰ-６８００１の初飛行で副操縦士を務めたＭ・Ｖ・コズロフだった。

生産１号機の事故にもかかわらず、Tu-１４４（製品００４）の生産は続けられた。生産２号機（００４の通算３号機、製造番号１００２１）は、事故から半年後の１９７３年12月13日に進空している。

Tu-１４４無印（生産型）は、１９７１年から１９７７年までの間に、ＣＣＣＰ-７７１０１からＣＣＣＰ-７７１１０までの10機（製造番号は飛び飛び）が造られた。ただしＣＣＣＰ-７７１０５（１００３１）はエンジンを換装されてTu-１４４Ｄ

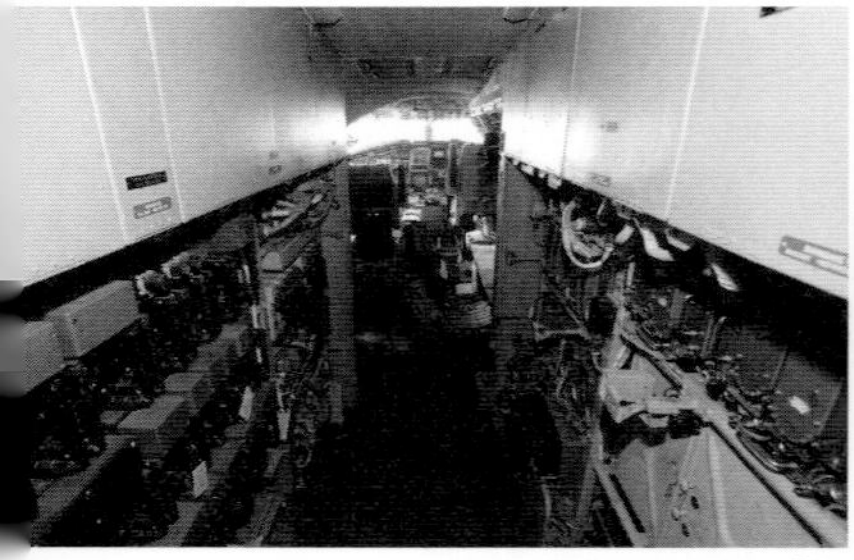

ジュコーフスキィ飛行場のTu-144D「製品004D」、CCCP-77115のコクピット。ソ連機らしい緑色のパネルにアナログの計器が並ぶが、コンコルドよりも簡潔な印象がある。細長い通路を抜けた先に航空機関士を含めた3人が乗務する。
Toshiharu Suzusaki
Konstantin Tyurpeko

商業運航と呼ぶには程遠かった 社会主義国家ソ連のSST実用史

の試作機となっている。

改良型のエンジンにもかかわらず、製品００４の性能は不満足だった。離陸重量１９５トンで15トンのペイロードを載せての航続距離は３０８０㎞で、アエロフロートの要求した４０００～４５００㎞には到底足りない。

西側の資本主義国であれば、この段階で商品としては失格だ。しかしソ連は社会主義国だ。そうした市場経済とは別の原理で動いていた。

１９７５年12月26日ＣＣＣＰ-７７１０６を使って、モスクワ=アルマアタ間における超音速の郵便と貨物輸送が始まった。１９７７年11月１日からは、ＣＣＣＰ-７７１０９と７７１１０（無印の最終生産機）を用いて、同路線の旅客定期便が開始された。ロシア革命から60周年の年である。もっとも乗客は80人以内で、運休も多かったようだが。１９７８年５月に打ち切られるまでに55便、３２８４人を運んだというから、１便平均60人だ。とても商業運航とは呼べない。

ソ連の栄光と矛盾

期待の新エンジンはコリェソフ設計局のＲＤ36-51Ａだった。なんとアフターバーナーもない、１軸の純ターボジェットだ。

F-22ラプターがアフターバーナーも使わずに超音速巡航すると話題になったが、Tu-１４４Ｄはアフターバーナーも無しに超音速まで加速し、そのまま巡航する、真の超音速巡航機だ。コンコルドも実は巡航時にはオリンパスのアフターバーナーを切っているのだが、音速突破まではアフターバーナーを入れている。アフターバーナーをいっさい使わず超音速巡航が可能な機体はTu-144Dが史上最初ではないだろうか。RD36-51の離陸推力は2万kgf、巡航時の推力は5000kgfになる。

前述のようにRA-77105(Tu-144生産型5号機)を転用した試験機は1974年の11月30日に進空し、1976年6月までに6200kmを飛行した。

Tu-144Dの生産仕様1号機はCCCP-77111(10062)で、エンジンの開発に手間取ったため、進空したのは1978年の4月18日になった。

そして5月23日、CCCP-77111は試験飛行中に火災でモスクワ近郊に胴体着陸する。副操縦士のE・V・イェリャンが重傷を負い、二人の機関士が死亡した。イェリャンはCCCP-68001が初飛行した際の機長だった。

すでにTu-144Dの量産も開始されていたが、この事故で一気に風向きが悪くなる。ロシア側の資料を読んでさえ、すでにソ連政府内でも反SPS派が無視出来ない勢力を占めつつあったことが窺える。計画開始から十数年、SPS計画を支持した勢力は死んだり引退したりしつつあった。ヴォロネジ工場におけるTu-144Dの生産は、あと4機(RA-77112~77115)が完成したところで休止状態となった。CCCP-77116(10092)は未完成で工場の外に放置された。

Tu-144Dはテストでは好成績を示し、最大離陸重量207トンで、ペイロード15トンでは航続距離5330km、11~13トンでは5500~5300km、7トンでは6250kmと、要求を満足する性能を実証している。

SPS計画は1983年7月公式に中止された。共産党と政府の指示で始まった計画は、丸二十年で終わりを告げた。Tu-144とTu-144Dを通じた生産総数は16機で、コンコルド(総数20機)よりも少ない。

もっともTu-144の飛行がこれで終わったわけではなく、例えば1983年の7月半ばにはCCCP-77114(〝101〟の秘匿名を使用)が国際航空連盟(FAI)の記録に挑戦し、13の世界記録を樹立しているし、その後もソ連版スペースシャトルの乗員訓練などでTu-144Dはなんども飛行している。

ある意味Tu-144Dの一番の栄光は、1996年からのアメリカとの共同計画かも知れない。次世代SSTのデータを集める飛行テストの一環で、NASA(米航空宇宙局)やロックウェル社、ボーイング社などとの共同事業の形を取った。

ツポレフ(ANTKツポレフ)は飛行可能なTu-144Dの3機全てを提供した。そのうちRA-77114(旧CCCP-77114)が選ばれて試験用に改造され、RA-77115はリザーヴに、RA-77112は地上試験用になった。

RA-77114は純白に塗り替えられ、尾翼には米露の国旗と赤青斜めのストライプ（もちろん両国国旗の色）が描かれて、Tu-144LLと改称された。

LL（Letayushchaya Laboratoriya）は「空飛ぶ実験室」を意味していて、ソ連／ロシアではこの機体に限らず、試験用途の改造機一般に付与される記号だ。RA-77114にはまた〝モスクヴァー（モスクワ）〟の固有名も与えられた。

残念なことにはRD36-51はもう部品も残ってはおらず、RA-77114のエンジンはTu-160〝ブラックジャック〟と同じクズネツォフNK-321ターボファン（AB推力2万5000kgf）に換装された。本来のエンジンでの性能の評価を見たかったところだ。

Tu-144LLモスクヴァーは1996年11月29日に再進空し、1998年2月28日まで27回の試験飛行を行なった。アメリカの議会にロシアとの協力関係を快く思わない勢力がいて予算を削られなければ、共同計画はもっと長く続いていたかも知れない。

Tu-144LLは現在もジュコーフスキイ飛行場に保存されているようだ。かつてのソ連の栄光と矛盾を留めるように。

2018年、モニノ展示機の内部へ

私はロシアのモニノ空軍中央博物館で、Tu-144の機内を見学することが出来た。2018年5月末のロシア軍事博物館ツアーのときのことだ。

モニノ博物館には、生産型Tu-144（製品004）のCCCP-77106（10041）が屋外展示されている。この機体は1975年3月に進空し、同年12月からモスクワ＝アルマアタ間で貨物郵便飛行を開始した機体そのものだ。

モニノ博物館を訪れるのは三度目で、Tu-144があるのはもちろん知っていたが、以前は離れたところから見上げるだけだった。ところが今回行ったら、ちょうどヴォランティアの人たちが機体の修復を行なっているところで、解説役としてツアーに同行されたロシア軍事評論家の小泉悠氏がお得意のロシア語で交渉したところ、ご好意で機内に入れてもらうことが出来たのだ。

長いタラップを上がって小さなドアから客室に入ると、まずオレンジ色の座席のファースト・クラスがある。通路を挟んで2列＋1列の合計3列だ。次のエコノミー・クラスは中間色の3列＋2列で、かなり狭苦しい。

コクピットも見学できた。1980年代だからクラシックな丸型計器が並んでいるが、機長席側の長方形のディスプレイが目に付いた。ヴォランティアさんの説明だと、巡航に最適の高度と速度を教えてくれる計器だそうで、アナログ式のフライト・マネジメント・システムみたいなものだろう。

見学を終えて機外に出ると、なんと折り畳みのカナードが展開している。機首も折れ曲がって下がっている。ヴォランティアのおかげで、まだ可動状態に保たれているのだ。下半角が目立つカナードは、前縁にも後縁にもスラットがあって、かなり大きな迎え角で作動すると推測される。

ところでTu-１４４と博物館と言えば、ドイツ南部バーデン＝ヴュルテンベルク州のジンスハイム交通技術博物館の展示はご覧になった方もおられるかもしれない。ここでは世界でも唯一、Tu-１４４Ｄ（ＣＣＣＰ-７７１１２／製造番号１００７１）とコンコルド（Ｆ-ＢＶＦＢ／２０７）が同時に見られる。

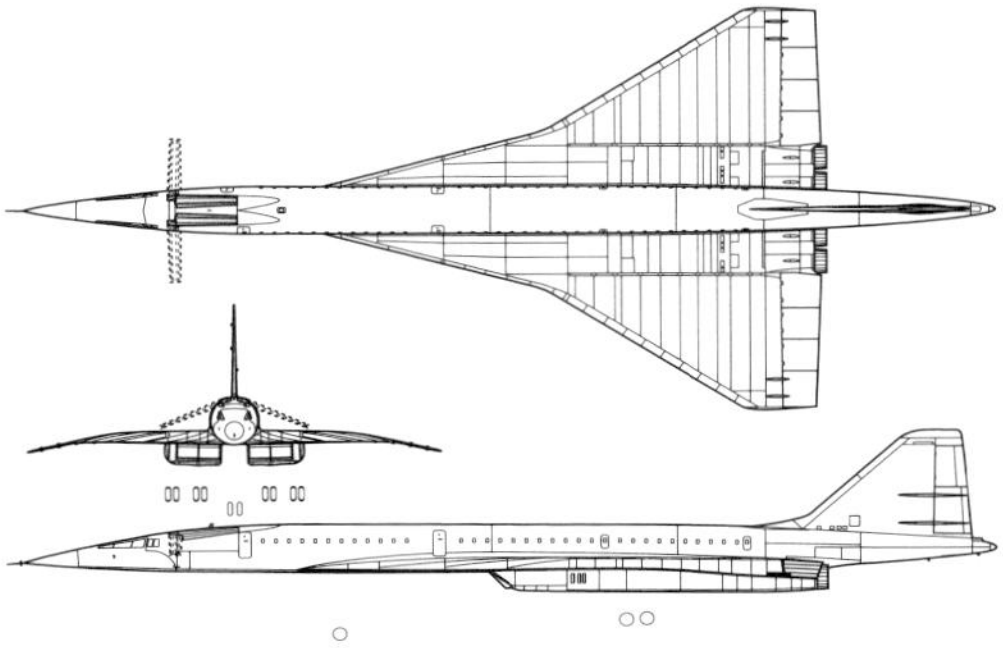

Tu-144生産型（製品004）

全幅	28.80m
全長	65.70m
全高	12.85m
主翼面積	438㎡
運用空虚重量	85,000kg
最大離陸重量	180,000kg
最大巡航速度	Mach 2.35
航続距離（140PAX）	3,080㎞

Tu-１４４が展示されているのは、ロシア国内だけで７７１１０／１００６１がウリヤノフスクの民間航空博物館に、７７１０８／１００４２がサマーラのコロリョーフ記念航空宇宙大学に、７７１０７／１００５１がカザンの航空機生産工場（ＫＡＩ）で展示されている。モスクワ近郊のジュコーフスキィ飛行場にも少なくとも3機のTu-１４４Ｄが保管されており、同地の航空ショー（ＭＡＫＳ）の折には最終生産機の７７１１５／１００９１が一般公開されている。

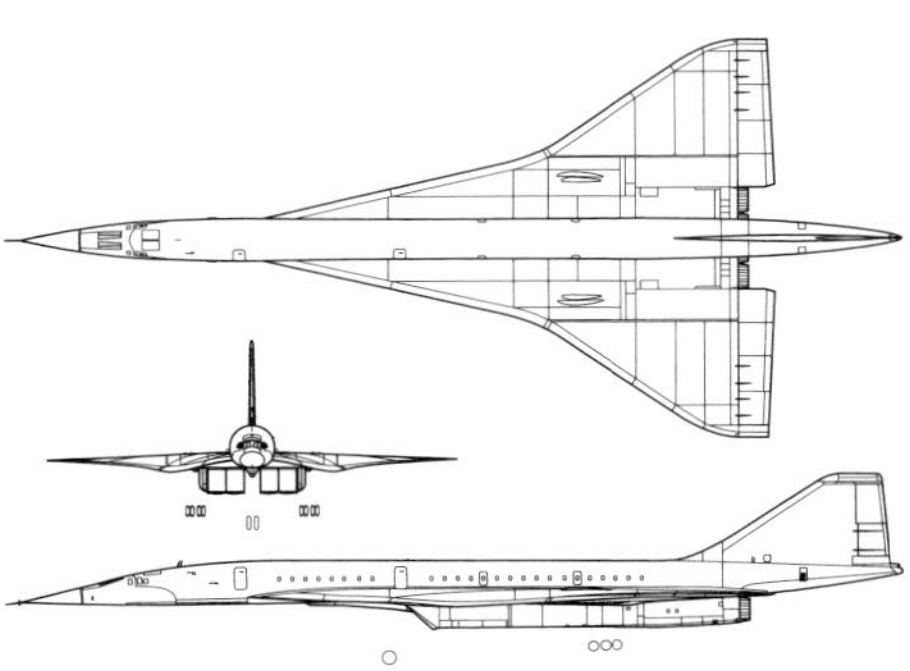

Tu-144原型機（製品044）

全幅	27.65m
全長	58.00m 60.00m（with probe）
最大離陸重量	179,150kg
最大巡航速度	Mach 2.35
航続距離（126PAX）	2,500㎞

夢見たのはマッハ3で翔けるSST時代の主役

ボーイング2707

1971年計画中止／製造機数 –

ジェット化の次に訪れる旅客機の進化が“超音速”であると固く信じられていた時代、ボーイング2707は、来るべきSST時代のスタンダードとなるべく開発されていた。しかし2707は飛行はおろか、実機すら造られていない。その計画が中止になったからだ。誰もが疑うことのなかったSSTの時代は、かくして幻に終わった。

SST時代への夢を一手に背負ったボーイング2707の開発史。この時代、2020年代の空にSSTが1機も飛んでいないことを告げたとして一体誰が信じたであろう。Boeing

未完の計画機

今回取り上げるのはボーイング2707だ。そうは言ってもどんな機種なのか、ぴんと来る人はいまではむしろ少数派だろう。ボーイング社に4桁の番号のエアライナーなんてあったのか？と思うかも知れない。

2707は、ボーイング社のSST（Super Sonic Transport）の計画だ。英仏共同開発のコンコルドやソ連のツポレフTu-144の向こうを張って、アメリカが国を挙げて開発しようとした超音速ジェット・エアライナーだった。

2707という名称は、一説によれば「マッハ2・7の707」との意を込めたものと言う。巡航速度がマッハ2そこそこのコンコルドやTu-144を超えて、マッハ3近い巡航速度を目指した野心的な計画だった。しかし2707の計画は1971年半ばに正式に中止される。それ以降は日本を含めた各国でSSTの基礎研究が続けられてはいるものの、実際にSSTの開発に乗り出すところはどこにもない。ひょっとしたらこの先も永久にないのかもしれない。

SSTへの宣戦布告

1950年代の後半、ボーイング707やダグラスDC-8、ツポレフTu-104といった亜音速のジェット・エアライナーが次々に就航し始めた当時には、次は超音速エアライナー（SST）の時代になるというのは、世界の航空関係者の共通認識と言っても良かった。航空機メーカーにしてもエアラインにしても、そして旅客にしても、近い将来にSSTが就航していることを疑わなかった。

世界の大手航空機メーカーは1950年代末から次世代のSSTの研究に取りかかっていた。その中からフランスのシュド・アヴィアシオン社とイギリスのBAC社が抜け出して、共同でマッハ2・2級のSSTを開発することで1962年11月合意した（後のコンコルド）。両国政府も両社の計画を全面的にバックアップし、コンコルド計画は両国の威信を賭けた試みとなった。

しかし次世代のSSTの本命となるのは、アメリカの大手メーカーが開発する機体であろうと、多くの識者は考えていた。ちょうどデハヴィランド・コメットが最初の実用ジェット・エアライナーのタイトルを得たものの、世界の空を席巻したのは707とDC-8であったように。

アメリカにとっては、英仏のように政府が先頭に立って民間機を開発するのは自由経済の伝統に反する。しかし一方でSSTの開発には一企業が負担し切れないほどの費用が掛かるだろうし、また自由競争に任せて二社（かそれ以上）がSSTを開発することになると共倒れの危険すらある。

ボーイング社で説明を受ける日本航空の稲益繁 常務取締役（左）。日航は、ボーイングが手がけるこのSSTを仮発注し、長距離国際線のSST化を計画した。2707-100のモックアップが披露された1966年9月の撮影か。
Boeing

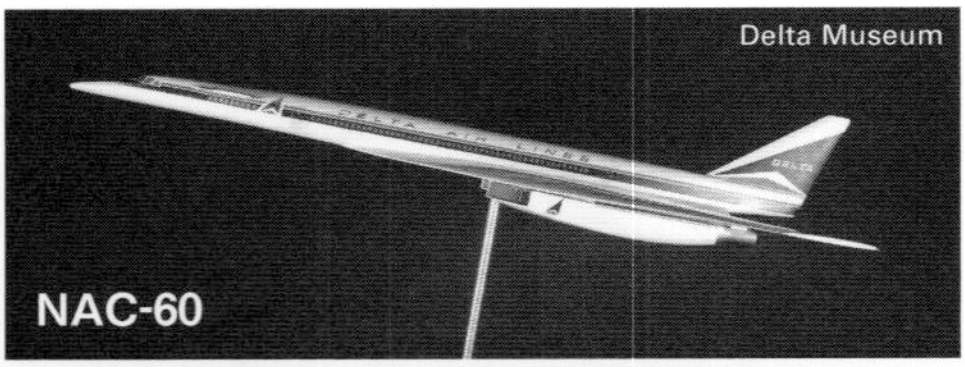

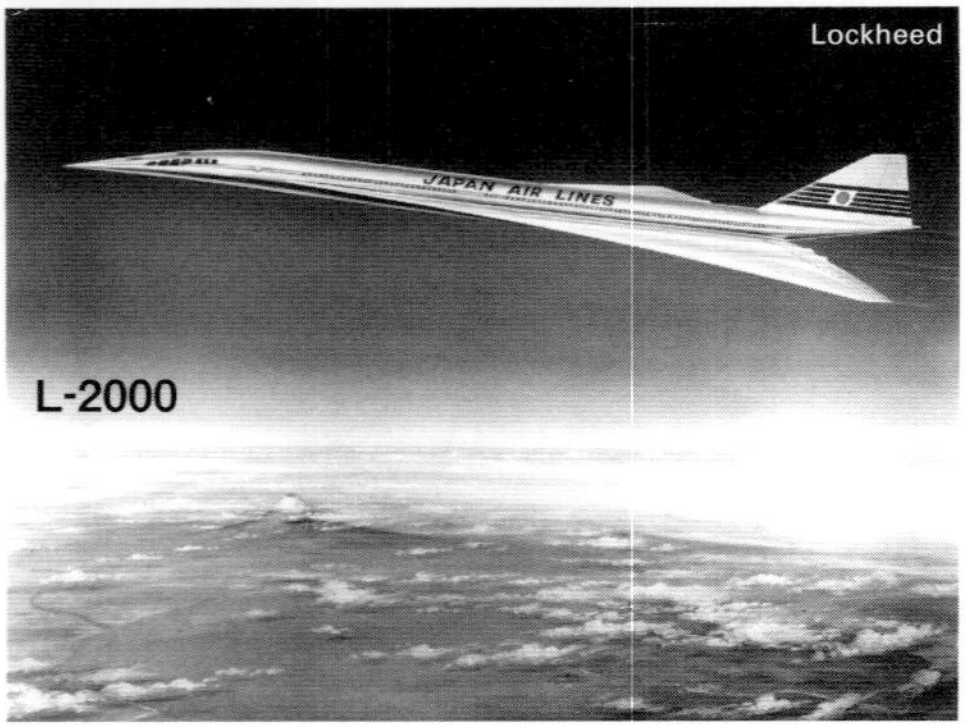

ヴァルキリーの経験から当初は米国製SSTの最有力候補と目されていたノースアメリカン案NAC-60。そして当時のセールス用と思しき日航仕様のイラストはロッキード案のL-2000。

可変翼に光るボーイングの先見と大胆と迷走が同居する水平尾翼下の動力

１９６１年1月にジョン・Ｆ・ケネディ政権が発足すると、にわかにＳＳＴ開発の機運が盛り上がって来た。ケネディ政権はＳＳＴ開発への政府援助に好意的で、発足当初は開発費の25％以上を政府が負担しても良いとしていた。さらに１９６３年半ばにはリンドン・Ｂ・ジョンスン副大統領を委員長とする委員会が、政府はＳＳＴの開発費のうち7億5千万ドルを負担しても良いと結論していた。仮にＳＳＴの開発費を10億ドルとすれば、その３／４を政府が負担することになる。

これに呼応して積極的にＳＳＴ開発へと動き始めたのが連邦航空局（ＦＡＡ）だった。ＦＡＡは現在は運輸省（１９６６年設立）の部局だが、１９５８年にＦＡＡが設立された時点では連邦政府の中の独立省庁だった。同じ年に成立したＮＡＳＡ（航空宇宙局）と同じような機関だ。

ケネディ政権発足とともに二代目ＦＡＡ長官に就任したシリア系アメリカ人で海軍パイロット上がりのナジーブ・ハラビーは、１９６１年9月、ケネディ大統領にＳＳＴの開発を政府主導で進めるべきとの報告を提出する。

１９６３年6月5日、ケネディ大統領は空軍士官学校卒業式での演説で、国家ＳＳＴ計画の設置を正式に表明、開発費の75％を政府負担とする方針を打ち出した（もっとも購入したエアラインからは後で分担金を徴収する予定だが）。しかしケネディは同年11月にダラスで暗殺され、国家ＳＳＴ計画は昇格したジョンスン大統領に受け継がれることになる。

速く、大きく、遠く

　1963年8月、ハラビー長官の下でFAAがSSTの最初の仕様をまとめ上げた。巡航速度はマッハ2・7〜3・0で、乗客数250人、航続距離4500マイル（7242㎞）というもので、簡単に言えばコンコルドよりも速く、大きく、遠く、であった。この仕様に応じた機体メーカーとエンジン・メーカーから二社ずつをまず選定し、競争設計の末に1965年始めにそれぞれ一社を選定する段取りになっていた。

　アメリカのSSTがコンコルドよりもずっと速いマッハ2・7から3を狙っていたのは単に対抗意識からではない。航空工学的にはこの速度域が効率が良い、あるいはコンコルドのマッハ2・0〜2・2の巡航速度では効率が悪いのは自明のことであった。

　航続効率という概念がある。揚抗比（L／D）と推進効率と巡航速度（マッハ数）を掛け合わせた値だ。さて一般に飛行機の速度が音速前後になると抵抗が急激に増大する。従ってL／Dは音速前後では激減する。だから亜音速エアライナーは音速近くを避けてマッハ0・8から0・86くらいで巡航する。その時のL／Dは18近くにもなる。

　音速前後でひどく低下したL／Dは速度を増すにつれて若干回復するものの、L／D6〜8あたりが良いところだ。しかしL／Dが亜音速時の1／3になっても、速度が3倍になれば、両者の積は同じになる。

　コンコルドのマッハ2におけるL／Dは7・14だから両者の積は約14・3になる。仮にマッハ3でL／Dが6のSSTが出来れば積は18になり、コンコルドを優に凌駕し、亜音速エアライナーにも匹敵する経済性が得られる可能性がある。実際には推進効率が絡むのでそう都合良くも行かないのだが、超音速域では速度を思い切って高くして航続効率を引き上げる方法があることが分かるだろう。

　しかし空力加熱は速度の三乗に比例するので、巡航速度を上げるほど機体の熱設計は苦しくなる。速度がマッハ2から3になれば、空力加熱は約3・4倍にもなる計算だ。

　コンコルドが巡航速度をマッハ2・2に留めたのも、アルミニウム合金主体の構造ではこの速度が限界だったからで、実際には重量増大で構造が苦しくなり、巡航速度をマッハ2・04に引き下げねばならなくなった。ましてマッハ2・7から3・0ではアルミニウム合金は使い物にならず、高価なチタンやステンレス主体の構造としなければならなくなる。

　1963年9月の期限までにFAAの要求に応じたのは機体がボーイング、ロッキード、ノースアメリカンの三社、エンジンはジェネラル・エレクトリック（GE）、プラット＆ホイットニー（P&W）、カーティス・ライトの三社であった。

　気の早い会社もあるもので、まだ海の物とも山の物とも付かないSSTを発注したエアラインがあった。まずTWAが1971年1月納入予定の生産1号機を押さえ、パン・アメリカンがすぐに続いた。これを見てアメリカン、アリタリア、日本航空なども仮発注を入れ、メーカー未定、性能も価格もまったく不明のSSTに39機もの発注があった。

1950年代末には技術的にSSTに一番近い位置にいると見られていたのはノースアメリカン社だった。同社は空軍との契約でマッハ3級の戦略爆撃機XB-70ヴァルキリーを開発しており、これをベースとすればSSTも比較的容易に開発出来るだろうと考えられていたのだ。

実際ノースアメリカン社がFAAに提案したNAC-60案はカナード付きデルタ翼で、まさしくXB-70の発展型だった。ただし垂直尾翼は一枚で、翼端は垂れ下がらずL/Dを上げるため延長されているなど、XB-70の胴体を旅客用に仕立て直したような安直な再設計型ではない。

しかし現実にはXB-70計画は2機の試作に留められることになり、さらに試作1号機の初飛行の前にロッキード社のA-11(SR-71の原型)がすでに飛んでいる事実が公表されてしまい、唯一のマッハ3級機のメーカーというノースアメリカン社の評判は大きく傷付いた。

そのロッキード社のSST提案も予想通りA-11からの進化形だった。もちろん双発で単座のA-11の空力形態をそのまま拡大しても四発のエアライナーにはならない。しかしダブル・デルタの平面形などにA-11の面影が窺われるし、チタン合金を大胆に使用してずばりマッハ3を狙っているのもA-11の経験があってこそだった。

両立への秘策

この二社に比べると、ボーイング社は大型亜音速機の経験こそ豊富だが、超音速機を実際に製作したことはない。もっとも採用されたことはなくとも、ボーイング社もそれまでに超音速爆撃機(XB-70でノースアメリカン案と最後まで競り合ったのもボーイング案だった)や超音速戦闘機の設計競争で、超音速機の設計経験だけは積んで来ていた。

ボーイング社の秘策は可変翼(VG)だった。もともとは空軍の次期戦術戦闘機(TFX)計画の最終選考にまで残った設計案のための研究であったが(結果的にはジェネラルダイナミックス社案が採用されてF-111となる)、ボーイング社ではSSTにもVGが最適と考えていた。

VGのメリットは離着陸性能の向上だけではない。仮にソニックブーム公害を理由に陸地上空での超音速飛行が禁止されることになった場合、SSTはかなり長い距離を亜音速で巡航せねばならなくなるかもしれない。また空港が混んでいて、着陸まで亜音速で旋回しながら待っていなければならなくなるかもしれない。

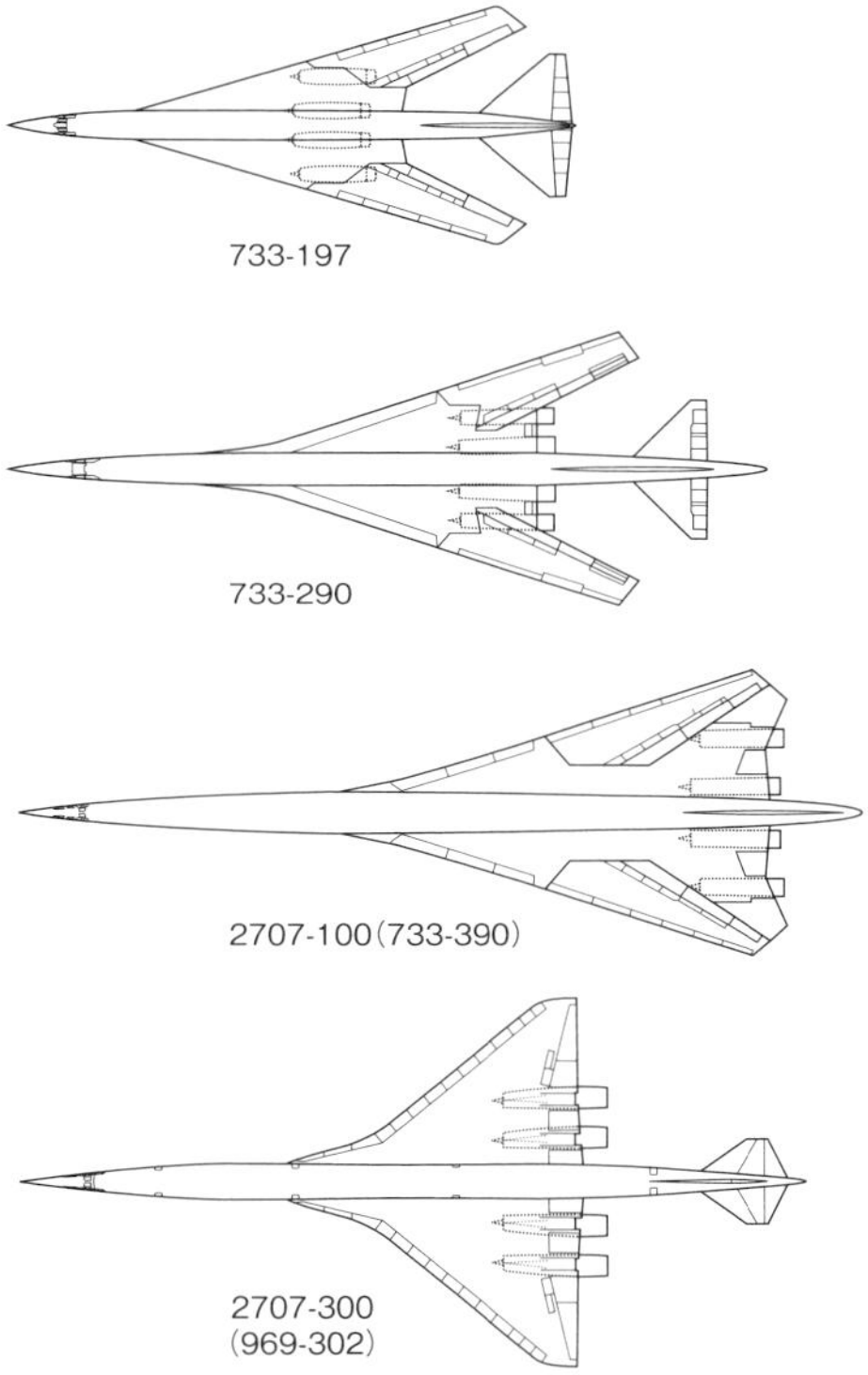

ボーイングSST開発の変遷

733-197以来の可変翼（VG）を継承しながら大型化を重ねたボーイングSSTも、最終的にはダブル・デルタ翼の2707-300で決着する。VG自体はもちろん、VGがもたらす周辺部位の重量増大。負のスパイラルを脱するにはVGを捨てるほかなかったのである。

1966年9月29日にシアトルで公開された2707-100（733-390案）のフルスケール・モックアップ。可変翼をめいっぱい広げた状態でお披露目された。巡航速度はマッハ2.7とアナウンスされていた。Masahiko Takeda

超音速巡航に特化した設計では亜音速のＬ／Ｄが低く、航続効率がひどく悪くなる（亜音速巡航での航続距離が短くなる）。高速性能と低速性能を両立させるのには、高速時には大後退角翼、低速時には直線翼（に近い後退角翼）と変化させられるＶＧしかないと、ボーイング社は確信していた。

ＮＡＳＡの研究もＶＧを推奨していた。もともとボーイングのＴＦＸ案も、ＮＡＳＡの超音速商用航空輸送機（ＳＣＡＴ）研究のＶＧ案の応用で、その意味ではＴＦＸからＳＳＴが派生したのではなくて、その逆とも言えた。

１９６４年６月、ＳＳＴの第一次選考でノースアメリカン社とカーティス・ライト社が脱落した。機体の候補はロッキード社のＬ-２０００とボーイング社のモデル７３３に絞られた。

ボーイング７３３-１９７はＮＡＳＡがＳＣＡＴ-16と名付けたＶＧの空力形態を基本としており、皮肉なことには後のノースアメリカンＢ-１を思わせる低翼のＶＧ機であった。７３３-１９７の空力形態のＢ-１との唯一の違いは、４基のエンジンが独立したポッドに収められていて、主翼固定部下面に張り付けられていることくらいと言えた。

2707-100（733-390案）で採用されたエンジンレイアウトは、左右水平尾翼の下にそれぞれ2基ずつを搭載するという驚くべきものだった。エンジンの排気が水平尾翼を直撃することを嫌ったためだが、バランスはいかにも悪そうだ。
Masahiko Takeda

可変翼を捨て重量増大の連鎖を遮断
しかし、時代に芽生えたSSTへの懐疑

各ポッドは円筒形で、先端に円錐形のショック・コーンがあった。

ボーイング社の提案は、しかし最終設計提出期限までに二回大きく変化した。まず７３３-２９０ではＬ-２０００に対抗して機体を大型化し、エンジン・ポッドをやや後ろに下げた。総重量は３３６トンとなっていた。

しかしボーイング社はさらに大胆な設計変更を行なった。７３３-３９０では4基のエンジンがなんと水平尾翼の下面に移されたのだ。これは７３３-２９０の配置だとエンジンの排気を水平尾翼がかぶる恐れがあったからだが、だからといって水平尾翼にエンジン・ポッドをぶら下げるとは驚かされる。エンジンごと尾翼を動かすわけには行かないから、水平尾翼の大半は固定で、翼端部分だけが動いてピッチ制御と縦トリムを担当する。

ＶＧの構成は基本的に変わりないが、主翼付け根の固定部（グラブ）は後方に延長されて、水平尾翼の固定部と繋がっている。主翼を最大に後退（前縁後退角70度）させたときには、主翼後縁と水平尾翼前縁がくっついて、全体がデルタ翼のようになる。エンジン配置は別として、平面形（特に主翼後退時）はＢ-１よりも今度はＦ-１１１に似た。

アメリカのＳＳＴの選定が行なわれていた当時、筆者はただの中高校生の航空マニアに過ぎなかったが、ボーイング７３３-３９０案を航空雑誌で見て、さすがになにかがおかしい

ボーイングSSTのキャビン写真がコンコルドに比べて広々とした印象なのは、胴体最前部のやや通路幅が広い部分だから。バゲージを収納する乗客の頭上を見ると、天井の低さが際立つ。
Boeing

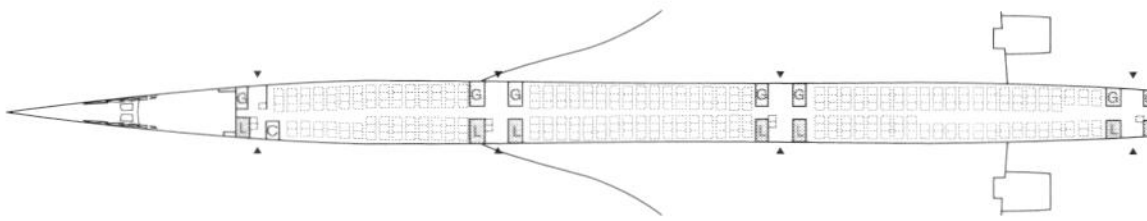

ボーイング2707-300の座席配置

エリア・ルールを採用したことで中央付近が絞られた胴体。シートも同様に各部でアブレストが異なるレイアウトだ。

特徴ある形状の操縦桿が新鮮なモックアップのコクピット。正面パネルには、テレビ画面方式のEADI（Electronic Attitude Director Indicator）を採用した。操縦室後方右側はフライト・エンジニアのパネルを置く。Konan Ase

カリフォルニア州サンカルロスのHiller Aviation Museumには、フルスケール・モックアップ(2707-100)の前部胴体が保存・展示されている。この機首部分はアプローチ時の視界確保のため、1966年の公開時に撮影した上の写真のように22度にわたり下向きに可変するメカニズム。

と感じた。最初エアライナーにVGを採用したときには意欲的だなあと感心もしたが、733-390ではボーイング社はいったいどこに行こうとしているのかと不安になった。水平尾翼にエンジンをぶら下げた飛行機なんてそれまで見たことが無い。重心が極端に後ろ寄りで、いかにもバランスが悪そうだった。この配置に大きなメリットがあるのならば誰かがいままで試みていそうなものだ。

踏み込んだ迷宮

1966年の大晦日、FAAはSSTの最終選考の結果を発表した。機体はボーイング社のモデル733が、エンジンはジェネラル・エレクトリック社のGE4/J5が選ばれた。

ところでこのボーイング社のSST計画は一般にはモデル2707として知られている。ボーイング社自身はこのモデル・ナンバーを公式に用いたことはなかったはずだが、前述の解釈とともに広まった(「ロッキード社の2000の上を行く」との説明もある)。ただボーイング社のジェット・エアライナーは、設計番号に関わらずゴーアヘッドの段階で7●7の名称を与えられるのがすでに慣行となっており、モデル733も生産にまで至っていたら733以外の名で呼ばれていたであろう。

FAAは正統派で堅実なL-2000案よりも、大胆で野心的な733-390(2707-100)を選んだことになる。確かに733-390は速度以外の性能ではL-2000に勝っているはずだった。VGによる構造重量増大が想定の範囲に収まったらの話だが。

ボーイング社の設計陣としては、VGの重量ペナルティを総重量の4%以下に抑えたい目論見であったろうが、詳細設計を進めるにつれて重量増大が抑え切れないことが分かって来た。単にVG部分の構造重量だけでなく、VGが他の部分にもたらす重量増大も大きかった。

例えば燃料タンクの問題がある。VGは主翼の面積を減らして抵抗を低減する可能性があるものの(L-2000と比べれば733の主翼の小ささが分かる)、主翼内の燃料タンクが固定翼と比べて格段に小さくなってしまう。主翼内に十分な燃料タンクを確保するには、主翼面積は空力的な要請よりも大きくせざるを得ない。

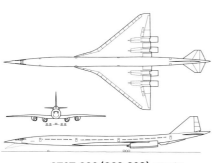

733-390で排気の問題からエンジンを水平尾翼下に持っていったお陰で、重心は極端に後退し、重心と尾翼の間隔(テイル・アーム)が短くなってしまった。ピッチ制御にもトリムにも水平尾翼(の可動部)を大きく動かさねばならず、超音速時のトリム抵抗が大きくなってしまい、L/Dが悪化した。

VGの最終案となった733-467(2707-200)では、機首に小さなカナードが新設された。スホーイ〝フランカー〟が実用化した三翼面(スリー・サーフィス)形態の走りだが、カナードと水平尾翼に加えて後退角を変える主翼となると、飛行制御システムがひどく面倒そうだ。フライ・バイ・ワイヤやCCVが実用になっていない時代の話だ(コンコルドはいち早くFBWを採用したもののまだ飛んでもいない)。操縦安定性の問題だけでなく、長く延びた胴体の前端と後端に操縦翼面が付

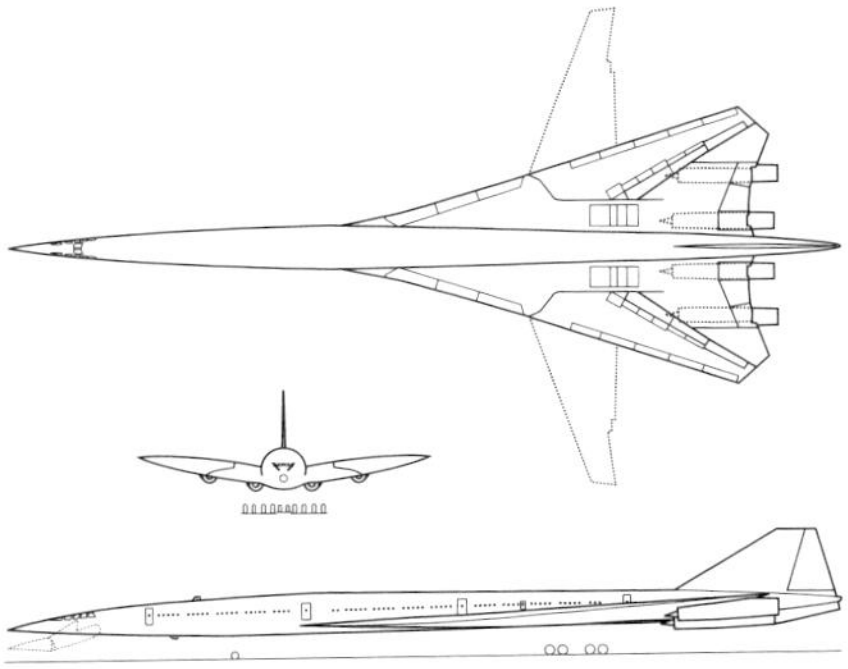

2707-100(733-390)1966年

全幅	32.23m〜54.97m
全長	93.27m
全高	14.1m

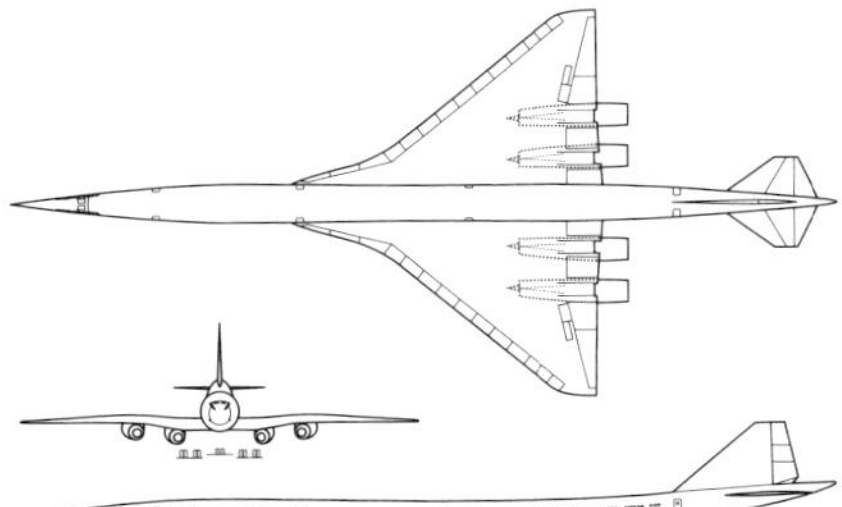

2707-300(969-302)1968年

全幅	43.2m
全長	85.3m
全高	15.2m

いて、胴体の構造の剛性や弾性の問題も一層ややこしくなった。

動く主翼と回転軸を頑丈に作ると厚ぼったくなり、超音速のL／Dは初期の見積もりほどに良くはならなかった。また亜音速のL／Dも、固定部の影響などから見積もりを下回った。VGのメリットは予想を下回り、デメリットは想像以上に大きかった。総重量は360トンを突破しそうだった。

733の設計は、あっちをいじればこっちがおかしくなり、それを解決するとまた別の問題が生じてと、果てしのない迷路へと踏み込んで行く。ボーイング社の技術者達は、設計変更、計算、試験、また設計変更のループに閉じ込められて、それこそ頭がおかしくなりそうだったのではないか。いつまでも繰り返される学園祭の前日のようだ。

だからボーイング社が1968年10月に、2707の設計を固定翼に変更すると唐突に発表した時には誰もが驚いたものの、同時にほっとしたものだ。なにより安堵したのはボーイング社の技術陣であったろう。ようやく悪夢から抜け出して現実に戻れたのだ。しかし戻った先の現実も過酷であることを彼らは間もなく知る。

SST計画の終焉

固定翼案はモデル969-302が正式名称だが、一般には2707-300として知られている。

2707-300はダブル・デルタの固定翼と小さな水平尾翼を持つテイルド・デルタ形態で、エンジンは主翼下面の後ろ側に取り付けられている。機体規模はVG案よりも一回り小さくなり、旅客は標準で234席とされた。主翼はチタニウム合金の桁にサンドイッチ・パネルを貼った構造で、胴体も在来型だがチタニウム合金だった。

2707-300は全幅43・2m、全長85・3m、全高15・2mで、離陸総重量は340・2トンになる。幅はともかく、胴体はA380や747-8よりも長く、史上最長のエアライナーとなったはずだ。

胴体がエリア・ルール整形されているので、キャビンの幅は中央がやや絞られ、前後がやや太くなっている。胴体外径は一番太いところが156インチ(3・96m)で707よりは太いが、細いところでは130インチ(3・30m)しかない。座席配置も場所によって変化し、通路を挟んで3列3列から3列2列、2列2列まである。天井はあまり高くなく、ワイドボディに慣れた乗客は窮屈に感じるだろう。キャビン長は59・1mだ。

しかし2707-300の詳細設計が進んでいる間に、世間では次第にSSTに逆風が吹くようになって来ていた。巨額の投資と疑わしい経済効果、ソニックブームや空港周辺の騒音、環境破壊、そんなに急いでどこへ行くというSSTに対する根本的懐疑。そしてヴェトナム戦争の戦費増大による国家財政の悪化。

羽田空港のJAL（ファースト・クラス）ラウンジに展示される、可変翼を廃してダブル・デルタの固定翼を採用した最終形態の2707-300模型。エリア・ルールの概念による胴体の絞り込みも特徴だ。Akira Fukazawa

議会の中のSST計画反対派は着実に増えて行った。マスコミや著名な経済学者、環境問題専門家も反対に回った。あのチャールズ・リンドバーグまで反対を表明した。

FAAのハラビー長官が1965年にさっさと辞めて、パン・アメリカンの重役に納まってしまったのも痛かった。ハラビーは発注する側からSSTにエールを送り続けたが、計画は強力な推進役を失った（1968年から社長、1970年に会長）。

1970年6月にはSSTの開発継続予算は僅差で下院を通過したが、同年12月に上院で否決された。1971年3月、上院が58対37でSST計画中止を決議、下院もこれに追随してSST計画は完全にとどめを刺された。

超音速の教訓

結局のところアポロ月計画、ヴェトナム戦争、SSTなどJFKとLBJの二代の民主党政権の残した重要課題は、共和党のリチャード・M・ニクスン政権（1969～74年）でことごとく収拾された。アポロ計画は成功裡の打ち切り、ヴェトナム戦争は大きな傷を残した上での撤退、そしてSST計画は立ち消えになった。アメリカのSST計画の最大の成果は、例えば世界一の大国が国を挙げて開発しても、超音速のエアライナーを経済的に成立させるのはきわめて困難という教訓だったかもしれない。

Photo:Sud Aviation

第4章

短距離路線にもジェットの翼を

Sud SE.210 Caravelle

フランス機を敬遠した米国でもユナイテッド航空がスラスト・リヴァーサー装備のカラヴェルVI-Rを20機採用した。使用期間は1961～70年。Sud Aviation

フランス航空界の先進性が生んだ、リア・エンジンの創始者

シュド SE.210 カラヴェル

1955年初飛行／1959年初就航／製造機数282機

**世界ではじめてリア・エンジン方式を採用したジェット旅客機は、
英国製のHSトライデントでも米国製のボーイング727でもない、
それは快速帆船の名を持つシュド・カラヴェルであった。
短距離路線の常識ではまだレシプロ機が主流であった時代、
フランスはいち早くジェットの可能性に目をつけ、
この野心的設計のカラヴェルを投入することで、高速化に切り込んだのだ。**

唯一の人気旅客機

戦闘機ならばミラージュIII、ビズジェットでもファルコン・シリーズといった世界的なベストセラーがあるのに、エアライナーとなるとフランスはまるで形無しだ。航空史上でアメリカやイギリスはもちろんドイツ、オランダ、ソ連にも世界的なエアライナーがいくつもあるのに、世界に販売実績のあるフランスのエアライナーはほとんど無きに等しい。

もちろんフランスに籍を置いているものの、ヨーロッパ諸国の共同事業だから、エアバス社をフランスの会社には数えない。コンコルドも英仏共同開発だから、フランスのエアライナーではない。

戦前から自国以外では奮わない、いわば内弁慶のフランスのエアライナーの中で、たぶん唯一世界的な人気を博したのがシュドSE.210カラヴェルだ。文字通り一時代を画したジェット・エアライナーと言っても良いだろう。その売れ先はヨーロッパからアジア、中東、アフリカ、南北アメリカと、世界中に及んでいる。カラヴェルを保有するエアラインがない大陸はオーストラリア大陸くらいだった。

もっとも売れた数からするとカラヴェルも大したことはない。カラヴェル・シリーズの合計282機は、デハヴィランド・コメットの二倍以上とは言え、総数四桁の売り上げを記録したボーイング707はもちろんのこと、五百機台のダグラスDC-8にも遠く及ばない。

しかし歴史に名を残すのはなにも売り上げの多寡だけではない。カラヴェルの場合、エアライナーのリア・エンジン方式の創始者という勲章がある。

後部胴体の両脇に張り出すように、ポッドに収めたエンジンを取り付ける方式は、カラヴェル以後ワン・イレヴン（111）やトライデント、DC-9（及びMD-80）、727、VC10でも採用された。ソ連でさえツポレフTu-134やTu-154、イリューシンIL-62で真似したくらいだ。

カラヴェルでもう一つ画期的だったのは、最初の短距離路線専用のジェット・エアライナーだったことだ。それまでのジェット・エアライナーが国際線を念頭に造られていたのに対して、カラヴェルは国内線や近距離国際線専用機として開発された。まだ近距離線ではプロペラ式のエアライナーが幅を利かせていた時代だったが、カラヴェルをきっかけに近距離線にもジェット機が進出、間もなくジェット・エアライナーの独占市場となった。

洒落た快速帆船

エアライナーは名前で売れたりはしないが、カラヴェルの人気あるいは知名度には、この洒落た名前も大いに貢献しているのではないか。命名者はシャルル・ド・ゴール将軍（後のフラ

スイス北西、バーゼル・ミュールーズ空港に駐機するソベル・エアのカラヴェルVI-N（OO-SRB）とエールフランスのカラヴェルIII（F-BJTL）。尾部のエアステは駐機中の尻餅防止というリア・エンジン方式ならではの役目も果たす。1976年撮影。Eduard Marmet

リア・マウンテッドで融合した コメット由来の胴体とRR製の心臓

ンス大統領、在任１９５９〜69年）のイヴォンヌ夫人だそうだ。

カラヴェル（Caravelle）とは、15世紀から18世紀くらいの時期にポルトガルやスペインが用いた小型で快速の帆船だ。いかにも軽快で高速のジェット・エアライナーらしい名称だ。

ところでカラヴェルという乗用車がルノー、フォルクスワーゲン、プリマス（クライスラー）の三社からそれぞれ違う時期に出ているのだが、ルノー社の二座席ロードスターのカラヴェルは、シュド社のカラヴェルの成功にあやかったネーミングに違いない。なにしろ１９５８年に登場しているだけでなく、リア・エンジンなのだ！

フランス政府の民間資材委員会（ＣＭＣ）が自国の航空機産業に対して、ジェット・エアライナーの開発を働きかけたのは１９５１年10月のことだった。この翌月にエールフランスはイギリス以外のエアラインとしては初めてデハヴィランド・コメットを発注している。コメットがＢＯＡＣに初就航するのは翌年の5月のことだ。

ＣＭＣの求めるジェット・エアライナーの仕様は11月に示された。区間距離２０００km以下でブロック速度は６００km／h以上、乗客55〜65人（手荷物１０００kg）といったところだった。

コメットによってすでにジェット・エアライナーの道が切り開かれつつあったとは言え、区間距離が２０００kmといった中短距離路線ではまだレシプロ旅客機が大手を振って使われており、このクラスでは純ジェットよりもターボプロップの方が経済的との主張にも大いに説得力があった。その中でいちはやく短距離専用のジェット・エアライナーの開発に踏み切ったフランス政府と航空工業の先進性は賞賛に値する。

ちなみに区間距離2000㎞というと、日本であれば東京＝沖縄や札幌＝鹿児島よりも少し長いくらい、アメリカであればニューヨーク＝マイアミよりもやや長い距離で、アメリカ横断には1回ないし2回は止まらなければならない距離になる。もちろん西ヨーロッパ内に限ればどこからどこへでも飛べるくらいの航続性能だ。

国産エンジンは不要

CMCの仕様にはエンジンについては特に指定もなかった。このクラスのジェット・エアライナーは離陸重量が40トン程度と見積もられ、従ってエンジンの合計推力は最小8トンは必要になる。しかし、その当時フランスには推力が3トン弱のSNECMAアター・ターボジェットしか存在せず、そうなると三発にする必要があった。

実際CMCの仕様に応じた各社の中では、ブレゲー社がアター101三発のBr978を提案、またSNCASE社もアター101三発のX-210案を示していた。

SNCASEは「南東国営航空機製作所」の頭文字で、単に「南東」（シュド・エスト）とも呼ぶ。大戦直後にフランス政府が中小の航空機産業を地域別グループにまとめて国営化した際に誕生した会社の一つで、似たような名のSNCASO（南西国営航空機製作所）もあった。

そのSNCASO（別名シュド・ウェスト）はCMCの仕様に応じて、ロールスロイス（RR）エイヴォンRA7双発のSO60Cを提案している。

CMCの仕様に応じた会社には他にユレール・デュボア社があった。独自の理論による支柱付の超大アスペクト比主翼のユニークな輸送機を世に問うていた会社で、同社のHD45案ももちろん支柱付の半片持ち直線翼で、2基のRRエイヴォンRA16は胴体から張り出して支柱の付け根部分に取り付けられていた。HD45がもし試作されていたら、航空史上の珍機として名を残したことだろう。

他の会社の案のエンジン配置はどうだったのかというと、シ

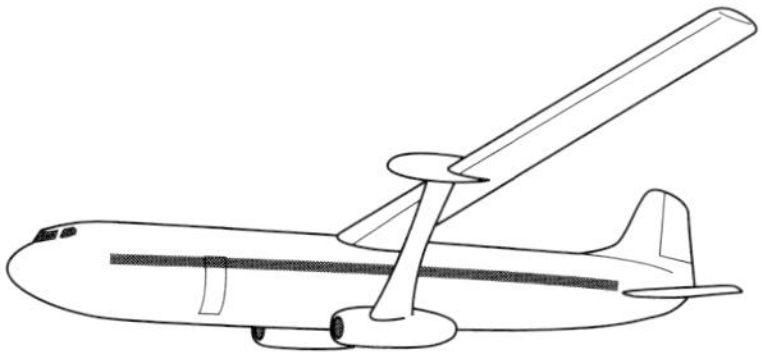

ユレール・デュボア案（HD-45）

支柱付の半片持ち直線翼というユニークな提案でCMCの要求に応えようとしたHD-45。

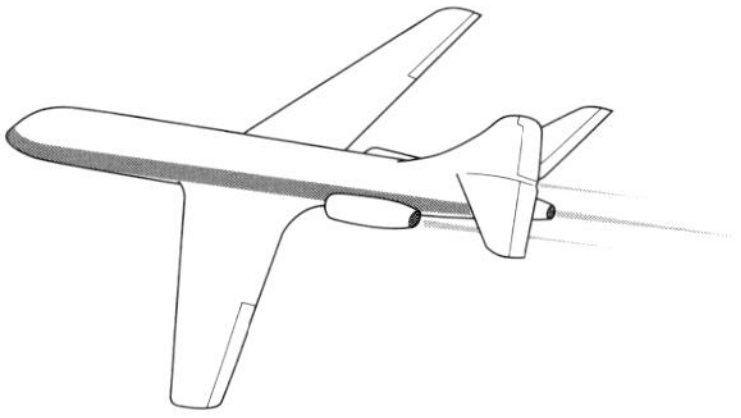

シュド・エスト案（X-210）

カラヴェルの原型となったX-210。当初3発であった設計案は、後にRRエイヴォンRA16の双発に改められた。

ュド・ウェストSO60Cは主翼の下にポッドに収めたエンジンを吊るすアメリカ（ボーイング）式だったが、シュド・エストX-210は胴体後部に三つのエンジンをまとめて搭載していた。後の727のように胴体最後端に中央エンジンを装備しているが、左右のエンジン配置はすでに後のカラヴェルと同じだ。

これらの他にもノール社（SNCAN）、民営のダッソー社などもCMCの仕様に応じた設計案を示していた。

フランス政府はそれらの案の中から最終的にSNCASEのX-210案を選定した。SNCASEはすでに本格開発に入っていたRRエイヴォンRA16（推力4100kgf）の双発に修正した設計案を1952年7月に提示、これがSE.210としてカラヴェルの原型となった。ここで国産のアターにこだわっていたならば、カラヴェルは世界的ベストセラーとはならなかったろう。

コメット譲りの断面

SE.210の試作機の製作は1953年2月に開始されたが、その直後にコメットが世界の各地で事故を頻発し始める。そして1954年末にはコメットの運航は全面的に停止されるのだが、これが実はカラヴェルの開発とも絡んでくる。

実はカラヴェルの胴体断面はコメットと同じだ。コメットの胴体に独自の主翼と尾翼、後部胴体（エンジン含む）を組み合わせたエアライナーがカラヴェルだと言っても良い。

カラヴェルがコメットの胴体設計をそっくり流用できたのは、フランス政府とイギリス政府との巧妙な取引の結果という。すなわち国営のエールフランスがコメットを発注するのと引き替えに、国営航空機企業にその胴体の技術を移転してもらうのだ。コメットは中距離以上の国際線を狙うジェット・エアライナーだから、短距離専用のカラヴェルとは競合しない。

そのコメットが、よりによって胴体の設計上の欠陥によって墜落事故を多発し、全面的な設計変更になったわけだが、それによってカラヴェルの開発が大きな影響を被ったかというと、そのような指摘は見たことが無い。むしろ再設計で耐久性の保証された胴体を利用することができたので、カラヴェルにとっては幸運だったとまで言う人もいる。

ただカラヴェルの試作機が完成したタイミングを見ると、設計の大規模な変更が間に合ったはずはない。恐らく試作機の胴体はコメットの原設計のままか、応急的な補強を施した程度であったのではないか。全面的に再設計したコメット4が就航するのは1958年4月になる。

そのカラヴェルの試作1号機（F-WHHH）は、1955年の4月21日にロールアウトしている。エイヴォンRA26 Mk.522（4536kgf）を搭載した1号機は、5月27日にピエール・ノダら5人の操縦で初飛行に成功した。

カラヴェルの試作2号機は1956年5月6日に進空してい

オルリーからトゥールーズへと向かうエールアンテール、カラヴェルIIIのキャビンには世界初の実用ジェット旅客機コメットの胴体が生きる。写真は1987年の搭乗時。客室のウィンドウ形状はカラヴェルの特徴である。Konan Ase

エア・トゥールーズのカラヴェル10B（F-GHMU）操縦席。コクピット・ウィンドウや計器まわりの意匠に、コメットとの共通性が垣間見える。
Javier del Olmo Gomez

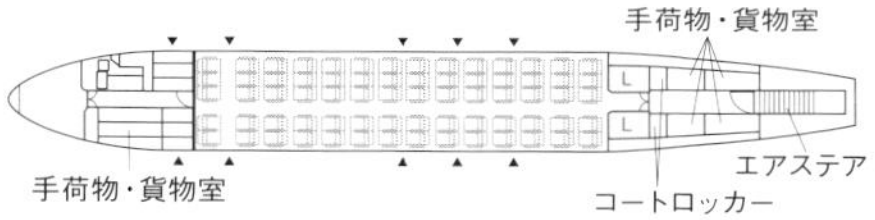

カラヴェル（70席仕様）の座席配置

2+3列でシートが並ぶ機内。コメット譲りの胴体を採用しているが、もちろん後部胴体はカラヴェル固有の設計である。

る。試作機はたったの2機で（他に地上静止試験機と疲労試験機が1機ずつ）、それも1年間隔で飛ぶとは、昔のエアライナーのテスト計画はなんとものんびりしていたものだ。

国策で計画が始まったお陰か、カラヴェルは正式の受注無しに開発に入っている。初の受注は当然のようにエールフランスで1956年のことだ。二番目の発注は北欧のSASだった。

カラヴェルの試験が続いていた1957年の3月に、SNCASEとSNCASOと言う一字違いの略称の二社は国策で合併して、シュド・アヴィアシオンSNCA社として再出発する。SNCASEカラヴェルはシュド・カラヴェルとなる。

「南東国営航空機製作所」と「南西国営航空機製作所」が合併して「南航空」（国営航空機製作所）になったわけで、フランス語の響きになんか誤魔化されているが、意味を知ってしまうと身も蓋もない。ちなみにシュド・アヴィアシオン社は1970年にはアエロスパシアル、すなわち「航空宇宙」というこれまた直截な会社名に変わる。

シュド・カラヴェルの生産型1号機が進空したのは1958年5月18日で、1959年5月型式証明を取得して、直ちにエールフランスとSASで就航した。

リア・マウンテッドの原流

最近のエアライナーで見かけないとはいえ、リア・エンジン

動力を吊り下げないクリーンな主翼は2枚の境界層フェンスが強く主張する。後縁には二分割のエルロンとファウラー・フラップ。Konan Ase

方式は１９５０年代の末から60年代の技術的トレンドであったし、現在でもビズジェットでは相変わらず主流だ。それらすべての源流がカラヴェルだ。

もっとも胴体の後部側面にエンジンを取り付ける方式はフランスの独創とも言えない。大戦末期のドイツの軍用機計画案の中には似たような配置も見られる。ただこれをジェット・エアライナーに採用し、実用化したのはやはりカラヴェル（シュド社）の功績と言えるだろう。

ちなみに日本ではリア・エンジンとの呼び方が普及しているが、英語だとリア・マウンテッド・エンジンが一般的だ。ただし英語でもリア・エンジンで間違いではない。

カラヴェル以後のリア・マウンテッド・エンジンのエアライナーと本家との違いは尾翼にある。カラヴェル以降のこのエンジン配置のエアライナーは、すべてが水平尾翼を垂直尾翼の頂上に載せたT尾翼だが、カラヴェルの場合には垂直尾翼の途中に水平尾翼を取り付けた十字配置となっている。

リア・マウント方式の長所と短所はあちこちに書かれているが、ここでもう一度まとめてみよう。

【長所】

［a１］主翼にエンジンやパイロンが付かないので、空力的に最適の設計ができる。

［a２］主翼の下にエンジンが張り出していないので、降着装置を短くできる。その結果軽量になり、降着装置の収納スペースも小さくなる。胴体や主翼の位置が低くなり、乗客の乗降や貨物や燃料の搭載が楽になる。

［a３］キャビンの前半部はエンジンから遠くなり、騒音などが小さく快適になる。

［a４］エンジンの推力線が機体の中心線に近いので、片エンジン停止時のヨー・モーメントが少なくなる。

【短所】

［d１］エンジンを取り付ける後部胴体の構造が重くなる。

［d２］エンジンを主翼のマス・バランスとして利用できないので、主翼構造が重くなる。

［d３］重心と尾翼の距離が近いので、テイル・ヴォリュームを確保するのが面倒になる。

［d４］エンジンの取付位置が高いので、整備などに手間が掛かる。

［d５］滑走中に前輪の跳ね上げた水しぶきをエンジンが吸い

込む危険がある。

［d6］きわめて大きな迎え角の際には主翼からの乱れた気流がエンジンや水平尾翼にかかり、エンジン不調や水平尾翼失速（ディープ・ストール）の危険がある。

エンジンのリア・マウントの最大の利点は［a1］の空力的にクリーンな主翼だろうが、これは［d2］の構造上、空力弾性上の欠点と裏腹になっている。

世の中良いことばかりではない。技術の世界では良いことの裏には必ず悪いことがある。如何に良い点を伸ばし、悪い点をカバーするかが設計の妙と言ったところだ。リア・マウント方式にも意外な弱点が多いことが分かるだろう。

カラヴェルの主翼は後退角20度（25％翼弦）で、アスペクト比8・02のシンプルなものだ。上半角は3度になる。後縁には二分割のエルロンとファウラー・フラップがあるが、前縁には高揚力装置はない。外翼の二枚ずつの境界層フェンスが目立つ。

主翼は左右別体に造られて、中央で結合されて胴体の下部に填め込まれる面白い構成になっている。現在では中央翼（ウィング・キャリー・スルー・ボックス）を別に造って胴体と結合し、その両脇に左右の翼を取り付ける三体構造が一般的だ。ウィング・ボックス内には円弧状のリブがあるなど、構造設計の手法はアメリカ機とはいろいろ違っている。

名案エアステア

リア・マウント方式は大型の機体ほど、またエンジンが大きく重いほど短所が目立つ。だから1970年代以降に大直径で大バイパス比のターボファンが主流になると、ジェット・エアライナーではリア・マウント方式は廃れたのだが、現在でもビズジェットでは主流になっている。

ある意味リア・マウント方式の最大の弱点であるディープ・ストールについては、これが大問題となったBAC1‐11の項で解説することにしよう。

リア・マウント方式の短所を長所に転じる工夫もある。リア・マウントではエンジンが付く後部胴体に客席を設けるわけには行かない。外が見えないし、騒音や振動がひどいし、だいいち頑丈な胴体フレームがあるのでその部分だけキャビン幅が狭くなる。だからトイレットやギャレーを設けるのも難しい。

カラヴェルでは後部胴体をコート掛けや手荷物収納にも充てている。胴体が円形断面で、床下貨物室が小さいのを補償する意味もあるのだろうが、その分客席数が減っているのは見逃せない。

カラヴェルの名案は、このエンジンに挟まれた後部胴体にエアステアを設けたことだ。機体に組み込まれたステップのことで、タラップが横付けられるのを待たずに乗客を降ろすことが

長胴型として開発されたカラヴェル10B（カラヴェル・シュペルB）。搭載エンジンもRRからP&W製へと変更した。写真は羽田空港に飛来したスターリング・フィリピン機、RP-C123。Konan Ase

できる。設備の整わない地方空港などでは特に歓迎される装備だ。リア・マウンテッド・エンジンの727やDC-9もカラヴェルに倣った。

カラヴェルのエアステアには尻餅防止の役目もある。リア・マウント方式では、エンジンの重さと釣り合わせるために、キャビンは機体全体の重心よりもかなり前寄りに設けられることになる。キャビンに乗客があるていど乗った状態で機体はうまくバランスしているのだが、空港に着陸して乗客が降り荷物を下ろし始めると機体のバランスはだんだんと後ろ寄りになって来る。悪くすると機体の重心が主降着装置よりも後ろに下がってしまい、機体が尻餅を突くことになるのだが、エアステアでそのような事態を防ぐことができる。エンジンを主翼にマウントした機体であれば、キャビンの重心と機体全体の重心はだいたい一致するのだが、リア・マウント方式だとキャビンが長くなればなるほど前部胴体がむやみに長く突き出たようになる。DC-9とMD-80シリーズの発展を見れば分かるだろう。リア・マウント方式のエアライナーの胴体ストレッチには自ずと限界がある。

カラヴェルの場合は、カラヴェルI/IA、カラヴェルIII、カラヴェルVI-N、カラヴェルVI-Rの各型（IIとIV、Vは計画のみ）で胴体も主翼もまったく共通で、キャビン長は一貫して23・3mだ。機内は通路を挟んで3列と2列のモノクラス、80席が標準になる。

各型の違いは主にエンジンにあり、Ⅰではエイヴォン RA29 Mk.５２２、Ⅲでは Mk.５２７（５１７０kgf）、Ⅵでは Mk.５３１（５５３５kgf）を載せている。

カラヴェル10Ｂ（カラヴェル・シュペルＢ）は、エンジンをアメリカのプラット&ホイットニー社のＪＴ８Ｄ-７に換え、胴体をストレッチして全長は32・０１ｍから33・０１ｍへと延びた（乗客数１０５人）。カラヴェル12ではエンジンもＪＴ８Ｄ-９に強化されて、胴体も36・２４ｍまで延長され、乗客数は最大の１４０人になった。

カラヴェル・シュペルＢの１号機（通算１６９号機）が進空したのは１９６４年３月のことで、トライデントや７２７といった強力な競争相手が登場していた。そしてカラヴェルの開拓した短距離の市場を狙った７３７やＤＣ-９もまもなく登場しようとしていた。

世界中に販路を築いたカラヴェルだが、小口の受注が多く、エールフランス以外の大手の発注があまりなかったことが総生産数に響いている。特にアメリカではユナイテッド・エアライン以外はフランス機を敬遠した。

生産は１９７２年まで続いたものの、カラヴェルの全盛時代は長くはなかった。短距離市場に目を着けた先見性は立派だが、アメリカの大手メーカーが本格的にこの市場に参入してきた後では勝負にならなかった。２８２機（試作機２機を含む）も造られたのはむしろ良くやったと言うべきだろう。数字以上に記憶に残るジェット・エアライナーがカラヴェルだ。

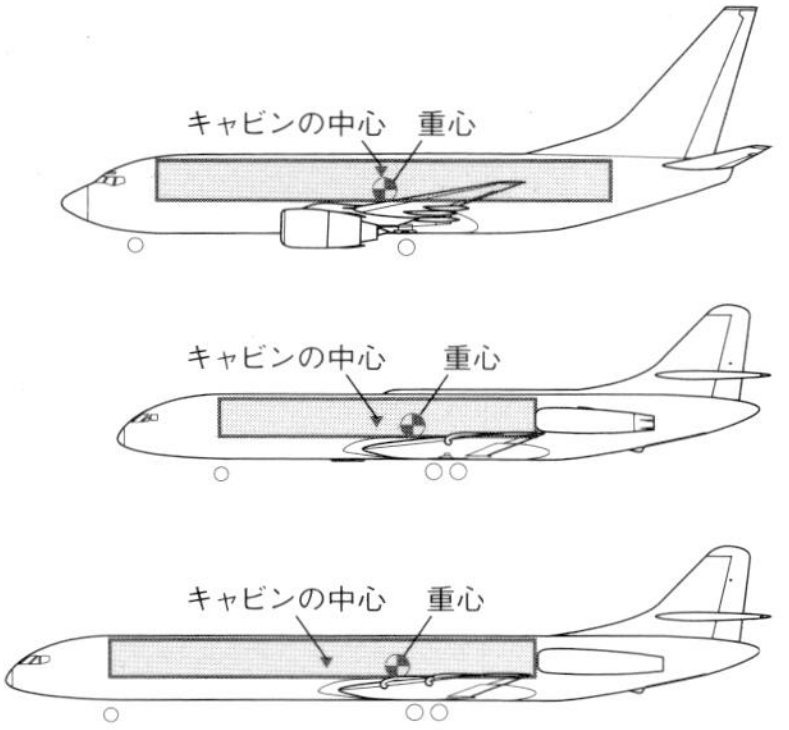

ストレッチすると
キャビン中心と重心の距離が開く

キャビン中心と重心の関係

ストレッチによる発展に制約があったカラヴェル。主翼搭載のエンジンならば、キャビンの中心と機体の重心はおのずと近いものになるが、リア・マウンテッドの場合は、ストレッチすることでキャビンの中心は前方へと移動し、機体の重心から離れていく。

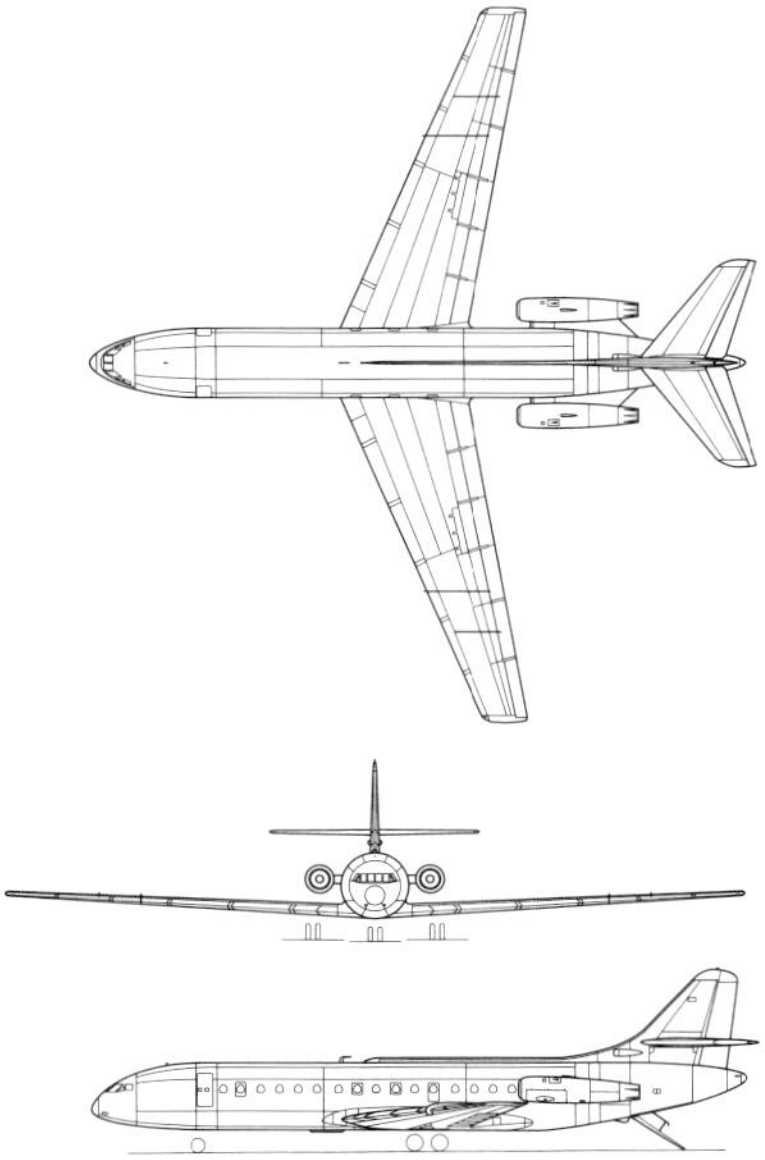

Caravelle III

全幅	34.30m
全長	32.01m
全高	8.72m
主翼面積	146.7㎡
空虚重量	24,185kg
最大離陸重量	46,000kg
最大運航速度	805km/h
航続距離	1,845km

BEAのトライデント1C（G-ARPR）。トライデントの開発にあまりに大きな影響力を及ぼしたBEAは、長距離国際線を担うBOACに対し、国内線および短距離国際線を運航するエアラインであった。1970年、ヒースロー空港にて。
Graham Dives

それは727とは似て非なる、英国製三つ叉の話

ホーカー・シドリー HS121トライデント

1962年初飛行／1964年初就航／製造機数117機

誕生の時期もエンジンの搭載方法もボーイング727に近い。

しかし727が航空史に残る傑作機として名を残す一方、
トライデントはどうにもパッとしない。

はっきり言って、セールス的には大失敗作だ。

同じ時代を生きながら、なぜこれほどまで両機の明暗は分かれてしまったのか。

その理由は、トライデントが誤った方法で開発されたエアライナーであったためではないか。

商業的には失敗作

次の項でボーイング７２７を解説する時には、同時期のライバル機としてイギリスのトライデントの名を挙げる。

トライデントは７２７と近い規模で、同じ配置の三発ジェット・エアライナーだ。７２７よりも1年以上も先に初飛行していながら、就航では７２７に先を越され、生産は７２７の１８３２機に対して１１７機。なんと16倍もの開きがある。７２７はまだ世界各地で二桁の機数が運航されているが、トライデントは1機も飛んではいない。

トライデントはなにが悪かったのか？　７２７の大成功を見れば、当初の狙いや三発の選択、登場時期のどれも不適であったはずがない。しかし結果的にトライデントは商売としては大失敗で、メーカーに大赤字をもたらした。

イギリスの旅客機開発に先見性や先進性が不足していたわけではない。イギリスは第二次大戦の最中すでに戦後の民間航空界を見据えて、近未来の旅客機の構想を策定している（ブラバゾン委員会）。１９５０年代までのイギリスのエアライナーの成功作、レシプロ・エンジンのデハヴィランド・ダヴ、ターボプロップ・エンジンのヴィッカーズ・ヴァイカウント、同じくブリストル・ブリタニア、ジェット（ターボジェット）エンジンのデハヴィランド・コメットは、すべてがこのブラバゾン委員会の先見的構想から生まれている。またターボプロップやターボファンを世界に先駆けて実用化するような技術的先進性もあった。

これらのエアライナーやエンジンは１９４０年代末までの構想に基づいて１９５０年代の半ばまでに開発されたものだが、トライデントはそれらの成功の後を受けて開発された世代ということになる。

ある意味ではイギリスの技術的な遺産（蓄積）を使い果たした後の計画である。残念ながらトライデントにしろ、ヴィッカーズVC10にしろ、この世代のイギリスのジェット・エアライナーには商業的な成功作がない。技術的には失敗ではなかったが、売れ行きはさっぱりで、特に輸出がさんたんたる有様だった。そしてイギリスはこの時代を最後に単独での大型エアライナー開発を諦めることになる。

トライデントは一体どうしてそんなに売れなかったのか？　イギリスの航空工業界はなにを間違えたのだろうか？

BEAのための旅客機

ホーカー・シドリー・トライデントと呼ばれることが多いが、元々の名称はデハヴィランドDH１２１トライデントだ。

コメットを造ったデハヴィランド社がその次に計画したジェット・エアライナーで、１９６０年に同社がホーカー・シドリ

高速重視の空力設計で巡航速度マッハ0.9を狙ったトライデント。運用面でも比較的長い滑走路を持つ空港への発着を前提とし、複雑高度な高揚力装置でローカル空港に降り立ったライバル727とは思想が異なる。
Hawker Siddeley

短距離滑走路は考慮せず、空力設計も高速重視 同じ三発機でも、727と明確に異なる

ー（ＨＳ）社に併合された時点で設計は固まっていた。しばらくの間は独立した会社の形を取っていたが、１９６３年にホーカー・シドリー社デハヴィランド事業部となり、トライデントもホーカー・シドリーあるいはＨＳを冠して呼ばれるようになる。

さて１９５０年代当時イギリスのエアラインは長距離国際線専門のＢＯＡＣ（British Overseas Airways Corporation）と国内線・近距離国際線のＢＥＡ（British European Airways）との二社分立体制だった。両社は１９７４年に合同してブリティッシュ・エアウェイズ、ＢＡとなるのだが、トライデントはこのＢＥＡの要求で開発された。

ＢＥＡが中短距離路線用のジェット・エアライナーの仕様を、イギリスの国内航空機メーカーに提示したのは１９５６年の秋のことだった。その骨子は５００〜１０００マイル（８０５〜１６０９㎞）の区間を時速６００マイル（９６６㎞／ｈ）で巡航する80〜１００人乗りジェット・エアライナーで、６０００ft（１８２９ｍ）の滑走路で国際標準大気（ＩＳＡ）+10℃で運用可能、胴体の内径は１３５in（３４３㎝）、といったものだった。デハヴィランド、アヴロ、ブリストルの三社がこれに応じて、１９５７年夏までに設計案をＢＥＡに示した。

ＢＥＡはその中からデハヴィランド社ＤＨ１２１案を選んだが、同社がイギリスの誇るコメット（ＢＥＡでも使用している）を開発した会社であることからしても、最初から本命視さ

れていた。DH121はロールスロイスRB141ターボファンの三発を大きな特徴としている。

この時期イギリスでは政府（供給省、1959年に航空省に改組）主導で航空機メーカーの大合同構想が推進されていた。この大合同騒動やBEAとの仕様確定交渉で、DH121計画の正式のスタートは1年近く遅れた。BEA側ではその間に考えを変え、新しい中短距離旅客機は75～80人乗りとしたいと言い出した。80～100席級を考えていたデハヴィランド社は機体規模を縮小することになり、搭載エンジンも一回り小さいRB163（後にRB168スペイへと発展する）ターボファンに変更せざるを得なくなった。

ボーイング727は100人乗りでスタートするから（727-100）、トライデントは直接競合しないことになった。しかしこの小型化がトライデントの商業的失敗の始まりと指摘する論者は多い。

小型化したこと以上に、一社の仕様に縛られたのがデハヴィランド社の根本的誤りだった。ボーイング社では727を企画するにあたってさまざまなエアラインの意見を聞いたが、デハヴィランド社ではBEAの意見しか聞こうとしなかった。当時デハヴィランド社のトップはセールス陣に対して、BEAの発注が確定するまで他のエアラインとの交渉を一切禁じていたともいう。あまりに内向きというか、BEA以外のエアラインの要望など「雑音」扱いだ。

つまりDH121はBEAの専用機として開発されたも同然で、他のエアラインはBEAのお余りを買わせていただくようなものだ。それならばアメリカから727を買ってやろうという気になって当然だろう。

三つ叉の銛

BEAがデハヴィランド社とDH121の契約を取り交わしたのが1959年の8月で、ボーイング727の正式ゴーアヘッドよりもそれでも10か月ほど早い。

1960年にはBEAが愛称を公募してDH121がトライデント（Trident）と命名される。トライデントとは、ローマ神話の海神ネプチューンあるいはギリシア神話の海神ポセイドンが持つ三つ叉の銛のことだ。ラテン語ではトリデンティス、ギリシア語だとトリアイナといい、どちらも「三つの歯」を意味している。

トライデントはシー・パワーの象徴でもあり、グレート・ブリテンを神格化した女神ブリタニアはトライデントを手に持って描かれる。三発のDH121に三つ叉のトライデントとはこれ以上似合った愛称もない。

デハヴィランド社がDH121で三発を選んだ理由は、次項で解説する727の場合と全く同じだ。簡単に言ってしまえば双発よりも安全性が高く、四発よりも経済的というわけだ。

イギリスの航空評論家はあたかもボーイング社がDH121の設計をパクったかのようにほのめかすが、ボーイング技術陣だって他の配置も比較検討した上でこの形態にたどり着いたので、単純なコピーなどではない。もっともボーイングの技術陣がデハヴィランド社のハットフィールド工場を訪問して、DH121の設計案を見せてもらったのもまた事実だ。

前述のようにデハヴィランド社は同じ年にホーカー・シドリー社に併合されるので、ここからはHSトライデント（HS121）と呼ぼう。

HSトライデントの1号機（登録記号G-ARPA）は、1962年の1月9日に初飛行した。ボーイング727がロールアウトするのはその11か月後で、翌63年の2月9日になって初飛行している。

しかしボーイング社は猛烈なテンポでテストを進めて、1963年12月には727-100の型式証明を取得し、1964年2月には初就航させてしまった。トライデントはテストで大きなトラブルもなかったのに、型式証明取得は1964年2月18日で、BEAに就航したのは同年3月11日になっていた。

開発着手と初飛行でリードしていたトライデントは、就航の時には逆転されていた。設計と開発のテンポの遅さは、トライデントあるいはホーカー・シドリー社に限らず、戦後のイギリス航空機業界の持病のようなもので、狙い目は良かったのにタイミングを逸して大成しなかった民間機軍用機は数知れない。

原因を探っていくと、イギリス航空機メーカーの技術者の層の薄さ、風洞など開発施設の乏しさ、ひいては資金（資本）の不足に行き当たる。規模の小さな航空機メーカーが並立していては十分な投資が行なえないわけで、政府が航空企業の大合同を進めようとしたのも分からないでもない。

マンチェスター展示機の胴体延長型、トライデント3B（G-AWZK）は機内見学を受け入れており、就航当時の様子を現代へと伝えている。Junji Sato

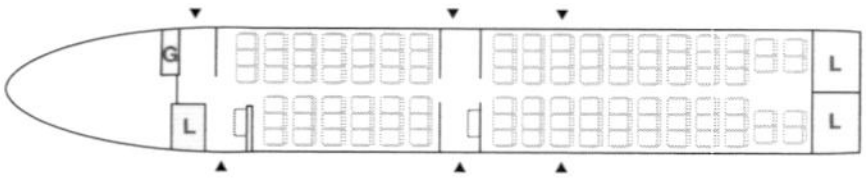

トライデント1C（全席エコノミー仕様）の座席配置

3+3の6列で101席を配置した場合の図。当初、BEAが75〜80席の機体規模を求めたため、コンパクトなキャビンはこれでもほぼ満杯の状態。

如何にも英国式のひねり

三発形式を除けばトライデントの外形は平凡ともいえるが、細部の設計には如何にもイギリス的なひねりが見られる。

トライデントとボーイング727の設計思想の違いの一つに運用可能な飛行場がある。727はエアライナー史上でもっとも複雑な高揚力装置を備え、それまでプロペラ機が飛んでいたような短い滑走路でも離着陸出来るのを狙った。これに対してトライデントはジェット機用の比較的長い滑走路しか考えていなかった。BEAが当初想定していた路線がヨーロッパ内の整備された飛行場間に限られていたからだ。飛行場に対する要求が、コメットと707の時の関係とは逆転しているのが面白い。

トライデントの主翼は1/4翼弦の後退角35度だが、727(や他のほとんどのジェット・エアライナー)とは異なり、内翼に低速用エルロンを持たない。後縁には内外二つずつのダブル・スロッテッド・フラップがあり、前縁では付け根部分にクルーガー・フラップがあるが、前縁の大部分は折れ曲がりフラップとなっている。

実はトライデントはかなり高速寄りの空力設計で、マッハ0・9での巡航を狙い、テスト飛行では緩降下でマッハ0・96(1074km/hに相当)を出している。その代償として失速速度は比較的高く、初期型は高度90m以下で対気速度が225ノット(417km/h)以下では前縁フラップを作動させて失速に陥らないようにしていなければならなかった。

主翼の外板とスティフナーの結合など随所に接着(リダックス)が用いられている。接着はコメットですでに採用され、一時は連続事故の原因ではないかと疑われたが、徹底的な試験でかえって安全性が実証された。

胴体は真円断面で外径は3・70m(145・5in)になる。

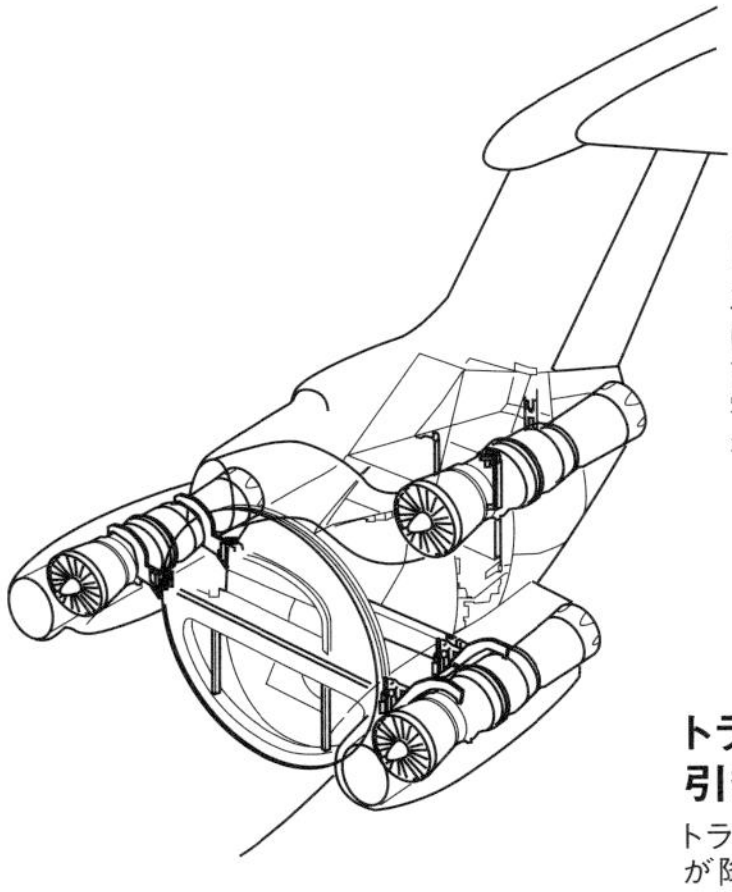

トライデントのエンジン配置

エンジンを機体後部に三基配するのはボーイング727と同様で、垂直尾翼前縁のダクトから取り入れた空気をS字形にエンジンへと導くスタイルも変わらない。

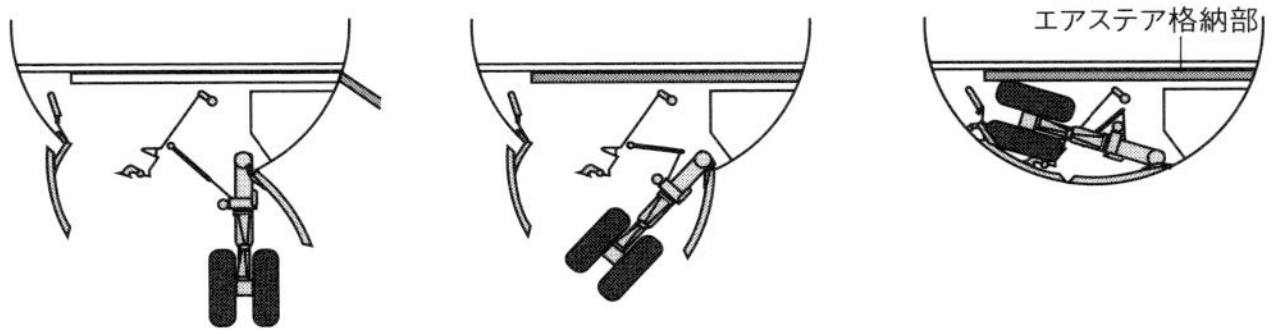

トライデントの前脚引き込み機構

トライデントが持つ特徴的機構のひとつが降着装置。前脚が胴体中心線よりもやや左側にオフセットされているのは、引き込み時に右横向きに格納されるため。スペース効率を重視した設計だ。

座席配置は標準が6列(3列+3列)で、中央部にギャレーを、最後尾にトイレットを配置している。トライデント1Cの座席数は96席になる。

トライデントは７２７のように後部胴体にエアステアを持たず、前部胴体左舷の二か所のドアはスライドして胴体の天井部分に引き込まれる構造になっている。前のドアの下からはステアがスライドして出て来る(オプション)。

トライデントと７２７の側面形を比べると、前者の垂直尾翼が低いことに気付く。T尾翼では水平尾翼が翼端板の効果を発揮するので、垂直尾翼面積を縮小出来ると教科書などには書かれているが、トライデントはそれを忠実に実行した感じだ。垂直尾翼の付け根部分が前方に延長されてエア・インテイクになるのは７２７と同じで、エンジンのインテイクの上に開いている小さなインテイクはキャビンの空調用だ。ラダーの直下にはＡＰＵが搭載されている。

水平尾翼は全遊動(オール・フライング)式だ。エレベーターに見えるのは一種のフラップで、もっぱら離陸時の下向きの揚力を強化するため水平より上にしか動かない。

トライデントで一番ひねりが利いているのは降着装置かもしれない。まず前脚だが、ふつうの機体のように前か後ろに引き込まれるのではない。右横向きに引き上げられる。そのため前脚は胴体の中心線上ではなく、左にずらして取り付けてある。この方がスペースを食わず、貨物室とアヴィオニクス搭載の余地が大きくなるというのが理由だ。

主降着装置は一般的な内方引き込みだが、車輪の配置が変わっている。ふつうのエアライナーのように主脚柱の前後にボギーを配するのではなくて、左右に二つずつ車輪を並べている。四つの車輪は脚柱を中心に90度回転し、胴体内に収容される時には前後方向に並ぶようになる。

通常型式よりも約２２０kg重量を低減出来、また貨物室容積を０・８㎥増やすことが出来たというのがメーカーの言い分だ。正面から見ると四つのタイヤの抵抗が大きそうだが、実際脚下げでエアブレーキの働きをさせることも意図している。

完全自動着陸の功績

トライデント1はエンジン推力不足の気味があって、離陸性能と上昇性能は悪名高かった。特に離陸重量の重い時や気温の高い時が問題で、ＢＥＡのパイロット達は「滑走を続けているといつかは地球の曲率のおかげで浮き上がることが出来る」とトライデントの長い長い離陸滑走を皮肉った。

トライデント初期型の離陸性能や上昇性能が悪かったのには、主翼のアスペクト比がやや小さ目であったことも関係しているように思える。離陸から上昇に掛けての大きな揚力係数を利用する場合、言い換えれば迎え角が大きな時には、アスペクト比の大小による誘導抗力の差(揚抗比の差)が特に効いて来る。

厳しい結果に終わったトライデントの輸出だが、明るい話題があるとすれば、それは中国への販売に成功したことだろう。
写真の中国民航トライデント2E（B-286）は、しばしば日本にも飛来した。Yohichi Kokubo

トライデントの最初の生産型1CはBEAに24機が売れた。それ以外どこにも売れなかった。

さすがにホーカー・シドリー社もこれはまずいと思った。機体規模を小さくするよう要求した張本人のBEAが、もっと客席数が大きく航続距離の長い型を求めて来ていた。

トライデント1Eはエンジンをスペイ Mk511・5（推力5170kgf）に強化した型で、主翼端が0・79m延長されている。主翼前縁ではフラップに代わってスラットが設けられた。離陸総重量は5万8060kgに増えている。胴体は1Cと同じだが、内部の配置を変えて115人乗りとしている。

しかし2機の1Eを購入したチャンネル・エアウェイズでは、前部キャビンを7列（4列＋3列）にしてピッチも詰め、なんと乗客149人を詰め込んだ。短距離路線が多い同エアラインとはいえ、内幅3・44mの客室に7列配置とは恐れ入る。しかしトライデント1Eは合わせて15機しか売れなかった。

トライデント2EはBEAの注文に応じた型で、翼端がスムーズなカーブを描くように延長されている。胴体長は1Eと同じで乗客は103人から115人だが、燃料搭載量が増えてロンドンから中東まで飛べるようになった。離陸重量は増大したが、エンジンもスペイMk512・5Wに強化されている。トライデント2Eの1号機は1967年7月に進空し、翌年2月にBEAに引き渡されている。

トライデント2Eは初めて完全な自動着陸（オートランド）

BEA向けのトライデント3B（G-AWZB）が製造ラインを流れるホーカー・シドリー社ハットフィールド工場。3Bでは5m胴体が延長されたことで最大180人の乗客を乗せることができるようになった。垂直尾翼の付け根に小型のRR製ターボジェットエンジンを埋め込み、三発＋αの性能を得る前代未聞の最終発展型だ。
Hawker Siddeley
Junji Sato

能力を備えたエアライナーとして特筆される。

トライデントでは最初からオートランドの搭載が予定され、スミス社製の二重系のSEP.5が装備された。霧の多いイギリスではこれはきわめて有用なシステムだった。

1965年6月10日には、商業運航のエアライナーとしては初めてBEAのトライデント1Cがロンドンにてタッチダウンまで完全自動の着陸を行なっている。

二重系では片方の系統が故障したらシステム全体が使用不能に陥るが（どちらの系統が正しいのか判断出来ないので）、三重系であれば他と異なる作動をする系統のみを切り離して、残りの二系統で運用が続けられる。三重系オートランドはトライデント2Eで初めて標準装備され、BEAのトライデント1Cにも改修して搭載された。

プラス5mの変則四発機

ここまでのトライデントは胴体は共通で、構造的には主翼の前縁と端をいじっているだけだったが、トライデント3Bでは初めて胴体が5m延長された。乗客は136人から最大180人になる。トライデント3Bは1969年12月に進空して、1971年4月にBEAで運航を開始した。

離陸性能の低下を防ぐためホーカー・シドリー社では前代未

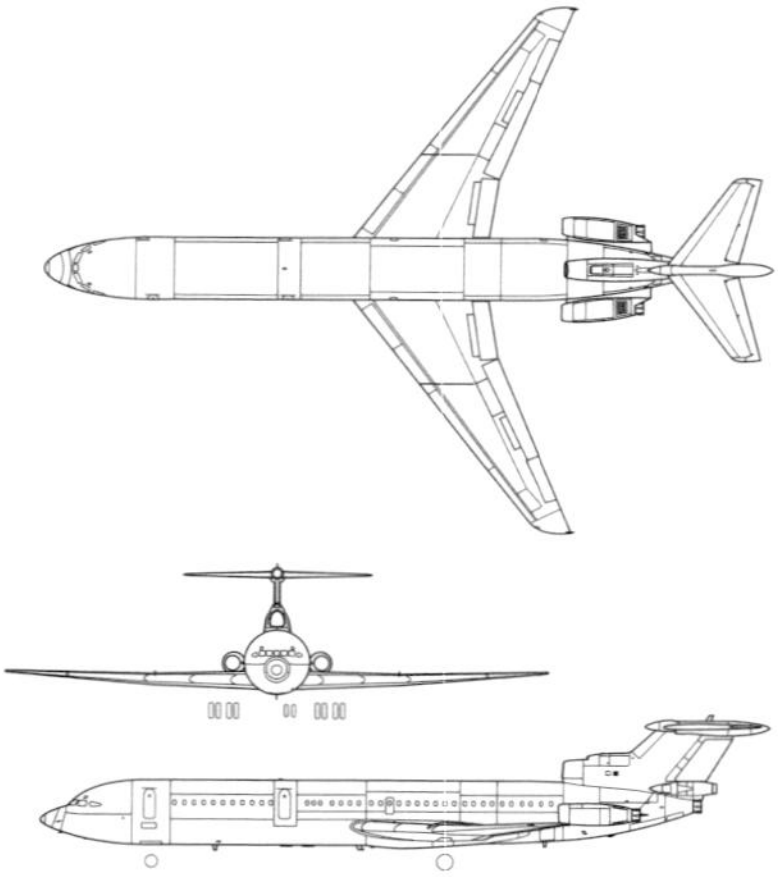

Trident 3B

全幅	29.87m
全長	39.98m
全高	8.61m
主翼面積	138.7㎡
機体重量	37,863kg
最大離陸重量	68,040kg
最大運航速度	967km/h
最大航続距離	2,668km

聞の方法を採った。

垂直尾翼の付け根部分に小型のRR RB162ターボジェットを埋め込んで、離陸時専用のブースト・エンジンとしたのだ。RB162の吸気は左右の開閉式インテイクから取り入れられる。本来の三発にブースターを加えた変則四発機だ。トライデント3Bが離陸前に四基のエンジンを始動しAPUまで運転すると、あたりにすさまじい騒音が鳴り響いたという。

トライデント3Bは727-100と外寸も重量もほとんど同じになり、初めて真っ向から勝負を挑めるようになったのだが、ボーイングは1967年に胴体を6m延長した727-200を飛ばしていて、販売の主力はすでにそちらに移っていた。一方RRスペイが推力向上の限界に来ていたので、トライデントはいま以上の大型化は難しかった。トライデント・シリーズの最終機は1978年3月にラインを離れた。

1950年代末当時のBEAとデハヴィランド社経営陣にすべての責任を押し付けるのは酷かも知れないが、出発点からしてずれていたトライデントは、ついにボーイング727を捉えることは出来なかった。ライバル選手よりも先にスタートが切れたと思ったら、走ったコースが間違っていたようなものだ。

BEAはトライデントを65機(1Cを24機、2Eを15機、3Bを26機)購入したが、他にはもともとイギリスの影響力の強い中東や南アジアなどの中小エアラインが2~4機ずつ買っただけだった。身内を最優先した開発の結果は内輪にしか売れない機体だった。しかしエアライナーとして初めて完全自動着陸を実用化したことは航空史にも残るだろう。

トライデントがボーイング社(あるいはアメリカ)の鼻を明かしてやった出来事があった。1972年に中国民航(CAAC)がトライデント2Eを発注(最終的に軍用を含めて35機)して来たのだ。まだアメリカが中国と国交を正常化する前のことで、ボーイング社は中国に売り込むことが出来なかった。そして中国はどの国よりも後まで(おそらく1997年まで)トライデントを飛ばしていてくれた。

中国のトライデントは林彪事件で歴史に残っている。毛沢東の後継者に指名され、共産党副主席と人民解放軍元帥の地位にあった林彪が、毛沢東と対立してソ連亡命を図り、中国空軍のトライデント1E(登録記号B-256)で墜死した事件だ。この機体はパキスタン国際航空の1Eを譲り受けたもので、中国民航塗装だが、要人輸送機として空軍が運用していた。

1971年9月13日、トライデント1Eは河北省の山海関空軍基地から阻止を振り切って強行離陸したが、搭載燃料が不足していたらしく、国境を出てモンゴル人民共和国に入ったところで墜落、乗っていた林彪夫妻や息子を含む9人全員が死亡した。

この出来事を関係国は当時秘密にし、真相が世界に知れたのは1年以上経ってからであった。実はソ連が墜落当時遺体を検分し、林彪の死亡を確認していた。中国民航がトライデント2Eを発注するよりも前の出来事であった。

プロペラ時代終焉へ、短距離路線ジェット化へのメカニズム

ボーイング727

1963年初飛行／1964年初就航／製造機数1,832機

**ボーイング727と言えば、かつて日本航空や全日空、東亜国内航空で活躍し、
日本人にとってもなじみ深い三発ジェット・エアライナー。
ローカル路線への投入を前提とした中短距離機として、
世界中にジェット機の旅を普及させたベストセラー・モデルである。
しかしその開発過程は試行錯誤の連続、
エンジニアたちが自らの進退を賭けて職務に没頭した名機誕生への軌跡とは。**

1987年まで日本の空を飛び続けた日航の727。写真は100型で尾翼に鶴丸が描かれる以前のライブリー。念入りな風洞実験の結果、727には複雑高度な高揚力装置が与えられ、この点が三発エンジンとともに727における最大の技術的ハイライトとなっている。Masahiko Takeda

Boeing 727-100

そこまでは古くはない

この原稿を書くにあたっては、取り上げる機種についての記事や単行本をまず調べる。

今回ボーイング727を取り上げるにあたっても当然そうしたのだが、驚いたことには内外で727に関する本はいま一冊も出てはいないのだ。日本国内で727だけを扱った単行本がないのは予想していたが、海外でも727に関する本はすべて絶版品切れになっていた。少なくとも英語圏ではいま727を単独で扱った新刊は売られてはいない。

1983年に生産が終わったが1832機が造られ、737に追い越されるまではジェット・エアライナーのベストセラーであった機体にしては、この扱いの冷たさはどうだろうと思うが、おそらくボーイング727の微妙な古さが問題なのだろう。

同じボーイング社のジェット・エアライナーでも、737以降の現用機ならば最低一つは本がある。すでに生産が終わった機体でも757ならちゃんと本が出ている。

しかしいくら727がまだ飛んでいるとは言っても、エアラインでいま727を主力としているところなどどこにもない。日本人が海外旅行しても727に乗る機会はない。

だからと言って727が古典機かと言えば、そこまでは古くはない。ボーイング707／720くらいになれば懐古的な本がいくつかあるのだが。要するに中途半端なのだ。

ライバルはエレクトラ

ボーイング社のジェット・エアライナーというと、第一号の707から連戦連勝、ライバルのダグラス社やヨーロッパのメーカーを次々に追い散らし、エアバス社に挑戦されるまでは天下無敵であったような印象を持ってしまう。

しかしボーイングから見れば約束された勝利などは無かっただろう。新しいエアライナーを開発する時には、経営陣や技術陣はいつでもぎりぎりの決断を迫られ、社運（あるいは自分の首）を賭けて開発に踏み切ったのではないか。

そんなことを考えたのはボーイング社にとっては三機種目、720を707のサブタイプと見れば二機種目のジェット・エアライナーの727を開発するまでに、同社がさんざん悩んだり迷走したりしているからだ。常に横綱相撲を取ってきた今日のボーイング社のイメージからすると信じられないくらいの紆余曲折を経て727は登場した。

その727が最初からヒットしたからボーイング社のジェット・エアライナーは軌道に乗ったとも言えるかもしれない。727開発当時ボーイング社はまだ707の投資を回収し切れておらず、実は資金的な余裕は少なかった。

仮に727よりも737が先に登場していたら、ボーイング

四発機のパワーと双発機の経済性を併せ持つ三発機というチョイスは、727が開発されていた1960年代当時なかなか魅力的なものであった。開発時には、エンジン搭載位置についても複数のプランがあったが、最終的には胴体最後部に三基を並べた。727は日航、全日空、日本国内航空の三社が導入して本邦国内線のジェット化を推進した。
Masahiko Takeda

727を成功へと導いたエンジン JT8Dターボファンという立役者

はその後もジェット・エアライナー開発を続けていたかどうか。737は初期には保証性能を達成出来なかったりで、なかなか売り上げが伸びなかった。裏で727が大売れに売れていたから良かったものの、737が単独で出ていたらボーイングは果たして売り上げが上向くまで計画を支えられたかどうか。

いまの人からは信じられないかも知れないが、ボーイング社が1950年代末に中短距離ジェット・エアライナーの計画検討に入った時に、ライバルと想定していたのはダグラス社の仮称DC-9（後のDC-9とはまったく異なる四発機）でも、またヨーロッパ機でもなかった。最大のライバルはロッキードL-188エレクトラだったのだ。70～100席クラスの四発ターボプロップ・エアライナーだ。

エレクトラはいまではもっぱらP-3オライオン哨戒機の原型としてだけ記憶されているが、1957年に登場してアメリカンやイースタンを筆頭にアメリカ国内線に競って投入された人気エアライナーだったのだ。しかし1959年2月、9月、翌年3月と立て続けに墜落事故を起こし、後の2件は同じくプロペラに起因する振動が原因だと推定された。全面的な改良のため生産が止まり、結果的にはこの空白が致命的だった。エレクトラの生産は170機で終わっている。

ボーイング社が727計画のスタートを決定したのは1960年の6月だ。まるでエレクトラの事故からのリカバリー失敗を見越していたかのようだが、もちろん後になって言えることだ。

１９６０年当時にはエレクトラがいつ復帰するか確かではなかったし、また価格競争で勝てるという確信もなかったはずだ。新規開発だから致し方ないが、ボーイングが設定した７２７の販売価格は４２５万ドルで、７２０の３５０万ドルを上回っていた。

余談だがＰ-３が発注されたのは大事故続発より前のことなので、エレクトラの救済策との憶測は当たっていない。

三発機という魅力

ボーイング７２７の最大の特徴は三発機ということだろう。

エアライナーの歴史上、三つの同じエンジンを持つのが流行った時代が二回ある。一回目は１９２０年代末から30年代にかけてで、フォード・トライモーター（ずばり「三発」の意味）やフォッカーＦⅦＢ３ｍ、ユンカースJu 52／３ｍなどが一世を風靡した。

二回目は１９６０年代から70年代にかけてで、ボーイング７２7やホーカー・シドリー・トライデント、マクドネル・ダグラスＤＣ-10やロッキードＬ-１０１１トライスター、ヤコヴレフＹａｋ-40など、三発ジェット・エアライナーが花開いた。ＤＣ-10の発展型のＭＤ-11は１９９０年代一杯生産されている。

今後は三発のジェット・エアライナーが設計されるようなことはないかもしれないが、１９６０年代当時にはエンジンが三つというのはなかなかに魅力的な選択肢であったのだ。

三発を選択する理由を考えると、双発でも四発でもないところに行き当たる。ふざけているのではない。双発と四発の利点を兼ね備えていて、それらの欠点を目立たせないでいられる、最良の妥協点として存在していたのが三発だったのだ。

四発のメリットはパワーの余裕だ。エアライナーは滑走の途中でエンジン１基が停止しても離陸して上昇出来ることが要求されるが、四発機ならばエンジン一つが止まってもパワーは３／４になるだけだ。しかし双発機では片発が故障したらパワーは一気に半分になってしまう。当時は双発機の長距離洋上飛行の規則上の制約が大きく、長距離路線を有するエアラインでは双発機は敬遠されていた。

双発のメリットはなんと言っても経済性だ。エンジンが二つならば機体単価も低くなるし、燃料代や整備費なども少なくて済む。双発機の直接運航費（ＤＯＣ）は四発機よりも明らかに低い。

７２７の計画を立ち上げるにあたって、ボーイングでは主要エアラインの意見を聞いて回った。特に関心を示したのがユナイテッドとイースタンだったが、高地で気温も高いデンバー空港を重要拠点とするユナイテッドでは四発機を求めた。一方イースタンは経済性から双発機を望んだ。だから足して二で割って三発、というものでもないが、有力エアラインの間でもエンジン数をいくつにするか当時意見が割れていたことが分かるだ

727の胴体構造図 二重円弧断面を採用したため、上部のほうがより大きい727の胴体。フロアから上は兄貴分の707と同一サイズだが、床下貨物室となる下側は小さい。しかもこの下側部分は胴体前部よりも後部のほうが大きくなっている。写真のキャビンは色鮮やかなデザイン・コンセプト"Flying Colors"で一世を風靡したブラニフの宣伝広告より。
SFO Museum

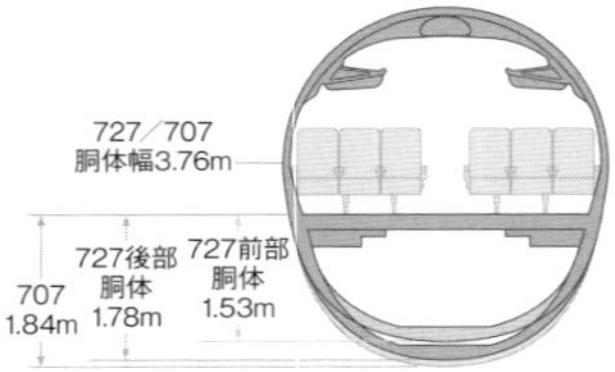

ろう。

ボーイング社では727を設計する際に、エンジン数とDOCの関係を調べるパラメトリック・スタディを行なっている。双発機のDOCを100％とした場合に、三発と四発でどれだけDOCが増加するかを調べたら下に凸の曲線が描かれた。つまりエンジン数が増えるにつれてDOCは直線的に増加するのではなくて、双発と三発の差よりも、三発と四発の差の方が大きかった。

もちろん実際にはこのグラフのように曲線にはならない。このグラフだとエンジン数が2・6983基とか、3・572発機とかが存在することになってしまうが、現実にはエンジンの数は整数にしかならない。しかしエンジン数が多くなるほどDOCが増大していく傾向はこのグラフで分かる。

ターボファンありき

パラメトリック・スタディで三発が望ましいとの結果が出たとしても、現実に適当なエンジンがなければ機体は設計出来ない。飛行機を先に設計して、それに合わせてエンジンを造ってもらうわけにはいかないのだ。エンジンの開発は機体の設計よりも長い期間を必要とする。有り物のエンジンの中から選ぶ他はない。

ボーイング727の成功の要因を一つだけ挙げるとすれば、

プラット&ホイットニー社のJT8Dターボファンにめぐり会えたことだろう。727はターボファン・エンジンを前提に設計された最初のジェット・エアライナーだ。

P&W社が1950年代に開発した軍用ターボジェットがJ57(JT3A)、その改良型J75の民間版がJT4Aであり、707やDC-8の初期型に搭載されている。J57をターボファンに発展させたのがJT3Dで、707やDC-8に搭載されて航続距離を伸ばした。

J57/75を一回り小さくした弟分のターボジェットがJ52(JT8A)、これをコア・エンジンとして用いた二軸のターボファンがJT8Dだ。バイパス比は1弱で、今日主流の大バイパス比ターボファンと比べるとずいぶん低いが、当時としては強力かつ経済的(燃費率の良い)なエンジンで、信頼性も高かった。

P&W社にしてもJT8Dの開発は賭けであったようだ。それまでのエンジンとは違い、JT8Dは軍からの受注が無い。つまり開発の費用はすべて自分持ちだ。ボーイングの727が販売不振に終われば、P&W社も赤字は免れ得ない。

結果的には727が売れに売れただけでなく、737やDC-9にも採用されて、JT8Dは開発着手から40年間に1万5000基近くを販売する大ベストセラーになった。リスクを負って開発に踏み切ったP&W社の賭けは大当たりだった。

JT8Dの三発に決定したとして、三つのエンジンをどこにどう搭載するか。大戦中のブローム&フォス社ではあるまいし、民間機で左右非対称のエンジン配置は有り得ない。そうなると真ん中のエンジンは胴体最後端に置くしか無くなる。垂直尾翼の付け根を前に延ばしてエア・インテイクを設け、ゆるやかにカーブしたダクトで尾端のエンジンまで空気を導く設計は必然だった。

エンジンを尾端に置くと、水平尾翼の取り付け位置が制約される。エンジンと尾翼の桁が喧嘩す

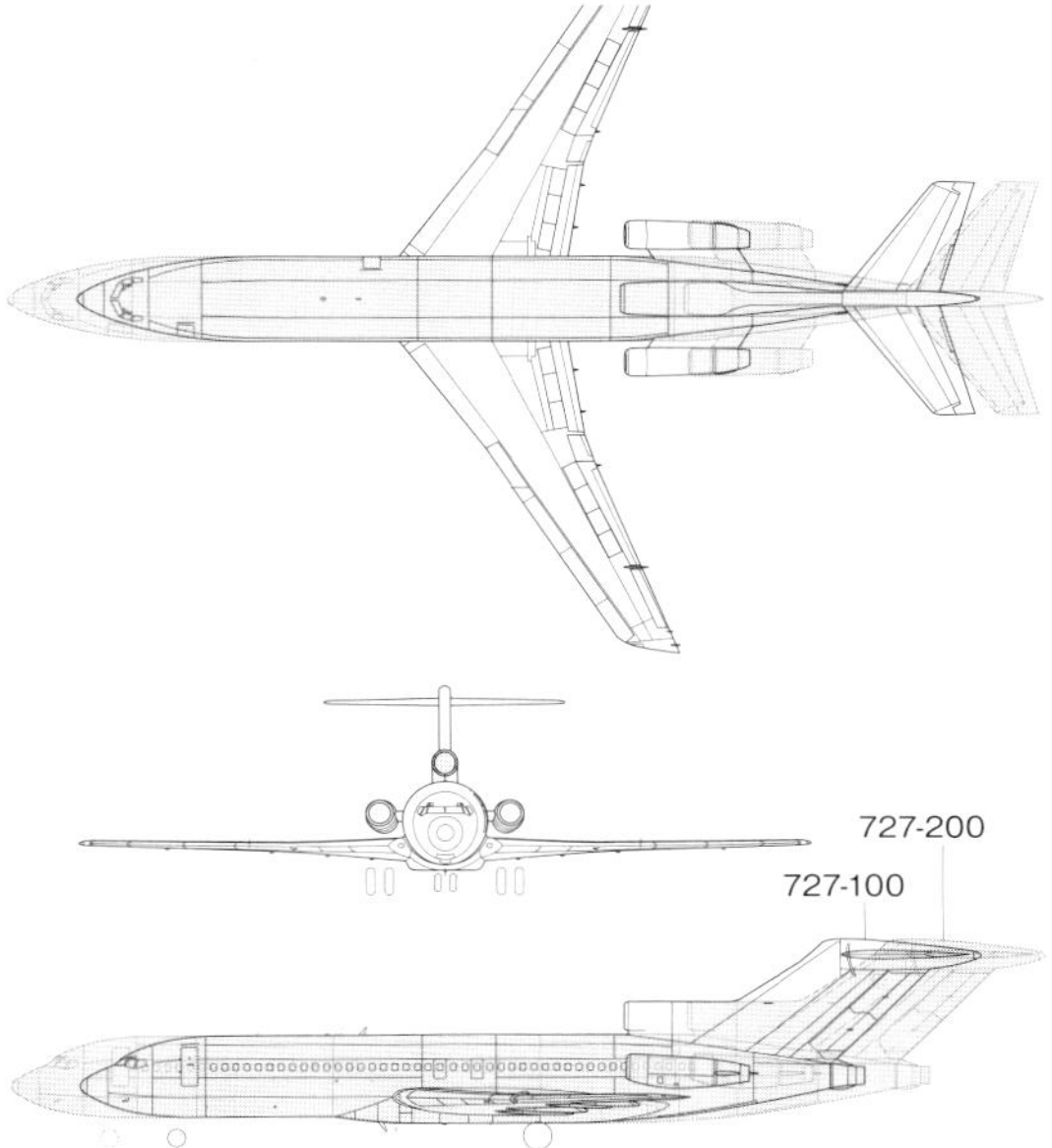

727-100/-200

全幅	32.92m
全長	40.59m/46.69m
全高	10.36m
主翼面積	157.9㎡
機体重量	40,370kg/44,905kg
最大離陸重量	72,575kg/78,015kg

るよりは、垂直尾翼の上に水平尾翼を載せたT配置を選んだ。

問題は残り二つのエンジンだ。エンジンは翼の下にぶら下げるか、後部胴体の両脇に取り付けるか。ボーイングの技術陣も決めかねて、二つのチームにそれぞれ設計させて比較までしたが、どちらにも決定的なメリットはなかった。ただ三つのエンジンを後部胴体に並べた方がわずかに空力性能が良く、補機類などもまとめられるので製造や整備にも都合が良かった。またエンジンから離れるので、前方客席では騒音が低くなる。しかし差は小さく、最終的にはどのメリットを取るかの決断の問題だった。

リア・エンジンにT尾翼という727の形態は、わずかに設計が先行していたトライデントと同一になったが、ボーイングでもそれなりの検討を行なった結果で、決して安直に真似したわけではない。

揚力係数最大化の執念

727の設計にあたってボーイング技術陣が定めた目標は次のようなものであった。

◆100人乗りで6000ft(1829m)の滑走路を外気温90°F(32°C)で離陸。
◆高度3万ft(9144m)をマッハ0・8で巡航して航続距離1500マイル(2414km)。
◆4900ft(1494m)以上の長さの滑走路に着陸。
◆デンバー空港(海抜1655m)から外気温90°Fで離陸して75人を乗せてシカゴまで飛行(これはユナイテッドの要求)。
◆35ノット(18m/s)の横風で離陸可能。

ボーイングが707計画をスタートさせた時、既存の飛行場に機体を合わせずに、「滑走路は延長させれば良いのだ」との意気込みで押し切ったとの評があるが、727ではそうはいかなかった。707で運航するような幹線空港ならばいざ知らず、それまでエレクトラどころかDC-4やコンヴェアライナーが飛んでいたようなローカル空港にもジェット・エアライナーで割り込もうというのだ。離着陸性能も重視せねばならなかった。

もちろん主翼の後退角を浅くし、翼面積を増やせば、離着陸性能を上げるのは簡単だ。しかしそれではマッハ0・8の巡航は無理で、ジェットの優越をアピール出来ない。

ボーイングが選んだのは25%翼弦での後退角32度(707は35度)でアスペクト比7・5(707は7・35)、翼面積157・9㎡の主翼だった。翼面荷重は707とほとんど同じだ。

この主翼に思い切って複雑高度な高揚力装置を組み合わせた。後縁にはトリプル・スロッテッド・フラップ、前縁には内翼側がクルーガー・フラップ、外翼側がスラットである。ローカル線の中短距離機用には簡易で軽便な機体というのが通念であっ

727のダクト形状 フランクフルトにて、727の特徴のひとつでもあるエアステアを開放し駐機するルフトハンザ機は長胴の200型。中央エンジンは、垂直尾翼前縁のダクトから取り入れた空気を図のようにS字形に湾曲させて、一段低い位置にある胴体最後部のエンジンへと導いている。図に示した通り、100型と200型では取り入れ口の正面形やダクトの長さが微妙に異なる。
Yohichi Kokubo

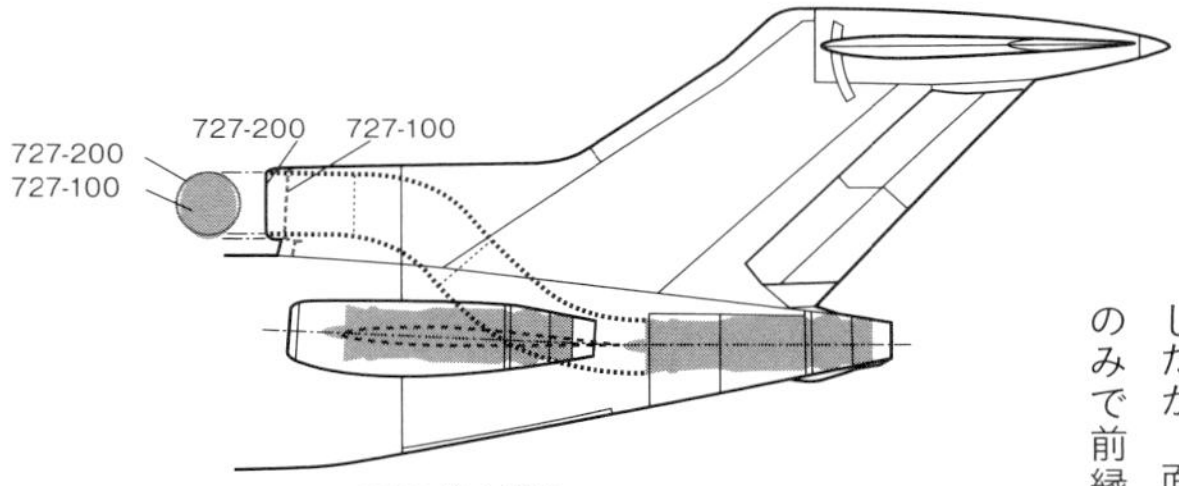

727のダクト形状

エンジン基数による直接運航費の変化(%)

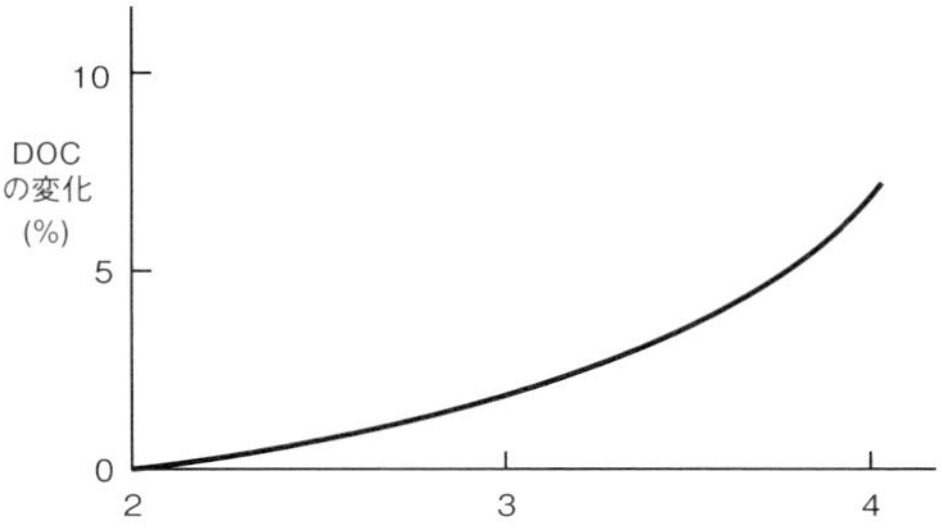

双発機を100%とした時のDOCの変化(%)

エンジン基数が増えるほどにその直接運航費（DOC）は上昇するが、双発と三発の差は、三発と四発の差よりも小さいことがわかる。

たから、727の選択は当時はかなり大胆で、社内外でも危惧する声もあっただろう。

ボーイングでは高揚力装置関係の風洞実験をかなり念入りに行ない、最適な組みあわせを探っている。後縁と前縁それぞれ単独の風洞実験でトリプル・スロッテッド・フラップとクルーガー・フラップ／スラットが最大の揚力係数を得られると判明したが、面白いのは後縁のトリプル・スロッテッド・フラップのみで前縁になにも付けない場合には、揚力係数（CL）の向上が迎え角（ＡＯＡ）７度あたりで打ち止めになってしまうことだ。むしろフラップを上げた状態の方がＡＯＡ20度くらいまで素直にＣＬが上昇していく（もちろんＣＬｍａｘはフラップ下げよりも小さい）。

この高揚力装置の効果は絶大で、離陸形態での揚力係数は２・７９にも達した。これほど凝った高揚力装置はその後のボーイングのエアライナーにも採用されてはいないので、大袈裟に形容すれば空前絶後かもしれない。最近では空力的騒音低減の風潮もあって、複雑な高揚力装置はむしろ敬遠される傾向にある。

28ページのツポレフTu-１０４／１２４の回で、西側のジェット・エアライナーの主翼の上半角は空力よりも地表との接触の可能性で決まるとの話をしたが、７２７の主翼の上半角は３度で、７０７などと比べれば小さい。しかし７２７の初期の設計案では主翼にわずかに下半角が付いているように見え、エンジン・ポッドを擦ることはないものの、やはり翼端の接触を恐れて最終的には上半角を与えたのだろう。

初期案の中には主降着装置を主翼後縁のポッドに収容する双発案（７２７-２６４Ｃ）や四発案（７２７-４７４）、三発案（７２７-３２３Ｋ）もあり、まるでツポレフ設計局が考えた７２７みたいだ。他に後の７３７と同配置の双発案（７２７-２９５）、７０７の縮小版の四発案（７２７-４７５）などもあって、ボーイングの迷いがうかがえる。

７２７の設計の解説といえばエンジン三発と主翼の高揚力装置に尽きてしまう感があり、これらを決定した後はすいすいと設計が進んだように見えてしまう。もちろん実際にはそんなに簡単なものでもなかったろうが、胴体は比較検討の要も特になかったろう。１００席級以上であれば７０７と同じ６列（３列＋３列）の胴体で十分合理的にまとまる。これがもう一回り小さなクラスであれば、５列（２列＋３列）配置の胴体との間の優劣が問題になっただろうが。

７２７の胴体は上側が大きい二重円弧断面で、最大径は７０７と同じだ。実際床面から上は７０７とまったく同じ大きさだが、下半分の円弧は７０７よりも若干縮小している。中短距離路線の乗客は長距離線よりも手荷物が少ないと見て、床下貨物室を縮小して抵抗と構造重量を減らしているのだ。

厳密には７２７では胴体の前半部よりも後半部の方が下半分が大きくなる。これは主翼付け根の部分を膨らませて主降着装置を収容し、そのまま延長する形で後部胴体を整形しているためだ。

構造的には７２７は７０７以来の設計手法を引き継いでおり、例えば主翼はわずか４本のピンで胴体と結合され、主翼のたわみを胴体に伝えない設計になっている。一方で飛行制御システムは７０７よりも新しく、三舵は完全に機力（油圧）制御になっている。

７２７の新機軸に後部胴体に組み込んだエアステアがある。これはローカル空港でタラップを横付けする間を惜しんで乗降

3本のスラストレバーを有する727のコクピット。もちろん3人乗務である。グレアシールドにある「1」「2」「3」はエンジン消火レバー。写真は1997年撮影、ウランバートルへ向け飛行するMIATモンゴル航空の200Adv.型で、元をたどると全日空機（JA8344）であった。Hisami Ito

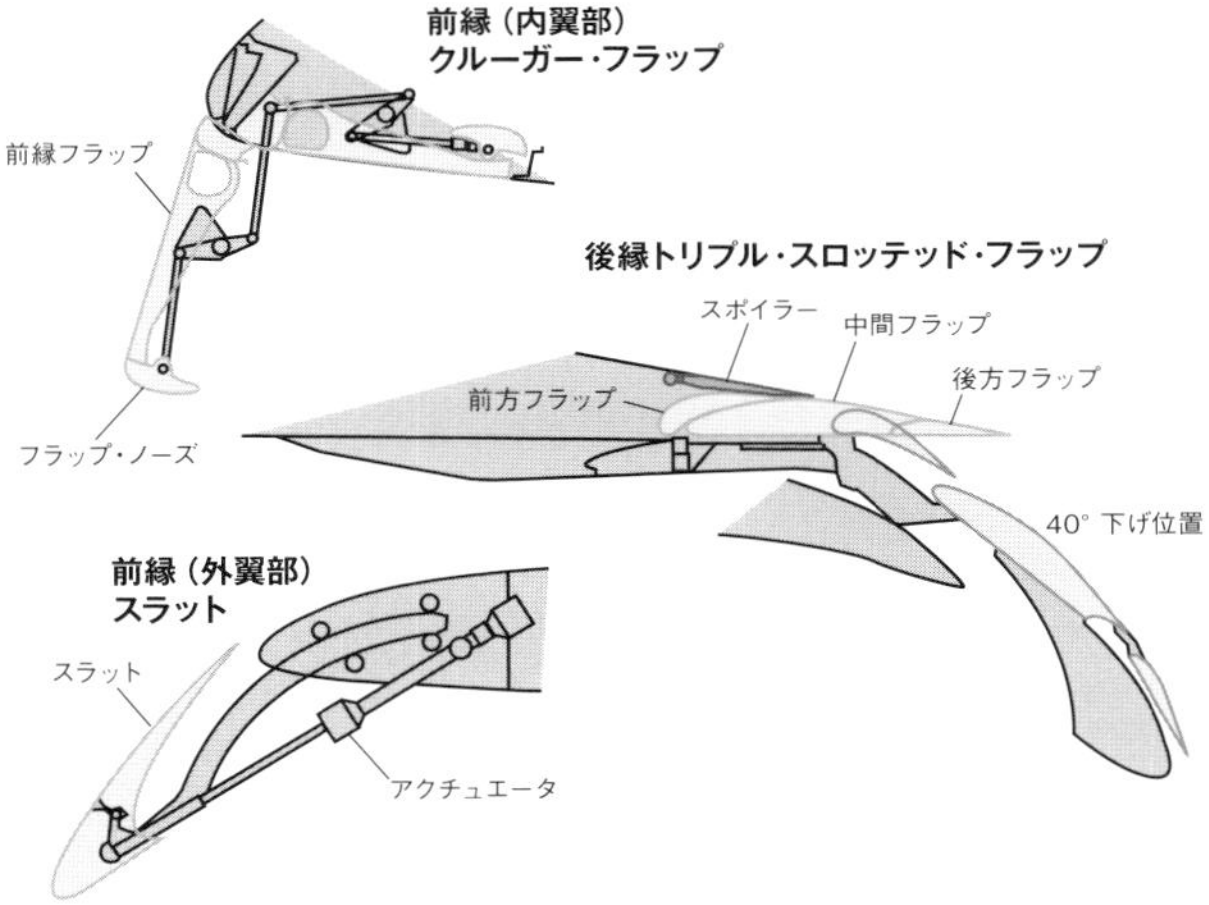

727の高揚力装置

主翼後縁のトリプル・スロッテッド・フラップ、前縁内翼部のクルーガー・フラップ、前縁外翼部のスラットを組み合わせた大胆な高揚力装置。後にも先にも、ボーイングがこれほど凝った高揚力装置を採用したことはない。

727の揚力係数変化

風洞実験で得られたデータでは、後縁トリプル・スロッテッド・フラップのみで前縁に高揚力装置を持たない場合、揚力係数は迎え角7度で停滞してしまう。前後縁に高揚力装置を組み合わせた結果、初めて高い効果が得られたのだ。

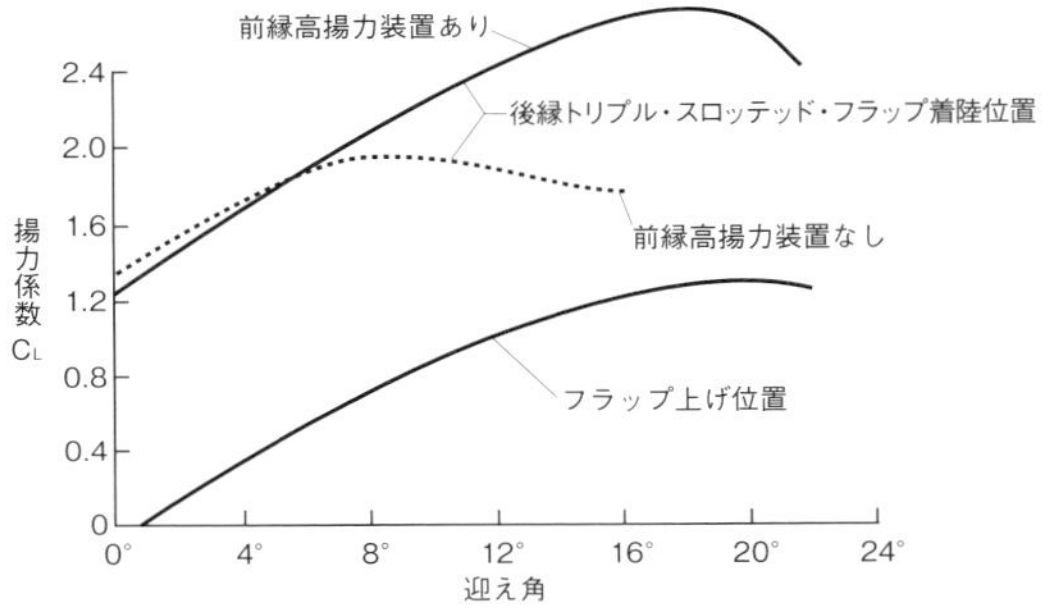

風洞実験による727の揚力係数変化

させるためで、乗客は中央エンジンのエア・ダクトの真下を潜って出入りすることになる。

このエアステアは非常脱出口としても利用出来る設計になっていたのだが、1971年11月ノースウェストの727をハイジャックして身代金を要求した後、犯人がエアステアを飛行中に降ろしてパラシュートで飛び降りるという事件が起こった。これ以降エアステアを飛行中には開放出来ないよう改造したり、エアステアそのものを固定してしまった機体が多い。

ベストセラー旅客機

前述のようにボーイング727計画の正式なゴーアヘッドは1960年6月だが、同年10月にはイースタンから確定40機、ユナイテッドからも20機(+オプション20機)の受注を得て、細部設計へと進んだ。

727の試作1号機は1962年11月27日にクリーム・イエローとチョコレート・ブラウンの塗装でワシントン州のレントン工場でロールアウトし、レントン飛行場から翌年2月9日に初飛行した。初飛行では離陸時にダクトの気流が乱れて中央エンジンがストールするトラブルがあったりしたが、飛行試験そのものは順調に進行して、1963年12月には型式証明を取得出来た。初就航は1964年2月イースタンにおいてで、初飛行では1年以上先行していたトライデントを追い越してしまった。


初期生産型は727-100と呼ばれ、離陸総重量約77トン、乗客はシングル・クラスで114席から131席になる。最大ペイロードでの航続距離は2700nmだ。727-100は407機が生産された。

しかし生産の主力は胴体を主翼の前後でそれぞれ3mずつ延長した727-200で、乗客は167席、日本仕様では178席に増加した。離陸総重量は95トンに増大し、航続距離は逆に2400nmに減った。1967年7月27日に初飛行し、同年12月から就航している。727の生産の8割が200ということになる。

727の売り上げを延ばすのに貢献したのが貨客型の開発で、ローカル空港にもジェット機で貨物を届けられるようになった。C(Convertible)は側面に幅3・4mの貨物ドアを取り付けて床面を強化、全旅客、貨客混載、全貨物の三つの形態を使い分けられる。座席やギャレーをパレットに載せて転換をさらに迅速にしたQC(Quick Change)もある。727-200Fは純貨物型だ。

1970年代末にはアドヴァンスド(Adv.)727も登場させた。727-200のエンジンをJT8D-15に強化して巡航速度を向上させると同時に騒音を低減、燃料タンクを増設して航続距離を回復し、内装をワイドボディ機に合わせて近代化した。折しも石油ショックや不景気で航空旅客の延びが止まった時期で、ワイドボディ機を押しのけて年に100機前後が売れる稼

貨客混載型や貨物型などの存在も727のセールスを後押しした。前部胴体左舷の大型カーゴドアを開放した写真のUPS機は後にロールスロイス社製テイ・エンジンに換装したQF型（Quiet Freighter）。Charile Furusho

ぎ頭となった。

しかしさすがに1980年代になると727シリーズの売れゆきも鈍った。大手エアラインは727をワイドボディの新しいジェット・エアライナーと更新していったが、中古の727は中小エアラインや第三世界に回って飛び続けた。厳しくなる騒音規制をクリアするためのJT8Dのハッシュキットも流行した。

一時期、727の最大のユーザーはフェデックス（フェデラル・エクスプレス）社であった。1978年に中古の727貨物型を入手したのを皮切りに数を増やし、やがて新造機も買い入れるようになり、保有機数は170機にもなった。1984年に727シリーズの最終生産機を引き取ったのもフェデックス社だった。

しかしフェデックス社がさらに成長し、757や767、777といった新型機をそろえるようになると、727は引退のときを迎える。2007年から余分な727は全米各地の飛行学校などに、教材として贈与されるようになった。2013年6月には、同社の最後の727が運航を終えた。

2020年時点のデータで727は世界で13機前後が現役だが、イラン・アーセマーン航空が2019年1月に最後の定期旅客便を飛ばしたので、現在飛んでいるのはすべて貨物便だ。

ボーイング727を懐古する本が出版されるのもそう遠くはないかも知れない。

モスクワ・シェレメチェボ空港を離陸するアエロフロートのRA-65781。同社は1967年の試験運航開始から40年間にわたりTu-134を飛ばした。最後の旅客便は2007年12月31日、カリーニングラードからモスクワへのフライトだった。
Konan Ase

フルシチョフが求めた"カラヴェルのような旅客機"

ツポレフTu-134

1963年初飛行／1967年初就航／製造機数852機(NATOコード:Crusty)

**日本での知名度が低いジェット・エアライナーの定番とでも言おうか、
ツポレフTu-134は100席にも満たない座席数の、
ソ連とその同盟国における国内ローカル線機の主役であった。
しかし、なかなかに流麗な飛行姿とは裏腹に、
設計の思想や経緯には首をかしげる点が少なくない。
この不思議な旅客機は、2019年春までごく少数機が
ロシアの民間航空界で生き残っていた。
また2021年時点でも、軍や政府関係を中心に
二桁のアクティブな機体が存在している。**

DC-9に迫る機数

数多く生産されて多くの国で使用されながら、日本での人気が低い、それどころか一般的な知名度がゼロに近いジェット・エアライナーと言えば、Tu-134が筆頭だろう。

852機というTu-134の総生産数は、同じクラスのDC-9に近い（もちろんMD-80／90シリーズを加えれば生産数は二倍以上になるが）。BAC1-11やフォッカーF28の優に三倍以上の生産数だ。

日本での知名度や人気が低い理由は分かっている。Tu-134は旧ソ連や旧東側諸国の国内線用エアライナーで、日本には縁が薄かったからだ。日本の空港で見かけることがまずないのはもちろんのこと、日本人が海外旅行で乗ることも少ない。馴染みが薄ければ人気も出ない。

Tu-134はかなり小さなジェット・エアライナーだ。標準で70席級から80席級、無理に詰め込んでも百席以下というのは、DC-9-10や1-11シリーズ200あたりに相当する。最大離陸重量はTu-134が44・5トン、改良版のTu-134Aでも47トンで、DC-9-10よりは3〜5トンほど重く、1-11-400よりも4〜5トン重い。

西側のジェット・エアライナーであれば、このくらいの客席数から出発しても、たいていは百席を超えるまでストレッチしていく。DC-9などは最終的には二百席近くまで大型化した。

Tu-134シリーズがそこまで成長しなかったのには、例えば適当な推力のエンジンがなかったといった事情もあるのかも知れないが、ソ連に小型のエアライナーを必要とする事情もあるのだろう。例えば自然的条件で大きな飛行場が建設出来ないとか、地上の交通機関では連絡しにくい地方の小都市が多いとかが考えられる。広大なシベリアの地図を見ても、ここをもれなく鉄道や道路で結ぶのはひどく大変に思える。しかし人口が分散しているから、大きなエアライナーは必要ない。

Tu-134よりさらに下のクラスには、西側のリージョナル・ジェットよりもさらに小さいヤコヴレフYak-40というジェット・エアライナーがあって、千機を超える量産が行なわれている。

最高権力者の意向

Tu-134の開発に関しては奇妙な逸話がある。まるでソ連名物の政治アネクドート（笑い話）みたいだが、ロシア側の資料にも出て来るから本当のことなのだろう。

1960年の1月、ソ連の首相ニキータ・S・フルシチョフがフランスを訪問した。彼はTu-104でパリに乗り込んだが、フランス側は彼をシュド・カラヴェルIIIのデモンストレイション飛行に招待した。フルシチョフはカラヴェルの乗り心地、とりわけ騒音と振動の少なさに感銘を受けた。

　Tu-104は推力10トン級の大きなエンジンを胴体の両脇に抱えている。一方カラヴェルはその半分程度の推力のエンジンを胴体の後部に、キャビンから離して搭載していたのだから、振動と騒音はかなり低かったろう（特にキャビンの前部に搭乗していたら）。

　この比較がフェアかどうかはともかく、フルシチョフはソ連に戻るなり、ツポレフ試作設計局（OKB）の長、アンドレーイ・N・トゥーポレフ本人を呼びつけて、カラヴェルと同じようなジェット・エアライナーをソ連でも開発するよう指示した。

　ツポレフOKB（OKB-156）はこの当時国内線用にTu-124（36ページ）を開発していたが、まだ試作機が飛んでもいない（1960年3月初飛行）。しかし理不尽であろうと無かろうと、最高権力者の意向には逆らえない。こうしてTu-134の開発はスタートしたと言うのだ。

Tu-124との関係性

　ツポレフは新ジェット・エアライナーをTu-124の発展型として当初は考えていた。だから初期の設計名はTu-124Aだった。Tu-124の主翼付け根のエンジンを胴体後部に移せばなんとかなると思っていたようだ。

　しかし実際にはエンジンを抱え込まないのなら主翼の構造は大きく異なるし、垂直尾翼もT尾翼に変わり、結局Tu-124とは違った設計となって、名称もTu-134と改められた。ただ胴体は、エンジンの付く後部を除いてはほぼTu-124と共通だ。

　Tu-134（Tu-124A）の当初の要求は、40人の乗客を乗せて路線は1500kmから最大2000km、最大速度は1000km／h、巡航速度は800〜900km／h、ペイロードは5000kgといったところで、最初は短距離機よりもむしろ今で言うリージョナル・ジェットだった。エンジンはソロヴィヨフD-20Pターボファンが選ばれた。

　しかし計画の検討が進むうちにTu-134の規模はやや拡大され、1961年末には要求仕様は乗客数65〜70人、路線は1500〜3000km、ペイロードは7000kgとなった。エンジンはD-20P-125（推力5800kgf）だ。

　1962年始めにはTu-134の設計もほぼ固まり、1963年前半には試作1号機の組み立てが開始された。正式にはTu-124AからTu-134へと名称が変わったのは1963年2月のことだ。試作1号機の登録記号はCCCP-45075で、これはTu-124シリーズとしてのナンバーのようだ。

　Tu-134の1号機は、1963年7月29日に初飛行した。試作機と銘打たれているのはもう1機、1964年9月に進空したCCCP-45076だけだが、実際には前生産型の1号機（1965年8月進空）から4号機も、事実上の試作機とし

シェレメチェボで駐機中のRA-65769(Tu-134A-3)。主翼後縁で目立つポッドはメインギアを格納するためのもので、ポッドを挟んでダブル・スロッテッド・フラップ、その外側にエルロンを有する。Konan Ase

遅れたディープ・ストール対策
初飛行から就航までの4年間とは

て飛行試験に寄与した。この4機にはCCCP-65600から65603までの、Tu-134としての登録記号が割り振られていた。

試作2号機は1号機と比べて胴体が0・5m延長されていたが、胴体側面には非常口がなかった。試作2号機は試験機材を下ろしてキャビンを整え、1965年のパリ航空ショーに出品されている。

非常口(ICAOタイプⅣ)が付いたのは前生産型からで、最初は胴体中央部に左右一つずつであったが、生産4号機(CCCP-65607)から二つずつになった。

Tu-134のテストの過程でパワー不足が指摘されて、ソロヴィヨフ(ペルミ)エンジン設計局が推力6800kgfのD30ターボファンを新規に開発することになった。D30は前生産型3号機(CCCP-65602)に初めて搭載され、1966年7月に進空している。

BAC1-11の事故後

Tu-134の試作とテストの過程には、ロシア側の資料でも不明朗なところがある。1963年半ばに初飛行したエアライナーが就航するのに1967年まで待たねばならなかったこと自体がおかしい。ほぼ同じ頃に初飛行したBAC1-11は、事故で予定が1年遅れたものの、1965年4月25日に就航している。

　その1-11の重大事故が、Tu-134の就航の遅れの原因の一つであったことは間違いない。1-11の試作1号機は、初飛行から2か月後の1963年10月22日のテスト飛行で失速から回復出来ずに墜落、搭乗していたテスト・クルー7人全員が死亡する事故を起こしている。

　大迎え角で主翼が失速し、水平尾翼が主翼とエンジン・ナセルの乱流に入って機能しなくなり、操縦不能に陥るディープ・ストール（ロックイン・ストールあるいはスーパー・ストールとも呼ぶ）が原因だった。

　カラヴェルが先鞭を付けたリア・マウンテッド・エンジンは、1960年代にはエアライナーの設計の一つの流行であったと言っても良いだろうが、この1-11のディープ・ストール事故はそれらのメーカーに等しく大きな衝撃を与えた。

　ソ連とて例外ではなかった。ツポレフOKBのTu-134も、またイリューシンOKBのIL-62も、ディープ・ストール対策で設計変更を迫られた。

　Tu-134の場合、水平尾翼を拡大することで対処した。エ

アエロフロート・ノルド機RA-65083のインフライト・コクピット。運航乗員はパイロット2名に航空機関士、航法士のフォー・マン・クルー。Alexander Mishin

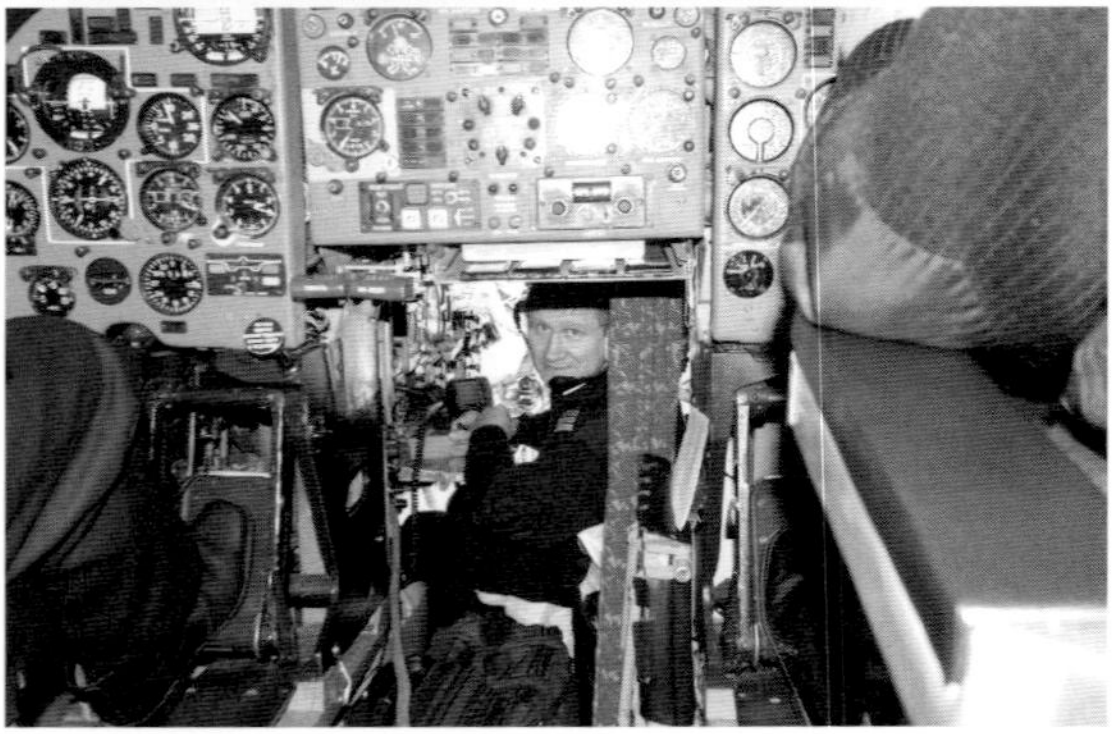

左右操縦席の中央、パイロットの足元付近からアクセスする航法士席。内部の航法パネルは横向きにセットされている。1970年代以降も、ソビエトでは航法士が地表を見ながら飛行する方法を用いていた。Alexander Mishin

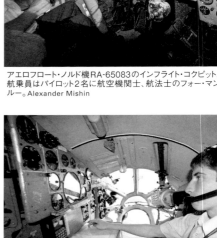

ンジン・ナセルの後流がかぶって水平尾翼が機能しなくなるのであれば、水平尾翼の翼幅を拡げて両端を後流から外に出せば良いのだ。設計段階で１-11の事故を知ったＤＣ-９も水平尾翼を拡大している。

遅すぎる改良型

しかし設計変更された水平尾翼を取り付けられた前生産型３号機（ＣＣＣＰ-６５６０２）が再進空するのは１９６６年10月になってからだ。前生産型１号機も同じ尾翼に改造されて、２機で失速試験が行なわれた。

もちろん１-11の事故は当時の世界の航空界の重大な関心事であり、秘密にされていたわけではない。設計を変更して水平尾翼を拡大したＤＣ-９が初飛行するのは１９６５年２月だ。タイミングからすれば前生産型進空の段階で改良型になっていてもおかしくないのだが、現実のツポレフＯＫＢの対応はいかにも遅い。

ディープ・ストール問題とは全く関係はないのだが、試作２号機は１９６６年１月14日に墜落事故を起こしている。この機体は前年７月から、空軍の手でテストを受けていた。ソ連の輸送機は、軍事輸送の可能性を見るため、いちどは空軍によってテストされることになっている。

事故の原因は空軍のテスト・パイロットのエラーで、超過禁止速度域において急激なラダー操作を行ない、横滑りからコントロール不能に陥ったものだった。この事故も就航の遅れに繋がったかもしれない。

この時期ツポレフＯＫＢはTu-１４４ＳＳＴや軍用機など他の計画に忙殺されていて、Tu-１３４の開発に十分に人手を割けなかったのか。同じクラスのTu-１２４の生産が軌道に乗り始めて来たところなのだから、Tu-１３４の実用化を急ぐこともないとの判断が働いたのかも知れない。Tu-１２４の発展型だから開発にそう手間がかからないとの油断があったようにも見受けられる。

ちなみにTu-１３４の開発を指示したフルシチョフ首相は１９６４年10月に失脚している。

主翼後退角の過大

Tu-１３４はスマートで線のきれいな、いかにも速そうな飛行機だ。特に機首がレドームになった中期以降の生産型は、鼻先も鋭く一層速そうに見える。胴体が細く、主翼と尾翼の後退角が大きいこともスピード感に貢献している。

しかし美学的にはともかく、工学的にはTu-１３４の主翼の後退角は過大に思える。Tu-１３４の主翼の１／４翼弦での後退角は35度だが、１５００㎞からせいぜい３０００㎞の路線でしか使われない機体には大き過ぎる後退角だ。同じ時代で同じクラスのＤＣ-9は24・5度、1-11に至っては20度でしかない。

Tu-134の主翼平面形は基本的にTu-124を踏襲している。Tu-124はTu-104の縮小版として設計され、そのTu-104はTu-16"バジャー"爆撃機を最小限の変更でエアライナーにしたものだ。つまりTu-134の主翼はTu-16のそれに由来している。エアライナーとしての運航を熟慮して設計されたもののようには思えない。ゼロから設計したら主翼後退角は20〜25度が妥当なところだろう。

主翼の翼厚比は付け根が9・75%、翼端が11%だ。普通の主翼は翼厚比が付け根側が大きく、翼端に近付くほど小さくなるものなので、Tu-134の主翼は構造的にも異例だ。

実はこれは胴体の床面を平坦にするために（Tu-104は通路の段差で評判が悪かった）、付け根部分の翼型の上面を無理に平坦にしているからで、実際中間部の翼厚は13%になっている。こんな話は他に聞いたこともない。これに限らず、Tu-134の主翼は空力的にはかなり非合理なことをしている。

この時期のツポレフＯＫＢの設計の通例として、主降着装置は後方に引き上げられて、主翼後縁のポッド内に引き込まれる。ポッドより内側の内翼では、後縁は機軸と直角になっている。後縁にはこのポッドを挟んでダブル・スロッテッド・フラップがあり、その外には内外二つに分かれたエルロンがある。ラダーのみ油圧で、エルロンとエレベーターはマニュアル（人力）操舵だ。

胴体は外径が2・9mで、キャビンは通路を挟んで2列ずつの配置になる。3列プラス2列の配置もあったようだが、かなり窮屈であったろう。

この頃には西側ではキャビンには小さな窓を並べるのが常道となっていたが、Tu-134ではまだ大きな丸窓を配置している。恐らく窓の無い席が出来たことだろう。

初期生産機のキャビンのドアは楕円形で、高さは1・3mしかなかった。これでは出入りの際に腰をかがめねばならず、ひどく不便な上に非常時には危険でもあるので、生産19号機（ＣＣＰ-65618）からは角を丸めた長方形のドアになったが、それでも高さは1・61mしかなかった。

Tu-134の生産型に搭載されたＤ30はバイパス比1・0の2軸ターボファンで、西側で言えばＪＴ8Ｄやスペイあたりの世代に相当する。推力はＤ30-IIが6800kgf、Ｄ30-IIIは6930kgfになる。

Tu-134の乗員は正副操縦士、航空機関士、航法士の4人で、西側ではこのクラスは二人、せいぜい三人（正副操縦士と機関士）であることを考えれば、ソ連のエアライナーの自動化は遅れていたと言わざるを得ない。

やはりこの当時のツポレフＯＫＢのエアライナーの通例として、機首先端にはガラス張りの航法士席がある。航法士席の直下には、マッピング用レーダーのレドームが張り出している。

航法士席には操縦席の間を通って乗り込むので、Tu-134

通路を挟み2列ずつシートが並ぶTu-134のキャビン。写真はTu-160超音速戦略爆撃機の乗員を養成するTu-134UBLのもの。Alexander Mishin

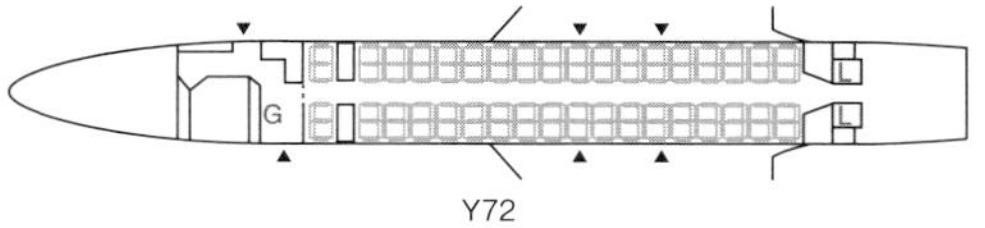

Tu-134の座席配置

エコノミー・クラス72席仕様のコンフィギュレーション。さらにハイデンシティの仕様では3列+2列配置もあったが、相応の狭さを覚悟する必要がある。

胴体幅2.90mのキャビン断面

737の3.76mと比較すれば、これほどまでに細いTu-134の胴体。ジェット・エアライナーとしては、かなり華奢である。

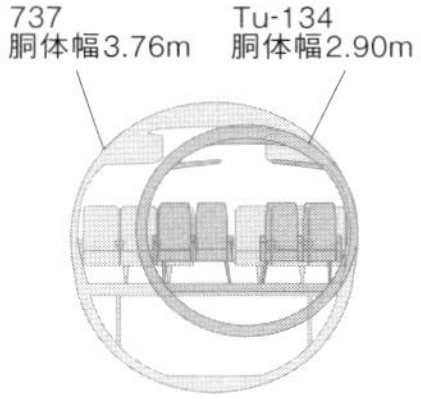

後退角35度の主翼に露見するソビエト式設計の工学的非合理

の計器板の中央下には大きな穴があり、機長と副操縦士にはそれぞれ別々のスロットルが用意されている。

胴体延長のA型

Tu-134は1967年4月から、アエロフロートの手で試験運航を開始した。モスクワのヴヌコヴォ空港を拠点に、乗客は乗せずに貨物や郵便を積んで、南路線（黒海地方や中央アジア方面だろう）を合計2600時間飛んだ。

ソ連時代にはしばしばこのような試験運用を「運航開始」と強弁するようなことが行なわれていたが（Tu-144の場合とか）、Tu-134に関しては西側との競争もなく、画期的新鋭機というわけでもなかったので、特に宣伝はされなかったようだ。乗員はこの機会に、農産物の豊かな南部地方から新鮮な果物などをモスクワに買って帰ったという。

Tu-134は1967年の9月に正式に商業運航を開始した。西側の機関の型式証明も取得して、晴れて西側の空港にも制約無しに乗り入れられるようになった。

1968年には最初の輸出商談もあった。もっとも東ドイツのインターフルクとポーランドのLOTという、事実上のソ連の支配下の東欧諸国であったが。なお1965年にパリ航空ショーに参加した試作2号機は、売り込みのため帰りにベルリン、ワルシャワ、プラハに立ち寄っている。

Tu-134の生産が軌道に乗って来たところで、ツポレフOKBは改良型の開発に着手した。Tu-134Aは胴体を2・15mストレッチして、客席を76席まで増やした型で、エンジンは推力は同じだが燃費率が改善したD30-IIになる。自重は2万9000kgに、最大離陸重量は4万7600kgになった。

その代わりにTu-134Aでは、最大ペイロードでの航続距離はTu-134の2000kmから1740kmに減少し、離陸滑走距離は1000mから1400mに延びている。

Tu-134Aの試作1号機は、Tu-134の通算25号機（CCCP-65624）を生産ラインから引き抜いて、胴体を延長して製作された。試作機は1969年4月22日に進空している。試作機はもう1機（CCCP-65626）が同じようにして製作されている。

Tu-134Aの生産1号機（CCCP-65646）は1970年6月に登場している。このナンバーからすれば、無印のTu-134は46機が製造されたことになる。

ユーゴスラヴィアの要求

ところでTu-134シリーズには、機首に透明の航法士席を持つ型と、機首がレドームになっている型とがあることはすでに述べたが、Tu-134へのレーダー搭載はユーザーの要望によるものであった。ユーゴスラヴィアのアヴィオジェネクスが気象レーダーの搭載を強く迫ったのだ。機首下面のレーダーは航法用で、この位置では機体の正面に向けることも出来ず、気象レーダーとしては役に立たなかった。

最初ツポレフOKBでは機首に気象レーダーを載せることには抵抗した。しかしアヴィオジェネクス側は気象レーダーを載せないのならば発注したTu-134の引き取りを拒否すると宣告、ツポレフOKB側が折れてレーダー搭載型を製造することになった。レーダー型では全長が0・2mほど長くなっている。レーダーのディスプレイは元の航法士席への出入り口に収まり、乗員は正副操縦士と機関士の3人になった。

気象レーダー搭載型はTu-134Aのサブタイプとして扱われ特に名称はない。設計局内では「レーダー鼻先」(radarnym nosom)と呼ばれ、東欧諸国では「ユーゴスラヴィア型」などとも言われていたようだ。

気象レーダー型はほぼ輸出専用だった。つまりソ連国内では1970年代になってもまだ直接に地表を見て飛ぶことが行なわれていたわけだ。あるいは航法士達が失業を恐れたのかも知れないが。

1980年には外寸は変わりないが、キャビンのレイアウト変更で80席としたTu-134Bが登場している。エンジンは推力は同じだが改良型のD30-IIIになった。

Tu-134シリーズは広く長く使われただけに改造機が数多くあるが、正式のサブタイプは無印、A型、B型くらいだ。胴体を大径化し、主翼やエンジンも変えるTu-１３４Ｄの計画もあったが（そこまで変えればもう別の飛行機だと思うが）、Ｙａｋ-42が代わりに採用された。

Tu-１３４シリーズは世紀の変わり目でもまだ数百機が旧ソ連などで飛んでいたが、騒音問題でヨーロッパの空港には乗り入れられなくなったことや、老朽化による事故が頻発したことで、アエロフロートからは２００７年末に姿を消している。

旧東側諸国へは輸出もされた。写真はチェコスロヴァキアCSAのTu-134Aで、ノーズには気象レーダーを搭載、ガラス張りの航法士席がない。1/4翼弦の主翼後退角は35度。スピード感あふれる視覚的印象に一役買ってはいるが、短距離エアライナーとしては過大だ。
Yohichi Kokubo

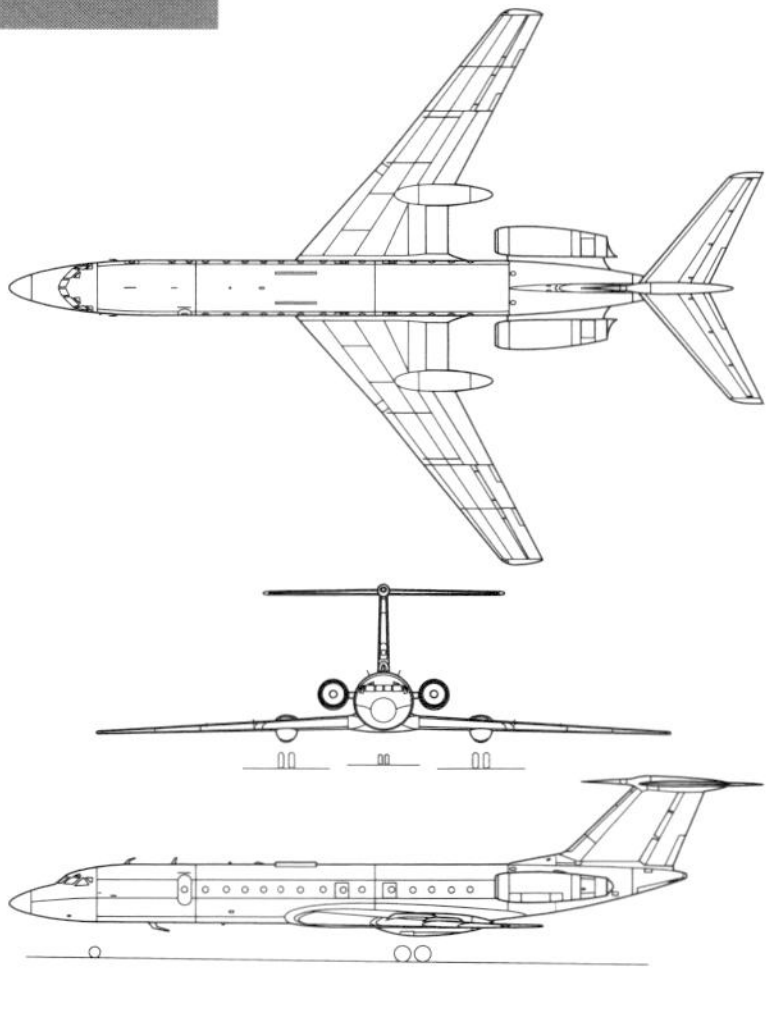

Tu-134A

全幅	29.01m
全長	37.05m （従来型は34.95m）
全高	9.14m （従来型は9.02m）
主翼面積	127.3㎡
最大離陸重量	47,600kg （従来型は45,000kg）
最大巡航速度 (32,800ft)	885km/h
航続距離 (with max payload)	1,740km

T尾翼の空力的特性と格闘した、短距離ジェットの先駆者

BAC 1-11 (One Eleven)

1963年初飛行／1965年初就航／製造機数244機

本書では、リア・マウンテッド・エンジンとT尾翼を組み合わせた機体が登場するたびに、厄介な失速現象「ディープ・ストール」について述べている。さらに、この英国製エアライナーを紹介するにあたっては、その悪癖の原理について本格的に解説する必要がある。なぜならばBAC 1-11が飛行試験中に遭遇した不幸なアクシデントこそが、その危険性を世界に知らしめる発端であったからだ。

1965年4月25日にBAC 1-11を世界初就航させたのがブリティッシュ・ユナイテッド航空だった。写真はロンドン・ガトウィック空港に駐機中のシリーズ200（G-ASJD）で1970年2月の撮影。同社はこの年、カレドニアン航空に売却されて消滅する。Eduard Marmet

先行するアイディア

コメットに続いて、イギリスは１９６０年代に三発のトライデントと、双発のＢＡＣ1-11（ワン・イレヴン）を送り出した。

この三機種には共通した特徴がある。コメットは中距離国際線、トライデントは中短距離線、1-11は短距離線におけるジェット・エアライナーのそれぞれ先駆けなのだ。

しかしパイオニアであるにもかかわらず、どれも後発のアメリカ製ジェット・エアライナーに販売機数で大きく差を付けられ、商業的には成果を挙げられなかった点もまた共通している。

第二次大戦当時からイギリスには航空機に限らずこういった事例が多い。ジェット・エンジンもレーダーもソーナーもイギリスの発明だが、実用化し発展させたのはアメリカだった。

産業革命以来の蓄積で人材や研究施設はまだ残ってはいても、生まれたアイディアを大規模に工業化し商業化するには国力（資本）が足りない。国内市場も狭い。勢いイギリスはアイディアだけが先行して、美味しいところはアメリカ資本がさらって行くことになる。

話をエアライナーに戻すと、イギリスは第二次大戦の勝利までまだ一年半ある１９４４年初めには、すでに戦後の航空輸送界を見据えた見取り図を描いている。コメットの項で触れたブラバゾン委員会の報告書がそうで、短距離から長距離まで五種類のエアライナーを提案している。コメットはその中のタイプⅣ（中長距離路線）に相当するが、タイプⅡの短距離路線用に開発されたのがヴィッカーズ・ヴァイカウントだ。ターボプロップ四発のヴァイカウントは１９４８年に初飛行、イギリス機には珍しくアメリカ市場でも好評で迎えられ、１９６４年までに当時としては大成功の４４５機を生産した。

このヴァイカウントの後継機としてＢＡＣ（British Aircraft Corporation）社が開発したのが1-11だ。ヴィッカーズ社の航空部門はハンティング社、イングリッシュ・エレクトリック社、ブリストル社などと合同して、１９６０年にＢＡＣ社になっている。

ヴァイカウント後継

1-11がヴァイカウントの後継で、ヴィッカーズ社がその一部となっているＢＡＣ社で開発されたとなると、開発を主導したのも旧ヴィッカーズ系と思ってしまうが、実際には1-11の源流はむしろ傍系のハンティング社にあった。ハンティング社が１９５０年代後半に計画したＨ.１０７が、実質的にＢＡＣ1-11のルーツになっている。

ハンティング社（旧パーシヴァル社）は戦前から練習機や軽輸送機などを造ってきた会社だが、本格的なエアライナーには縁がなかった。それがジェット・エアライナーに手を出そうと

BAC 1-11-200

アメリカでの成功を多分に意識して開発された1-11。写真はアロハ航空のシリーズ200（N11181）で1966年4月に初納入された。同じ太平洋地域ではフィリピン航空にも同時デリバリーされている。BAC

レシプロ主流の短距離機市場における
ニッチ市場、ジェット化への葛藤

したのは、他の会社がどこも手掛けていなかったからのようだ。要するにニッチ狙いである。

いまでこそ短距離機の市場は、各クラスのジェット・エアライナーの中でも最大規模と認識されているが、１９５０年代半ば当時には、そもそも短距離線用のジェット・エアライナーが成立するかどうかも疑われていた。なにしろ短距離路線にようやくターボプロップのヴァイカウントが広まり始めた頃で、ローカル線ではまだまだレシプロ・エンジン機が幅を利かせていた時代だったのだ。

ハンティングＨ.１０７は１９５６年に32席の案で出発したが、１９５９年のファーンボロ航空ショーで計画を公表した時には、48席総重量20トン級にまで成長していた。

翌年にはイギリスの航空メーカー大合同でＢＡＣ社が成立するが、同じ会社の別部門となった旧ヴィッカーズがＨ.１０７計画に興味を示す。ヴィッカーズ社では１３０席級の中短距離機ＶＣ11を検討していたが、ホーカー・シドリー・トライデントとの競合が予想されたため計画を諦め、代わりにＨ.１０７の事業化を目論んだのだった。

１９６０年のファーンボロ・ショーでは、ＢＡＣ１０７と改名されたＨ.１０７の発展計画が披露された。ＢＳ75ターボファンをリア・マウントした60席級の双発機だった。

しかしＢＡＣ社が潜在顧客のエアラインの意見を聞いて回ったところ、もう一回り大きな機体を求める声が強かった。総重量三十数トンで70席級以上となると、これまで考えていたBS75ではパワー不足で、ロールスロイス社が開発中だった推力1万ポンド（4536kgf）級のスペイ・ターボファンが採用されることになった。

ボーイング727やダグラスDC-9の成功の鍵がプラット&ホイットニーJT8Dターボファン・エンジンであったと指摘したことがあるが、イギリスにおいてJT8Dに相当するのがRRスペイだ。三発のトライデントに載せられ、続いてBAC1-11にも搭載された点では、JT8Dと727、DC-9の関係とも良く似ている。

新しい設計案は1961年3月までにまとまり、BAC111と呼ばれることになる。BAC社では111を“One-Eleven”と区切って呼んでいるので、本書のように1-11と表記することも多い。

シンプルかつ先進的

DC-9の回でも述べたが、このクラスの短距離ジェット・エアライナーの潜在ユーザーには、それまでコンヴェアライナーのようなレシプロ双発エアライナーを飛ばしていたようなエアラインが少なくない。それらのエアラインにも抵抗なく導入出来るように、BAC1-11もDC-9同様に極力シンプルに設計されている。

例えば主翼は後退角が20度で、高揚力装置は後縁の1段式ファウラー・フラップだけ、前縁は固定だ。翼面荷重も低めに設定されている。最大巡航マッハ数は0・78とこれまた低めだ。

リアエンドにはDC-9などと同様に設備の簡素な地方空港での乗降を助けるエアステアを装備した。BAC

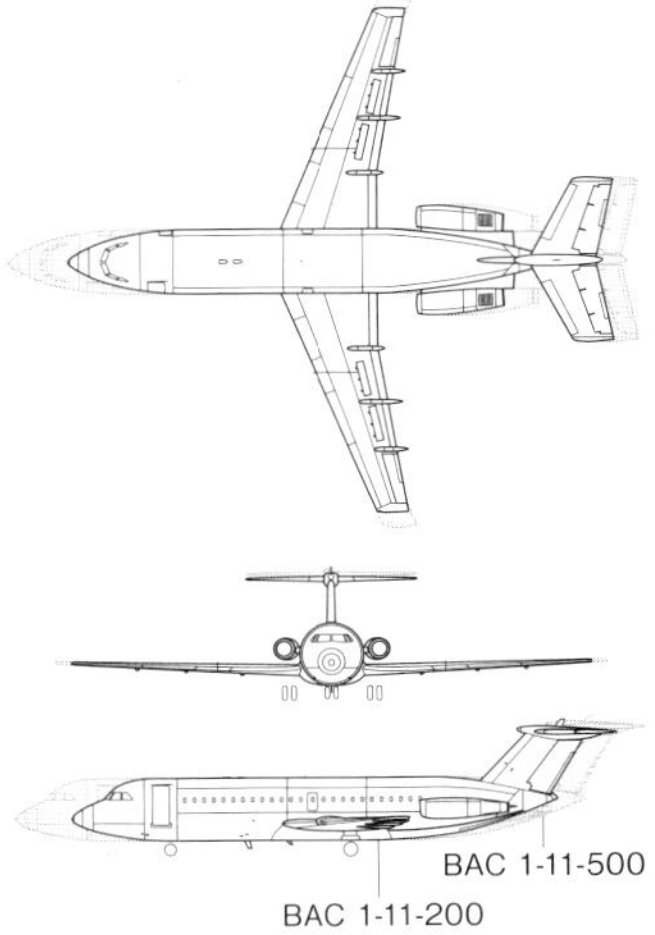

BAC 1-11-200／500

全幅	26.97m／28.50m
全長	28.50m／32.61m
全高	7.47m
主翼面積	93.18㎡／95.78㎡
基本運航重量	21,049kg／24,752kg
最大離陸重量	35,608kg／44,452kg
最大速度	882km/h
航続距離	1,980kg／2,849kg

ただシンプルと旧式は違う。1-11の主翼の空力設計には、翼上面の衝撃波発生を遅らせるピーキー翼型の考え方が取り入れられている。このあたりはイギリスの独壇場で、当時翼型研究では世界の最先端にあった。もっともこれもスーパー・クリティカル翼型という形で、アメリカに成果をさらわれてしまうことになるのだが。

構造的にも主翼の桁間のみならず、主翼付け根部分の胴体側面外板に削り出しの縦通材一体構造を取り入れているのが目新しい。これにはＶＣ10用の生産設備が利用された。

1-11の生産は胴体と主翼桁間が旧ヴィッカーズ、主翼組み立てが旧ハンティング、後部胴体と尾翼が旧ブリストルと分割され、最終組み立ては旧ヴィッカーズの工場で行なわれた。

1-11はＤＣ-９同様に、設計当時のアメリカ連邦航空局（ＦＡＡ）の規定に従って、離陸総重量を８万ポンド（３万６２８７kg）以下に抑えることで、正副操縦士のみによる運航を可能にしている。後にこの規定が撤廃されると、離陸重量を増大したストレッチ型が開発された。

1-11の胴体は外径が３・４０ｍの真円断面で、通路を挟んで２列＋３列配置のモノクラスが標準となる。シート・ピッチが84～86cmだと、初期量産型1-11-２００では69席から74席、最終型の５００では94席から99席となる。ただしピッチを74cmまで詰めると最大１１９人を乗せられる。キャビン最後尾のエンジンの間はトイレとエアステアとなっている。

1-11の内装を担当したのはニューヨークのデザイン会社で、アメリカ人好みのデザインで売り込みを掛けようというＢＡＣ社の意欲が窺える。

リア・マウントされたエンジンは初期型がスペイMk５０６（離陸推力４６８６kgf）で、その後Mk５１１（５１７１kgf）を経て、Mk５２１ＤＷ（５６９３kgf）にまで強化された。

ＢＡＣ社が1-11のゴーアヘッドを正式発表したのは１９６１年５月のことで、ＤＣ-９に二年近く先行していた。ゴーアヘッドと同時にブリティッシュ・ユナイテッド航空（ＢＵＡ）から10機（他にオプション５機）の受注があったことも発表された。

しかしＢＡＣ社が大きな期待を掛けていたのはアメリカ市場だった。ヴァイカウントはアメリカでも好評であったので、その後継機を謳った1-11にも勝機があると思ったのだろう。

実際アメリカのエアラインは1-11に強い興味を示し、一方アメリカのメーカーはダグラス社もボーイング社も、短距離線用エアライナーにいまひとつ乗り気ではないようだった。

１９６１年10月にはブラニフが1-11を15機（オプション含む）発注し、モホーク、ボナンザ、アロハなどの中小エアラインが続いた。大手でもアメリカン・エアライン（ＡＡ）が１９６３年７月、ＤＣ-９との比較検討の末に、1-11-４００を15機まとめて発注してきた（後にオプションを行使して合計30機を購入）。

英国ブルックランズ博物館の展示機シリーズ475(G-ASYD)のコクピット。米連邦航空局の規程に従い離陸総重量を8万ポンド以下に抑えることで2名乗務を可能にした点はDC-9と同様だ。Junji Sato

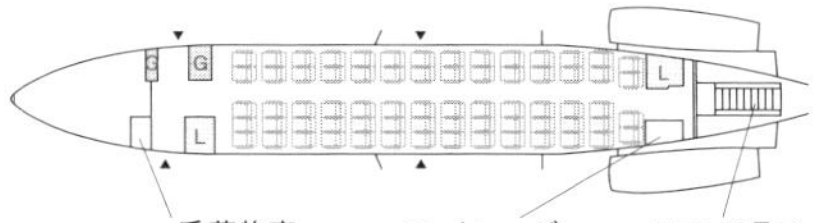

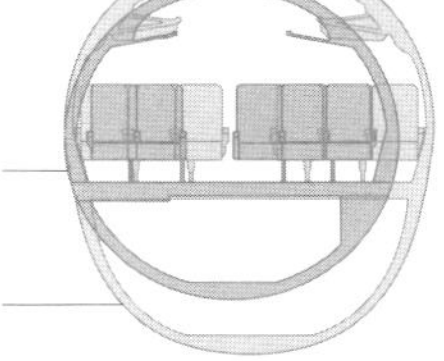

BAC 1-11の胴体断面と座席配置

胴体幅3.40mの真円断面と、通路を挟んで2列+3列配置のキャビン。ちなみにライバルDC-9は最大径3.34mの二重円弧断面と、同じく2列+3列の座席配置で構成されていた。写真は英国ダクスフォードで保管されている長胴型シリーズ500のキャビンで、かつてのBEAで飛んだG-AVMU。Mario Serranò

ディープ・ストールの恐怖

こうして好調なスタートを切った1-11は、1963年8月20日に試作1号機(G-ASHG)が初飛行した。ところが同年10月22日、通算54回目のテスト飛行において1号機は墜落事故を起こし、テスト・パイロットやエンジニアなど乗っていた7人全員が死亡するという悲劇が起きた。

この日行なわれていたのは重心位置を前後に動かしての失速試験であったが、テスト・パイロットが重心位置最後方で高度約5000mから意図的に失速に入れたところ、試作機は大きな迎え角から回復出来ないままに急激に速度と高度を失い、叩き付けられるように地表に激突した。ディープ・ストールとして知られるようになる現象だった。

これまで1960年代に登場したリア・マウンテッド・エンジン機を解説する時、必ずディープ・ストール問題への対処云々として触れてきたが、ディープ・ストール現象自体を解説するのはこれが初めてのことになる。ソ連まで含めた世界の航空メーカーを巻き込むディープ・ストール騒動のきっかけとなったのが、この1963年10月の1-11試作1号機の事故なのだ。

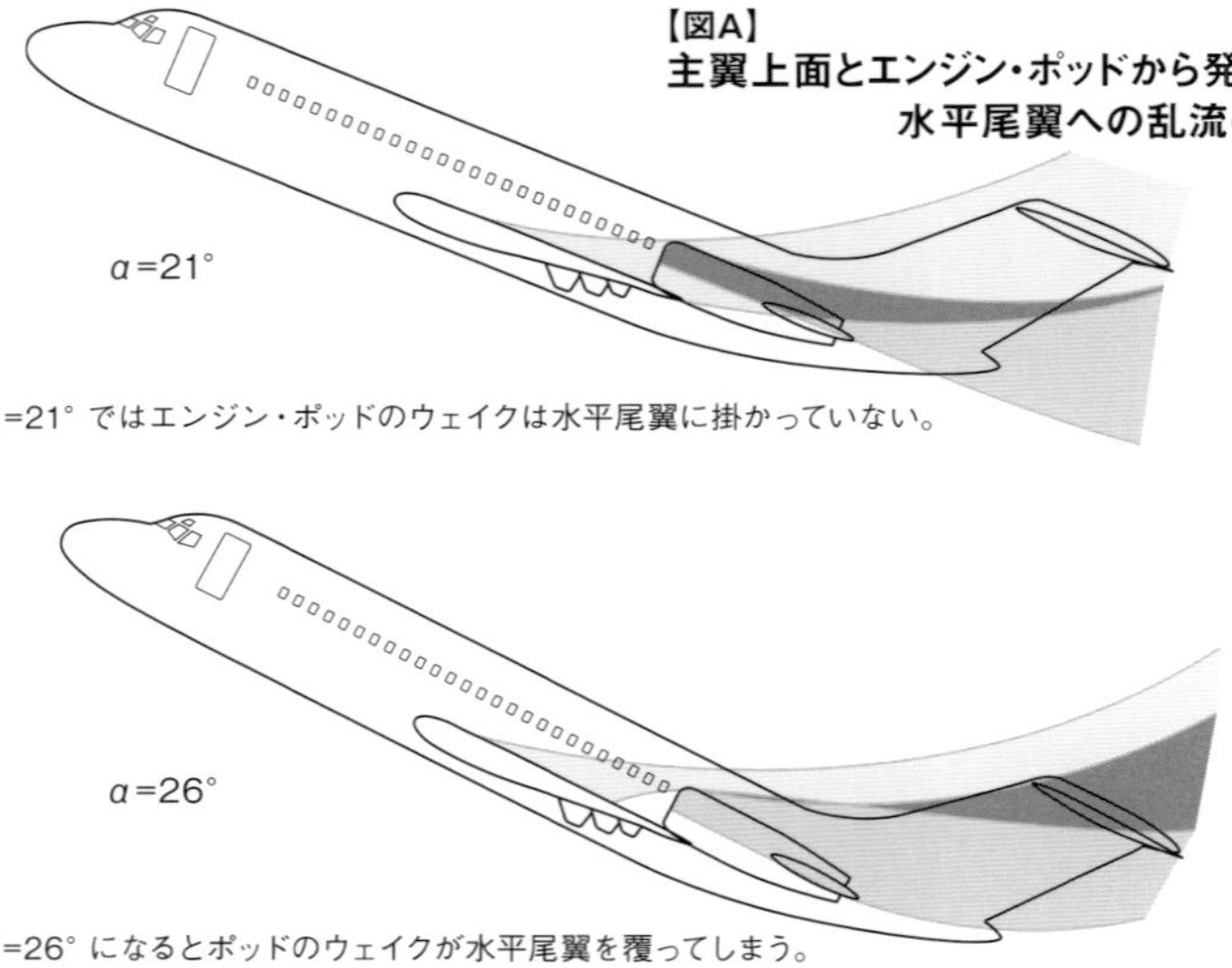

【図A】
主翼上面とエンジン・ポッドから発生した水平尾翼への乱流の影響

α=21°ではエンジン・ポッドのウェイクは水平尾翼に掛かっていない。

α=26°になるとポッドのウェイクが水平尾翼を覆ってしまう。

※DC-9の初期設計はフラップアップの場合
迎え角（α）が18度で失速に入る

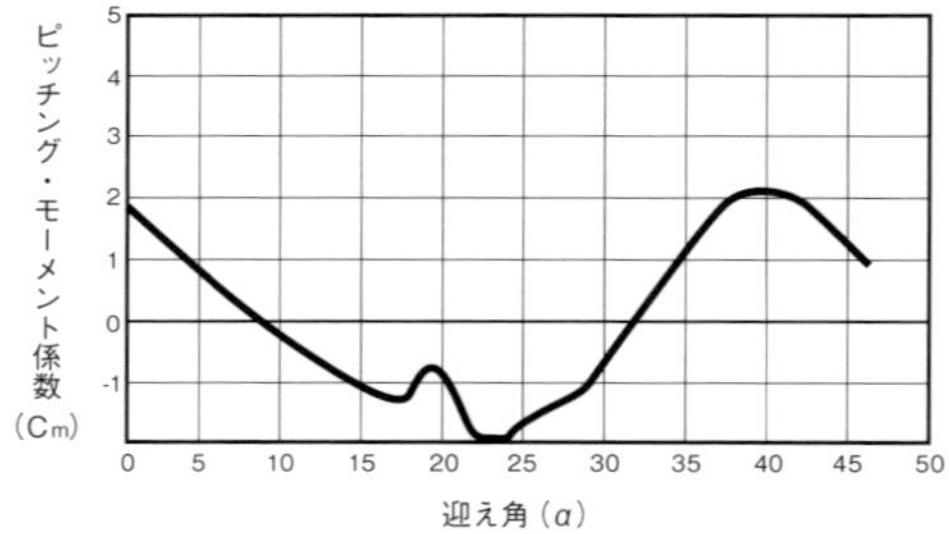

【図B】
迎え角とピッチング・モーメント係数の関係

迎え角（α）が増すとピッチング・モーメント係数（Cm）は一度マイナス領域（22から25度付近で最小）に入った後、その後32度あたりから再びプラスに転じ、40度で最大値に達する。

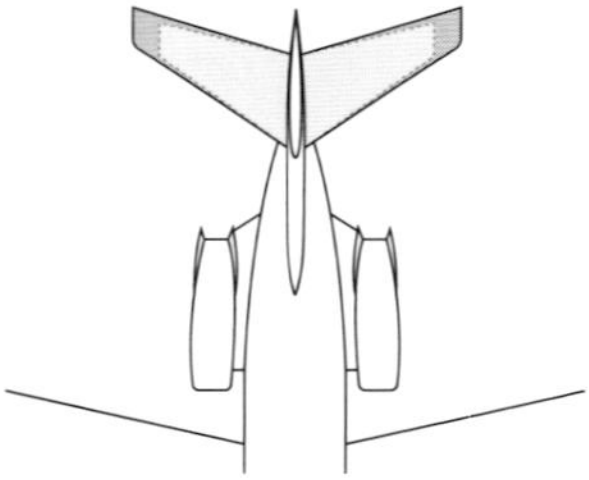

【図C】
DC-9のディープ・ストール対策

DC-9では水平尾翼の幅をウェイクの外まで拡大（色の濃い部分）することでディープ・ストールを封じた。

1963年10月22日、1-11試作初号機 失速試験の大迎え角から回復できず墜落

ライバルDC-9により解析されたディープ・ストール現象の本質

ディープ・ストール（ロックイン・ストールあるいはスーパー・ストールと呼ぶこともある）とは、大きな迎え角で主翼が失速して姿勢を回復させられなくなる現象だ。ディープ・ストールはリア・マウンテッド・エンジン機だけの現象ではないが、エンジンが後部にありT尾翼の機体には特に起こりやすい。

ふつうの形式の機体であれば、大きな機首上げで失速に陥っても、パイロットが操縦桿を押せば水平尾翼が上向きの揚力を発生して、機体には機首を下げるモーメント（マイナスCm）が生ずる。

ところがT尾翼機で主翼が失速すると、主翼上面から剥がれた乱流（ウェイク）が水平尾翼に掛かってしまう。おまけに胴体脇のエンジンからもウェイクが出て、大迎え角ではこれも水平尾翼に影響を及ぼす。乱流の中では水平尾翼は効かなくなる。だからパイロットがいくら下げ舵を取っても、機体は頭上げ姿勢に固着した（ロックイン）まま速度と高度を失って行く。

ディープ・ストールの犠牲となった試作1号機G-ASHG。1963年7月28日にロールアウトした。他の掲載写真の実用機とは境界層フェンスの配置が違う。BAC

右ページの図Aは1-11のディープ・ストール事故を受けてダグラス社がDC-9の設計を変更した際のデータだが、DC-9の初期設計は迎え角（α）が18度で失速に入る。α=21°ではまだエンジン・ポッドのウェイクは水平尾翼に掛かってはいないが、α=26°になるとポッドのウェイクが水平尾翼を覆ってしまう。

これをピッチング・モーメント係数（Cm）から見たのが図Bで、αを増して行くとCmはいったんはマイナス領域に入り、αが22度から25度あたりで一番小さくなるが、そこからはまた増加に転ずる。

Cmはα=32°あたりでプラス領域に入り、α=40°で最大値を取る。この迎え角では水平尾翼は大きな頭上げモーメントを発生しているわけで、パイロットが頭を下げさせようとしても機体は言うことを聞かない。失速したままで大迎え角を保ち続ける。

ディープ・ストールの大きな原因は、エンジン・ポッドのウェイクが水平尾翼に被さることだから、水平尾翼をウェイクの外に出せれば良い。ダグラス社ではDC-9のディープ・ストール対策の一つとして、水平尾翼の幅を広げている（図C）。ディープ・ストールが問題になったのはまだDC-9が詳細設計の段階であったので、完成していた機体を改良せねばならなかったBAC1-11よりは開発スケジュールへの影響を小さくできた。

1-11の方は主に主翼の失速特性を変えることでディープ・ストールに対処した。すなわち主翼付け根側の翼断面形を変更し、境界層フェンスを内翼側に寄せた。さらに操縦系統に失速警報のシェイカーを入れ、ラダーを人力式から油圧機力式に変えた。

念のために言っておくと、エアライナーがふつうに運航している限りではディープ・ストールに陥るような領域に立ち入ることは絶対にない。ただ例えば着陸進入中に前方の障害を回避するため急上昇しようとした場合などに大きな迎え角を取る可能性があり、そのような場合でも操縦安定性を確保しようというのがディープ・ストール対策の趣旨だ。

ＤＣ-９の圧倒的優勢

ディープ・ストール問題の解決に手間取ったために、ＢＡＣ１-11の就航は予定よりも1年近く遅れ、１９６５年の4月25日になってしまった（ＢＵＡとブラニフで同日就航）。一方ライバルのＤＣ-９はその2か月前にようやく初飛行しているが、テストは順調で、同年12月には早くも就航した。

それでも１９６４年末までの受注合計では、１-11の70機に対してＤＣ-９は58機で、まだ１-11の方が優位にあった。しかし１９６５年末になっても１-11は82機までしか受注を伸ばせなかったのに対して、ＤＣ-９は受注総数２４５機に達して、両者の売り上げには決定的な差が付いた。１-11の受注は最大でもＡＡの30機で、小口の受注が多いのが響いた。１９６０年代の後半にはＤＣ-９のライバルは１-11ではなく、ボーイング７３７になっていた。

ＤＣ-９がストレッチを繰り返して長胴化したのに対して、１-11は1回しかストレッチを行なっていない。そのため旅客収容数ひいては経済性で差が付いてしまったが、しかし受注数ではなく企業収益を見ると、ストレッチ型の開発費がかさんでＤＣ-９も計画としてはなかなか黒字にはならなかった。資金繰りに苦しんだダグラス社は、１９６７年にはマクドネル社に吸収合併されてしまう。

話を１-11に戻せば、最初の量産型１-11-２００（シリーズ２００）では離陸総重量はＦＡＡの規定に合わせて7万９０００ポンド（3万５８３４kg）であったが、アメリカ以外ではこの規定は無関係なので、燃料搭載量などを増やした総重量8万７０００ポンド（3万９４６２kg）のシリーズ３００が１９６６年5月に登場している。

シリーズ４００はＡＡの要求に従って開発された機体で、燃料搭載量増加やコクピットのレイアウトなど細かい変更が行なわれた。ＦＡＡの制限撤廃で離陸総重量はシリーズ３００と同じになった。１-11-４００は１９６６年3月にＡＡに就航している。

１-11-５００はストレッチ型で、前部胴体を２・５４m、後部胴体を１・５７m延長、主翼端も平行に０・７６m延長されている。シリーズ５００の試作機は１９６７年6月に進空、翌年11月に英国欧州航空（ＢＥＡ）に就航した。

シリーズ４７５は、４００の胴体と５００の主翼、エンジンを組み合わせた型で、暑い地方や高地の空港で運航するユーザーを

本国ブリティッシュ・エアウェイズのシリーズ500（G-BGKG）。全長を4.1mストレッチしたシリーズで唯一の長胴型である。主翼端も延長されており、全幅は1.5m増加した。Konan Ase

想定していたが、結果的には少数造られただけに終わっている。

実質的にはBAC1-11の発展型はシリーズ500で終わりになるが、珍しいのはルーマニアでライセンス生産された機体だ。後に独裁者として悪名を轟かすニコラエ・チャウシェスクのお声掛かりで、1979年にイギリスとの交渉がまとまり、ブカレストのロムバック社（ROMania+BAC）で1-11とスペイの生産が行なわれることになった。1-11-561RCの1号機は1982年9月に進空している。しかしルーマニアで安上がりに生産した1-11を第三世界に売り込むとの両国の目論見は崩れ、結局1989年までに9機が製作されて、ルーマニア国内で使用されたに留まった。

1-11の売れ行きが1980年代に止まってしまったのは、DC-9や737との競合もあるが、この頃から環境（騒音）規制が厳しくなったことが一つの原因だ。1-11でもBACとRR共同でスペイのハッシュ（静粛）キットが開発されたが（エンジン・ナセルの後部が円筒状に延長されているので識別出来る）、推力や燃費率が若干低下するなどのデメリットがあった。スペイの成長の限界が機体の発展の限界を決めたようなところもある。

最終的にはBAC1-11の生産数は244機で、DC-9の十分の一以下に終わり、置き換えを狙ったヴァイカウントの生産数にも及ばなかった。それでもトライデントの二倍以上も売れて、1960年代のイギリスのエアライナーとしては健闘した方と言えるだろう。

簡便さと信頼性を突き詰めた、短距離ジェットの哲学

ダグラスDC-9

1965年初飛行／1965年初就航／製造機数976機（MD-80シリーズ以降は含まず）

**その数こそ減少しているが、2020年代も
末裔が飛び続けるダグラスDC-9の系譜から、
ここでは純粋にDC-9と呼ばれていたMD化以前のモデルを取り上げる。
やみくもに先進のテクノロジーを誇るのではなく、
顧客が求める短距離ジェットのスタンダードとは何であるかを
実直に追い求めたダグラスの設計哲学が、
航空史に燦然と輝く傑作エアライナーを生み出した。**

後のMDシリーズに見慣れると胴体の短さが際立つデルタ航空のDC-9-10（N3305L）。デルタは1965年12月、DC-9を初就航させたエアラインである。その後もMD-80、MD-90そして最終型たるボーイング717まで愛用し続けた。
Douglas

Douglas DC-9-10

エアライナー三国志

１９４０年代から70年代にかけての、ダグラス社とボーイング社とのエアライナー市場ナンバー・ワンを賭けた争いはさながら楚漢の戦い、あるいはロッキード社も加えて三国志にでも喩えたい面白さがある。

プロペラ機の時代にはダグラス社がエアライナーの名門の名をほしいままにしていたが、ジェット・エアライナーの時代になるとボーイング社が先手を取るようになり、やがてダグラス社が直接の対決を避けるようになる。最後にはボーイング社がマクドネル・ダグラス社を吸収して決着が付く。

ＤＣ-８でボーイング社の７０７に対抗したダグラス社が、ジェット・エアライナーの第二弾として送り出したのがＤＣ-９だ。ボーイング７３７との壮絶なシェア争いになり、一時は７３７を大きくリードしたものの、最終的には逆転された。

ＤＣ-９はマクドネル・ダグラス社の下でＭＤ-80／90シリーズへと発展したが、同社の吸収合併でボーイング７１７と改名され、それもいつのまにか消えてしまった。ＭＤ-80／90シリーズと７１７は別に扱うことにして、今回はＤＣ-９の消長を追う。

ＤＣ-８を送り出してすぐに、ダグラス社では次に開発するジェット・エアライナーの検討に入っている。名前がＤＣ-９となるのは実際上決まっていたし、ローカル線用の中短距離機が狙い目というのも当然の判断だった。

１９５９年頃にはダグラス社がモデル２０６７仮称ＤＣ-９の提案をエアライン各社に売り込んでいるが、この機体はまるきりＤＣ-８の縮小版で、ポッドに収めた４基のＪＴ３Ｄターボジェットを主翼から吊り下げている。この提案はしかし実現しなかった。

一つにはシュド・カラヴェル（３００ページ）が１９５９年にヨーロッパで就航し、アメリカでも人気を博しそうだったからだ。すでに四発中長距離ジェット・エアライナーを送り出しているボーイング、ダグラス、ジェネラル・ダイナミックスの三社が競ってシュド社に提携を申し入れたと言えば、１９５９〜60年のカラヴェル人気が窺えるだろう。その中ではダグラス社がもっとも熱心で、ドナルド・ダグラスJr.社長自ら渡仏しての交渉の末に、１９６０年２月提携に調印する。

ダグラス、シュド両社の提携はカラヴェルの非フランス語圏での販売やサービスからロングビーチ工場でのライセンス生産、将来の共同開発まで含む広範なもので、実際１９６０年には〝DOUGLAS SUD-AVIATION〟（大半のアメリカ人はダグラス・サッド・エヴィエイションと読んだのだろう）と大書したカラヴェル（Ｎ４２０９Ｅ）がアメリカ全土を回っている。この提携が継続していたら、ひょっとして日本ではカリフォルニア製カラヴェルが採用されていたかもしれない。

しかし実際にはアメリカではカラヴェルはユナイテッドが飛

ユニークなのは-10型と同じオリジナルの胴体に-30型以降の延長した主翼を組み合わせたDC-9-20で、SASが10機をオーダーしただけのレア機。Douglas

“簡素=粗雑”とは一線を画す 求めたのは、定時出発率99%の信頼性

ばしただけに終わった(TWAも発注したが後にキャンセル)。ボーイング社がはるかに高性能の727を強力に押し出して来たからで、ダグラス社も対抗上新型機の開発を急ぐことになる。フランス側はこれに不満で、提携はわずか2年で解消された。

発注してくれない

プラット&ホイットニー(P&W)社のJT8Dターボファンの開発は、中短距離ジェット・エアライナーにとって画期的な出来事だったと言える。ダグラス社のDC-9、ボーイング社の727、737と中短距離機のベストセラーが採用することで、JT8Dは商業的にも大成功を収めたが、逆にこれらの機体の成功もJT8Dなしには有り得なかった。

1959年のモデル2067は四発であったが、JT8Dがあれば同じ規模の機体を双発でまとめられる。ダグラス技術陣はJT8Dをリア・マウントした80席級の設計案、モデル2086を1961年10月頃までにまとめ上げた。DC-9の基本設計はこのモデル2086の段階ですべて終わっていたと見ても良い。

しかしダグラス社の経営陣の方が新型機開発に及び腰だった。DC-8ならば従来DC-6やDC-7を使っていた大手エアラインが対象だが、ローカル線用の短距離機だとDC-4やコンヴェア340/440、マーティン202/404を使っていたようなエアラインが売り込み先となる。そんな田舎のエアラインがジェット・エアライナーを運用出来るのか？ 購入コストや整備コスト、パイロットの雇用コストの増大を嫌って、ジェット・エアライナーには手を出したがらないのではないか？

しかしそう言っている間にイギリス製のＢＡＣ１-11（ワン・イレヴン）がアメリカに進出して来た。１９６１年10月ブラニフが1-11を採用、他の中堅エアラインも続こうとした。1-11はサイズも性能もモデル２０８６とほぼ互角のジェット・エアライナーだった。

ダグラス社は１９６２年初めにモデル２０８６の売り込み活動を本格化、同年４月には胴体のモックアップも公開した。細部設計も進み、１９６３年２月にはいつでもゴーが掛けられるまでになった。

しかし1-11がアメリカでの売り上げを伸ばして行く中で、モデル２０８６を確定発注するエアラインは現れなかった。関心を示したエアラインは多かったが、開発が正式に決まるまでは発注したくないと言っている。鶏が先か卵が先かではないが、受注を待っていてはいつまで経っても計画は前進しない。当時からダグラス社は手元資金の不足に悩んでいた（ＤＣ-８の改良に追われていたことが大きいだろう）。

コスト・シェアリング

ダグラス社はついに１機の発注内示もないままに、１９６３年４月８日、モデル２０８６をＤＣ-９として開発すると発表した。当時としても異例のことだ。

開発資金不足のダグラス社がＤＣ-９で編み出した秘策がコスト・シェアリング方式だ。機体の一部の生産や部品の生産を担当する外注企業にも、開発費の応分の負担をお願いするもので、従来の上から下への下請け関係を、一種のリスク・シェア

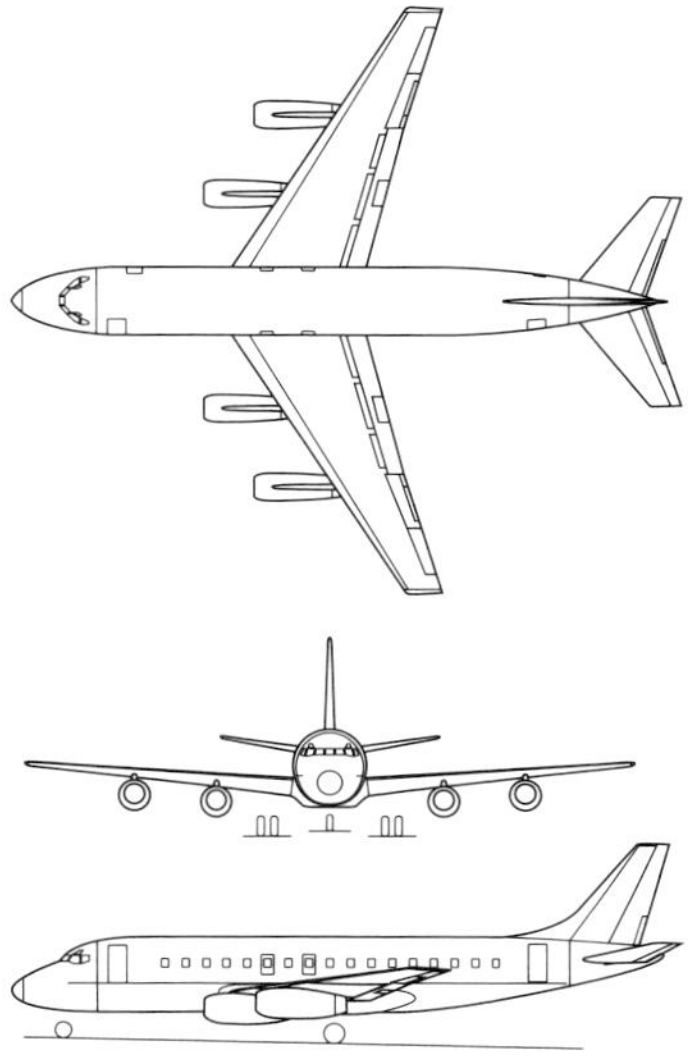

モデル2067案 1959年
まるでDC-8を小型化したかのような4発機。

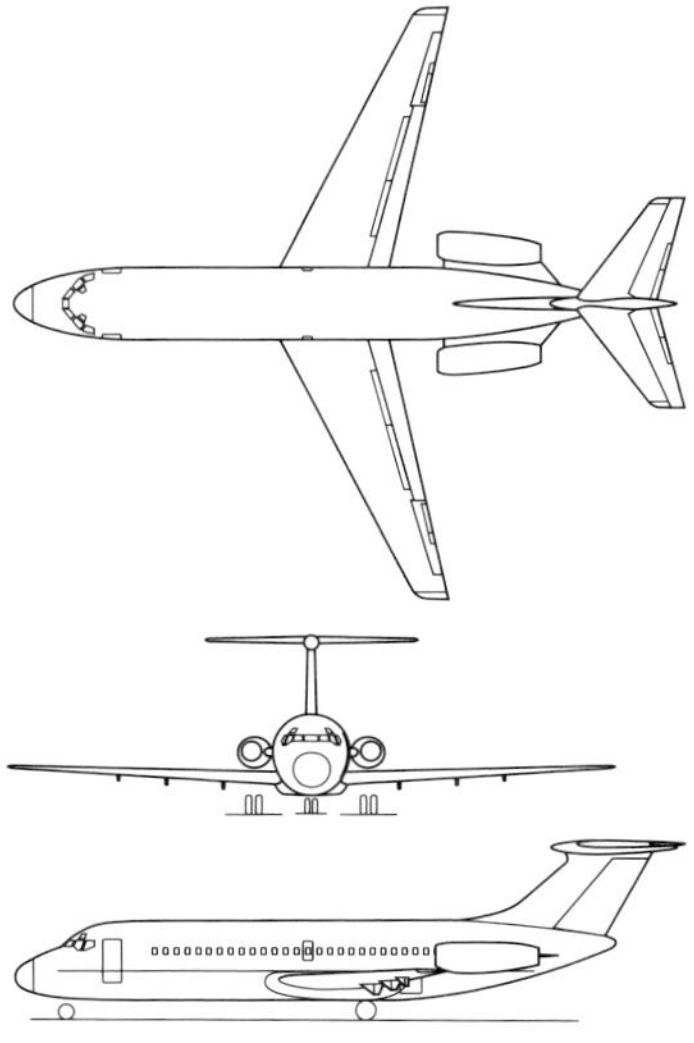

モデル2086案 1961年
ほぼ完成形DC-9に近いJT8D搭載の双発リア・エンジン。

リング・パートナー関係へと変える試みだ。この方式は結果的には成功し、ボーイング社やエアバス社にも採用され拡張されて、国際的な共同生産へと至る。DC-9の主な参加企業にはエンジンのP&W、ポッドと逆推力装置のローア、補機のサンドストランド、空調のギャレット、電気系のウェスティングハウス、自動操縦装置のスペリー、タイヤとホイールのグッドイヤーなどがあった。

　特にダグラス社が狙ったのが国としてのカナダを引き込むことで、デハヴィランド・カナダ社にDC-9の主翼と尾翼製造を外注する代わりに、トランス・カナダから受注を得ようとしていたのだ。航空機メーカーへの下請け発注とエアラインの受注を裏表にするオフセットの手法は現在では当たり前になっているが、これを意識して取り入れたのもDC-9が最初だろう。

　ダグラス社にとって心強いことには、大手デルタがゴーアヘッド発表の一週間後に確定15機オプション15機の発注を入れて来た。またお目当てのトランス・カナダも注文して来たが、その後は大口が続かなかった。期待していたアメリカンは1-11に転んでしまった。

簡素かつ保守的

　それまで単純なプロペラ機しか使っていないエアラインに導入させるのだから、ダグラス社ではDC-9を徹底して整備が容易で信頼性の高い機体に設計した。言い換えればジェット・エアライナーとしてはきわめて簡素で保守的だ。

　ダグラス社では実際に就航3年後の定時出発率99%、1フライト・アワー当たりの整備工数5マン・アワーなどといった具体的な設計目標を定めて、個々の部品の信頼性や整備性を積み上げる手法でDC-9を設計した。性能に惹かれて新しい技術に飛び付くよりも、実績ある安定した技術を採用した。

　この設計方針は成功し、DC-9は就航半年で定時出発率97%をすでに達成、3年目には99%を楽々クリアしている。DC-9はエアラインにとっても、また乗客にとっても、信頼できるジェット・エアライナーであった。

　DC-9の初期の原動力の一つとして、離陸総重量を8万ポンド（3万6287kg）以下と設定したことが指摘出来る。これは1960年代初期のFAA（連邦航空局）の運航基準では、この重さ以下のエアライナーでは乗員二人（正副操縦士）での運航が認められていたからだ。離陸重量が8万ポンドを超えるかエンジンが3基以上だと、フライト・エンジニアを加えた乗員三人体制が要求される。

　ちなみにボーイング社では737を乗員三人で設計していて、DC-9との初期のセールス競争において、737は人件費の掛かる機体とのマイナス評価をもらうことになる。この規則は間もなく撤廃されるが、スタート地点の違いは両者の売れ行きに大きな影響を及ぼす。

なおJT8Dの推力1万4000lbf（6350kgf）は当初の離陸重量8万ポンドに対しては過大であったので、推力を1万2250lbf（5556kgf）まで引き下げた（ディレイティング）JT8D-5が搭載された。この過剰推力は信頼性の余裕と将来の総重量増大への布石となる。

システムもシンプルだが、DC-9は外形もまたシンプルだ。しかし不格好なわけではなく、ずんぐりした初期の型は可愛いし、胴体を伸ばした後期の型を下から見上げた姿など、白鳥が飛んでいるように美しいと筆者は思う。

DC-9のシンプルさは主翼に表れている。前縁も後縁も一直線で、折れ曲がりのない平面形はいまのジェット・エアライナーでは見られないし、初期型では前縁にはフラップなどの可動部分が一切ない。翼面荷重を低めにすることによって、前縁高揚力装置を省略し、後縁のフラップも単純な形式ですませた。後縁にしても高速用低速用のエルロンの使い分けもせず、内舷側フラップ外舷側エルロンで用が足りている。

主翼後退角が24・5度と小さめなのはDC-8と同じで、DC-8のために開発された衝撃波発生を遅らせる翼型を採用している。翼の付け根ではキャンバーを逆にし、翼端側ではキャンバーを大きくするなど、今で言う翼の三次元成形をいち早く取り入れているなど、見掛けは単純でも設計は粗雑ではない。

シンプルな主翼の唯一のギミックは、内舷側の下面の細長い突起だ。ヴォーティロンと名付けられたこれは大迎え角時のディープ・ストール対策として後から加えられたもので、ディープ・ストールが問題になるような大迎え角時にだけ、翼上面に流れる渦流を発生して失速を押さえる。同じくディープ・スト

1965年2月25日、ロングビーチで初飛行に成功したDC-9-10。内蔵式のエアステアから降機したテスト・パイロットたちを、ドナルド・ダグラスJr.社長（左）が出迎える。Douglas

販売面でも成功を勝ち得たDC-9シリーズ。写真はマクドネルと合併後にリリースされた通算1,000機目（つまりスーパー80）の製造風景で、これはスイスエアへと引渡された。
Douglas

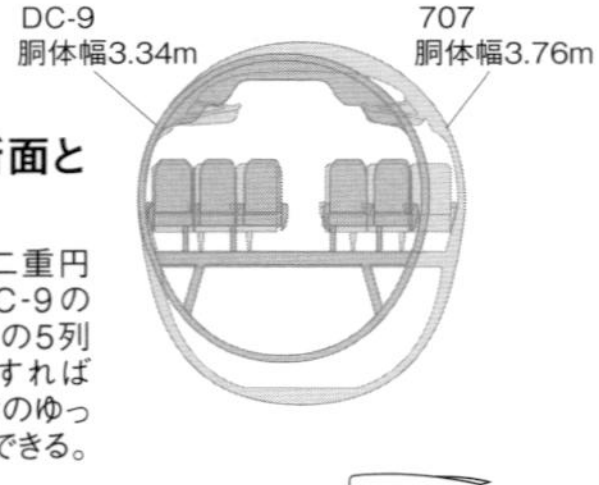

DC-9の胴体断面と座席配置

最大径3.343mの二重円弧形胴体断面。DC-9のキャビンは3列+2列の5列配置。2列+2列にすればアッパー・クラス装備のゆったりした空間も提供できる。

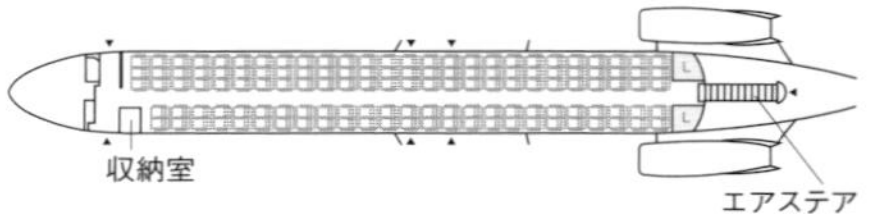

737を凌駕した初期のセールス
優れた運航実績がカスタマーを惹きつけた

ール対策で、水平尾翼も設計時より拡大されている。

パラメトリック・スタディ

同じエンジンで同じ路線を狙ったダグラスＤＣ-９とボーイング７３７の根本的な違いは、エンジン配置と胴体の太さだろう。リア・マウンテッド・エンジンに関しては、ダグラス社の技術陣も最初からこれと決め込んでいたわけではなく、詳細なパラメトリック・スタディを行なった。実際主翼下にＪＴ８Ｄを吊した同時期のモデルの写真も残っている。

技術陣の検討結果ではリア・エンジン型の最大揚力係数が３・００なのに対して主翼エンジン型では２・７１にしかならない。その結果同じ離着陸性能だと、リア・エンジンの翼面積が１００１平方フィート（93・０㎡）なのに対して、主翼エンジンでは１１００平方フィート（１０２・２㎡）必要になる。

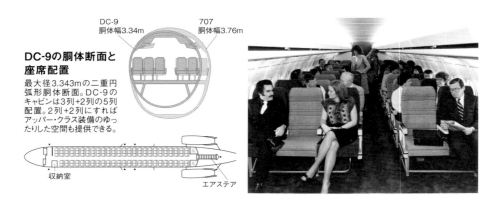

また主翼とエンジンの干渉抵抗から、効率の良い巡航マッハ数はリア・エンジンが０・８０〜０・８２なのに対して、主翼エンジンは０・７４〜０・７６にしかならないとしている。シンプルでクリーンなリア・マウンテッド・エンジンの主翼の勝利だろう。

面白いことにはボーイング社もまた７３７設計時にリア・マウンテッド・エンジンを検討し、そのモデルの写真もまた残っている。ただしボーイング社では７３７の胴体を７２７と同じ６列座席とするつもりであったので、太い胴体とリア・マウンテッドのエンジンは相性が悪そうだ。実際737は太い胴体の絞り込み部分の抵抗が予想外に大きく、初期には性能不良を指摘されている。

DC-9の方は最大径3・343mの二重円弧(逆だるま)形断面の胴体を選んだ。通路を挟んで3列+2列の5列配置で、胴体は細めだが内部はゆったりしている。国内線など基本的にはシングル・クラスだが、ビジネス・クラスを設けて2列+2列の配置にも出来る。トイレットは最後部の左右にだけ有り、その間にベントラル・ステアが設けられる。

いままでの説明は最初の生産型DC-9-10シリーズだが、他のシリーズでも基本的には変わりはない。

ファミリーの先駆け

DC-9の試作1号機は予定よりも早く1965年の1月12日にロールアウトし、2月25日に初飛行した。5機を使ったテストは順調で、1965年11月23日にはFAAの型式証明が取れてしまった。デルタの東海岸線にDC-9-10が初就役したのは同年12月8日で、同社が最初の発注を出してからわずか2年7か月後のことだ。

スタートではBAC1-11に差を付けられていたダグラスDC-9だったが、運航実績が明らかになるにつれて人気が出て来た。1964年5月にはスイスエアからの受注でヨーロッパに進出、7月には大手TWAもDC-9を発注した。

なおスイスエアの機体は、FAAの規則とは無関係のヨーロッパ用に最大離陸重量を9万7000ポンド(4万1141kg)とした型で、DC-9-15と呼ばれる。DC-9-15にはディレイティングしていないJT8D-1が搭載されている。DC-9-10/15は合計137機が生産された。

DC-9シリーズの(-15を除く)最初の発展型はDC-9-30で、これから延々続くDC-9/MD-80/MD-90シリーズの胴体ストレッチの先駆けとなった。もっとも延長されたのは主翼より前の前部胴体が2・90m、後ろの後部胴体が1・65mと控え目なものだったが。これでも分かるようにDC-9の(一般にリア・マウンテッド・エンジン機の)ストレッチ幅は機首側が大きく、機尾側が小さくなる。最終的にMD-80/90シリーズまで来ると長い長い首が特徴になる。

ストレッチと同時に主翼にも手が加えられて、翼端を0・61mずつ延長、前縁を延長してスラットを組み込んだ。乗客は標準105席に増えたが、離着陸性能は-10と同等だった。

なおDC-9-20は、DC-9-10の胴体に30の主翼を付けて離着陸性能をさらに引き上げた機体で、スカンジナビア航空(SAS)の注文で製作したが、実際にはSAS用に10機が売れただけで終わっている。

DC-9-40は胴体をさらに前後に0・97mずつ延長した型で、エンジンは推力7万306kgfのJT8D-15になる。乗客

計測用のコーンを曳いて飛行するDC-9-40のプロトタイプ。内舷側の下面にはディープ・ストール防止を狙った細長い突起（ヴォーティロン）が確認できる。胴体を延長した30型以降は主翼端を延長し、同じく延長した前縁部にはスラットを組み込んだ。写真の40型は30型の全長を約2mストレッチした仕様で、東亜国内航空とSASのみがオーダーした。
Douglas

は標準115席、1968年3月に就航した。

DC-9-50は前部胴体を40よりもさらに1・45m、後部胴体を0・97m延長した型で、推力7万2574kgfのJT8D-17が付く。標準130席で、1973年に生産を開始している。

吸収された名門

DC-9が一番売れたのは1965年から66年のことで、それぞれ172機と181機を販売した。長胴のDC-8-60シリーズも好評で、百機以上を受注した。

すこし遅く開発がスタートしたボーイング737は、この時期DC-9の半分程度の売れ行きでしかない。DC-9は先発のBAC1-11、後発の737の両者を押さえて、1960年代後半から70年代に掛けての短距離ジェット・エアライナーの紛れもないベストセラーであった。

しかしこの好況が命取りになるとは世の中分からない。世は航空旅行ブームで湧いていたが、アジアの一角ではヴェトナム戦争の猛火が荒れ狂っていた。アメリカの国家予算の多くが戦費に投じられ、軍用機の追加生産が相次いでいた。一番ほくほくしていたのは海軍空軍海兵隊からF-4ファントムIIを受注していたマクドネル社だろう。

航空機の生産が増えれば原材料や部品の値段が上がり、熟練工の給料は高くなる。もともと資金繰りに余裕の無かったダグラス社は、大量の受注を抱えながらも生産資材を発注できずに立ち往生してしまった。

1967年4月末のマクドネル社とダグラス社の合併の発表は世界の航空業界人を驚かせた。戦後に急成長した軍用機メーカーによる、戦前からのエアライナーの名門の、事実上の吸収合併であったからだ。両社はすでに1963年から合併の交渉を行なっていたとも言う。マクドネル社の資金を得てDC-9の生産は再び軌道に乗った。1967年には154機、翌68年には193機がロングビーチのラインを離れた。

しかしマクドネル社との合併で、ダグラス社は栄光のDC(Douglas Commercial)の名を失うことになる。DC-9-80として開発されていたシリーズはMD-80となり、DC-9とは別の機種として扱われることになるのだ。

DC-9シリーズに限れば総計976機で、ボーイング737シリーズには遠く及ばない。ボーイング717までを一つの機種と見たならば総計約2500機で、これでも737全シリーズの合計には大きく差を付けられているものの、短距離ジェット・エアライナーの金字塔とでも言うべき存在であることが分かる。ある意味ではもっとも短距離ジェット・エアライナーらしい機体であり、もっとも成功した短距離ジェット・エアライナーがDC-9シリーズだろう。

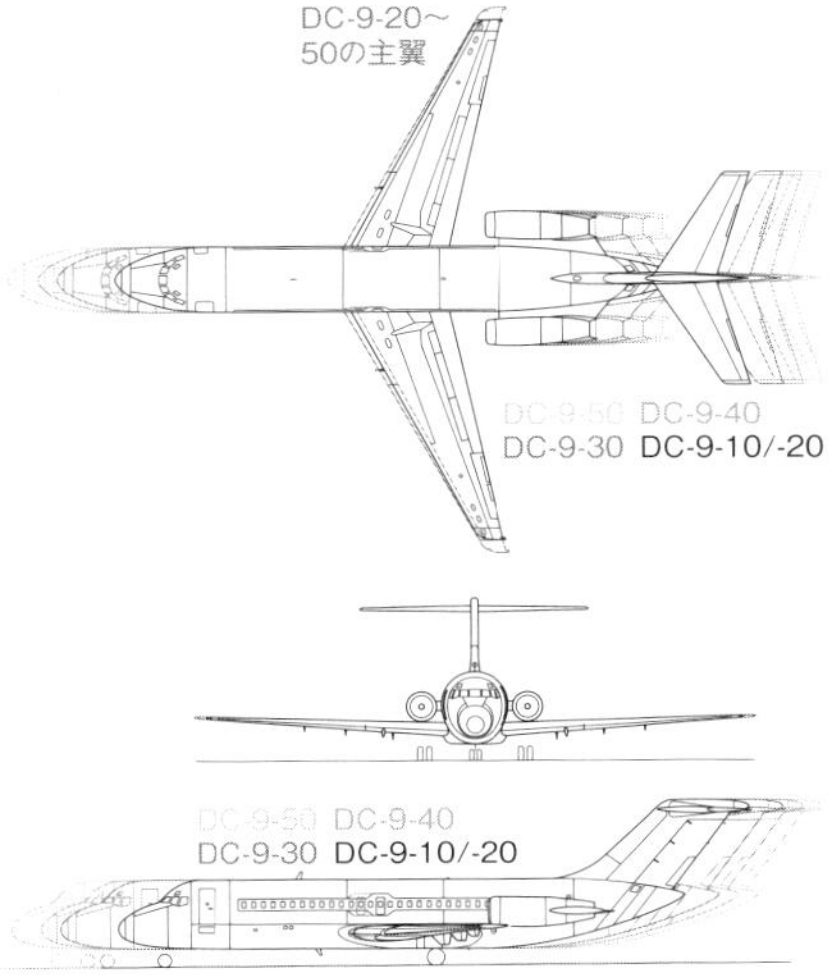

TDA機のコクピット。正面のパネルには窮屈なほどに丸型計器が並ぶが、当時としてはごく標準的なレイアウトだ。Masahiko Takeda

DC-9

	-10	-20	-30	-40	-50
全幅	27.25m	28.47m			
全長	31.82m		36.37m	38.28m	40.72m
全高	8.38m			8.53m	
主翼面積	86.77㎡	92.97㎡			
最大離陸重量	35,245kg	44,450kg	54,885kg		
巡航速度	903km/h	915km/h	907km/h	898km/h	
航続距離	2,110km	2,974km	3,095km	2,880km	3,326km

堅実で堅牢を証明する、DC-9進化の完成形

マクドネル・ダグラス MD-80／-90 ボーイング717

全長46.51mに達した最長モデルのMD-90。リアエンドの動力には国際共同開発のV2500が選ばれたが、そのエンジン自身の重量増加を鑑みて、胴体延長は主翼より前方のみとした。McDonnell Douglas

MD-80 1979年初飛行／1980年就航／製造機数1,191機（DC-9スーパー80として）
MD-90 1993年初飛行／1995年就航／製造機数116機
717 1998年初飛行／1999年就航／製造機数156機

DC-9アナリシスの後編として、
本項ではマクドネル・ダグラス移行後の発展型MD-80／90シリーズ、
さらにはボーイングとの合併後に7シリーズへ編入された717について、
その技術的変遷を追う。
ジェット入門機としてシンプルに徹したオリジナルDC-9は、
長胴化を受け止めるウィングの再設計、さらにはエンジンの高バイパス化によって、
基本設計の旧式化という摂理に抗ったのである。

二度の社名変更

DC-9の生産中の1967年にダグラス社は後進のマクドネル社に合併されて、マクドネル・ダグラス社のダグラス航空機事業部になってしまった。そのお陰でDC-9の発展型は伝統あるDC (Douglas Commercial) の名を捨てて、MD (もちろんマクドネル・ダグラスの頭文字)-80シリーズと名乗ることになる。

MD-80のシリーズはMD-90シリーズへと進化したが、1997年にはマクドネル・ダグラス社もボーイング社に吸収されて、マクドネルの名もダグラスの名も消える。MD-90シリーズはボーイング717と改名して売られ続けるが、2006年には生産を終了した。

機名にこだわればDC-9、MD-80/90、717それぞれ別の機種ということになろうが、技術的にはDC-9から717までを一つの大きなシリーズと見ることも出来る。ボーイング737NGを737のシリーズに、また747-8を747のシリーズに含めるのであれば、MD-80/90や717をDC-9にひっくるめてもおかしくはない。

そう考えるとDC-9/MD-80/90/717のシリーズは、初飛行から生産終了までの41年間で二回も会社名が変わったことになる。

ストレッチ&リファン

DC-9を名乗る最後の型は、1975年に就航したDC-9-50だ。最初の設計よりも胴体を主翼の前後で合わせて約9mもストレッチしたが、主翼や尾翼はDC-9-10の頃と基本的に変わりはない。

DC-9-10の離陸総重量約41トンに対して、-50の離陸総重量は約55トンになる。約33%の増大だ。主翼面積が変わらないから、翼面荷重も同じだけ増えたことになる。

もともとDC-9は、それまでプロペラ・エアライナーを運航していたようなローカル・エアラインにも受け入れられるよう、短めの滑走路でも離着陸出来るように設計されていた。それもボーイング社のように主翼に手の込んだ高揚力装置を組み込むのではなく、翼面荷重を低めに取ることで高揚力装置を単純化している。しかし機体重量が増加し、翼面荷重がここまで増大すると、離着陸性能の低下が無視出来なくなって来る。

DC-9-50が登場する1970年代の半ばから、マクドネル・ダグラス社はDC-9の発展型をエアラインなどに提示するようになる。この発展型ではDC-9の胴体をさらにストレッチするとともに、主翼の基本設計にも初めて手が加えられ、増加した翼面荷重を元に近い水準まで戻すことが意図されていた。

マクドネル・ダグラス社がDC-9シリーズの新世代の開発を決意したもう一つの理由が、1970年代に入ってから厳しくなる一方の騒音規制だった。

もともとDC-9のJT8Dターボファンは、それ以前の世代のジェット・エアライナーのターボジェットよりはずっと騒音が低く、また排気も環境に優しかったのだが、空港周辺の騒音規制はそのJT8Dをも追い越してしまった。

しかしJT8D自体は素性の良いエンジンなので、バイパス比を増加させることで騒音を低下させるとともに、同時に燃費率の向上を図り、1980年代以降に通用するターボファンとすることが出来る。メーカーのプラット&ホイットニー社は、1972年以来NASA(米航空宇宙局)と共同で、JT8DのファンL直径を増大するJT8D-NFF(New Front Fan)の計画を進めていた。

本体(コア)に大きく手を入れず、ファン(とファン駆動の低圧タービン)を新設計とするだけで性能向上を図るこの手法は「リファン」と呼ばれ、このJT8D改良型を装備する発展型はDC-9RSS(Refan Super Stretch)と仮称された。

JT8Dのリファン版の最初の型はJT8D-109であったが、この型は1975年からDC-9や737に搭載されて飛行テストまで行なったものの、量産はされなかった。

実際に生産されたのはJT8D-200シリーズで、バイパス比が1・74、推力は-209で1万8500lbf(8391kgf)に向上している。

DC-9RSSのストレッチの方は、DC-9-50よりも胴体を主翼の前で3・86m、主翼の後ろで0・48m延長することになる。リア・マウンテッド・エンジンですでに首の長い印象があったDC-9だが、新世代では白鳥が首を伸ばして飛んでいるような姿になる。

主翼も水平尾翼も拡大

JT8Dリファンを搭載するDC-9の新世代は、最初DC-9-55の名でエアラインに提示されたが、1977年10月の正式に開発が決まった時点では、DC-9-80あるいはDC-9スーパー80と称するようになっていた。1980年代のDC-9といった意味で、だからDC-9の-60や-70は造られたことがない。

DC-9スーパー80は1979年10月19日に1号機が初飛行、1980年10月にローンチ・カスタマーであるスイスエアに初就航したが、マクドネル・ダグラス社では1983年7月になって伝統のDCを捨て、すべてのエアライナーにMDの名を付けることを発表、スーパー80もMD-81となった。なおMDの80番台をMD-80シリーズと呼ぶのが慣例になっているが、MD-80という型そのものは存在しない。

ここからは改名前の時期でもMD-80と呼ぶことにするが、

MD化当時のメーカーリリースフォト。胴体にはMD-80の文字が躍るが、MD-80はシリーズ名であって、機種名としては存在しない。なお、計1,191機が生産されたMD-80シリーズだが、そのうち半数近くをMD-82が占める。
McDonnell Douglas

主翼は付け根と翼端を延長
大改修で翼面荷重の低減を狙った

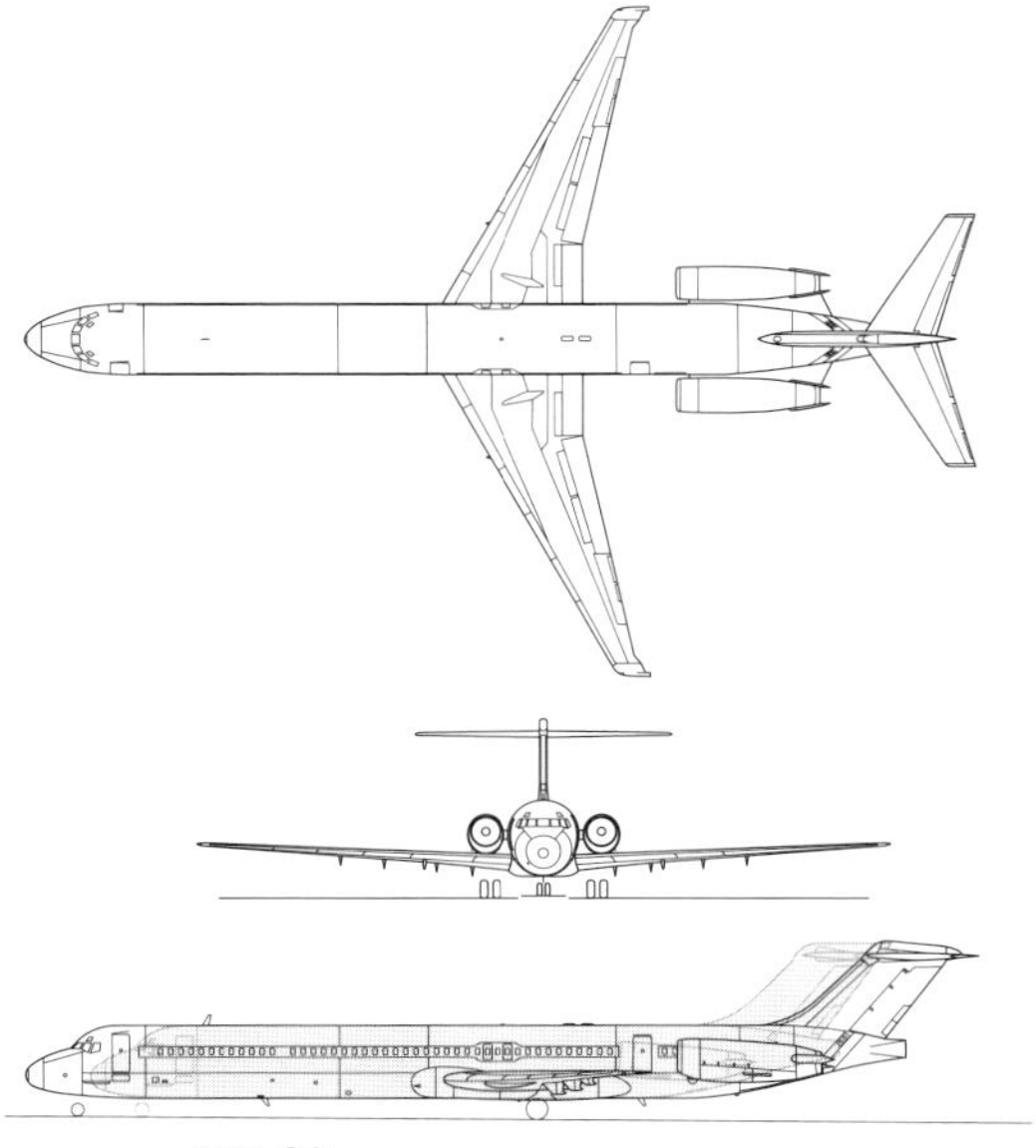

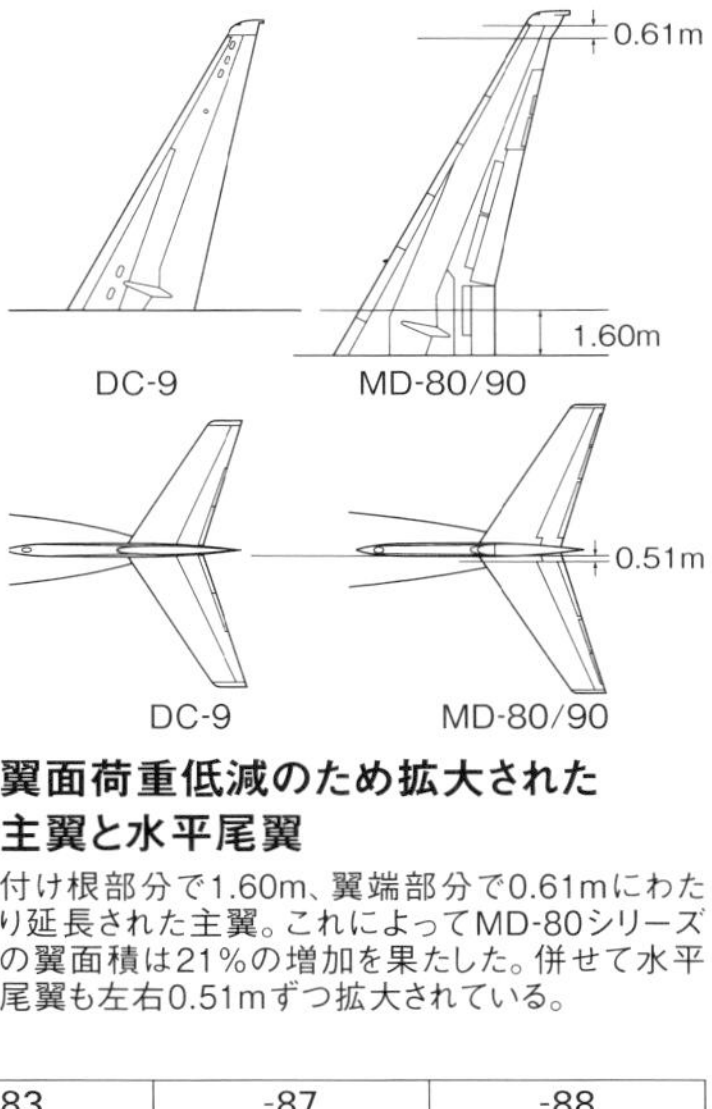

翼面荷重低減のため拡大された主翼と水平尾翼

付け根部分で1.60m、翼端部分で0.61mにわたり延長された主翼。これによってMD-80シリーズの翼面積は21%の増加を果たした。併せて水平尾翼も左右0.51mずつ拡大されている。

MD-80

	-81	-82	-83	-87	-88
全幅	32.87m				
全長	45.06m			39.75m	45.06m
全高	9.02m			9.30m	9.02m
主翼面積	112.32㎡				
最大離陸重量	63,503kg	67,812kg	72,574kg	63,503kg	67,812kg
巡航速度	811km/h				
航続距離	2,897km	3,798km	4,635km	4,395km	3,798km

MD-80ではエンジンの換装だけでなく、前述のように主翼にも大きく手が加えられている。

一般にエアライナーの主翼面積拡大といえば翼端を延長することが多い。翼端延長は主翼の基本構造に手を付ける必要がないが、DC-9の主翼はテーパー比が大きく、翼端を延ばしてもあまり面積は拡大しない。そこでマクドネル・ダグラス社ではMD-80で主翼の付け根側を拡大する大工事に踏み切った。

DC-9の本来の主翼は、前後縁とも直線で構成されたシンプルなものだ。ボーイング707以上のジェット・エアライナーでは、前縁は直線でも後縁は付け根側で後退角が浅くなり(後退角ゼロになっている機体も多い)、後縁がへの字型に屈曲している機体も多いのだが、DC-9の後縁には屈曲がない。

MD-80ではこの主翼の付け根側を1・60mずつ延長したが、延長部分は構造的には機軸と直角になり、後縁も胴体と直角、すなわち後退角ゼロになっている。

主翼の付け根側を延長するのはあまり行なわれないが、考えてみればダグラス社ではDC-7Cで主翼付け根に1・5mずつのプラグを挟んで延長する改良を行なっているので、手慣れた手法であったのかも知れない。

MD-80では同時に翼端側も0・61mずつ延長しているが、さっき述べた理由で単純に前後縁を延ばしたのでは効果が薄いので、翼面積を広げるように後縁部分をやや複雑に屈曲させている。

主翼付け根と翼端の延長で、MD-80の翼面積は21%増加した。アスペクト比はそれまでの8・7から、MD-80では9・6に増加している。

ただ個人的には、DC-9シリーズのシンプルで美しい主翼がややごて付いたものになったのが残念だ。

主翼の内側を延長すると、主翼の付け根に取り付けられていた主降着装置もそのままでは外側にずれてしまう。しかしそうなると主車輪を胴体内に引き込んで格納することが出来ないので、MD-80では新たに延長した部分に主降着装置の取付金具を設けて、それまでと同じように内側引き込みで主車輪を胴体内に収めるようにした。

主翼が大きくなれば、それと釣り合わせるために水平尾翼も広げる必要がある。MD-80では主翼同様、水平尾翼も付け根に幅0・51mのプラグを挟むことで面積を拡大している。

MD-80シリーズの胴体断面はDC-9シリーズとまったく同じで、二重円弧の上の径は3・35mになる。エコノミー・クラスならば通路を挟んで3列+2列、ビジネス・クラスであれば2列+2列が配置出来る。

MD-80シリーズの胴体長は、MD-87を除いてすべて同じで、全長は45・06mになる。客席数はモノクラスで最大172席で、ミックスト・クラスでは142席から152席になる。

McDonnell Douglas MD-81

McDonnell Douglas MD-87

TDAの時代からDC-9を愛用し、MD化以降も、DC-9スーパー80から移行したMD-81、そして全長を39.75mに短縮した短胴型のMD-87で日本各地を結んだ日本エアシステム。付け根部分と翼端で大型化した主翼は、よく見ると翼端側が複雑な形に屈曲しているのがわかる。下の写真2点はJALへの移行後に撮影したMD-81の主翼ディテール。McDonnell Douglas

Konan Ase

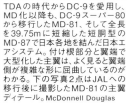

グラス化が進み、1990年代のエアライナーらしくモダナイズされたMD-90のコクピット。McDonnell Douglas

MD-80の家系

MD-80シリーズにはMD-81の他にMD-82/83/87/88があるが、MD-87を除いて機体の外寸は同じだ。

先にMD-87を説明すると、この型だけは全長が39・75mと短い（主翼は他と同じ）。言ってみればMD-80系の翼とエンジンに、DC-9-30の胴体を組み合わせた型で、モノクラスで130席になる。エンジンはJT8D-217C（9072kgf/89・0kN）、または-219（9525kgf/93・4kN）だ。

このMD-87はフィンエアーとオーストリア航空の発注で1985年1月に正式に開発が始まり、1986年12月に進空、1987年10月に型式証明を取得した。DC-9/MD-80シリーズの中でEFIS（電子式飛行計器システム）、いわゆるグラス・コクピットを最初に採用したのがこのMD-87だ。そうは言っても堅実を旨とするダグラス系エアライナーらしく、正副操縦士席の正面にディスプレイを置いただけで、大部分の計器はまだアナログ式だ。EFISはその後ほかの型にも取り入れられている。

MD-80シリーズの残りの型の違いは主にエンジンと燃料搭載量（すなわち航続性能）、離陸重量にある。生産開始時のエンジンはMD-81がJT8D-209、MD-82がJT8D-217、MD-83と-88がJT8D-219だが、後で生産された

1980年代のマクドネル・ダグラスが次世代の本命だと信じた、剥き出しの推進力「プロップファン」。燃費の良さは魅力だが、騒音の大きさが欠点とされる。McDonnell Douglas

機体はその時点での最新のエンジンを積んでいるので、型だけではエンジンの形式までは分からない。

MD-80のシリーズで生産の途中から取り入れられたのが、従来の尖った尾端に代わる平たいテイルコーンだ。これはスクリュードライバー、ビーバーテイルなどいろいろな呼び方をされるが、空気抵抗を減らして燃費率を改善する効果がある。

離陸総重量は燃料搭載量の多いMD-83が一番重くて7万2574kgになる。航続距離も当然この型が一番長く、アメリカ大陸ノンストップ横断の2500nmに達する。

MD-80シリーズを一つの機種としてみると、合計1191機が生産された。DC-9シリーズの総計が976機だから、それより二百機以上多く売れたことになる。一番売れたのがMD-82で、569機と48%を占める。

ちなみに商品名としてはMD-80シリーズだが、航空当局への登録名は実際にはマクドネル・ダグラスDC-9-81、-82等々となっている。登録名称・品名ともにMDとなったのはMD-88からだ。

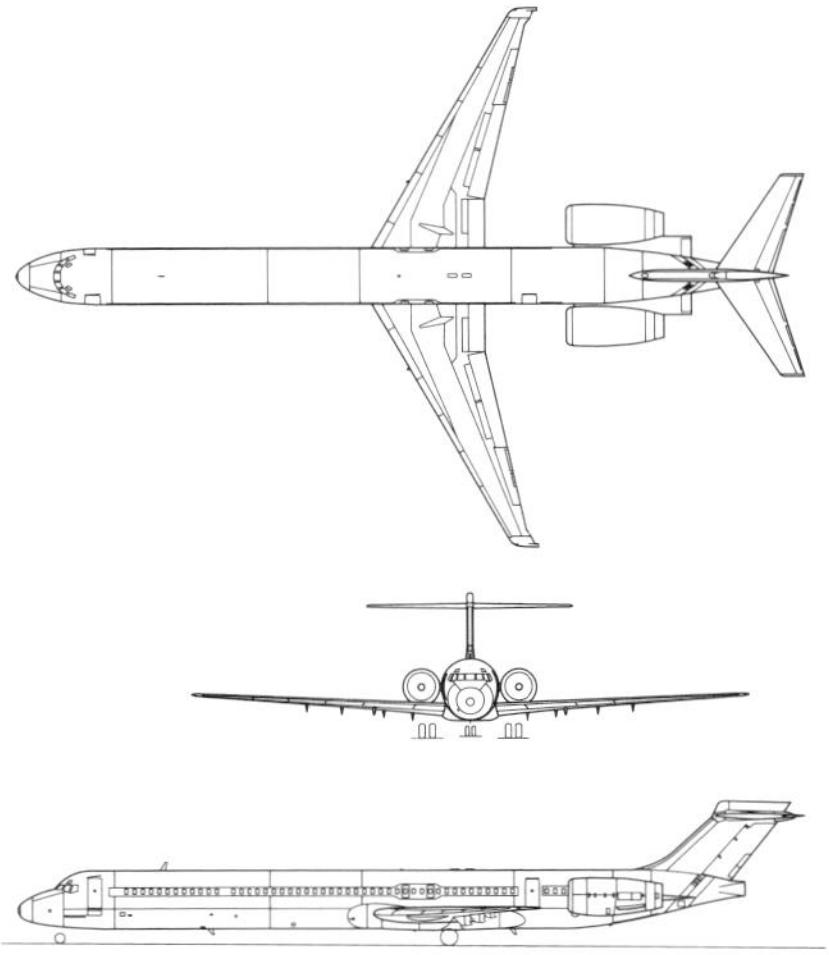

MD-90

	-30	-50
全幅	32.87m	
全長	46.51m	
全高	9.33m	
主翼面積	112.32㎡	
最大離陸重量	70,760kg	78,245kg
巡航速度	812km/h	
航続距離	3,860km	5,160km

初心に戻り、中小のローカルエアラインに支持されるべく105席クラスへと小型化したMD-95計画は、ボーイング717として世に出る。搭載エンジンにはRR／BMWが共同開発したBR715を選定。McDonnell Douglas, Rolls Royce

成長の限界点に到達したMD-90から一転、中小顧客向けの小型化で再起を

究極のＭＤ-90

ＭＤ-90シリーズはＤＣ-９の究極の発展型と呼ぶことが出来よう。ＤＣ-９以来のＪＴ８Ｄシリーズと決別し、新世代の大バイパス比ターボファンを採用している。

ＭＤ-80が騒音低下と燃費率向上に期待してＪＴ８Ｄのリファン版の-２００シリーズを搭載した事情は先に述べたが、いくらファン径を拡大しバイパス比を大きくしても、ＪＴ８Ｄ自体が１９５０年代末の基本設計のエンジンであることは否定出来ない。１９８０年代も末になるとバイパス比が５～６という新世代のターボファン・エンジンが実用になって来て、ＪＴ８Ｄシリーズが急速に古臭く見えて来る。

１９８０年代の半ば、マクドネル・ダグラス社ではプロップファンが次世代の本命と見ていた節がある。プロップファンはターボファンとターボプロップの中間のようなエンジンで、剥き出しの（カウルのない）ファンが超音速で回っている。

マクドネル・ダグラス社ではＭＤ-81の試作機を改造して、ジェネラル・エレクトリック（ＧＥ）社やプラット＆ホイットニー（Ｐ＆Ｗ）社が試作したプロップファンを載せて実際に飛ばして試験した。プロップファンは燃費率は良いが騒音が大きな問題点で、エンジンを客室から離せるリア・マウンテッドはプロップファンに向いているとも思われた。

しかし地上への騒音問題の解決の見通しが立たなかったこと、なによりも石油危機が過ぎ去り燃料価格の高騰が終わったことなどで、プロップファンを支持する声は１９８０年代の後半に急速に失速する。

マクドネル・ダグラス社もプロップファンの実用化を諦めて、改めてＭＤ-80シリーズのエンジン換装の検討に乗り出した。対象となるエンジンは二つ、ＧＥ社と仏スネクマ社合弁のＣＦＭインターナショナル社製ＣＦＭ56と、Ｐ＆Ｗ社と英ロールスロイス社、独ＭＴＵ社、伊フィアット社、それに日本の重工三社からなるＪＡＥＣの五か国連合軍、インターナショナル・エアロ・エンジンズ社のＶ２５００だ。ライバルのボーイング７３７は新世代でＣＦＭ56を採用した。一方エアバスＡ３２０は両方を搭載出来た。

ボーイング社への対抗意識でもないだろうが、マクドネル・ダグラス社が選んだのはＶ２５００の方だった。設計的にはこちらの方が新しいので進んだ技術を採用しているし、将来への発展性も大きいと考えられる。

Ｖ２５００にエンジンを換装した新世代は、１９８９年６月のパリ航空ショーでＭＤ-90の名で発表、デルタ航空の受注を得て同年11月正式にローンチした。試作１号機（ＭＤ-81試作機を改修）の初飛行は１９９３年２月22日で、１９９５年４月にデルタに就航した。

ＭＤ-90では胴体を主翼の前で１・３７ｍ延ばしており、全長はＤＣ-９以来最長の46・５１ｍとなった。

これまでのストレッチでは必ず主翼の前と後で胴体を延長して来たが（ただし前の方を大きく延ばす）、今回は主翼から後ろの胴体はＭＤ-80シリーズのままだ。これはＶ２５００の重量がＪＴ８Ｄより重いので、胴体を前に延ばすことでバランスを取ったためで、客席数の増加はむしろおまけと見た方が良いかもしれない。客席はモノクラスで１７２席から最大１８７席になる。

ＭＤ-90シリーズではＭＤ-90が登録名となり、細かい型はＭＤ-90いくつ、として分類される。もっとも実際にはＭＤ-90-30がほとんどで、他には重量増加型や長距離型が少数造られたに留まる。

珍しい型はＭＤ-90-30Ｔトランクライナーで、中国でライセンス生産された。実際には２機が造られたところでマクドネル・ダグラス社との関係は切れたが、中国ではちゃっかり治具をつかってＡＲＪ21の胴体を造っている。

ＭＤ-95から７１７へ

せっかくエンジンを換装して新世代と言うべき姿になったＭＤ-90だったが、マクドネル・ダグラス社が期待したようには売れなかった。１９９０年代に入ると、ボーイング７３７とエアバスＡ３２０に挟まれて、ＭＤ-80／90シリーズの苦戦が

希少なボーイング717を愛用する代表的カスタマーがハワイアン航空だ。2021年8月時点で19機を保有しており、ビジネス8席、エコノミー115席のキャビンで運航している。完全グラス化を果たしたコクピットにDC-9時代の面影はない。
Masahiko Takeda, Charlie Furusho, Hawaiian Airlines

目立つようになる。

DC-9の回で解説したように、もともとDC-9は設計当時としても保守的な機体だった。それまでプロペラ機しか運用したことがないような中小エアラインに売り込むためで、ダグラス社らしい堅実な設計だった。

しかしA320のような最新テクノロジーてんこ盛りのエアライナーが登場して来ると、この保守性が古臭く見えて来る。もちろんマクドネル・ダグラス社でもEFISやらヘッド・アップ・ディスプレイ装備やらで対抗しようとしたが、基本設計そのものの古さはどうしようもない。

そして5列座席の胴体とリア・マウンテッドのエンジンという基本設計からしても、MD-90あたりが成長の限界だろう。737の新世代が二百席級にまで発展しているときに、MD-90は187席が上限だった。

結局MD-90シリーズは合計116機しか売れなかった。DC-10の発展型として開発されたMD-11も期待ほどには売れず、マクドネル・ダグラス社の経営は次第に苦しくなる。

マクドネル・ダグラス社では、737やA320に対抗するよりも、かつてのDC-9を支えた中小エアラインに目を向けた方が商機があると見たのかもしれない。1991年になって105席級のMD-95を発表する。

MD-95は名前こそMD-90シリーズのようだが、実際にはDC-9-30を1990年代の技術で蘇らせたエアライナーに他ならない。胴体はもちろん主翼もかつてのDC-9と同じ前後縁ストレートのシンプルな平面形で、外観上の大きな違いと言えばロールスロイスBR715ターボファンくらいだろう。

しかしMD-95の実機が完成する前に、マクドネル・ダグラス社はボーイング社に吸収合併されていた。ボーイング社はMD-95の計画を中止するだろうとの観測も多かったが、意外にもボーイング社はMD-95を717と改名して開発を続けさせた。ボーイング717の1号機は1998年の6月に完成、9月2日に初飛行した。

ボーイング社としてはMD-95改め717を、大型化する一方の737の下位モデルとして位置付けていたのかも知れない。実際ボーイング社の下で717はいくつか新規の発注を獲得した。

しかし上位にも下位にも姉妹機のないモデルというのは売りにくい。例えば717を買ったエアラインがもう少し大型の機材を求めると、ボーイング社は当然737を勧めることになるが、717と737では整備からパイロットから共通性がない。それだったら将来を見越して最初から737かエアバスを買った方が良いということになりかねない。

1990年代の末からは、717はリージョナル・エアライナーの下からの圧迫にもさらされ、売れ行きが落ちて来た。ついに2005年1月ボーイング社は、現在の受注残で717の生産を終了すると発表した。156機目の717は2006年5月にエア・トランに引き渡された。

こうしてDC-9に始まった栄光のシリーズは終わりを告げた。通算の生産数は2439機。ボーイング737やエアバスA320シリーズには遠く及ばないものの、中小エアラインの小口の受注を集めてよくこれだけ売れたものだ。堅実で堅牢なダグラス社のエアライナーらしく、2021年8月時点でも260機ほどがまだ現役で、このなかには28機のDC-9も含まれている。

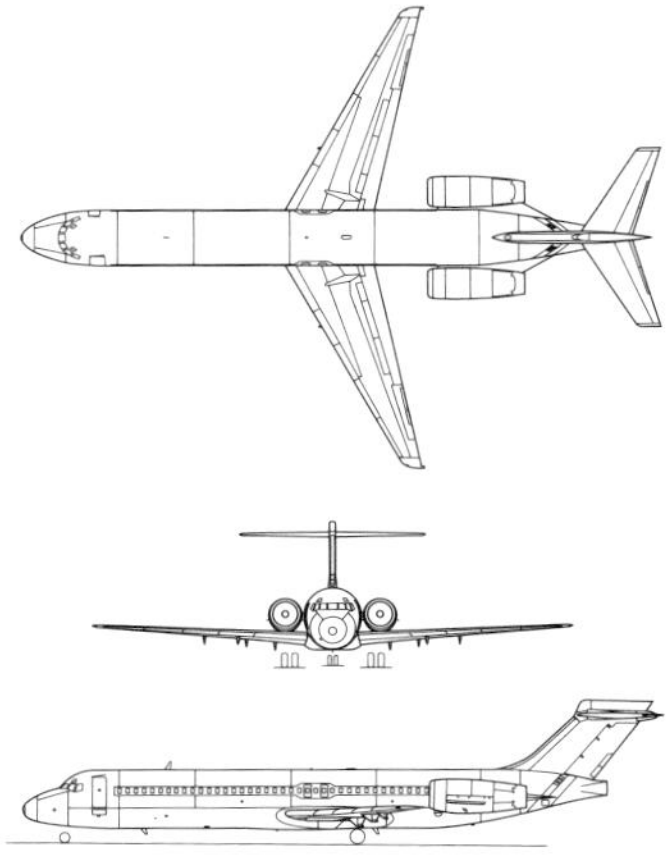

717-200

	Basic Gross Weight	High Gross Weight
全幅	28.47m	
全長	37.80m	
全高	8.86m	
主翼面積	92.97㎡	
最大離陸重量	49,845kg	54,885kg
巡航速度	811km/h	
航続距離	2,645km	3,815km

1967年4月9日に初飛行した737試作1号機（N73700）。巡航速度が低速の737では主翼の後退角はわずか25度で、前作727の32.5度と比較して緩やか。一方の翼厚比も付け根で15.4%、キンクより外側で10.8%と厚く、シンプルな構造を採る。Boeing

1万機超を売った、ベストセラー・エアライナーの原点

ボーイング737〈前編〉

Original Series: 737-100／200／200Adv

737-100 1967年初飛行／1968年初就航／製造機数30機

737-200 1967年初飛行／1968年初就航／製造機数1,114機（Adv含む）

今も最新の737 MAXがボーイング社ラインナップにおける最量販機種であり、シリーズ累計の生産機数は1万機を超えた。ボーイング737は航空史上もっとも成功した旅客機であることに疑いの余地はないし、将来この記録を破る機種が現れるかどうかも判らない。まず前編では、その初期に誕生した737-100／200および、性能不足を打破してセールスの起爆剤の役目を果たした200Advまで、「オリジナル」と分類される各モデルを解説してゆく。

史上最大の生産機数へ

ボーイング社の737シリーズは、言わずと知れた最も数多く生産されたジェット・エアライナーだ。これまでの生産総数は1万機を超えている。

エアライナーの生産機数がこの規模に達するのはダグラスDC-3とアントノフAn-2くらいだろうし、どちらも純粋にエアライナーとしての生産数ではない。

この737が最初の数年間は売れ行きが伸び悩み、ボーイングは新規の商品開発に失敗したとささやかれたのは遠い昔の話となった。その当時の737のライバルがA320ではなく、ダグラスDC-9であったというのも、いまの人には実感がないだろう。BAC1-11も737計画がスタートした時点ではまだ仮想敵であったろうし、ターボプロップ・エアライナーでさえも無視出来ない勢力ではあった。

737は1-11よりもDC-9よりもあとから計画が始まっている。ボーイング社は707ではDC-8に対して先手必勝であったが、737の場合には後手に回り、そのおかげで当初は苦戦した。

DC-9の試作機ロールアウトは1965年の1月、初飛行は同年2月だ。またBAC1-11の初飛行は1963年8月だった。

ボーイング社が737の開発を遅らせたのは、一つには先に727の開発に着手していて、開発資金と技術者が十分に用意出来なかったことがある。実際737を設計したのは、727の設計が一段落した技術陣そのものだった。1960年代にはボーイング社といえどもそれほど企業規模は大きくはないし、基本的にはまだ一社で開発していた。

727の正式のゴーアヘッドが1960年で、試作1号機のロールアウトが1962年の11月、初飛行は1963年2月だった。設計陣の手が空いたのはこの段階のはずだが、ただちに737の設計に取りかかったわけではない。

ボーイング社が737計画の本格的な検討に取りかかったのは1964年になってからだったが、この年のアメリカ国内線の調査で、航空旅行客の53%が購入するのが500マイル(800km)以内の路線のチケットだったとの結果が出て、短距離線用機の開発を決意したとのエピソードがある。

寸詰まりの胴体

737の胴体に関しては、ボーイング設計陣は早い段階で727と共通の胴体断面(ということは707とも上半分は同じ)と決めていたので、通路を挟んで3列ずつの6列配置となる。二重円弧断面の胴体の最大径は3・76mになる。

なおキャビンの与圧は、727では8・6psi(6万飛行回数)

で設計されていたが、より巡航高度の低い737では与圧を7・5psiに抑える代わりに、飛行回数を7万5000回に増やしている。

インターネットで737の胴体を「狭い」とか「なんでワイドボディにしなかった」とか書かれているのを読んでびっくり仰天したが、もちろん1960年代当時の百席前後のジェット・エアライナーとしてはずいぶんとワイドなボディだった。他ではDC-9も1-11も通路を挟んで3列+2列の合計5列だ。

90～100席級のエアライナーというのは設計上頭を悩ます微妙な存在で、CRJやMRJのような4列配置でも、DC-9や1-11のような5列配置でも、737のような6列配置でも成立しうる。当然ながら4列配置であれば胴体は細長くなるし、6列配置であれば太短くなる。4列配置だと100席級より上には成長性が乏しく、胴体をストレッチしてもせいぜい120席級くらいまでであろうが、6列配置であれば200席級以上にまで拡大することが可能だろう。5列配置は全ての点で中間になる。

わずか30機の製造機数のうち22機を受領したルフトハンザ。1968年2月にボーイング737を世界初就航させた。同社のイメージを雄弁に語るこのカラーリングも、737導入を機に採用されたものだ。Boeing

独特のエンジン搭載方式により地上高を抑えた737。ローカル路線用の機材として前方ドア下部には内蔵式のエアステアを備えた。

ボーイング社が737の開発を開始した時点で、今日までの成長を見越していたとはちょっと考えにくいのだが、それでも百数十席級への拡大に関しては当然想定していたであろう。

1967～68年頃のボーイング社の広告に“The only short-range jet with big-jet comfort”(大型ジェット機の快適さを備えたただ一つの短距離ジェット機)というコピーが見られる。当時としては唯一の6列座席をアピールしたものだ。他にもボーイングは「ワイドキャビン」とか、「707と同じ」とか、「国際線なみ」とか、737の胴体の太さを最大限強調する広告を打っている。

それにしても当初の型、737-100のモノクラス最大124席、ミックス・クラス標準84席というのは、この太さの胴体にしては少ないというか、28・65mの全長はいかにも短かったというか。いまの737を見慣れた目からすると、初期の100や200の寸詰まり具合は同じ737とは信じられな

737で変わった主翼と胴体の結合方法

727までは数本のピンで固定していたボーイング機の胴体と主翼。737では初めて主翼のキャリースルー全体と胴体を結合して、その荷重を受け止めた（レントン工場での写真は300型のもの）Boeing

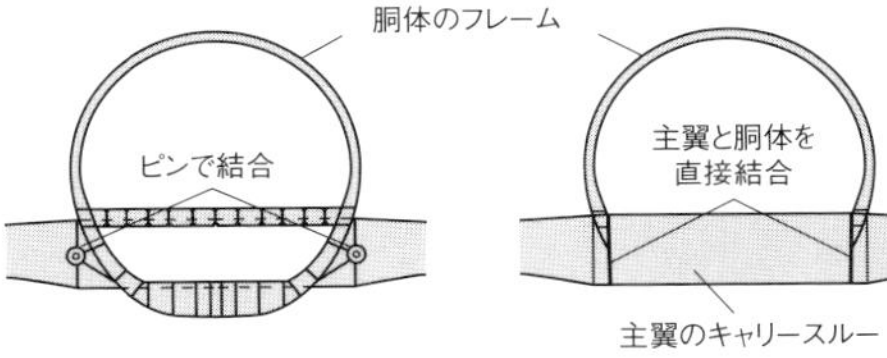

727まで　　737

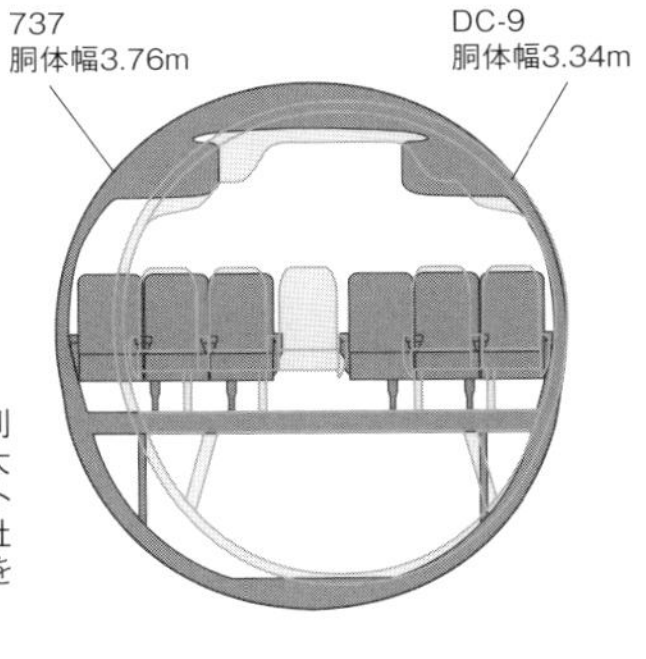

737とDC-9の胴体断面比較

胴体幅3.34mのDC-9と比較すると、横3列＋3列の座席配置が可能な737のワイドキャビン。最大3.76mという胴体幅は、1960年代の短距離ジェット機としては相当に太く、デビュー当時、ボーイング社は737のワイドな胴体が生む高いコンフォート性能を盛んに強調した。

“大型ジェット機の快適さを備えたただ一つの短距離ジェット機”

（当時のボーイング社広告より）

アプローチ中のアロハ航空機は、100型の胴体を1.88mストレッチした737-200（N73713）。後に登場する性能向上型の737-200Advとは、前縁内側のクルーガー・フラップが主翼付け根にまで達していない点が異なる。
Masahiko Takeda

いだろう。

この胴体のおかげで、デビュー当時の737はＦＬＵＦ（Fat Little Ugly Fella）という不名誉なニックネームを奉られた。「デブのおちびちゃん」と言ったところだろうか。

リア・マウントの検討

この太短い胴体のおかげで、エンジン配置も自動的に決まったようなところがある。後部胴体の絞りがきつくなって、DC-9や1-11のように後部胴体にエンジンをマウントするのが難しかったのだ。もちろんボーイング社としても考えなしにいまの配置に決めたわけではなく、実際リア・マウンテッド・エンジンのモデルの写真なども残ってはいるが、どう見ても様にならない。

エンジンの翼下マウントとリア・マウントの優劣に関しては本書で何度も書いてきたが、ボーイング社ではエンジンという重量物を主翼に配置することで構造的には約700kgの軽量化が可能になったとしている。またペイロードを重心の前後に適正に配分出来る点も大きいだろう。一方主翼がエンジンに邪魔されずに空力的に最大限の効率を発揮出来る点ではリア・マウント方式に利がある。

乗降口やサービス・ドアをキャビンの前後に同じように設けられることも翼下マウント方式の利点の一つだ。床下貨物室も

主翼後縁のトリプル・スロッテッド・フラップを下げて伊丹へと降りたった全日空機JA8453。同社は1969年から22機（他に米国から1機リース）の737-200を導入し、後にローカル専門の子会社エアーニッポンへと移管して2000年まで愛用した。Ryohei Tsugami

主翼の前後にあり、地上から容易に接近出来る。

737の最大運用マッハ数は0・82に設定された。そのため主翼の後退角（1／4翼弦）は、727の32・5度に対して、わずか25度で済んでいる。また翼厚比も付け根で15・4％、キンクから外側でも10・8％とかなり厚い。構造的にはずいぶんと楽で、軽量化になっている。

巡航速度の低さは舵面の配置にも現れている。707や727などでは、エルロンを低速用（あるいは全速度域用）と高速用の二つに分けて、それぞれ翼端側と翼中央部の後縁に配置するのが常道であった。ところが737の場合は、全速度域用のエルロンを翼端近くに置いているだけで、高速機に付き物の高速用エルロンはない。エルロン・リヴァーサルを心配する速度域まで達しない上に、主翼のスパンが比較的短く、剛性を高く出来たからであろう。

エルロンとエンジン部分を除く主翼の後縁には、トリプル・スロッテッド・フラップがある。前縁はエンジンを挟んで、内側にクルーガー・フラップが、外側にはスラットが配置されている。

主翼と胴体の結合法

主翼の取付方法もそれまでのボーイング社のエアライナーとは異なっている。727までのボーイング機（軍用機を含む）では、主翼と胴体をほんの数本の太いピンで結合していた。ピンは剪断だけを受け持ち、主翼の曲げは受け流す。しかし737では初めて主翼のキャリースルー全体を胴体のフレームとがっちり結合し、全体で荷重を受けるようにしている。

737のエンジンは727と同じプラット&ホイットニー社のJT8D-9(推力6577kgf)ターボファンで、ポッドに収めた上で主翼下面に直接貼り付けるようにして取り付けられている。ボーイング社お得意のパイロン吊り下げ方式を採らなかったのは、機体全体の地上高を低くして整備や荷物積み込みを楽にし、降着装置を短縮して重量軽減を図るためであろう。しかしこれが後に発展型設計上の苦労を生むことになる。

主降着装置はエンジン・ナセル内側の主翼下面に取り付けられ、内方に引き込まれる。主車輪は胴体下面に収納されるが、脚扉はなく、車輪は外部に露出したままになる。これは短距離の飛行区間が多いことを想定し、飛行中にブレーキに気流を当てて冷却するためだ。このため飛行中の737を下から仰ぎ見ると胴体中央部に主車輪のタイヤが二つの黒いドーナツ形に見える。

短か過ぎたのではないか

ボーイング737は1965年2月にルフトハンザからの受注を得て正式に計画がゴーアヘッドした。最近では787の例もあるが、当時アメリカのエアライン以外がボーイング社のエアライナーのローンチ・カスタマーとなるのは非常に珍しかった。

737の試作1号機(N73700)は1967年の1月17日に、727と同じ上半分がイエローの姿でロールアウトした。式典ではすでに737を発注しているエアライン17社のスチュワーデス(当時フライト・アテンダントなる言葉はなかった)が主翼とレードームにシャンペンの瓶を叩き付けて完成を祝った。1号機は4月9日に初飛行した。

ルフトハンザからの機体は737-100と呼ばれたが、同じ年の8月8日には737-200の1号機が初飛行する。737-200は胴体が1・88mだけ長く、座席数がモノクラスで最大136席、ミックスト・クラス標準97席になっている他は100と変わりない。

1967年の7月始めまでに進空した4機の737-100試作機と8月中に飛んだ2機の737-200試作機でテストは進められ、同年12月15日に米連邦航空局(FAA)の型式証明も下りた。ルフトハンザへの初就航は1968年2月10日で、4月28日には737-200もユナイテッド航空(UAL)に就航した。DC-9の初就航は1965年12月8日だから、ライバルに2年と2か月の遅れになる。

しかし鳴り物入りで初就航を宣伝しながらも、ボーイング社の内情は実は大変だった。737が保証した性能を達成出来なかったからだ。原因は抵抗見積もりの過小で、例の太く短い胴体が案の定、大きな抵抗となっていたのだ。胴体の短い737-100において特に見積もり違いは大きかった。

後知恵のようになるが、ボーイング社は当初の機体規模の設定を誤った、あるいは737-100の開発は必要なかったということになるのではないか。なぜなら737-100はルフトハンザやアンセットなど合計30機しか売れず、ほとんどの受注は737-200に集中したからだ。抵抗過大（すなわち燃費不良）だけが原因でもないだろう。

計画売却という噂

737-200は、100に11日遅れて型式証明を取得し、1968年の4月28日にユナイテッドで初就航している。

737-200には、前部胴体左側面に幅3・4m、高さ2・21mの貨物扉を設けた貨客転換型のC、急速転換型のQCも生産されている。737-200Cの1号機は1968年9月18日に初飛行し、11月5日に就航した。もちろんC/QC型でも旅客型として使用することは可能であった。貨物機としてはパレット最大7枚、ペイロード最大1万5545kgを搭載出来る。

その737-200でも問題はあった。100にも共通するのだが、737の当初の設計ではスラスト・リヴァーサーは同じエンジンの727のそれを流用した設計だった。ところが実際に運用すると、リヴァーサーを作動すると主降着装置の荷重が減少して機体が不安定になり、ブレーキのパワーが減少するとの訴えが続出した。そのため1969年になってボーイング社ではエンジンのナセルを後方に延長、スラスト・リヴァーサーの位置を後ろにずらすとともに、軸線を35度斜めにする改良を行ない、すでに生産した機体にも同様の改修を行なうことにした。

もう一つの問題は乗員の構成で、737は正副パイロットの

ボーイング707に由来する胴体幅3.76mのキャビンは、1992年取材時の南西航空737-200のもの。同社初のジェット機材として1978年に就航し、1993年の日本トランスオーシャン航空への社名変更以後も、2002年まで沖縄の空を飛んだ。Hisami Ito

オリジナル737のコクピット。二人乗務機として設計された737だが、アメリカでは乗員組合の猛反対もあり就航当初は三人乗務への要求も根強かった。Boeing

二人乗務の機体として設計され就航したが、当時の短距離ジェット・エアライナーとしては大型かつ複雑な機体であったために乗員が二人乗務に反発したのである。

このため乗員組合の強いアメリカのエアラインでは、７３７は正副操縦士の後ろのジャンプ・シートに三人目のパイロットを乗せて運航する羽目になり、余分な人件費が掛かる事態になってしまった。

性能低下など初期のトラブルから、１９７０年代に入ってからの７３７の売り上げは目に見えて低下した。当初の受注を消化した後、１９７０年の７３７の生産は37機に低下し、翌年には29機に、翌々年には22機にまで下がった。１９７３年の生産も23機で、ボーイング社は７３７計画を諦めるとか、計画を丸ごと日本企業に売却するとか噂されたのがこの時期である。

躍進のアドヴァンスド

７３７計画を救ったのは、ＳＳＴ（超音速旅客機）計画モデル２７０７の中止であったかも知れない。１９７１年に議会が正式にＳＳＴ計画の予算を打ち切り２７０７の命運は断たれたが、もしＳＳＴ計画が継続していたらもちろんボーイング社はこれに社運を賭けたであろうから、７３７は切り捨てられた可能性が高い。しかし現実には逆に２７０７は中止され、ボーイング社は資金と技術者を７３７に注ぎ込むことが出来たのである。

ボーイング社は１９７１年から反転攻勢に出た。それまでの抵抗減少の改良の成果を全て盛り込み、さらに離着陸性能を改善し、エンジンの推力を強化した型を、７３７-２００アドヴァンスド（Ａｄｖと略される）として売り出したのだ。７３７-２００Ａｄｖでは内装も７４７に合わせてフェイスリフトし、ワイドボディ・ルックと呼んだ。

７３７-２００ＡｄｖではエンジンがＪＴ８Ｄ-17（推力７２５７kgf）になるとともに、エンジン・ナセルの形状を洗練させた。また前縁スラットを3ポジション式とし、内側のクルーガー・フラップを主翼付け根まで延長した。

離着陸性能が向上した７３７-２００Ａｄｖは世界のエアラインから大好評で迎えられ、７３７の売り上げは回復した。パイロット組合の三人乗務の要求もいつしか立ち消えになった。ジャンプ・シート（本来は教官か訓練生用の補助席だ）でチェックリストを抱えて座っているだけの馬鹿馬鹿しさに気付いたなどとも言われた。

７３７シリーズの１９７４年の生産は55機と倍増し、１９８１年には年産１０８機と、１９６９年以来久しぶりに三桁に乗せた。７３７-２００シリーズの生産は実に１９８８年まで続き、アメリカ空軍型Ｔ-43を含めて１１１４機を生産することになる。７３７-２００が生産を終えた時点では、とっくに次の発展型が生産されていた。

幅広の胴体抵抗を過小に見積もった初期型 窮地を救ったのは、改良型“Adv”だった

737-200Adv主翼の機構

前縁スラットの3ポジション化や、クルーガー・フラップを付け根まで延長するなど、主翼の機構にも進化が見られた。それだけではなく、従来型の737-200と比較するとエンジンナセルのフェアリング幅拡張など、細部にまで設計変更がなされている。

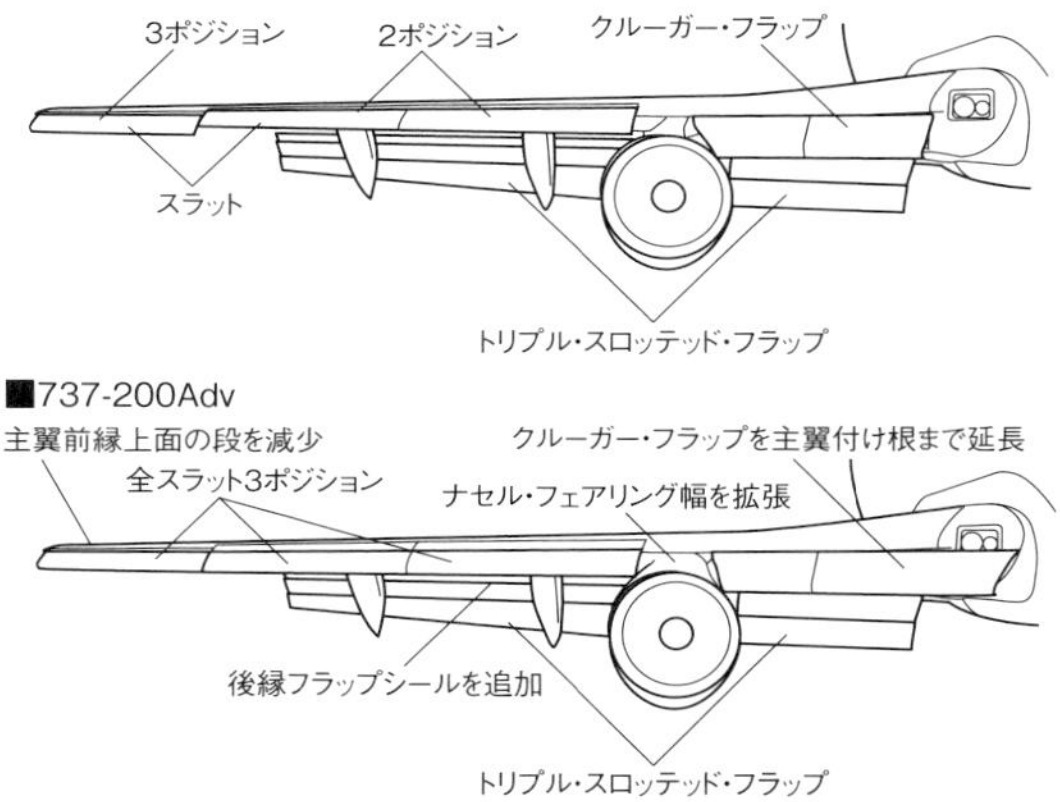

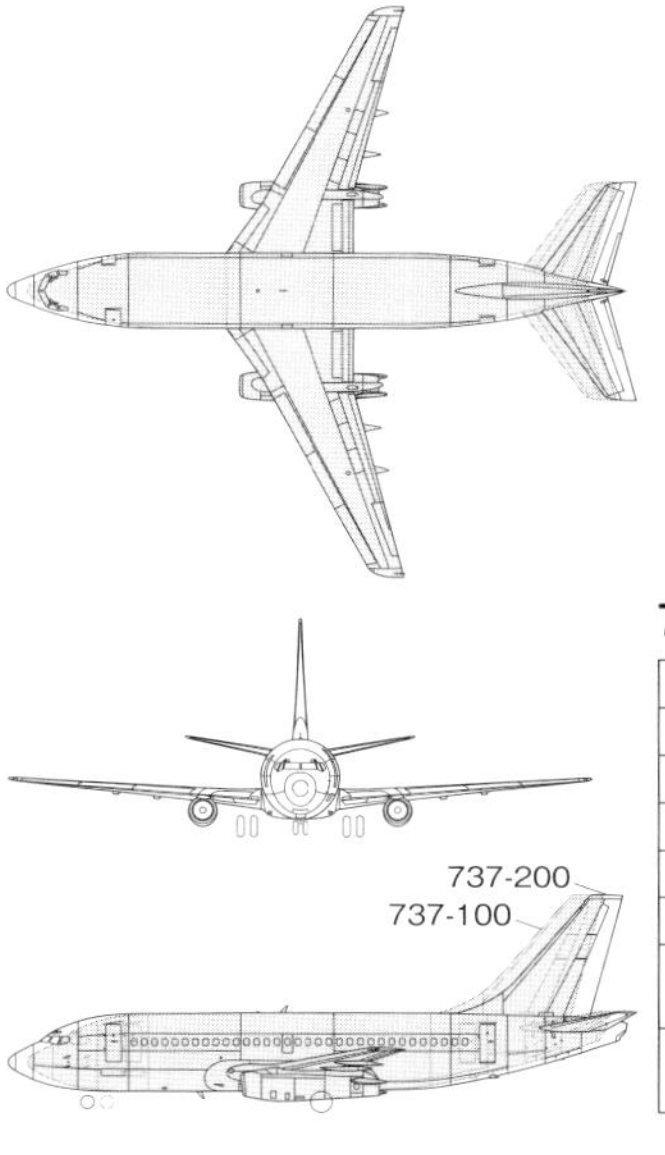

737 Original

	-100	-200
全幅	28.35m	
全長	28.65m	30.48m
全高	11.28m	
主翼面積	91.05㎡	
最大離陸重量	45,575kg	49,435kg
最大巡航速度	917km (22,100ft)	915km (21,900ft)
航続距離 (with max payload)	2,960km (103 PAX)	3,435km (115 PAX)

ロングセラーへの道を開いた、新たなる心臓CFM56

ボーイング737〈後編〉

Classic Series：737-300／400／500

737-300 1984年初飛行／1984年初就航／製造機数1,113機

737-400 1988年初飛行／1988年初就航／製造機数486機

737-500 1989年初飛行／1990年初就航／製造機数389機

NextGeneration：737-600／700／800／900

737-600 1998年初飛行／1998年初就航／製造機数69機

737-700 1997年初飛行／1998年初就航／製造機数1,285機（BBJ仕様121機を含む）

737-800 1997年初飛行／1998年初就航／製造機数5,159機
（軍用のP-8A、AEW&C 146機、BBJ仕様21機を含む。2021年7月末時点）

737-900 2000年初飛行／2001年初就航／製造機数52機

737-900ER 2006年初飛行／2007年初就航／製造機数512機（BBJ仕様7機を含む）

**後編は737の生産機数の多くを占める737-300以降、
搭載エンジンを高バイパス比のCFM56へと換装した各モデルについて。
胴体規模も多彩に派生を重ねることでファミリー化が加速し、
ついに主翼形状にまで手を加えたNGシリーズへと歩みを進めていった。**

CFM56エンジン搭載機における特徴的な「おむすび形」のナセル形状。JT8Dから換装したCFM56の下端が地表に接触しないための策だ。同様の理由から前脚柱も15cm延長されて、取り付け位置もわずかに下げられている。Boeing

米仏共同の新しいエンジン

ボーイング737の搭載エンジンに着目すると、JT8Dの737オリジナル、CFM56の737クラシックとNG、LEAP-1Bの737 MAXの三つに分けられる。

737オリジナルの生産総数は約1100機。つまり737シリーズの1万機以上の生産機のうち九千機以上がCFM56搭載型ということになる。オリジナルだけで終わっても大した生産数だが、ジェット・エアライナー最大のベストセラーと呼ばれることはなかった。737の今日があるのは、CFM56へのエンジン換装が成功したからと言い切っても良いだろう。

現在ではエアライナーでもエンジンでも国際共同開発は当たり前になっているが、1960年代以前には例え民間用のエンジンでも異なる国同士の共同開発はほとんどなかった。その先例となったのが、アメリカのジェネラル・エレクトリック(GE)社とフランスのSNECMA社が50%ずつ出資して設立したCFMインターナショナル(CFMI)社のCFM56だった。

GE、プラット&ホイットニー、ロールスロイスのエンジン大手3社がそれぞれCF6、JT9D、RB211という大バイパス比の推力20トン級ターボファンを1970年代初頭に相次いで実用化した後、次に求められるのはJT3DやJT8Dクラスの代替の推力10トン級大バイパス比ターボファンだということは誰にも分かっていた。第一次の民間ターボファン競争に参戦出来なかったフランスの国営企業SNECMA社では、なんとしてもこの第二次競争に参入しようと熱心にパートナーを捜し求め、GE社に行き着いた。幸いGE社はF101ターボファンという格好のベース(コア)エンジンを持っていた。これに低圧圧縮機とファン、低圧タービンとを組み合わせれば、手頃な10トン級ターボファンが出来上がるだろう。

しかしF101はB-1爆撃機に搭載されている超音速ターボファンで、アメリカ国務省がフランスに技術が移転されることを警戒した。輸出ライセンスの問題は意外にこじれたが、1973年の両国首脳会談でようやく解決して、CFM56ターボファンの開発が正式に決まった。

ちなみにCFMの名称には実際には由来があるのだろうが、公式には頭文字語(アクロニム)ではないとされている。略語とすると元が英語かフランス語かなど揉め事の種になるからであろう。もちろん"international"は英語では「インターナショナル」、フランス語では「アンテルナシォナル」と同じ綴り同じ意味で、それぞれに読めるようになっている。

執念の搭載方法

737シリーズにとってエアライナー史上最大のベストセラーへの飛躍のきっかけとなったエンジン換装だが、これが容易

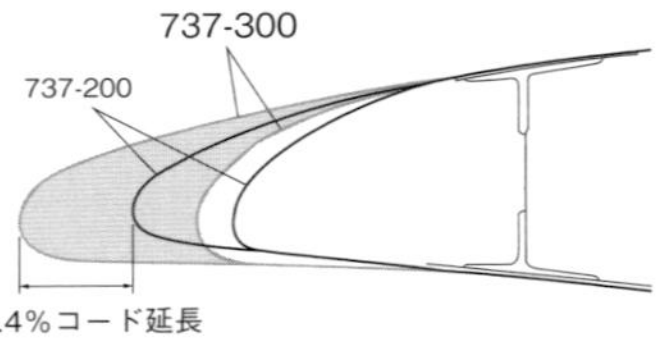

エンジン搭載方式と主翼前縁部の改良

やはり目につくのはCFM56エンジンの搭載方法で、主翼下ではなく、主翼から前方にせり出すようにして搭載することでエンジンと地表を遠ざけた。さらに主翼前縁（エンジンより外翼側）の構造も再設計し、固定部とスラットを前方に拡大して翼弦長を4.4%延ばしている（このほか主翼端を28cmずつ延長）。翼型の改良と翼面積拡大、高揚力装置改良で高速性能と低速性能双方の改善が達成出来た。Boeing

【進化した主翼の効果】

- 抵抗減少
- 進入速度低減
- マッハ数増加
- 巡航高度改善
- 燃料消費減少
- 737-200と同等の整備性

大径化したCFM56 対地間隔確保をめぐる エンジン搭載の攻防

なことではなかった。

前項でも述べたように、７３７ではエンジンを主翼から吊り下げるのではなくて、下面に密着させて搭載することで、降着装置を短く軽量にしている。しかし比較的直径の小さなＪＴ８Ｄでは通用したこの手法が、より直径の大きい大バイパス比ターボファンでは障害になる。ボーイング社の設計陣は、７３７の地上高を低く抑えたことを少し後悔したかもしれない。ＣＦＭ56を同じようにして主翼下面に取り付けると、エンジンの下端が地表に触れるようになってしまうのだ。たとえ滑走路に当たらなくても、エア・インテイク位置が低過ぎれば地面の異物を吸入して故障の原因となる。

ＣＦＭＩ社としても、ＣＦＭ56が７３７に搭載されるよう最大限の努力を払った。新エンジンが市場に定着出来るかどうかの最初のチャンスなのだ。エンジンのバイパス比を５・０に低下させてまでも、ファンの直径を縮小したＣＦＭ56-3を開発した。また通常はエンジンの下側に付く発電機などの補機類を、エンジンの脇に移して全体の高さを縮小した。

それでも通常の搭載法では地表に近付き過ぎる。そこでボーイング社では、主翼から吊り下げるのではなくて、ＣＦＭ56を主翼から前に突き出すようにして搭載することにした。主翼前縁からパイロンがまっすぐ前方に伸びて、エンジンの上縁は主翼の前縁と同じくらいの高さになる。

主脚の長さは変わらないが、前脚柱は15㎝ほど延長された上に、取り付け位置が若干下げられた。これによって地上姿勢が少し頭上げになって、エンジンのインテイクと地表との間隔が稼げた。

そしてエンジンのインテイクとナセルは正面から見ると円形ではなくおむすび形というか、ヒマワリの種をくわえ込んだハムスターの頬のように両脇が膨らんだ形にされた。これでなんとか地表との間隔が確保出来た。エンジンの軸線は水平ではなく、かなりの後ろ下がりになっている。

たしかに考えてみれば、エンジンが円筒形だからといってインテイクやナセルまで円形でなくとも良いのだが、それにしても相当に思い切ったナセルの形状であり、エンジン搭載法だ。737のこの姿を初めて見た時には世界中が呆れ、そして新エンジン搭載へのボーイングの執念に感心した。しかし結果的にはこれによって737は比類ないベストセラーとなったわけだ。

このエンジン・ナセルの印象が強いが、ボーイング社は機体自体にも細かく手を加えている。まず主翼はエンジン取り付け部より外側の前縁を4・4%延長、より高速向きの翼型とした。また主翼端を28cm延長している。

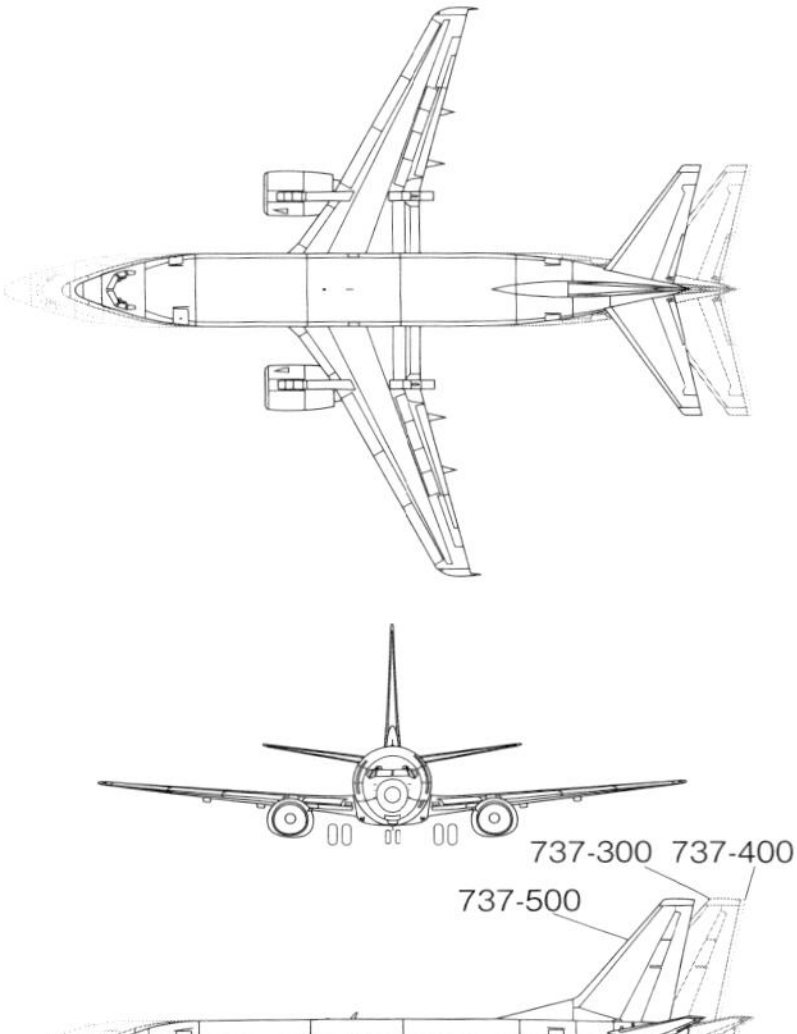

尾翼では、垂直尾翼のドーサル・フィン増設が目立つが、水平尾翼も76cm拡幅されている。

737-300の胴体は主翼の前で1・12m、後ろで1・52mずつ延長されている。737-200ではモノクラスで最大136席だったのが、300では最大149~189席になった。4割近い収容能力の向上だ。

すでにいわゆるグラス・コクピットの時代が始まっていたが、737の新型では全面的な計器の電子化（EFIS）は採用せず、正副操縦士席の正面にそれぞれ2面ずつのCRTディスプレイを配置するだけに留めている。中央のエンジン計器などは従来のダ

737 Classic

	-300	-400	-500
全幅	28.88m		
全長	33.40m	36.45m	31.01m
全高	11.13m		
主翼面積	105.4㎡		
最大離陸重量	62,820kg	68,040kg	60,555kg
最大運用速度	Mach 0.82		
航続距離	4,204km	3,870km	4,481km

イアル式のままだ。

新興エアラインの熱視線

後にクラシック・シリーズと呼ばれることになる７３７-３００／４００／５００の開発は、１９８１年３月の７３７-３００の受注をきっかけに始まった。ボーイング社に新シリーズ開発を促したのはＵＳエアとサウスウエストの二つのエアラインだった。

この二社はパンナム、イースタン、ブラニフ、コンチネンタル、ノースウエスト、ＴＷＡなどと並ぶ大手や名門エアラインではない。１９７８年のエアラインの規制緩和、いわゆるディレギュレイション法制定で急成長を遂げた新興エアラインの一角だった。７３７クラシックの能力と登場のタイミングは、まさにこれらアメリカ国内線を運航する急成長エアラインにぴったりだった。

大手に代わり新興エアラインが新型機開発の主導権を握る。それはまさに１９８０年代特有の光景と言えた。ちなみにいま大手や名門として名を挙げたエアラインは、みな競争に敗れてその後姿を消して行く。

737クラシックの各モデル・ローンチにおいて重要な役割を担ったカスタマーは、名だたる大手ではなく、サウスウェストやUSエアのような新興勢、あるいはピードモントのようなローカル・キャリアであった。Boeing

737クラシックでは基本モデルの737-300と、その胴体を2.9m延長した737-400、それとは反対にオリジナル（200）時代の胴体長へと回帰した737-500の3タイプが用意された。写真上は1988年1月26日、レントン工場における737-400のロールアウト式典。ロサンゼルスで撮られた写真下のサウスウェスト機は737-500で同社がローンチ・カスタマーであった。

737-300の試作1号機は1984年1月17日に、ワシントン州のレントン工場でロールアウトして、2月24日に初飛行した。同じ84年の11月14日には型式証明を取得、同月28日にUSエアに引き渡しを開始した。

この時期ボーイング社では727の受注を停止して、新しい757へと顧客を誘導しようとしていたが、市場からはモノクラスで239席という757-200よりも一回り小さいエアライナーを求める声が上がって来ていた。これに応じてボーイング社が開発したのが737-400で、オール・エコノミーの32インチ(81cm)ピッチで159席、最大限に詰めれば188席という、まさに727-200と同キャパシティでその代替となるクラスの機体だった。

737-400では胴体を300よりもさらに前部で66インチ(1.68m)、後部で48インチ(1.22m)延長している。乗客数が増えたので、規則上主翼上面への非常脱出口は二つずつになった。

その他は基本的に300と変わりないが、後部胴体下面にはテイルスキッドが付いた。これは胴体を延長した分、離陸の引き起こし時に後部胴体を滑走路に擦りやすくなったためだ。

737-400の開発は1985年にスタートし、1988年2月19日に初飛行した。ローンチ・カスタマーとなったのはピードモント航空だが、ここは新興エアラインというわけではなく、アメリカ北東部を中心に営業するローカル線専門の中堅エアラインといったところだ。日本のYS-11にいち早く注目して、その輸出のきっかけを作ってくれたエアラインとしても記憶されている。1989年に例のUSエアに吸収合併されている。

クラシック・シリーズ最後の737-500は400とは逆の縮小型で、クラシックのエンジンや空力と200の胴体を組み合わせた型と考えて良い(実際には胴体は737-200よりも0.25mだけ長いが)。当初は737-1000あるいは737ライトの仮称で呼ばれていた。737-300でもまだ大き過ぎると考える顧客向けの機体だ。737-500の開発は1987年に始まり、1989年6月30日に初飛行した。

737-500のローンチ・カスタマーはサウスウェスト・エアラインだ。こうして見ると737のクラシック・シリーズはいずれもいわゆる大手や名門エアラインがローンチ・カスタマーになっていないことが分かる。対照的にオリジナル・シリーズはユナイテッドやルフトハンザといった名門エアラインが牽引役となっていた。1960年代と80年代以降の航空輸送業界における勢力交替が如実に現れている。

ボーイング社自身のデータによれば、737-300は最終的に1113機が生産された。このサブタイプ一つでそれ以前の737オリジナルを合わせたくらいの売り上げを達成したわけだ。製品としての寿命も長く、最後の機体は1999年にニュージーランド航空に引き渡された。

高速・高空向きの主翼設計で対抗したA320照準のNext Generation

737NGにおける主翼設計の変化
（シルエットはクラシックの主翼）

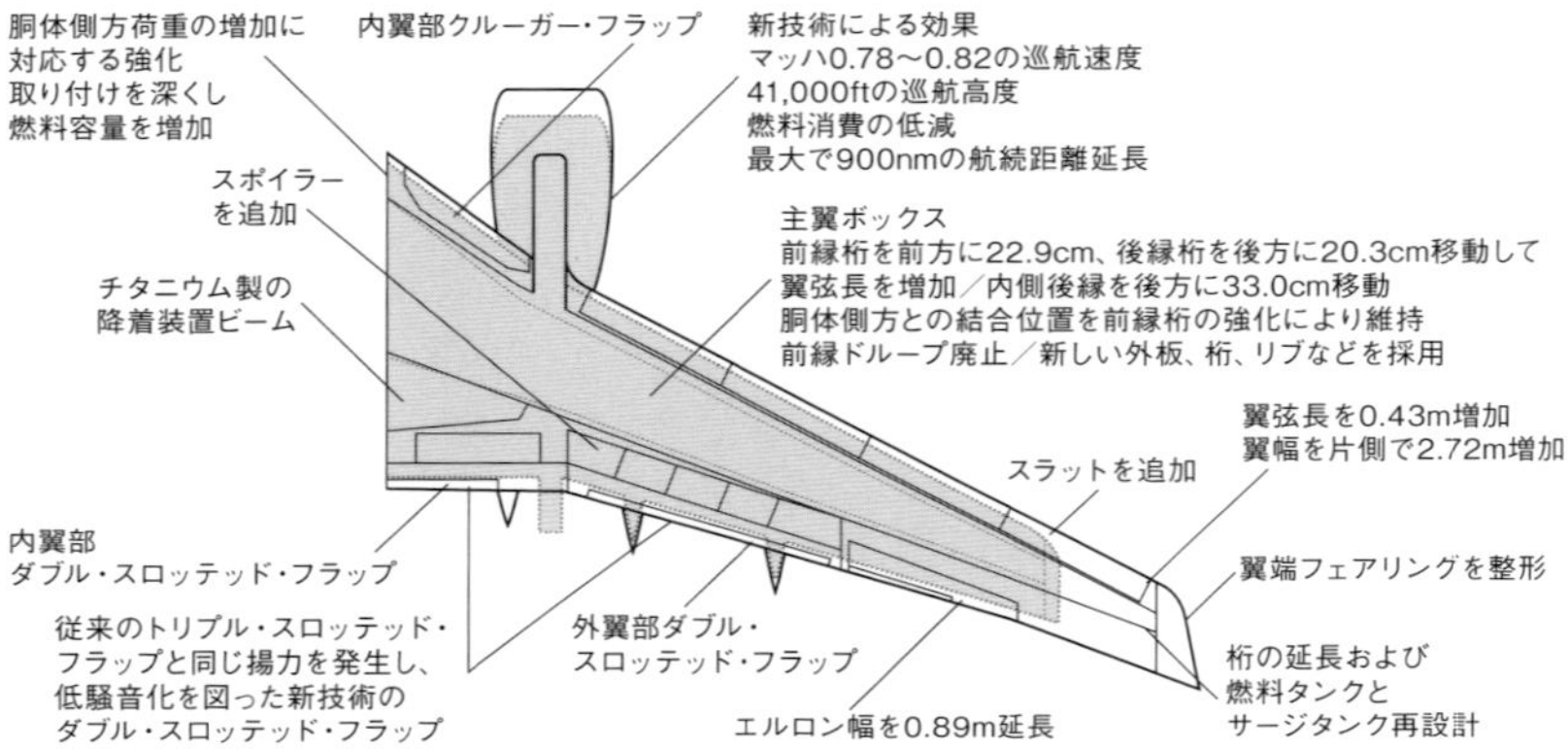

737-400は1988年から2000年までの間に486機が生産された。737-500は造られた期間が短く、1990年から1999年までに389機しか製造されてはいない。

「次の世代」へ

1987年2月にエアバスA320が初飛行した。737-300初飛行から3年後のことだ。現在まで四半世紀に及ぶライバル関係の始まりである。

前項で述べたように、737の開発が始まった当時のライバルはダグラス社のDC-9であり、BAC社の1-11であった。これらは737より数年先行して開発され、技術的にも保守的で、737は技術的な先進性を売り物にして追う立場であった。

A320との関係はその反対で、20年の遅れで737を追う。先進技術を強調したのがエアバス社で、ボーイング社がむしろ堅実さを売り物にした。追う者と追われる者の立場が逆転したのである。

それにしても「次の世代」(Next Generation)とはおかしなネーミングだ。開発初期のコードネームならばともかくも、すでに製品化されている代物が「次の世代」のはずはない。それは「いまの世代」に他ならない。あえて「次世代」製品と呼ばせるのは、先進性を売り物にするA320に対して、うちだって新しいぞと思わせたいボーイング社の戦略なのではないのか。

その737次世代（NG）の検討は1991年頃に始まった。正式には1993年11月、サウスウェスト・エアラインによる737-700の発注63機を以て、正式にNGの計画はローンチされた。737-800のローンチは1994年9月のファーンボロ航空ショーにおいて公式に発表され、737-600は1995年3月にSASの発注でローンチされた。

大ざっぱに見れば、737NGの600はクラシック世代の500に相当し、700は300に相当、800が400に相当すると考えても良いだろう。

それぞれの型の737-200を基準とした胴体の延長／最大離陸重量（MTOW）を示しておこう。

◆737-600――+0・25m／6万5044kg
◆737-700――+2・64m／7万7110kg
◆737-800――+8・48m／7万8925kg

737NGのエンジンはCFM56-7シリーズだ。737クラシックに積まれたCFM56-3シリーズの文字通り「次の世代」にあたるターボファンで、例えばファンには幅広ブレイドが採用されていて、ブレイド数は-3の44枚が-7では24枚にまで減らされている。他では完全電子制御（FADEC）の採用が目立つ。細かな改良もあってCFM56-7は-3に比べて推力をアップしながら信頼性、整備性の向上を果たし、燃費消費も低下させることが出来た。CFM-7には推力1万9500lb（8845kgf）の-7B18から、2万7300lb（1万2383kgf）の-7B27までの推力レンジがある。

もはや中距離国際線機

737NGでは主翼の平面形が大きく変わり、主翼構造にも手が入れられた。前桁が前方に23cm移動し、後ろ桁は後方に20cm移動することで桁間（燃料タンクになっている）が拡げられた。桁は翼端に向かっても延びて、翼幅が272cmずつ拡げられた。もちろん前縁のスラット、後縁のフラップとエルロンも拡大されている。

平面形だけでなく断面形も大きく変わり、一言で言えばより高速高空向きの翼型となった。最適の巡航マッハ数はマッハ0・79に引き上げられ、最適の長距離巡航高度は従来の3万7000ft（1万1278m）から4万1000ft（1万2497m）へと上がった。737NGの長距離型はもはや国内線用とは言えず、むしろ中短距離国際線機と呼んだ方が良いだろう。

エンジンよりも内側の内翼は、平面形の修正はほとんどないものの構造はやはり改造されている。外翼が拡大されたことで取り付け部の曲げ荷重が増大するため、中央翼部分が強化されている。また主降着装置はタイヤが拡大され、取り付けビームがチタン製になった。垂直尾翼も1・42m高くなっている。

システム的にもエンジンのFADECに見られるような電子化が全面的に推し進められ、コクピットも遂に完全にEFIS(グラス・コクピット)化した。クラシックの世代ではCRTであったが、737NGでは液晶ディスプレイ(LCD)が採用され、大型カラーLCD6面が並ぶことになった。

737-700の試作1号機は1997年2月9日に初飛行している。3月15日には高度4万1000ft、マッハ0・81の性能を達成して見せた。

737-700は1997年11月に米連邦航空局(FAA)の型式証明を取得、12月にサウスウェストへの引き渡しを開始した。

1997年7月31日には一歩遅れて737-800の試作機が初飛行した。737-600の初飛行は1998年1月22日だった。FAAの型式証明はそれぞれ1998年3月と8月に取得している。

1997年の11月にはアラスカ航空がローンチ・カスタマーとなって、NGシリーズの四つめのサブタイプとして737-900の開発がスタートしている。737-900はオリジナルの200よりも11・13m長い胴体を持つ(MTOWは800と同じ)737NGシリーズでも最長の型だ。座席数はモノクラスで204席から詰めれば215席、ミックスト・クラスで標準174席となる。燃料搭載量を増大した737-900ER(Extended Range)では、航続距離は六千km級にもなる。

大きさも性能もかつての707を優に凌ぐと言って良いだろう。

CFM56-7を搭載する737NGにはETOP-180が認められているので、双発でも大西洋線やハワイ=米本土間への就航も可能になっている。

乗客にとっての旅客機

737NGの受注は2021年7月末までで7944機(引き渡し済み約7000機。民間向けは2019年製造終了、軍用型は継続中)を超えている。

737とA320の売り上げ競争は、最初は737が余裕を持ってリードしていたが、1990年代に入ってからは両者の成績は接近し、1996〜97年には年間の販売数がほぼ並んだ。

737が一度は差を開いたのだが、2002年にA320が販売数で逆転、ついにそのまま今日までリードを続けている。

だから737がジェット・エアライナー市場最高のベストセラーの名をほしいままにしているのは、実際には二十年間の先行の賜であって、ここ十年といったスパンで見ればむしろA320が勝っているわけだ。

しかし逆に考えれば、このテクノロジーの世界で二十年も古い代物が、マイナーチェンジを繰り返しているとはいえ、新世代の技術の産物と互角の勝負を続けているというのは大したことではないのか。

737-200と比べて11mもロングになり、かつての707にせまる全長42.1mの最長モデル737-900。写真のアラスカ航空機N402ASは長距離型の900ERで、メーカー発表値の航続距離は約6,000kmに到達する。
Charlie Furusho

完全なグラス・コクピットを得た737NGシリーズ（写真はAIRDO 737-700）。左右2面ずつのCRTディスプレイを置いたクラシック時代とは異なり、ディスプレイも液晶へと進化を遂げた。Konan Ase

ここで我々は一歩下がってみて、旅客にとってのエアライナーの要件とは何かを考えてみるのも良いだろう。乗客がエアライナーに求めているものはなにか？　それは安全性であり、快適性であり、信頼性であり、利便性であって、それらが備わっている限りは、自分の乗るエアライナーの原型が何年に登場したのかなど関心の外なのではないだろうか。

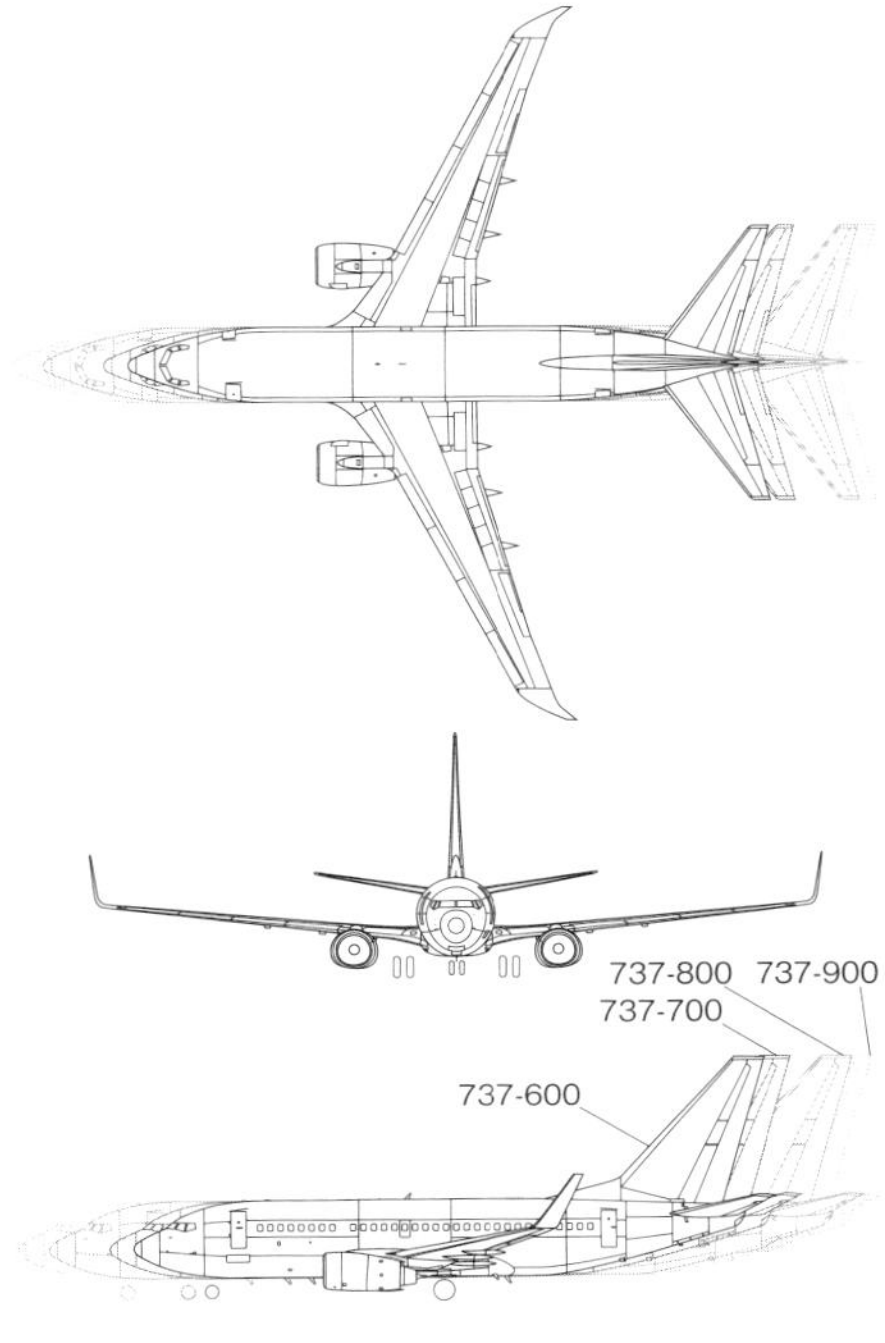

737NG

	-600	-700	-800	-900
全幅 (with winglets)	35.79m			
全長	31.24m	33.63m	39.47m	42.11m
全高	12.57m		12.55m	
主翼面積	125.0㎡			
最大離陸重量	65,090kg	70,080kg	79,015kg	
最大運用速度	Mach 0.82			
航続距離 (with winglets)	5,648km	6,037km	5,444km	5,083km

2016年1月29日、雨のレントンで初飛行に挑んだ737 MAX 8。技術的トピックは、ファン直径1.76mのLEAP-1Bエンジン、そして主翼端の新形状のATウィングレット（AT＝アドヴァンスド・テクノロジー）。エンジンの大径化はCFM56に換装した第二世代から737の課題であったが、MAXにおいても搭載方法の工夫を必要とした。Hisami Ito

そして、MAXという進化を遂げたシリーズ第四世代

ボーイング737 MAX

737 MAX 7／MAX 8／MAX 9／MAX 10

737 MAX 7 2018年初飛行
737 MAX 8 2016年初飛行／2017年初就航
737 MAX 9 2017年初飛行／2018年初就航
737 MAX 10 2021年初飛行
（2021年7月末時点の納入機数はMAX 8およびMAX 9を合わせて541機）

背後から迫る欧州のライバルがneo（New Engine Option）へと進化を遂げたように、逃げる737もまた、新エンジン搭載による発展型へと歩みを進めた。就役後ほどなくして発生した2度の事故による運航停止措置を経て現在へと至るが、その後も受注を重ねてベストセラー機737の製造記録を塗り替えつづける、ボーイング社基幹モデルとしての存在感は揺るがない。

コクピットは正面の大型ディスプレイこそ目新しいが、スタビライザー・トリムのホイールが残るセンターペデスタルを見れば、従来モデルから踏襲された操作系であることがわかる。Boeing

直径が拡大したLEAP-1Bエンジンのために前脚は0.2m延長され、これにより0.43m以上の地表との間隔を確保した。

幻のイエロウストーン1

ボーイング737MAXは、2017年5月に初就航したばかりの、737シリーズの最新版だ。

ボーイング社ではもともと、737シリーズの後継機には、まったくの新規開発機を考えていた。787の項で詳しく説明するが、「イエロウストーン」構想である。737／757の代替のY1（イエロウストーン1）、767代替のY2、747／777代替のY3の3機種からなり、新世代の低燃費ターボファンや複合材料構造、油圧の代わりに電気を使うシステムなどが共通する。Y2が具体化したのが787であることは言うまでもない。

もしY1が開発されていたら、787の姉妹機になっていたはずだ。しかし現実には737シリーズの後継は、737自身の発展型になった。ボーイング社には、Y1をゼロから新規開発するほどの余裕が無かったのだろう。開発資金の余裕か、開発に振り向けられる技術者の余裕か、あるいは時間の余裕か。

ボーイング社は切羽詰まっていたのではないか。2010年12月にエアバス社がA320neoを正式にローンチする。ボーイング社としては、受けて立たないわけには行かない。Y1の新規開発に着手したら、実用化は数年先になる。その間にエアバス社に市場を奪われてしまうかもしれない。A320neoは2011年6月のパリ航空ショーまでに667機の受注を集めていた。

ボーイング社を737MAX開発に押しやった要因の一つが、2011年7月20日のアメリカン航空（AA）の大量発注だった。AAの親会社のAMR社がプレスリリースで「史上最大の発注」と謳ったとおりに、ナロウボディのエアライナーを460機同時に発注するというものだ（別にオプション／購入権が

2021年6月18日にはシリーズ最長モデルの737 MAX 10が初飛行して、全4種の胴体長が揃った。全長は43.80メートル、最大座席数は230席になる。Boeing

737 MAXへの決断と技術的核心、LEAP-1B搭載の課題

合計465機)。

この内訳はエアバスA320が130機、A320neoが130機、ボーイング737が200機(別にオプション100機)となっていて、CFMインターナショナル社のLEAP-Xエンジン搭載の737発達型を100機発注する意思がある、と表明していた。737のエンジン換装を、まだボーイング社が正式発表する前のことだ。

この歴史的発注の翌月、2011年8月30日になって、ボーイング社の役員会は737のエンジン換装計画を承認した。このタイミングからすれば、AAはLEAPへのエンジン換装案についてボーイング社から事前に知らされていたのだろう。AAは先走ってフライング・スタートしたのか、それとも計画の後押しをしようとしたのか。

せめぎ合うLEAP-1B

CFMインターナショナル社のLEAP(Leading Edge Aviation Propulsion)ターボファンは、同社のCFM56の順当な発展型であり、後継でもある。

LEAPの最大の特徴は、9から11にも及ぶバイパス比だ(CFM56は6前後)。大径のファンはレジン・トランスファー法でモールドされていて弾力性があり、低圧軸の回転速度が上がればブレイドのツイストが減るよう造られている。全圧

縮比は40から50に及び、高い熱効率で燃費率を十数%低減している。

ただこのLEAPの大きな直径が、737への搭載の障害となった。CFM56の搭載の際にも苦労したが、LEAPの外径はCFM56よりもさらに0・6mほども大きく、そのまま搭載すれば地面に接触してしまう(737NGのエンジン間隔は0・5m弱)。だからと言って地上高を増す(降着装置を延ばす)のには、主翼と胴体の大きな設計変更が必要となる。

おそらくボーイング社とCFM社の間で激しいせめぎ合いがあったと想像するが、最終的に両者がそれぞれに余計な手間を掛けることで設計が成立した。

すなわちCFM社は、ファン直径を若干縮小したLEAPを新たに開発する。ボーイング社はLEAP用に、主翼からほとんどまっすぐ突き出すストラットとナセルを設計するだけでなく、前脚柱を0・2m延ばして、ナセルの最低部と地表との間隔を0・43m以上に保つようにする。

737 MAX専用となるLEAP-1Bは、ファンの直径が69・4in(1・76m)で、LEAP-1Aよりも0・22m小さく、バイパス比は9しかない。推力は1万3299kgfで、1Aの1万4828kgfよりも低いだけでなく、燃費率は1Aを下回る。それでも新しいエンジンの効果は大きく、従来型に比べれば燃料消費は11〜12%減少したとしている。

エンジン換装に伴う構造強化以外の変更箇所は少なく、コクピットなどは意図的に737NGと共通性を持たせている。主翼端には上下に開いたようなスプリット・ティップ・ウィングレットが付いた。全体で離陸総重量は3・2トン増大している。

ボーイング社では、従来の737-700に対応するエンジン換装型を737 MAX 7(FAAの型式証明上は737-7)、737-800に対応する型を737 MAX 8、737-900に対応する型を737 MAX 9とそれぞれ呼んでいる。

さらに737 MAX 10は、前部胴体を1・02m、後部胴体を0・66mだけ延長した型で、シングル・クラスで230席になる。主降着装置をレバー式とし、地上高を0・4m高くしてローテイション時にも尻を擦らないようにしつつ、従来のホイール・ウェルに車輪を収容可能としている。

737 MAXは2016年1月29日に初飛行し、2017年3月にFAAの型式証明を受けた。シリーズの先陣を切って、737 MAX 8が2017年5月6日にマリンド・エアに引き渡され同月22日に運航を開始している。マリンドはマレーシアに拠点を置くエアラインで、インドネシアのライオン・エアの傘下にある。続く737 MAX 9も2018年3月21日にライオン・エアに初めて引き渡されている。

737 MAX 7は2018年3月16日に、最大モデルの737 MAX 10は2021年6月18日に初飛行している。

ボーイング社は2021年7月末までに約5900機の737 MAXを受注しており、約540機を引き渡している。

バーゼル空港に駐機中のF-BTTD。唯一のオペレーター、エール・アンテールには1975年12月にその最終号機が引き渡され、1995年4月29日の最後の商業飛行まで飛んだ。生産型の特徴である水平尾翼の上反角が際立つ。
Eduard Marmet

737の牙城に挑んだ12機、レア中のレア機

ダッソー・メルキュール

試作2号機とともに写るマルセル・ダッソー。Dassault Aviation

1971年初飛行／1974年初就航／製造機数12機

ビジネス機のミステール20が軌道に乗り、
今度は念願の旅客機市場へと打って出た仏ダッソー社製の短距離旅客機メルキュール。
創業者マルセル・ダッソーの米国機への対抗心から生まれたが、
わずか12機の製造でその歴史に終止符を打った珍しいエアライナーだ。
そのスタイルはライバルとして真っ向勝負を挑んだボーイング737に、驚くほど酷似していた。

コンコルドより貴重な体験

コンコルドの項で、コンコルドは目撃しただけでも話題になる(でも毎日頭の上を飛んで欲しくはない)エアライナーだと述べた。

しかし世の中にはコンコルドなど比べものにならないほどレアなエアライナーもあって、ちらっと見たことがあると言うだけでマニアを「へぇ〜」と言わせることが出来る。ただし感心してくれるのは相当の航空マニアだけで、99%の人はそんなエアライナーが存在したことさえ知らないので、なにが貴重な体験なのかも分からない。

そんなレア中のレアなエアライナーがダッソー・メルキュールだ。なにしろ試作機を入れても製作されたのが全部で12機、使っていたのは世界でもフランスのただ1社でもうとっくに引退しているとなると、日本人にはまず見るチャンスもない。

実は熱心なマニア以外の人でも、メルキュールを目撃していたことはあるのかも知れない。しかしほとんどの人はただのボーイング737だと思って、気にも留めなかったことだろう。メルキュールは1970年代に737の牙城に挑んで、見事に砕け散ったエアライナーなのだ。

計画倒れに終わったエアライナーはいくつもあるが、受注があって生産段階まで進んだにもかかわらず、たったの12機しか造られずに終わったと言うのも、ジェット・エアライナー史に残る珍記録かも知れない。あのコンコルドでさえ16機が生産されて(試作機も含めれば20機)、2社で就航していたのだ。翼上にエンジンを搭載する珍機として知られるVFW614(メルキュールと奇しくも同じ時期に登場)も、19機が生産されて3社が運航していた。

コンコルドにしても同じだが、本来であれば絶対に商業的にペイしない十数機の受注で生産が始まったのは、なんらかの政治的な思惑があったからだろう。エアライナーが商品ではなく、国家の威信や独立独歩の象徴となった時、無理な開発や生産計画が始まる。

ダッソー社は、マルセル・ダッソー(1892〜1986)が一代で築き上げた会社だ。メルキュール計画が始まった当時の社名自体が「マルセル・ダッソー航空社」になる。

マルセル・ダッソーは旧姓をブロックといってユダヤ系だった。1930年にマルセル・ブロック航空社を興すが、第二次大戦が起きてフランスが敗れると、ドイツ寄りのヴィシー政権によって投獄され、会社は取り上げられる。

マルセルの兄ダリウス・ブロックはフランス陸軍の将軍だったが、大戦中は偽名で対独レジスタンスに参加した。兄弟は戦後にユダヤ系の苗字ブロックを、当時の偽名に因んでダッソー(「突撃」の意味)と正式に改名した。取り戻した会社の名前も合わせて変わった。

翼を持つ神

1960年代の前半まで、M・ダッソー社の製品は軍用機、それも戦闘機や攻撃機に限られていた。ウーラガン、ミステール、ミラージュといったジェット戦闘機はフランス空軍が採用しただけでなく、海外にも輸出されて外貨を稼いだ。

しかしマルセル・ダッソーは常に民間機市場への進出を考えていた。1950年代半ば過ぎにはメディテラネ(地中海)と名付けたジェット双発の軽輸送機あるいはビジネス機の構想を発表しているし、1959年には双発ターボプロップの軽輸送機M.D.415コミュノテを試作した。1968年には14人乗りのコミューター機M.D.320イロンデル(燕)を試作して飛ばしている。しかしどれも計画倒れに終わった。

ダッソー社が念願の民間市場進出に成功したのは、ビジネス・ジェット機のミステール20によってだった。ミステール戦闘機の主翼や尾翼など空力設計を基に、ターボファンをリア・マウンテッドした10〜16人乗りの胴体と組み合わせた洒落た双発機で、1963年に初飛行、1965年から就航した。アメリカではファルコン20として販売され、むしろその名でよく知られる。ミステール/ファルコン20は五百機以上売れただけでなく、ダッソー社のビズジェットのファミリー化の道を拓いた。

ミステール20の大成功が、M・ダッソーの野心に火を付けたのかも知れない。ダッソー社は1967年に初めての本格的旅客機、メルキュールの開発をスタートさせるのだ。1967年といえば、ファルコン20がアメリカでブレイクした年だ。

メルキュールの狙いはずばりボーイング737の対抗馬だ。130〜150席級で6列座席、エンジンはプラット&ホイットニーJT8D、低翼でエンジンはポッドに収めて翼下吊り下げと聞いたら、737と区別が付かない。

737が初飛行したのが1967年だから、メルキュールの計画が737を充分過ぎるほどに意識したものであったのは否定出来ないだろう。これがソ連のエアライナーであったら、西側から737のパクリと決め付けられるところだ。

ちなみにメルキュール(Mercure)は、ギリシア神話の伝令の神メルクリウスのフランス語形だ(英語形だとマーキュリー)。M・ダッソー自ら、ギリシア神話から名を取りたかったが翼のある神は彼だけだった、と語っている。メルキュールには「水星」の意味もあるが、M・ダッソーの言葉からしても本来の神の名を意味するのは明らかだ(「水銀」などの意味にもなる)。

737以上に短距離向き

それにしてもボーイング737に加えてマクドネル・ダグラスDC-9、さらにBAC1-11やフォッカーF28などがひしめく短距離ジェット・エアライナーの市場に、新たに割って入る

ライバルの737同様に3列+3列のシートが並ぶが、しかし737よりも若干大きいというそのキャビンはメルキュール最大のセールスポイントとされた。マネキンが迎える客室は展示機F-BTTDのもの。Warner Horvath

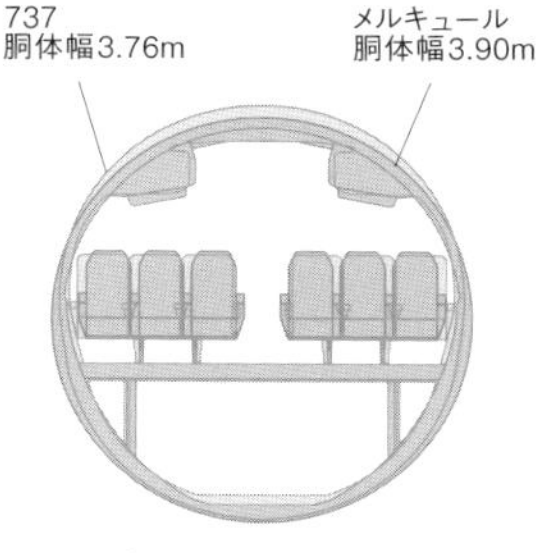

メルキュールの胴体断面

胴体幅は737の3.76mに対して3.90m。それだけキャビン幅にも余裕が生まれ、通路も若干幅広い。

737より13cmワイドな客室 航続性能は重視せず、1,500km圏内の路線に特化

ダッソー社には勝算があったのだろうか?

ダッソー社では1980年頃までに三百機程度の売り上げを想定していたようだ。ブレイクイーブン・ポイント(採算点)は125機から150機に設定されていた。737やDC-9が世界的にはベストセラーになるとしても、西ヨーロッパや中東、アフリカ、南米などの需要を小まめに拾えば、この程度の売り上げは十分に可能と考えたのだろう。

737と比較した場合のメルキュールの特徴、言い換えればダッソー社の考えていた「売り」は、若干だが大きめのキャビンだった。メルキュールの客室の最大幅は3・66mで、これは737よりも13cm広い。もちろん座席は通路を挟んで3列+3列だから、メルキュールの方が席がいくぶんゆったりしていることになる。

客室の長さは25・5mで、ここに30in(0・76m)ピッチのモノクラスで座席を配置すると155人の乗客が乗れる。しかし実際には34in(0・86m)の余裕あるピッチが標準になり、それでも134人が乗れる。メルキュールの当面のライバル737-200は、29in(0・74m)で詰め込んだとしても130人しか乗れない。

胴体がやや大きい代わりに、メルキュールの航続性能は737よりも若干低くなる。ダッソー社自身1500km以上の路線には最適化されていないと言明している。

パリ=ロンドン間は340km、パリ=ローマ間は690km、

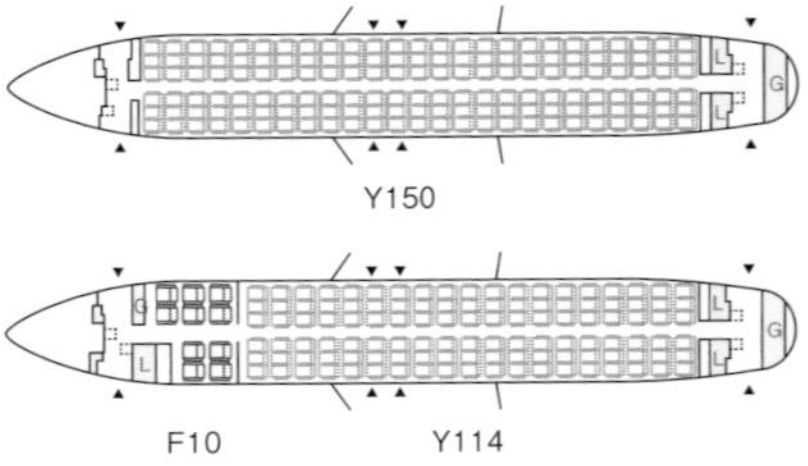

メルキュールの座席配置

エコノミー150席を詰め込んだモノクラス配置と、114席のエコノミーに上級クラス10席を組み合わせた2クラス仕様。

ボルドー・メリニャック空港に隣接するファクトリーで完成間近の試作1号機F-WTCC。ダッソーではメルキュールに関わる5工場に大きな投資をしたが、それらは無駄に終わった。Dassault Aviation

わずか10機のオプション受注で見切り発車した、高まる対抗意識に曇った需要予測

ロンドン＝ウィーン間でも１２４０㎞だ。西ヨーロッパ圏内で考えている限りは、１５００㎞の航続距離は別に短か過ぎはしない。

メルキュールは７３７やＤＣ-９の初期型以上に短距離向けの機体であり、その点からしたら７３７のライバルというよりは、ＢＡＣ１-11やＦ28の一回り以上大きな対抗馬と見た方が良いのかもしれない。ダッソー社では、１０００㎞路線では現用機よりもシート・マイルあたりの直接コストは12％低いと主張していた。

メルキュールの生産のため、ダッソー社では新たに5か所の工場を新設あるいは大拡張している。胴体はセクランで、主翼はマルティニャで、後部胴体はポワティエで、操縦系統はアルゴネスでそれぞれ製作され、最終組み立てと飛行試験はイストルで行なわれる。

メルキュールの開発費は総額10億フランで、そのうち30％はフランス国外の出資を募る。計画に参加する外国企業は、イタリアのアエリタリア社が10％出資して尾翼とテイルコーンを製作する。スペインのＣＡＳＡ社も10％出資で、胴体を製作する。ベルギーのＳＡＢＣＡ社は６％で、動翼やエアブレーキを製作する。スイスのＦ＆Ｗ社は２％で、エンジン・カウルを製作する。カナダのカナデア社は５・２％相当の主翼外皮、フラップ・トラックなどを製作する。

メルキュールの開発費のうち、56％は政府からの補助金に頼

っている。メルキュール計画には当時のフランス政府も積極的だった。

平凡な形態

メルキュールはエンジンを主翼下に吊り下げた双発で低翼の、平凡な形態のジェット・エアライナーだ。もっとも例え後発組でも、エアライナーでは形態で他に差を付けるような真似は出来ない。

主翼の後退角は1／4翼弦で25度。アスペクト比は8。翼厚比は付け根が12・5％、翼端が8％。上反角5度。取付角は付け根で3・15度。このあたりも標準的だ。翼面積は116㎡で、737-200よりも14％ほども大きい。

この時期にはすでに翼上面の衝撃波発生を抑える翼型が登場していたはずだが、当時の資料にはなにも書かれてはいない。もし新機軸があれば、フランス人ならば書き立てないわけはないと思うのだが。

主翼の前縁にはスラットが、後縁にはトリプル・スロッテッド・フラップがある。エルロンは翼端側に全速度用があるだけだ。動翼はすべて二重の機力(油圧)系統で動かされる。

胴体の断面は、737やDC-9のような二重円弧ではなく真円だ。乗降口や非常口は、乗客180人までの規格に合わせてある。運航乗員は二人だ。

メルキュール生産型のエンジンはP＆W社のJT8D-15(推力7030kgf)だ。ダッソー社では当時導入されつつあった厳しい環境基準への適合にことさら気を使い、例えばエンジン・ナセル内面の騒音吸収パネルにはP＆W社製ではなく、独自開発のパネルを使っているし、吸気音を低減するためあえてダクトの長いナセルを使用している。

もしメルキュールの生産が続いていたとしたら、JT8Dのリファン型へのエンジン換装が考えられていたかも知れない。JT8Dは1950年代末の基本設計の小バイパス比ターボファンだから、1970年代以降格段に厳しくなった騒音基準や、石油ショック以降の燃料制限に対応するのはちょっときつい。

大いなる誤算

メルキュールの試作1号機(登録記号F-WTCC)は、1971年の5月28日に、ダッソー社のボルドー工場で初飛行した。試作機は生産型とは若干の違いがあり、エンジンは推力がやや低いJT8D-11(6804kg)だし、水平尾翼には上半角が付いてはいなかった。

1号機は20回の飛行を終えたところでJT8D-15に換装されて、同年9月7日に進空した。さらに水平尾翼に上反角を付す改造を経て、同年11月18日にまた進空した。水平尾翼の設計変更で全体の姿はますます737そっくりになった。

試作２号機は１９７２年９月７日に、最終組み立てラインの設けられたイストル工場で進空している。飛行試験もこのイストル近辺で行なわれた。他に地上試験機２機が製作されている。

ダッソー社では50機以上の受注を待って生産に着手すると述べていたが、実際にはフランスの国内線専門エアラインであるエール・アンテールから10機のオプションを得ただけで生産計画を正式にスタートさせた。

本来ならばこの段階で計画を見直すべきであったのだろう。そうすればメルキュールは、コミュノテやイロンデル同様に、試作機が飛んだだけの計画倒れ機に数えられて、ダッソー社やフランス政府に莫大な損失をもたらすことはなかったに違いない。後知恵のように聞こえるかも知れないが、そもそも自分で定めた生産の条件さえ守れない段階で、計画マネジメントとしてはどこかおかしいのだ。

ともかくメルキュールは１９７２年１月末に、当面10機を目指して生産を開始した。生産型１号機は１９７３年７月17日にイストルで進空し、１９７４年２月にはメルキュールはフランス航空当局から型式証明を得ることが出来た。１９７４年５月16日には１号機がエール・アンテールに引き渡され、６月４日から商業運航を開始した。

エール・アンテールへの10機の引き渡しは１９７５年12月には完了した。後に試作２号機も生産仕様に改められて、エール・アンテールに引き渡された。

ダッソー社が新設した工場は暇を持て余したが、エール・アンテールからの追加発注はなく、他のエアラインからの受注もなかった。公言していた三百機の受注にははるかに及ばず、最低採算分岐点の１２５機にも到底及ばなかった。莫大な設備投資はほとんど無駄になった。

メルキュール２００

しかしマルセル・ダッソーはまだ民間機市場進出を諦めなかった。ダッソー社では胴体をストレッチし、エンジンをＣＦＭ56に換装したメルキュール２００を提案した。マクドネル・ダグラス社がこの計画に関心を持ち、DC-9の後継計画としての可能性を、１９７６年から77年にかけて、ダッソー社と共同で検討した。

もともとメルキュールの機体設計はストレッチを前提としていた。前述の乗降口や非常口もそうだが、主脚収容部には十分な余裕があり、大径のエンジンに換装しなければならない時でも、より長い主降着装置を収納出来るようになっていた。

このあたりはＣＦＭ56搭載で地上間隔の問題で苦労し、最近ではＭＡＸでまた降着装置を延長するかどうか一揉めした７３７よりもよほど先を見通した設計だった。

メルキュール２００では胴体が主翼の前後で合わせて６・０９ｍ延長されるとともに、主翼端も延長される。主翼の桁間

試作1号機F-WTCCは1971年5月28日に初飛行。試作型の搭載エンジンは推力の低いJT8D-11で、水平尾翼に上半角が付いていない点も生産型とは異なる。
Dassault Aviation

生産型が搭載したP&W社製 JT8D-15。ダッソーはナセル内面の騒音吸収パネルを自社で開発し、また吸気音低減のためダクトの長いナセルとするなど、騒音対策に力を注いだ。
Warner Horvath

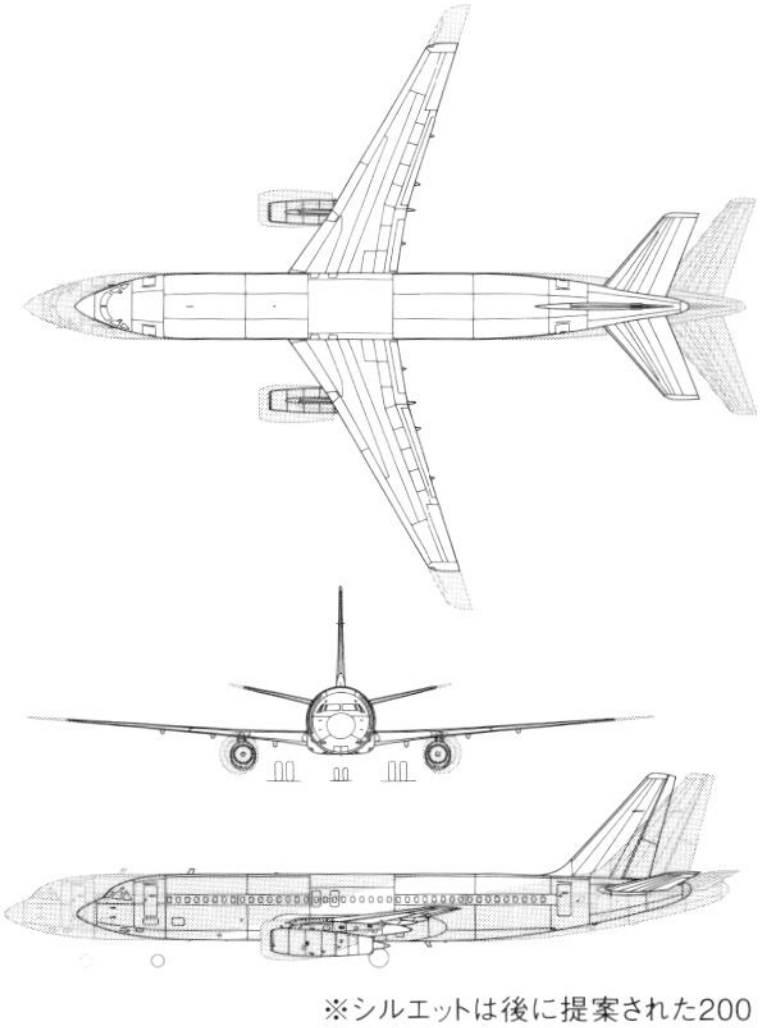

※シルエットは後に提案された200

Mercure

	100	200
全幅	30.55m	35.00m
全長	34.84m	40.93m
全高	11.36m	12.00m
主翼面積	116.0㎡	−
最大離陸重量	54,000kg	71,500kg
最大巡航速度（20,000ft）	926km/h	−
航続距離（with 140PAX 8,375lb fuel reserve）	1,680km	−

は変わらないが、後ろ桁より後の断面が変更されて、衝撃波を抑えるリア・ローディング翼断面に近いものになる。

直径の大きなＣＦＭ56の搭載に対応して、降着装置は延長され、地上高が高くなっている。エンジンと地表との間隔は充分に保たれ、７３７のＣＦＭ56搭載型のようにインテイクをおむすび型にする必要も無い。

メルキュール２００の乗客数は、32 in（０・８１ｍ）ピッチの6列モノクラスで１８６人、4列と6列の２クラスで１６０人になる。

しかしマクドネル・ダグラス社はDC-9の大幅ストレッチ（MD-80シリーズ）を選択し、メルキュール２００の共同事業化は自然消滅した。ダッソー社とロッキード社あるいはジェネラル・ダイナミックス社との共同計画も話題になったが、いずれも実らなかった。

フランスの悪癖

メルキュールの敗因を挙げるのは簡単だ。まずは民間機市場に新規参入すること自体の困難さ。ダッソー社という、軍用機界では名が知られていても、民間エアライナー界ではまったく実績のない会社のエアライナーが、そう簡単に最激戦区の中短距離機市場の一角を占められるわけはなかった。ビズジェットはエアライナーの実績にはならない。

その点ではダッソー社にもフランス政府にも、会社の知名度や技術力に対する過信があっただろう。

具体的には、1500km以下の短距離路線に特化したことがメルキュールの敗因の一つだった。仮に今の路線構成にはぴったりでも、将来より長い路線に進出を図った時には不便、と多くのエアラインは考えるのだ。エアライナーの世界でも一般に

編隊で飛ぶ試作型F-WTCC（奥）とF-WTMD。F-WTCCの胴体には“AVIONS MARCEL DASSAULT”とある。Dassault Aviation

やはり737同様にコンベンショナルなアナログ計器が並ぶコクピット。写真はシュパイアーの展示機F-BTTBのもの。Warner Horvath

オルリーで出発を待つエール・アンテール機のF-BTTC。乗降ドアの下からは内蔵式のタラップがのびる。メルキュールを使用した航空会社はただ一社なので、残された写真もハウスカラーの試作機以外は全て同社のライブリーだ。Yohichi Kokubo

大は小を兼ね、ぎちぎちの大きさ、ぎりぎりの航続距離の機材よりは、成長の余地のある機材の方が好まれるのだ。

ダッソー社の一つの誤算は、推力10トン級の大バイパス比ターボファンの出現が遅れたことかも知れない。ダッソー社は1970年代の半ばにはP&W社やロールスロイス社、SNECMA社、ジェネラル・エレクトリック社から大バイパス比の10トン級ターボファンが出て来ると期待していたようだ。

しかし実際には政治的問題もあってGE/SNECMAのCFM56が実用化したのは1970年代も末になり、その頃にはメルキュールの命運も尽きていた。

もちろん1973年10月の第四次中東戦争をきっかけに始まる二次にわたる石油ショックと、世界の航空旅客の低迷を忘れてはならない。これに関しては全ての民間機メーカー、民間エンジン・メーカーが多かれ少なかれ影響を受けた。

メルキュール計画の背景には、戦後のフランス人の悪い癖というか、アメリカ人に一泡吹かせてやる、と言う過剰な対抗意識があったのではないか。アメリカにだけエアライナー市場を独占させはしないという先走った意識が、需要予測を曇らせたように思える。思えばコンコルド計画を推し進めたのも、このアメリカへの対抗意識だった。エアライナーが商品ではなく、国家の威信や技術力の象徴となってしまったのだ。

エール・アンテールは、1995年4月29日にメルキュールの運航を終えた。飛行回数44万回で総飛行時間36万時間、乗客総計4400万人。この稀少なエアライナーは運航期間中に一度も事故を起こさず、一人の死傷者も出さないという記録を残した。

メルキュールは12機造られたうちの7機が、現在も各地に保存されている。皮肉を言えば、10億フランをかけてミュージアム・ピースを製作したようなものだ。

F-BTTB(生産2号機)…独シュパイアー技術博物館
F-BTTD(生産4号機)…ルブールジェ航空宇宙博物館
F-BTTE(生産5号機)…航空事業者学校(ESMA)
F-BTTF(生産6号機)…ボルドー・メリニャック空港
F-BTTH(生産8号機)…マルセイユ空港
F-BTTI(生産9号機)…ボルドー・メリニャック空港
F-BTTJ(生産10号機)…ミュゼー・デルタ(オルリー空港)

モンペリエ空港を本拠地とするESMAは、フランスの近距離エアラインのエール・リトラルが創設した学校で、パイロット、客室乗務員、整備士、ディスパッチャー、コンサルタントなどを養成する。エール・リトラルは2004年に倒産したが学校は存続していて、F-BTTEはエール・リトラル塗装に塗られて教材として使われた。ボルドー・メリニャック空港のF-BTTFやF-BTTIも地上教材のようだ。

残りの機体は解体されてしまっている。

西側の中距離ジェットに比肩した性能とスタイリング

ツポレフTu-154

1968年初飛行／1972年初就航／製造機数1,000機以上（NATOコード：Careless）

開発が先行した西側のライバル727の影響を強く受けたことは、近代化著しい設計手法やスタイリングの洗練度に如実に表れている。結果として、性能面でもついに西側機と同等の品質に到達したTu-154。しかし、同機が技術的独創性を放棄した模倣だけのエアライナーであったかと言えば、断じてそうではない。

シェレメチェボ空港をタキシングする後期型Tu-154M。エンジンはより燃費性能に優れたソロヴィヨフD-30へとアップデートされている。全生産機数の1/3程度がこのタイプとみられる。Konan Ase

Tu-154に罪はない

筆者の初めての海外旅行はモスクワで、アエロフロートのイリューシンIL-62Mに乗ってシェレメチェヴォ空港に降り立ったのだが、そのモスクワ市内の売店で見つけて買ったのが、Tu-154という煙草のカートンだった。

Tu-154の就航記念として発売されたものらしい。筆者は煙草は全く吸わないので、当時出入りしていた航空雑誌の編集部にモスクワ土産として丸ごと進呈したのだが、吸った人の話では不味かったらしい。

私がソ連に行った時期にはTu-154が就航してから十年以上が過ぎていたはずだが、まだ記念煙草が売られていたのは(機体あるいは煙草が)よほど好評であったのか、あるいは単に惰性で作り続けていただけなのか(社会主義体制下では往々にして起きること)。

1972年のツポレフTu-154の就航が、当時のソ連にとっては誇らしい出来事であったことは間違いない。記念煙草とか記念切手とか記念モデルとか記念マッチとかいろいろと発売されたことだろう。

Tu-154はIL-62と共に、ソ連では初めて西側機とスタイルや性能で肩を並べたジェット・エアライナーであった。たとえボーイング727とヴィッカーズVC10のコピーと皮肉られようとも。

そのTu-154シリーズも就航から五十年が過ぎ、近年ではすっかり旧態化してきている。2011年1月の初めには、Tu-154が離陸直前に爆発炎上したというニュースが入ってきた。2010年もTu-154は4件の重大事故を起こし、その一つではポーランドの大統領はじめ政府要人が犠牲になっている。

Tu-154の就航は727よりも十年近くも遅かったには違いないが、表舞台からはほぼ姿を消した727に比べれば、Tu-154シリーズは旧共産系非同盟系の諸国の一部ではその後も主力機であった。おかげで老朽化による事故やトラブルも伝えられるが、これはTu-154の罪というよりは、適切な時期に経済的な後継機を用意出来なかった旧ソ連の政治体制の問題だろう。

Tu-154のNATOコードネームは〝ゲアレス〟というあまりうれしくないものだ。

一周遅れのスタート

ボーイング727(320ページ)が登場した時、ツポレフOKBの技術陣は次に開発すべきエアライナーはこのような機体だ、と思ったに違いない。727の初飛行は1963年2月のことだ。

ツポレフOKBの資料の中には、Tu-104Dと仮称される

エンジン三発が際立つTu-154Mのリアビュー。スラスト・リヴァーサーは両サイドのエンジンにのみ装備される。主翼に目をやると、メインギアを格納する主降着装置の収容ポッドが目立つ。Konan Ase

設計案が残されている。胴体こそTu-104と似ているが、NK-8ターボファン三発の配置といい、主翼平面形といい、T尾翼といい、Tu-104にはまるで似ていない。むしろ後のTu-154にそっくりで、Tu-104D案が検討された時期は不明だが、実質的にはこれがTu-154の出発点だったと断言しても良いだろう。

Tu-154にそっくりということは、つまりボーイング727にそっくりということだ。しかしTu-154は降着装置の配置を除けば727と瓜二つではあっても、単純な意味での727のコピーではない。

実際Tu-154と727-200とを比べると、Tu-154の方が外寸でも重量でも727よりも一回りずつ大きく、翼面積は3割も上回っている。エンジンの総推力に至っては5割増となっている。燃料搭載量も多いが、航続距離はほぼ同等だ。

727の成功にとってプラット&ホイットニー社のJT8Dターボファンが決定的であったように、Tu-154にとってもクズネツォフNK-8ターボファンが重要な役割を果たした。NK-8は1960年代末にイリューシンIL-62で実用化しているから、Tu-154だって1960年代中には就航させられたようにも思うが、登場が遅れたのはNK-8の開発の遅れを見極めていたのか、それともツポレフOKBがTu-134やTu-144の開発に忙殺されていたからなのか。

どちらにしろ設計の基本線は早くに固まっていて当然だが、

しかしツポレフOKBでは最初から三発と決め込んでいたわけではなさそうで、設計案I（ヴァリアントI）と称したNK-8三発案とは別に、ヴァリアントIIとしてTu-124と同じソロヴィヨフD-20P-125Mターボファンをリア・マウントに4基装備した設計案も検討されていたようだ。胴体や主翼、水平尾翼は共通だ。

Tupolev Tu-154B-2
ウラジオストク空港に着陸態勢のTu-154B-2。主翼前縁にはソ連製エアライナーで初めてスラットを装備。主翼後縁の高揚力装置もトリプル・スロッテッド方式の複雑なものだ（改良後のM型ではダブルに簡略化）。Konan Ase

その外寸、エンジン推力でも教科書727を上回る諸元

三発の設計案がほぼ固まったのは1965年半ばのことで、同年8月には閣僚会議（内閣）においてTu-154案が対抗馬のイリューシンIL-72案を抑えて、Tu-104やターボプロップのイリューシンIL-18を更新する次期中距離ジェット・エアライナーとして採用された。ボーイング727は前年に就航していて、初めから一周遅れのスタートだった。

進空3年目の就航

Tu-154の試作1号機（№85000）は1967年の春にはほぼ完成、1968年10月3日に初飛行した。ツポレフOKBによる試験は1968年12月から1971年1月まで行なわれ、続けて航空産業省による型式証明試験が1971年12月まで行なわれた。

ツポレフOKBの資料にも特に試験中に問題があったようなことは書かれていないが、この開発のペースはいかにも遅い。試作機は6機（№85000～85005）あったのだから、駒が足りなかったわけでもないだろう。ちなみにボーイングは、727を初飛行の年の末までに型式証明を取得させ、初飛行から丸一年後には就航させている。

資料には試作2号機と3号機が大迎え角試験を行ない、後者はスピン回復用のドラグシュートまで装備していたとの記述がある。あるいはBAC1-11の事故に端を発したディープ・ス

トール問題の解決にあんがい手間取ったのかも知れない。

型式証明から就航までのペースもまたのんびりしたものであったが、一つには予定していた生産工場がMiG-23の生産に割り当てられてしまい、他の工場にTu-154を割り振ったところ、慣れないエアライナーの生産に手間取ったという事情があったようだ。

ソ連の場合OKBは試作工房のみで生産工場を保有せず、航空産業省が設計を買い上げて生産する工場を指定する形を取る。ある工場が特定のOKBと長い関係を築くこともあるが、国の都合でまったく違ったOKBや機種の生産を強制されることもある。

ともかくTu-154の就航はおっかなびっくりといっても良いくらいに慎重に行なわれ、まず旅客を乗せずに郵便物だけを搭載して、アエロフロートの手で1970年8月から限定的な運航が開始された。これは実際には増加試作機による実用試験のようなものだったが、1971年7月からは貨物だけの定期運航が始まり、1972年2月にようやく定期の旅客便が運航を開始した。ソ連国外への定期運航は1972年8月のプラハ便が最初だった。

優れた離陸性能

前述のようにTu-154はボーイング727より一回り大きく重く、パワーも大きい。このクラスのジェット・エアライナーであれば、総推力は離陸総重量の1/4強くらいなのだが、Tu-154の場合総推力が離陸総重量の1/3にもなる。

実際Tu-154の外観は、大きなエンジン・ポッドと垂直尾翼付け根の大きなエア・インテイクが印象的だ。初期型に搭載されたNK-8-2(NK-82)でも推力は9500kgfあり、後期のNK-8-2U(NK-82U)では1万500kgfになる。バイパス比が1前後の、JT8Dと同世代のターボファンだ。スラスト・リヴァーサーは両脇のエンジンにのみ取り付けられている。

大推力と低めの翼面荷重、さらに高揚力装置とが相まってTu-154の離陸性能、特に高地での性能は優れている。また727などよりも高い1万1000~1万2000mでの巡航が可能だが、低高度での最大運用限界速度(Vmo)は低めの310ノット(KIAS)で、中低高度での巡航はあまり得意ではない。この点からすればTu-154は中長距離機であって、Tu-104の後継には相応しいが、短距離離陸向きの機材ではない。Tu-154が727のようにストレッチで収容力を増大させていかなかったのもこれが理由かもしれない。

主降着装置収容ポッド

Tu-154の主翼の後退角(1/4c)は35度で、727などよりもやや高めだ。筆者の見た資料だと上下半角は0度となっているが、翼断面形の翼端に向けての変化のせいだろうか、やや下半角が付いているようにも見える。いずれにしろ西側機ならば5度程度の上半角を付けているところで、ソ連と西側の設計基準の違いをうかがわせる。

主翼の最大の特徴は中央部分の後縁に流線型の張り出しを持つことで、六輪の主降着装置が後方に折りたたまれてここに収納される。このクラスのエアライナーで合計12の主車輪は他には見られない。

この主降着装置収容ポッドは１９５０年代以来のツポレフＯＫＢのトレードマークのような設計だが、実用化した機体としてはTu-１５４が最後となった。１９８０年代のTu-２０４になると、主降着装置は内側に折りたたんで車輪を胴体内に収納

整備中のクズネツォフNK-8ターボファン。ライバル727の成功をJT8Dが支えたように、Tu-154にとってもNK-8が重要な役割を果たした。Konan Ase

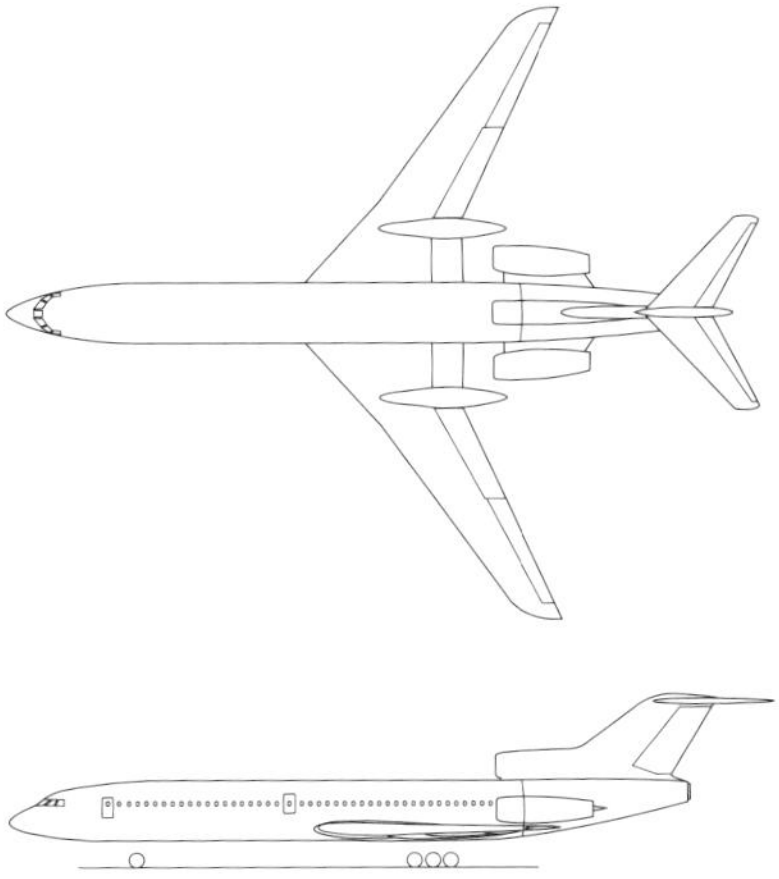

設計案I（ヴァリアントI）

ボーイング727に瓜二つ。Tu-154と同じNK-8ターボファン三発のプランだ。

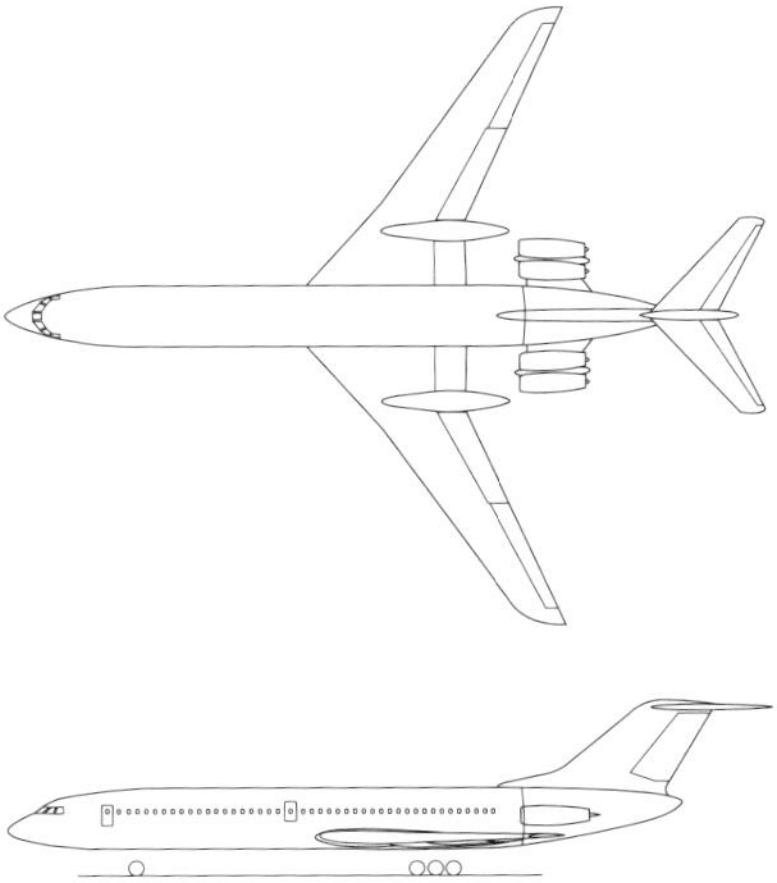

設計案II（ヴァリアントII）

D-20ターボファン四発のヴァリアントII。IL-62のようにリアに4基を搭載する。

Tu-154が新潟空港に乗り入れていた当時のウラジオストク航空機内。キャビンは3列+3列、モノクラスで160席前後という座席配置はライバル727-100と同級である。
Konan Ase

Tu-154Mのコクピット。もちろん3人乗務だが、気象レーダーの搭載により航法士席が消え、INSや西側規格のATCトランスポンダーなど各種システムの充実度もライバルと比べて遜色がない。
Yohichi Kokubo

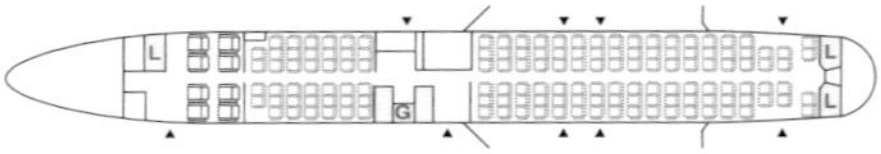

Tu-154の座席配置

ファースト8、エコノミー142席の計150席を配した標準的なコンフィギュレーション。


する、まったく西側機と同じ設計となる。

　主翼の高揚力装置はソ連のエアライナーとしては複雑で、後縁にはトリプル・スロッテッド・フラップがあり、前縁にもソ連エアライナーとして初めてのスラットがある。このあたりは７２７を大いに参考にしていそうだ。

　Tu-１５４の胴体は直径３・８ｍの真円断面で、二重円弧（逆だるま）型断面の７２７とは対照的だ。客室の広さはともかく、床下の貨物室の容積は少なめになる。

　客室の配置は、中央のギャレーで前後のクラスを分けたソ連流で、各クラスの定員の変更がしにくいという欠点がある。小さい客室窓を並べているのは、従来のソ連エアライナーよりも西側的だ。初期型では乗降ドアが左右対称ではなかったが、

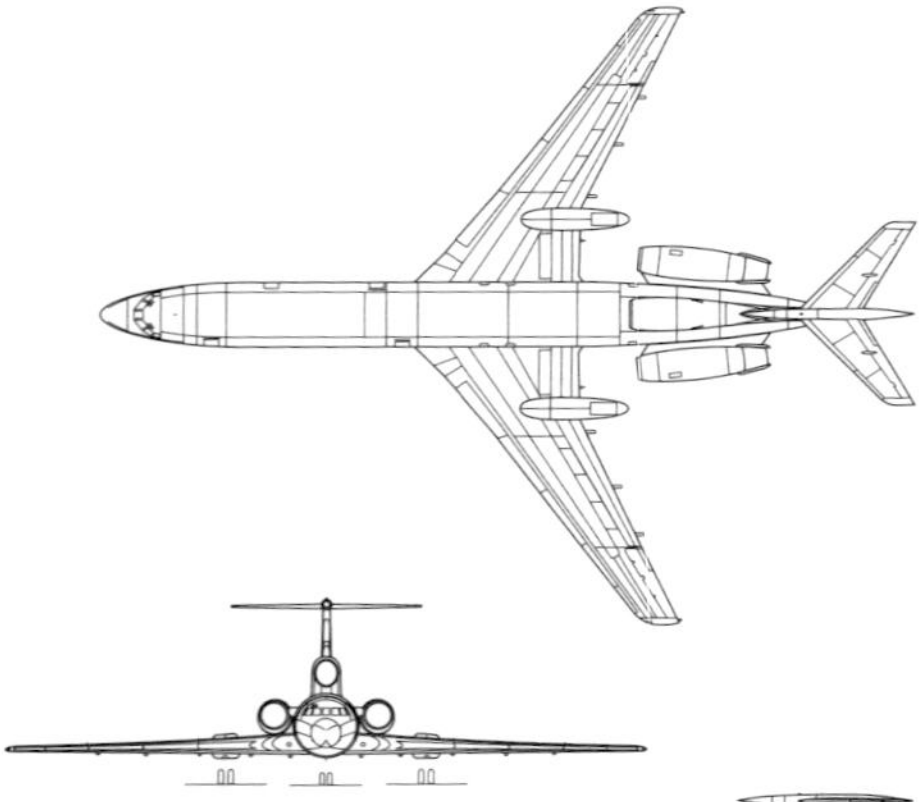

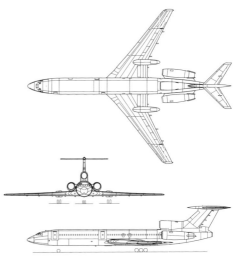

Tu-154M

全幅	37.55m
全長	47.90m
全高	11.40m
主翼面積	201.45㎡
基本運航重量	55,300kg
最大離陸重量	100,000kg
巡航速度	935km/h
最大航続距離	6,600km

サマラのAviakor工場で超音速旅客機Tu-144とともに記録された、初期のTu-154製造風景。両機の初飛行は同じ1968年で、Tu-154が2か月程早いものの、ほぼ同時期に進空した。Tupolev PJSC

近代的な高揚力装置とフル装備するコクピットの洗練改良型（M型）では経済性も追った

Tu-154Bから西側基準に適合するように改められた。

客席は通路を挟んで3列+3列あるいは2列+2列（ファースト・クラス）で、75㎝ピッチのモノクラスでは158席になる。ギャレーよりも前方にファースト・クラス24席を設ければ、座席数は128席となる。逆に短距離路線向けにモノクラスでピッチを狭めれば164席まで詰め込める。この座席数は727-100とほぼ同級で、727-200よりは少ない。

軍民を問わずソ連機の最大の弱点は、空力でも構造でもなく電子機器であったろうと思うが、Tu-154では少なくともカタログ上は同時代の西側エアライナーと遜色ない装備を持っていた。ガラス張りの航法士席が廃止された機首には気象レーダーが搭載され、他にも慣性航法システム（INS）やアナログ／デジタル・エアデータ・コンピューター、電波高度計、ムービング・マップ・ディスプレイなどが備えられ、さらに西側規格の無線機やATCトランスポンダーまで載せていた。輸出を大いに意識していたといえよう。乗員は正副操縦士に航空機関士を加えた3人だが、当時の727や737でも3人乗務がふつうであったから、ソ連が特に遅れていたわけではない。

発展型のバリエーション

Tu-154の初期型は、試作機を入れて56機が製作された。生産は1974年からは改良型のTu-154Aに切り替わったが、主な変更点はエンジンがより強力なNK-8-2Uになったことで、最大離陸重量は9トン増大して94トンとなった。

初期の主翼で疲労の問題が生じたため、1975年からは構造を強化したTu-154Bが登場した。燃料タンクが増設されて、最大離陸重量は98トンになっている。貨物型はTu-154Sで、20トンの貨物を搭載出来る。

第二世代のTu-154Mは1982年に進空し、1984年に生産に入った。Mはロシア語の「改良」の頭文字だ。

Tu-154Mの最大の変化はエンジンがソロヴィヨフD-30KU-154ターボファン（推力1万500kgf）に変わったことで、最大離陸重量は102トンから104トンまで増大している。一方でフラップはトリプルからダブル・スロッテッドへと簡略化された。

バイパス比が大きくなったD-30ターボファンはNK-8よりも燃費率が向上しており、Tu-154Bと比べたTu-154Mの燃料消費は3000km路線までは10〜20％、3000kmを超える路線では30〜60％も下回るという。もっとも後者の数字はちょっと信じ難いが。

正確な生産数は不明だが、千機を少し超えるTu-154シリーズのなかで、1／3弱の約320機がTu-154Mと思われる。Tu-154シリーズでは結局727-200に相当するようなストレッチ型は造られなかった。

その代わりというか、中央のギャレーを取り払って客席数を増やしたのがTu-154B-2で、最大180席まで詰め込むことが出来、最大離陸重量は98トンから100トンへと増大している。Tu-154B-2は310機ほどが生産された。

代替燃料への挑戦

広く生産され使われただけに、Tu-154シリーズにはいろいろ特殊な改造機が存在する。ソ連版スペースシャトル〝ブラン〟の着陸練習用のTu-154LLとか、宇宙飛行士訓練に使う弾道飛行無重力発生用機のTu-154LKとかがある。

Tu-155はTu-154を母体とした代替燃料エンジンの試験機で、1973〜74年の石油ショック当時に計画された。胴体内にLNG（液化天然ガス）あるいはLH2（液体水素）のタンクを搭載し、左側エンジンだけをこれらの燃料を使用するNK-88ターボファンに換えている。

Tu-155（Tu-154BのNo.85035を改造）は、1988年の4月15日に初飛行した。かなり広範な試験が行なわれ、その成果に則り実用機としてのTu-156も計画されていた。Tu-156は客席の後半を潰して円筒形のLNGのタンクを積み、LNGあるいは通常のジェット燃料のどちらでも運航出来るようになっている。しかし石油ショック後の燃料高騰も落ち着いてしまい、代替燃料機開発の必然性も薄れて、計画はいつしか立ち消えとなった。

1973年10月、入間基地での国際航空宇宙ショーに出展されたTu-154。アエロフロートのライブリーがレトロだ。APUの排気口は後期モデルのM型で姿を消すので、識別点として覚えておくと良い。Toshihiko Watanabe

Tu-154のシリーズは共産系や非同盟系の国々に広く輸出された。実際1970〜80年代にソ連と密接な関係のあった国で、Tu-154を輸入しなかった国はなかったのではないか。東ドイツやチェコスロヴァキアなどの東欧諸国を初め、中国、北朝鮮、モンゴル、キューバ、イラン、イラク、アフガニスタン、エジプトなどのエアラインがTu-154シリーズを飛ばしている。またこれらの国の多くが、軍の要人輸送機などとしてもTu-154を採用した。

かつては共産系非同盟系の国家の大空港には必ず見られたTu-154シリーズだが、現在民間機としてはほぼ姿を消している。軍用機としてはロシア空軍、中国空軍などに30機以上が残っているようだが、どの程度飛んでいるのかは分からない。

私は2回だけTu-154Mに搭乗したことがある。2013年、カザフスタンのバイコヌール宇宙基地見学ツアーで、モスクワとバイコヌール間を往復した時だった。ロシアの宇宙関係者専用のコスモス・エアラインのTu-154Mが、モスクワのヴヌコヴォ空港(VKO)とバイコヌールのクライニィ空港(BXY)を結んでいるのだ。宇宙飛行士を含む日米の宇宙関係者と一緒の貴重な経験だったが、機体そのものはかなりくたびれていた。このTu-154Mももう飛んではいないようだ。

西側のジェット・エアライナーに比べればまだ見劣りするところもあるが、Tu-154は東側のエアライナーの水準を大きく底上げするのに貢献したと言えるのではないか。

いかにもオランダらしいポルダー（干拓地）上空で撮られたKLMシティホッパーのPH-EXTは、ストレッチモデルのF28 Mk4000。主翼付け根上部の非常脱出扉は定員増に合わせて増設されたものだ。Fokker

1912年創業の名門が挑んだ小型ジェットへの道程

フォッカーF28 フェローシップ

1967年初飛行／1969年初就航／製造機数241機

1958年初就航の前作、フレンドシップのヒットで自信をつけたフォッカー社は、BAC1-11やダグラスDC-9よりさらに小型のセグメントにジェットで挑んだ。そして誕生したのがF28フェローシップ、しかし挑戦は失敗に終わる。エンブラエルやCRJが飛び交う現代とは異なる当時、このコンパクトな機体の動力として、ジェットは顧客の目にどのように映ったのか。

さまよえるオランダ人

第一次大戦当時のフォッカー戦闘機の印象から、アントン・H・G・フォッカー(1890〜1939年)をなんとなくドイツ人だと思っている人もいるかも知れないが、オランダ人の両親からオランダの植民地だったインドネシア(東インド)で生まれ、オランダ本国で育った、れっきとしたオランダ人だ。

彼は機械を学ぶためドイツに留学し、そこで飛行機に出会ってパイロット兼独学の航空技術者となった。1912年に二十歳そこそこでベルリン近くにフォッカー飛行機社を興し、1914年に第一次大戦が始まるとそのままドイツで軍用機を生産した。ちなみにオランダはこの戦争で中立を保った。

1918年にドイツが敗れるとフォッカーは会社をたたんで母国に戻り、オランダ航空機社を創設した。そうしてほとぼりが冷めるとフォッカー社と改名した。新生フォッカー社は民間機に重点を移し、有名な三発旅客機F.Ⅶを送り出した。

フォッカー自身は1922年にアメリカに移住、アメリカでも会社を設立して、ちゃっかりアメリカの市民権まで得ている。フォッカーは第二次大戦が始まった三か月後にニューヨークで病死した。

創業者に置き捨てられた形のオランダのフォッカー社は、大戦中はドイツに占領されてドイツ航空工業の下請けをさせられていたが、戦争が終わるとともに独自の航空機開発に再び乗り出した。1946年に初飛行したF.25プロモーター軽飛行機は20機造られただけに終わったが、1947年初飛行のS.11インストラクター初等練習機はオランダ空海軍などに採用され、改良型S.12と合わせて400機が生産された(イタリアとブラジルでのライセンス生産含む)。オランダ語ではなく英語の愛称を付けている点に、最初から輸出を意識していたことが窺える。

ここまでは順調だったが、次の双発の機上作業練習機S.13ユニヴァーサル・トレイナーは、ビーチクラフト社の双発機に押されてまったく売れなかった(試作機はオランダ王室専用機になった)。

1951年初飛行の高等練習機S.14マックトレイナーは、直線翼でマッハ(英語読みでマック)0・78までしか出ないのに超音速練習機みたいな名称がちょっと誇大広告だが、ブラジル空軍を始めいくつかの引き合いもあった。しかし政治的な事情もあって輸出は実現せず、結局オランダ空軍が19機を購入しただけに終わった。

狙うはDC-3後継機の座

二連続の空振りで軍用練習機には見切りを付けたのか、フォッカー社は民間機に目を向けた。設計陣をはじめ実質的には関係はないとは言え、フォッカー社は戦前にはF.Ⅶで世界に羽

日本でのフェローシップの記憶は、鹿児島空港に駐機するエア・ナウルのF28 Mk1000。同機が飛んだナウル＝鹿児島線は1972年にグアム経由で就航、その後737にサイズアップするが1980年代に廃止されている。1975年10月21日撮影。Masahiko Takeda

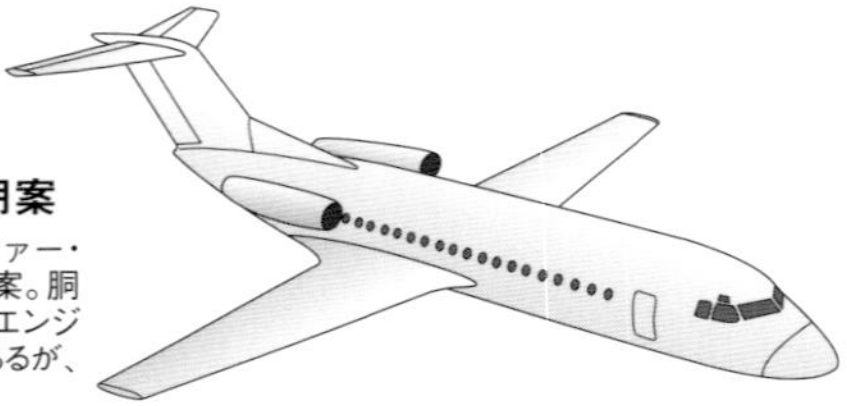

1962年公開の初期案

1962年4月のハノーファー・ショーで公開されたF.28案。胴体やリア・マウンテッドのエンジン配置はほぼ固まりつつあるが、主翼は直線翼である。

ばたいた実績だってあるのだ。

　フォッカー社が狙ったのはDC-3の後継機市場だった。軍用のC-47／ダコタとして約1万機が生産されて、戦後に安く放出された傑作双発旅客機だが、1950年代に入ると古臭さが目に付くようになる。DC-3の後継機の開発には大手中堅新興の多くの会社が名乗りを上げたが、結果的にもっとも成功したのがフォッカー社のF.27フレンドシップだった。RRダート・ターボプロップ双発高翼のスマートなエアライナーで、座席数は44席以上。1955年に初飛行して、1958年に初就航した。フォッカー社による生産は586機で、これとは別にフェアチャイルド社が北アメリカ市場向けにライセンス生産したのが207機になる。

　八百機弱ではDC-3の1万機以上（ソ連と日本のライセンス生産機を加えれば1万6千機強）とは比べようもないが、DC-3の代替を謳って開発された一連のレシプロやターボプロップのエアライナーの中では一番の成功作だ。

　F.27の成功に気を良くしたフォッカー社は、F.27が就航したばかりの1950年代末から、その次のエアライナーを考え始めていた。今度はジェット（ターボファン）機である。

後退角16度の主翼

　もともとフォッカー社のエアライナーは大手とは競合しないニッチ狙いで、当時すでにBAC社やダグラス社が動き始めていたので、1-11やDC-9よりもさらに小さいクラスのジェット・エアライナーを考えた。

　構想が具体化し始めたのは1961年で、H-290-1と呼ばれる案は4列座席（通路を挟んで2列+2列）の44席、総重量20トンという、まるきりのF.27のジェット版だった。エンジンはロールスロイス（RR）社のRB172の双発を考えていた。

　しかしエアラインからはもう少し大きな機体を求める声が強

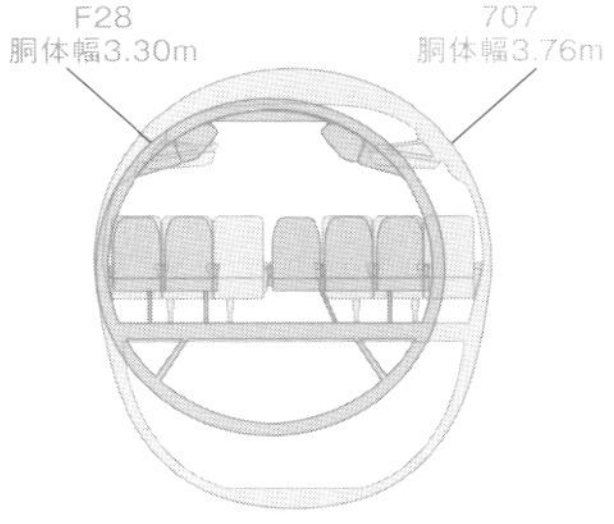

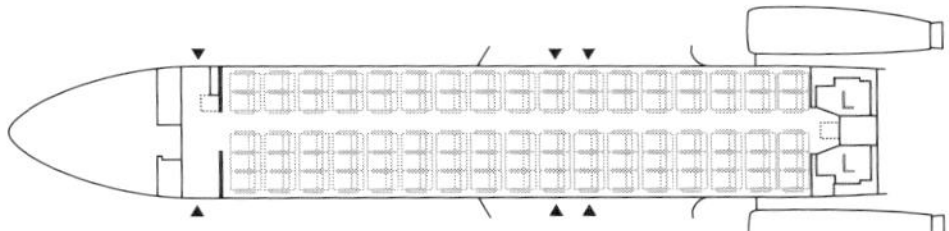

F28の胴体断面とMk4000の座席配置

胴体は外径3.30mの真円断面。英米のローカル・ジェットが80～100名のキャパシティを持つ中、F28は基本形のMk1000で60席、長胴型のMk4000でも75席というコンパクトさが特徴だった。Fokker

大手よりも小さい60席級切り込んだニッチ狙いのコンセプト

く、一回り太い胴体に5列（2列+3列）の座席を配した60席級のエアライナーが改めて計画された。これがF.28と名乗る最初の案で、エンジンはブリストル・シドリーBS75あるいはRRスペイ・ジュニアのどちらかとされた。

F.28案は1962年4月のハノーファー航空ショーでお披露目された。胴体やエンジン配置はほぼ後の生産型と同じだが、主翼が直線翼であったのが根本的な違いだ。F.28案の巡航速度はマッハ0.75を想定していた。

3列+2列配置のキャビン。構想当初のH-290-1では2列+2列配置によるF.27を踏襲したサイズで提案されたが、エアラインの要望によりサイズを拡大した。Fokker

ノルウェー航空博物館に展示されている、元ブラーテンズSAFE機のコクピット。LN-SUCのレジストリーで1986年まで飛んだF28 Mk1000が展示されている。Norsk Luftfartsmuseum

マッハ0・78のマックトレイナーが直線翼であったのだから、この速度域なら直線翼でも成り立つと見たのだろうが、風洞実験の結果、高マッハ数での抵抗の増大は予想以上に大きかった。それに直線翼だと翼を薄くしなければならず、その分構造重量がかさむ。たとえ高亜音速でも、ある程度の後退角を付ける代わりにやや厚めの翼とした方が構造重量を軽減できることは、日本の富士T-1の主翼の設計でも証明されている。

フォッカー社では1／4空力翼弦で26度と16度の二つの後退角の主翼を比較検討したが、両者の高速特性にあまり違いはないものの、前者の低速特性には難があった。こうして1962年9月には主翼の後退角が16度と決まり、少し前にエンジンもスペイ・ジュニアの双発と決まった。

F.28のニッチは、BAC1-11やダグラスDC-9よりも少し下の短距離ローカル線用機で、1200m級の滑走路で運航が可能というのが大きな売り物だった。これらのエアライナーが80～100席級を狙っていたのに対して、F.28は60席。1-11やDC-9の初期型は米国での規則上の制約から離陸重量を8万ポンド(3万6288kg)に抑えていたが、F.28の最大離陸重量はその8割以下でしかない。

フォッカー社の規模ではこのクラスのエアライナーを単独開発するのはリスクが大きく、当初から国際共同開発が模索されていた。いろいろ声を掛けた中でフランスのシュド社は結局参加せず、西ドイツのブローム&フォス社の後身のハンブルガー航空機社(HFB)と、旧フォッケウルフ社系列のVFW社、それにイギリスのショーツ社の参加が決まった。

各メンバーの分担は、フォッカー社がコクピットとキャビン後部と中央翼、それにもちろん最終組み立て、HFB社がエンジン取り付け部分の胴体とナセル、VFW社がキャビン前半(設計はフォッカー社)と尾翼、ショーツ社が主翼となっていた。開発費はオランダ政府が70%、西ドイツ政府が12%、西ドイツのメーカーが8%、ショーツ社が10%を負担することとなった。

旅の仲間

新しいエアライナーの名前はF.28フェローシップと決まった。「友情」(フレンドシップ)の次が「仲間」というわけだ。「指輪物語」三部作の第一部が「旅の仲間」(原題The Fellowship of the Ring)だった。

なおフォッカー社では販売が始まってから、フェローシップの形式名を「F28」と記すようになった。少し時期は早いがここからこの書き方に統一しよう。

F28計画は1964年2月に正式にゴーアヘッドし、1966年末までに詳細設計も終わった。試作1号機(PH-JHG)は1967年の4月4日にスキポール空港に隣接したフォッカー社の工場でロールアウトし、5月9日にスキポール空港で初飛行した。

当初案の直線翼から16度の後退翼に改められた主翼前縁だが、この角度から見れば実際には二段後退翼であることが視認できる。後縁は直線形状で2段ファウラー式のフラップを有する。Yohichi Kokubo

飛行試験は試作機3機と量産1号機で行なわれ、1969年2月にオランダ当局の型式証明を取得、その一か月後にアメリカ連邦航空局（FAA）の証明も取ることが出来た。

F28はゴーアヘッドの時点では確定受注を得てはいなかったが、どうせ大手のまとまった受注が得られないローカル線用機だから、この時点での受注のあるなしはあまり関係ない。最初に注文して来たのは西ドイツのLTUで、1965年に確定1機とオプション1機を受注した。

1969年2月、最初の引き渡しを受けたのもLTUだったが、この時点でも確定受注総数は15機に過ぎず、販売ペースが遅過ぎると思われた。初就航はノルウェイのブラーテンズで、1969年3月28日になる。

先ほども言ったようにこの時点ではF.27の生産も続いている。F28とF.27とは同じ市場で競合することになり、自社のターボプロップ機に負けている状況が何年間も続いた。

一般論で言えば、エアライナーは大きいほどシート・マイルあたりのコストは低くなる。50人乗りでも500人乗りでもコクピット・クルーは二人と考えれば（F28設計当時の大型機は3人だったが）、大型機の方が経済的なことが納得出来るだろう。大量輸送のジャンボ・ジェットが旅客一人当たりでは一番安上がりで、F28のような小型エアライナーはその点は苦しい。

F28の旅客収容数はDC-9クラスの2／3だが、運航コストは3／4にしかならない。単純計算すれば一人当たり13％ほど

胴体最後部は左右60度に展開して飛行中の抵抗を得るスピード・ブレーキとして機能する。このメカニズムは後継機のフォッカー70にも継承されてゆく。Fokker

エア・ブレーキを展開して減速する胴体最後端の技術的ギミック

も割高になる。

F28は細い（旅客数の少ない）路線しか持たない中小エアライン向けに売り込まれたが、そんなところでも少しでも路線が太くなるとDC-9や1-11を入れようとする。またF.27を入れたところは、導入から数年で買い換えようとはしない。

F.27をライセンス生産したフェアチャイルド・ヒラー（FH）社は、F28の短胴（シュリンク）版を独自に開発して、アメリカ国内のローカル線に売り込もうとしたことがある。胴体を1m短縮して50席とし、離着陸性能をさらに向上させた型だが、エアラインの関心は薄かった。短胴版を諦めたFH社はオリジナルのF28の売り込みを図ったが、これまたアメリカでは全く受け入れられずに終わった。フォッカー社はFⅦやF.27で築いたアメリカでの評判を生かすことが出来なかった。

胴体後端が左右に開く

F28はリア・マウンテッド・エンジン双発、低翼後退翼T尾翼のエアライナーで、形態的には例えばBAC1-11やDC-9と同じだ。主翼後退角は前述のように16度と小さく、アスペクト比も7・3と小さめだ。

しかし翼面積は大きめで、翼面荷重は最大離陸重量でも386kg/㎡と、DC-9などの8割程度しかない。後縁のフラップは2段ファウラー式だが、最初の型では前縁には高揚力装置はない。主翼の後縁の二つずつの突起はフラップのトラック・フェアリングだ。

主翼は後縁は直線だが、前縁は翼幅の1／3くらいのところでキンクしており、実際には内側の後退角が大きな二段後退翼となっている。前後の翼桁もくの字に曲がっているが、これは主降着装置の取付位置と後ろ桁が干渉しないためと思われ、見掛け以上に複雑な主翼構造をしている。後退角が30度くらいと大きければ降着装置は自然に後ろ桁よりも後方に収まるのだが、後退角が16度だと桁間を切り欠くか、後ろ桁をずらすか、どちらにしても構造的には苦しい選択を迫られる。

胴体は外径３３００㎜の真円断面で、５列の座席を配置している。床下貨物室はあまり大きくはない。

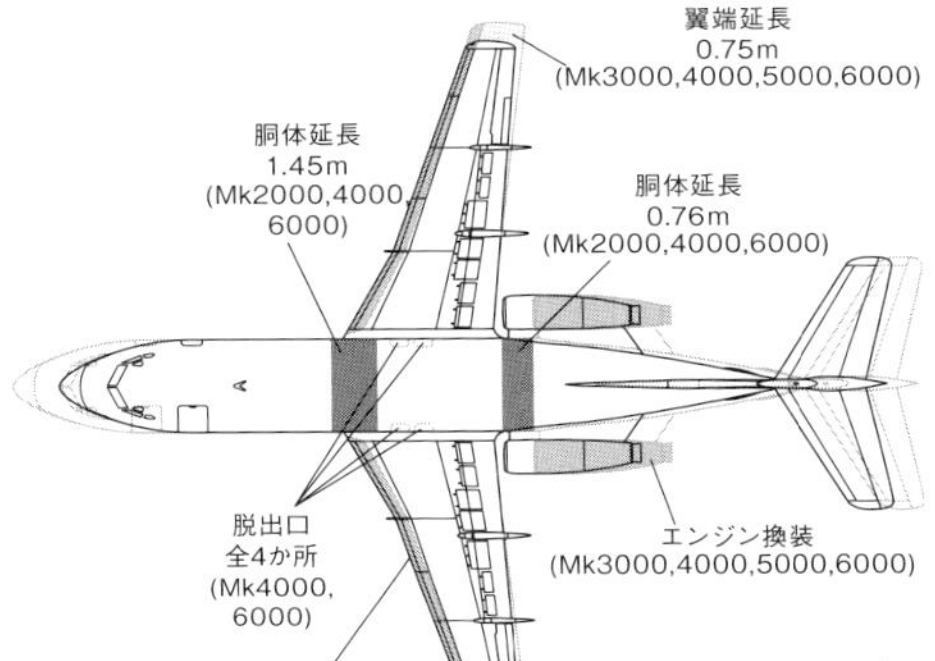

F28シリーズの発展部位

構造的には接着を多用しているのが特徴だ。接着構造はF.27ですでに実績があるので、主翼や胴体にはフェノール系、エポキシ系と場所に応じてさまざまな接着剤と工法が適用されている。例えば主翼の外皮は7枚もの薄板を重ねて接着したものだし、胴体では外皮と縦通材を接着、窓回りにはダブラーを接着している。リベットのように荷重が集中せず、面全体で荷重を受けるので疲労に強いのが接着工法の長所だ。

平凡な形態のF28の、あるいは最大の特徴は胴体最後端のエア・ブレーキ（スピード・ブレーキ）かもしれない。エア・ブレーキは戦闘機などには必須だが、エアライナーではふつうは主翼上面のスポイラーがスピード・ブレーキの役割を果たしているので、独立したエア・ブレーキは持っていない。

ところがF28では、胴体後端を縦に分割して左右に開き、飛行中の抵抗増大を図っている。スピード・ブレーキの最大開度は左右60度ずつだが、190ノット（EAS）以上では角度が

F28 Mk1000

全幅	23.58m
全長	27.40m
全高	8.47m
主翼面積	76.4㎡
最大離陸重量	29,480kg
最大巡航速度	455kt
航続距離	1,140nm

次第に制限されていく。このスピード・ブレーキは着陸進入中に、進入角や速度を調節するのには便利で、着陸復行などでスロットルを全開にすれば自動で閉じる。

なおF28は主翼上面に5枚ずつのスポイラーも持っているが、これは地上滑走時のリフトダンパーとしてだけ使われ、横操縦やスピード・ブレーキとしては用いられない。

横操縦系統は翼端近くのエルロンだけだが、速度がマッハ0・7台と低く、主翼のアスペクト比も低いので、エルロン・リヴァーサルの恐れもないのだろう。水平安定板は取付角可変式で、それとは別にエレベーターが後縁にある。

F28のエンジンのRRスペイ・ジュニアは、スペイ（RB163）の小型版のような名称だが、実際には簡略版推力制限型とでも呼んだ方が良く、形式名もRB163のままだ。F28はエンジンにスラスト・リヴァーサーを持たず、接地後の減速にはスポイラーとスピード・ブレーキをあてている。また、Mk3000以降の型では低騒音のナセルが採用された。

システム的には簡素を心掛け、特徴的なものはあまりないが、初期型では与圧の差圧を6・55psi（45・2kPa）に抑え、運用限界高度は2万5000ft（7620m）としていた。短距離機なので高空まで上がることもないし、それならシステムを簡略化（例えばキャビンに自動落下酸素系統を備えずに済む）するメリットが大きいと見たのだろう。しかし1970年以降の型では差圧を7・45psi（51・4kPa）に引き上げ、運用高度も他のエアライナーと同じレベルの3万5000ft（1万668m）となった。

ニッチの壁

F28の型はMk（マーク）で区別されている。最初の生産型はF28Mk1000で、離陸総重量6万5000ポンド（2万9483kg）、座席数は33インチ（84㎝）ピッチで60席、31インチ（78㎝）ピッチで65席になる。エンジンは推力4468kgfのRB183-2Mk555-15だ。Mk1000の生産数は97機になる。

F28Mk2000は、Mk1000の離陸重量やエンジンをそのままに、胴体を延長して収容能力を引き上げた型だ。胴体は主翼の前で1・45m、後ろで0・76m延長されている。客席数は75～79席になった。Mk2000は1971年4月に初飛行し、翌年8月に型式証明を取得している。Mk1000より航続距離が短くなった一方で滑走路長が伸びたのが使いにくかったのか、Mk2000は10機しか造られなかった。

F28Mk3000は、Mk2000で低下した離着陸性能を回復させ、再びローカル空港用に売り込もうとした型で、胴体はMk1000と同じ短胴型、エンジンは推力4491kgfのMk555-15Hだ。主翼端が延長されてアスペクト比は7・97になり、翼面積は79・0㎡になった。離陸総重量は3万2200kgに増加している。

デリバリーを前に空撮で記録されたガルーダ・インドネシア航空のF28 Mk1000。主翼上面に目立つ前後方向の突起はフラップのトラック・フェアリングである。Fokker

Mk4000は、Mk3000の主翼とMk2000のストレッチ胴体を組み合わせた型で、ピッチ29インチ（74㎝）の座席配置で75人まで乗せられる。これに伴い主翼上に出る脱出口が左右一つずつ増やされている。

Mk5000は短い胴体と延長した翼を組み合わせた型で、主翼前縁には全幅に渡るスラットが新設された。短距離離着陸性能が強化されたもののどこからも受注はなく、提案だけに終わった。

Mk6000はその長胴型で、1973年9月27日に試作1号機を改造した原型が進空している。しかし実際には2機が生産されただけに終わった。YS-11後継機を狙って日本向けにMk6000Jという改良型が提案されたことがある。

F28フェローシップは241機が生産されて、1987年に生産を終えた。驚くことにはF-27の生産終了もこの年だった。つまり後継のつもりで作られたF28が、置き換わるはずの前作と同じ製品寿命しかなかったことになる。生産機数もF-27の1/3以下で、事業としては失敗と言われても仕方ないだろう。

売れ行き不振の原因は、1-11やDC-9、ボーイング737よりも少し小さくて多少安いだけという中途半端さにあったのではないか。確かにこれら100席以上のジェット・エアライナーの下にニッチは存在してはいたが、1960～80年代においてはフォッカー社が思っていたほど大きくはなかった、ということになるのか。

名門フォッカーの集大成として、その最後を見た

フォッカー100 フォッカー70

フォッカー100

1986年初飛行／1988年初就航／製造機数283機

フォッカー70

1993年初飛行／1994年初就航（フォード社有機として）／製造機数48機

**1996年に倒産したフォッカー社にとって
最終期のモデルにあたるフォッカー100と、そのショート版であるフォッカー70。
どちらも2017年、それぞれオーストリア航空とKLMシティホッパーで退役して以降は、
世界のメジャー・エアラインから消滅してしまった。
これらは前作F28フェローシップの近代化型といえるが、F100誕生の以前には、
まったく異なるプロファイルを持つ米国との共同開発構想が存在していたことが興味深い。**

エア・トゥ・エアで捉えたスイスエア向けF100初号機（HB-IVA）。F100最大の改良点はエンジンで、F28のRRスペイから同じくロールスロイス社製のテイへと刷新された。Fokker

幻の二本通路機計画

1979年すなわちF28が就航してから10年目に、フォッカー社では次に開発するエアライナーの検討を開始している。しかもニッチ・マーケットを狙った感のあったF28とは異なり、仮称F29では標準型で132～150席、ストレッチ版では156～179席と、マクドネル・ダグラスDC-9やボーイング737とも競合するクラスを考えていた。

F29の最大の特徴は胴体で、二重円弧（逆ダルマ）形の胴体断面は二本の通路を挟んで、2列＋2列＋2列の座席配置を可能にしていた。ファースト・クラスならば2列＋1列＋2列になる。現実には767が二本通路で7列（2列＋3列＋2列）配置だから、もし実現していたらF29は最小の二本通路エアライナーとなり、セミ・ワイドボディと呼ばれただろう。

F29のエンジンには推力二万ポンド（9072kgf）級ターボファンを想定していたが、F28のようなリア・マウンテッドではなく、ふつうに主翼からパイロンで吊り下げる配置を考えていた。新世代の大バイパス比ターボファンのおかげで、旧世代のJT8Dやスペイを搭載する727や737、DC-9、トライデントなどに対して、F29は25％も低い燃料消費を示すはずだった。

このF29構想に、マクドネル・ダグラス社が興味を持った。マクドネル・ダグラス社ではDC-10の次の駒として150席から200席級の機体を考えていて、ちょうど座席配置も2列＋2列＋2列だった。

フォッカー社側も国際共同計画を意図していて、ボーイング社やエアバス社とも交渉したが、最終的にマクドネル・ダグラス社を選んだ。両社は1981年5月、共同開発の合意書に調印したことを発表した。同年10月からは両社合同チームによる設計作業がロングビーチで開始された。

共同開発の打ち切り

共同開発機はMDF-100と名付けられた。暫定的な仕様は全幅が33・8m、全長が40・8mで、エンジンはCFM56の双発。胴体最大径は168インチ（4・27m）で、同じ6列座席でも737より0・51mも大きい。座席数はミックスト・クラスで153席（15席＋138席）になる。

フォッカー社もマクドネル・ダグラス社も、先進的よりは堅実で知られる会社だが、MDF-100では思い切って最新の材料を採用する。胴体や動翼には複合材料が多用され、主翼と尾翼の主構造には先進アルミニウム合金が用いられることになった。操縦席にもグラス・コクピットが採用された。

最終的に両社の見解が食い違ったのは主翼と尾翼の空力で、フォッカー社はF28と同じT尾翼を押し、マクドネル・ダグラ

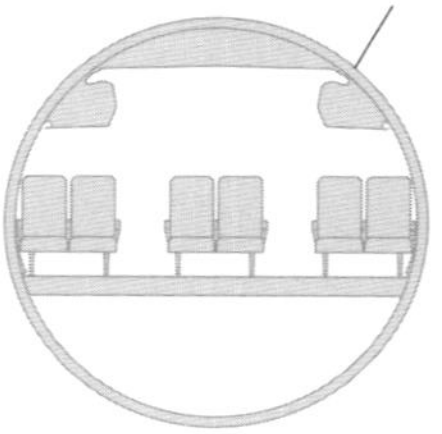

MDF-100の胴体断面

暫定的な仕様として胴体最大径は4.27mに決まった。737比で0.51m大きく、この胴体こそがMDF-100最大の特徴とされた。二本の通路を挟んで2クラス153席が並ぶキャビンのMDF-100が実現していれば最小の二本通路エアライナーとして、ユニークな存在であっただろう。

1981年のパリ・エアショー。共同開発機MDF-100のモデルを前にフォッカー社のFrans Swarttouw（右）とマクドネル・ダグラス社のSanford N. McDonnell、両社のチェアマンが揃った。推力二万ポンド級のターボファン・エンジンは、（リア・マウンテッドではなく）主翼下に搭載する計画だった。McDonnell Douglas

共同開発のMDF-100計画中止、そして、F28近代化による発展型へ

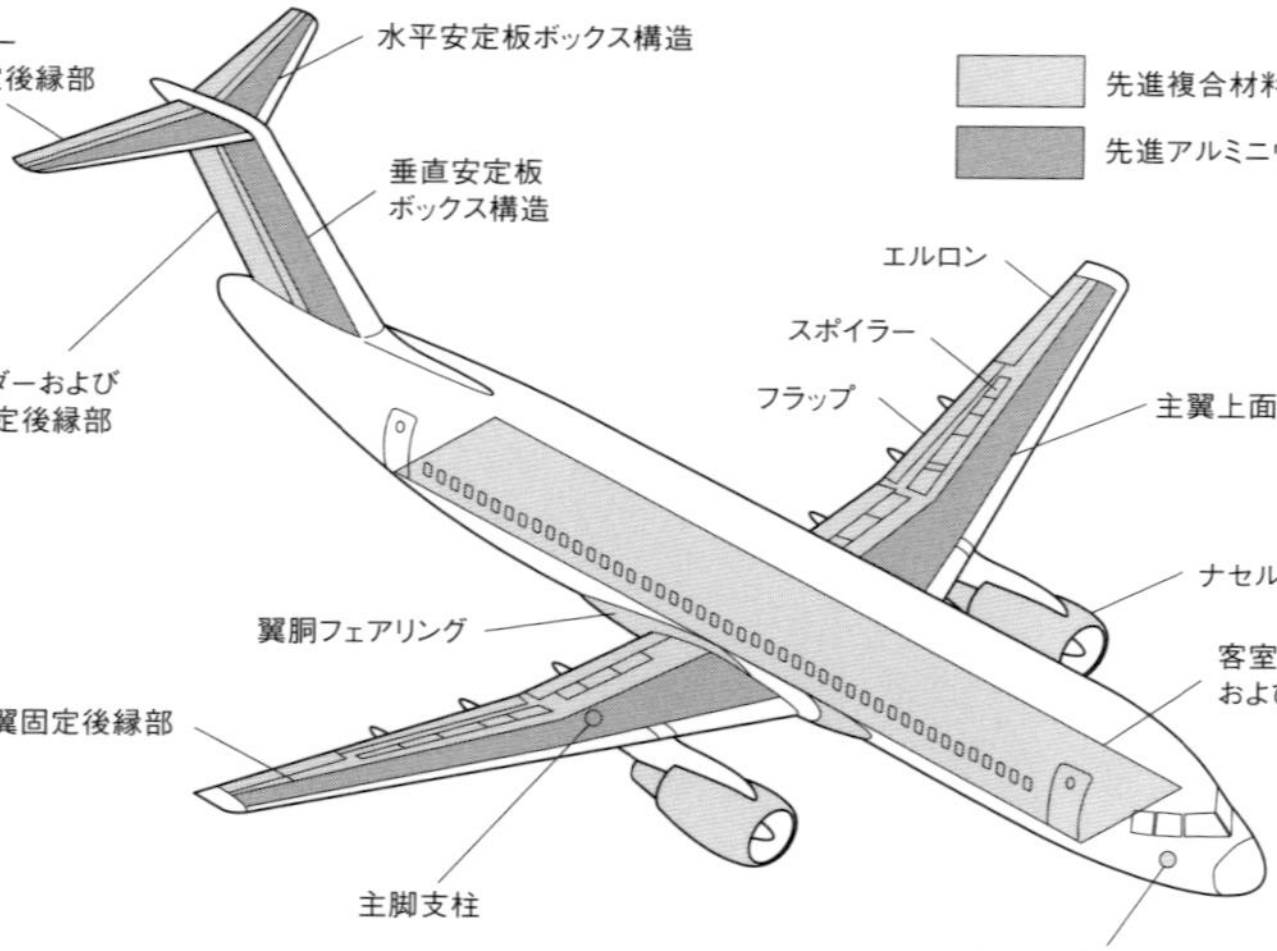

MDF-100のマテリアル

フォッカー、マクドネル・ダグラスともに堅実な社風で知られるが、MDF-100では胴体や動翼に複合材料を採用するなど、先進の素材を多用する計画だった。

ス社は胴体に付いた尾翼を主張した。両社の技術陣がそれぞれの風洞実験データを持ち寄って検討している最中の１９８２年２月、唐突に共同計画の打ち切りが会社首脳部の間で決まった。

最大の理由は１９７９年の第二次石油危機後の情勢で、原油価格がこの先どう推移するのか、エアラインの需要が回復するのかが不透明であったことだ。１９８１年にアメリカで起きた航空管制官の大規模なストライキもエアライン情勢を不安定にしていた。そのような背景からエンジン・メーカーも新ターボファンの開発には及び腰だった。

もし両社が忍耐強く共同計画を進めていて、１９８０年代半ば過ぎにＭＤＦ-１００が実現していたらどうなっていただろうか？ いろいろな意見はあるだろうが、筆者にはどうもこの胴体断面は無駄が多くエアラインに受け入れられないのではないかと思える。７３７やＡ３２０と同じ数の乗客を乗せるのに、通路を一本余計に運ぶエアライナーが歓迎されるだろうか？ 乗客は歓迎するかも知れないが。

マイナーチェンジ

ＭＤＦ-１００の大胆な試みが否定されると、フォッカー社は一転して守りに入る。新技術をふんだんに盛り込んだ新型機をゼロから開発するのではなく、持ち駒をマイナーチェンジして売り出そうとしたのだ。

１９８３年11月24日、Ｆ.27フレンドシップが初めてエアラインに引き渡された日から25年目を期して、フォッカー社は新しい製品ラインアップを発表した。フォッカー50（Ｆ50）とフォッカー１００（Ｆ１００）という名称だが、それぞれフレンドシップとフェローシップの近代化型だった。

Ｆ50は基本的にＦ.27の主翼と胴体を流用しているが、複合材料を二次構造に適用している。Ｆ.27の特徴であった楕円形の客席窓は、Ｆ50ではふつうの四角形になった。最大の変化はエンジンがロールスロイス・ダートからプラット＆ホイットニーＰＷ１２０シリーズになったことで、標準のＰＷ１２５Ｂ（２５００shp）で10％以上のパワーアップになる。プロペラは4ブレイドから6ブレイドになった。コクピットはカラーＣＲＴを用いて電子化された。名称は50席級を意味し、実際には46席から最大で58席になる。

そしてＦ１００の方はその名の通りに１００席級で、ピッチ32in（０・８１ｍ）のモノクラスで１０７席になる。Ｆ28は同じピッチで79席であったから、収容力35％アップだ。ピッチを29in（０・７４ｍ）にして詰め込めば最大１２２席、また2クラスだと97席仕様もある。

Ｆ１００では、Ｆ28 Mk４０００よりも胴体が5・７４ｍ延長されている。胴体断面はＦ28と同じで、単通路に2列と3列の座席が配置されている。

主翼も手が加えられ、翼端を1・５ｍずつ延長、また前後縁も延長し、翼断面形を最新のスーパー・クリティカル断面に近付けている。翼面積は93・5㎡で、F28に比べて18％増大している。アスペクト比は8・4になる。主翼の大型化に対応して、水平尾翼も翼幅を1・4m増している。

フォッカー社では、新しい主翼は空力的効率が30％も上がったと宣伝したが、たしかに同社の公表している空力データを見ても、F100の主翼の圧力分布はずっとスーパー・クリティカル翼型に近付いている。またF28の主翼ではマッハ0・6を過ぎるあたりから抵抗係数の上昇が始まっていたのが、F100の翼では抵抗の増大はずっと緩やかになっている。30％の性能向上をどう取るかはともかくとして、主翼の改良は成果を挙げていると言えよう。

動翼、垂直安定板、背びれ、翼胴フェアリング、キャビン床板、エンジン・ナセルなどには複合材料が用いられて、構造軽量化に貢献している。このあたりはMDF-100での研究成果だろう。

RRテイへの換装

F50同様に、F100でももっとも大きな改良はエンジンの換装だった。F28のロールスロイス・スペイも良いエンジンだが、1960年前後の設計で1980年代の燃費や環境（騒音・排ガス）の要求には合致しない。

そこでF100では同じRR社の新ターボファン、テイが採用された。むかし原稿に〝テイ〟と書いたら、書き間違いと思ったのか編集の方で勝手に〝ティ〟と書き換えられたとの笑い話を先輩の航空評論家氏から聞かされたことがあるが、テイ（Tay）もスペイ（Spey）もスコットランド地方の川の名前だ。RRのジェット・エンジンには一貫してイギリスの河川の名前が付けられて来た。

テイはRB211の技術を生かした、言ってみればRB211の縮小版のようなターボファンだ。ただしさすがにこの規模のターボファンでは、RB211のような三軸は無理だったようで、テイはふつうの二軸になっている。バイパス比は3強で、RB211の世代の大型ターボファンの5～6よりは小さめに設定されている。

F100に搭載されたのはテイの620-15（推力6282kgf）あるいは650-15（6849kgf）だ。

F28はスラスト・リヴァーサーを装備せず、代わりに胴体最後端に戦闘機のようなスピード・ブレーキ（エア・ブレーキ）を持つ特異なエアライナーだったが、F100のテイはふつうにスラスト・リヴァーサーを持っている。しかし尾部のスピード・ブレーキも廃止されてはいない。

エンジンと並ぶF100の大きな進歩はコクピットだろう。1960年代のごくふつうのジェット・エアライナーのコクピットが、6面のカラーCRTディスプレイを中心としたグラ

アムステルダムの工場でラインオフした、今はなきメルパチ航空（インドネシア）のフォッカー100。F28 Mk4000に対して胴体が5.74m延長され、また動翼や垂直安定板、翼胴フェアリングやエンジン・ナセルなどに先進材料を用いている点も新しい。Fokker

派生型F70とともに好調なセールス しかし訪れる1996年3月15日、名門フォッカー社の終焉

ス・コクピットへと進化している。同時にキャビンの内装も、1980年代の流行を取り入れた新しいものになった。

F100の生産は国際的な分業体制で行なわれ、胴体の主要部分と尾部はドイッチュ・エアバス社に、主翼はショート社に、エンジン・ナセルとスラスト・リヴァーサーはグラマン社に発注されていた。

好調な売れ行き

F100とF50は、先に述べたようにF.27フレンドシップの就航25周年記念を期して開発が公表されたから、ふつうの意味でのローンチ・カスタマーは存在しないわけだが、F100

スイスエア・ライブリー機が並ぶフォッカー100のファイナル・アセンブリ―ラインは1987年11月の撮影。活気ある工場内の雰囲気が当時の順調なセールスを伝える。Fokker

を一番最初に発注したのはスイスエアだった。

　Ｆ１００の試作１号機（登録記号ＰＨ-ＭＫＨ）は、開発発表からほぼ三年後の１９８６年の11月30日に初飛行した。試作２号機（ＰＨ-ＭＫＣ）は翌年の２月25日に飛んでいる。

　ヨーロッパの型式証明は発表から四年後の１９８７年11月には下り、スイスエアへの引き渡しも１９８８年２月に始まった。アメリカの型式証明も１９８９年５月に取得し、同年７月にはUSエアへの引き渡しが始まっている。

　ここまでの過程はきわめて順調だった。特に大手のアメリカン・エアライン（ＡＡ）が75機をまとめて発注していたのが心強く、他にもＴＡＭリージョナルが50機、ＵＳエアが40機と、フォッカー社のジェット・エアライナーにしては大口の受注があった。

　Ｆ１００はテイ６２０-15を装備して運用自重２万４３７５kg、最大離陸重量４万３０９０kgでスタートしたが、１９８９年からは推力を増強したテイ６５０-15装備の運用自重２万４５４１kg、最大離陸重量４万５８１０kgの型も登場した。これらの型に特にサブタイプ名は付けられてはいない。

　１９９３年には中央翼の燃料タンクをバグ・タイプからインテグラルに設計変更して、燃料搭載量を増加させた航続距離延長型も登場したが、これにも特にサブタイプ名はないようだ。

　Ｆ１００ＱＣ（Quick-Change）は貨客転換型だ。前部胴体左側に大型の貨物扉を設け、全貨物機とした場合にはＬＤ-９／７コンテナ５個とＬＤ-３コンテナ１個を搭載出来る。旅客型への

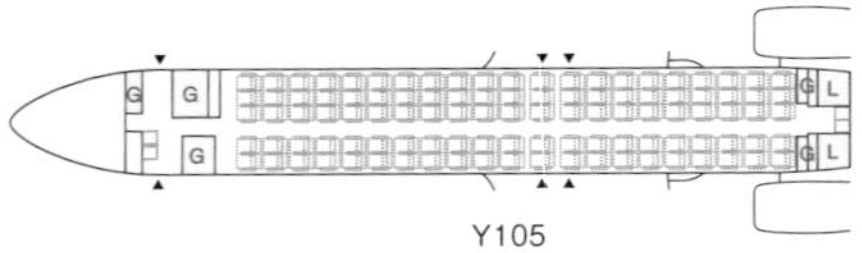

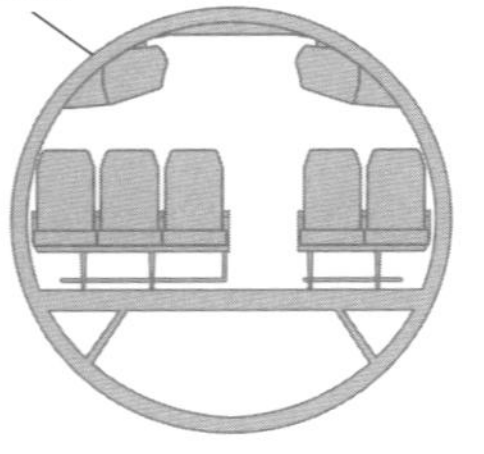

フォッカー100の胴体断面／座席配置

前作F28が採用した3.30mの胴体断面を踏襲したマイナーチェンジ機である。座席配置は2017年末までフォッカー100を飛ばしたオーストリア航空のモノクラス105席仕様で、欧州ではKLMやアリタリアなども同機を愛用した。

KLM

KLMのフォッカー70機内、CRTカラー・ディスプレイ6面のグラス・コクピットと、単通路に2列+3列座席を配置したモノクラス80席のキャビン。

地元オランダのKLMシティホッパーでは2017年まで現役であった胴体短縮型のフォッカー70。F100の胴体を4.62m短くしたことで、原型機F28の機体規模に接近している。写真のPH-KZUは尾翼に創業者アントニー・フォッカーを描いた退役時のスペシャルなライブリーである。Atsushi Yoshioka

転換は、座席を乗せたパレットを床に固定することで行なわれ、3人の作業員が20分で転換可能だという。パレットは通路を挟んで2列+2列の座席配置で、モノクラスでも最大で88席になる。座席数が少ないのは、貨物搭載用にオーバーヘッド・ストウェージが縮小されているためで、代わりに座席の窓際に手荷物スペースが設けられている。

胴体短縮型のフォッカー70

F100の発展型としてはF100QCの他に、F70とF130と呼ばれる型がある。F70は最初F80と仮称されていたが、要するにF100の胴体を短縮して70席級としたリージョナル・ジェットだ。胴体を4・62m短縮するので、原型だったF28Mk4000より1・3m長いだけになる。座席数はミックスト・クラスで70席、モノクラスでは79席(最大では85席)になる。最大離陸重量は3万6740kgに引き下げられるが、エンジンはテイ620のままだ。

胴体が同じくらいの長さになってしまったので、F70とF28は一見して区別が付きにくくなってしまったが、F70の方がエンジンが太いのと、コクピット上部の小窓(アイブラウ・ウィンドウ)が無いことがF28との違いだ(これはF100でも同じ)。

F70の試作機はF100の試作2号機の胴体を切り縮めて製

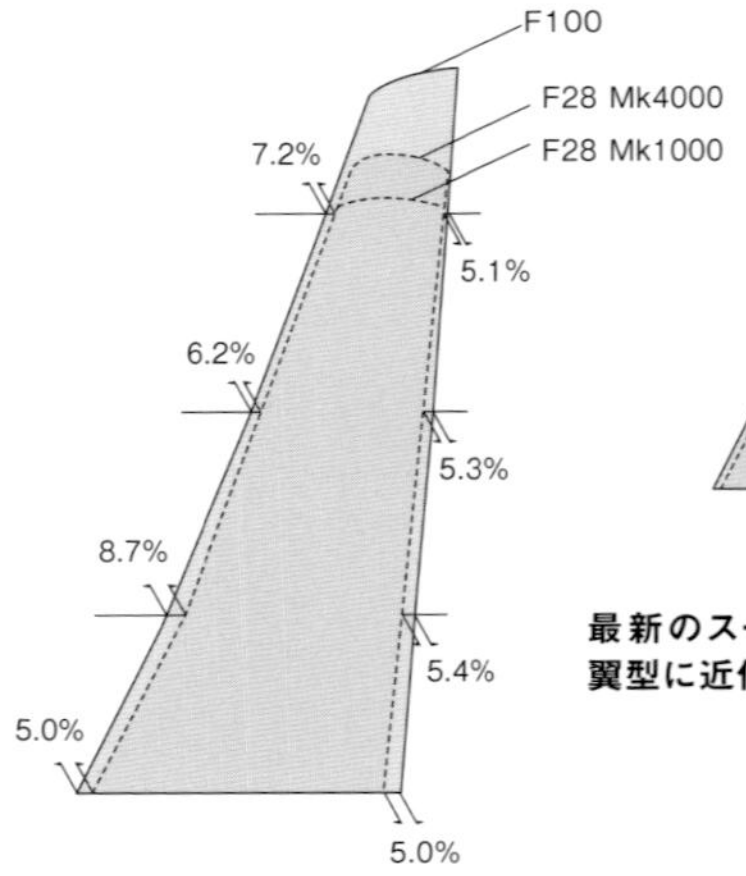

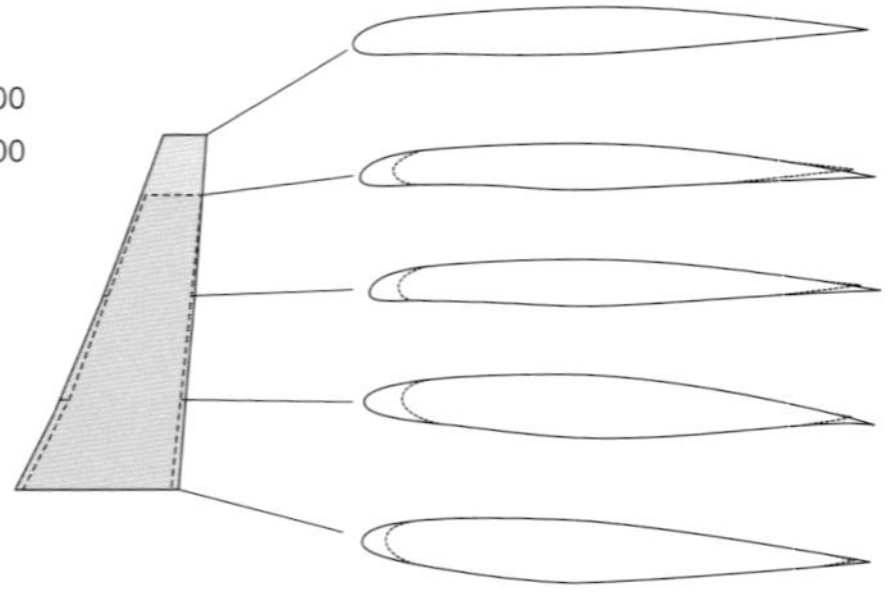

最新のスーパー・クリティカル翼型に近付いた主翼と断面形

翼端と前後縁を延長した主翼

F28 Mk4000に対して翼端を1.5m延長したフォッカー100の主翼、併せて前縁と後縁も最大で8.7%延長したことで、その断面形は最新のスーパー・クリティカル翼形に近づいた。

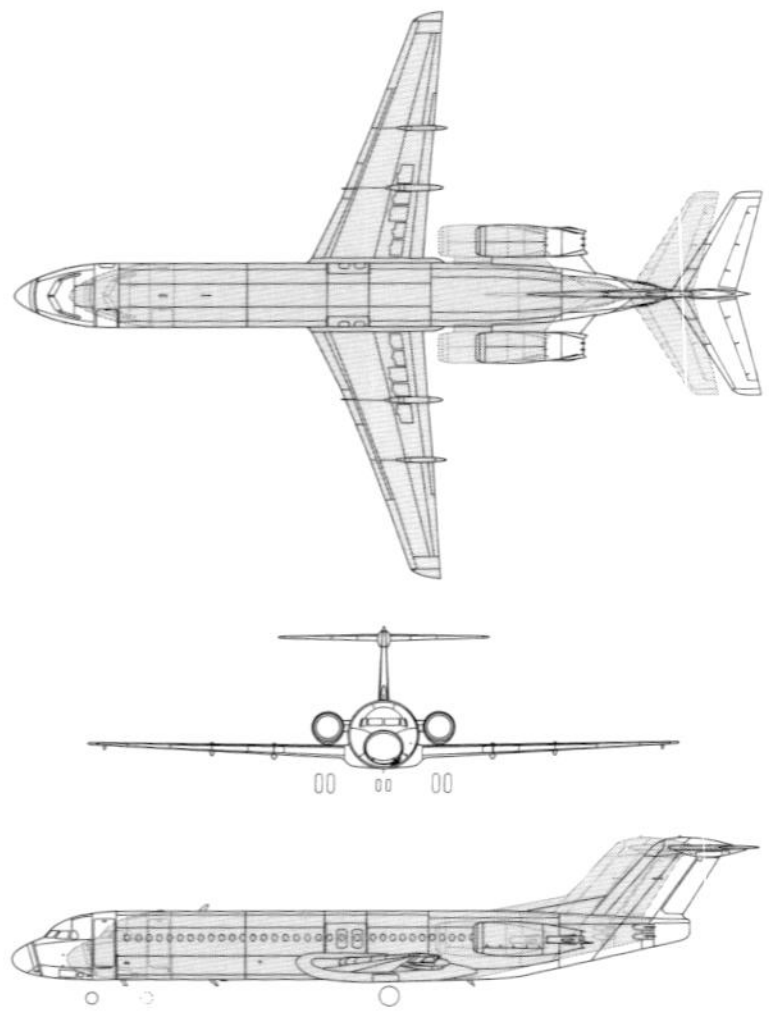

作され、１９９３年４月２日に飛行している。インドネシアのセンパチ航空から10機(他にオプション５機)、同じくペリタ航空からも５機の受注があって、１９９３年６月から生産に着手した。

Ｆ70では大型ビジネス機として企業用にも売り込まれ、実際１９９４年10月にＦ70で最初に引き渡されたのはフォード自動車社用のビジネス機仕様だった。ビジネス型はエグゼクティヴ・ジェット70とも呼ばれる。Ｆ70のエアラインへの引き渡しは翌年２月からになった。

Ｆ１３０の方は、Ｆ１００の胴体を延長して１３０席級とする発展型だが、実現せずに終わった。

フォッカー100／70(シルエットはF70)

	F100	F70
全幅	28.08m	
全長	35.53m	30.91m
全高	8.50m	
主翼面積	93.50㎡	
最大離陸重量	43,090kg	36,740kg
最大巡航速度 (27,000ft)	845km/h	856km/h
航続距離	2,502km	1,981km

フォッカー倒産

F100の受注が三百機を超えて順調に生産と引き渡しが続き、F50も二百機以上とまずまずの受注を集めたフォッカー社ではあったが、実はエアライナーの売り上げ以外のところで深刻な問題を抱えていた。

すでにこの二機種の開発費で、フォッカー社は1980年代の末には資金繰りに悩むようになる。フォッカー社はオランダ政府をあてにしたが、政府は公費での救済よりも同業他社との合併を勧めた。政府の出資が引き下げられて、オランダ王国航空機製作所フォッカー社（NV Koninklijke Nederlandse Vliegtuigenfabriek Fokker）は、1987年1月1日付で民営のフォッカー社（Fokker NV）となる。

新生フォッカー社ではブリティッシュ・エアロスペース（BAe）社との提携も検討したが、最有力候補はすでにF100の生産で密接な関係にあるドイツのダイムラー・ベンツ・エアロスペース社（DASA）だった。1992年にはDASAとフォッカー社の間で合意も成立した。

しかしDASAの親会社ダイムラー・ベンツ社は、この時期世界的な自動車業界の再編の動きの中心にあり、フォッカー社に深入りしている余地は無かった。実際1998年にはダイムラー・ベンツ社はアメリカのクライスラー社との大西洋をまたいだ企業合併に踏み切り、世界をあっと言わせることになる（2007年に合併解消）。

1996年の1月、ダイムラー・ベンツ社はフォッカー社との合併交渉打ち切りを通告する。最後の安全索を失ったフォッカー社は一気に転落、同年3月15日に倒産する。

会社は倒産したが、F100とF70、F50の生産は続いたし、部品も供給され続けた。F100の最後の機体、283機目は1997年初めに完成しているし、F70の48機目も同年4月に引き渡されている。F50の最終機（205機目）が引き渡されたのは同年5月だ。

F27とF50をひと続きのシリーズとすれば、合計した生産数は998機となる。同様にF28とF100、F70の売り上げを合計すると572機になる。ボーイング社やエアバス社の売り上げにははるかに及ばないが、オランダの中堅航空機会社が実績だけを武器にこつこつ売り込んで来た成果としては悪くはない。

実際F100やF70の評判は良く、2020年半ばの時点で前者は120機ほど、後者も40機ほどがまだ飛んでいた。この人気を見越して、オランダのレコフ社が数年前からF100／70の生産再開を画策している。レコフ（Rekkof）とはフォッカーの逆綴りに他ならない。他にもF100／F70や改良版の生産を唱える会社がいくつかあったが、たぶん実は結ばないだろう。

ウラジオストクに駐機する全長20.36mのYak-40サイドビュー。現代のエンブラエル170より10m近くも短いのだ。
機体規模は同じく三発機のビズジェット、仏製のファルコン50に近い。Konan Ase

慣習に囚われない、異色の三発スモール・ジェット

ヤコヴレフYak-40

1966年初飛行／1968年初就航／製造機数1,011機（NATOコード：Codling）

**決してエンジン性能の不足から双発を諦めたのではない。
イフチェンコ製の動力はYak-40のため専用設計されたもので、
ジェット旅客機らしからぬ直線翼の主翼を独特の手法で胴体と接合するなど、
どこまでも独創的な設計思想を貫いた存在であった。
しかも商業的にも相応の成功を収めているのだから、決して侮ってはいけない。**

ポスト・リスノフ

1950年代の後半から60年代、西側のエアライナー界ではいわゆるポストDC-3が大きな話題となった。大戦中に軍用輸送機として1万機以上が量産され、戦後に破格の安値で放出されて、ローカル線の主役となっていたDC-3（アメリカ陸軍名C-47）の後継機市場である。

ポストDC-3にはさまざまなエアライナーが名乗りを上げたが、最終的にはターボプロップ双発のフォッカーF27フレンドシップ系列が合計約八百機を売り上げて勝者となった。

同じ時期、ソ連にもポストDC-3問題があった。正確に言えばポストLi-2問題だろう。DC-3の設計をソ連で生産したリスノフLi-2の後継機だ。

話は逸れるが、リスノフLi-2をDC-3の無断コピーくらいに思っている人もいるだろうが、ソ連はダグラス社にちゃんと対価を払ってDC-3をライセンス国産している。DC-3の技術を学ぶために、B・P・リスノフ自身が二年間ダグラス社のサンタ・モニカ工場に滞在したくらいだ。もっともソ連はオリジナルの設計をメートル法化して生産しているので、DC-3とLi-2とでは部品上の互換性はない。

話を戻すと、約五千機が生産されてソ連のローカル線の主力となったLi-2もまた、1960年代には後継機を必要としていた。イリューシン設計局の手になるDC-3の発展型、IL-12、IL-14、それに旅客輸送に使われている単発複葉のアントノフAn-2の一部の後継機も求められていた。これらを一挙に代替するローカル線用エアライナーとして開発されたのが、ヤコヴレフYak-40だ。

アレクサーンドル・セルゲーイェヴィッチ・ヤーコヴレフは、ソ連の航空機設計者の中でも特異な位置を占めている。一つは設計者であると同時に政府の航空政策を担う高級官僚でもあったことで、大戦中に航空産業人民委員代理（実質的な航空産業省次官）を務めている。

もう一つは得意分野が固定していないことだ。ソ連の試作設計局（OKB）には暗黙の専門分野があり、ミグ（ミコヤン）OKBやスホーイOKBであれば戦闘機や攻撃機、ツポレフOKBであれば大型爆撃機やエアライナー、カモフOKBやミルOKBであればヘリコプターと事実上専門が決まっている。

ところがヤコヴレフOKBだけはそのような慣習に囚われていない。大戦中には戦闘機で名を挙げたが、戦後にはジェット戦闘機や練習機ばかりでなく、軽飛行機からヘリコプターにまで手を出している。

そのなんでも屋のヤコヴレフOKBが、初めて世に問うたジェット・エアライナーがYak-40だ。エアライナーと言えばそれまではツポレフやイリューシン、アントノフなどのOKBの領分であったが、どのように官僚機構を説得したのか、A・S・ヤーコヴレフはその多彩な設計歴の中にエアライナーまで加えることに成功したのだ。Yak-40の実績に気を良くして、ヤコヴレフ設計局はずっと大きなYak-42にも挑戦して成功する。

小さいのに三発！

ローカル線に充当するという明確な目的があったために、Yak-40はジェット・エアライナーとしてはきわめて特異な設計となっている。

Yak-40の具体的な目標は、整備されていない地方空港から、乗客27〜32人を乗せて、1500km以上の距離を飛ぶことだった。

Yak-40の全幅は25・0m、全長は20・36m、翼面積は70㎡になる。自重は9000kgで、離陸総重量は1万3750kg（後の型では1万6200kg）だ。

ジェット・エアライナーの一番下のクラスと言えばリージョナル・ジェットだが、どの機体もYak-40よりは大きく、50席から70席になる。西側の常識からすれば、Yak-40の大きさのジェット・エアライナーはまず成立しそうもない。

それどころか数人乗りのビジネス・ジェット機でも、Yak-40より大きな機体は珍しくはない。例えばガルフストリームⅣの全幅23・7m、全長26・9m、自重1万6100kg、総重量3万3200kgと比べてみれば、Yak-40の小型軽量ぶりが

主翼後縁内側には三つに分かれたフラップを持つほか、外側部分には二つに分かれたエルロンがある。前縁は可動部を持たないシンプルな設計。Charlie Furusho

2010年まで富山空港に乗り入れたウラジオストク航空Yak-40（RA-87273）のリアエンド。中央エンジンにクラムシェル型のスラスト・リヴァーサーを装備した後期の仕様だ。Konan Ase

機窓から見た、1/4翼弦の後退角が0度という完全なる直線翼。前縁は動かず、主翼の可動部は後縁の3分割フラップとエルロンのみ。
Kotaro Watanabe

後退角0度・完全直線翼のウィングと、イフチェンコによる専用設計のターボファン三基の動力

分かるだろう。

三発のビズジェットと言えばダッソー・ファルコンがあるが、ファルコン50の全幅18・86m、全長18・52m、自重9150kg、最大離陸重量1万7600kgが、Yak-40にもっとも規模が近いかもしれない。搭載エンジンもTFE731-3（推力1687kgf）でほぼ同級だ。しかしファルコン50には乗員2人の他には8人の乗客しか乗らない。

Yak-40と仕様が一番近い西側のジェット・エアライナーと言えば、フェアチャイルド・ドルニエ328JETがある。全幅20・98m、全長21・11m、自重9290kg、総重量1万6000kgで、推力2750kgのターボファン二基を搭載する。しかし328JETは83機しか売れず、フェアチャイルドとドルニエの両社の寿命を縮めた。

リージョナル・ジェットより小さく、ビズジェットと比べても最大級ではないジェット・エアライナー、それがYak-40だ。やや大きめのビズジェット・クラスの機体に30人前後の旅客を乗せているようなものだ。

そのくせYak-40の翼面積は70㎡もある。これは離陸重量が三倍以上もあるBAe146に近い値だ。それだけYak-40の翼面荷重は低いわけで、初期型では196kg/㎡、後期型でも231kg/㎡でしかない。プロペラ旅客機並みの翼面荷重だ。

Li-2が運用されているような、西側で言えばDC-3の飛んでいるような小さな飛行場の、長さが千mもないような滑走路

正面パネル上部に気象レーダーのスコープ、その右側にはGPS機器が追加されたウラジオストク航空機のコクピット。撮影時には3名が乗務していたが、Yak-40は2名乗務機として設計されている。
Konan Ase

床下に貨物室を持たないYak-40は、パッセンジャーの乗降のみならずバゲージの積み下ろしにも胴体後端のエア・ステアを用いた。
Konan Ase

からでも困難無く運用出来るエアライナーという目標が、このジェット・エアライナーとしては異例の低い翼面荷重に現れている。

こんなにコンパクトなエアライナーが、三発という点も西側を驚かせた。ふつうならば双発で十分で、実際Yak-40よりも大きな双発ジェット・エアライナーはいくらでもある。

適当な推力のエンジンがなかったので、やむなく三発にしたのではない。Yak-40が搭載するO・H・イフチェンコのエンジン設計局（現在のプログレス社）によるAI-25ターボファンは、Yak-40のためにわざわざ設計されたエンジンなのだ。

AI-25の開発は1965年に始まっている。二軸でバイパス比は約2と、どちらかと言えば堅実な設計のターボファンだ。

どうやらヤコヴレフOKBは最初Yak-40を「双発+ブースター」と言う発想で設計したようだ。すなわち通常の飛行は二基のエンジンで十分なように推力を設定し、第三のエンジンは離陸時の補助としてだけ使用し、巡航時には停止する。

実際にそのようなエンジンの使い方をするジェット・エアライナーは存在しないが、ホーカー・シドリー・トライデント（310ページ）の3Bは、三基のメイン・エンジン以外に、一回り小さいターボジェットを離陸時の補助推進として搭載している。最初から補助の第三エンジンを載せたエアライナーがあってもおかしくはない。

しかし実際にはYak-40は双発+ブースターではなく、ふつ

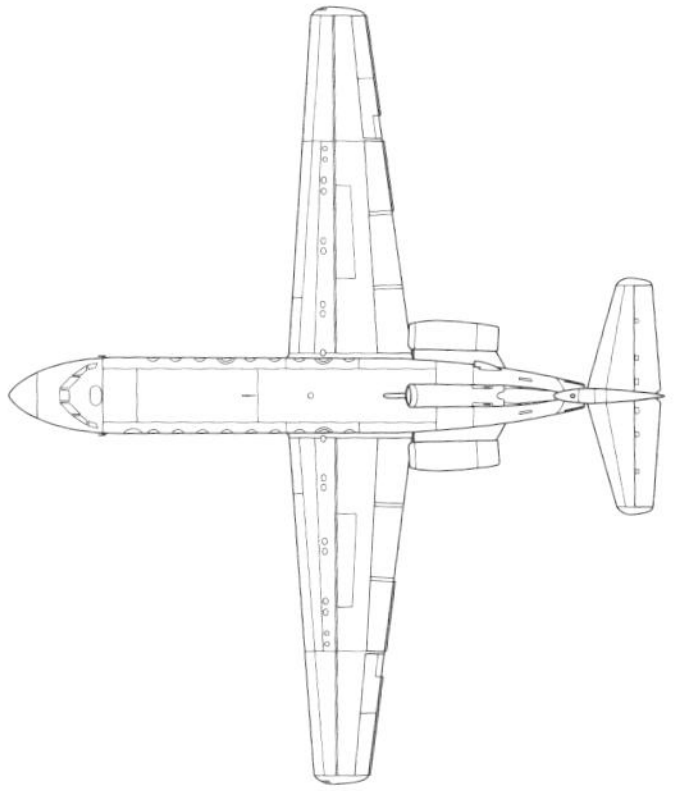

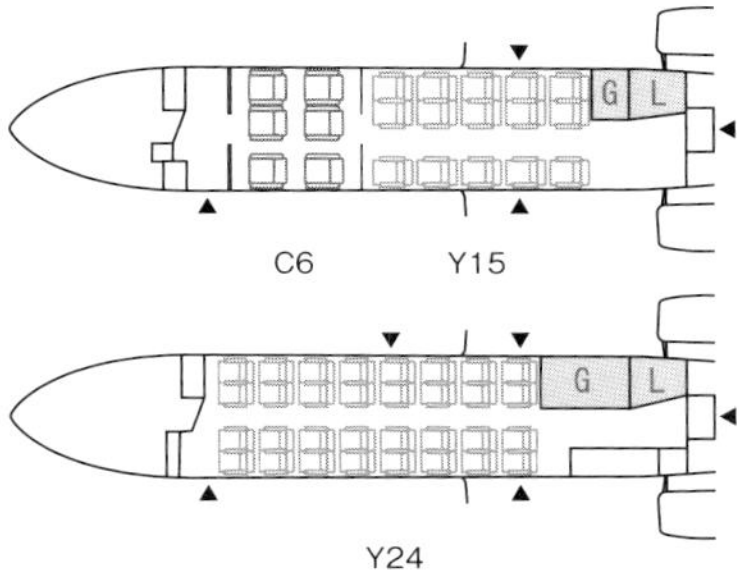

Yak-40の座席配置

コンフィギュレーションは2列+1列と2列+2列の2パターン、後者の窮屈さは否めない。キャビン後方には荷物を置くユーティリティスペースとラバトリーがある。

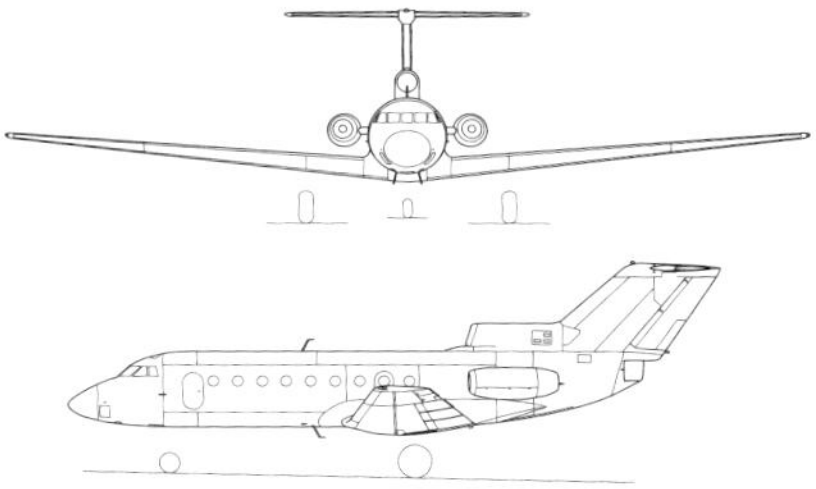

Yak-40

全幅	25.0m
全長	20.36m
全高	6.38m
主翼面積	70㎡
離陸重量 (with 3,000kg fuel)	13,700kg
最大速度	750km/h
航続距離 (with 3,000kg fuel)	1,650km

うの三発機として運用されている。かえって運用が複雑になることが、試験段階で分かったのだろうか。

Yak-40の航続距離は1800kmでしかない。実際には1000km前後の、巡航速度510km/hでも二時間かそこらの路線が多かったことだろう。

旅客を乗せるビズジェット

Yak-40の主翼は、1/4翼弦の後退角が0度の完全な直線翼だ。直線翼のジェット・エアライナーというのも、ごく初期の未完に終わった試作機はともかく、コメット以降には他に記憶がない。もっともYak-40を旅客を乗せるビズジェットとでも考えれば、セスナ・サイテーションのように直線翼のビズジェットはいくつもある。

Yak-40の主翼は構造的には他のジェット・エアライナーとはちょっと変わっている。たいていの低翼のジェット・エアライナーでは、主翼が胴体を貫通する部分は、中央翼あるいはウィング・キャリースルーと呼ばれる別構造になっていて、左右の主翼が胴体の外側でそれと結合している。つまり主翼は左右と中央の三つの部分からなっている。

ところがYak-40の主翼は左右二つだけで、中心線上で二つが結合されている。主翼構造が胴体構造を貫通しているのではなくて、胴体が主翼の上に載った構造になっている。結合個

後方の荷物搭載スペースは、クルーたちの作業のスペースも兼ねる。ギャレーを持たないため、機内食の準備もここで行なう。Konan Ase

富山空港を出発したウラジオストク航空機2列+2列のキャビン（30席仕様）。オーバーヘッドの荷物入れも大きくはない。天井高は1.85mである。Konan Ase

技術的にも商業的にも成功作、しかしそれは、旧ソ連と東側諸国の中だけ

所が少ない分こちらの構造の方が軽量で頑丈になるはずだ。

この形式はエアライナーではあまり見られないが（エンブラエルＥＲＪ１４５などの例もあるが）、ガルフストリームやサイテーション、ホーカーなどビズジェットには少なくない構造だ。その点からもＹａｋ-40は旅客を乗せるビズジェットといった感じがする。

機内の与圧の差圧は29kPa（4・25psi）で、国際線用のジェット・エアライナーの半分くらいでしかないが、成層圏まで上がらずに降りてくる短距離機ではこれで十分なのだ。

Ｙａｋ-40の主翼のアスペクト比は8・93と大きめ、翼厚比は付け根で15％、翼端で10％で、上反角は5・5度だ（試作段階では6度だった）。後縁内側には二つに分かれたプレイン・フラップがあり、外側には三つに分かれたエルロンがある。前縁には可動部はなく、きわめて単純な主翼だ。

尾翼はＴ配置で、垂直尾翼は後退角を持つが、水平尾翼は直線翼だ。なおエルロン、ラダー、エレベーター全て人力操舵となっている。

主降着装置は内側に引き込まれるが、引き込んでも主車輪は剥き出しになっている。これはボーイング737と同じで、飛行中に車輪に風を当ててブレーキを冷却するためだろう。離着陸の間隔が短い短距離エアライナーでは、ブレーキが十分に放熱する前に次の空港に到着してしまうといった事態がありうるのだ。

エンジンのイフチェンコAI-25は推力1500kgf（14・7kN）で、中央のエンジンは垂直尾翼付け根のエア・インテイクからS字形のダクトで空気を供給されている。中央のインテイクの前縁は、試作機では垂直だったが、量産型では少し斜め上向きになった。中央エンジンの上部にはAPU（補助動力ユニット）も装備されている。

胴体は円形断面で、直径は2・4m、製作には溶接や接着も多用されている。客室は通路を挟んで2列と1列の配置で、78cmピッチで27席になる。2列2列の配置では最大32人を乗せられる。客室の天井高は1・85mある。後部の右側には手荷物置き場とトイレットがある。胴体最後端のダクトの下にはエア・ステアがある。

父から子へ

Yak-40の開発は、正式にはソ連共産党中央委員会と閣僚会議（内閣）の共同指示を以て、1965年4月30日に始まったことになっている。もちろんそれらは最終的な承認に過ぎず、その何年も前から官僚的な根回しは行なわれて来ていたに違いない。これに関して他の設計局との設計競争などが行なわれたという資料はない。

Yak-40はヤコヴレフOKBの代替わりのテスト・ケースでもあって、A・S・ヤーコヴレフの長男セルゲーイ・A・ヤーコヴレフが主任設計者として計画の指揮を執った。宮崎駿に対する宮崎吾朗監督の「ゲド戦記」みたいなもの、と言ってもわからないか。

計画は順調に進展して、開始から1年半後の1966年10月21日には試作1号機が初飛行している。もちろん実質的にはもっと早くから設計は開始されていたのだろうが。

1号機には〝CCCP-1966〟の登録記号が描かれていた。もちろん1966年の初飛行を当て込んでのもので、もし開発が3か月以上遅れていたら困ったことになっていただろう。

続く試作機にも〝CCCP-1967〟〝CCCP-19672〟といった登録記号が与えられていた。1967年の試作機は〝CCCP-19676〟まであり、他に〝CCCP-1968〟があった。合計して試作機は8機となる。

試作機間にはいろいろ微妙な違いがあり、例えばサービス・ドアが胴体左側面に現れたり消えたりしているが（量産型には付いている）、外観上の目立った相違は機首のレドームの形状だろう。試作1号機では鼻先は丸かったが、3号機からはわずかに尖った形状となり、これが量産仕様となった。

面白いのは窓の数まで試作機で違っていることで、標準は左右とも八つずつだが、CCCP-19675だけは左側に九つの窓があり、CCCP-1968では右側にだけなぜか11もの窓がある。

試作機の仕様のぶれはあるものの試験そのものは大きなトラ

ブルもなく進んだようで、１９６７年中にはサラトフの２９２工場においても生産にも着手している。実際にソ連当局の型式証明が下りたのは１９６８年のことで、同年９月30日、アエロフロートに就航した。

Ｙａｋ-40の名称は変わらないが、実際の仕様は生産時期によって大きく四つに分類出来る。もっとも改良はさみだれ式に行なわれたので、生産バッチごとにきちんと仕様が定まっているわけでもない。違った仕様を押し付けられるユーザーのことも考えず勝手に改良型を送り出し続けるというのも、ある意味社会主義ソ連らしいやり方だ。

生産バッチの17番目までがだいたいオリジナルのＹａｋ-40で、水平尾翼と垂直尾翼の交点から突起が前に飛び出しているのが外形上の特徴だ。それでも側面の窓が八つだったり九つだったりの仕様の違いは存在する。

１９６９年からの生産バッチが第二期で、大きな特徴は中央エンジンにクラムシェル形のスラスト・リヴァーサーが組み込まれたことだ。もっともそれ以前の生産機も改修で組み込まれているので、識別点にはならない。外観からは分からないが、エンジンもAI-25T（１７５０kgf）に強化されている。

第三期は１９７３年から生産され、離陸重量が１万６１００kgに増加、降着装置などが強化されて、32人乗りが標準となった。第三期では垂直尾翼頂部の突起が消滅しているが、この突起自体はすでに第二期生産の途中から消えている。

第四期は１９７５年からの生産分で、ペイロードが３２００kgに増大、貨物型へも転換出来るようになった。貨物型では胴体左側面に１・６×１・５ｍの貨物扉が付く。貨物型はＹａｋ-40Ｋとも呼ばれる。

アメリカ版Ｙａｋ-40構想

Ｙａｋ-40は狙いどおりの性能を発揮し、ソ連内外で好評を以て迎えられた。生産は１９８１年に１０１１機で終了したが、もっと生産を続けることを望む声があったほどだ。

生産された機体のほぼ３／４はアエロフロートのローカル線で使われたが、残りは東欧諸国や親ソ系の諸国に輸出された。南北アメリカではキューバ以外に使用国はないが、使用国はアフリカ、中東、アジア、ヨーロッパに散らばっていた。西側諸国でも旧西ドイツのジェネラル・エアライナー、ギリシアのオリンピック・エアウェイズがＹａｋ-40を導入している。現在残っているＹａｋ-40は軍用やＶＩＰ用も含めて40機ほどのようだ。

Ｙａｋ-40には先に述べたように公式には一つの型しかないが、長く広く使われた機種だけにいろいろな改造機も多い。いちいち取り上げる必要も無いが、面白いのはＶＩＰ輸送型だ。なんども言うようにＹａｋ-40はビズジェットの大きさのエアライナーだから、内装を変えさえすれば恰好のビズジェットとなる。ただし航続距離１８００kmではビジネス用としては物足

1968年、入間基地での国際航空宇宙ショーに展示されたYak-40試作機（左側の窓が九つあるCCCP-19675）。
上半角5.5度の主翼は、左、右、中央の3ピース構造ではなく、中心線上で左右の主翼を結合し、その上に胴体を載せる。
Toshihiko Watanabe

りないので、航続距離の延長が望ましいところだ。

Yak-40のメーカーで改造したVIP型には、サロン1級とサロン2級の二つの仕様がある。どちらもキャビン前部をギャレーなどに充てており、その部分は窓を潰している。窓の配置の違いで1級と2級は外からでも区別出来る。VIP型は生産工場で改造されたほか、すでに就航している機体からの改造もあり、またVIP型から通常型への再転換もあるようでややこしい。

ソ連崩壊の翌年1992年のファーンボロ航空ショーにおいて、ヤコヴレフ社とアメリカのテクストロン・ライカミング社の共同計画が発表されている。Yak-40のエンジンをライカミングLF507-1N（3175kgf）ターボファン二基と換装する構想で、燃料タンクを増設、航続距離を2500kmまで延ばすことも考えられた。また主翼を緩い後退翼と取り替えることも検討された。

このYak-40L及びYak-40TLと呼ばれたアメリカ版Yak-40の構想は、しかし数年の検討の後に放棄された。西側にはこのクラスのジェット・エアライナーの需要がほとんどないことは、1990年代末になってフェチャイルド・ドルニエ328JETが証明した。

Yak-40はユニークなジェット・エアライナーだし、技術的にも商業的にも成功作ではあったが、それは旧ソ連と東側諸国という条件の中でのことであった。

フランクフルト空港をタキシーするクバン航空（2012年末に運航停止）のRA-42421。胴体後部のイフチェンコD-36は三軸式のターボファン・エンジン。メインギアの車輪は、生産型（7号機以降）では左右4つずつに改められ、サイズもより小径になった。Charlie Furusho

前作Yak-40とは異なる、大型・高度なTu-134後継機の真実

ヤコヴレフ Yak-42

1975年初飛行／1980年初就航／製造機数183機 or 185機（NATOコード：Clobber）

ヤコヴレフと言えば、乗客数わずか30人ほどにも関わらず
三発エンジンをリア・マウントしたYak-40が日本の富山空港に定期就航していた時代がある。
今回解析するYak-42はそのYak-40と名称や姿かたちが似ていて、
今日まで同系列のファミリーだと信じていた方がいるかもしれない。
しかし実際には乗客数が四倍も違う、まったく別のエアライナーだ。
新たに23度の後退角が与えられた主翼を見ても、より複雑な設計思想が見えるだろう。

最大のヤコヴレフ

アレクサーンドル・セルゲーイェヴィッチ・ヤーコヴレフの試作設計局（ＯＫＢ）のエアライナー第一作Ｙａｋ-40は、ローカル線専用の三発ジェット・エアライナーとして、千機以上が生産される大成功作となった。

そのヤコヴレフＯＫＢが次ぎに手掛けたジェット・エアライナーがこのＹａｋ-42だ。１００〜１２０席とＹａｋ-40よりもずっと上のクラスを狙い、実際ヤコヴレフＯＫＢがそれまで設計した軍民の航空機の中でも一番大きい。

１００席台のジェット・エアライナーと言えば西側では有力機種がひしめく激戦区だが、社会主義国ソ連には西側のような市場競争はない。それどころかロシア側の資料を見る限りでは通例の設計局間の提案競争すらもなく、最初からヤコヴレフＯＫＢの単独受注であったかのように書かれている。

実際のところはどうであったか分からないが、Ｙａｋ-40での実績が評価されたのかも知れないし、一番のライバルになりそうなツポレフＯＫＢはと言えば１９７０年代の初頭にはTu-１４４ＳＳＴの開発などで忙殺されていたから、余力がなかったのかも知れない。

Ｙａｋ-42は直接的にはツポレフTu-１３４の代替とされるが、他にもアントノフAn-24／26やイリューシンＩＬ-18が就航している路線にも投入されることが期待されていたようだ。これらのエアライナーはＹａｋ-42よりはずっと小さいが、ソ連でも需要の拡大はある。Ｙａｋ-42の生産予定数は二千機以上であったとも言うが、確かにこれら全部がＹａｋ-42に更新されたならばそれくらいの数にはなろう。

しかしそうであったとしたら、Ｙａｋ-42は商業的には完全な失敗作と言われても仕方ないだろう。現実にはＹａｋ-42の生産総数は二百機にも満たなかった。

「単なる拡大版」の誤解

Ｙａｋ-42に関しては「Ｙａｋ-40の拡大版」と書かれることがよくあるが、もちろん単純にＹａｋ-40を大型化した機体ではない。実際にはＹａｋ-40よりも大きいだけでなく、ずっと複雑で高度なジェット・エアライナーだ。Ｙａｋ-40の直線翼に対してＹａｋ-42が後退翼というだけでも、単純な拡大版ではないことは明瞭だろう。

ただ三発を初めとする基本コンセプトにおいて、Ｙａｋ-40を継承していることも間違いない。Ｙａｋ-40はビジネスジェット機並みのサイズで三発という特異なジェット・エアライナーであったが、Ｙａｋ-42もまたボーイング７２７やホーカー・シドリー・トライデントよりも小さいクラスなのに三発機であった。

登録記号をCCCP-1976からCCCP-42303に描き換えて、1977年6月のパリ航空ショーに展示されたYak-42試作3号機。メインギアの車輪が左右2つずつなのは、試作機（4機）とこれに続く初期生産型の6機だけの特徴。
Eduard Marmet

主翼後退角、乗降ドア、主脚車輪数、試作型と初期生産型で模索したYak-42のあるべき形態

最適なYak-42の形態にたどり着くまでに、ヤコヴレフOKBはさまざまな基礎形を模索している。その中には双発案も直線翼案もあった。双発案は114席で、主翼は後縁が直線、前縁はわずかに後退角を持ち、ソロヴィヨフD-30Kターボファン2基をリア・マウントしていた。

この最初期案の模型にはCCCP-19671のナンバーが描かれている。ソ連において実機の登録ナンバーが意味なく付されるわけではないことを考えると、この設計案は1967年頃にはすでに具体化していたようにも思えるが、他の資料と矛盾するので真相は不明だ。公式にはYak-42の設計は1972年に始まったことになっている。

ともかく双発案は早い段階で放棄され、三発案が取って代わった。この三発案は、イフチェンコ・エンジン設計局で新型ターボファンD-36が開発されているのを踏まえての構想だった。イフチェンコ設計局はウクライナのザポリージャ（ロシア語読みではザポロージェ）にあり、現在は「国営機械製作設計局プロフレース（進歩）」となっている。

D-36はアントノフAn-72のエンジンとして本書次項にも登場している。推力6500kgf級ながらもファン、低圧圧縮機、高圧圧縮機それぞれの軸が別の回転数で回る三軸式の手の込んだターボファンで、バイパス比も5・6：1、総圧縮比20：1と、1970年代初頭としてはかなり先進的だった。実際の設計はV・A・ロタリョーフで、ソ連にも新しい世代のエンジン設計

モスクワ近郊モニノ空軍中央博物館に展示される初期生産型CCCP-42302。左側前方のドアが低い位置にあることがわかる。ドア内側にエアステアを組み込み、貧弱な空港設備でも乗客の乗り降りを可能にするためだ。
Toshiharu Suzusaki

モスクワ・ブヌコヴォ空港に駐機するオールホワイトの機体は、クラスノヤルスクに拠点を置くTulpar AirのYak-42D（RA-42340）。直線翼を採用したYak-40と異なり、Yak-42の主翼は後退角を持つ。胴体最後部のエアステアも確認できる。
Kotaro Watanabe

者が登場したことをうかがわせた。

初期の三発案では、エンジン配置以外は双発案（CCCP-19671）と同じで、ほぼ直線翼だった。尾翼にはCCCP-1973の文字があり、1970年代初期の提案と推測出来る。

迷う主翼平面形

Yak-42の主翼平面形について、ヤコヴレフOKBではかなり迷ったようだ。試作するまで結論が出せなかったのか、それとも試作を進めている段階で考えが変わったのか、試作1号機と試作2号機とでは、主翼の平面形がまるで違う。前者の主翼後退角が11度なのに対し、後者は23度なのだ。どちらも1／4翼弦で図った値だ。

ジェット・エアライナーの主翼平面形を決めるのは空力だけではない。あんがい見落とされやすいが、降着装置の配置も同じくらいに重要なのだ。

実は現代のジェット・エアライナーに多い25度から35度の主翼後退角は、主降着装置の配置にとっても都合が良い（いまは一般的な低翼機について話している）。この主翼後退角だと、主翼の後ろ桁（実際には前桁、上下の外板と一体で主翼のボックスセクションを成しているのだが）に張り出しを設けて、そこに主脚柱を取り付けて内側に引き込めば、うまく胴体内に車輪を格納することが出来る。

主翼が15度とかの半端な後退角だと、後ろ桁と脚柱や主車輪が干渉してしまってなんとも具合が悪い。そのような実例としてはフォッカーF28フェローシップがあり、主翼後退角が16度と小さいので、主翼後ろ桁を「くの字」に折り曲げている。

主翼の後退角が11度のＹａｋ-42の試作1号機の場合、ヤコヴレフＯＫＢがこの問題をどう処理したのか、残念ながら試作機の降着装置周辺を拡大した写真や1号機を下から写した写真などが無くてよく分からないのだが、ＯＫＢが降着装置の配置を模索していた傍証はある。

なおＹａｋ-40のような直線翼になると、降着装置は前桁と後ろ桁の間にうまく収まるので、いま言ったような問題は逆に起きなくなる。

生産型にはない部分

Ｙａｋ-42の試作1号機の登録記号はＣＣＣＰ-１９７４だが、実際の初飛行は１９７５年の3月7日になった。試作2号機はＣＣＣＰ-１９７５だが、進空の日取りは分からない。

この主翼後退角の違う二つの試作機は、比較試験のためと言うよりも設計の進展の結果であって、本命は後から登場した試作2号機の方ではなかったかと思わせる証拠がいくつかある。裏返しの言い方になるが、試作1号機には生産型には取り入れられなかった設計が数多くあるのだ。

試作1号機で目を引く特徴の一つが出入り口で、機首左側面に乗客用のドアがあるが、通常よりもずっと低い位置に設けられている。外から見た場合に主翼の上面がキャビンの床面の位置と考えても良いが、試作1号機の前部ドアの下端はそれよりもずっと下にあり、上端は窓の高さくらいまでしかない。このドアの内側にはエアステアが組み込まれており、ボーディング・ブリッジのような設備のない空港でも素早く乗り降りが出来るようになっている。機首の右側面にもドアがあるが、これは乗客用ではなくて、ギャレーなどへの積み込みのためのサービス・ドアだ。

もう一か所の乗客の出入り口は機体最後部、中央エンジンのエア・インテイクの真下にあって、こちらもエアステアになっている。非常脱出口は左右二か所ずつ、いずれも主翼の上にある。

後部胴体を挟むように2基のD-36ターボファンがマウントされ、3基目のエンジンは胴体後端に取り付けられて、垂直尾翼付け根のエア・インテイクからS字形のダクトで空気が供給される。

インテイクの後ろにはＡＰＵ（補助動力装置）が搭載されていて、排気口が垂直安定板の右側面に開いている。

3基のD-36にはスラスト・リヴァーサーがない。ヤコヴレフＯＫＢの言い分によれば、Ｙａｋ-42の着陸速度は２００～２０５㎞／ｈとプロペラ機並みに低いのでリヴァーサーは必要ないというのだが、果たして冬期の滑りやすい滑走路でもそう

ホルムズ海峡のゲシュム島に拠点を置くイランの航空会社、Fars Air QeshmのYak-42D（EP-QFA）。モデル名末尾の「D」は長距離を意味する。主翼の後縁には内翼と外翼内側にそれぞれ単隙間フラップと、さらに外側には二分割されたエルロンがあり、上面には三枚のスポイラー、前縁はスラットが備わる。

Charlie Furusho

短距離滑走路での運用を最重視した過大な翼面積と6.5トン級のエンジン推力

言えるのかどうか。リヴァーサー開発の面倒を避けたと見るのは酷だろうか？

謎多き生産型の仕様

試作2号機の胴体は1号機よりも窓二つ分だけ長く、こちらが生産型の標準になった。曖昧な書き方で申し訳ないが、何メートル長くなっているのか分かる資料が無かった。

Yak-42の胴体は外径3・8mの真円断面で、キャビンはエコノミーでは通路を挟んで3列ずつの6列配置だ。ファースト・クラスは4列配置になる。30in（0・76m）ピッチのモノクラスでは最大の120人乗りになり、ミックスト・クラスだと96人と8人の合計104人乗りとなる。

試作3号機も同じく胴体の長い仕様で、CCCP-1976として飛んだが（進空日不詳）、後に登録記号をCCCP-42303と描き変えて1977年のパリ航空ショーに出品された。

Yak-42の試作機は一応4号機（CCCP-1977）までとなっているが、実際には初期の生産機は増加試作機に近い。Yak-42の生産はサラトフとスモレンスクの工場で行なわれたが、初期にはまだ量産仕様も確定してはいなかった。生産型を称する最初の機体（CCCP-42300）は1978年4月にサラトフ工場を離れている。

１９８１年半ばまでに製作された機体は10機に過ぎなかった。これらを使用して１９８０年12月末からモスクワ＝クラスノダール間で試験運航が始まっている。

量産仕様が確立したのは、この期間に生産された生産型７号機（ＣＣＣＰ-４２３０６）であったと推定される。この機体（及びこれ以降のＹａｋ-42）の大きな特徴は、主降着装置が小径のダブル・ボギーとなったことであった。試作機及び６号機までは主輪タイヤが１３００㎜×４８０㎜の二つずつであったが、この機体からは前輪と同じ９３０㎜×３０５㎜の四つずつに変更されている。

もう一つの変更箇所は翼端で、試作機では翼端はすっぱりと切って落とした形になっていたが、この機体からは滑らかなカーブを描くように整形されている。そのおかげで生産型の翼幅は若干大きくなっている。

他にもエルロンが二分割されたなど、試作機と生産型の仕様の違いはいろいろあるのだが、いつから導入されたのか分からないものも多い。前部のエアステアも廃止され、ドアもふつうの床面の位置にまで上げられたのだが、これも何号機からなのかよくは分からない。前記した生産７号機では前部ドアがまだ低い位置にあったことが写真から確認出来る。

サラトフで造られた機体とスモレンスクで造られた機体とでも仕様の違いがあったらしいし、どうもＹａｋ-42の生産機の仕様を調べて行くと謎が深まるばかりだ。

未完の改良型構想

理由は不明だがスモレンスクでのＹａｋ-42の生産は１９８１年を以て完了し、以後はサラトフ工場でのみ生産され続けたようだ。スモレンスクで造られたのは11機に過ぎないとも言う。スモレンスクではＹａｋ-42の主翼外板の下請け生産が続けられた。

１９８１年には初めての発展型が登場した。Ｙａｋ-42ＭＬ-１とＹａｋ-42ＭＬ-２で、ＭＬはロシア語の「国際線」の頭文字だ(Mezhdunarodnyye Linii)。国際線仕様とは言っても、ソ連発の近距離の西側路線向けに、一部の機内表示にロシア語以外を併記した程度のものらしい。１と２の仕様の相違もよく分からないが、ともかく１９８１年７月に初めてレニングラード（現在のサンクトペテルブルク）＝ヘルシンキ線に就航している。

１９９１年にはもう少し本格的な改良型が登場、以後の標準仕様となった。このＹａｋ-42Ｄは「長距離」(Dal'niy)を謳うだけに、機内燃料容量を３１００リットル増量している。これ以前の生産機でもＤ仕様に改修された機体はあるようだ。

１９９５年の１月１日までに生産されたＹａｋ-42シリーズは全部で１８５機で、そのうち１０５機がＹａｋ-42Ｄであったと言う。

１９８９年からはＹａｋ-42Ｍの計画名で、まったく新しい

整然と丸型計器が並び、同世代の西側機と比べてもクリーンな印象のコクピット環境。写真はオーストラリアにかつて存在したエコ・エアラインズのYak-42D（RA-42443）のフライトデッキで、機体はロシアのKaratからリースしていた。Michael Bridge

写真はコクピットと同様RA-42443の機内で、後方に3列+3列のエコノミー・クラス、前方に2列+2列のビジネス・クラスを設ける。Michael Bridge

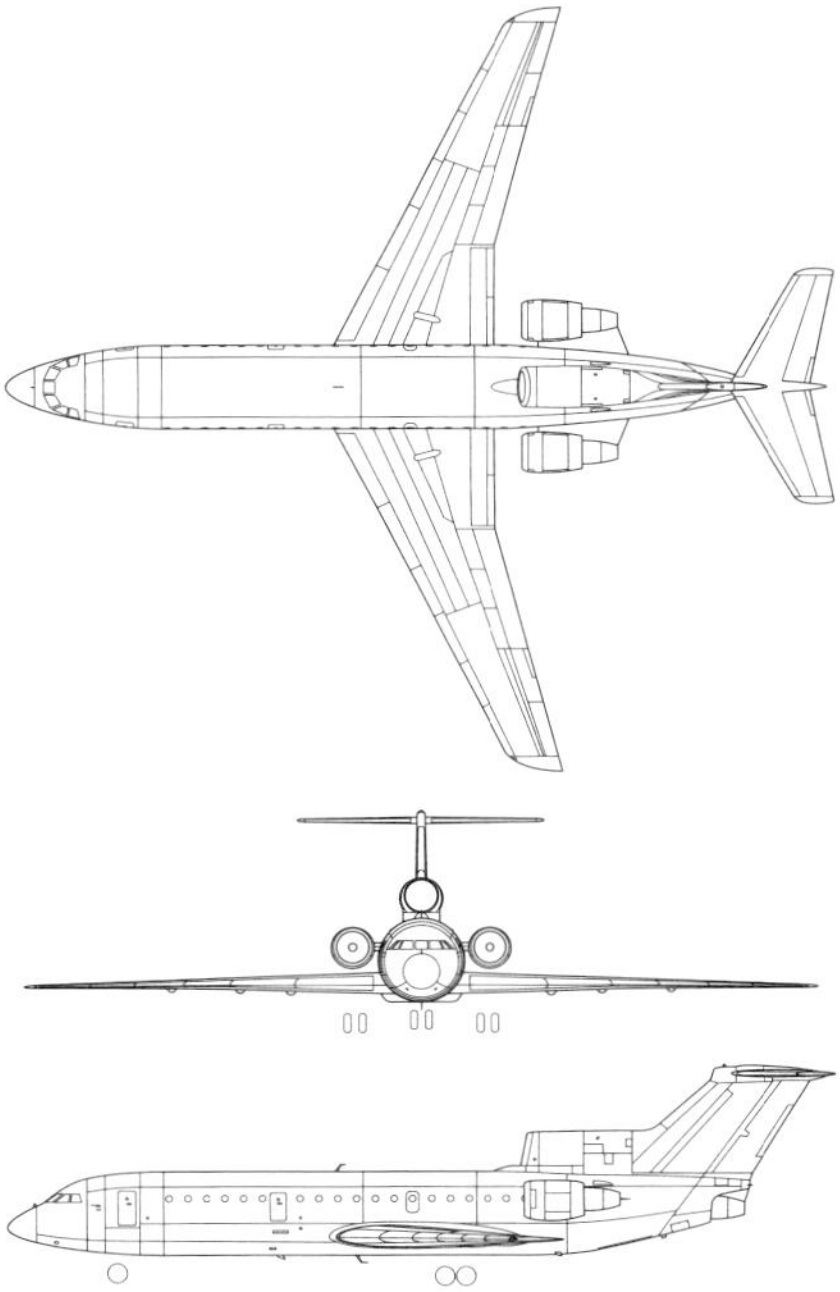

Yak-42

全幅	34.88m
全長	36.38m
全高	9.83m
主翼面積	150㎡
最大離陸重量	54,000kg
最大運用速度	810km/h（25,000ft）
航続距離	3,800km（with Max fuel and 1,800kg payload）

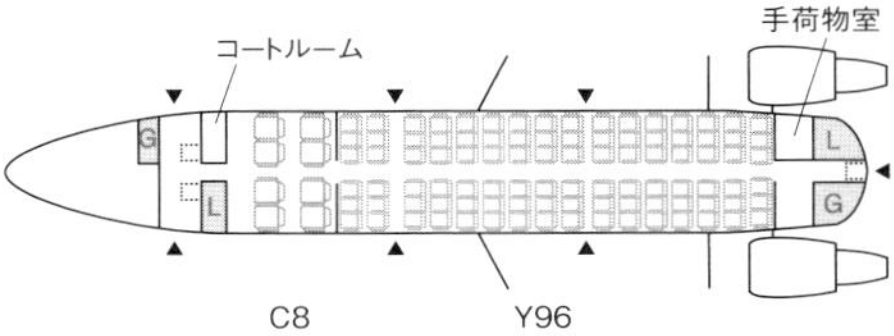

Yak-42の機内配置

Yak-42Dをフリートに持つロシア・イジェフスク拠点の航空会社、Izhaviaの機内配置。ビジネス8席、エコノミー96席の計104席仕様。

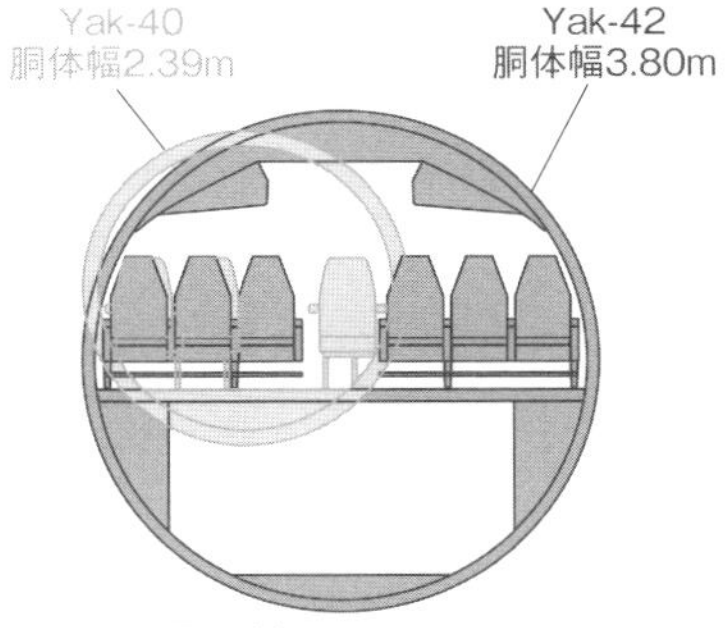

Yak-42の胴体断面

リア・マウント三発というYak-40の構成を踏襲しつつも、胴体規模がまったく異なるYak-42。真円形の胴体幅はYak-40が2.39m、Yak-42が3.80mになる。

モスクワ市内で科学技術の展示を行なう「VDNKh」には初期生産型CCCP-42304が展示されている。胴体後部のイフチェンコD-36は3軸式のターボファン・エンジンで、中央の第3エンジンへの空気はエア・インテイクからS字形のダクトで導かれる。Kotaro Watanabe

発展型の計画も始まっていた。このMは先ほどのML（国際線）とは無関係で、"Modernizerovanniy"の頭文字だ。直訳すれば「近代化（現代化）」、まあ「改良型」と言ったところだろうか。

実際にはYak-42Mは、従来のYak-42の基本形態と胴体径だけを維持し、主翼とエンジンを取り替えた新設計の機体だ。Yak-42とYak-42Mとの関係は、ボーイング727と737の姉妹関係くらいの近さかも知れない。

Yak-42Mの胴体はYak-42よりも4.62m長く、3基のエンジンはD-36から発展したD-436M（推力7500kgf）になった。エンジンには3基ともスラスト・リヴァーサーが付く。主翼はまったく新しくなり、後退角は25度（1／4翼弦）で、翼端にウィングレットも付く。注目されるのは、機体が大型化し重量が増しているにもかかわらず、主翼面積は120㎡と逆に減っていることだ（Yak-42の翼面積は150㎡）。しかしソ連の崩壊でYak-42Mの構想が実現することはなかった。

致命的な墜落

Yak-42は国際線に就航して間もない1982年に重大事故を起こしている。これが売れ行きに深刻な影響を与えた可能性は否定出来ない。

1982年の6月28日、レニングラードからキエフへ向け飛行していたアエロフロート8641便のYak-42（CCCP

-42529）が、ベラルーシ南部上空で水平尾翼が飛散し、墜落して搭乗していた乗員乗客合計132人全員が死亡したのだ。

原因は水平安定板作動のスクリュー・ジャックの破損と判明したが、事故調査と改良改修が完全に終わるまで二年以上の間、Yak-42の運航は完全に停止していた。運航が再開したのは1984年10月になっていた。

しかしこれまで本書でもいろいろなジェット・エアライナーを紹介して来たが、初期の段階で深刻な事故を起こした機種はあんがい少なくない。なかにはBAC1-11のように、試作段階で航空技術史にも残るような特異な事故（ディープ・ストール）を起こしたことで知られる機体すらある。だがそれらの機種はいずれも事故を乗り越え、国際市場にカムバックして成功を収めた。初期の事故がなければもっと大成功であったかも知れないとは言えるかもしれないが、事故がどの程度のマイナス要因になったのかを抽出するのは難しい。

ましてYak-42は社会主義国のエアライナーであり、競合機は存在しない。たとえ就航が二年遅れたとしても、冒頭で書いた機種の更新需要がある限りは、Yak-42の需要予測が大きく崩れることはなさそうに思える。

Yak-42の生産がソ連崩壊から間もない1995年に事実上終了していることにこの問題を解く鍵がありそうだ。恐らくYak-42は西側の同級機との競争に耐えられずに、売れ行き不振で生産を閉じざるを得なかったのだろう。

Yak-42のどこが競争力に欠けていたのか？ Yak-42Mとの比較で見たように、Yak-42の翼面積は総重量50トン級のジェット・エアライナーとしては過大だ。おまけに推力6・5トン級のエンジン三基も過大だ。プロペラ機並みの着陸速度を誇るのも当たり前で、Yak-42は並外れて低い翼面荷重と高いエンジン推力で短い滑走路での運用を可能にしたエアライナーなのだ。その分経済性は犠牲になっているわけで、十分に整備された飛行場で競争したら西側のエアライナーに敵うわけがない。

そして、MC-21へ

Yak-42の生産数に関しては、183機と185機の二つの説がある。地上静止試験用機の2機を生産数に加えるかどうかの違いかもしれない（慣習的には地上試験機は生産機には数えない）。

Yak-42は急速に更新が進み、現在では飛んでいる機体は二十数機のようだ。2017年5月に初飛行したイルクート社のMC-21は、Yak-42を使用していたようなエアラインへの売り込みを狙って開発されたが、MC-21を設計したのは旧ヤコヴレフ設計局で、Yak-42の後継そのものとも言えよう。ただしMC-21の乗客数は、モノクラスで165～211席と、Yak-42よりはずっと多い。

1996年7月のロイヤル・インターナショナル・エアタトゥーでフライトを披露するAn-72（RA-72972）。アエロフロート・ロゴと民間籍の登録記号に騙されそうになるが、所属はロシア海軍である。Matsuzaki Toyokazu

STOL性能を追いかけた、主翼上面に吹きつけるエンジン配置

アントノフAn-72
アントノフAn-74

An-72 1977年初飛行（NATOコード：Coaler）

An-74 1983年初飛行（同上）

（確たる記録がないため就航年は記していないが、アントノフ社の年表ではAn-72の路線投入を1987年5月と記している。製造機数についても不明だが、両モデル合わせて200機ほどと考えられる）

本書ではここへきて初めて取り上げるアントノフ製航空機。
An-72とその発展型An-74は世界の空では決してメジャーな存在ではないが、
ごく稀に貨物のチャーター便などで飛来して愛好家を喜ばせてくれる。
そのデザインはなんとも特徴的で、高翼の主翼上面・前方にエンジンを二基配置。
高いSTOL性能を実現するためエンジン排気を主翼の局面に沿って流す
「上面吹きつけ方式」を採用していた。
まるで、あの耳の大きなロシアのキャラクターのような正面形だ。

初のアントノフ・ジェット

以前にも書いたように、私の最初の海外旅行先はまだソ連時代のモスクワだった。アエロフロートのイリューシンIL-62Mに乗ってシベリアの上空を飛んでいると、見渡す限りの森林と湖が印象的だった。大自然の美しさと過酷さの両方が胸に迫り、このような自然環境で暮らす人々の考え方は日本人とはまるで違うのだろうなと思った。

しかし何時間経っても眼下の風景があまり変わらないことにやがて飽きてしまった。ロシアという国はウラル山脈から東は、つまりは国土の半分以上がシベリアなのだ。

その後もモスクワ行きやヨーロッパ行きで何度も何度もシベリアの上空を往復したが、ロシアの広大な大地とそこで生活する人々に対する畏敬の念は変わらない。

試作1号機CCCP-19774の完成時と思しき、生みの親オリェーク・K・アントーノフの姿。生産型完成を待たず、その前年の1984年に逝去した。Antonov

シベリアは天然資源の宝庫ではあるが、過酷な自然に阻まれて開発はなかなか進まない。ロシアでは昔からシベリア専用のさまざまな輸送機関が造られてきた。シベリア鉄道もその一つだし、雪上車や水陸両用車、ホヴァークラフト、飛行機やヘリコプターなど、思いつく限りの輸送手段が開発され試された。

特に航空機にかけるソ連政府の期待は大きく、シベリア開発を第一の目的に超大型の輸送機や超大型のヘリコプター、短距離離着陸（STOL）輸送機などがさかんに開発され、生産された。

今回取り上げるアントノフ試作設計局（OKB）のAn-72／74もそんな出自を持つ輸送機／エアライナーだ。

これまで何回か旧ソ連のジェット・エアライナーを取り上げたが、アントノフOKBの機体はこれが初めてだ。アントノフOKBは、ツポレフOKBやイリューシンOKBとは違って、どちらかと言えば貨物輸送機が専門で、旅客輸送機の場合もターボプロップ機が多い。An-72はそのアントノフOKBの最初のジェット輸送機だ。

オリェーク・コスチャンチーノヴィッチ・アントーノフ（1906～84年）は、1930年代にはグライダーの設計に携わり、大戦中にはヤコヴレフOKBで戦闘機設計に参加した。彼が自分の名前を冠した設計局を興したのは1946年のことで、だから実は戦後派、ほとんどの旧ソ連のOKBよりも歴史が短い。

アントーノフはモスクワ近郊に生まれたが民族的出自はウクライナ人で、OKBの本拠地はウクライナのキエフに置いた。1991年末ソヴィエト連邦が崩壊してロシアとウクライナが別の国になったとき、旧ソ連の大部分の設計局がロシア所属になった中で、アントノフOKBはウクライナの企業となった。

アントノフ・デザイン・ビューローが所有する極地用輸送機型An-74T（UR-74010）。コアンダ効果を狙い、排気は主翼上面に排出されてフラップに沿って流れるので、その部分だけ黒く煤けている。Pavel Zhuravkov

An-72の設計に影響を与えたアメリカ空軍のAMST計画機。高いSTOL性能を上面吹きつけ（USB）方式で実現するボーイング案YC-14を、An-72の設計が大いに参考にしたことは間違いない。
U.S. Air Force Museum

YC-14に触発されコアンダ効果を狙った主翼上面、近接配置のロタレフD-36

上面吹きつけ方式のメカニズム

エンジンから排出された高速の排気流は、主翼上面からフラップの曲面に沿って流れる。これによって揚力が増強される理論を「コアンダ効果」と呼ぶ。

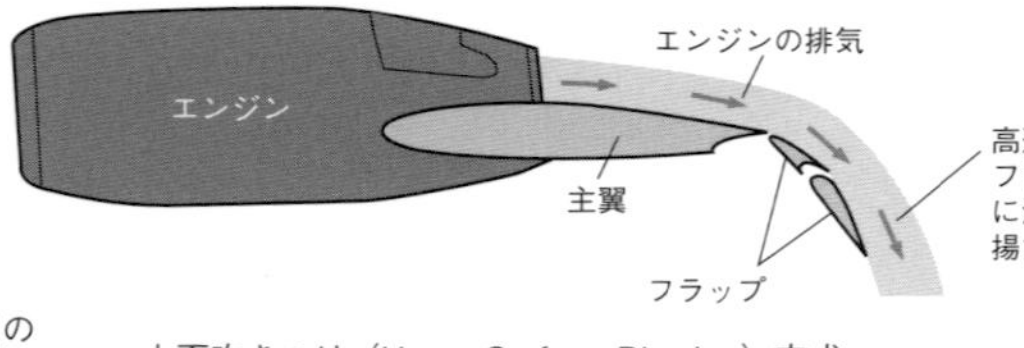

上面吹きつけ（Upper Surface Blowing）方式

An-72／74の胴体断面

小型ジェット旅客機の代表、ボーイング737と比べても格段に小さいAn-72/74の胴体断面

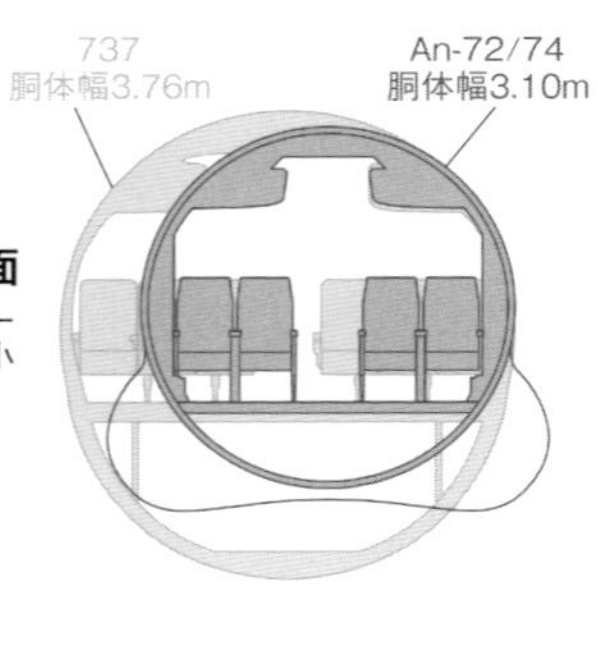

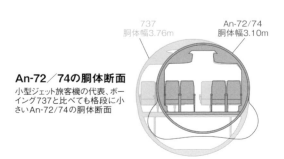

現在は国営企業である「O・K・アントーノフの名に因む航空科学技術企業体」(АНТК ім. О. К. Антонова)だ。

米国におけるAMST計画

アントノフAn-72について解説するとなると、まずアメリカ空軍のAMST(Advanced Medium STOL Transport)計画について一言触れないわけにはいかない。

このAMSTはC-130輸送機の後継機の開発計画で、2万7000lb(1万2247kg)のペイロードを搭載して2000ft(610m)の滑走路で離着陸可能という思いきったSTOL性が要求されていた。AMST計画はヴェトナム戦争最中の1968年に始まり、1972年に制式の要求がメーカーに提示されて、同年11月にボーイング社のYC-14とマクドネル・ダグラス社のYC-15が競争試作に選ばれた。

AMSTのSTOLの要求を実現するため両者が選んだ方法は対照的だった。マクドネル・ダグラス社では外部吹きつけフラップ(EBF)方式で、主翼の下に吊したエンジンの排気をダブル・スロッテッド・フラップに吹きつけて高揚力を得ようとした。

一方ボーイング社が採用したのは上面吹きつけ(Upper Surface Blowing)方式で、主翼から前方に突き出して取り付けられたエンジンの排気を主翼上面に吹きつけて、フラップに沿わせて流すことで揚力を増強する。高速の排気流がフラップの曲面に沿って流れる現象は、発見者の名を取ってコアンダ効果(Coanda effect)と呼ばれている。YC-14が初飛行するのは1976年8月のことだ。

このUSB方式にO・K・アントーノフが惚れ込んだ。なにしろ空軍から新戦術輸送機の要求が出る前に提案をまとめて売り込んだというくらいだ。この提案が共産党中央委員会と閣僚会議(内閣)の正式の承認を経て動き出すのは1973年6月のことだ。1974年5月には航空産業省、民間航空省すなわちアエロフロート、それに空軍の共同の要求が提示される。

まるでチェブラーシカ

このようにAn-72の開発がYC-14に触発されたものであることはロシア側資料でさえ認めていることなのだが、もちろんAn-72はYC-14の単純なコピーではない。両者は機体規模がまるで違っていて、外寸はAn-72がYC-14の約2/3しかない。二乗三乗則通りに重量が相似比の三乗に比例するとしたら、重量は約3割(8/27)になるはずだが、実際にはYC-14の離陸重量114トンに対してAn-72は28・5トンだからおおざっぱには合っている。

An-72のUSB方式についてもう少し詳しく述べると、エンジンはロタレフ(イフチェンコ)D-36ターボファン(推力6500kgf)で、主翼付け根の前縁から前方に突き出すようにして搭載されている。D-36は小型ながら3軸のターボファンで、バイパス比は5・6、総圧縮比は20・2（いずれも離陸時）になる。

すぐ気付くように、この方式では片側のエンジンの推力が低下すると左右の主翼の揚力にアンバランスが生じる。だからYC-14でもAn-72でもエンジンを出来る限り胴体に近付けて配置して、エンジン故障時の左右のアンバランスを小さくするようにしている。

胴体に近接したエンジン配置のおかげで、An-72には〝チェブラーシカ〟というニックネームが付いた。１９６０年代末から現在に至るまでソ連／ロシアで人気の動物キャラクターで、鼠のような熊のような姿をしている。顔の両側に大きく広がった耳が特徴だ。そう言われて見れば、An-72を真正面から見ると機首が顔で、エンジンが耳のように見えないでもない。

An-72の排気ノズルは半円形で、排気は主翼の上面に沿って排出される。エンジンの後方の主翼の上面は高温になるので、耐熱性の高いチタン合金のヒート・シールドが張られている。D-36は大バイパス比のターボファンとして決して排気煙が濃くはないのだが、それでもノズル直後の主翼上面は黒く煤けている。

内翼の後縁にはダブル・スロッテッド、外翼後縁にはトリプル・スロッテッドのフラップがあり、前縁にはエンジン部分を除いてスラットがある。フラップは離陸時には内外10度／25度、着陸時には60度／40度にセットされる。

エンジン故障時の操縦安定性確保の工夫の一つが三分割されたラダーだ。An-72のラダーは前後に分割されている上、さらに後ろ半分が上下に分かれている。ラダーペダルと常時連動しているのは後ろの下半分だけで、上半分は低速時のみ一緒に動く。一方前半部はエンジン故障時に非対称推力を補正するよう自動的に動くようになっている。

試作1号機の進空

An-72の試作1号機にはＣＣＣＰ-１９７７４の登録ナンバーが与えられた。旧ソ連の試作機の登録ナンバーはたいてい何らかの意味があるが、この場合は「１９７７年に飛ぶ予定の通算４号機」だろう。試作1号機なのに通算4号機である訳は、通算1号機から3号機まで（００１～００３）が地上静止試験機であったからだ。

1号機にはブルーのストライプを境に上面が白、下面がグレイのアエロフロート塗装が施され、エンジンナセルの側面には〝АЭРОФЛОТ〟（ＡＥＲＯＦＬＯＴ）と記されていた。

ＣＣＣＰ-１９７７４は実際に１９７７年の8月31日に、アントノフＯＫＢ試作工房に付随するキエフのスヴャトシノ飛行場から初飛行し、そのままテストが行なわれる同市のゴストメリ飛行場へと飛んだ。

ちなみにこの30年前の１９４７年8月31日、アントノフＯＫＢの出世作An-2の原型機ＳＫｈ-1が飛んでいる。

実際には地上試験用に製作された通算3号機も飛行試験用に改修されて、CCCP-19793の登録ナンバーを与えられ、1979年に戦列に加わっている。試作機はもう1機、CCCP-19795が製作されて、3機でテストが行なわれた。

試作1号機は1979年5月の33回パリ航空ショーに初参加しているが、この時はなぜかCCCP-83966の登録記号に付け替えている。An-72はSTOLを始め低空での大胆な機動で度肝を抜いた。An-72には〝コーラー(Coaler)〟のNATOコードネームが与えられた。

An-72の生産は最初アントノフOKBに隣接した航空産業省(MAP)473工場(KiAPO)で行なわれる予定であった。ところがこの工場はアントノフAn-32の生産で手一杯で、An-72の生産に割く余力はなかった。

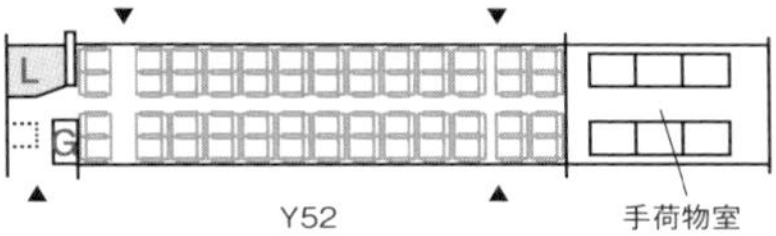

An-74TKの機内配置

輸送・転換型のAn-74TKにおける旅客仕様の機内。2列+2列で座席が52席並び、最後部は手荷物を置くスペースがある。写真はイランのPouya Airが保有するAn-74TK-200(EP-PUC)のインフライト・キャビン。窓がほとんど存在しない。Shahram Sharifi

一方同じウクライナでもハリコフの135工場(KhAPO)では、ちょうどツポレフTu-134の生産が終わって手が空いたところであった。ただ問題は、この工場は伝統的にツポレフOKBの機体だけを生産してきて、アントノフOKBの機体は扱った経験がないことだった。ツポレフ機の構造は全体的に保守的で、複合材料やハニカムなど、アントノフ機の方が構造技術的には進歩的だった。しかしMAPの強い指示で135工場はAn-72の生産に向けて動き出し、1983年から生産が始まった。

ソ連の航空工業においては試作設計局(OKB)と工場には直接のつながりは無く、OKBは名前の通り設計開発から試作までしか担当しない。MAPがOKBから設計を買い上げて傘下の工場に生産を割り振る形になるのだが、実際には各工場はだいたいにおいて特定のOKBの機体だけを連続して生産する。今回のようにOKBを乗り換えるのは例外的な事態である。

生産型の主翼延長

生産型(コーラーC)は試作機(コーラーA)とはかなり異なっている。最大の相違は主翼の平面形で、試作機の主翼は前後縁ともに直線の単純なテーパー翼だ。一方生産型では外翼が延長されて、前縁はほぼ直線だが、後縁は外翼の方が後退角が増している。生産型では前部胴体も1・4m延長されている。

この主翼延長は、アエロフロートの航続距離延長の要求から

Antonov An-74T-200

テヘラン・メヘラバード空港を離陸する革命防衛隊空軍のAn-74T-200（15-2257）。後縁のフラップは内側がダブル、外側がトリプル・スロッテッド、前縁のエンジン部分以外にはスラットがある。三分割された垂直尾翼のラダーも特徴的だ。Shahram Sharifi

イランのPouya Air、An-74TK-200（EP-PUC）のフライトデッキ。撮影時は三名乗務しているが、同機は航法士の乗務を廃した二名乗務の200型である。Shahram Sharifi

厳しいソ連極地における軍民共用機 An-72発展型、An-74という進化へ

翼内燃料搭載量を増すために行なわれたが、本来であれば主翼全体を大型化するところだった。ところがハリコフ工場では長さ12mもの主翼外板を一体で加工する設備が無く、やむなく内外翼に分割して、外翼だけを延長して接合する構造を採用したのである。

この改良はやや拙速あるいは泥縄で、たしかに最大航続距離は5000kmまで延びたものの、接合部からの渦流の抵抗で最大速度は原型の720km／hから705km／hに低下、巡航速度に至っては650km／hからプロペラ機並みの530〜550km／hになってしまった。

西側の航空機メーカーであれば、設計段階からどこの工場でどのように生産するかも当然配慮され、生産技術者が設計にも関与するのがふつうだが、旧ソ連においては設計と生産が関連を持たず、設計と開発が一段落した段階で初めて生産のことを考える。縦割りシステムの弊害と言えよう。

このようなごたごたもあって、ハリコフ工場（KhAPO）から生産型のAn-72の第1号機が登場したのは、計画より3年も遅れた1985年のことだった。生みの親オリェーク・K・アントーノフはすでに前年4月に世を去っている。

生産1号機は1985年12月22日に、灰色に赤い星のソ連空軍塗装を身にまとって、ハリコフ・ソコリニコヴォ飛行場で進空した。

試作機と生産型との違いは他にもいくつかあって、例えば試

作1号機では後部胴体に2枚のベントラルフィンが見られたが、これはテストの初期の段階で取り去られている。同じく試作初期には胴体後端にドラグシュートが取り付けられていたが、An-72の着陸速度が低過ぎて効果が薄いとしてこれもテスト段階で取り去られた。

試作型と生産型の相違からしても、この生産仕様機は実際には追加試作機とでも言うべきもので、実際初期の生産型8機はテストに供されている。ただほんとうの意味での生産がいつ始まり、就役がいつであったのか、調べてもよく分からない。このあたりもいかにもソ連だ。

まずは軍用輸送機から

生産型1号機が空軍塗装で登場したように、An-72はまずソ連空軍の輸送機として生産された。民間に回って来るのは軍用機としての生産が一段落してからだ。

面白いことには、最初の民間型は要人輸送型だった。An-72Sの名があるが、この場合のSはサロンの頭文字で、VIP向けを意味する。コクピットの直後にVIP用客室がしつらえられ、二つの座席とソファ、テーブルがある。ただし内装も含めて簡素で、特に豪勢な感じはない。バルクヘッドで仕切られた後部は随行者用の客席になっている場合と、リムジンを載せる貨物室になっている場合とがある。少なくとも6機が製造されている。アエロフロート塗装だが、もちろん運用しているのはソ連空軍だ。

An-72の民間型は、An-72-100と呼ばれている。乗員は正副操縦士に航空機関士だが、無線士を乗せることも出来る。軍用型と基本的には違いないが、ビジネス機仕様のAn-72-100Dもある。D(Delovoy)はこの場合「エグゼクティブ」を意味している。

An-72の貨物室は幅2・2m、高さ2・15mで、長さは10・5mある。完全武装の兵員であれば折り畳み椅子に32人を乗せられるが、旅客用の座席であれば通路を挟んで2列+2列を配置し、68人の乗客を乗せられる。ただ出自が貨物輸送機だけにキャビンに窓はなく、乗客は閉所恐怖に陥りそうだ。

An-72の乗降口は前部胴体左側面にあるが、胴体後部には車両等が自走進入出来る大きな搭載口がある。跳ね上がった胴体下面が下に降りてランプ(斜板)を兼ねるのは他の貨物輸送機とも共通しているが、このランプの構造がAn-26などとも共通するアントノフOKBのお得意の方式だ。

すなわち胴体下面のランプは、前をヒンジに後ろの2本のステイで支えられて斜めに開き、貨物室へと繋がる坂道となる。しかしまた胴体から外れて、胴体の下に滑り込むようにスライドすることで、貨物室にトラックなどが直接荷台を付けられるようにも出来るのだ。貨物室の天井には2・5トンまでの貨物を吊り上げられるホイストがある。

ところでAn-72の開発の始まりなどを見ても、An-72はまず軍用輸送機であって、アエロフロートなどの民間輸送機（エアライナー）としての用途は後から相乗りした感が強い。

それにも関わらず試作機や西側の航空ショーへの参加機がアエロフロート塗装なのはなぜかと言うことになるが、「平和国家ソ連」を印象付ける世論操作、身も蓋もなく言ってしまえば欺瞞だ。

しかしもっと根本的に社会主義国における民間航空の役割（位置付け）の問題がある。早い話がソ連時代のアエロフロートは、終始一貫して空軍の予備輸送機関であったということだ。実際かつてのアエロフロートの上部は軍隊組織で、トップは空軍の軍人だった。

だから平時からアエロフロート塗装の機体が空軍基地で軍用貨物や兵員の輸送に従事していたし、演習ともなればアエロフロート機から兵員がパラシュート降下していた。民間機には不要のはずのECMや銃座の付いたアエロフロート塗装機がいたり、早期警戒機など純然たる軍用機まで平然とアエロフロートと同じ塗装で飛んでいた。

最後にSTOL性を捨てた

1980年に航空産業省はアントノフOKBに対して、An-72をベースに極地方で使用する軍民兼用の輸送機を開発するよう指示した。この機体はOKB内ではAn-72Aと仮称されたが、A（Arkticheskiy）は「北極の」という意味になる。

An-72Aの原型はAn-72の試作2号機（CCCP-19793）が改造された。主翼が切断されて、あらたに延長された外翼が継ぎ足され、胴体も延長された。車輪の代わりにスキー式の降着装置も装備される予定であったが、これは改造の程度が大き過ぎるとして取り止めになった。

An-72A原型機の改造は1983年夏までには終わったが、その頃にはAn-74という新しい名称が決まっており、登録記号はCCCP-780334へと変更された。An-74の1号機は1983年9月29日に初飛行した。

An-74に関しては、一部にAn-72よりも全長が長いとの解説も見受けられるが、これはレードームを延長した試作機のみに該当する話で、生産型ではAn-72と同じ全長になっている。

An-74の生産型、あるいは前生産型の1号機（CCCP-74010）は1987年2月に完成し、1991年8月には型式承認も下りて量産に移行することになった。生産はハリコフの135工場の他に、ロシアのオムスクの166工場（OAPO）も動員されることになったが、このあたりはいろいろ複雑な政治的事情がありそうだ。

ともかくこの年の12月末にソ連は崩壊して、ロシアとウクライナは別々の国となり、その結果An-74はロシアのオムスクとウクライナのハリコフの二つの工場でそれぞれ生産されることになったのだ。「極地用」を謳って開発されたAn-74だが、実際にはAn-72の改良版として生産されているようでもある。

An-74には100と200の二つのシリーズがあるが、能力的な差ではなくて、航法士が乗っているのが100、正副操縦士のみなのが200になる。両者は航法士が下方の地形を見るブリスター・ウィンドウが機首左側にあるかどうかで区別出来る。シベリアなど航法施設が整っていない地方では、まだまだ地文航法の出番もあるようだ。

コクピット以外の機内の仕様の違いでは、An-74T(Transportniy)、TK(Transportniy Konvertiruyemiy)、S(Sanitalniy)があり、それぞれ「輸送」「輸送・転換」「衛生(医療)」を意味する。An-74Sはいわゆる空飛ぶ病院あるいは救急車だ。

2001年の4月20日にハリコフで初飛行したAn-74TK-300は、An-72/74シリーズのSTOL性を捨てて経済性を取った改良型だ。最大の特徴はエンジンを翼上から、一般的な翼下のパイロン搭載に変えたことで、エンジン自体もイフチェンコD-436T1(7500kgf)に更新されている。ただ現在までのところ民間市場での受注はないようだ。

1991年のソ連崩壊でアエロフロートも解体され、アエロフロートの名自体はロシアが引き継いだが、同時にロシアや独立国家共同体(CIS)内に旧アエロフロートの資産を受け継いだ数十のエアラインが生まれた。それらのエアラインのかなりがAn-72及びAn-74を運航し、アエロフロート時代とは異なるカラフルなスキームで我々の目を楽しませてくれた。

現時点で何機のAn-72/74が残っていて、運航を続けているのかは分からないが、旧ソ連系のエアラインではまだ現役らしいし、ロシア空軍とウクライナ空軍でも保有しているようだ。

初飛行から間もない2001年8月、モスクワにてMAKSに参加したAn-74TK-300（RA-74300）。STOL性能から経済性重視にシフトし、D-436T1エンジンを主翼下に移した。
Suzusaki Toshiharu

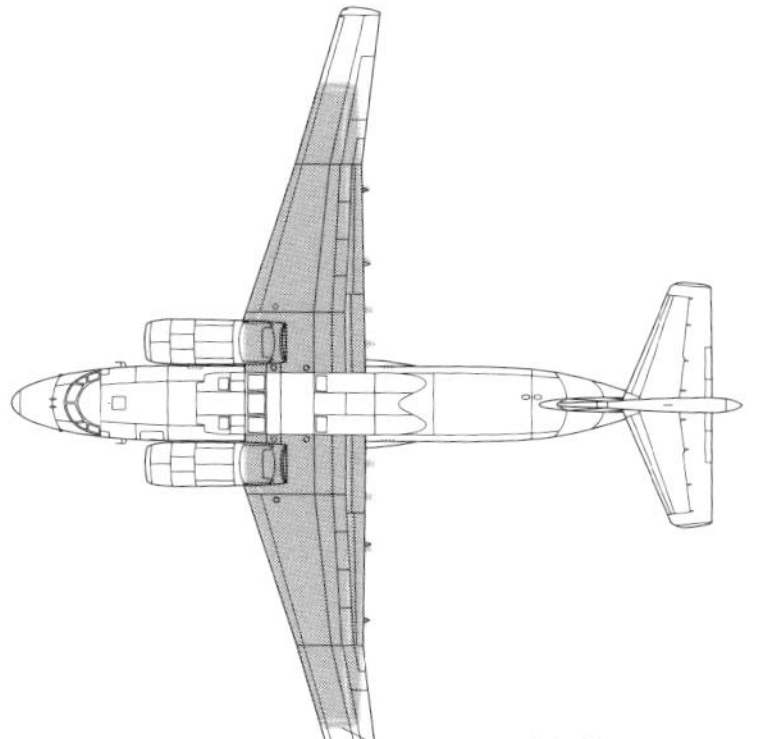
An-72試作機の主翼
（全幅：25.8m）

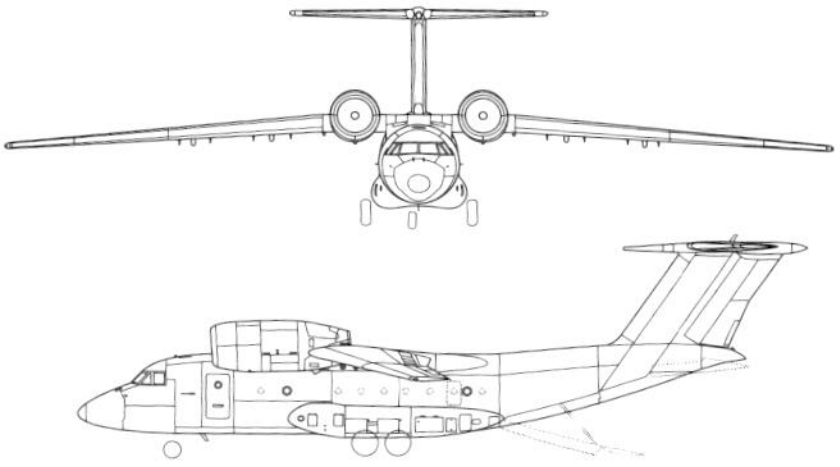
An-72生産型（点線はAn-74TK-200の窓配置）

An-72

全幅	31.89m
全長	28.07m
全高	8.65m
最大離陸重量 (from 1,800m RWY)	34,500kg
最大速度	705km/h
航続距離 (with max fuel)	4,700km

英国機だが米国ワシントンDC上空で撮影されたコマーシャル・フォト。小型の胴体に高翼配置の主翼と四基のエンジンを組み合わせた特徴的なフォルムは唯一無二のものだ。British Aerospace

短距離小型ジェットに与えられた高翼・四発の独創性

ブリティッシュ・エアロスペース BAe146／AVRO RJ

1981年初飛行／1983年初就航／製造機数391機（うち170機がRJシリーズ）

日本で見る機会はないが、BAe146は100席級の小型機でありながら、
高翼で、しかも四基のジェット・エンジンを持つ特徴的形状から、よく知られた存在だ。
さぞかし経済性に劣るのではと思いきや、
決してそうではなく市場でも高評価を得たエアライナーであった。
後にアヴロRJと名称を変えて2002年に製造終了。
これ以降、英国単独開発による旅客機は生まれていない。

最後の単独開発

ブリティッシュ・エアロスペース（BAe）146はユニークな形態のジェット・エアライナーだ。本書でこれまで取り上げたジェット・エアライナーはAn-72／74を除いて低翼機であったが、BAe146は高翼なのだ。おまけに100席以下の小型の短距離機にもかかわらず四発だ。

プロペラ式で高翼のエアライナーなら古くはフォッカーF27フレンドシップ、現役でもボンバルディアDHC-8やATRのシリーズがあるし、ジェット・エアライナーでもアントノフAn-72やフェアチャイルド・ドルニエ328JETの例があるから皆無とは言えないにしても、高翼とターボファン四発の組み合わせのエアライナーはちょっと見当たらない。軍用輸送機であれば珍しくはない形態なのだが。ロッキードC-5ギャラクシーとかイリューシンIL-76とか。

ときどき誤解されているが、BAe146のこの形態は軍用輸送機の転用ではないし、軍用輸送を主な用途として設計したものでもない。BAe146は最初から民間向けエアライナーとして設計されている。軍用輸送機であれば後部に大きな貨物扉を設けるのが常道だが、BAe146のそのような型は造られなかった（計画はされた）。

BAe146（及び発展型のアヴロRJ）は、結果的にはイギリスが単独で開発した最後のエアライナーになった。BAe146計画が始まった当時、すでにイギリスはエアバス計画に参加していたが、エアバス社はまだ短距離機には進出していなかった（A320の初飛行は1987年）。またBAe146が狙っていたのは百席以下の、A320よりもさらに下のクラスで、フォッカーF28フェローシップやDC-9の初期型と重なるくらいだった。つまりある種のニッチ・マーケットである。

50年代からの研究成果

146を開発したブリティッシュ・エアロスペース社略称BAeは、イギリスのほとんどの航空企業を大合同させて誕生した国策会社だ。第二次大戦から戦後にかけてのイギリス機の解説を書いていると、「○○社（後のBAe）」「××社（後のBAe）」とBAeだらけになるとの冗談があったが、実際ヴィッカーズ社だのホーカー社だのアヴロ社だの、名のある大手企業はすべてBAeの下に統合された。

看板は一つになったとは言っても、もともとの企業の社屋や工場が廃止されて一つの大社屋になったわけでもなく、実際には旧○○系の工場とか、旧××系の設計陣とかがあちこちに散在するまとまりのない会社となった。

その中でも旧ホーカー・シドリー（HS）社系のハットフィー

ハットフィールドで製造中の胴体はストレッチ版（+2.39m）のBAe146-200のもの。主翼は左右一体で製造されたものを胴体の上に載せる構造とした。British Aerospace

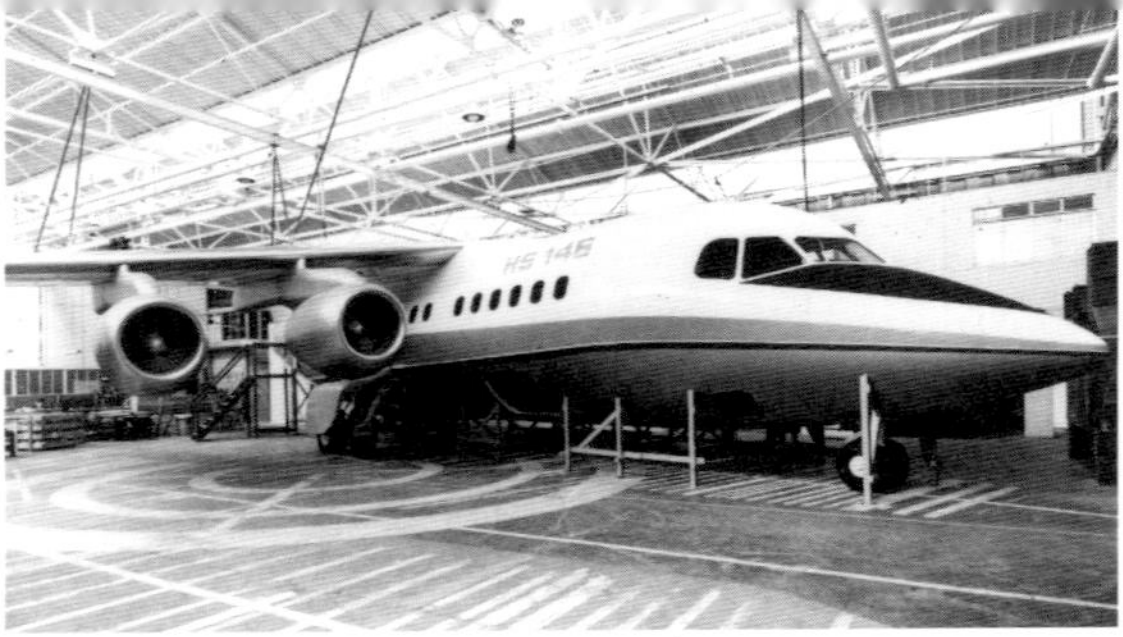

1974年に造られたモックアップには、ホーカー・シドリー由来の設計名称「HS146」の表記。この年、計画は一時休止を余儀なくされるが、開発作業が静かに進行していく。Hawker Siddeley

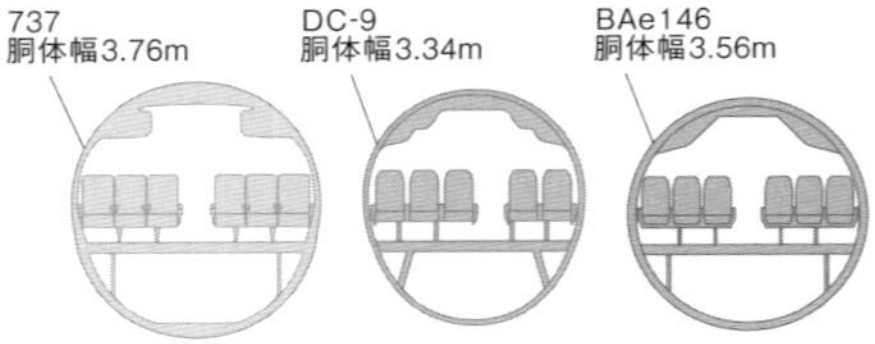

3.56m径の胴体断面

DC-9以上737未満の胴体外径は、HS136案（1967年）から変わらぬ3.56mを採用。

大推力の双発機より経済性に優れ、とにかく安価で、信頼性も高いALF502エンジンの功績

ルド部門が、この１４６の開発の中心となった。そのハットフィールド部門は、ホーカー・シドリー社に統合されたデハヴィランド（ＤＨ）社の流れを汲む。だからデハヴィランド・コメットとトライデントの血が、ＢＡｅ１４６には流れているわけだ。

デハヴィランド社がホーカー・シドリー社の系列下に入ったのが１９６０年のことだが、デハヴィランド社では１９５０年代の末からＤＣ-３の後継となるターボプロップあるいはジェットのエアライナーの検討を行なっていた。つまりトライデントの計画に着手しながら、そのさらに下のクラスの短距離エアライナーを考えていたのだ。

しかしホーカー・シドリー社ではすでにアヴロ７４８（ＢＡｅ７４８）の開発を進めていたので、デハヴィランド社の短距離エアライナー構想は棚上げとなり、ハットフィールド部門はトライデントに専念することになる。

ただし、ハットフィールド部門では１９６０年代を通じて、短距離エアライナーの検討は続けていた。ＨＳ７４８のジェット版を含む数々の設計案はすべて低翼機で、１９６９年のＨＳ１４４案は、胴体がすでにＢＡｅ１４６を連想させる輪郭になっているが、全体の構成はF28を思わせる低翼のリア・マウンテッド・エンジン機であった。

すべての設計案が低翼であるのと同時に、１９６０年代中の案はすべてが双発であった。しかしこのクラスの機体に適切な推力と燃費率でお手頃価格のターボファン・エンジンが見つか

らず、短距離エアライナーの計画は進まなかった。

ALF502あってこそ

計画の突破口が開けたのは1971年、アメリカのアヴコ・ライカミング社がALF502ターボファンの開発を決めたことだ。フェアチャイルドA-10と競争試作中のノースロップA-9攻撃機と、ダッソー社のファルコン30／40の動力としてだ。ホーカー・シドリー社もこの機会に便乗することになった。

ALF502は完全に新規開発のエンジンではない。ライカミング社のターボシャフト・エンジンのベスト・セラー、T55を大バイパス比のターボファン化したものだ。コア部分はT55そのもので、その前に大直径のファンを取り付けた。だからターボプロップよろしくファンはギアを介して駆動される。バイパス比は6弱になる。

日本では三菱スペースジェット(MRJ)への搭載で、プラット&ホイットニー社のギアード・ターボファンが話題になることが多いが、ギアード・ターボファン方式そのものはすでに1980年代初めには実用化していたわけだ。

1950年代原設計のT55のコア・セクションを流用しているのだから、ALF502の熱効率とか重量とかが、完全に新規設計の同級のターボファンよりも良いわけはない。ALF502の最大の長所は性能ではなく、並外れた低価格だった。なにしろすでに開発費の元を取ったようなT55の設計が基本なのだから、開発費が新規設計よりも格段に低くなるし、T55と合わせた量産効果も期待出来る。

ALF502の四発でも、より推力が大きな新規開発のエンジン双発よりも、直接運航費も間接運航費も安上がりとも計算された。また枯れた技術を基本としているので、信頼性が高く故障率が低いことも期待出来た。

これでハットフィールドの短距離ジェット・エアライナーはALF502の四発と決まった。四つのエンジンをリア・マウントにすると尾部が重くなり過ぎるので、必然的にエンジンを主翼に取り付けることになる。しかし低翼で四つのエンジンを翼下に装備すると、降着装置を長くしてエンジンと地表との間隔をかせがねばならない。胴体高が高くなり、乗り降りなどが不便になる。

それならばいっそ高翼にして、エンジンを主翼からパイロンで吊り下げる方がすっきりとまとまる。こうしてBAe146の特異な形態が誕生した。ALF502あってこその高翼四発であり、BAe146であった。

高翼のジェット機だと主降着装置を胴体内に引き込むことになるので、ホイール・トラックが狭くなりがちだ。あまり上等ではない滑走路を使う場合もある短距離機では問題になりそうだが、146では後で見るような降着装置を採用して十分なだけのトラックを確保している。

石油ショックを越えて

ＡＬＦ５０２の開発ゴーアヘッドを得て短距離エアライナーの設計は急速に進行し、ＨＳ１４６の設計名も与えられた。１９７３年の８月には、イギリス政府から開発費の補助金４６００万ポンドを得ることも出来、ＨＳ１４６計画は正式にスタートした。

ところがここで思ってもいなかった災難が降り掛かる。１９７３年10月の第四次中東戦争をきっかけに始まった石油価格の大高騰、いわゆる第一次石油ショックだった。単に燃料代が上がっただけでなく、先進諸国の経済が落ち込み、インフレーションが昂進し、乗客ががた減りしてエアラインの経営が大きく悪化した。もはや新型機を開発したり、導入したりする状況ではなくなった。

１９７４年10月、ホーカー・シドリー社はＨＳ１４６計画の白紙撤回を発表した。設計はあらかた完了し、モックアップまで出来上がっていたが、如何ともし難かった。

しかし計画は中止になったのではなく、休止しただけだった。ホーカー・シドリー社（ハットフィールド）では規模を縮小しながらも設計作業が続行され、若干ながら政府の補助金も支出され続けた。同社は石油ショックが過ぎ去るのをじっと待っていたのだ。計画復活を信じていたことは、限られた予算の中で製作ジグやテスト・ジグが造られていたことでも窺える。

１９７７年４月、法律によりホーカー・シドリー社が国有化されて、すでに国有企業となっていたブリティッシュ・エアクラフト社（ＢＡＣ）と合併することになった。ブリティッシュ・エアロスペース（ＢＡｅ）社の誕生だ。旧デハヴィランド社系はそのままＢＡｅ社のハットフィールド部門に横滑りした。

そして、この新生ＢＡｅ社の新規事業として１４６の計画が取り上げられることになった。幸いエアラインの市況はこの頃から上昇に転じていて、１９９０年までにこのクラスのエアライナーで１２００機の需要が見込まれるとの市場調査も出ていた。１９７８年３月、ＨＳ１４６の計画は、ＢＡｅ１４６として再スタートを切った。イギリス政府は再び開発に補助金を出すことを決めた。

エアライナーの計画がテクノロジーの進歩や需要見通し、ライバル機種の動向などによってゴー・ストップを繰り返したり、当初とはまったく異なる形で世に出るのは珍しいことではないが、いったん取り止めとなった計画がほぼそのまま数年後に復活した例は１４６くらいではないか。ある意味それだけ石油ショックが異常事態だったということだ。

計画スタートを決めた時点では、ＢＡｅ１４６には１機の受注もなかった。ＢＡｅ社ではしかしＨＳ７４８もＦ27やＦ28も受注がないような状態からスタートしたではないか、と強気だった。幸い１９８０年６月にアルゼンチンの新興エアライン

LAPAから3機の受注（他にオプション3機）を得て、初飛行まで受注ゼロという事態は避けられた。

BAe146の1号機は1981年5月20日にハットフィールドでロールアウトして、同年9月3日に同飛行場で初飛行した。1号機の登録記号G-SSSH（「シーッ！」）は、機体の静粛性を強調したものだろう。初飛行までには受注は13機（別にオプション12機）に増えていた。

BAe146を最初に受領したのはイギリスのダン・エアで、1983年5月末に就航している。

低騒音が売り物

BAe146は短距離路線専用機なので巡航速度は比較的低く、最大運用マッハ数は0・73でしかない。だから主翼の後退角も1／4翼弦で15度とごく浅く、翼厚比は付け根で15・3％、翼端で12・2％ある。前後縁とも一直線のシンプルな主翼だ。

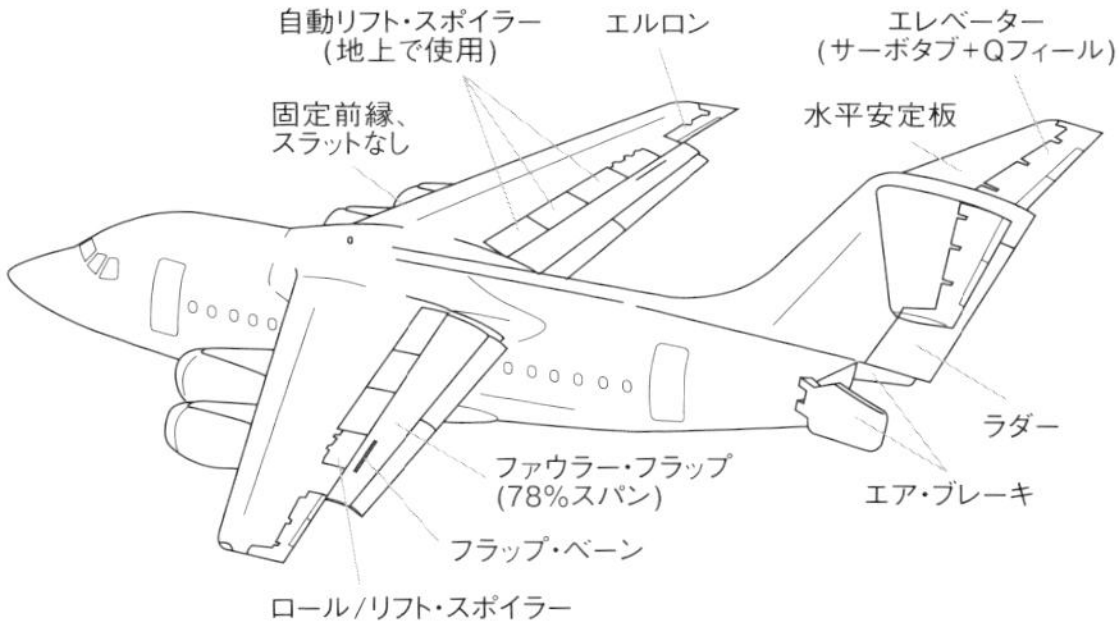

高い離着陸性能を生み出す操縦翼面

低翼機の場合、排気を避けるためエンジン直後にはフラップを設置できないが、高翼機のBAe146ではエンジンを下方に配置することで、排気を気にせずにフラップの能力を最大限高めた。これこそがBAe146の短距離離着陸性能を生み出す秘密だ。Konan Ase

2名乗務で飛行するBAe146のコクピットは、1988年に来日したデモ機（G-BOEA）のもの。当時アナログだった計器盤は発展型のアヴロRJでデジタル化を進めた。Konan Ase

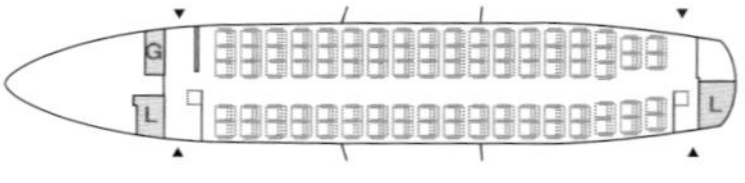

2+3　88席

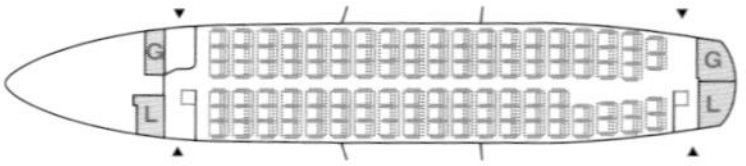

3+3　109席

BAe146-200の座席配置

キャビンの配置はスタンダードの3列+2列のほか、ややタイトな3列+3列仕様も選択することができた。

観衆を前に、クラムシェル型のエア・ブレーキを展開して着陸するのは100型よりも4.8m胴体が長いBAe146-300（G-LUXE）。キャビンの写真も300型のもので、標準的な31インチ・ピッチ／103席の仕様。

British Aerospace

短距離滑走路で離陸でき、上昇性能も秀逸、しかも低騒音というアピール

この主翼は左右が一体で造られて、胴体の上に載せる形で組み立てられる（胴内翼がない）。主翼上面の外板は中心線から翼端まで、テーパー切削で一体で加工される。

主翼の桁やリブ、胴体フレームなどにも削り出しが多用され、胴体外板にはケミカル・ミリングを用いるなど、部品点数を減らすことに力が注がれた。外板の取付にはフェノール系の接着剤が多用され、これもファスナー類の数を減らすのに役立っている。

主翼端にはエルロンがあり、内舷側はファウラー・フラップとなっている。ふつうの低翼機であれば、主翼に吊り下げたエンジンの排気を避けるため直後にはフラップを設けていないのだが、高翼でエンジンを充分下に吊り下げたＢＡｅ１４６では、大きく連続した後縁フラップを採用することが出来た。これが前縁にはまったく高揚力装置を持たないのに、優れた離着陸性能を発揮出来る大きな理由だろう。

単に短い滑走路で離着陸出来るばかりでなく、離陸後の上昇性能も優れているので、大バイパス比のターボファン自体の低騒音ともあいまって、ＢＡｅ１４６の騒音フットプリントは一世代前の同級機（例えばDC-9-10やF28）よりも大幅に小さい。90ＰＮｄＢの騒音面積は6㎢で、双発ターボプロップ機の10㎢りさらに小さいくらいだ。

低騒音はＢＡｅ１４６の大きな売りで、前述のように試作1号機は低騒音を強調する登録記号をわざわざ付けていたし、

ＢＡｅ１４６の貨物専用型はＱＴ（Quiet Trader）と呼ばれている。旅客便のピークが過ぎた後の深夜の空港にも離着陸出来る、というアピールだろう。実際、ＢＡｅ１４６は１９８７年１月からジェット・エアライナーとしては初めて、テムズ川沿いのロンドン・シティ・エアポートから運航を始めている。同機の静粛さとＳＴＯＬ性能のたまものだ。

　ＢＡｅ１４６の特徴の一つとして、エンジンにはスラスト・リヴァーサーがないことが挙げられよう。降下時の減速のためには、胴体後端のクラムシェル型エア・ブレーキが用いられる。エアライナーでは他にＦ28くらいにしか見られない装備だ。翼上面のフラップ直前にあるスポイラーは地上でのみ用いられる。

　ＢＡｅ１４６の主降着装置は、胴体からボギーのホイールを最大限外側に張り出して、なおかつ胴体内に引き込むよう、エアライナーとしては手が込んだものとなっている。基本的には衝撃吸収能力が大きなトレーリング・アーム方式で、引き込む時にはまずアームを後方に引き上げて全体の長さを縮めてから、内側へと引き上げるようにしている。

　ＢＡｅ１４６は、最大94席の１４６-１００と、胴体を２・３９ｍ延長した１１２席の１４６-２００とが同時に開発された。試作１号機は１００仕様で、１９８３年２月４日に型式証明を取得した。

　ＢＡｅ１４６-２００仕様の試作機（Ｇ-ＷＩＳＣ）は１９８２年８月１日に進空、１００仕様と同日に型式証明を取得した。登録記号は最初のユーザーであるエア・ウィスコンシンに由来し、同社で１９８３年６月末から就航している。

　ＢＡｅ１４６の胴体外径は３・５６ｍで、これは基本的には１９６７年のＨＳ１３６案の段階で設定されている。この外径はボーイング７３７よりは小さく、ＤＣ-９よりは大きい。言い換えると、通路を挟んで６列（３列＋３列）配置だとややきついが、５列（３列＋２列）だとゆったりという客室幅だ。

　前述の最大客席数は６列の場合で、ピッチ29インチ（０・７４ｍ）だ。これでは乗客にとっては前後も左右もかなり窮屈で、通路も狭く、ごく短距離向けの座席配置と見た方が良いだろう。５列で33インチ（０・８４ｍ）ピッチの場合は、１４６-１００だと70席、１４６-２００だと85席となる。

　ふつうの低翼機であれば、客室の中央あたりには翼上面に出られる非常脱出口が二つないし四つ設けられているものだが、高翼のＢＡｅ１４６にはもちろんそのような脱出口はない。客室の最前部と最後部の出入り口が非常脱出口を兼ねており、ＢＡｅ社ではお陰で客席配置の自由度が大きいと述べている。前後のドアにはオプションでエアステアが付けられる。

　四発であることや、中小エアライン向けの短距離専用機であることから、ＢＡｅ１４６のセールスに懸念を持つ声もあったが、イギリスのエアライナーとしては売れ行きは好調だった。

　ＢＡｅ１４６の最終機は１９９３年に引き渡されたが、シリーズを合計して２２１機が生産されている。ＢＡｅ１４６-

サイドカーゴドアを装備した貨物型、BAe146-200QT(Quiet Trader の略)。自慢の静粛性を活かして旅客便終了後の夜間運用に威力を発揮する狙いがあった。
British Aerospace

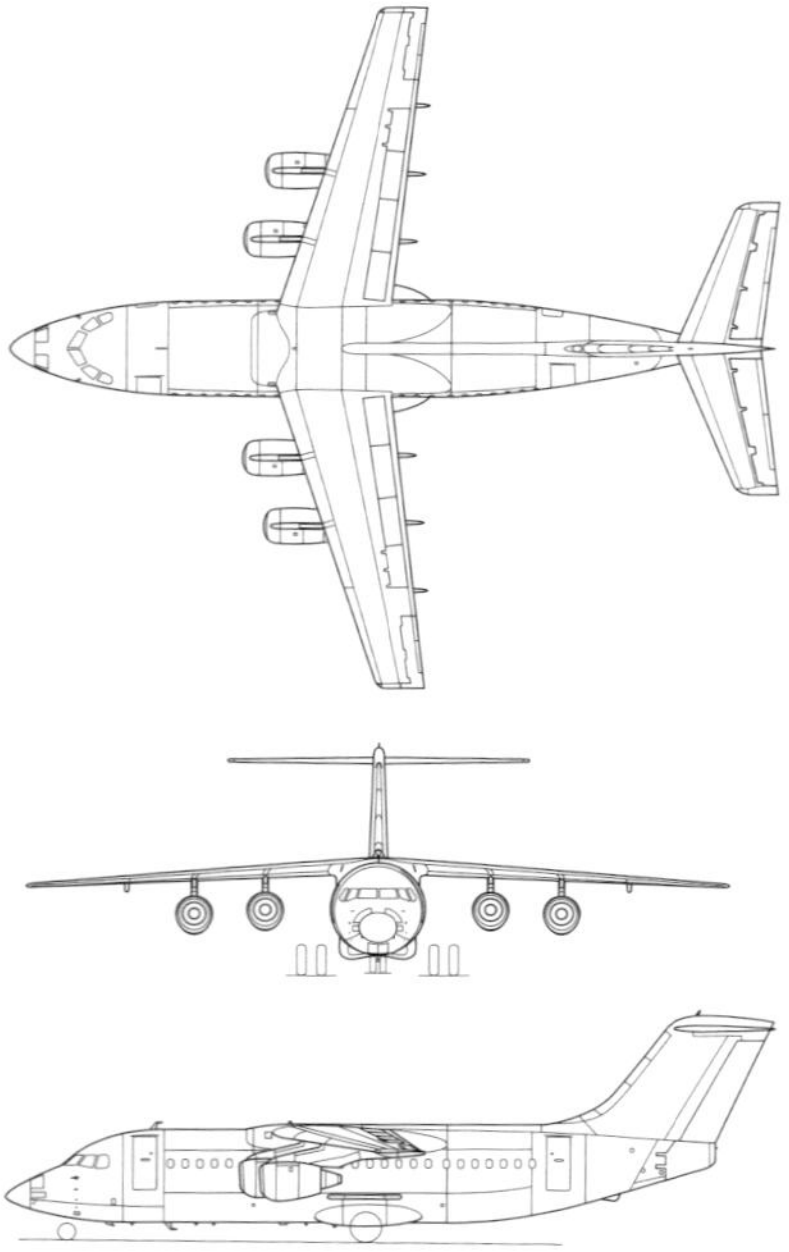

BAe146

	-100	-200	-300
全幅	26.21m		
全長	26.20m	28.60m	30.99m
全高	8.59m		
主翼面積	77.30㎡		
最大離陸重量	38,102kg	42,184kg	44,225kg
最大運用速度(CAS)	555km/h	546km/h	
航続距離(最大ペイロード)	1,631km	2,094km	1,927km

１００の生産は37機で、この中にはイギリス空軍が運用する王室専用ＶＩＰ仕様機３機も含まれている。またＢＡｅ１４６-２００は１１３機が生産された。

残りの71機はＢＡｅ１４６-３００である。主翼よりも前で胴体を１００に対して２・４６ｍ、主翼の後ろで２・３４ｍ延長した型で、６列29インチ・ピッチで最大１２８席、５列31インチ(０・７９ｍ)ピッチでも１０３席が設けられる。構造も強化されている。乗客数が増えたので、胴体中央部にも非常脱出口が設けられた。ＢＡｅ１４６-３００にも貨物型(ＱＴ)がある。

発展型のアヴロＲＪ

アヴロＲＪ(Regional Jet)は、ＢＡｅ１４６シリーズの発展型だ。機体そのものは変わらず、ＢＡｅ１４６と一緒に解説している記事も少なくない(この記事のように)。

実際のところ、乗用車が売り出してから二、三年後にマイナーチェンジするようなもので、ＢＡｅ１４６とアヴロＲＪを見分けるのもそう簡単ではない。

分からないと言えば、何故アヴロの名前で売り出すことにしたのかもよくは分からない。これまで見たとおり、ＢＡｅ１４６はブリティッシュ・エアロスペース社の中の旧デハヴィランド社系のハットフィールド部門が主体となって開発したもので、旧アヴロ社系(マンチェスター)の技術者も参加してはいるだろうが、中心的存在ではない。

　ともかくＢＡｅ社ではＲＪのためにわざわざアヴロ・インターナショナル・エアロスペース社なる別会社を興し、同社に属することになったマンチェスター工場にハットフィールド工場から生産を移管している。どうも台湾との共同計画でリージョナル・ジェット機を生産しようとの構想があって、その受け皿としてアヴロ・インターナショナル・エアロスペース社が造られたらしい。しかしこの構想が実ることはなかった。

　また一時は同じリージョナル機の縁でＡＴＲ社との共同事業化も模索されたが、こちらも１９９８年には解消されて、結局計画はＢＡｅ社の後身のＢＡＥシステムズ社の下へと引き取られることになる。

アヴロ・ブランドで発展したRJシリーズ。70（旧146-100）、85（旧146-200）、100（旧146-300）の3タイプに加えて、115席モデルも計画していた。搭載エンジンのLF507は、BAe146時代のALF502を改良したものだ。
Avro International Aerospace

　アヴロＲＪは三つの型が生産された。アヴロＲＪ70がＢＡｅ１４６-１００に対応し、ＲＪ85がＢＡｅ１４６-２００、ＲＪ１００がＢＡｅ１４６-３００に対応する。言うまでも無くＲＪの後の数字は大まかな客席数だ。

　ＢＡｅ１４６からＲＪへの大きな改良点はアヴィオニクスがデジタルになったことと、エンジンがアライドシグナルＬＦ５０７になったことだ。あとは客室の内装も一新されている。

　エンジンが根本的に変わったように見えるが、実際にはアヴコ・ライカミング社の親会社がテクストロン社を経て、１９９４年にアライドシグナル社に変わったことを反映した呼び名の変更で、ＡＬＦ５０２の改良型に過ぎない。その後にまた社名が変わり、現在はハネウェルＬＦ５０７と呼ばれている。

　つまりＢＡｅ１４６からアヴロＲＪ、ＡＬＦ５０２からＬＦ５０７への変更は、どちらも実質的な変化よりもコーポレイト・アイデンティティの都合上と考えた方が良いだろう。

　アヴロＲＪシリーズは２００２年まで生産された。ＲＪ70は12機しか売れなかったが、ＲＪ85が87機、ＲＪ１００が71機生産されて、合計すれば１７０機とまずまずの成績だった。

　ＢＡｅ１４６と合わせた生産機数は３９１機で、７３７やＡ３２０とは文字通り桁違いにしても、近年のイギリスのエアライナーとしては健闘したと言えるだろう。しかしイギリスが単独でエアライナーを開発することはこの先もあるまい。

1987年3月、仏トゥールーズのエアバス本社工場で撮影した試作1号機（F-WWAI）。胴体前方には発注各社のロゴが並ぶ。同機はその後も登録記号を変えながら長くテスト機として活躍し、2017年からは1987年当時の姿にリペイントされて同地の博物館、Aeroscopiaで保存されている。Konan Ase

エアライナーの巨人と対決する、150席級への宣戦布告

エアバスA320ファミリー〈前編〉

A320（ceo） 1987年初飛行／1988年初就航／製造機数4,752機（2021年7月末時点）
A321（ceo） 1993年初飛行／1994年初就航／製造機数1,778機（2021年7月末時点）
A319（ceo） 1995年初飛行／1996年初就航／製造機数1,484機（2021年7月末時点）
A318 2002年初飛行／2003年初就航／製造機数80機

**今日へと続く、エアバス機が抱かせる革新的イメージ。
その発端は、旅客機で初めてフライ・バイ・ワイヤによる
電子式飛行制御システムを採用した単通路機、A320の誕生だった。
グラス・コクピットやサイド・スティックの新機構も惜しみなく投入し、
A320のファミリーがやがてベストセラー機へと発展してゆく、その挑戦のストーリー。**

単通路短距離機

Ａ３００は成功したが、言ってみればニッチ（隙間）狙いの企画で、ボーイング社やダグラス社といったエアライナー業界の巨人に正面から挑んだものではなかった。エアバス社が世界市場で確固たる位置を占めたければ、巨人たちとの対決は避けられなかった。

そのエアライナー界の巨人たちに真っ向勝負を挑んで、対等の勝負をして見せたのがＡ３２０ファミリーだ。Ａ３２０ファミリーというのは、Ａ３１９やＡ３１８、Ａ３２１を含んだ、エアバス社の双発中短距離機をまとめた呼び名だ。

１９７０年代末にＡ３００の売れ行きが上向いたところで、エアバス社は次の開発計画策定に乗り出した。一つはＡ３００と同じ胴体断面の双発及び4発の中長距離機のシリーズで、ＴＡ（Twin Aisle）と称された。もう一つがまったく新しい単通路の胴体断面の短距離機のシリーズで、ＳＡ（Single Aisle）と呼ばれた。

言うまでも無くこのＳＡがＡ３２０ファミリーの原点である。最初は１２５席のＳＡ１から１８０席のＳＡ３まで三種類の型が構想されていた。ＳＡの構想は、１９８０年のファーンボロ航空ショーで初めて公表されている。ちなみにＴＡ構想からはＡ３３０とＡ３４０が生まれた。

いまからすると、エアバス社はＳＡシリーズでボーイング社の７３７に真正面から勝負を挑んだように見えるが、１９８０年代初めの視点からするとエアバスのライバルは７３７だけではなかった。

百席から百数十席のジェット・エアライナーは大激戦区であり、ＢＡＣ１-11はすでに脱落したとは言え、まだ健在だったマクドネル・ダグラス社のＤＣ-９の発展型ＭＤ-80シリーズも有力な競争相手だった。この時期マクドネル・ダグラス社では、オランダのフォッカー社と組んで、ＭＤＦ-１００と名付けた百数十席級の双発機の計画を進めていた（１９８２年初めに打ち切り）。エアバス社はボーイング社とマクドネル・ダグラス／フォッカー連合軍相手の二正面作戦を強いられていた。

その一方で百～二百席級の短距離エアライナーには、拡大する市場も予想された。７３７やＤＣ-９の初期型は１９６０年代半ば以降に就役している。１９８０年代半ば以降にはこれらやカラヴェルといった双発機、さらにはボーイング７２７やホーカー・シドリー・トライデントなどの三発機まで更新の時期を迎えることになる。またアジアを筆頭とする新興エアラインなどの、新規の需要も予測された。

実際１９７０年代後半から80年代にかけては、スウェーデンのサーブ社やスペインのＣＡＳＡ社、ドイツのＭＢＢ社、ＶＦＷフォッカー社、ドルニエ社、イギリスのブリティッシュ・エアロスペース（ＢＡe）社などが、エアバスとは別の百

1980年のファーンボロ航空ショーで公表されたSA（Single Aisle＝短通路機）の構想。画像は160席級のSA2で、航続距離は1,800nm（長距離仕様で2,300nm）とされた。Airbus

エンジンは写真のCFM56と、日本の重工業も参画するV2500エンジンの二種類からの選択制。開発が先行したのはCFM56で1987年2月22日初飛行、V2500搭載機は翌88年7月28日に進空した。Airline

大バイパス比ターボファン、（推力10トン級）CFM56とV2500の追い風

数十席級機の計画をもてあそんでいた。

ＳＡにＡ３２０の名称が与えられたのは１９８１年2月のことだった。ＳＡの三つのクラスは１５０席級一つに絞り込まれた。

選べる新エンジン

Ａ３２０の仕様決定に大きな影響を与えたのは、当時のデルタ航空の短距離機の要求であったという。デルタIIIと呼ばれた１５０席級機の仕様がＡ３２０の基本となったが、皮肉なことにはデルタはついにＡ３２０を発注せずに終わっている。

Ａ３２０計画にとって追い風となったのは、新世代の推力10トン級ターボファン・エンジンが登場して来ていたことだ。以前にダッソー・メルキュールの項でも説明したことがあるが、中短距離機向きの大バイパス比ターボファンの出現は、機体メーカーの期待よりも遅れた。メルキュール（１９７１年初飛行）の場合には、機体は新しいのにエンジンは旧態化したＪＴ８Ｄを積まざるを得なかった。

米ジェネラル・エレクトリック（ＧＥ）社と仏ＳＮＥＣＭＡ社が共同でＣＦＭインターナショナル社を設立し、10トン級ターボファンのＣＦＭ56を開発し始めたのが１９７４年だ。

また米プラット&ホイットニー（Ｐ&Ｗ）社と英ロールスロイス（ＲＲ）社、西独ＭＴＵ社、日本の三菱重工、川崎重工、石川島播磨重工、伊フィアット社とが手を組んで、インターナ

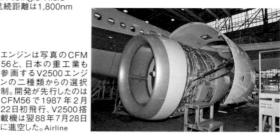

1987年4月にテスト・プログラムに加わった試作2号機（F-WWDA）。ファースト・カスタマーに敬意を表し、左側面にエールフランス、右側面にブリティッシュ・カレドニアンの塗装を描いた。1991年からはF-GFKQのレジストリーでAFに就航。
Airbus

ショナル・エアロ・エンジンズ（IAE）社を設立したのは1983年だ。その後RRとフィアットはIAEの構成員から抜けているが、当初五か国で始めた共同事業であることはV2500というエンジン名に残っている（Vをローマ数字の5に掛けてある）。

おかげでA320はCFM56とV2500という、最新世代の10トン級大バイパス比ターボファンを選べる有利な立場になった。

大径の二重円弧断面

さっきA320をボーイング社とマクドネル・ダグラス社相手の二正面作戦と形容したが、しかしエアバス社がA320の最大の敵と見ていたのは、なんと言ってもボーイング社であったろう。

そのボーイング社では、A320より一足早く、1979年にCFM56を搭載する737の新シリーズ（後に737クラシックと呼ばれることになる）の開発に着手している。新シリーズの筆頭737-300は1984年1月に初飛行した。

A320が737と同じ基本形態（低翼で翼下エンジン搭載）なのは順当な設計で、別に737の影響とは言えないであろうが、胴体断面の設定などには737を意識した形跡が充分にうかがえる。

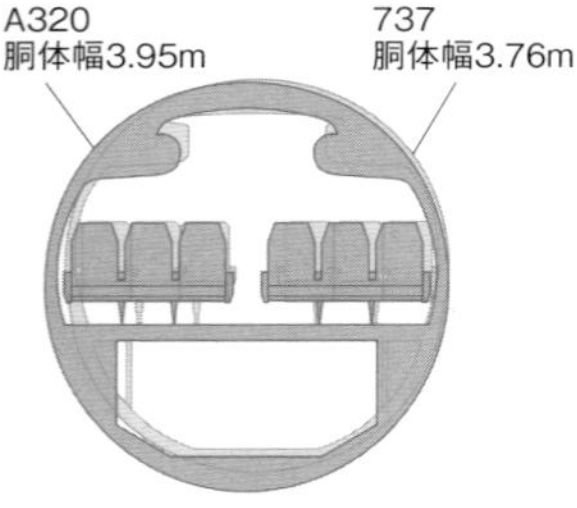

ライバル737よりも20cm近く太い、幅3.95mの断面形が与えられたA320の胴体。真円ではなく、大小の径を滑らかにつないだ二重円弧断面を採用している。Airbus

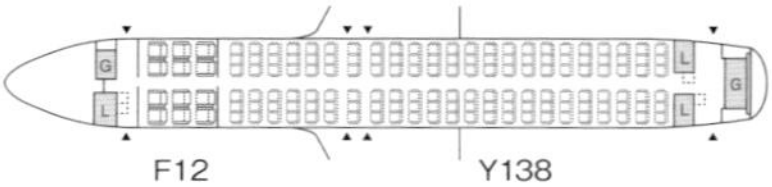

A320の座席配置

ファースト12席、エコノミー138席の計150席仕様。モノクラスでは最大180席まで配置可能で、近年増加したLCCでも多く採用されている。

A320登場時の広報リリースフォトより。通路をゆくサービス・カートの脇にすり抜ける男性を配すなど、キャビンのゆとりを伝えるアピールに余念がない。
Airbus

胴体断面は床下貨物室にも配慮し、LD-3コンテナをベースに高さを抑えたLD3-46／46Wの搭載も可能とされた。コンテナ搭載不可のライバル、737に対するアドヴァンテージ。
Konan Ase

複合材料の使用

翼胴フェアリングや水平／垂直尾翼など、A320は重量にしておよそ10%の機体構造を複合材料でつくる。

737の胴体断面は大小の円弧を繋いだ逆ダルマ型で、キャビン部分の直径は707以来の148インチ(3・76m)だ。

これに対してA320の胴体断面は3・95mで、737よりも0・2m近くも太い。もちろん機内はエコノミーで通路を挟んで3列+3列と、737と同じ座席配置だから、それだけゆったりとしていることになる。

なおA320の胴体を「真円断面」と書いている資料も見掛けたが、胴体の丈は4・14mあるので、明らかに真円ではない。基本的には737同様の二重円弧断面なのだが、大小の円弧をスムーズに繋げていて、737(や他のボーイング・エアライナー)のような継ぎ目が目立たないので、一見単一の円のように見えるのだろう。

直径が大きく丈の高いA320の胴体断面の一つの長所が床下貨物室が大きく取れることで、A320の床下にはワイドボディ用のLD-3コンテナ(ULD)の高さを46インチ(1・17m)に縮めたLD3-46という独自規格のULDを収容することが出来る。LD3-46はそのままワイドボディ機にも搭載出来る。また、A320の貨物室断面を有効に使えるワイドなLD3-46Wコンテナもある。

もちろん太い胴体は構造重量や抵抗の点ではハンディになるのだが、その点は新世代ターボファンの十分なパワーや主翼の空力向上でカバー出来ると考えたのだろう。

A320の主翼は、737より十数年新しい空力理論の成果だ。737が設計された時代にはまだスーパー・クリティカル翼断面などは提唱されてはいなかったが、A320では前縁近くで大きな揚力を発生するフロント・ローディングの翼型を採用している。

A320の主翼の後退角は1/4翼弦で25度で、これは奇しくも737の主翼後退角と同じだが、最大運用マッハ数(Mmo)はマッハ0・82となっている。翼面積は122・6㎡で、アスペクト比は9・5になる。

ただしエアバス社とボーイング社とでは、翼面積の算出基準が異なっているので、両者の主翼の空力性能などを比較する場合には要注意だ。

主翼の前後縁の動翼やスポイラー等、脚室扉や翼胴フェアリング等には全面的に複合材料が用いられている。さらにA320では水平尾翼、垂直尾翼も複合材料で造られていて、機体構造に占める複合材料の割合は重量で10%にも達している。

フライ・バイ・ワイヤ

ボーイング737クラシック・シリーズとA320の設計思想上の最大の相違は飛行制御(操縦)システムにある。

1960年代の機体らしく機力式の飛行制御システム(FCS)を持つ737に対して、A320はエアライナーとしては初めてフライ・バイ・ワイヤ(FBW)の電子式飛行制御システムを採用したのだ。Ａ３２０で開発された方式は、エアバス社のその後のすべてのエアライナーに採用されている。

　Ａ３２０に始まるエアバス社のＦＣＳの設計思想に関してはあちこちで語られているが、ここで改めて解説しておくのも無駄ではないだろう。

　まず大きな誤解があって、ＦＢＷとは電力で舵面を動かすものだとしばしば理解されている。もちろん分かっている人には自明だろうが、ＦＢＷでも舵面を動かすのは油圧アクチュエーターであって、モーターや電磁石ではない。

　ジェット化以前のエアライナーでは、操縦輪やペダルはリンクやケーブルで結合された舵面やタブを操作して、舵面を人力で動かしていた。ボーイング社は７０７でも人力を採用している(後に機力を併用するよう設計変更)。

　しかしジェット時代になってエアライナーが高速化すると、大きな空気力に抗して腕力だけで舵面を動かすのが困難になってくる。

　そこで高圧の作動油を舵面の所まで導いて、油圧で舵面を動かすようになった。油圧式あるいは機力式のＦＣＳで、パイロットの操縦操作は単に油圧のバルブを操作するだけになった。これならば力は要らない。

　ＦＢＷでは、電線(ワイヤ)を通った電子信号が油圧アクチュエーターのバルブを開閉する。電力でモーターを回したりしているのではない。

　Ａ３２０の開発当時、ＦＢＷシステムで懸念されたのは信頼性だった。従来の機械的結合に比べて、ＦＢＷはハードウェア的にもソフトウェア的にも脆弱ではないかと懸念されたのだ。これに対する回答はシステムの多重化だった。

　Ａ３２０のＦＣＳは全部で7台のコンピューターを用いている。２台のＥＬＡＣ(Elevator Aileron Computer)がエレベーターとエルロンを受け持ち、３台のＳＥＣ(Spoiler Elevator Computer)がスポイラーとエレベーターを担当する。２台のＦＡＣ(Flight Augmentation Computer)はヨーの飛行増強用だ。複数のコンピューターは合議制ではなく、アクティヴとスタンバイとして使われている。並置されたコンピューターは、ハードウェアもソフトウェアもお互い別々になっていて、共通の故障でいっぺんに使用不能に陥らないよう考えられている。

　ＦＢＷにおけるパイロットの操縦操作は舵面を動かしているのではなくて、希望する機体の姿勢や機動のデータをフライト・コントロール・コンピューターに入力していると考えた方が良い。コンピューターはパイロットからの入力を判断材料に、機体が失速や過荷重など危険な領域に陥らないよう計算した上で、必要なだけ舵面を動かす信号を送り出す。

　だからＡ３２０では、仮にパイロットがスティックを乱暴に力一杯操作しても、機体が過度の頭上げで失速やスピンに陥ったり、90度バンクで旋回するような真似は出来ない。エアライナーは戦闘機ではないのだ。

エアライナーのコクピットに新時代を告げた、A320誕生時の広報フォト。6面のグラス・コクピットとサイド・スティックによる基本構成は、以後のエアバス製旅客機のスタンダードとなった。Airbus

新技術への懸念を拭い去る FBWシステム多重化と、議論を呼んだスティック操作の検証

被験者たちの声

FBWシステムの採用を強調するように、A320のFCSでは従来の操縦輪（コントロール・ホイールあるいはヨーク）に代えて、戦闘機のような操縦桿（コントロール・スティックあるいはジョイスティック）を採用している。

しかもスティックはパイロットの正面ではなく左右の脇に取り付けられている。左席の機長の場合には、必然的に左手でスティックを握ることになる。右席の副操縦士は右手で握る。

このサイド・スティックに関してはずいぶんと議論があったが、現場のパイロット達はあんがい早く簡単に適応したようだ。考えてみればもともとヨークであっても、右手でスロットルやトリムを操作したりする間は左手一本で握っているわけで、片手操縦が出来ないようでは機長は務まらないか。

それでもエアバス社では、この従来とは全くかけ離れた操縦装置の採用には躊躇があったようで、A300をサイド・スティック方式に改造したデモンストレイターで、延べ136時間の試用を行なっている。そのうち68時間はエアバス社以外のパイロットが乗った。自社以外のパイロットの内訳はエアライン（44・30時間）、監督官庁（13・30時間）、パイロット組合（8・35時間）、ジャーナリスト（1・25時間）となっていた。

結果はサイド・スティックに関して、

初飛行に先立つ1987年2月14日、2,000人のゲストを集めて行なわれたA320のワールド・プレミア。レーザー光と人工のスモークを駆使した音と光のショーでアンベールされた。Aérospatiale

◆飛行経路の修正が可能と思ったか？――イエス１００％
◆通常の操縦輪と同じくらい簡単だったか？――イエス84％
◆副操縦士が重大なエラーを犯すのを防ぐことが可能だと思ったか？――イエス１００％

と、サイド・スティック方式を受け入れる回答が大多数であった。

また飛行特性に関しては、

◆離陸の操作性は良かったか？――イエス90％
◆飛行経路操縦が簡単と感じたか？――イエス１００％
◆通常旋回でバンク角が維持されている時、効率的かつ快適だと感じたか？――イエス１００％

などといった回答で、少なくともこの被験者達からは圧倒的に支持されたと言っても良いだろう。

新技術のエアバス社

ＦＢＷを初めとするハイテクの採用で、革新技術を果敢に採用するエアバス社のイメージが定着し、対照的に堅実な技術のボーイング社という評価も生まれた。

かつてエアライナー業界第一位のダグラス社をボーイング社が攻めていた時には、新技術のボーイングと保守的なダグラスという評価であったのに、ボーイング社も業界第一人者となったら守りに入ったのか。いずれにしても攻める方としては革新を売り物にする他はない。

ＦＢＷとサイド・スティックも革新的であったが、多機能ディスプレイ（ＭＦＤ）を配置したいわゆるグラス・コクピットも当時においてはきわめて目新しかった。なにしろ液晶ディスプレイが実用になっていない時代、ＭＦＤはすべてＣＲＴ（陰極線管）だったのだ。ＣＲＴは、むかしのテレビでおなじみのブラウン管のことだ。

A320は矩形のCRTをコクピットに6基配置している。正副パイロットの正面に横に2基ずつ、両者の中間に縦に2基のT字型の配置で、これもその後の機体の標準となった。6基のディスプレイは基本的にどの表示も映し出せるが、通常はパイロット正面の2基には飛行データと航法データが、中央の2基にはエンジンや機体システムのデータが表示されている。

間違えないように言っておくが、FBWとグラス・コクピットの間には技術的連関はない。たまたま同時期に実用になった技術というだけのことだ。在来型のFCSでもグラス・コクピット化は可能だし、実際そのような機体も多い。

しかしA320のようなサイド・スティックは、FBWではない従来のFCSでは(不可能ではないにしても)技術的に無理がある。

先ほどCFM56とV2500ターボファンを最新世代と呼んだが、基本設計の時点を比べるとCFM56は1960年代末(コアはB-1爆撃機用ターボファンのF101)、V2500は1970年代末で、技術的にはV2500の方が半世代くらい進んでいる。エアバス社ではCFM56搭載型とV2500搭載型で呼び名を変えてはいないが、両者の航続性能には若干の差がある。

A320で最初に進空し、先に実用化したのはCFM56搭載型で、1987年2月22日に試作1号機が初飛行している。試験飛行は4機で行なわれ、1988年2月末にCFM56搭載型が型式証明を取得した。3月末にはエールフランスに通算5号機が引き渡された。

一方V2500搭載機は、1988年7月28日にCFM56からエンジンを換装した試作機が再進空、翌年1月25日に最初からV2500を載せた試作機も初飛行した。V2500搭載型は1989年4月に型式証明を取得した。

A320

全幅	34.10m
全長	37.57m
全高	11.76m
主翼面積	122.40㎡
最大離陸重量	78,000kg
最大運用速度	Mach 0.82
航続距離	6,200km (with Sharklets)

技術で凌駕するサクセス・ストーリーの飛翔

エアバスA320 ファミリー〈後編〉

革新の航空技術を積極投入し、エアバス社を
巨人ボーイングと拮抗する最大手へ押し上げた単通路機、A320の快進撃。
後編ではついに実用化を果たしたA320のあゆみと、
胴体長の異なる派生型への展開を解析していく。
晴れてファミリーとして顧客の支持を集めた秘訣とは何か。
達した結論は、基本型A320が持つ設計上の“余裕”である。

A320ファミリーの外観上の特徴として、主翼端にある三角形の小翼「ウィングチップ・フェンス」がある。主翼先端で発生する翼端渦による誘導抗力を減らすためのもので、消費燃料の軽減に寄与する。エアバス社ではNASA発案によるウィングレットの名称は使用しない。Airbus

「ファミリー」の考え方

エアバスA320と、その胴体延長型や胴体短縮型をひっくるめて、A320ファミリーと呼ぶ。一般には改良型や発展型を含めてシリーズ（737シリーズとか）と呼ぶが、ファミリーを用いる例は他にはちょっと聞かない。

しかし考えてみれば、A320とA319、A318、A321との間には、胴体の長さ以外には決定的な違いはない。むしろ737シリーズの中の世代間の相違の方が大きい気もするくらいで、ひとまとめにA320シリーズと呼んでしまっても構わないような気がする。やはり名称が違うのがファミリーと称する大きな理由なのだろうか？

写真は1988年3月に撮影されたトゥールーズ工場のA320アセンブリー・ラインで、A320の製造が100型から200型へと移行した最初の3機が写る。かつてはコンコルドが製造されていた施設だ。Airbus

A320ファミリー（後のneoは除く）の現在までの総受注は8千機を超えているが、A320が受注の58％を占めている。A319／A318の胴体短縮組は19％、胴体延長のA321は22％だ。総受注ではなくて現在までの引き渡し数で見ても、やはりA320が6割を占めている。

そのA320には、厳密にはA320-100とA320-200の二つの型があるが、外寸は変わりない。A320-200にはCFM56搭載とV2500搭載の二つの型があるが、A320-100はCFM56搭載型しかない。

A320の座席数は、全ツーリスト・クラスの28～29インチ（71～74㎝）で一杯に詰めれば180席だが、標準的にはファースト・クラス（2列2列）12席にエコノミー138席の合計150席となっている。

A320-100はエール・アンテールとブリティッシュ・カレドニアンの2社合わせて21機の受注しか無く、結果論だが造る必要のなかった型ということになるだろう。しかも両エアラインともに経営破綻して、前者はエールフランス、後者はブリティッシュ・エアウェイズ（BA）に吸収合併されている。

そのせいでBAは初めてエアバス機を抱えることになり、エアバス社はめでたく構成国すべてのナショナル・フラッグ・キャリアーに採用されることとなった。それ以前にはエールフランスをはじめエアバス社の構成国のフラッグ・キャリアーは当然のようにエアバス機を発注していたのだが、一人イギリスのBAだけがエアバス機に背を向けていたのだ。

もっとも他の国々ではいわば国策としてエアバス・コンソーシアムに参加していたのに、イギリスははっきり国策としては不参加を決め、ホーカー・シドリー社（後にブリティッシュ・エアロスペース社）が企業の意志として参加する形になっていたので、BAとしては関係無い話であったのだろう。イギリス

A320には僅か21機のみを受注したA320-100と、翼端にウィングチップを装備し燃料搭載量を増した主力のA320-200という二つの型がある。写真は1995年1月、通算500機目のデリバリーとなったユナイテッド航空向けのA320-200（N422UA）。Airbus

基本モデルA320を上位に据えた上から志向のバリエーション展開

政府のエアバス計画に対する態度はずっと冷ややかだった。

実はＡ３２０はイギリスで製造されたかも知れなかった。エアバス社がＡ３２０の最終組み立てラインをイギリス国内に立ち上げる案も検討していたのだ。しかし政府支出による新工場建設（費用は二億五千万ポンドと言われた）にイギリスの政府と議会が反対してイギリス生産案は流れ、Ａ３２０はＡ３００／Ａ３１０と同様にトゥールーズで組み立てられることになった。

胴体延長型Ａ３２１

Ａ３２０の売れ行きは最初から好調だった。エアラインへの引き渡しを開始して4年目の１９９１年には年間の納入機数が初めて百機を超え、１９９５年には引き渡し済みの機数が五百機に達した。

好調な受注に力を得て、エアバス社は1989年5月、Ａ３２１の名称でＡ３２０の胴体延長型の構想を公表、11月には正式に計画をゴーアヘッドさせた。

Ａ３２１の最大の変化は、胴体が主翼の前で8フレーム分4・26m、後ろで5フレーム分2・67mの合わせて6・93m延長されていることだ。これに伴い主翼や胴体の一部の構造と降着装置が強化され、エンジンも推力向上型になった。

Ａ３２１の座席数は、前記のＡ３２０と同じ条件で、詰め込めるだけ詰めたハイ・デンシティ仕様で２２０席になる。

Airbus A321-100

1993年3月11日、独ハンブルクにて初飛行に成功した胴体延長型A321初号機（F-WWIA）。A321（とA319、A318）ではハンブルク工場のみで最終組立が行なわれるようになった。Airbus

A321

全幅	34.10m
全長	44.51m
全高	11.76m
主翼面積	122.40㎡
最大離陸重量	93,500kg
最大運用速度	Mach 0.82
航続距離	5,950km (with Sharklets)

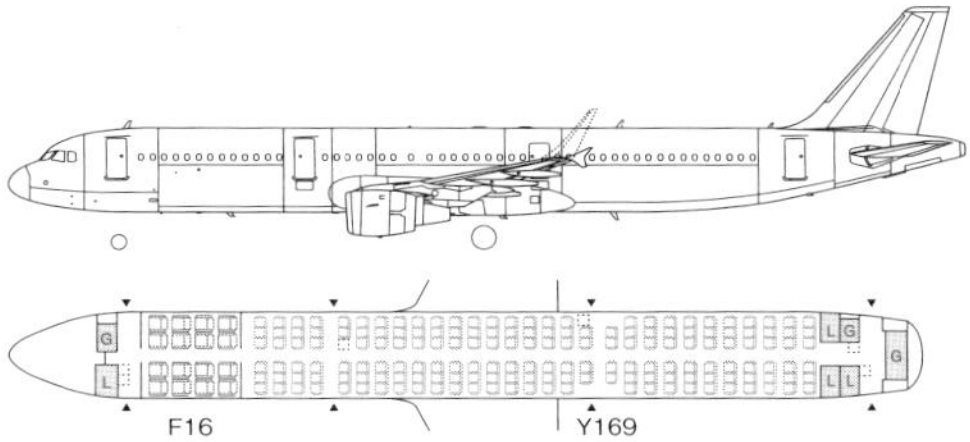

A321の座席配置

エアバス社推奨によるファースト16席、エコノミー169席の計185席仕様。同じ2クラスのベースモデルA320よりも35席のキャパシティ向上となった。

A320と比べて22%の増加だ。32インチ（81cm）ピッチのモノクラスならば199席になる。標準はファースト・クラス16席、エコノミー・クラス169席の合計185席だ。乗客数の増加で緊急脱出口も変わった。

A321の主翼は、フラップ部分の弦長を若干延長し、後縁の断面を変化させている。エンジンはCFM56-5B1あるいは-5B3か、V2530-A5あるいはV2533-A5で、CFM製エンジン搭載型はA321-11X（-21X）、IAE製エンジン搭載型はA321-13X（-23X）のように呼ばれる。

A320ではCFM56搭載型の方がV2500搭載型よりも開発が先行していた事情は前項で述べたが、A321で先に飛んだのはV2530を搭載した機体だった。1993年3月11日のことで、A320ファミリーの通算364機目にあたる。V2500装備のA321は1993年12月に型式証明を取得した。

CFM56搭載型の初号機は通算395号機で、1993年5月25日に進空した。CFM56装備型も翌年2月に型式証明を取得している。

引き渡し開始もV2500装備型の方が先で、1994年2月にルフトハンザに納入された。CFM56装備型も翌月にはアリタリアに引き渡されている。

これらの機体は最大離陸重量83トンのA321-100であったが、1996年12月には胴体内に合計燃料容量2990Lの追加中央タンク（Additional Centre Tank＝

Airbus A319

A319初号機（F-WWDB）は1995年8月25日にCFM56を搭載して初飛行、翌96年5月22日にはエンジンを換装しV2500搭載機としても初飛行を行ない、写真はそのV2500進空のシーン。

Airbus

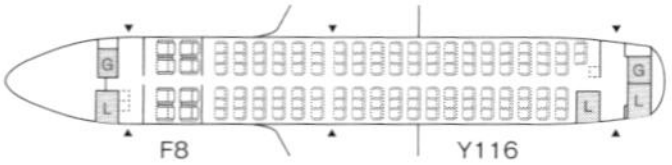

A319の座席配置

ファースト8席、エコノミー116席の標準124席仕様。右側最後列の2席を撤去して、8席+114席仕様で飛ぶ機体も多い。

A319

全幅	34.10m
全長	33.84m
全高	11.76m
主翼面積	122.40㎡
最大離陸重量	75,500kg
最大運用速度	Mach 0.82
航続距離	6,950km（with Sharklets）

ACT）を増設、最大離陸重量を93・4トンにまで増大させたA321-200が登場している。ACTのおかげでA321-200は満席での米大陸横断の能力を手に入れた。

A321（A320以外のファミリー）で特筆すべきは、最終組立がトゥールーズではなくハンブルクで行なわれていることだ。エアバス機の最終組立を行なうことはドイツにとって計画参加以来の悲願であったが、A321に至ってようやく実現した。

現在では、計画参加国ではないアメリカ（アラバマ州モービル）と中国（天津）にもA320ファミリーの最終組立てラインが設けられていることを考えると、つくづくイギリスは大魚を逸した気がする。もっとも現在のイギリスのEU（欧州連合）離脱の動きを見れば、エアバス側としてはあの国に深入りしなくて良かったと思っているかもしれないが。

シュリンクの失敗論

昔から「エアライナーの胴体延長（ストレッチ）は成功するが、胴体短縮（シュリンク）は大成しない」などと言われて来た。実際エアライナーの歴史においても、胴体を当初の設計よりも短縮して成功した例はほとんどない。胴体の延長や拡大だと、ダグラス社のDCシリーズなど成功例はいくらもあるのだが。

エアバス社のA319とA318は、この通念に果敢に挑戦して、成功を収めたエアライナーだ。もっともA318は生産数が二桁しかないので、成功したのかどうか判定は微妙かも知れない。

胴体短縮が成功しない理由は、胴体延長がうまく行く理由の逆だと思えば良い。エンジンも同じ、主翼尾翼も同じで、胴体だけ短縮すれば、機体規模に対する乗客数が相対的に大きくなり、乗客一人あたりの運航経費が高くなる。逆に胴体を延長すれば、乗客一人あたりの運航経費が低くなり、経済性の向上が期待出来る。

その代わりに同じエンジン、同じ主翼尾翼で胴体を延長したら、性能は低下する。エンジンを性能向上型に換装したり、主翼面積を増やしたり、燃料搭載量を増したりすることが必要になる。なるべく経費をかけずにこれらを実現するのが、胴体延長を成功させる鍵だ。

しかし胴体短縮をしたからといって、性能が向上するとも言い切れない。たしかに短縮分だけ構造重量は減少するが、胴体が短くなるとかえって抵抗が増える可能性もある。主翼面積はそのままで離陸重量が引き下げられれば、離着陸性能などは向上するだろうが、飛行場はすでに胴体の長い型に合わせて滑走路を延長済みだったりする。

Ａ３１９が胴体短縮に挑んでなぜ成功したのか、誰もが納得する答えは出ないかも知れないが、７３７やDC-9がそのカテゴリーの一番下から出発して次第に成長して行ったのに対して、Ａ３２０は最初からかなり上の位置を狙って開発されたということがあるのかも知れない。実際Ａ３２０は、７３７シリーズでいえば７３７-８００あたりに相当する大きさで、後から造られたＡ３１９が７３７-２００くらいになる。ある意味ではＡ３２０は相当の余裕を持たせた設計であり、その余裕を削ってＡ３１９が生まれたとも言えそうだ。

Ａ３２０が双発中短距離エアライナーとしては上の位置にある一つの証拠は、胴体延長型がＡ３２１しかないことだ。私は実はＡ３２１の後にＡ３２２、Ａ３２３と胴体延長型が連発されるのかと思っていたのだが、そんなことにはならなかった。DC-9は最後のMD-90シリーズまでに座席数がほぼ2倍になる成長を遂げているが、Ａ３２０からＡ３２１への客席増加率は22%で、しかもそれ以上の成長はなかった。

Ａ３２０がファミリーとして成功した一因に、ファミリー共通のパイロットのタイプ・レイティングを挙げることが出来よう。すなわちＡ３２１からＡ３１８までの機体は、コクピットや飛行制御システムが同一で、さらにはそれ以外の機体システムも基本的に共通で、単一のレイティングで操縦出来る。超大型エアライナーでも小型のリージョナル機でも(現在では)乗員は二人と考えると、小さな機体を運航するエアラインほど人件費の節約が大きなメリットになると分かるだろう。

胴体短縮型Ａ３１９

Ａ３１９は、もともとＡ３２０Ｍ７の計画名でエアバス社内

A319マイナス
4.5フレームの最小モデル
A318誕生の異質な経緯

Airbus A318 2002年1月15日、A318初号機（F-WWIA）の初飛行シーン。胴体短縮による安定性低下を補うために垂直尾翼を0.76m高めたのは、かつての747SPと同じ手法だ。ファミリーでは唯一成功作とは呼べない存在で80機のみが作られた。Airbus

で検討されていた。Mは「マイナス」の頭文字で、A320の胴体を7フレーム分を短縮した型という意味だった。この時点では発注内示は機体リース専門会社のILFCからの6機しかなく、エアラインからの受注はまだゼロだった。

1993年6月、正式に計画がスタートしたA319は、実際A320の胴体を主翼の前で3フレーム分1・60m、後ろで4フレーム分2・13m切り縮めた機体で、その他の部分はほとんどA320と同一になっている。A319の座席数は、28／30インチ（71／76㎝）ピッチの全ツーリスト・クラスで156席、32インチ（81㎝）ピッチのエコノミーのみであれば134席になる。2クラスだとファースト8席とエコノミー116席で合計124席だ。

最大離陸重量は6万4000kgだが、オプションのACTを装備すれば7万5500kgまで増加し、航続距離は6845㎞まで延びる。双発で比較的小型のエアライナーながら、立派な中距離機と呼べる。

コーポレート・ジェット

A319の1号機（CFM56-5A搭載）は、1995年8月25日に初飛行した。A320ファミリー中の通算546号機に相当する。1996年4月に型式証明を取得、スイス航空に初就航している。V2500搭載型は1996年5月22日に初飛行したが、これは実際には５４６号機のエンジンをＶ２５００に換装した機体だ。

Ａ３１９は１９９６年に引き渡しを開始し、２０００年代にはコンスタントに年に百機前後を納入して来ていたが、２０１０年代に入ってからは売れ行きも徐々に低下して来ている。これまでの総受注は１５００機近いが、平均して年に三百機を売ってきたＡ３２０とは対照的だ。

今世紀に入ってからのＡ３１９の売り上げの中には、ＣＪ（Corporate Jet）が少数混じっている。Ａ３１９ＣＪはその名の通りの社用機仕様だが、もちろん大金持ちが自家用機にしたり、国有で政府専用機にしたりすることも出来る。エアバス社では８人を乗せて航続距離１万１１００kmとしているが、単に典型的な仕様を示しただけで、顧客の注文次第で仕様や内装はいくらでも変わるだろう。顧客のプライバシーやセキュリティを慮って、仕様や発注の事実自体が一般に公表されないことも多い。

なおＡ３１９ＣＪは通称で、エアバス社自身はＡＣＪ３１９という呼び方をしている。またＣＪ仕様があるのはＡ３１９だけでなく、Ａ３２０ファミリーすべての胴体長にＡＣＪ仕様をラインナップしているほか、さらに同社のウェブサイトではＡ３３０やＡ３４０、Ａ３５０ＸＷＢ、なんと超大型機であるＡ３８０の社用機型までが提示されている。

成り行きのＡ３１８

Ａ３１８の成立は、他のＡ３２０ファミリーとはちょっと違う。もともとエアバス社はこのクラスに完全な新設計機を投入するつもりであったので、Ａ３１８は成り行きで開発されたとも言えるのだ。

エアバス社では１９９０年代の半ば過ぎから、中国やシンガポールとともに新エアライナーの開発計画について討議していた。ＡＥ（Asian Express）31Ｘと仮称されたこの計画では、横５列（３列＋２列）のやや細身の胴体で、座席数95～１１５席の双発機が提案されていた。中国の潜在的な国内市場、そしてシンガポールや台湾、韓国などの市場も考えれば、中国との共

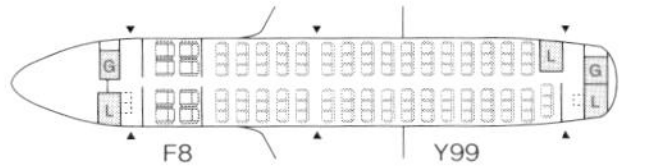

A318の座席配置

ファースト8席、エコノミー99席の標準107席仕様。際立ってショートな機内は、リージョナル機に近接する座席数だ。

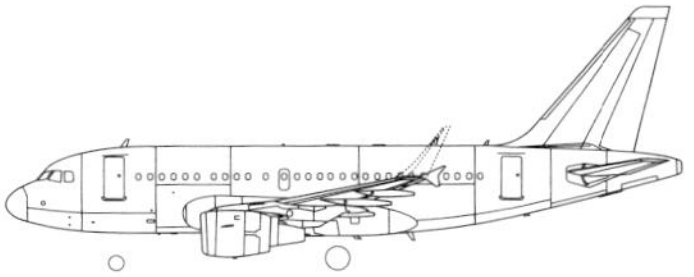

A318

全幅	34.10m
全長	31.44m
全高	12.56m
主翼面積	122.40㎡
最大離陸重量	68,000kg
最大運用速度	Mach 0.82
航続距離	5,750km

コーポレートジェットとして、VIPのニーズも取り込んでいったA320ファミリー。写真はACJ319のラウンジ・エリアで、寝室やシャワールームも装備できる。Airbus

同事業は大変に魅力的だった。

しかし中国航空工業集団(AVIC)との話し合いは難航し、まずパートナーのシンガポールが計画から離脱を表明。1998年7月にはエアバス社とAVICが正式に関係解消を発表し、AE31X構想は消滅した。

巨大な潜在市場の存在抜きでは、完全新規設計の百席級機の開発はエアバス社としてもリスクが大きい。そこで浮かび上がったのがA319の胴体短縮案A319M5で、M5の意味は前述したA320M7のときと同じだ。

A318の計画はAE31Xと入れ替わるように1998年9月のファーンボロ航空ショーで発表され、1999年4月に計画が正式にローンチされた。

実はエアバス社が開発当初大きなターゲットと想定していたのはノースウェスト航空であったともいう。たしかにノースウェストはA319を導入していたし、DC-9シリーズ更新の可能性もあった。しかし実際にはノースウェストはA318を購入しないで終わっている。

A319マイナス5の計画名であったが、実際にはA318はA319よりも4・5フレーム分(2・39m)だけ短い。主翼の前で0・79m、後ろで1・60mだけ胴体を短縮している。

A318の座席数は、オール・ツーリスト仕様で132席、2クラス(ファースト・クラス8席)では合計107席となっている。32インチ・ピッチの全エコノミーだと117席になる。

胴体を短縮すると尾翼と重心の距離も短くなり、テイル・ヴォリューム(重心からの距離×尾翼面積)が減少して安定性が低下する。これを補償するためA318では、垂直尾翼を0・76m高くしている。

A318は2003年に引き渡しを開始したが、年間の納入機数は2007年の17機が最大であった。受注総数は80機で、商業的には成功作とは呼べないだろう。

エアバス優勢の戦い

見込み違いと言えば、エアバス社は2011年6月に、A320ファミリーの貨物専用型への改造計画を白紙に戻すと発表している。

A320ファミリーの貨物型には、A320P2F(Passenger to Freighter)と、いかにもネット時代らしい略称が与えられていた。改造作業は2007年に設立されたドイツ法人(本社ドレスデン)のAFC社(Airbus Freighter Conversion GmbH)が担当することになっていた。もともとAFCはエアバス(18%)とEADS EFW(32%)の西ヨーロッパ勢と、UAC、イルクートのロシア航空産業（いずれも25％ずつ）が出資した多国籍合弁企業だった。

Ａ３２０Ｐ２Ｆはキャビンの床面を強化、後部胴体左側面に幅３・０７ｍの貨物扉を設けて、２・２４ｍ×３・１８ｍの標準パレットを10枚搭載出来るようにする。

この種の改造貨物機は第一線からは引退したものの、まだまだ飛ばせるエアライナーの「第二の人生」（エアバス社自身のＰ２Ｆ紹介より）であるわけだが、エアバス社の発表を読むと、どうもＡ３２０改造事業を成り立たせるほどの中古機が市場に出回っていない、あるいは中古のＡ３２０の相場が高すぎて貨物機への改造が割に合わないといったことが白紙化の理由のようだ。見方を変えれば、これも航空業界でのＡ３２０ファミリーの高い人気を示すエピソードだろう（２０１５年にはＡ３２０のほかＡ３２１でＰ２Ｆプログラムが再ローンチし、ＥＦＷおよびシンガポールのＳＴエアロスペースとパートナーシップを締結。改修初号機のＡ３２１Ｐ２Ｆは２０２０年10月にカンタスで就航した）。

Ａ３２０は２０１０年代に入ってからは年に三百機前後が引き渡されて来たが、さすがに２０１７年頃からは引き渡しペースも低下している。

新世代のＡ３２０ｎｅｏファミリーが登場したことで、需要はそちらに切り替わっており、いまの受注をすべて引き渡せば、旧世代Ａ３２０ファミリーは生産終了ということになるのだろう。２０２１年７月末時点の生産数は、Ａ３１８が80機、Ａ３１９が１４８４機、Ａ３２０が４７５２機、Ａ３２１が１７７８機で、旧世代Ａ３２０ファミリーの合計は８０９４機となる。

ちなみに最大のライバル７３７シリーズは、すでに生産を終えている７３７オリジナルと７３７クラシックの合計が３１３２機で、７３７ＮＧが７０７７機となっている。この三世代だけで生産数は1万２０９機に達するが、エアバス社とボーイング社の受注競争はすでに新世代のＡ３２０ｎｅｏと７３７ＭＡＸに移って久しい。こちらはＡ３１９／Ａ３２０／Ａ３２１ｎｅｏの受注合計７４６８機に対して、７３７ＭＡＸは５８９４機と、エアバス社が優位に戦いを進めている。

2015年6月、再始動したA320ファミリーのP2Fプログラム。A320P2Fではメインデッキにコンテナ11個、A321P2Fでは14個を搭載可能だ。 Airbus

2012年からオプション装備が可能とされた、経済性向上のための新しい主翼端デバイス「シャークレット」。後に従来形状の機体への後付けも可能とされた。Airbus

ceo／neoの外観上の違いとしては、何といっても拡大したエンジン直径の存在感が際立つ。新形状の主翼端（シャークレット）は従来モデルの後期から採用されていたもの。Airbus

四半世紀を越えて、new engine optionという優位性

エアバス A320neo

A320neo／A321neo／A319neo

A320neo 2014年初飛行／2016年初就航／製造機数1,294機
A321neo 2016年初飛行／2017年初就航／製造機数580機
A319neo 2017年初飛行／2019年初就航／製造機数3機（ともに2021年7月末時点）

ライバルに比べて近代的なA320ファミリーの基本設計は、大バイパス比エンジンのファン直径拡大など、現代の旅客機が受け入れるべき能力向上の要素も無理なく吸収して、後の発展性において優位に立った。肝心のセールス実績でも、いよいよ737を凌駕して市場を牽引している存在が、新エンジンの進化型A320neoとその派生型である。

A321neoは長距離型のA321LRへと進化して、大西洋路線を初めとする単通路機の直行需要に応える。とりわけ、近年A320が大きな支持を集めてきた格安航空会社（LCC）の長距離路線展開にも貢献する存在だ。Airbus

ライバルの737 MAXがLEAP-1Bのみを搭載するのに対し、A320neoファミリーでは従来モデルと同じく二社からの選択制を踏襲し、LEAP-1Aおよびギアード・ターボファンのPW1100G-JMを採用した。同じLEAPエンジンで比べてもファン直径はA320neo用が0.22mも大きい。Airbus

15%燃費向上への期待

A320neoは、A320ファミリーの最新世代だ（ただし、少数機の受注に終わったA318にneoは用意されない）。neoは「新エンジン選択」(new engine option) の頭文字だが、当然「新しい」を意味するギリシア語系の接頭辞と引っ掛けてあるだろう。

A320neoをきっかけに、エアバス社では既存のエアライナーのエンジン換装型を"A3**neo"と呼ぶことにしたようだ。さらには換装前の従来のエンジンの型を"A3**ceo"(current engine option) と呼んで区別している。

A320neoの計画は、A320E (Enhanced) の名で2006年に始まっている。新形式のウィングレット（シャークレット）などの空力改善で燃費向上を目指す構想だったが、当時のエンジンでは在来型と比べて5%の改善が良いところだった。これではエアラインの気を引けなかった。

しかしCFMインターナ

ショナル社のLEAP-1Aとプラット&ホイットニー社のPW1000Gという新世代のターボファンの実用化の目途が立った2010年12月、エアバス社は「新エンジン選択」を意味するneoの名を持つA320neoファミリーの開発を発表した。空力も合わせて、15%の燃費向上が期待された。

ライバルよりも大直径

CFM LEAPに関しては737MAXの項(394ページ)を読んでいただくとして、P&W社のPW1000Gはと言うと、新世代のギアード・ターボファンだ。低圧軸から減速ギア(減速比3:1)を介することにより、大直径のファンを低回転で回している。PW1000Gシリーズの全圧縮比は40に及び、バイパス比は12・5になる。

PW1100Gのファン直径は2・06mで、737よりは地上高が高かったA320でもこの大径エンジンを搭載すると、ナセルと地面との距離は0・46mから0・56mになり、737NGと同じくらいに接近した。

A320neoの1号機(F-WNEO)は、2014年の7月1日にエアバス社のトゥールーズ工場でロールアウトした。同年9月25日に初飛行して、2015年11月24日にEASAとFAAの型式証明を得ている。

最初にA320neoの引き渡しを受けたのはルフトハンザだが、当初の予定よりも遅れて2016年1月になった。それでも2016年中に68機が引き渡され、2017年からはA321neoの引き渡しも始まっている。2021年7月末までにA320/321neo合わせて1874機が引き渡されている。

2015年1月には、燃料タンクを増設して最大離陸重量を97トンとしたA321LR(Long Range)の開発も発表された。A321LRでは座席数が2クラスで206席(うちビジネス16席)になる。航続距離は4000nm(7408km)で、ボーイング757に匹敵する。A321LRは2018年1月31日にハンブルクで初飛行して、同年11月14日にアルキア・イスラエル航空に初納入された。さらに離陸重量を引き上げ、航続距離を4700nm(8700km)としたA321XLRも2023年の就航が計画されている。

A320neoファミリーの受注機数は、A320neoが3858機、A321neoが3537機、A319neoが73機で、すでに7468機に達している。従来型と同じくA320neoファミリーの最終組立はトゥールーズの他にハンブルクでも行なわれる。

A320neoは2011年6月のパリ航空ショーまでに667機の受注を集めて、ボーイング社を焦らせた。ボーイング社の737MAXは2021年7月末までに5894機の受注となっており、スタートの出遅れが響いているようだ。

A320neoとA321neoは好調だが、いまひとつ振るわない短胴型のA319neo。LEAP-1A搭載機が2017年3月31日に、PW1100G-JM搭載機（写真）が2019年4月25日に初飛行したが、現在デリバリーされているのは3機のみで、いずれもコーポレート機のACJ319neoだ。Airbus

さらなる長距離型として2023年の就航が予定されているA321XLR（写真はその初号機の前部胴体）。東京を基点にすると、デリーやシドニー線への就航が可能とされる。
Airbus

2017年10月16日、エアバスはボンバルディアとの間で同社が手がけた100〜150席級の小型機Cシリーズ（CS100／CS300）についてパートナーシップ契約を締結。翌18年7月1日にはCシリーズを自社製品へと統合し、機種名をA220へと改称した。A220-100／300は2021年7月末時点で644機を受注（納入済168機）。ほぼ同時期に型式証明を取得したA319neo（120〜150席）の不振は、このA220の存在とも無関係ではないだろう。Airbus

エアバス・モデルレンジに加わった末っ子 A220（旧Cシリーズ）の影響

Photo:Boeing

第5章

新世代ジェット・エアライナー

Boeing 787-8／747-8

ICAOの飛行場等級で最大の「コードF」に分類されるスパン79.75mの主翼。ギリギリ80m以内に収めたこの数値は、空港での運用性に配慮した結果でもある。Singapore Airlines

総二階建てキャビン、最大客席数800席超の技術的論点

エアバスA380

2005年初飛行／2007年初就航／製造機数248機(2021年7月末時点)

**2021年をもって、ついに製造終了。
実用化から15年にも満たない製造期間は確かに短命であったが、
しかし、凌駕すべきライバルのボーイング747が
胴体延長の発展型で延命を図ったのに対し、
まったく新しい超大型機として送り出されたA380の技術的挑戦の意義は、
決して小さなものではなかった。
総二階建てのキャビンは史上最多の客席数を誇る一方、
空港での運用性を熟慮した翼幅や胴体長の決定も着目すべき論点だ。**

史上最大のエアライナー

航空史上最大のエアライナーである。客席数はオール・エコノミーなら868席（型式証明の最大旅客数）、エアバス社自身が標準とする4クラスのミックスでも544席で、ボーイング747-8Iの410～605席をはるかに凌駕する。貨物機仕様のA380Fでは貨物室の容積は1134㎥になる（ただし貨物型は実際には生産されていない）。

A380の全幅79・75mはボーイング747-8を11m以上も上回る。ちなみにICAOの飛行場等級でコードF（翼幅65～80m）に分類されるのはこの2機種だけだ。

ただし六発の輸送機アントノフAn-225ムリーヤの翼幅はA380を上回るし、ストラトローンチ社の双胴六発のモデル351ロック（設計製作はスケールド・コンポジッツ社）は翼幅が117mもあって、ムリーヤよりさらに大きい。なおこれまで翼幅が最大の飛行機は、1947年に一度だけ飛んだヒューズH-4ハーキュリーズ（愛称スプルース・グース）で、全幅97・54mだった。

またA380の全長72・72mは、747-8よりも4m近く短いし、ムリーヤはさらに全長が長い。ムリーヤの貨物室容積は1300㎥、最大ペイロードは約250トン、最大離陸重量は640トンで、どれもA380を上回る。改造機であれば、ボーイング747LCF（ドリームリフター）の貨物室容積は1840㎥で、A380Fを凌ぐ。

まとめればA380は外寸ではこれまでで最大の飛行機でもなく、現用機で最大でもないが、旅客収容数としては航空史上最大になる。またエアライナーに限定すれば、最大貨物室容積や最大翼幅などのタイトルも保持している。

二階建て客室案の歴史

A380の胴体が747-8よりも短いのに座席数が3割ほども多いのは、客室を上下に重ねた総二階建ての形態のおかげだ。ただし客室が二階建てのエアライナーもA380が初めてというわけではない。

第二次大戦前の旅客用飛行艇の全盛時代には、飛行艇の胴体を船のように2～3層に分けた客室が見られた。構想のみに終わったが、ジェット飛行艇のソーンダーズ・ロウP192クイーンなどは、客室が五階建てになっていた。たぶん最上層が特等船室で、最下層が三等船室だろう。

戦後の陸上旅客機の時代になっても、二階建てのエアライナーはあった。フランスのブレゲー761／763／765は縦長の胴体を上下に分けて、上に59人、下に48人の乗客を乗せられた。このシリーズにはずばり「ドゥーポン（Deux-Ponts＝二階建て）」という愛称がある。ボーイング377ストラトクル

ボーイングと共同研究の超大型商業輸送機プロジェクトが終焉した90年代の中盤、エアバスはA3XXに着手して、2000年12月、これがA380としてローンチする。
Airbus

Konan Ase

Airbus

トゥールーズの施設で結合を待つ、幅7.14m、高さ8.41mのA380胴体。メイン・デッキは10列もしくは11列（写真のタイ国際航空機は10列を採用）、同じく2本の通路を持つアッパー・デッキは最大8列の配置となる。

747を凌駕した最多座席機
超大収容力エアライナーの核心
楕円断面の胴体

2006年3月28日に行なわれたA380の緊急脱出テスト。乗客に扮した873名が8か所（全16か所）のドアから90秒以内に脱出できることを実証した。Airbus

ーザーでは、床下客室をラウンジとして使用していた。

　軍用輸送機にも二階建てはあり、ロッキードＲ６Ｖコンスティチューションは二重円弧断面の胴体に１６８人を乗せることが出来た。またB-36を輸送機化したコンヴェアＸＣ-99も、上下の客室に最大４００人を詰め込めると謳われた。コンヴェア社ではＸＣ-99をターボプロップ化した２０４人乗りのモデル37をエアラインに提案し、一時期はパン・アメリカン航空が関心を示してもいたが、結局実現はしなかった。

　１９６０年代の半ば、ボーイング社、マクドネル・ダグラス社、ロッキード社が競うようにワイドボディ・エアライナーの開発に乗り出した時にも、どのメーカーも開発のどこかの段階で二階建て案を検討している。たとえばボーイング社の７４７最初期案は、胴体全長にわたって二階建ての客室が設けられており、一階は横8列、二階は横7列の座席配置で、通路は一階二階とも2本となっていた。

　マクドネル・ダグラス社は１９９０年代初めに、二階建て四発、４００～５００席級のＭＤ-12計画案をエアラインに提示している。同じ時期ボーイング社でも、747から発展した全二階建て案を747Xとして示していた。構想のみであれば、ロシアのスホーイ社でも800〜900席の総二階建てKR-860案を発表したことがある。

メーカーが総二階建て案を諦めた大きな理由に、貨物搭載スペースが足りなくなることとならんで、緊急時の乗客脱出の問題があった。いまの安全規則では、乗客の全員が90秒以内に緊急脱出できなければならない。脱出の手段として非常口からスライドを展開するが、二階席の非常口からのスライドはかなり長大なものとならざるをえない。だからと言って緊急時に二階の乗客全員を、機内の階段で一階に降ろしてから脱出させるわけにも行かないだろう。

結局、747では全長にわたる二階建ては採用されず、操縦席の張り出しの後方に小規模の客室を設けるだけになった。しかし他の客室とは隔絶された二階席は一等客には予想外に好評で、747-300からは二階部分が延長されている。おかげでそれ以降の型では上階が延長されたことで、総二階ではなくとも半二階建てくらいにはなっている。

ジャンボへの挑戦状

A380は、ボーイング社の747シリーズに対するエアバス社の挑戦だ。747は1970年の就航以来40年近くにわたって、最大のエアライナーの座に君臨して来た。その747の〝ジャンボ・ジェット〟から、最大かつ最多座席エアライナーのタイトルを奪い取ったのがA380だ。

ボーイング747を凌駕する超大型エアライナーは、エアバス社の長年の夢であったと言えよう。エアバス社が短距離小型機から長距離大型機までのフルライン・メーカーとなるには、ぜひとも747に匹敵する、あるいはそれ以上の規模のエアライナーを持ち駒に加える必要があった。

A380の計画が正式にゴーアヘッドしたのは1999年末のことだが、実際には計画の検討はそれ以前から行なわれていた。エアバス社の技術者有志は、1988年半ばから「超大収容力エアライナー（UHCA）」の仮称で、747に対抗する数百人乗りエアライナーの研究を開始している。UHCAの構成や規模は定まってはいなかったが、初期から客室を二階建てにする案が有力だった。一時はA340の胴体を二つ横に並べて連結した∞のような胴体断面の5百席級機も有望と思われたが、風洞実験の結果否定された。

二階建て客室にしても、大小の円を上下に重ねた二重円弧あるいはダルマ形と、全体が緩やかに一つの楕円で包まれた形とがあり、さまざまな座席配置が検討された。二重円弧では、直径の小さい上階が単通路のものもあった。すでにこのUHCA研究の段階で、後のA380と似た楕円断面が有力となっていた。

1993年1月初めには独DASAがボーイング社と共同で、

超大型商業輸送機（ＶＬＣＴ）に関する研究を行なうと発表して世界を驚かせた。この時点でエアバスはまだ会社組織ではなく、仏独西英の共同事業体に過ぎなかったが、仏アエロスパシアル、西ＣＡＳＡ、英ＢＡｅにしてみたら、ドイツの抜け駆けだろう。この3社も同月末にＶＬＣＴ研究への参加を表明して、計画は大西洋を挟んだ5社共同になった。

最初から5社の足並みや思惑が一致していたとも思えないが、5社のＶＬＣＴ研究グループは１９９５年7月に実質的な解散に合意した。すでに１９９４年半ばにボーイング社は発展型の７４７-５００Ｘ／６００Ｘ計画に、エアバスも完全に新規の仮称Ａ３ＸＸ計画に着手していた。１９９５年にはエアバス内に大型機部門が新設されている。

エアバスの長年の夢であったにもかかわらず、超大型エアライナーの開発に実際に踏み切るまでには時間が掛かった。市場の動向を見極め、エアラインの反応を探っていたからだが、エアバスが4か国の企業の共同事業体から単一の企業体へと生まれ変わる過程と重なったことも、計画の正式開始の決断を遅らせることになる。１００億ユーロ台にもなるとみられる巨額の開発費を要する計画を、軽々しく決断することは出来ない。

Ａ３ＸＸがＡ３８０として正式にスタートするのは、２０００年の12月のことだった。Ａ３００に始まり３１０、３２０、３３０、３４０と機名の数字を10ずつ増加させてきただけに、一気に３８０まで飛んだことは奇異の目で見られた。これに関してエアバス側から明確な説明はなかったが、８の字が上下二階建ての客室を想像させるとか、８の字が東アジアの漢字文化圏では縁起が良く、歓迎される数字だとか（日本でも「八」の字は「末広がり」と好まれる）、さまざまな憶測が飛び交った。

ゆったり豪華な空の旅を

Ａ３８０の胴体断面は、最大幅７・１４ｍ、高さ８・４１ｍの縦長の楕円形だ。楕円（oval）とは言っても、二つの焦点の有る幾何学的な意味での楕円形ではなくて、下側の径が大きく上側が小さい卵型の断面だ。内部は二つの床面で仕切られ、上下2層の客室と床下の貨物室がある。地上二階建て地下室付きと言ったところだろう。

メイン・デッキの客室の最大幅は６・５９ｍで、2本の通路を挟んで、オール・エコノミーならば3＋4＋3の合計10列、あるいは3＋5＋3の合計11列を配置できる。9列配置も出来るが、そのためにはシート・レイルを変える必要がある。

アッパー・デッキの最大幅は５・９２ｍで、この数字だけ見れば７７７より若干大きいくらいだが、左右の壁が狭まっているので、床面一杯には座席を配置できない。そのため2本の通路を挟んで、最大8列の座席配置になる（７７７だと最大10列）。

Ａ３８０はマスメディアでは「8百人乗り」などと形容されることもあるが、オール・エコノミーで８００席以上の仕様を指定したエアラインはこれまでになく、エアバス社が標準と呼ぶのも4クラスで544席の仕様だ。詰め込めるだけ詰め込むよりも、ゆったりと快適で豪華な空の旅が、A380の売り物なのだろう。この点は747-8でも同じだ。

実際のA380の客室配置を見ると、客席数は6百席以上から4百席前後までさまざまで、それぞれのエアラインの客層や路線を反映している。いまのところ座席数が一番多いのが615席のエミレーツ航空の2クラス仕様機で、メイン・デッキの客室はすべてエコノミーの437席と、それだけでも777に匹敵する客席数だ。アッパー・デッキはビジネス(58席)とエコノミー(120席)となっている。

一方、座席数が一番少ないのはシンガポール航空の4クラス379席の仕様で、メイン・デッキはファースト(12席)とエコノミー/プレミアム・エコノミー(計281席)、アッパー・デッキはビジネス(86席)のみとなっている。

大部分はファースト、ビジネス、エコノミーあるいはツーリストの3クラスだが、若干ゆったりしたプレミアム・エコノミーを加えた4クラス編成も多くなって来ている。

もっともシンガポールには他にも441席、471席の仕様がある。エミレーツにも489席、517席の仕様があり、二階建てを生かしてさまざまな座席やクラス配置を選ぶことが出来るのがA380の強みだ。

ただし配線などの変更は容易ではなく、実際上は生産されたままの仕様で終生使われるケースが多いと思われる。A380はエアライン間の転売が難しいエアライナーとの評価がある。

2019年5月に就航したANAのA380の客室仕様は、メイン・デッキをオール・エコノミーの383席、アッパー・デッキはファースト8席、ビジネス56席、プレミアム・エコノミー73席の合計520席となった。

A380のメインとアッパーの二つのデッキは、客室の前後端の階段で行き来できる。後ろのは螺旋階段だが、前方は一直線で幅広く、人が並んで上り下りできる。

世界の大手キャリアーが自社のサービスの旗艦に据えたA380。広大なキャビンを駆使し、従来のエアライナーを超越した客席や寛ぎのファシリティで乗客を迎えた。写真上はシンガポール航空のスイート(個室形状のファースト・クラス)、下はエミレーツ航空のバー・カウンター。

Ａ３８０の構想を発表した当時、エアバス社では広い客室内にはバーやラウンジ、シャワーやジャグジー、カジノなどを設けることが出来る、と盛んにアピールしたが、さすがにこれらを実際に設置したエアラインは少ない。中では中東系のエアラインの機内設備が豪勢で、エミレーツにはバーテンダーのいるバーやシャワー・ルームがあるし、エティハドやカタールもシャワーやバーを備えた。他にはいくつかのエアラインが、セルフ・サービスのバーやラウンジを用意している。

Ａ３８０の床下貨物室は、主翼付け根をはさんで前後に分かれる。前部貨物室にはＬＤ-3コンテナ20個あるいはＬＤ-11パレット（横幅３１７・５㎝）が７枚搭載出来る。後部貨物室は幅の狭い前半と幅広の後半、さらにバラ積み区画に分かれ、合わせてＬＤ-3ならば16個、あるいはＬＤ-3が６個にＬＤ-11パレット３枚を搭載できる。ちなみに７４７-８Ｉの床下貨物室はＬＤ-3ならば38個、ＬＤ-11ならば12枚を搭載出来る。

短い翼、小さなアスペクト比

Ａ３８０の主翼は、１／４翼弦の後退角が33・５度で、翼面積は８４５㎡になる。翼幅は79・８ｍなので、アスペクト比は７・５４だ。この数字は、７４７-１００のアスペクト比６・95よりは大きいものの、７４７-４００の７・９０、７４７-８の８・４５を下回る。

エアバス社では空港での取り扱いを困難にしないよう、Ａ３８０設計の際に全長全幅を80ｍ以内に抑えるよう腐心した。そこで主翼幅は80ｍぎりぎりに設定され、一方で６００トン近い離陸総重量を支えるためには、８４５㎡という大きな主翼面積を必要とした。その結果が７・５４という、最近のエアライナーとしては小さめのアスペクト比となった。

アスペクト比が小さい翼では巡航時のＬ／Ｄが低下し、結果的には燃料消費が増えて、運航費が何％か増加すると言う。純粋に空力的には90ｍ近い翼幅が望ましいが、それでは空港のスポットが制約されるので、総合的判断で約80ｍの翼幅が選ばれた。

ただし翼面積の計算の仕方は、エアバス社の方式とボーイング社の方式の間に、明らかな違いがある。簡単に言ってしまえば、主翼前縁の延長が胴体中心線と交わる部分の三角形の面積を算入するかどうかの違いで、ボーイング方式の翼面積では三角形部分も含み、エアバス方式では含めない。

従って同じ平面形の主翼で計算しても、エアバス方式はボーイング方式よりも公称翼面積が小さくなる。翼幅の二乗を翼面積で割った値であるアスペクト比は、逆にエアバス方式では大きく、ボーイング方式では小さく出ることには注意しておく必要がある。機体重量を翼面積で割った翼面荷重は、ボーイング方式よりもエアバス方式の方が若干大きくなる。

Ａ３８０の８４５㎡という公称翼面積は７４７シリーズの５～６割増しだが、最大離陸重量は７４７-１００の総重量の約

747-400よりも小さいアスペクト比7.54の主翼。翼端部にはエアバス機の定石としてウィングチップ・フェンスで翼端渦を減ずる。Airbus

超大型機でありながら、操縦空間はA320から続くエアバス・スタイルを踏襲。ただし各ディスプレイは縦長の形状で表示量を増やしたほか、中央下側のECAM両側にはチェックリストやACARSを表示するディスプレイが追加され、8面構成となった。Konan Ase

搭載エンジンはRRトレント900（写真）とEA GP7200の2種類。新規に開発されたエアライナーとしては、最後の4発機となった。Airbus

地上運用性に配慮した主翼スパンと抑えた翼面積で、重量減と高まる翼面荷重

７割増しだ。すなわちＡ３８０の翼面荷重は、７４７シリーズ登場時の翼面荷重よりも大きいことになる。Ａ３８０の最大離陸重量57万５０００kgで計算すれば、翼面荷重は６８０kg／㎡になる。

８４５㎡の翼面積は、Ａ３８０の将来の発展型で離陸総重量が６５０トンまで増大する前提で設定されたようで、その場合翼面荷重は７７０kg／㎡になる。

超大型機の設計においては、二乗三乗則の呪縛をなんとかして逃れ、構造重量を低減せねばならない。そのためには主翼面積は小さ目にせねばならず、必然的に超大型機の翼面荷重は大きい。ちなみにボーイング７０７の初登場時の翼面荷重は４００kg／㎡で、後期型でも５００kg／㎡を超えたくらいだった。７４７は最初から６００kg／㎡台の半ばで、７４７-８ＩではＡ３８０を大きく上回る８００kg／㎡台になっている。

大型機を成功させるカギは、構造重量の低減と強力なエンジンにある。離陸推力が８万ポンド級で、燃料消費の少ない高バイパス比のターボファンが実現したので、Ａ３８０は四発で成立したが、昔だったら六発機か八発機になっていたところだ。

Ａ３８０の標準エンジンは、ロールスロイス（ＲＲ）トレント９００であったが、後からエンジン・アライアンス社のＧＰ７２００が割り込んで来て、現在は受注数でもほぼ半々になっている。

トレント９００はＲＲ社お得意の三軸ターボファンで、バイ

パス比は8・5程度、離陸推力は7万7000lb(3万4926kgf)になる。

エンジン・アライアンス(EA)社は、大推力ターボファン・エンジンの大手のジェネラル・エレクトリック(GE)社とプラット&ホイットニー(P&W)社とが折半出資で設立した会社で、ボーイング787や747-8、エアバスA350XWBやA380に選ばれて好調のRRトレントに対抗するためと考えて良いだろう。GP7200は二軸の高バイパス比ターボファンで、離陸推力は8万1500lb(3万6968kgf)になる。

巨大ゆえに、遅れた引き渡し

A380の試作1号機(F-WWOW)は、2005年1月18日にトゥールーズ工場で公開され、4月27日にトゥールーズ・ブラニャック飛行場から飛び立った。1号機は3時間54分の初飛行の後、同じ飛行場に降り立った。

A380の試験飛行は5機の試作機によって行なわれ、4号機(F-WWDD)がGP7200エンジンを搭載、残りの試作機はトレント900を載せていた。

ここまでは順調だったのだが、エアバス社は初飛行から一週間ほどした2005年5月4日、A380の引き渡し予定を6か月先送りすると発表した。延期の原因は配線の困難で、数百人分の座席それぞれに通信や娯楽設備用の配線を施す作業は想像以上に手間がかかった。A380の客室内配線の総延長は530kmにも及び、接続は4万か所にもなるという。

コンピューター支援設計プログラムであるCATIAのバージョンが、英仏はヴァージョン5、独西はヴァージョン4で、実質的には別のソフトウェアなのでデータの共有が不可能などといった事態も、問題を複雑化させた。

引き渡しの予定はその後も2006年6月、同10月とそれぞれ半年ずつ先送りされ、当初の計画からの延期は合計して1年半に及んだ。もっともこの程度の計画遅延は、ボーイング787や三菱MRJに比べたらまだかわいいものだ。

A380のローンチ・カスタマーであるシンガポール航空(SIA)への引き渡し開始は、結局2007年10月15日になった。この機体(9V-SKA)は、同月25日にシンガポール=シドニー便で初就航した。SIAのA380発注数は24機になる。

2番目にA380を受領したのが、ドバイを本拠地とするエミレーツ航空で、2003年11月に21機を発注したのを皮切りに追加発注を重ね、世界最大のA380運用エアラインとなっている。保有するA380は100機を超え、発注総計は123機にもなる(キャンセル分を合わせると162機)。A380の受注総数は251機、引き渡し数は現時点で248機だから、どちらでも半分近くをエミレーツ一社で占めていることになる。なお同社はエンジンをEAとRRとに振り分けている。

他は大口発注者でもSIAの24機、ルフトハンザの14機、カンタスとＢＡの12機、エールフランス、エティハド、大韓航空、カタールの10機といったところだ。

　日本ではＡＮＡが２０１６年に３機を確定発注して２０１９年から就航させたが、その前にスカイマークの騒動があった。スカイマークは２０１１年、日本で最初にＡ３８０を発注している。スカイマークの求めた機内配置は、メイン・デッキがプレミアム・エコノミー２８０席、アッパー・デッキがビジネス１１４席の合計３９４席というゆったりしたもので、快適性を売り物としていた。スカイマークの発注は合計６機になった。

　スカイマークに引き渡し予定のＡ３８０（予定登録記号ＪＡ３８０Ａ）は２０１４年４月に初飛行したが、このころには巨額の先行投資などで同社の経営は傾き始めていて、同社はエアバス社に引き取り延期を申し出ていた。エアバス社は違約金を請求し、経営がさらに悪化したスカイマークは、２０１５年１月には民事再生法適用を申請するに至る。製造が進んでいた同社向けの２機は、結局エミレーツが引き取った。

　Ａ３８０の売れ行きは、出だしはまずまずであったが次第に伸びが鈍くなり、２０１０年代に入ってからはほとんど頭打ちとなった。スカイマークのように、発注を取り消す会社もいくつも出た。例のエミレーツが大口の追加発注を重ねていなければＡ３８０の生産は早々に終了していてもおかしくなかった。

　実際エアバス社ではＡ３８０の生産ペースを年産12機（月産１機）にまで落としており、Ａ３８０の需要が今後伸びることは考えにくかった。とうとう２０１９年２月にはＡ３８０の製造を２０２１年で終了することを発表した。貨物型（Ａ３８０Ｆ）や改良版Ａ３８０ｎｅｏの開発も実現することはなかった。

実現には至らなかった貨物型のA380F、そして新形状のウィングチップで経済性を高めるA380plusのコンセプト（2017年のパリ航空ショーで発表、A380neoとは別の計画だ）。
Airbus

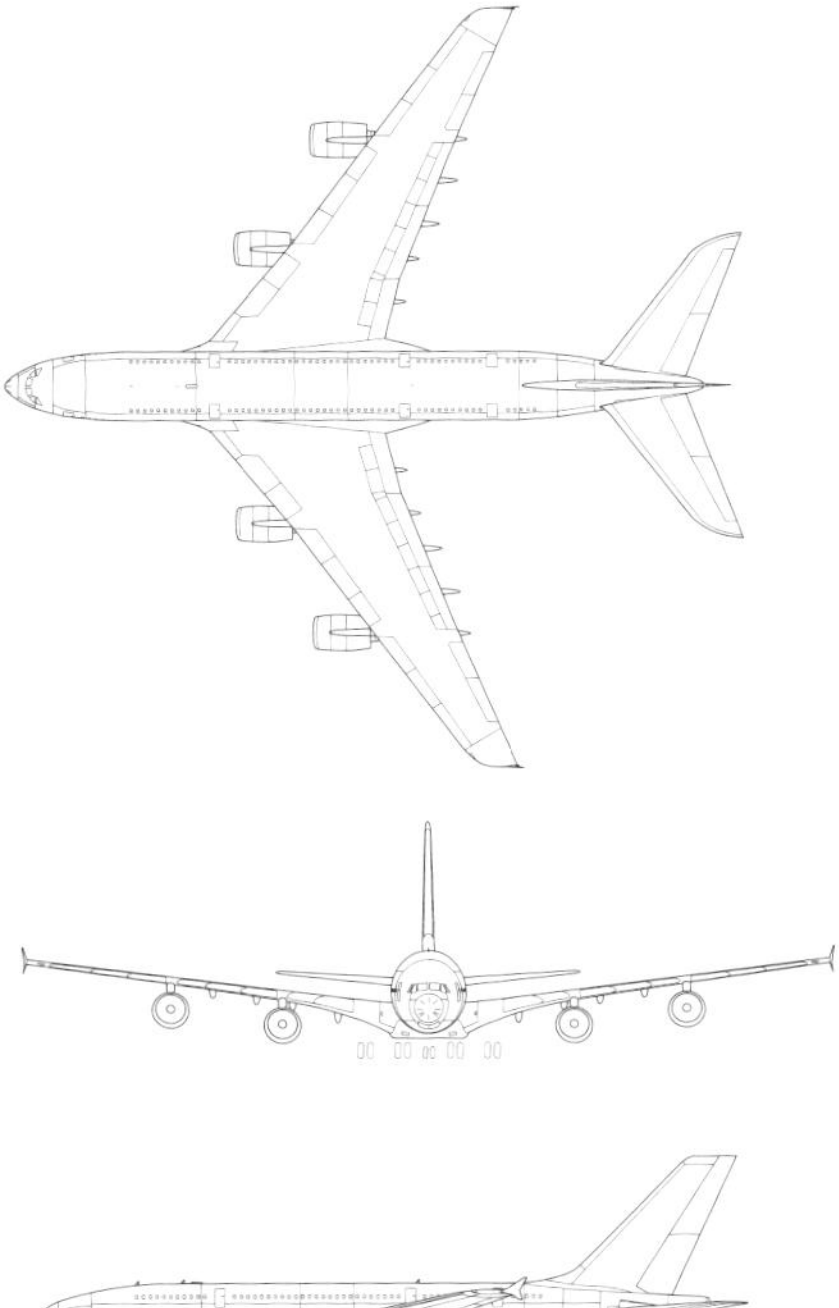

A380-800

全幅	79.8m
全長	72.7m
全高	24.1m
主翼面積	845㎡
最大離陸重量	575,000kg
最大運用速度	Mach 0.89
航続距離	14,800kg

滑らかな曲線を描く主翼と波型のシェヴロンが刻まれたエンジンを臨む、787らしいアングル。ローンチ・カスタマーのANAでは、長距離国際線から国内線まで幅広い路線に投入される文字通りの主力機となった。Akira Fukazawa

音速を捨て、経済性重視で昇華した夢の旅客機

ボーイング787 ドリームライナー

2009年初飛行／2011年初就航
製造機数1,006機（2021年7月末時点）

787 Dreamliner

	-8	-9	-10
全幅	60.1m		
全長	56.7m	62.8m	68.3m
全高	16.9m	17.0m	17.2m
最大離陸重量	219,540kg	24,940kg	254,000kg
最大巡航速度	Mach 0.85		
航続距離	13,530km	13,950km	11,750km

ANAがローンチ・カスタマーとなり、また製造面でも日本の重工各社が計35%という高い割合で関与したことで、とりわけ日本では深い愛着とともに迎えられたボーイング787ドリームライナー。技術面では何といっても「高効率」に重きが置かれ、それを支える複合素材と電動化がキー・ポイントとなった。開発は難航したが、中型機ながら高い航続性能（つまり低燃費）が評価されて、たちまち世界各地のエアラインへと普及していったのである。

幻のソニック・クルーザー

787の愛称は「ドリームライナー」だ。ボーイング社のジェット・エアライナーに正式の愛称が付くのは初めてだろう。

しかしこの「夢の旅客機」は、ボーイング社にとっての悪夢の旅客機にもなりかねなかった。ボーイング社自身、787計画の迷走を繰り返すのは二度とごめんだと思っているだろう。

そもそも777の次の駒として、ボーイング社が当初想定していたのは、現実の787とはまったく異なったエアライナーであった。仮称を「ソニック・クルーザー」(音速巡航機)と言い、音速ぎりぎりのマッハ0・95〜0・98で巡航して、在来エアライナーよりも1〜2割飛行時間を短縮できる。

ふつうであればこの速度域は、抗力曲線が急激に立ち上がる領域(いわゆる音の壁)で、巡航には向かない。この領域を乗り越えて、むしろマッハ2〜3で巡航する方が抵抗は少なく、SST(超音速旅客機)はすべてその速度域を目標にしていた。ソニック・クルーザーは、進歩した空力設計で音の壁を少しだけ超音速側に押しやり、音速のほんの少し下で巡航することを狙っていた。

ボーイング社が初めてソニック・クルーザー構想を明らかにしたのは2001年3月末のことだった。前年12月にエアバス社はA380計画を正式にゴーアヘッドさせている。ソニック・クルーザーには、A380に対する牽制の意味もあったろう。ソニック・クルーザーは200〜300席級で、A380の半分程度の規模でしかない。これに関してボーイング社では、大空港間を大型機で結び、そこで中型機や小型機に乗り換えて目的地に向かうハブ&スポーク方式の時代は終わり、これからは目的地まで直行する中型機の時代になる、と我田引水の主張を行なった。

ソニック・クルーザーの形態は従来の旅客機の基本形態(それこそボーイング社が707で確立したパターンだが)とは全く異なり、二段に後退角が変化する主翼とエンジンを機尾に配し、機首にはカナードを持っている。ターボプロップとターボファンの違いはあるが、ビーチクラフト社のスターシップと基本的には同じ形態だ。

2枚の垂直尾翼がエンジン・ナセルの上に立っていて、内側

2001年に公表されたソニック・クルーザーの構想。何よりも速度性能を求めた計画は注目こそ集めたが、顧客の支持を得るには至らなかった。Boeing

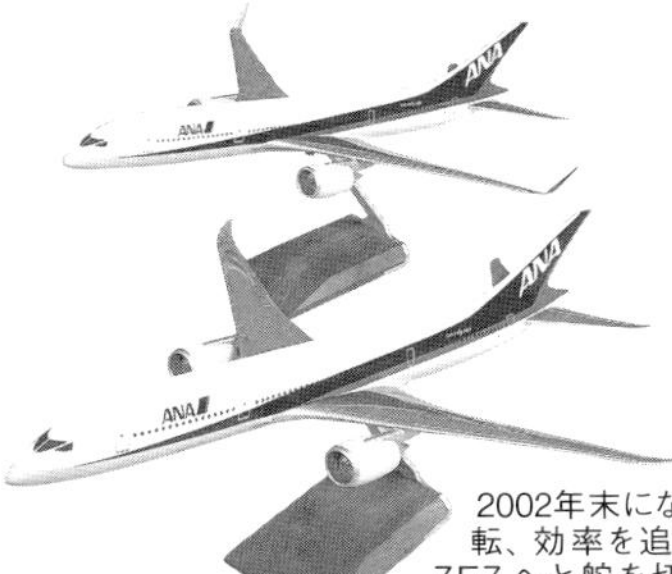

2002年末になると一転、効率を追求した7E7へと舵を切った。ANA発注時の2004年に撮影した模型は、現在の787とは細部で意匠が異なる。奥は国内線仕様の787-3。Yohichi Kokubo

に傾いている点は、ロッキードSR-71を想起させる。内翼の後退角が大きく、ストレーキのように前方に延びているのも、SR-71のチャインに似ている。

ソニック・クルーザーは大雑把なデータしか明らかにはされず、そのデータも発表時期によってかなり違っていたが、2001年4月の時点では最大航続距離は9000nm（1万6700km）となっていた。しかし2002年2月になると、航続距離は6000〜7500nm（1万1100〜1万3900km）とだいぶ短くなり、機体規模もやや小さくなっている。

ソニック・クルーザーの胴体外形は5・1m程度で、767より若干大きいくらいだ。抵抗を考えればワイドボディは採用できず、セミ・ワイドボディに留まる。エコノミー・クラスの座席配置は、2本の通路を挟んで2列ずつの座席計6列か、767と同じく2+3+2の計7列になる。機体規模も767-200/300に相当する。

イエローストーン（Y2）

ボーイング社がソニック・クルーザーで本気で勝負するつもりであったのか、それともエアバス社を攪乱しようと意図的にボール球を投げたのかは分からない。

ただソニック・クルーザー計画の息の根を止めたのは（あるいは、計画を引っ込める口実を与えたのは）、2001年9月11日のアメリカ同時多発テロリズムに端を発した航空旅客需要の落ち込みと、その後の原油高だった。エアラインの関心はスピードよりも経済性に向かった。

2002年の12月、ボーイング社はソニック・クルーザー構想の取り下げを正式発表、代わって「7E7」と仮称する次期エアライナーの計画を発表した。7E7の〝E〟には「効率」(Efficiency)、「経済性」(Economics)、「環境」(Environmental performance)、「並外れた快適さ」(Exceptional comfort)、「ITネットワーク化したシステム」(E-Enabled systems)など、さまざまな意味が込められていると、ボーイング社の広報は説明した。効率と経済性に関してボーイング社は、従来のエアライナーよりも燃料経済性が20%優れていると強調した。

もともとボーイング社ではソニック・クルーザー構想とは無関係に、「イエローストーン」の仮称で、3種の次世代エアライナーの開発構想を以前から検討して来ていた。イエローストーン1（Y1）は100〜250席級で、737、757、767-200の代替となる。Y2は250〜350席級で、767-300/400を更新する。Y3は350〜600席級で、777-300や747の代替だ。新世代の低燃費ターボファンや複合材料構造、油圧の代わりに電気を使うシステムなどが共通している。このイエローストーン構想のY2が具体化したのが7E7、いまの787ドリームライナーだ。

7E7が計画名を787と正式に改めたのは2005年の1

月のことで、７７７の次だから７８７は最初から決まっていただろうが、ボーイング社は「７Ｅ７のＥは実はEightの頭文字であったのだ」との奇妙な理屈で改称を正当化した。時期によって呼び名を変えるのも面倒なので、ここからは７８７で通すことにしよう。

ドリームライナーの愛称は公募で決まったことになっているが、一番応募が多かったのは、ソニック・クルーザーのノリを引き継いだ「グローバル・クルーザー」（地球巡航機）であったとも言う。

７８７は７Ｅ７と呼ばれていた当時からすでに現在の技術的特徴を備えていたが、７Ｅ７の完成予想図では尾翼は主翼同様に先端が尖り、またエアライナーの顔ともいうべき機首のウィンドウの切り方も違っていたので、外観の印象は若干異なる。

あえて言えば、現在の７８７以上に生物的というか、イルカか何かの水棲動物を思わせるイラストレーションだった。その姿に航空評論家のＩＯ氏など、「エアライナーに擬態した宇宙生物みたいで気持ち悪い」とまで言っていた。

全複合材料の構造

７８７の最大の技術的特徴は主尾翼にも胴体にも全面的に複合材料を使った構造だろう。

カーボン繊維をエポキシなどの樹脂（レジン）で固めた複合材料は、１９７０年代から軍用機を皮切りに、やや遅れて民間機にも使われるようになった。最初はフェアリングなど機体強度を担わない箇所に用いられ、舵面などの二次構造からやがて一次構造にも進出した。しかし翼と胴体の構造に全面的に複合材料を採用したのは、エアライナーでは７８７が初めてになる。

ボーイング社によれば、７８７の構造の重量にして50％が複合材料だ。複合材料は軽いから（比強度が高い）重量比では半分だが、容積で比べたら構造の80％が複合材料になる。従来のアルミニウム合金は重量比にして20％で、チタンが15％、鋼が10％、それら以外が５％となっている。チタンはファスナー類以外にはエンジンが多い。

７８７では従来のアルミニウム合金構造を単純に複合材料構造に置き換えたのではなく、複合材料を前提とした構造と製作方法を採用している。主翼の一次構造は、カーボン繊維にエポキシ樹脂を含浸させたプリプレグを積層する従来からのレイアップ方式だが、胴体ではマンドレルと呼ばれる鉄ニッケル合金製の円筒形の雄型を回転させながら、表面にプリプレグのテープを巻き付けていくフィラメント・ワインディング方式を採っている。動翼やエンジン・カウルには複合材料のサンドイッチが用いられている。翼胴フェアリングなど非強度部品には、カーボンではなくグラスファイバー複合材料が使われている。

ボーイング７８７には、これまでのところ四つの型が提案されている。７８７-３、７８７-８、７８７-９、７８７-10と名付けられているが、787-3の開発は保留になっているので、生産に乗っているのは三つの型だ。

787-3は2クラスで296席の中短距離型で、かつての747SRを思わせる日本専用のタイプだ。ANAとJALだけが合計45機発注していたが、787計画が停滞した時期にどちらのエアラインも発注を787-8に切り替え、受注ゼロとなってしまった。そこでボーイング社も787-3の開発をストップしたが、開発中止ではなく中断なので、再提示される可能性がまったく消えたわけではない。

生産中の三つの型は全幅が同じ60・12mで(787-3は52・0m)、胴体長(全長)を違えて収容力を変えている。

787-8は一番最初に生産された型で、標準的な座席数は2クラス242席だ(ビジネス24席、エコノミー218席)。航続距離はボーイング社の資料で7355nm(1万3620km)となっている。

787-9は胴体を6・10m延長した座席数290席(28席+262席)の型で、航続距離は7635nm(1万4140km)になる。

787-10は胴体を787-9よりさらに約5・5m延長した330席(32席+298席)の型で、航続距離は多少減って6430nm(1万1900km)になる。床下貨物室も最長で、LD-3コンテナが40個収容できる。787-10の1号機は2017年3月31日に初飛行した。

柔軟にしなう主翼

787の外観上の大きな特徴は、ぴんと跳ね上がった主翼だろう。側面図で見ても翼端が胴体の上と重なるくらいの高さにあるが、水平飛行中(1G)には主翼は上に反り返り、地上の時より翼端が3mくらい高くなる。離陸上昇や旋回で大きな荷重(G)が掛かっているときには、翼端は地上にある時よりも8m近くも反り上がる。先の尖った主翼の形状が、反り返りを一層強調する。

もともとボーイング社はB-47爆撃機以来、剛性を高めて主翼をがちがちに固めるよりも、荷重を受け流すように大きくしなう軽量構造の後退翼を得意として来たが、787の主翼のしなりは極端だ。これは787の全複合材料構造がアルミニウム合金構造よりも柔軟なおかげで、離陸時などいまにもぽっきり折れそうにも見えるが、必要な強度はもちろん確保されている。複合材料は金属とは違い、繰り返し荷重による疲労も生じにくい。

787の主翼は1/4翼弦での後退角が32・2度で、747の37・5度よりはだいぶ浅い。スーパー・クリティカル翼型に代表される空気力学の進歩で、同じ巡航速度(マッハ0・85)を狙っても、より浅い後退角で済むようになったわけだ。

787の主翼面積は公表されていない。360・5㎡というデータが散見されるが、某エアラインから出てきた数字で、ボーイング社が正式に認めたデータではない。どの部分を図った数字かもわからないので（翼面積の定義はいくつもある）、他社のエアライナーはもちろんのこと、ボーイング社の機体との比較も慎重になる必要がある。

仮にこの数字を使ってアスペクト比を計算すれば10・0になる。見掛けからしても、かなり細長い主翼であるのは間違いない。

787の飛行制御系統はデジタルFBWで、舵面を動かす動力には5000psi（34・5MPa）の超高圧油圧系統が用いられている。エアバスA380に続いて、ボーイング社も787で5000psi系統に踏み切ったわけだ（777までは3000psi）。この圧力は左右のエンジンが駆動する油圧ポンプと、270V直流モーターで駆動する油圧ポンプで供給される。油圧系統には独立した左右系統とは別に、2基の電気油圧ポンプを持つ中央系統がある。

787の主翼の操縦翼面は、従来型の高速（全速度）用と低速用のエルロンとスポイラーだが、内側の高速エルロンはフラップ兼用のフラッペロンとして使われる。またフラップは巡航中にも少しだけ下げられ、主翼キャンバーを変えるのにも用いられる。

スポイラーは通常の機能のほか、フラップが下がっているときには通常とは逆に若干下がり、主翼上面を滑らかにつなぐようになっている。舵面と異なりスポイラーは電動だ。前縁にはスラットがある。

787に取り入れられた最新の空気力学の成果がぴんと尖った翼端で、ボーイング社ではレイクド・ウィングチップと称している。翼端の前縁と後縁が円弧を描くように後退し、一点で合流するような形状で、翼端渦を可能な限り解消して抗力を減ずるアイディアだ。

レイクド・ウィングチップの短所があるとすれば翼幅が大きくなることで、日本専用の787-3では地方空港の狭い駐機場での取り回しを楽にするために、あえてレイクド・ウィングチップではなく従来型のウィングレットを翼端に立てている。ボーイング社の言い分を信じる限り、抵抗はわずかに大きいはずだが、短距離路線専用ならば実質的な差はないと言える。

無抽気のエンジン

787の売り物の「経済性」や「環境」を支えているのが、「効率」が良く騒音の少ないエンジンだ。エンジンの効率の良さは、燃料消費の少なさと言い換えられるだろう。

787はロールスロイス（RR）社のトレント1000ターボファンを搭載した形でローンチされ、初就航した。ボーイング社のエアライナーが、アメリカ製以外のエンジンを載せてデビューしたのは757以来のことだ。

トレントはRB211以降のRR製ターボファンのトレードマークのようになった3軸式で、原型は1990年に始動した。

シリーズ最長の機体規模を誇る787-10は、2018年5月にシンガポール航空で世界初就航した。全長は68.3mに達し、777-200よりも大きい。Boeing

ノー・ブリードで熱効率を高めた経済性の根源、787のエンジン

トレント１０００そのものは２００６年2月に初号機が試運転を開始している。

　ちなみに河川の名を付けるのはＲＲ社のジェット・エンジンの伝統だが、ＲＲ社の歴史でトレント川(イングランド中部の大きな川)に因んだエンジンは三つある。初代トレント(ＲＢ50)は大戦末期のターボプロップの試み、二代目ＲＢ２０３はＲＢ２１１に先行する１９６０年代の3軸ターボファンだが、試作だけに終わった。

　現在の三代目トレントは高バイパス比の3軸ターボファンだが、バイパス比は約10と、ＲＢ２１１の倍にもなる。それだけ大量の空気を高亜音速で吹き出して推力にしているわけで、巡航時の推進効率が高いことがうかがえる。推力の85%はファンから生み出されている。全圧縮比は約50で、熱効率すなわち燃料経済性の向上も著しい。トレント１０００Ａの離陸推力は3万１４３１kgfになる。

　機体同様にトレント・エンジンも国際共同開発の産物で、日本企業では川崎重工が中圧圧縮機モジュール、三菱重工が燃焼器と低圧タービン・ブレイドで参加している。

　ボーイング社は７８７計画ではエンジンを1種類に絞りたかったようだが、エンジンの選択肢を求める顧客の要望で、ジェネラル・エレクトリック(ＧＥ)社のＧＥｎｘターボファンが採用された(Ｐ＆Ｗは脱落)。画期的なのは、ボーイング社の要望でトレントとＧＥｎｘのインターフェイスが共通化されていることで、エアラインは購入した機体のエンジンをＲＲ社からＧＥ社へ、あるいはその逆に付け替えるのも可能となった。

　トレント搭載の７８７の初飛行から約半年遅れで、ＧＥｎｘを積んだ７８７も進空している。デビューは一足遅れたが、ＧＥ製エンジンを指定する顧客も多く、現在のところ７８７に関してはＧＥ社がやや優勢で、７８７の受注の過半数を抑えている。

　ＧＥｎｘ-１Ｂ70は2軸のターボファンで、バイパス比は９・６、全圧縮比は43になる。離陸推力は3万２７９５kgfだ。ＧＥｎｘも国際共同の産物で、日本ではＩＨＩと三菱重工が参加している。

ボーイング社がイエローストーン構想で電気を多用するシステム設計を考えていたことはすでに述べたが、７８７はその理想を現時点で可能な限り実現したエアライナーとなった。

　従来のエアライナーでは機内の与圧をはじめ多くの機能に、エンジンの圧縮機からの抽気を用いていた。抽気は圧縮機の効率を落とし、エンジンの熱効率（燃費率）を悪くする。７８７では圧縮空気利用を電気に置き換えることで、燃費を３％向上させている。ボーイング社では７８７のアーキテクチャーを「無抽気」(no-bleed or bleedless) システムズと称している。

　無抽気とは言っても、エンジン・ナセルの防氷にだけは圧縮機からの抽気が用いられている。

　７８７の電気系統には、１１５ボルト交流（ＶＡＣ）、28ボルト直流（ＶＤＣ）、２３５ＶＡＣ、±２７０ＶＤＣの四つの系統がある。１１５ＶＡＣと28ＶＤＣは従来のエアライナーでも一般的だが、２３５ＶＡＣと±２７０ＶＤＣの系統は７８７独特で、適宜使い分けられている。

　油圧系統と同じく電気系統の源もエンジンで、スターターを兼ねた交流発電機（２５０ｋＶＡ）２基ずつが、両エンジンの回転軸からギアボックスを介して駆動される。発電機には定速式ではなく、エンジン回転数に応じて出力周波数が３６０～８００Hzに変化する可変周波数式が、単純で信頼性が高いとして採用されている。

　四つの可変周波数交流発電機は、それぞれの２３５ＶＡＣバスに電気を送り、そこから変流整流器を経て±２７０ＶＤＣバス、１１５ＶＡＣ、28ＶＤＣのバスへと流れる。一部の機器は２３５ＶＡＣをそのまま利用する。

　従来のエアライナーでは、補助動力装置（ＡＰＵ）が圧縮空気供給の役割も担っていたが、７８７のＰ＆Ｗカナダ（Ｐ＆ＷＣ）ＡＰＳ５０００は2基の発電機（２２５ｋＶＡ）を駆動して電気をメイン・バスに供給する全電気ＡＰＵとなっている。

　両エンジン喪失のような異常事態には、ラム・エア・タービン（ＲＡＴ）が展開されて油圧と電気を提供する。電気系統をバックアップするバッテリーには、従来のニッケル・カドミウム（ニッカド）二次電池ではなく、ＧＳユアサ社のリチウム・イオン二次電池が採用されている。

複合材胴体の効能

　７８７の胴体は直径（外径）が５・７７ｍで、ボーイング社のエアライナーでは７６７（５・０３ｍ）と７７７（６・２０ｍ）の中間になる。７６７はセミ・ワイドボディに分類されるが、７８７は７７７と同じワイドボディの一族に属するだろう。

７８７の胴体直径はエアバス社のＡ３３０／Ａ３４０の５・６４ｍよりも若干大きく、直接のライバルになるＡ３５０ＸＷＢの５・９６ｍよりは小さい。

　正確に言えば直径５・７７ｍは胴体の平行部分の幅で、胴体

787は胴体径5.77mで、キャビンは横8席もしくは9席が標準的な配置となる。電子シェードやLEDによるキャビン・ライティングの導入もトピックだった。Boeing

の高さは5・94ｍになる。胴体の断面は従来のような真円ではなくて、大小の円弧を重ねた逆ダルマ形でもなく、縦長の楕円形になる。

787の胴体は、床下貨物室にLD-3コンテナを二つ並べて搭載することができる。LD-3が一列しか積めない、幅の狭い767の床下貨物室はやはりエアラインからは不評であったのだろう。787-8ではLD-3を28個搭載でき、787-9では36個、787-10では40個積める。

787のキャビンの幅は5・49ｍで、2本の通路を挟んで、エコノミー・クラスでは2列+4列+2列の合計8列の座席を配置できる。一部のエアラインでは3列+3列+3列の合計9列配置もある。ファースト・クラスあるいはビジネス・クラスには、2列ずつ合計6列の座席をゆったり配置できる。

ボーイング社自身が典型的な座席配置として資料に載せているのは、787-8の場合でファースト・クラス6列で16席、ビジネス6列で44席、エコノミー9列で182席の、合計242席だ。787-9の場合はファースト16席、ビジネス50席、エコノミー214席の、合計280席になる。

また客席には乗員休息用の「屋根裏部屋」が設けられている。客室最前部の天井裏にはベッド2床と椅子一つの運航乗務員休憩室が、最後部の天井裏には6床の客室乗務員休憩室が用意されている。

従来のエアライナーは、エンジンから抜き出した圧縮空気を、圧力と温度を調整したうえでキャビンの与圧に用いていた。一般に機内の気圧は高度8000ft（2438ｍ）相当以下に設定されている。

ところが787では、軽くて強度の高い複合材料製の胴体構造を生かして、巡航高度4万3000ft（1万3106ｍ）においても、高度6000ft（1829ｍ）相当の機内高度を実現している。

機内に与圧空気を供給するのは、電気モーターで駆動される圧縮機だ。エンジンからの抽気ではなく、外気をフィルターを通して取り込んで圧縮している。圧力差が小さければ、飛行中に頭痛に悩まされたり耳が痛くなったりする人は減るだろう。

さらに787では、空気を加湿した上で機内を与圧している。おかげで乗客は喉や眼、お肌の渇きに悩まされることもない。従来のアルミニウム合金主体のエアライナーでは、結露が構造腐食の原因になるので、機内の湿度は低めに抑えていた。787の機内環境は全体的に乗客にやさしく快適と言えるだろう。

機内高度や与圧は直接には乗客に感じられないだろうが、787の座席に座ったときに客室窓が大きいことはすぐに分かるだろう。縦長で、従来のエアライナーよりも3割ほども面積が大きい。787の客室窓には従来のようなシェイドがなく、ボタンで透明度を調整するエレクトロクロミズム方式を採用している。

客室の照明がLEDであることも、乗客は気付くかもしれない。頭上の手荷物入れも従来より5割ほども収納力がアップしている。エアラインによっては従来方式を採用しているが、機内トイレットに温水ウォッシュレットが装備されたことも乗客にはありがたい。

グローバルな顔ぶれ

ボーイング社では787計画のために、これまでになかったグローバルな生産体制を組み上げた。

787の機体構造の生産において、ボーイング社のワーク・シェアは子会社まで合計しても35%に過ぎない。日本企業の合計も35%だから、本家ボーイング社と肩を並べることになる。これを以て787を「準国産機」などと呼ぶ人もいるが、日本のシェアは重工3社（と新明和）の合計であるのには注意しておかねばならないだろう。個々の企業を比べればボーイング社のシェアは断然大きい。もちろん787の設計の権利も、世界的な販売権も、ボーイング一社が保有している。

ただし日本企業をボーイング社の単なる下請けと形容するのも正しくない。日本の企業はボーイング社から渡された設計図通りの製品を作って納入するのではなく、設計段階から787計画に関与している。もっともリスク・シェアリング・パートナー企業を設計に関与させるのは、1960年代からのエアライナー生産の慣行で、ボーイング社の専売特許でもないし、787計画に限ったものではない。しかし日本企業の計画シェアは、767では16%、77でも21%であったので、確実に増えてきている。

ボーイングのエアライナーでも777までは、日本やイタリアの計画参加企業からシアトルに派遣された技術者が、ボーイング社で机を並べて設計作業に従事していた。ところがネットワーク時代の787では、アメリカとヨーロッパ、日本の参加企業を通信回線で結んで、設計データを共有しながら作業を進めている。だからアメリカのチームが途中まで進めた設計を、時差のある日本が引き継いで、一段進めてイタリアのチームに引き渡すといったこともできる。

日本の計画参加企業の生産分担を見ると、三菱重工（MHI）は主翼の主構造であるウィング・ボックスを製造する。川崎重工業（KHI）は前部胴体の後半部分（セクション43）と主降着車輪収納部（ホイール・ウェル／セクション45）、それに主翼の後縁固定部分を製造する。スバル（旧富士重工業＝FHI）は胴内翼あるいはウィング・キャリースルーなどとも呼ばれる中央翼（セクション11）を製造し、後ろにKHIが造ったセクション45を結合する。新明和工業は主翼桁を製作して三菱重工に納入している。重工3社は名古屋周辺に工場を設けて787

同じグラス・コクピットとはいえ、777と比べるとディスプレイのサイズは2倍以上に拡大。装いを新たにしたが、従来通りの操縦輪がいかにもボーイングの世界だ。
Akira Fukazawa

のセクションを製造している。

3重工以外のサプライヤーでも、例えばジャムコは得意のギャレーやトイレの他にも操縦室ドアなどを製造しているし、GSユアサはリチウムイオン・バッテリーを仏タレス社に納入している。住友精密工業はAPUオイルクーラーを、パナソニックは客室サービス・システム、機内娯楽システムを提供している。多摩川精機は角度検出センサーと小型DCブラシレス・モーターを造っている。東レは構造重量の半分を占める複合材料に、炭素繊維のトレカを独占的に供給している。

日本で完成したコンポーネントは空路アメリカに運ばれるが、ボーイング社は787関連の輸送用に747LCF（Large Cargo Freighter）ドリームリフターと名付けた、専用の輸送機を製作した。ドリームリフターは中古の747-400を改造して、胴体の上側をアウトサイズの貨物が搭載できるよう拡大している。貨物室の容積は1840㎥もある。787計画同様に747LCFの改造もグローバルで、設計の責任を持つのはもちろんボーイング社だが、実際の設計作業はモスクワやスペインのグループが担当し、改造作業は台湾の長榮航太科技が担当した。日本では中部国際空港（セントレア）に飛来して、787の胴体や主翼を積み込んではアメリカに飛んで行く。

見込み違いの生産体制

三菱重工が製造した主翼は米ワシントン州エヴァレットのボーイング社の787最終組み立て工場に直接空輸されるが、川崎重工の胴体は米サウスカロライナ州に空輸される。前部胴体のコクピット回りなど（セクション41）は米カンザス州ウィチタで製造されてエヴァレットに運び込まれる。オクラホマ州タルサでは主翼前縁固定部を製作しており、日本に空輸して三菱重工の手で主翼本体に組み付けられてから、再び太平洋を渡ってエヴァレットに運ばれる。

ボーイング社は787計画で意図的に生産拠点を分散しているようで、自社の工場あるいは生産子会社をアメリカ各地や隣国カナダに設けている。垂直安定板はワシントン州でもエヴァレットではなくフレデリクスンで製作され、中国から来るラダーと前縁と組み合わされた上で、近くのエヴァレットに陸送される。主翼後縁可動部はボーイング社のオーストラリア子会社で製作される。コクピットを含む前部胴体の前半部（セクション41）は、スピリット社がチャールストンで製造している。翼胴接合部のフェアリングは、加ウィニペグのボーイング子会社が製作して、エヴァレットまで鉄道輸送する。

米サウスカロライナ州のチャールストンには、後部胴体（セ

間もなく747LCFに搭載され米国へと送られる、三菱重工製の787主翼コンポーネント。中部国際空港には、787部品輸送のための「ドリームリフター・オペレーションズ・センター」が置かれている。
Hisami Ito

川崎重工での前部胴体の製造風景。787の開発では、日本やイタリアなど各地で造られるコンポーネントのロジスティクスから構築する必要があった。
Konan Ase

クション47と48）を造っているヴォート社の工場と、隣り合わせにグローバル・エアロノーティカ社の工場がある。グローバル社はヴォート社と伊アレニア社が共同出資して設立されて、川重の前部胴体（セクション43）と富士重の中央翼（45／11）と、イタリアで造った中部胴体（44／46）を結合して、エヴァレットに送る。

日米以外の計画参加国ではイタリアの比率が高い。イタリアは767計画の前段階の頃から、ボーイング社と共同でエアライナーの計画を推進して来た。伊アレニア社では中部胴体（セクション44／46）と水平安定板を担当し、787の14％を製造している。水平安定板は直接エヴァレットに空輸されるが、中部胴体はチャールストンに送られる。

その他の国々では韓国のＫＡＬが主翼端とテイルコーンを製作し、前者は三菱重工に納められて主翼に取り付けられる。中国の成都はラダーを、瀋陽は垂直安定板前縁を、ハーフェイは翼胴フェアリングをそれぞれ製造する。ボーイング社の関連会社の豪ホーカー・デハヴィランド社では、主翼前縁可動部と内舷フラップを造っている。スウェーデンのサーブ社は貨物室ドアを、フランスのラテコエール社では客室ドアを請け負っている。イギリスではメシエ・ダウティ社が降着装置を請け負っている。

しかしボーイング社の組み立てた国際共同生産体制は、目論見通りには機能しなかった。共同生産のメーカーの中には、ボーイング社の求める生産技術や複合材料を扱った経験、生産管理の技法を有していないところがあった。

世界各地へと複雑に発達したサプライ・チェーン

「鎖の強度は一番弱い輪で決まる」との格言があるが、ボーイング社が構築したグローバルなサプライ・チェーンで一番弱かった輪は、チャールストン近郊のグローバル・エアロノーティカ社であったろう。

チャールストンには、ヴォート社とアレニア社が折半出資して設立したグローバル・エアロノーティカ社と、ヴォート社の工場が隣り合って建っていた。ところがグローバル社では航空機の生産に全く携わったことのない工員を大量に雇い入れており、彼らは自動車を生産するよ

晴れの日に沸く、2007年7月8日のロールアウト・セレモニー。しかし、この時点で787は完成とは程遠い状態であった。Boeing

うなつもりで787を手掛けていた。結果的にグローバル社の製品の品質と納期には大きな問題があった。

2008年から2009年にかけて、ボーイング社はヴォート社とアレニア社からグローバル・エアロノーティカ社の株式を買い上げて、同社を完全に子会社化した。ボーイング社の管理職を派遣して、雇用関係を直接にコントロールするためだ。さらに2009年末にはヴォート社の工場も買収して、チャールストンの工場群を自社のボーイング・サウスカロライナへと再編した。

サウスカロライナの施設には、エヴァレットに次ぐ787の三本目の最終組立ラインが設けられた（エヴァレット工場には正規の組み立てラインと緊急増産用のラインがある）。また787の三種類のラインナップのうち787-10は、サウスカロライナのみで製造されることとした。

（2020年10月にボーイングは787全機の製造をサウスカロライナに集約する方針を発表している）

“未完成”披露式典

787のロールアウト予定日は2007年の7月8日と、ボーイング社では早くから発表していた。アメリカ式の年月日表記では、この日は7/8/7と書かれる。

787ドリームライナーの1号機（ZA001/登録記号N787BA）は、予告通りに2007年7月8日にエヴァレットでロールアウトした。1万5千人の招待客が、1号機が牽引されて姿を現したのに歓声を上げ、世界中の何十万という人々が生中継に見入った。787がロールアウト前にすでに677機の受注を得ていることが誇らしげに公表された。

しかし787の状態は完成には程遠かった。招待客に見せられたのは、世界各地から到着した未完成のコンポーネントを寄せ集めて仮のファスナー等で結合して、とりあえず飛行機の形にした代物に過ぎなかった。完成披露式典どころか、実態は未完成披露式典だったのだ。試験用機だから客席などがないのは当たり前だが、それどころか床すらない部分もあったとの話もある。外観だけが787の「仮組した縮尺1/1のプラモデル」、あるいは「複合材料製実物大モックアップ」といったところだ。

招待客に披露された1号機はすぐにまた工場内に引き込まれ、仮ファスナーを外してコンポーネント単位に分解された。それからボーイング社の技術者工員総がかりで未完成の箇所を修正して、艤装を施されたうえで、再度組み立てなおされた。

２００７年８月末と予告されていた初飛行の日取りは、とりあえずその年の年末まで延期された。しかしその後も３か月単位の延期が繰り返されたが、遅延の理由は中央翼の設計変更から部品納入の遅れ、ボーイング社の労働者ストライキなどさまざまだった。あたかもＺＡ００１は永久に飛行しないかのようだった。

ローンチ・カスタマーのＡＮＡは２００８年５月頃に７８７生産型の引き渡しを受け、同年夏の北京オリンピックまでには羽田＝北京線に７８７を就航させる計画だったが、試作機が一度も飛ばないうちに２００８年は過ぎ去った。「まぁ、次のオリンピック（２０１２年夏ロンドン）までには初飛行するさ」との、笑えない冗談までささやかれた。

７８７が初飛行したのは結局予告より2年半近く遅れた、２００９年12月15日だった。エヴァレットのペイン・フィールドを飛び立ったＺＡ００１は、３時間掛けて同じ州内にあるシアトルのボーイング・フィールドまで飛んで着陸した。ボーイング・フィールドには長さ３０４８ｍの滑走路があるなど、試験飛行により適していたからだ。

７８７の初期の試験飛行はボーイング・フィールドを拠点に、ときどきは他の飛行場にも足を延ばして、2年近く掛けて行なわれた。試験用機はＺＡ００１からＺＡ００６までの６機だ。当初の予定ではこれら６機は、試験が終わったら改修して顧客に引き渡されるはずだったが、構造重量が２・３ｔも超過していて所期の性能が出ないとして引き取りを拒否された。

ＡＮＡに最初の７８７生産型が引き渡されたのは２０１１年9月25日のことで、エヴァレットで引き渡し式を行なった後、9月28日に羽田空港に飛来した。この機体は通算８号機で（７号機は手直しの末に２０１２年８月になって引き渡し）、ＪＡ８０１Ａの登録記号を受けた。

ＡＮＡは７８７を国内線や近距離国際線に投入するつもりで、最初の商業運航は２０１１年10月26日の成田＝香港線（チャーター便）になった。２０１２年１月には国内定期便の運航も始まっている。翌11月１日には羽田から北京への運航も開始されたが、北京オリンピックは３年半も前に終わっていた。７８７の発注数では、ローンチ・カスタマーのＡＮＡが総数95機（-８が36機、-９が45機、-10が14機）で群を抜いている。

対照的にＪＡＬは７８７を長距離国際線でだけ使用することにしており、商業運航第一便は２０１２年４月の成田＝ボストン直行便だった（２０１９年10月からはＪＡＬも国内線で７８７の運航を開始した）。

初飛行前に空前の大量受注を得ていた７８７だが、初飛行が延び延びになっていた時期には逆にいくつかのエアラインからの発注取り消しが出て、受注総数は伸び悩んだ。しかし生産型の納入か始まったころから再び勢いを取り戻して、２０２１年７月末の時点で受注総数は１８９６機になっている。

Boeing 747-8I

旅客型747-8インターコンチネンタルを導入したのは、ルフトハンザ、大韓航空、中国国際航空の3社のみ。ルフトハンザと大韓はA380と両方を導入した点が興味深い。Lufthansa

787の技術で進化を遂げた、最初で最後の胴体延長型

ボーイング 747-8 フレイター／インターコンチネンタル

747-8F 2010年初飛行／2011年初就航／製造機数98機（2021年7月末時点）

747-8I 2011年初飛行／2012年初就航／製造機数47機

新規開発のA380で超大型機の新たな世界を見せたエアバスに対し、この分野のパイオニアであるボーイングは747の発展型という安全策をとった。すなわち胴体を延長して座席数を増し、搭載エンジンに787が導入したGEnxの派生型を採用することで効率化を図ったのだ。しかし、貨物型への一定数の需要を除けば販売は低調。ついにボーイングは2022年をもってその製造を終えることを決断し、ジャンボは栄光の歴史に幕を下ろすこととなった。

胴体も主翼も拡大

胴体短縮型の747SPを唯一の例外（45機の生産で終わった）として、ボーイング747シリーズは全長70・66ｍの胴体のままでずっと発展して来た。途中からは二階の客席が増設されて、胴体のシルエットは変化したものの、機体の全長（胴体長）に変化はない。

747-400はグラス・コクピットを採用してツー・マン・クルーとなり、300以前の型とシステム的には大きく変化したものの、外観はそれ以前の型と根本的な違いはない。747-400では全幅が大きくなったが、翼端を延長しただけで、主翼の基本構造に変化はない。

その747シリーズで初めて胴体も主翼も大きく変わったのが747-8だ。これまでの通例からすれば747-800になるところだが、あえて747-8としたのは、これまでのシリーズの延長ではないと強調したかったのか。機種コード（ICAO）は「B748」になる。

747-400との間の500や600、700はどうしたと思うかもしれないが、いずれも提案だけに終わった構想だ。

ボーイング社は1996年のファーンボロ航空ショーで、747-500Xと747-600Xと名付けた構想を発表している。どちらも777の技術を取り入れた全幅77ｍの新しい主翼と、延長した胴体を組み合わせている。747-500Xは胴体を18ft（5・49ｍ）延長するもので、標準462席になる。747-600Xは胴体を14・3ｍ延長して、548席になる。航続距離は前者が8700nm（1万6112㎞）、後者でも7700nm（1万4260㎞）だ。

同時に公表された747-700Xの構想はこれらほどに具体的ではないが、胴体の単純な延長ではなく、胴体幅も拡張して650席とするものだった。航続距離は747-400と同等とのことだ。

サブタイプ名の後の「X」は未知数の記号で、正式ゴーアヘッドの暁には747-500、747-600となるはずだったのだろうが、これらの構想からXが取れることはなかった。エアラインの感触がいまいちで、50億ドルと予想される開発費を投じても、利益が出そうもないとボーイング社が判断したからだ。

747アドヴァンスド

ボーイング社では2000年になって、もう少し開発費の掛からない発展型の構想を公表した。747Xは主翼の付け根側を継ぎ足して全幅を69・8ｍまで拡大し、430人を乗せて8700nm（1万6112㎞）飛べる。747Xストレッチは全長を80・2ｍまで延ばして、500席で7800nm（1万4446㎞）の航続距離を得る。しかし747X／Xストレッチ構想も

1994年12月12日配信のボーイング社リリースより。欧州4社とともに500名超の新型機のフィージビリティ・スタディを実施していること、この研究が1995年半ばまで継続予定であることが記されている。尾翼のNLAは「New Large Airplane」の略称。Boeing

欧州との共同プロジェクト破綻後、747-400の拡大版として構想された747-500Xおよび600Xのイメージ。市場の反応は芳しくはなかった。Boeing

貨物型と旅客型では異なる前部胴体、5メートル超の延長箇所

十分な顧客の関心を得ることはできなかった。

1980年代以降のボーイング社のエアライナー開発は、エアバスの動向と切り離して考えることが出来ない。エアバスにとっても同様で、この二つの勢力はお互いの動きをにらみつつ、最善と考える手を繰り出し合った。ポーカーや麻雀の名手のように相手の手元を読み、出方を予測し、はったりや欺瞞まで駆使しつつ勝負した。

だから1993年にボーイング社と、エアバス(当時は会社組織ではなく共同事業体)を構成する仏独伊西の4社が、「超大型商用輸送機」(Very Large Commercial Transport)と名付けた構想の共同研究を開始したのも、双方に思惑があったのだろう。ヨーロッパの4社だって一枚岩ではなかった。

分かっているのは、この共同研究が1~2年ほどで立ち消えになり、ボーイング社とエアバス(2001年に会社組織になる)は完全に袂を分かって、以降はライバル意識を隠しもせずそれぞれの計画に突き進むようになったことだ。先に示した747のさまざまな発展案も、この共同研究破綻後のものだ。

一方のエアバス社はと言うと、2000年にA380(A3XX)計画を正式にスタートさせている。ボーイング社はこのA380に対抗するように、2003年の6月に「747アドヴァンスド(発展型)」と銘打った新しい構想を発表した。結果的にはこれが747-8へと発展する。

747アドヴァンスドは、初期の仮称は747-800Xだ

エヴァレット工場でのファイナル・アセンブリー。アッパー・デッキを延長した旅客型に対し、貨物型の二階部分は747-400Fのまま。ともに胴体前部を4.06m延長しているが、延長箇所が異なる。Boeing

ったらしいが、747-400の胴体をストレッチし、主翼は777に似た翼端の後退したレイクド・ウィングチップを備える。全幅は68・7mになる。

747アドヴァンスド構想では、旅客型と貨物型二つの異なる胴体が計画されていた。貨物型では胴体を主翼の前後で合計約5・1m延長して、全長は75・8mになる。一方の旅客型ではストレッチは3・5mに留まり、全長は74・2mだ。貨物型の最大離陸重量は43万5450kgだ。

2005年11月14日にボーイング社は747アドヴァンスドを747-8として正式にローンチすると発表した。旅客型747-8I(Intercontinental)と、貨物型747-8F(Freighter)との二本立てはアドヴァンスドと同じだが、両者の外寸は全く同じになった。エンジンには787と同じジェネラル・エレクトリックGEnxターボファンが採用された。

もちろん従来型の747にも貨物型はあったが、あえて言えば旅客型が主体で、貨物型はその派生型のような扱いだった。747-8で最初から旅客型と貨物型を並列に開発すると宣言したのは、ボーイング社が大型貨物機の需要が多いと予測していたからだろう。現実に貨物型の開発が先行することになる。

747シリーズの貨物型の絶対的強みは、機首を大きく上に開いて、長尺貨物をストレートに運び込めることだ。こればかりは側面ドアの貨物機には不可能なことだ。もちろんAn-124のような軍用輸送機には出来るが、民間で利用できるそのような輸送機は数が少なく、いつでも手配できるわけではない。

しかし747-8Iと747-8Fの違いは、単に貨物扉のあるなしではない。両者の外観には明白な違いがある。前部胴体のアッパー・デッキ(二階席)が747-400Fと同じ長さなのが747-8F。アッパー・デッキが延長され、ふくらみが主翼取り付け部まで達しているのが747-8Iだ。もちろん旅客型では胴体に多数の窓が並んでいるし、貨物型ではアッパー・デッキに三つの窓があるだけなので識別は簡単だが、遠くとか逆光下でもシルエットの違いで区別できる。

胴体延長のほか主翼構造も変わった。高揚力装置の構成も従来の複雑なトリプル・スロッテッド・フラップを廃し、内舷シングル、外舷ダブル・スロッテッドに簡素化されている。主翼端はピンと立つウィングレットではなく、レイクド・ウィングチップの形状。カウリング後端のシェヴロンが際立つエンジンは787と同じGEnx系列だが、抽気系統は残されているのが特徴。

747-8Iと747-8Fの外観の違いは、胴体のどの部分をストレッチしたかの差異だ。原型となった747-400／400Fに対して、主翼付け根の直後で1・52m胴体を延ばしているのはどちらの型も同じだが、747-8Iでは前部胴体の膨らんだ部分を4・06m延長したのに対して、747-8Fではアッパー・デッキのふくらみが終わったところから後ろを同じだけ延ばしている。8Fの方が胴体の平行部分が長いから、胴体延長が一層強調されている。

747-8Fと同じ胴体長にしたことで、747-8Iの客席数は当初の構想よりさらに17席増加したが、誰もが諸手を挙げてこの設計修正を歓迎したわけではない。たとえばドバイのエミレーツ航空は、旅客型の胴体延長で航続距離が500km減ったことを批判、当初の構想通りの乗客数が少なくて航続距離が長い型を別に造るべきだと主張した。長大な路線を抱えるエアラインの中には、秘かに賛同するところもあったのではないか。

よりシンプルな高揚力装置

胴体は異なるが、主翼は最初から747-8Iと747-8Fで共通だ。747シリーズで初めて構造から手を入れられているが、基本的な平面形は変わらず、後退角（25％翼弦）も37・5度と従来と同じだ。

どうせ構造からいじるのであれば、後退角を減らすなりもっと現代的な主翼に変えればとも思うが、主翼の平面形を大きく変えると重心との関係や主降着装置の位置関係も違って来るので、胴体もまた大きな再設計が必要になる。もはや747シリーズというより新規設計に近くなるので、そこまではしなかったのだろう。

747-8の主翼は、基本部分の平面形は従来と同じだが、翼端部分を延長している。延長された翼端部分は、前後縁ともに後退角が基本部分よりも大きくなり、一点で合流する。21世紀のボーイング社エアライナーのトレードマークのようにもなっているレイクド・ウィングチップで、あえて直訳すると「傾斜した翼端」になる。

翼端の延長で747-8の全幅は68・45mになった。これまでの747は、ICAOの飛行場等級でコードE（52～65m）に分類されていたが、747-8はコードF（65～80m）になる。

現用のエアライナーでコードFは747-8とエアバスA380だけで、この2機種のためのコードと言っても良いだろう。

ボーイング社の公式資料には747-8の翼面積の数字がないが、ルフトハンザでは公式サイトの中で「翼面積554㎡」と言う数値を挙げている（全長全幅など他の数値はボーイング公式と一致）。仮にルフトハンザの数字が正しいとして計算すると、747-8の主翼のアスペクト比は8・5になる。747-400では7・9だ。

平面形は従来と同じだが、高揚力装置には大幅に手が加えられている。747-8の内舷フラップはシングル・スロッテッド、外舷フラップはダブル・スロッテッドだ。従来は内外舷ともにトリプル・スロッテッド・フラップであったので、かなり簡略化されたことになる。

高翼面荷重で手の込んだ高揚力装置というのがボーイング社のジェット・エアライナーの特徴であったが、21世紀のボーイング社は逆方向へと大きく舵を切ったことになる。フラップの簡素化はコストや整備性にプラスになるのはもちろん、騒音（風切り音）の低下にも貢献する。もちろん低速時に大きな揚力係数を出せるよう、仕組みは簡素でも、高度の空力設計が施されている。また747-8では外舷（低速用）エルロンがフラップと連動して下がるようにもなっている。いわゆるドループ・エルロンで、これでも揚力係数を稼いでいる。

前縁の高揚力装置は内側がクルーガー・フラップ、外側は可変キャンバー・フラップとなっている。

一次構造は、胴体も主翼もアルミニウム合金主体で、787のように複合材料製ではない。ただし従来の747シリーズより比強度の高い、あるいは腐食に強いアルミニウム合金が使われている。また動翼や主翼端、エンジン・カウリングなどにはカーボン繊維複合材料が採用され、翼胴フェアリングや主翼前縁などにはガラス繊維複合材料が用いられている。

747-8の飛行制御システムは基本的には747-400と同じで、パイロットの移行を容易にしている。だから舵面の制御もメカニカルな機力（油圧）方式だが、外舷の低速用エルロンとスポイラーだけはフライ・バイ・ワイヤに変更されている。

エンジンのジェネラル・エレクトリックGEnxは、文字通りのGE社の次世代のターボファンで、ボーイング社はすでに787への搭載を決めていた。GEnx-2B67では推力は離陸時が3万0572kgf、最大連続が2万6535kgfになる。GEnxのバイパス比は9・6:1、全圧縮比は23:1になる。複合材料が多用され、直径2・68mのファンのブレイドは前縁に鋼を組み合わせた複合材料製、ファン・ケースも複合材料である。

787はエンジンからの抽気を利用しないシステムを採用していたが、747-8は従来と同じにキャビンの空調や加圧にエンジンからの圧縮空気を用いている。GEnx-2B67はこれに対応して抽気系統を組み込んだGEnxと言える。

747-8のGEnxのナセルは787と同じで、バイパス・

エアの排気口周囲の波状のシェヴロンが特徴となっている。

ローンチ・カスタマー二社

すでに述べたように、747-8では旅客型Iと貨物型Fの並行開発が構想され、実際には747-8Fの方が先に初飛行し、引き渡し開始も初就航も747-8Iより先だった。

ボーイング社は747-8Fを2005年11月半ばにローンチした。ローンチ・カスタマーは、ルクセンブルクに本社を置くカーゴルックスと、日本のNCA（日本貨物航空）だった。どちらの会社も747シリーズの貨物型だけのフリート構成の、貨物専門のエアラインだ。

747-8Fの1号機は2009年11月12日に、ボーイング社のエヴァレット（ワシントン州）工場でロールアウトした。1号機は2010年2月8日に工場の隣のペイン・フィールド飛行場から初飛行した。

同月末には1号機は同じワシントン州のモーゼス・レイク飛行場へと飛んで、同飛行場で本格的なテスト飛行を開始した。これまでならシアトルのボーイング・フィールドでテストされるところだが、ボーイング・フィールドはすでに787が使っていた。747-8Fのテスト飛行はその後カリフォルニア州のパームデイル飛行場に場所を移した。

2010年3月15日には747-8Fの2号機がペイン・フィールドで進空し、パームデイル飛行場の1号機に合流した。3月17日には3号機が進空、パームデイル飛行場へ飛んだ。

747-8の試験段階のトラブルとしては、主脚室扉回りの気流がフラップと干渉して起きるバフェットや、内側エルロンの振動があった。どちらも改良によって解消されたものの、テストの遅れを取り戻すために、ボーイング社は生産仕様の2号機（カーゴルックス向け）をテストに投入せねばならなかった。

テスト飛行の一環として747-8Fは2010年8月21日に、カリフォルニア州のヴィクターヴィル空港の4・5㎞の長大な滑走路を使って、設計最大離陸重量を超える45万5860kg（100万5000lb）で離陸してみせている。ボーイング社ではテストの結果として、747-8Fの構造は予想以上の強度があったとしている。なお747-8Fの設計上の最大ペイロードは134トンとなっている。

747-8Fは2011年8月19日に、米連邦航空局（FAA）と欧州航空安全機関（EASA）の型式証明（変更型式証明）を同時に受け、その1か月後にはカーゴルックスへの引き渡しを開始しようとした。ところがローンチ・カスタマーのカーゴルックス側が、新型機の受領を拒否するという前代未聞の事態が起きた。

カーゴルックスの株式の35%を取得したばかりのカタール航空が、787の納入が遅れたことが不満で、747-8Fの性能上の疑念をことさら言い立てているなどとも伝えられた。もめごとが解消して、カーゴルックスに７４７-８Ｆが引き渡されたのは２０１１年10月になる。一方もう一つのローンチ・カスタマーであるＮＣＡは、２０１２年７月25日にエヴァレットにて最初の７４７-８Ｆ（ＪＡ13ＫＺ）を受領している。この機体は７４７-８Ｆの生産３号機になる。２０２１年７月末の時点でＮＣＡは７４７-８Ｆを８機保有している。

伸び悩んだ旅客型

同時にローンチされながら開発が後回しにされた旅客型（７４７-８Ｉ）の１号機は、貨物型（７４７-８Ｆ）より１年３か月後れの２０１１年２月13日にエヴァレット工場でロールアウトした。初飛行は1年1か月遅い同年3月20日だ。

空力的にはほぼ同じ（前部胴体形状は異なるが）７４７-８Ｆの開発が先行していたおかげで、７４７-８Ｉのテストは比較的短い期間で終わり、２０１１年12月に型式証明を取得した。７４７-８Ｉの生産1号機は２０１２年２月28日に、非公表のカスタマー（ビジネスジェット運航会社だという）へと引き渡された。

ローンチ・カスタマーのルフトハンザへは、２０１２年５月５日に最初の機体が引き渡された。貨物型との引き渡しのギャップは7か月まで縮められたことになる。ルフトハンザは同年６月１日のフランクフルト＝ワシントンDC便で７４７-８Ｉを初就航させた。

７４７-８Ｉの旅客数は最大で６０５人になるが、実際には７４７-８Ｉをシングル・クラスの６百席級機として採用しているエアライ

容積を増した747-8Fのメイン・デッキ。貨物型がアッパー・デッキを延長しないのは、二階席下（写真手前）の天井高が60cmほども低くなってしまうためでもある。Konan Ase

旅客型はキャビンにも787のデザインを反映。すなわち大きく湾曲した天井と、LEDによるライティングで最新の空の旅を演出したのである。Boeing

支えたのは フレイターの需要、開発から実用化まで一貫して貨物先行

ンはない。ファースト、ビジネス、エコノミーの3クラスが普通だし、ルフトハンザなどは若干ゆったり目のプレミアム・エコノミーを加えた4クラス編成になっている。

ルフトハンザの座席構成の例を示すと、ファースト8席、ビジネスがメイン・デッキとアッパー・デッキ合わせて80席、プレミアム・エコノミー32席、エコノミー244席の合計364席となっている。また別の構成ではF8席、C92席、PY32席、Y208席で、合計340席だ。一方ボーイング社自身の出した数字では410席から467席となっている。

キャビンの内装は、787の機内に合わせてアップデイトされており、トイレットなども787に準じている。天井のオーバーヘッド・ビンは曲面を使った形状になり、大きな荷物の収納が便利になった。客室照明にはLEDが採用された。

2021年7月末までの747-8の受注状況を見ると、747-8Iの58機に対して747-8Fが142機で、総数200機の約6割を貨物型が占めていることになる。8Iの大口発注者はルフトハンザの19機で、大韓航空の10機がそれに次ぐ。VIP専用機としての注文が合計9機もあるのは、庶民にはうかがい知れない世界だ。

変わったところでは、アメリカ空軍が2015年1月に次期大統領専用機として747-8の特別仕様機を採用している。いわゆる「エア・フォース・ワン」(ただし本当はこれは大統領搭乗機のコール・サインで、機体固有の名称ではない)、現用のVC-25A(747-200Bの軍用版)に代わるVIP機だ。

アメリカ製の機体で、唯一の四発エアライナーという点が評価されたのだろう。四発の信頼感もさることながら、大統領機は長距離の通信システムなどのアヴィオニクスが満載なので、4基のエンジンの発電能力も評価の対象になったはずだ。

制式名はVC-25Bに決まったが、これでボーイング社は1959年のVC-137A(707のVIP型)以来、VC-137C、VC-25Aと半世紀以上にわたって大統領専用機を送り出すことになる。

2022年、生産終了へ

2016年7月末に、大きなニュースが飛び込んで来た。もっともある程度予想はしていたので、衝撃的というほどでもないが。

ボーイング社が議会の証券取引委員会(SEC)に提出した四半期ごとの会計報告の中に、「747の生産を打ち切る決定を下すこともありうる」と書かれていたのだ。747の受注ペースが落ちていることが理由だ。

実際それまで3年ほどの747の年間受注は、片手で数えられるほどでしかない。生産も2か月に1機(年産6機)というペースになって来ていた。このままだと747シリーズの生産は2019年第3四半期で終了することになるというのが、ボーイング社の予測だった。

その後はＵＰＳ、アトラス航空、ロシアのヴォルガ・ドニエプルなどの発注により製造が続いたが、２０２０年7月、ボーイングは７４７-８の製造を２０２２年に終了する方針を発表した。

７４７のような四発機が行き詰まっているのも確かだろう。四発機の時代は終わった、もう双発機があれば十分だ、と主張する評論家も少なくない。

そもそも７４７-８シリーズの開発は必要であったのか？ これに関しても否定的意見がある。ボーイング社としては、エアバス社のＡ３８０への対抗上開発に踏み切らざるを得なかったのだろうが、現在までの受注数は２００機で、貨物型も入れれば総数６百数十機の７４７-４００とは比ぶるべくもない。大型四発エアライナーをエアバス社の独壇場にさせるわけには行かなかったとしても、７４７-８計画が開発費を回収しきれないのは確実だろう。もっともライバルのＡ３８０は、７４７シリーズよりも先に生産を停止してしまった。

これにより、１９６９年以来続いて来た７４７シリーズの生産も、半世紀をもって終了することになる。いまの見通しでは７４７シリーズの生産総数は１５７３機になる。

ワイドボディ・エアライナーの始祖であり、空の大量輸送時代を切り開いたボーイング７４７の生産が打ち切られたら、確実に一つの時代が終わったと言われるだろう。

７４７シリーズの生産打ち切りが話題になっていた２０１６年の8月末に、「７４７の父」とも呼ばれたジョー・サッター（７４７計画チーフ・エンジニア）が95歳で世を去ったのも、偶然とはいえ象徴的であった。

コクピットは資格共通化の観点から747-400と敢えて大きく変えてはいないが、アヴィオニクスは一新されている。操縦した印象も「ほぼ共通」と言うが、ロングな全長により、地上での転回操作は慣熟の必要がある。Airline

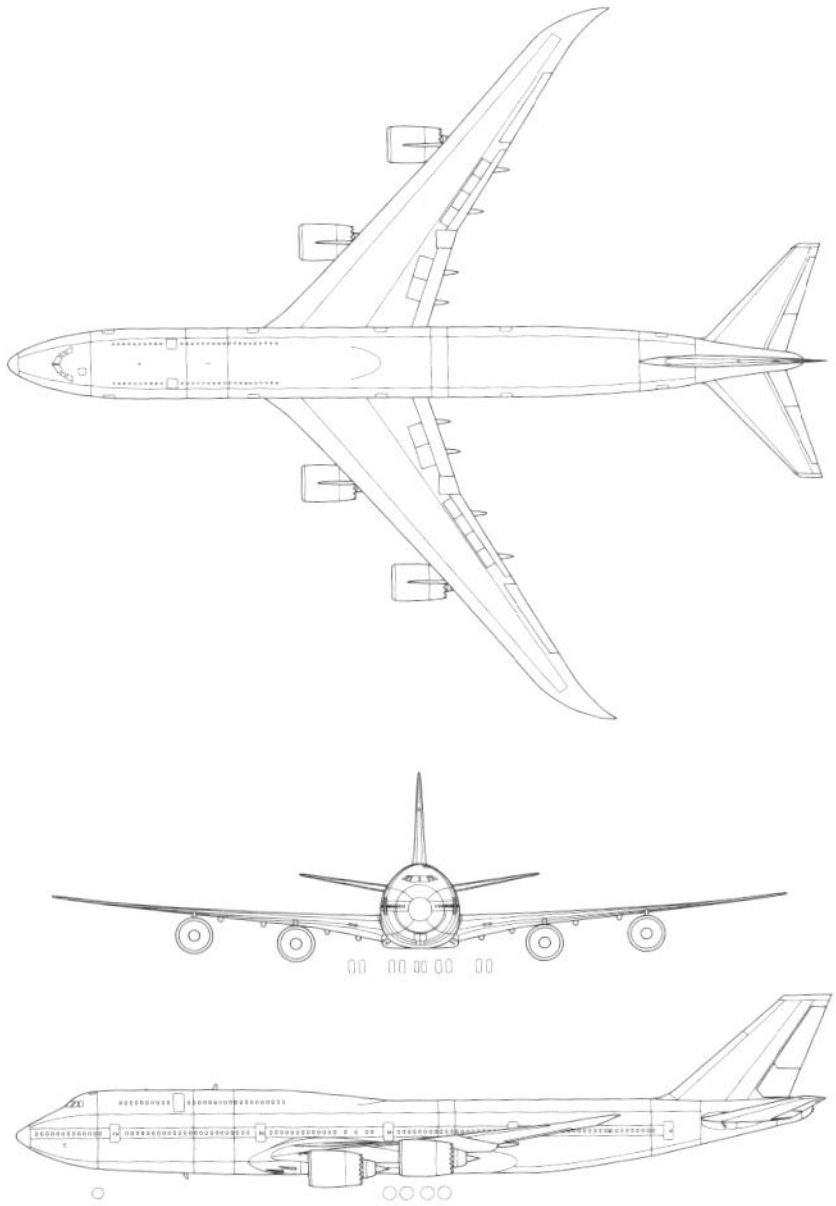

747-8

	747-8I	747-8F
全幅	68.4m	
全長	76.3m	
全高	19.4m	
最大離陸重量	442,250kg	
最大巡航速度	Mach 0.855	Mach 0.845
航続距離	14,310km	8,130km

787を超える胴体径で勝負に出た、新世代フラッグシップ

エアバス A350XWB

2013年初飛行
2015年初就航
製造機数438機（2021年7月末時点）

A350XWB

	-900	-1000
全幅	64.75m	
全長	66.8m	73.79m
全高	17.05m	17.08m
主翼面積	442㎡	466.8㎡
最大離陸重量	280,000kg	319,000kg
最大巡航速度	Mach 0.89	
航続距離	15,000km	16,100km

その開発・登場の時期がボーイング787と近接したことで、何かと比べられる存在のA350XWBだが、厳密には787と777の中間的なスペックが与えられている。とはいえ、胴体や主翼に占める複合材料の比率では787への敵対心も露わに一桁パーセントを競う関係性。ともに自社の技術的アピールを詰め込んだ新鋭機のライバルであることに違いはない。A300以来のエアバス・ワイドボディとは一線を画す技術が、多くのカスタマーの支持を集めている。

現代の新型機開発に対するアプローチとして、787との技術比較が興味深いA350XWB。ただし市場においてはむしろ777と競合し、事実、長距離路線用777のリプレースで採用されるケースは多い。Airbus

Airbus A350-900

受けて立つエアバス

エアバス社がボーイング社のライバルにまで成長し、両社がお互い相手を意識しつつ次世代の旅客機の計画を立てるようになってからは、企画でも技術でも新興のエアバス社がもっぱら攻めて、老舗のボーイング社が受けて立つ構図となっていた。

しかしA350の場合は明らかに違う。ボーイング社が新技術山盛りの787で先手を打って攻め、エアバス社は状況判断に迷って対処を誤りかけた。思い切って振出しに戻って再出発したA350XWB計画は結果的には大成功し、エアバス社は窮地を免れたものの、ボーイング社の787の生産計画が遅れに遅れたおかげでもある。敵失に助けられた形だ。

もともとエアバス社は、787に対抗するには現行のA330の発展型で十分と考えていた。2004年7月のファーンボロ航空ショーで、エアバス社は「A330-200ライト」と名付けた改良型の構想を発表している。その名の通りライトはA330-200を軽量化し空力を向上した改良型で、航続距離は7400km級とされていた。A330-200ライトの構想は、しかし予想外にエアラインの受けが良くなかった。

エアバス社としては、当面はA330の発展型でつないでおいて、その間に研究を積み重ねて、画期的な次世代機で一気にボーイング社に差をつけてやろうとの目論見であったのだろう。2000年に本格開発に入ったA380に人手と資金を取られて、余力がなかったせいもある。

ボーイング787は2004年4月のANAからの受注を皮切りに、2005年の末までには235機の受注を集める好評さであった。エアバス社が次世代機を出す前に、787の圧倒的優位が確立してしまいそうだった。

特別なワイドボディ

思わぬA330ライト構想の不人気とボーイング787の好評に直面したエアバス社は、ここで大胆に将来構想を見直して、新双発機の開発方針を転換した。

2004年12月には、エアバス株主会議で新型機計画の進行が決定され、A350の名称も決まった。それ以前にはA370の名も噂されていた。

エアバス社はA300以来の胴体を捨てて、A350に一回り太い複合材料主体の胴体を採用した。主翼はA330-200ライトの段階ですでに複合材料だったので、機体全体が複合材料構造になる。機体規模はライバルの787より若干大きくなる。「A350XWB」の名称が公表されたのは、2006年7月のファーンボロ航空ショーにおいてだった。

XWB（Xtra Wide Body）とはすなわち「特別な広胴（ワイドボディ）機」というわけだが、この「特別」とはどういう意味で

ドイツ・ハンブルク工場で組立中の胴体パネル。A300から継承した5.64m径ではなく、A350XWBでは5.96mというワイドな胴体を複合材で造る。
Konan Ase

A350XWBプログラムの最重要カスタマー、カタール航空機のエコノミー・クラス。787のロングフライトでは窮屈に感じる横9列配置も、A350XWBの胴体なら無理なく受け止める。
Qatar Airways

あろうか。

最初のエアバス機A300は、外径が5・64m（222in）の真円断面の胴体を採用し、エアバスはそれ以降もA310、A330、A340と、同一の胴体断面を採用して来た。この胴体径はセミ・ワイドボディのボーイング767よりは大きいものの、いわゆるワイドボディ機（2本通路）の中では一番小さく、多少狭苦しい。特に窓際の席は壁が迫って来る感じがある。

A350XWBの胴体断面は他のワイドボディ機のような真円ではなく、縦長の楕円あるいは卵型をしている。最大幅は5・96mで、丈は6・09mだ。

A330発展型とは異なる方針転換 直径5.96mの競争力

A350XWBの客室の最大幅は5・61mで、エコノミー・クラスでは通路を挟んで3列+3列+3列の合計9列を配置できる。プレミアム・エコノミーでは2+4+2の8列になり、逆に3+4+3で10列の詰め込み配置（エアバス社ではハイ・エフィシエンシーと呼んでいる）も可能だ。ビジネス／ファースト・クラスだと2+2+2の6列だ。床下貨物室にはLD-3コンテナが背中合わせに収納できる。

A350XWBの「特別な広胴」は、表では従来のエアバス機を上回る直径の胴体断面を意味しているが、容易に気付く裏の意味としてライバルの787よりも胴体が大きいという含みがある。すなわち787の胴体直径は5・77mで、A350XWBよりも0・2m小さい。客室の幅も5・49mと、0・12m小さい。

もっともA350XWBの胴体が太いとは言っても、トライスター（直径5・97m）やDC-10（6・02m）よりも小さいし、777（6・20m）や747（6・49m）はさらにXWBよりも大きい。あくまでも787と比べての話だ。

最近の長距離エアライナーでは、客席とは隔離された乗員専用の休息室を設けている機体が多いが、A350XWBでも客室の最前部と最後部の天井裏に乗務員の休息用のスペースを設けることが出来る（オプション）。この場所ならば座席数を圧迫することはない。後部の客室乗務員の休息スペースには八つのベッドが設けられている。

エアバス社では当初はコクピットの床下部分を運航乗務員の

休息スペースに充てるつもりであったが、詳細設計の段階で787と同じく客室最前部の天井裏に運航乗務員スペースを移した。こちらには二人分のベッドが設けられている。ハイジャック等を警戒して、この休息スペースにはコクピットからしか出入りが出来ない。

プラス3%の複合材料比率

エアバス社によれば、A350XWBの機体構造の53%が複合材料だそうだ。787の複合材料使用率は公称50%なので、A350XWBの複合材料使用率は787を上回っていることになる。

構造材料の使用比率などは基準の取り方次第で変わって来るので、実際には3%の差など誤差の範囲だろうが、A350XWBの表面が機首の一部を除いて、ほとんどすべて複合材料であることは確かだ。ほかの構造材料はアルミニウム合金(アルミニウム・リチウム合金含む)19%、チタン14%、鋼6%、それら以外8%となっている。これらの数字は(誤差の範囲で)ほぼ787と一致している。

ただし重量比がほぼ同じでも、造りも同じとは限らない。特に胴体の構造は、A350XWBと787では大きく違っている。787ではマンドレルと呼ばれる雄型の表面に複合材料を巻き付けて固めた円筒形のバレルを、いくつも連結する方法を採用した。

これに対してA350XWBの胴体では、長大な複合材料製のパネルをまず製作して、フレームに張り付けて行く方法を採っている。胴体パネルは両側面と上面、下面の4枚に分かれ、大きなものは長さ32m、幅6mもある。フレームもほとんどが複合材料製だが、強い荷重の掛かる一部のフレームはチタン製だ。

形式的には、A350XWBの胴体構造は従来の全金属構造を複合材料に置き換えたものと言え、787よりは保守的と見ることが出来よう。その代わりにA350XWBの方がエアラインにはなじみやすいし、損傷の修復も易しいだろう。胴体の上下面と側面に掛かる荷重の違いに合わせて、パネルを最適化できるのも利点だ。ただし胴体のすぼまる最後部だけは、マンドレルを使ったフィラメント・ワインディング工法で製作されている。

コクピットのウィンドウ周りは複合材料ではなくアルミニウム・リチウム合金製だが、これは鳥衝突の安全基準を満たすのには、複合材料だとチタンで補強せねばならないことが判明したからだという。

コクピットの窓(風防)には黒い縁取りがあり、A350XWBをサングラスを掛けているような独特の顔付きにしている。エアバス社ではこのアイシャドウをしたようなデザインを新しい個性にしたいようで、A330neoでも同様に窓枠を黒く塗りつぶしている。

主翼はＡ３３０ライト構想の段階から全複合材料製だったので、Ａ３５０ＸＷＢでも当然複合材料で作られている。翼端はゆるやかに上にカーブしてウィングレットに滑らかにつながっている。

エンジンは７８７やＡ３８０と同じロールスロイス社のトレント・ターボファンだが、Ａ３５０ＸＷＢ向けの型はトレントＸＷＢと呼ばれている。Ａ３５０-９００のトレントＸＷＢ-84は推力８万４２００lbf（３万８１９０kgf、３７４・５kN）、Ａ３５０-１０００のトレントＸＷＢ-97は９万７０００lbf（４万４０００kgf、４３１・５kN）と推力は異なるがファン直径は同じ（３００cm）で、外形もほとんど違いはない。

ボーイング社は７８７計画で国際分業生産を推進し、いろいろ困難にも直面していたが、エアバス社は国際分業ならば自分達の方が先輩だと思っていることだろう。なにしろエアバス計画は最初からフランス、西ドイツ、スペイン三か国の合同開発合同生産であったのだから（イギリスは国としてではなく企業として参加）。

Ａ３５０ＸＷＢ計画でもエアバス社の特質はいかんなく発揮され、開発から生産までを仏独西に英を加えた四か国が分担して進めている。さらに計画参加国外からも中国（哈爾浜飛機）、アメリカ（スピリット・エアロシステムズ）などが下請けで加わっている。Ａ３５０ＸＷＢの最終組み立てラインは仏トゥールーズに設けられている。

長距離ならＡ３５０ＸＷＢ

Ａ３５０ＸＷＢには、大きく分けてＡ３５０-８００、Ａ３５０-９００、Ａ３５０-１０００の三つの型がある。型の名称のときにはエアバス社自身がＸＷＢを外して呼んでいるので、ここでもそれにならう。

Ａ３５０-８００は胴体の一番短い型で、全長は60・５４ｍ、エアバス社が典型（ティピカル）と呼んでいる、ビジネスとエコノミーの２クラス仕様で２８０席、一杯に詰め込んで４４０席になる。客室の下の貨物室にはＬＤ-３コンテナが最大28個入る。最大離陸重量は２４８トンで、航続距離は１万５３００kmとなっている。

Ａ３５０-９００はこれまでの受注の８割を占めており、Ａ３５０ＸＷＢの標準型と呼んでも良いかもしれない。全長は66・８０ｍで、最大離陸重量は２６８トン、航続距離は１万５０００kmとなっている。座席数は典型で３２５席、最大は４４０席、コンテナはＬＤ-３が36個積める。

Ａ３５０-１０００は全長を73・７９ｍに延ばした型で、最大離陸重量は３１９トン。典型で３６６席、最大で４４０席になる。ＬＤ-３コンテナを44個搭載出来る。客室の長さが異なるのに最大席数が同じなのは、非常脱出口で最大定員が制限されているせいだろう。

全幅はＡ３５０ＸＷＢの各型で変わらず、ＩＣＡＯ（国際民間航空機関）の飛行場参照コードのＥ（52～65ｍ）の上限ぎりぎりの64・75ｍだ。Ａ３５０-９００の翼面積は４４２㎡なので、アスペクト比は９・49になる。Ａ３５０-１０００では翼幅は変えずに、内側後縁を延長して翼面積を４６６・８㎡に増やしているので、アスペクト比は８・９８に低下している。主翼の後退角（１／４翼弦）は31・９度だ。

三つの型と言ったが、実際にはエアバス社が生産しているのはＡ３５０-９００とＡ３５０-１０００の二つの型だけだ。Ａ３５０-８００はと言うと、２０１４年以来開発が凍結されている。搭載エンジンになるはずだったトレントＸＷＢ-75ももちろん生産されていない。

当初エアバス社はＡ３５０-８００も含めた三つの型で営業していたが、Ａ３５０-９００／１０００を発注するカスタマーが多く、Ａ３５０-８００の売れ行きは伸び悩んだ。Ａ３５０-８００の発注をＡ３５０-９００やＡ３３０ｎｅｏに振り替えるエアラインもあり、むしろエアバス社もそのように誘導した。ただＡ３５０-８００の開発は「凍結」されただけで、「打ち切り」ではない。今後の情勢次第では、解凍されて再び売り出される可能性も皆無ではない。

主翼端にはこれまでのエアバス・フリートとは異なる、新形状のウィングレット。滑らかに立ち上がるが、角度により視覚的印象はずいぶん変わる。Airbus

大型15インチの6面ディスプレイにより、インターフェイスの意匠は様変わりした。ただしエアバス・ファミリーの美点として機種間（特にA330と）の共通性は維持されている。Airbus

７８７より上級の立ち位置

Ａ３５０ＸＷＢの現在の型は二つだけだが、細かく見ればＡ３５０-９００にはいくつかサブタイプがある。

Ａ３５０-９００ＵＬＲ（Ultra-Long Range）は、９００の超長距離型で、燃料搭載を増やして、１万６０００㎞級の路線に最適化している。これはニューヨーク＝シンガポール間をどちらの向きにも飛べる航続距離だ。最大離陸重量は２８０トンに増加している。

Ａ３５０-９００リージョナルは逆に短い路線に最適化し、経済性を向上させた型だ。いわゆるリージョナル機として使うわけではなく、１万２６００㎞前後の長距離路線を想定している。離陸総重量は２５０トン前後まで落とされ、エンジンの推力も７万～７万５０００lbf（31・１～33・４kN）に抑えられている。

ＡＣＪ３５０ＸＷＢは「エアバスの社用ジェット機」（Airbus Corporate Jet）を意味し、大型で豪勢なビジネスジェットや政府専用機の用途を狙っている。燃料搭載量などはA350-900URLと同じで、航続距離は2万kmに達する。これは地球の半周に相当する距離だから、理論上は運用拠点から地球上のどこへでもノンストップで行けることになる。

A350XWBはエアバス社がボーイング787に対抗して開発した、と述べた。これは開発史的には正しいが、実際に出来上がったA350XWBは、787と厳密には同じクラスの機体ではない。

たとえば単純に外寸を比べても、787-8の全長はA350-900より10m近く短く、787-9と比べても約4m短い。787-9とA350-1000の比較も似たようなものだ。翼幅は787の方がA350XWBより4・6mほど小さい。

乗客数など輸送能力についても同じで、長胴型の787-10でA350-900の座席数とほぼ同じで、A350-1000ならば30席以上も上回る。床下貨物室の容積に関しても同じようなもので、787-10が40個のLD-3コンテナを搭載出来るのに対して、A350-1000は44個だ。重量の比較だと、A350-900の最大離陸重量268~280トンに対して、787-9は254トンだ。

つまりA350XWBは787より一回り大きいエアライナーなのだ。航続距離で見てもA350-900は1万5000kmと、787-8の約1万3530kmよりも長く、787-9の約1万3950kmをも上回っている。

要するにA350XWBは、787に比べて乗客数が多く、航続距離が長いエアライナーということになる。しかし別のカテゴリーと呼べるほどに、両者の性能や規模がかけ離れているわけでもない。結局は双発長距離エアライナーの市場で激しく争うことになる。どちらを選ぶかは単純な性能差で決まるものでもなく、そのエアラインの路線や従来のフリートとの関連で判断されることもあろう。

実はボーイング787にはA330の発展型で対抗すると言うエアバス社の当初方針は、現在は少し違う形ではあるが実現している。言うまでもないがA330neoのことだ。エアラインの動向をみると、中距離以下ではA330neo、長距離ではA350XWBが選ばれているようだ。A350XWBは787よりも、むしろ777の対抗馬になっている。

はじまりは中東

A350XWBのローンチ・カスタマーは、ドーハを本拠地とするカタール航空だ。カタール航空は2005年6月のパリ航空ショーにおいて、A350を60機発注すると公表した。この時期はエアバス社がXWBへと全面的に設計を変更する前であったことには注目しても良い。

カタール航空はA300からA380まで、(かつて運用していたものも含めれば)エアバス社のすべてのエアライナーを運用したことがある、エアバス社の上得意だ。もっとも同エアラインはボーイング社の777や787も保有しているが。

カタール航空はA350XWBの最大の発注会社でもあって、A350-900を34機、A350-1000を42機の合計76機を発注している。発注者リストの上位を中東や東アジアのエアラインが占めているのは787でも同じだ。

A350XWB(-900仕様)の1号機(製造番号MSN001、登録記号F-WXWB)は、2013年6月14日にトゥールーズ・ブラニャック飛行場で初飛行した。

盛大なロールアウト式典を世界中に公開したが、なかなか初飛行せずにかえって評判を落とした787を他山の石としたのか、A350XWBではロールアウト式の類は行なわれなかったが、初飛行はトゥールーズ工場の従業員や来賓の見守る中、公開で行なわれた。F-WXWBは初飛行から1週間後の6月21日には、ルブールジェ空港で開催中のパリ航空ショーに、フライパストの形で初参加して見せた。

ふたつの胴体長のA350XWBは、ともにカタール航空を皮切りに路線就航した。長胴のA350-1000は新世代エアバス・ラインナップの旗艦でもある。Airbus

試験飛行はMSN001から005までの5機で実施されたが、二番目に飛んだのはMSN003(F-WZGG)で、2013年10月14日に進空している。

MSN002(F-WWCF)は2014年2月26日に進空しているが、同じ日のうちにMSN004(F-WZNW)も飛んでいる。MSN005(F-WWYB)は2014年6月20日に進空した。

2006年の時点では、A350XWBの引き渡し開始は2013年半ばと設定されていた。しかし2011年半ばには、就航開始予定は2014年の前半まで延期された。実際には量産仕様のMSN006(F-WZFA)が進空したのは2014年10月のことで、同年12月22日にカタール航空に引き渡された(引き渡し後の登録記号はA7-ALA)。A350-900の最初の商業運航は、2015年1月15日のドーハ=フランクフルト便だった。

なおMSN001から004は試験にのみ充てられたが、もっぱら路線調査とデモンストレイション飛行用であったMSN005は役割を終えた後に改修されて、2017年6月に低コスト・エアラインのフレンチブルー社に売却されている。登録記号もF-HREUに変わった。

長胴型のA350-1000の1号機はA350XWBの通算59号機(MSN059)で、2016年11月24日に初飛行した。A350-1000の試験飛行はMSN059とMSN071(2017年1月10日進空)、MSN065(2017年2月7日進空)の3機で行なわれ、2017年11月21日に型式証明を獲得、2018年2月10日にカタール航空へと引き渡された。

著者紹介

浜田 一穂（はまだ かずほ）

浜田一穂と言うと「軍用機の人」と思っている方もいらっしゃるかもしれないが、航空評論家である。民間機だって書く。要望があれば、軽飛行機も、スポーツ航空も書くかもしれない。

とはいえ日頃扱ってはいない分野だけに、改めて一から資料を見なおしてみた。その中で新たに気付かされたこともあり、自分なりの見解、評価を組み立てることができた。

ちょっとだけ毛色の違ったジェット・エアライナー本と思っていただければ幸いだ。

ジェット旅客機進化論

Jet Airliner Technical Analysis

2021年9月30日発行

著者 ―――― 浜田一穂

図版 ―――― 田村紀雄
カバーデザイン ― 關 翔太（イカロス出版制作室）
本文デザイン ―― 木澤誠二／大久保 毅／關 翔太（イカロス出版制作室）
編集 ―――― 月刊エアライン編集部

印刷・製本 ―― 図書印刷株式会社

発行人 ―――― 山手章弘
発行所 ―――― イカロス出版株式会社
〒162-8616
東京都新宿区市谷本村町 2-3
03-3267-2734（編集）
03-3267-2766（販売）
https://www.ikaros.jp/

Printed in Japan